深空奇观

宇宙的奇幻之旅

[美]苏·弗伦奇（Sue French）著　EasyNight 译

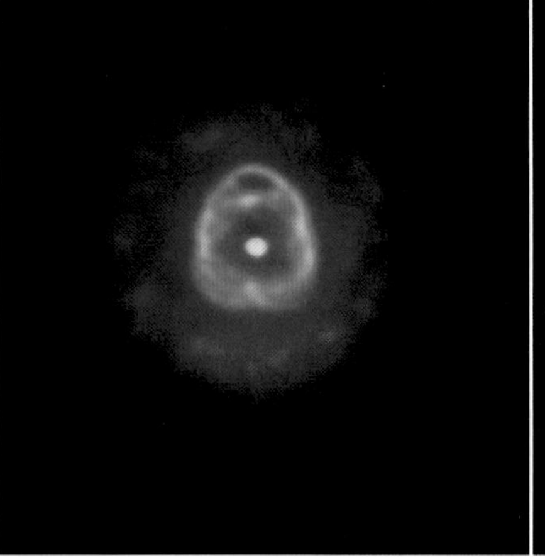

前言

冬季

一月

3 冬日奇观
5 北方夜空
8 顺流而下
11 天空美景
13 追逐天空中的鲸鱼
16 珀尔修斯飘扬的披风
19 英仙座的片段
22 御夫座，驾车的人

二月

25 畅游猎户的宝剑
27 霍迪纳的御夫座
29 巨人的盾牌
32 冰蓝色的钻石
35 朦胧的微光和繁星的溪流
38 繁星之夜
41 迷失的科普兰小三角
44 御夫座的宝藏

三月

47 乐趣成双
49 在船尾座兜风
52 独角兽的飞翔
55 天空的马戏团
57 与犬同吼
60 以双子之名！
63 在繁星的夜空中
66 秘密守护者

春季

四月

73 群居星系
75 长蛇座的亮点
78 大熊的馈赠
81 狮子座的赤经 11h
83 雄狮的巢穴
86 大熊掌
89 永不西沉的大熊
92 大熊与小熊之间

五月

95 室女座星系团从这里开始
97 后发座正方形
100 马卡良链
102 大熊座拍案惊奇
105 狗狗欢乐颂
108 室女座之 V
110 大熊不朽
112 与乌鸦齐飞翔
116 后发如丝

六月

120 夺目的双星，璀璨的球团
122 北天极的夜空
125 跟随这条弧线
128 拥抱左枢
131 猎犬归来
133 室女散步的地方
135 忘乎所以的美妙
138 恒星旋涡
141 南方的天空

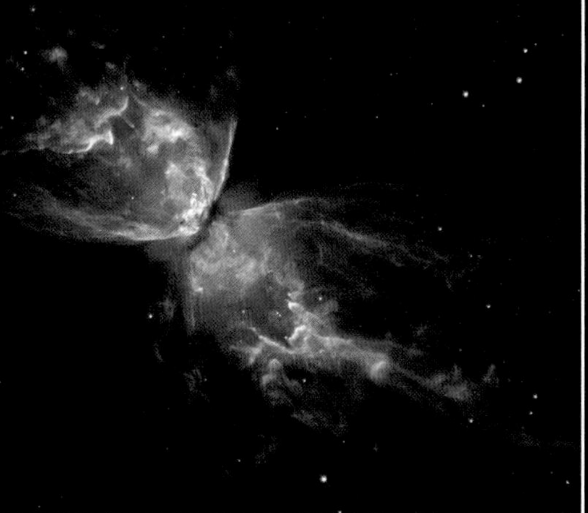
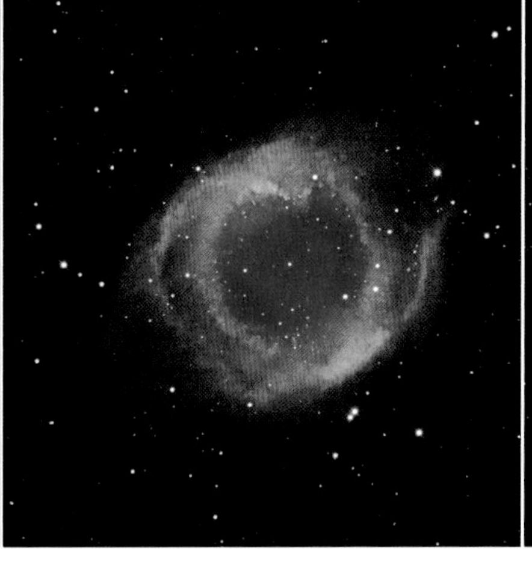

夏季

七月

147 在天龙座的转角
149 蝎美人的毒针
152 游走于天蝎之侧
155 银河黑马
158 天国的英雄
160 赫拉克勒斯的十二试炼
163 神奇天体在哪里
166 天蝎之夜

八月

170 三叶星云之夜
172 品茶之后
175 恒星的联盟
178 更多的夏夜行星状星云
181 牧蛇者
184 英雄归来
186 数不胜数的星
189 光荣的雄鹰
192 金粉王国

九月

195 天琴座的启示
197 银河的宝石
200 璀璨的夏季行星状星云
203 高翔的鹰
206 狐火之夜
208 优雅的天鹅
211 恒星的奇妙夜
213 人马座的恒星之城
217 宇宙级的捕食

秋季

十月

223 与飞马和宝瓶男孩共寻梅西耶天体
225 在天鹅的双翼之上
228 畅行北美洲
230 天鹅座深空集锦 I
234 小狐狸归来
236 天鹅座中被埋没的奇迹
239 阿里昂的海豚
241 海豚的浪花

十一月

244 捕捉螺旋星云
246 国王的宝库
248 星空中的蜥蜴
251 天鹅座深空集锦 II
254 国王的辉煌
257 肋生双翼的飞马
260 腓特烈大帝的荣耀
263 飞马与双鱼

十二月

267 在南银极精雕细琢
269 W档案
272 被忽视的星团
275 岛宇宙
278 传说中的鲸鱼
281 夜空中的方块舞
284 黑暗中的鱼
287 在仙后座中归零

星图

292 如何使用全天星图
306 资源
310 补充图片版权
311 索引

前 言

宇宙浩瀚，星光灿烂。夜空中，无论你用望远镜指向哪片天空，视野里都会闪耀着不可胜数的繁星。乍一看，繁星都是一个个相似的光点，样貌相差无几，只是或明或暗而已。但实际上，夜空中的每颗恒星都是独一无二的个体，有着自己独特的性质和演化史，就好似茫茫人海中，你我各不相同。恒星的数量实在太多，我们即使只用一台普通的家用望远镜，就能看到数以百万计的天体，想要逐一去了解和认识它们几乎不可能实现。因而，我们只能选择其中一些有意思的去观察和认识。

在浩渺繁星中，点缀着一些与众不同的光芒——这些便是深空观测者们挚爱的伙伴：星团、星云和星系。尽管你可能在一千颗恒星中才找得到这样一个深空天体，但整片天空的深空天体数量加起来，仍然是一个“天文数字”。

面对不计其数的深空天体，观测者通常会陷入两难境地。其中，大部分的观测者会尝试着先去找一些最经典的观测目标，然后一遍又一遍地欣赏它们。这样做当然无可厚非，只要你在每次欣赏中都能有一些新的收获。不然，时间一长，再壮观的深空天体也有看厌倦的一天。

另外的一些观测者，则会选择在夜空中用望远镜随性地神游，直到视野中扫过一个有趣的深空目标，便开始观测。这也是挺好的一种方法。如果你选择这么做，那么在观测之余，也最好花点时间去认真了解所观测天体的名称、位置，以及它与其他深空天体比较有何异同。不然，如果你每看一个天体都浅尝辄止，那么也不会了解它们有多大区别。

我自己在多年的观测中，通常两种方法兼而用之：有时会在星空中巡游以结交新朋，有时也会重访故友。不过，我更喜欢带着一本星空指南来指导我的观测。自我开始担任《天空和望远镜》杂志中苏·弗伦奇的专栏编辑以来，我就不缺少好看的观测目标。我在杂志中负责编辑她文章中的表格和插图，而且我发现，想要确认这些内容是否对读者们有用的最好方法，就是亲自跟着她的指南去尝试一次天体的寻访之旅。

可以说，苏·弗伦奇本人就被公认为一位狂热的天文观测者。她几乎不会错过任何一个晴朗无月的夜晚来使用她的望远镜。除了观测，她还同样痴迷于写作，经常花费数周时间来研究她写的那些天体，探寻它们背后的科学原理、历史和民间传说。除此之外，她还会参加全国的星空大会，在活动中或在互联网上与世界各国著名的天文爱好者、天文专业人士相交甚笃。她因为经常担任公众天文观测活动的志愿者，并且曾担任过天文馆教师，所以能够从初学者的视角出发，敏锐地察觉到他们的需求。

苏·弗伦奇对星空的认识深度，很少有作者能与之匹敌；她在作品中所体现出的独创性和天赋才华，也几乎无人能及。她笔下的星空之旅，既能带领大家以全新视角来欣赏那些耳熟能详的著名深空目标，又能让人领略到星表上那些鲜为人知的“奇伟、瑰怪、非常之观”。在每一次星空旅行中，她都会首先尝试着为初学者介绍一些比较简单、易于观测的目标，也会至少介绍一个即使对观测老手也具有挑战性的目标；当然，剩下那些更多的目标，则是介于这两种难度之间的。

几年前[1]，《天空和望远镜》杂志将苏·弗伦奇早期发表的60则专栏内容汇编为一本书，名字叫《天体撷英》。这书本身很棒，但因为大多数内容仅限于用小型望远镜（口径不超过4英寸）进行观测，所以有一定的局限性。

你现在手上的这本书，则将观测提升到了一个更高水平。它包含杂志专栏中最适合小型望远镜观测的23篇内容，还有77篇全新的夜空导览，观测设备包括从手持双筒望远镜到15英寸反射望远镜的各种层次，可谓雅俗共赏、老少咸宜。无论你用的装备好坏、技术水平高低，本书都将陪伴和指引你度过一个个愉快而又受益匪浅的漫漫观星之夜。在你未来的观星旅途中，本书可以做你的启蒙好老师、成长好搭档，也许还能成为你终身的观星好伴侣。

——托尼·弗兰德斯

《天空和望远镜》杂志副主编

左侧图：M41是大犬座中最引人注目的星团。其中最明亮的恒星是一颗因核心耗尽了氢燃料而正缓慢走向死亡的巨星。几颗这样的年迈巨星点缀在其他闪闪发光的恒星之间，就如同几枚金色宝石镶嵌在一个美丽而巨大的珠宝箱上。

* 摄影：帕洛玛天文台巡天二期/加州理工学院/帕洛玛。

1 原文如此，实际指的是2005年。

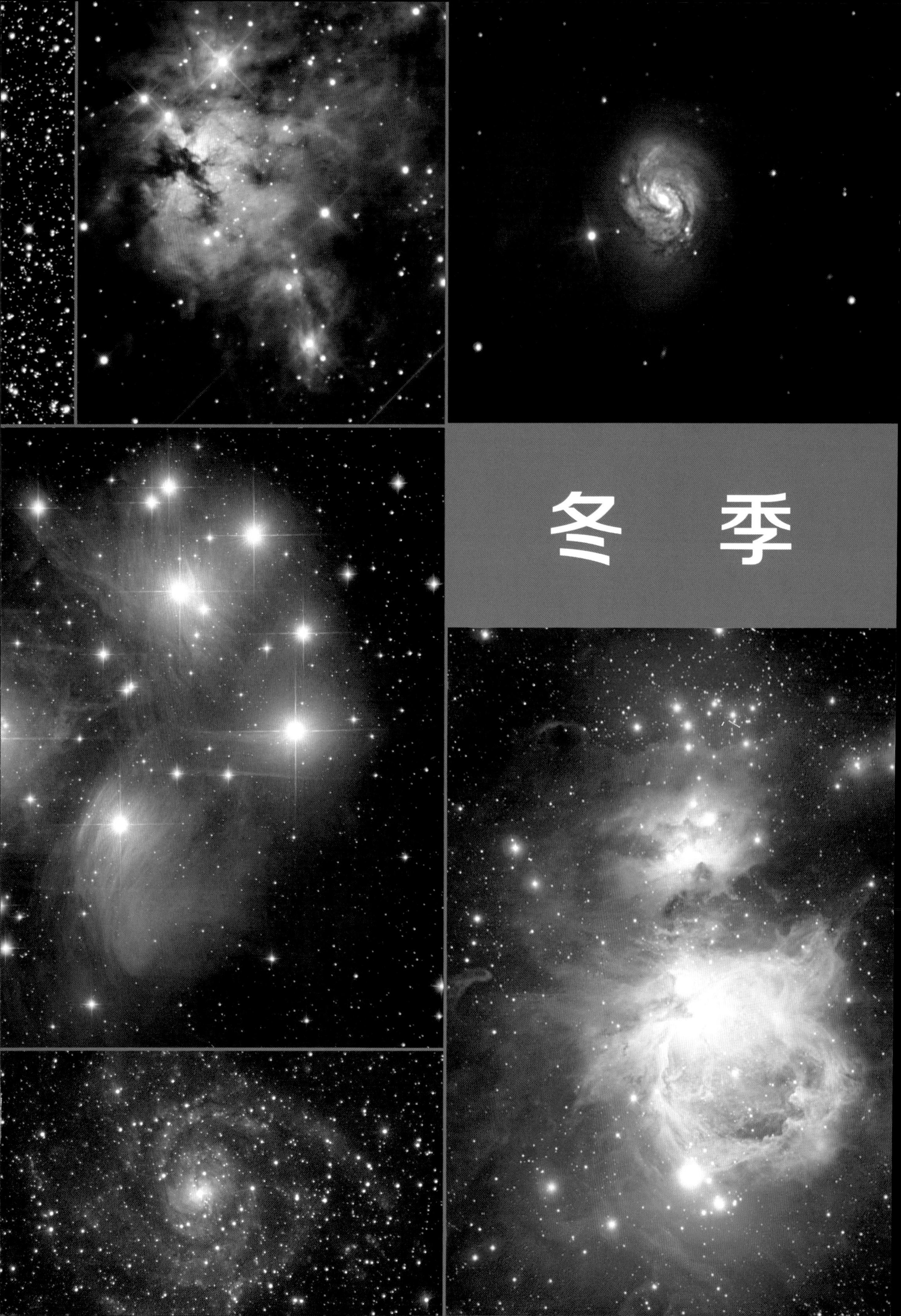

冬 季

冬日奇观

著名的双星团并不是一月里唯一能够吸引你眼球的深空天体。

一月份的夜晚对于我们这些生活在北半球中纬度地区的人来说常常会变得寒冷刺骨，但夜空中的奇观即使手指和鼻子冻僵也值得去欣赏。清爽干燥的空气经常带来很好的大气透明度，诱惑我们进入那繁星满天的夜晚。所以把自己裹严实点，跟我一起来一场冬季夜空之旅吧，我们将从英仙座的北部游览到邻近的仙后座。

我们就从M76开始吧。这是一个小小的行星状星云，有“小哑铃”“杠铃”“软木塞”和“蝴蝶”等绰号。要找到M76，你得从蓝白色的4等星英仙座φ开始。把英仙座φ放在一个低倍视野望远镜的南边，你会看到北边有一颗橙黄色的7等星。M76就位于这颗恒星的西北偏西方向12′的地方。

用我的105 mm折射望远镜放大到127倍看，M76给我的感觉就像一个软木塞子。它很亮，呈棒状，从东北向西南方向延伸，中间像被捏了一下，稍稍向内收缩。星云看上去有些斑驳，西南方向的一瓣更明亮。M76位于由三颗非常暗淡的场星组成的直角三角形的斜边上。如果你观测的时候有光污染，可以试试使用氧-Ⅲ滤镜或窄带滤镜。

在纽约州阿迪朗达克山脉北部的黑暗夜空下，我可以看到好像有一块暗区域把星云分成了两瓣。这个特征使得它在约翰·L.E.德赖尔的《星云星团新总表》（伦敦，1888）中拥有两个编号。西南方的部分是NGC 650，东北方的部分是NGC 651。有时我能看到一些非常暗的线索，就像两只翅膀从星云的长边两端弯曲成环状。在长时间曝光的照片中，这对翅膀确实让M76看起来非常像一只蝴蝶。

我们下一站要去的地方是一个精彩的双星团，这是一个自古以来就为人所知的肉眼可见的奇观。在第294页上的一月全天星图中可以找到它。先找到仙后座“W”形中标注γ和δ的两颗星。从仙后座γ到仙后座δ连一条线，再将这条线向前延伸两倍这个距离，就到双星团了。它就是一块模糊的光斑，隐藏在银河那朦胧的光带中。

虽然双星团可以装进一个1°的视场中，但如果用短焦距望远镜得到1.5°或更宽的视野就更好了。星团周围的黑暗天空更能够反衬出星团的壮观。它们是一对真实的星团，因为它们的年龄和距离都差不多。

双星团中，东边的星团是NGC 884。用我的105 mm望远镜放大到68倍，我能看到大约80颗星，有明有暗。在星团中心的西南边有两团亮星聚集成块。NGC 884中有几颗橙色的星，其中两颗孤零零地位于两个星团中间。这些橙色星是变星，在它们的亮度最高时，用一个小型望远镜就能察觉到它们的颜色。

西边的星团是NGC 869。这个星团比NGC 884小一些，也更加密集。其中有两颗很亮的星，六十几颗较暗的星。中间那颗亮星的东南面有一些星星形成碗

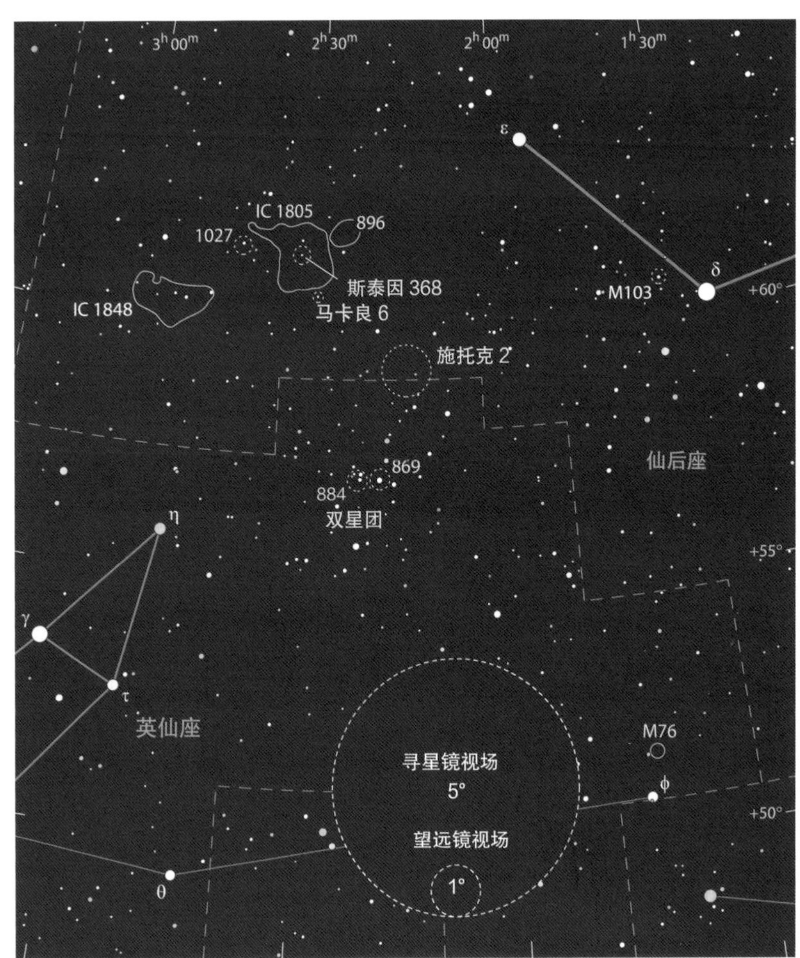

* 星图：改编自《天图2000.0》数据。

英仙座和仙后座交界处的星团和星云								
目标	类型	星等	大小/角距	距离(光年)	赤经	赤纬	*MSA*	*U2*
M76	行星状星云	10.1	1.7′	4000	$1^h42.3^m$	+51°35′	63	29R
NGC 884	疏散星团	6.1	30′	7000	$2^h22.3^m$	+57°08′	62	29L
NGC 869	疏散星团	5.3	30′	7000	$2^h19.1^m$	+57°08′	62	29L
施托克 2	疏散星团	4.4	60′	1000	$2^h15.6^m$	+59°32′	46	29L
IC 1805	疏散星团	6.5	20′	6000	$2^h32.7^m$	+61°27′	46	29L
IC 1805	发射星云	—	96′×80′	6000	$2^h32.8^m$	+60°30′	46	29L
斯泰因 368	双星	8.0,10.1	10′	6000	$2^h32.7^m$	+61°27′	46	29L
NGC 896	发射星云	7.5	20′	6000	$2^h24.8^m$	+62°01′	46	29L
NGC 1027	疏散星团	6.7	20′	3000	$2^h42.6^m$	+61°36′	46	29L
马卡良 6	疏散星团	7.1	6′	2000	$2^h29.7^m$	+60°41′	46	29L

M76 的大小是指它独特的明亮棒状的长度。表格中的 *MSA* 和 *U2* 列分别为《千禧年星图》和《测天图 2000.0》(第二版)中的星图编号。

形。美国加利福尼亚州天文爱好者罗恩·巴努基斯里在他的102 mm折射望远镜中把它们形容为发光的眼睛和眉毛。

看过了双星团,我们再去看看施托克,确切地说是施托克2(Stock 2)。在NGC 869的北边有一串2°长的星星,一直延伸到施托克2。在50 mm双筒望远镜中同时欣赏双星团和施托克2,那真是引人入胜的景色。用望远镜看施托克2时,一定要用广角目镜,使用低倍率,因为它在天空中的跨度大约有1°。

我用小型折射望远镜放大到47倍,能够看到几十颗星松散地落成一群。最亮的一颗星组成了一个火柴人的形状,头朝西,叉开的两条腿朝东。他的双臂向上高举并弯曲,好像在炫耀肌肉。所以,马萨诸塞州天文爱好者约翰·戴维斯把施托克2称为肌肉男星团,这个名字真是再合适不过了。

下面,我们要从施托克2向东北方向移动3°,来到星云星团IC 1805。在68倍放大率下,那是40多颗星聚集在一起的一群星星,宽度大约13′。星团的中心有一圈星星,其中包含星团中最亮的一颗星,从这一圈星星向外辐射出一些8等或更暗的星。中央恒星是一对双星斯泰因368(Stein 368),主星的东边10″有一颗暗淡的伴星。

将倍率降低到17倍,能够得到一个3.6°的视场,我在星团中以及星团周围看到了一个巨大的星云。使用氧-Ⅲ滤镜会看得更加明显。星云最亮的部分包含星团本身和向东延伸然后向北弯曲的一块宽宽的光斑。从这块光斑的最东边开始,有一圈暗淡的环从星团的南边一直环绕到西边。两段环都断断续续,总共占据了大约1.5°的天空。一块又小又亮的独立的光斑,NGC 896,位于星团西北方1°处。在暗夜中,这个巨大的复合体在30 mm的双筒望远镜中就可以看到。

IC 1805的东边1.2°处,是另一个星团NGC 1027。在87倍下,我能看到一颗7等星,周围松散地围绕着大约40颗暗星和极其暗的星,宽度大约17′。星团中较亮的一些星像是旋转着从中央恒星向外延伸的。

双星团是夜空中最漂亮的奇观之一。
* 摄影:罗伯特·詹德勒。

多数观测者一眼就能看出行星状星云M76中间的长方形，这个奇怪的形状让它得名“软木塞”“小哑铃”等。威廉·C.麦克劳克林在美国俄勒冈州用一个12.5英寸f/9反射望远镜拍摄21张CCD图像叠加出了这幅照片。

在IC 1805的西南偏南方向不到1°的地方有一个有趣的星结马卡良6（Markarian 6或Mrk 6）。在87倍下，它是一个不很明显的星团，但是有一个值得注意的形状。四颗8.5等到9.7等星组成了一条略微弯曲的南北向的弧线。其中最南端的星和五颗更暗的星连接起来，形成一个箭头，北边的三颗星是箭头的尾巴。

在这片天区中我见过很多迷人的景色，真希望有更多篇幅可以分享给大家。然而，总是有更多的未知等待我们去发现，这正是观星的迷人之处。

北方夜空

鹿豹座和仙后座交界的地方恒星稀少，但是深空天体很多。

我们通常盼望着每个季节的精彩天体从东方升起来，却忽略了那些一年四季永远不落下去的星星。鹿豹座就是这样，对中纬度地区的观测者来说，鹿豹座，这只长颈鹿，是一个拱极星座。

鹿豹座是一个比较“新”的星座，在17世纪初才被创立，通常认为是荷兰的制图员彼得勒斯·普朗修斯创立的，他把天空中没有分配给任何星座的一片没有亮星的区域命名为鹿豹座。当往北方看的时候，我们无法分辨出一只长颈鹿的轮廓，只有它身上的斑点满天都是。

在这次一月的星空旅行中，我们要看看鹿豹座中西南方的区域，这里是长颈鹿的后腿和仙后座中皇后的脚趾相遇的地方。用小型望远镜就可以在这里看到很多深空奇迹，有大有小，有易也有难。

我们从施托克23（Stock 23）开始吧，这个疏散星团跨在两个星座的边界上。施托克23有时候也被称为帕兹米诺星团，这是用纽约天文爱好者约翰·帕兹米诺的名字命名的，他用朋友的4.3英寸折射望远镜寻找英仙座双星团时无意中发现了这个星团。《天空和望远镜》杂志1978年3月号的深空奇迹栏目介绍了他的这个偶然发现，引起了业余观测者的注意。

在双筒望远镜中看，施托克23由四颗星组成了一个不规则的四边形，很像天龙座的头部。我用105 mm折射望远镜放大到87倍，可以数出27颗星，亮度7.5等或更暗，占据了13′的天空。大部分星聚集在一个西北—东南方向的椭圆形里，西南方还有两颗星。看着这个与众不同的形状，我就不禁想要玩连点成图游戏。在我看来，它像一只折耳兔的脸，耳朵耷拉下来。一只耳朵的根部是一对亮度差不多的双星Σ362。

施托克23还拥有一些星云状物质，但我从来没有看到过。但我扫视这片区域时，发现了在它西北偏西方向2°处有一个很亮的星云。IC 1848大约1.5°长、0.75°宽，最好用低倍率的广角目镜观看。我用小型折射望远镜放大到17倍或28倍，即使不用滤镜也能看到它。用窄带光害滤镜能够增强一些效果，氧-Ⅲ滤镜和氢-β滤镜都有更好的效果。你的观测效果可能会因望远镜口径和夜空黑暗程度的影响而不同。星云中北边、东边和西边的宽阔区域最亮且显得斑驳。

在星云覆盖之下，有两个疏散星团，都不太明显。西边的星团和星云共同组成了IC 1848，星团的中间有一对大角距的明亮双星Σ306 AG。放大到68倍，我能看到很多

一月夜晚的北方深空								
目标	类型	星等	大小/角距	距离（光年）	赤经	赤纬	*MSA*	*U2*
施托克 23	疏散星团	5.6	14′	—	$3^h16.3^m$	+60°02′	45	28R
IC 1848	发射星云	7.0	100′×50′	6500	$2^h53.5^m$	+60°24′	45	28R
IC 1848	疏散星团	6.5	18′	6500	$2^h51.2^m$	+60°24′	45	28R
Cr 34	疏散星团	6.8	24′	500	$2^h59.4^m$	+60°34′	45	28R
Tr 3	疏散星团	7.0	23′	—	$3^h12.0^m$	+63°11′	45/32	17L
甘伯 1	星群	4.0	150′	—	$3^h57.4^m$	+63°04′	31/43	16R
NGC 1502	疏散星团	5.7	7′	2700	$4^h07.8^m$	+62°20′	43	16R/28L
NGC 1501	行星状星云	11.5	52″	4200	$4^h07.0^m$	+60°55′	43	28L
IC 342	旋涡星系	8.3	21′	1 100 万	$3^h46.8^m$	+68°06′	31	16R

大小数据来自星表或照片，实际观测时的目标大小往往比星表里的数值小。距离数据来自最新的研究，单位是光年。表格中的 *MSA* 和 *U2* 列分别为《千禧年星图》和《测天图 2000.0》第二版中的星图编号。

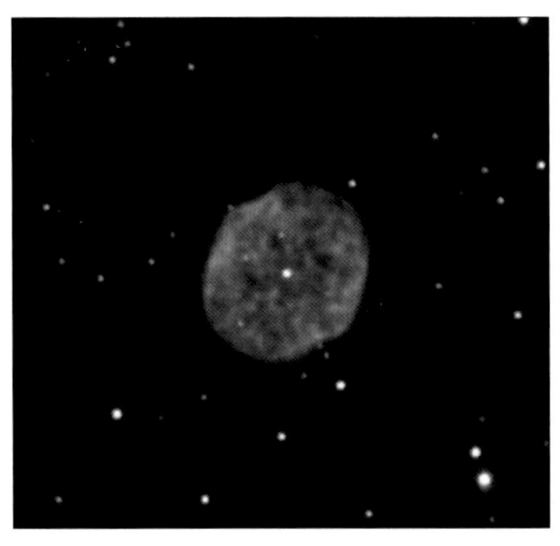

NGC 1501的视大小和木星差不多，在望远镜中看上去是一块苍白的椭圆形光斑。在这张通过20英寸RC系统望远镜拍摄的CCD照片中，14等的中央恒星看起来挺亮，但目视则是一个挑战。上方为北。

* 摄影：亚当·布洛克/美国国家光学天文台/美国大学天文研究联合组织/美国国家科学基金会。

非常暗的星散落在18′范围内，南边和东边最紧密。在它的东边是更大的科林德34（Collinder 34，或Cr 34），中心有两颗星（分别为8等和9等），从它们向外辐射出很多串星星。

在施托克23的北边3.2°，是更明显一些的星团特朗普勒3（Trumpler 3，或Tr 3）。放大到87倍时，我可以看到35颗9等或更暗的星闪烁着散落成稀疏的一群，边界模糊。最亮的星中有三颗星在星团中心的西边形成了一条南北向的直线，还有一颗位于星团的东侧边缘。

如果从特朗普勒3向东移动5°，你就会看到天空中最值得一看的星群之一。加拿大的卢西恩·J. 甘伯用7×35双筒望远镜扫视天空的时候纯属偶然地撞到了这个星群。他称它是“一串漂亮的暗星从西北直滚向疏散星团NGC 1502”。甘伯向瓦尔特·斯科特·休斯敦描述并绘制了这个星群，后者在《天空和望远镜》杂志1980年12月号的深空奇迹栏目中公布了这个发现。在

在这个闪亮的星团四周，围绕着一片更大的星云——IC1848。它呈现出电离氢的特征性红色调。由于人眼难以识别暗淡而弥散的物体的色彩，所以大多数人都会把这个星云的颜色认作柔和的灰色。这张照片的视场宽度约为140′。

* 摄影：肖恩·沃克。

IC 342是一个几乎正向对着我们的星系，旋臂十分舒展，占据的天空大小几乎和满月一样大。美国康涅狄格州埃文镇的罗伯特·詹德勒拍摄的这张照片显示出了非常好的细节。他用的是12.5英寸望远镜和SBIG ST-10E相机。

后来的栏目文章中，休斯敦就把这条迷人的、笔直的星星串叫作甘伯串珠，一直流传至今。

甘伯串珠是由7等星到9等星组成的一条2.5°长的线。中间有一颗5等星打断了这一串星星。在我的小型折射望远镜中，用一个17倍的广角目镜可以得到一个3.6°的视场，能够看到大约20颗星，景色宜人。在串珠的东南端是NGC 1502，一个漂亮的星团，有很多暗星围绕在一对7等的黄白色双星（Σ485）周围。放大到68倍，我在一个扁三角形范围内数出了聚在一起的25颗星。

从NGC 1502向南移动1.4°，我们能找到一个小的行星状星云NGC 1501。用我的105 mm望远镜放大到68倍看，它又小又圆，还很亮。每次用更大口径的望远镜看，这个行星状星云都显示出更多的特征。值得一看的特征包括相对暗弱的中心、明亮的东北和西南部、昏暗的中央恒星和略微椭圆的形状。

我们的最后一站是IC 342，或称为科德韦尔5（Caldwell 5），是本星系群外面最近的星系之一。从甘伯串珠西北端开始，向北移动1.8°，来到一颗橙色的4等星，在它的东边20′处有一颗黄色的7等星。从那颗橙色星向北移动1.6°，西边一点是一对角距和方位跟前面两颗星差不多的星，一颗是白色的6等星，一颗是深黄色的7等星。这四颗星组成的平行四边形在寻星镜中不难看到。IC 342就位于那颗白色星的北边54′处。把这颗白色星放在一个低倍率视场的南边缘，星系就在北边缘附近了。

为了更好地欣赏这个巨大但面亮度很低的星系，一定要把它放在视野中心。用我的105 mm望远镜放大到28倍看，它就像一个蒸发了的幽灵一样难以捉摸，其中夹杂着几颗闪烁的暗星。它看上去是椭圆的，长轴沿着南北方向延伸，长度约12′。著名观测者斯蒂芬·詹姆斯·奥米拉在暗夜中用他的105 mm折射望远镜能够看出IC 342的三条主要的旋臂。

IC 342是马菲1（Maffei 1）星系团的成员。它相对较近，距离我们1 100万光年，光度和我们的银河系差不多，是北天星空最亮的星系之一。但我们看它的视角很大程度上削弱了它的亮度。因为IC 342位于银河系的银盘之上仅仅10.6°，被气体和尘埃云严重遮挡。

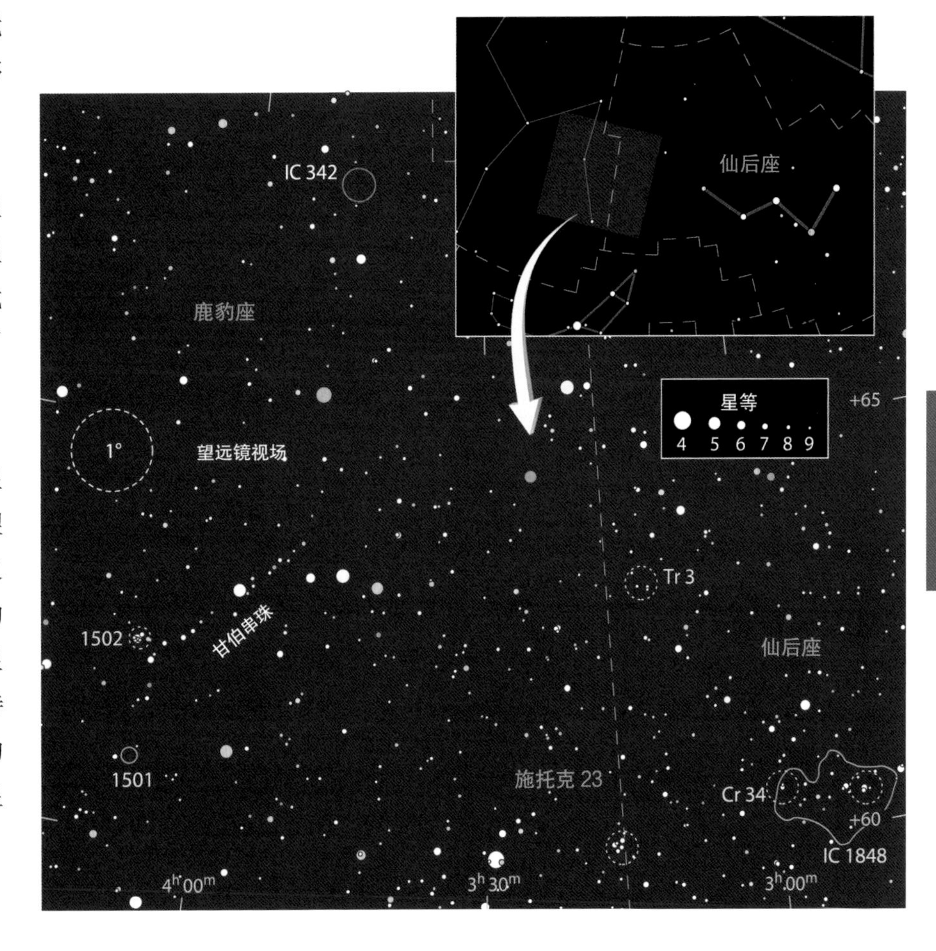

冬季 ● 一月

顺流而下

游走在波江座蜿蜒的河道上，此江带您尽览深空奇景。

波江座这条天空之河的源头位于猎户座最明亮的灯塔参宿七附近，其出发点始于玉井三，或称作波江座β处，使其成为全天的第六大星座。但是我们这次的观光行程仅限于波江座北边部分，就从它的源头开始说起。

“不惮辛劳不惮烦”，这句话引用自威廉·莎士比亚的经典著作《麦克白》，它完美地诠释了我们寻找女巫头星云（IC 2118）的过程。女巫头星云是一个视觉奇幻现象，虽然它用双筒望远镜就能看到，但用更大的设备来观测，也不见得就能看得更轻松。

用望远镜来定位女巫头星云，首先用最低倍率的目镜将玉井三放在视场东部的边缘附近，接着向南方搜索。小型大视场望远镜在你寻找这个巨大的星云时，会给你带来决定性的优势。有一年，在佛罗里达群岛举办的年度冬季星空大会上，我完成了对女巫头星云的拍摄。虽然那里的天空并不是理想中的那么黑暗，但由于观测地点比较靠南边，所以在那里观测波江座会比我在纽约州北部的家中观测要高很多。我的105 mm折射望远镜在17倍放大率、有效视场3.6°范围的情况下，可以显示出长约2°的南北向微弱光晕，且该光晕的北端略微向东弯曲。这个星云的东部边缘更加轮廓分明，在靠近中心的位置是一块明显的不规则凸起。如果用较大的望远镜（视场范围相应更窄）来观测女巫头星云，那么必然只能分块观测。这样仍然是一个挑战。

在一月份的夜晚，流淌在天空中的长河——波江座向南方曲折而蜿蜒着，即使在北方的观测者也可以很容易看得到它的第一条大转弯，如图所示。

细数波江两岸

目标	类型	星等	大小/角距	赤经	赤纬	*MSA*	*U2*
IC 2118	反射星云	—	180′×60′	$5^h 04.8^m$	−7°13′	279	137L
波江座 o^2	三合星	4.4, 9.5, 11.2	83″, 9″	$4^h 15.3^m$	−7°39′	282	137R
NGC 1535	行星状星云	9.4	48″×42″	$4^h 14.3^m$	−12°44′	306	137R
NGC 1247	“平坦”星系	12.5	3.4′×0.5′	$3^h 12.2^m$	−10°29′	309	138R
NGC 1300	棒旋星系	10.4	6.2′×4.1′	$3^h 19.7^m$	−19°25′	332/333	156R
NGC 1297	透镜状星系	11.8	2.2′×1.9′	$3^h 19.2^m$	−19°06′	332/333	156R
h3565	双星	5.9, 8.2	8″	$3^h 18.7^m$	−18°34′	332/333	156R
NGC 1407	椭圆星系	9.7	4.6′×4.3′	$3^h 40.2^m$	−18°35′	332	156R
NGC 1400	透镜状星系	11.0	2.3′×2.0′	$3^h 39.5^m$	−18°41′	332	156R

大小和角距数据来自星表或照片。大多数目标在实际观测时，大小往往比星表里的数值要小。根据最近的研究，以光年为单位给出近似距离。表中 *MSA* 与 *U2* 的竖列给出的数据为《千禧年星图》与《测天图 2000.0》第二版中的天体图表编号。

罗伯特·詹德勒拍摄了这张难以捉摸的女巫头星云IC 2118，由10幅图像拼接而成。右边缘附近的明亮恒星是3等星波江座λ。这张图视场宽度为3°，上方为南。

女巫头星云是一个不同寻常的蓝色星云，它的光芒主要由附近参宿七的光反射而来，因而在通常的气体星云的发射波段上，它的亮度并不显著。尽管如此，但很多观测者却表示，在一些特定波长的星云滤镜下观测这个星云效果也很不错。所以，似乎这个星云表现得有点“表里不一”。去试试观测IC 2118，看看你会不会被这个女巫所惊艳或诅咒呢！

现在让我们顺流而下，来到引人瞩目的三合星——波江座o^2。它的主星是4等的金黄色恒星，但更值得注意的是由它的两颗伴星组成的一个三星系统。该系统中的第二颗星是在主星东南偏东83″方向发现的一颗10等星，也是在小型望远镜中可见的为数不多的白矮星之一。这颗小恒星的直径约是地球的1.5倍，但质量已经达到太阳的一半还多。如果用这颗白矮星上的物质作为材料造一枚美分大小的硬币，那么这枚硬币会有40 000枚美分硬币的重量。

这个三星系统更奇特的地方在于它的第三颗星。这是一颗11等的红矮星，位于刚才那颗白矮星的西北偏北9″方向。当大气稳定时，70倍的放大率就足以分清这两颗恒星了。这颗红矮星的质量约是太阳的五分之一，大小是太阳直径的四分之一。由于这些红矮星很靠近地球，因此它们用普通的家用望远镜就能看到。整个波江座o^2三合星系统距离地球约16.5光年，也是我们最近的邻居之一。

我们再从这里出发，沿着河流的下一个转弯处南下5°，到达行星状星云NGC 1535处。在这中途大概一半的位置上，我们还会遇到一颗颜色和波江座o^2很像的5等星——波江座39。NGC 1535位于一个三角形的东边，这个三角形边长1°，由三颗8等星组成。英国天文爱好者威廉·拉塞尔在1853年1月7日观测到这颗行星状星云时，对它进行了这样的描述：“这是我见过的这类天体中最不可思议的东西。一颗明亮而清晰的恒星，亮度也许有11等，正好位于圆形星云的中心，最亮的部分是它的边缘；这个星云又被置于一个更大、更暗、同心且同样对称的星云上。”

拉塞尔用他自制的24英寸赤道式反射望远镜，在565倍的放大率下进行了这次观测。通过一个小型的低倍望远镜，观测到的目标天体看起来像一个蓝色的恒星；而用小型折射望远镜，在127倍的放大率下观测，目标天体则看起来像一个略微椭圆形的小盘子，偶尔还能看到盘子的中心出现一个比较明亮的点。一个6英寸口径的望远镜就可以看出拉塞尔所描述的双重性质。我用10英寸反射望远镜放大到170倍，还可以清晰地看到中心的恒星。恒星周围是一个明亮的偏蓝色光环，中心略微变暗，还环绕着一个更暗淡的光晕。一些观测者还会察觉到光环里有点绿色阴影。新墨西哥州的深空猎手格雷格·克林克劳赋予了这颗美丽的宝石一个闪亮的名字——克娄巴特拉之眼。

继续向西移动，我们来到接近侧面对着我们的旋涡星系NGC 1247。“平坦的”侧向星系是我最喜欢的观测目标之一。NGC 1247是由伊戈尔·D.卡拉切索夫教授与他的同事们编制的《扁平星系星表修订版》中的一个条目，这本索引包含了4 236个长度至少是宽度8倍的星系。

NGC 1247位于波江座ζ西南偏南2°的位置。该星系西北偏西方向有一颗10等星，东南偏东方向有一对10等的远距双星，这个星系就位于那颗10等星到双星之间的三分之一处。我猜是由于这个目标对小型折射望远镜来说可能太微弱了，所以我改用10英寸的望远镜再次寻找。我先用44倍放大率进行粗略扫描，再用170倍仔细观察后，发现这个纺锤形的星系从东北偏东向西延伸到西南偏西约3′，从两端向中间略微变亮，并且有一颗非常微弱的恒星叠加在其北方的中央。我在观测这个星系的那天，

冬季 • 一月

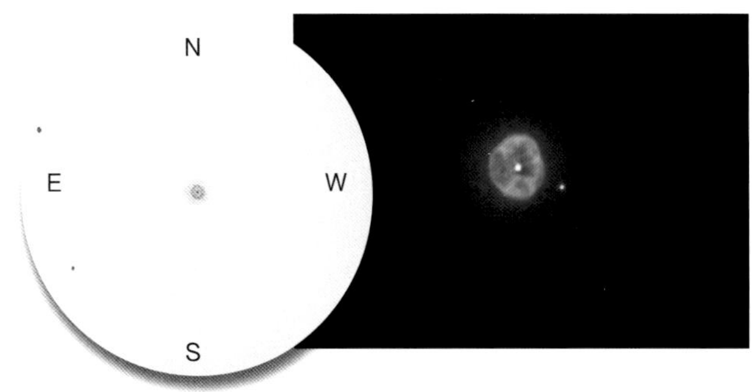

上左：由耶雷·卡汉佩在芬兰的于韦斯屈莱，使用6英寸反射望远镜观测绘制的NGC 1535的草图。他在266倍放大率下很容易地看到了中央恒星，并指出内圈的东部边缘比西部边缘略亮。这里显示的视场宽度为11′，上方为北。

上右：像飘浮在深空中的巨型水母一样，行星状星云NGC 1535在这张特写照片中展示了很多细节，这是天文学家在望远镜里从未见过的。星云的外壳层只有50″宽，亚当·布洛克用20英寸的反射望远镜配合CCD摄像头拍摄了本页这两张照片。

* 摄影：亚当·布洛克 / 美国国家光学天文台 / 美国大学天文研究联合组织 / 美国国家科学基金会。

天空有点阴霾，所以我想，如果是在一个晴朗的夜晚，用小一点的望远镜就能看到它。我很想知道用更小的口径是否能捕捉到它。

走过NGC 1247，江水沿着9颗星连成的线往南流去，再往东迂回，这9颗星全都是以波江座τ来命名的感觉当年约翰·拜尔给这个长星座的恒星命名时在非常努力地节省希腊字母。灿烂的棒旋星系NGC 1300位于橙红色的波江座τ^4以北的2°20′的地方。这个接近正面对着我们的星系，在小到4英寸口径的望远镜里就可以被观测到，但要看到这个棒旋星系的短棒结构，望远镜的口径可能需要至少10英寸。

我用10英寸反射望远镜在70倍放大率下找到了NGC 1300，后来我分别用118倍、170倍的放大率对其进行仔细观测和研究，发现星系中间呈现出不太亮的短棒结构，沿东南偏东到西北偏西方向放置，短棒的中央是一个稍亮的星系核。星系外围的光晕也呈椭圆形，椭圆的长轴和短棒的方向一致。光晕中的一些纹路显示出该星系有螺旋结构的迹象。在用118倍的放大率观测时，我还在同一视场内看到位于NGC 1300西北偏北20′的NGC 1297。这个小而圆的暗弱星系从四周向中心逐渐变亮，在其北边还有一颗14等星。使用广角目镜将放大倍率降低到70倍，可以让h3565这对漂亮的双星进入视野的北部。在我看来，这对近距双星是由一颗白色6等星与一颗金黄色8等星组成的。

让我们继续往东，飘到NGC 1407，它位于波江座τ^5东北3.5°和波江座20东南1.5°的位置。NGC 1407是波江座A星系群中最大且亮的椭圆星系，曾经有人用55 mm这样小口径的望远镜就看到了它。虽然它在更大口径的望远镜内看起来更亮，但其实它在大多数中小型业余天文望远镜的视野中显得大同小异：一个小小的圆形星系，有一个明亮的核球，还有恒星形状的核心。而位于西南方向12′的邻居NGC 1400则是NGC 1407的一个较暗的缩小版星系。尽管NGC 1400的视向速度比NGC 1407和该星系群的其他成员都低得多，但大家也都认可它确实是该星系群内的成员，只是其速度不寻常的原因尚不清楚。波江座A星系群距离我们6 500万光年，是波江座星系团的一个子星系群。人们认为这些子星系群最终将合并成一个巨大的星系团。

如果你有一个星图标注出了NGC 1407周围聚集的那些暗弱星系，那么你多半会想尝试去观测一下它们。其中一些比较容易观测的，按照亮度排序分别是NGC 1452、NGC 1394、NGC 1391、NGC 1440、NGC 1393和NGC 1383。

从我们地球的角度观测NGC 1300，几乎可以完全看到星系的正面。这个美丽的星系有一个从中央伸出的棒状结构，因此这类星系被命名为“棒旋星系”。这张照片中右上方为北，从左到右跨度约7′。更广的视野还可以将NGC 1297囊括其中。

* 摄影：尼古拉·比斯/埃西德罗·埃尔南德斯/亚当·布洛克 / 美国国家光学天文台/美国大学天文研究联合组织 / 美国国家科学基金会。

天空美景

一月的星空有适合各种口径望远镜欣赏的天体。

天大将军一，这颗精彩的双星位于组成仙女座形状的群星的最东端，每年这个时候（一月）高高挂在天上。1804年，德裔英国天文学家威廉·赫歇尔称它是天空中最美丽的天体之一，并且说道："两颗恒星显著不同的颜色，让人联想到那是一颗恒星和它的行星，它们强烈的大小对比，更加深了这种印象。"赫歇尔看到的2等主星是红白色的，并且描述5等伴星为"明显的浅天蓝色，偏一点绿色"。

天大将军一也就是仙女座γ，它一直是双星爱好者最喜欢的目标之一，但并不是所有人都看到相同的颜色。用我的105 mm折射望远镜放大到87倍，我看到的是一对金色和蓝色的星，但在我的10英寸反射望远镜中看，伴星则是白色的。天大将军一的主星是一颗K3型橙黄色巨星，如果把它放在太阳的位置，大小几乎能占满水星的公转轨道。

NGC 891是一个漂亮的侧向星系，就位于天大将军一东边3.4°的地方。在我的105 mm望远镜中放大到87倍，它看起来像6′长的暗淡光条，向东北偏北方向倾斜，位于群星之中。在星系中心的北侧，一颗12等星装饰在西边缘。NGC 891的目视效果随着望远镜口径增加而改善。用我的10英寸反射望远镜放大到118倍，这个星系非常壮观，显示出十分斑驳的表面和明亮的中心。它的大小约为1.6′×11′，南端内侧有一颗11等星。放大到171倍，中心区域是一个2.5′长的扁椭圆形，这让NGC 891似乎有一个中央核球一般。一条尘埃带沿着星系的长度方向将星系分成两半，核球部分的尘埃带最明显，星系北端的东边缘上有一颗13等星。

扁平的旋涡星系如果正对着我们，那么它看上去就是圆形的，如果侧向对着我们，它看上去就是狭长的。NGC 891是一个恰好完全侧向对着我们的星系，这个偶然的巧合让我们可以欣赏它像铅笔一样细长的外观。将星系分成两部分的暗带是由微小的尘埃形成的，尘埃的大小不会大于烟的颗粒。如果我们从银河系外面同样的角度观察银河系，它也将是这个样子的。

现在我们去看看疏散星团NGC 752（即科德韦尔28，Caldwell 28），它位于天大将军一的西南偏南方向4.6°处。在14×70双筒望远镜中，NGC 752是一个非常漂亮的星团，有大约60颗中等亮度的星和暗星聚集在将近1°的范围内。大角距双星仙女座56就位于它的西南偏南方，在第12页的星图中也有绘出。我用小型折射望远镜放大到47倍，可以看到大约90颗星，很多星交织成十字星。星团中最亮的星是金色的，仙女座56的两颗6等成员星分别是金色和橙色的。换我的10英寸望远镜放大到44倍，NGC 752明亮

一月的珍宝

目标	类型	星等	大小 / 角距	赤经	赤纬	*MSA*	*U2*
天大将军一	双星	2.3, 5.0	9.7″	$2^h 03.9^m$	+42°20′	101	44L
NGC 891	星系	9.9	11.7′×1.6′	$2^h 22.6^m$	+42°21′	101	44L
NGC 752	疏散星团	5.7	75′	$1^h 57.6^m$	+37°50′	123	62L
仙女座 56	双星	5.8, 6.1	201″	$1^h 56.2^m$	+37°15′	123	62L
M33	星系	5.7	71′×42′	$1^h 33.9^m$	+30°40′	146	62L
NGC 604	弥漫星云	10.5	1.0′×0.7′	$1^h 34.5^m$	+30°47′	146	62L
科林德 21	星群	8.2	7.0′	$1^h 50.2^m$	+27°05′	145	80L
Σ172	双星	10.2, 10.4	17.7″	$1^h 50.0^m$	+27°06′	145	80L
β1313	双星	8.6, 9.4	0.6″	$1^h 50.2^m$	+27°02′	145	80L
NGC 672	星系	10.9	6.0′×2.4′	$1^h 47.9^m$	+27°26′	146	80L
IC 1727	星系	11.5	5.7′×2.4′	$1^h 47.5^m$	+27°20′	146	80L

大小和角距数据来自最新的星表。实际观测时的目标大小往往比星表里的数值小，且根据观测设备的口径和放大倍率的变化而不同。赤经和赤纬是历元 2000.0 数据。表格中的 *MSA* 和 *U2* 列分别为《千禧年星图》和《测天图 2000.0》第二版中的星图编号。

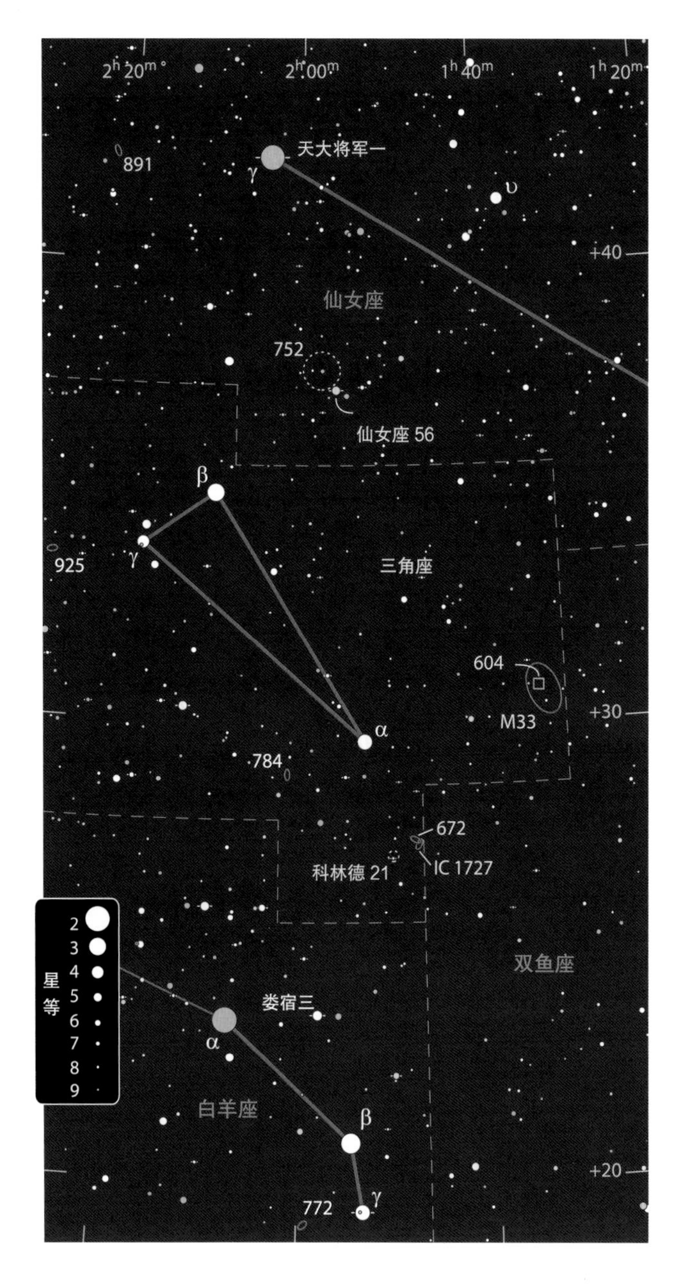

又壮观，占据了大约87′的天空。很多星组成了明显的弧线，还有好几对大角距的双星。很多恒星能够看出颜色，中心南边有三颗明显的星组成一个三角形，散发着金色的光芒。星团显示出这样的颜色是因为它的年龄已经超过10亿年，很多恒星都已经演化到红巨星阶段。

在NGC 752的南边，我们会找到一个三颗星的星群，这就是三角座。三角座α位于三角形的顶端。旋涡星系M33，有时候也称作风车星系，位于三角座α西北偏西方向4.3°的地方。它到地球的距离是260万光年，是本星系群的一部分。作为对比，NGC 891比它到地球的距离还要远12倍。虽然M33更近，但它不容易找到。它的亮度分布在一个很大的面积上，面亮度很低。尽管如此，还是有人在非常黑暗的夜晚用肉眼就看到了M33。它也是少数几个用中等口径的家用望远镜就能看到旋涡结构的星系之一。

有几次在星空聚会上，曾有人给我说他们找不到M33。当我帮他们找到并让他们看时，他们通常会说没有想到这个星系这么大、这么暗。用我的105 mm望远镜加上一个广角目镜，得到68倍的倍率和1.15°的视场，这个星系极其暗淡的外层晕沿着东北偏北到西南偏南方向延伸，跨越了四分之三个视场。它的宽度超过了长度的一半。一个大而略明亮的内层晕沿南北方向延伸，包裹在一个东西方向的小核球周围。

我用10英寸望远镜放大到70倍，能够看到风车星系微妙的旋涡结构。一条旋臂从中心的西边伸出，一直环绕到北边。另一条对称的旋臂从东边伸出，环绕到南边。几颗恒星散落在星系上，一些非常暗的星位于核球里。内层的晕和核球都非常斑驳，2′大小的核球中间是一个恒星般的核。

M33中有几个足够亮的恒星云和星云，都拥有NGC或IC编号。最明显的一个是巨大的恒星形成区NGC 604，位于M33核心东北方向12′处，就在一颗11等星的旁边。在我的小型折射望远镜和低倍率下，它们看上去就像一对双星，但其中一颗星不是那么清晰。放大到87倍后就能看出NGC 604的模糊形状了。用我的10英寸望远镜放大到118倍，它是一个1′大小的西北—东南方向的椭圆形，越往中间越亮。NGC 604是一个特别大的星云，跨越了大约1 500光年，比猎户座星云M42大50倍。

在三角座α西南偏南方向2.5°处有三个有趣的天体，其中最明显的一个是科林德21（Collinder 21）。我用105 mm望远镜放大到68倍，可以看到13颗星勾勒出一个6′的圆形，但东北方向的四分之一圆极度向内凹陷。在圆

有一个因素虽让三角座里的旋涡星系M33成了北半球天文摄影师们的宠儿，却成了目视观测者的噩梦，那就是它的视大小。由于M33看上去比月亮还要大，它的亮度分布在这么大的面积上，除非天空条件非常好，否则它比那些小但面亮度高的天体更难看到。照片视场宽度为45′。
* 摄影：肖恩·沃克。

NGC 891侧向对着我们，中间一条尘埃带将星系分成了明显的两部分。即使用小型家用望远镜也能看到它，但要想看到尘埃带，至少要用8英寸口径的望远镜。照片视场宽度为0.25°。

* 摄影：亚当·布洛克/美国国家光学天文台/美国大学天文研究联合组织/美国国家科学基金会。

形的西北边缘上，有一对双星Σ172，两颗子星亮度差不多，都是10等。观测者喜欢用10英寸或更大的望远镜去尝试分解开其中最亮的那颗星β1313，一颗黄白色的星，位于圆的南边缘上，它由两颗亮度差不多的子星组成，角距仅0.6″。

洛厄尔天文台的布莱恩·斯基夫用天文台的21英寸反射望远镜对科林德21进行了光度测量研究。他的研究表明大部分恒星的距离都不同，因此它并不是一个真实的星团。随后，斯基夫又通过分析恒星自行巡天的数据确认了这一点，因为其中的恒星自行的方向也不相同。他还发现圆形北边缘上的一颗红色10等星是一颗变星，是星群其他恒星的一颗背景星。

在科林德21西北方向仅仅37′处，就是星系NGC 672。科林德21中最亮的那颗星和它北边的一颗亮度差不多的星，以及NGC 672组成了一个扁的等腰三角形。在我的小型折射望远镜87倍下，它是一个暗弱的星系，沿着东北偏东到西南偏西方向延伸了2′大小。在我的10英寸反射望远镜中放大到118倍，NGC 672被三颗13等星框在中间，其中两颗在西边。星系大约5′长，宽度是长度的三分之一，往中间稍稍变亮，中间拉长的核球不规则且斑驳。NGC 672与另一个面亮度更低的星系IC 1727位于同一个视场中。IC 1727位于NGC 672西南方8′，是个2′长的椭圆，宽度是长度的一半。NGC 672的距离大约为2 600万光年，和IC 1727组成了一对相互作用星系对。

追逐天空中的鲸鱼

我们可以航行在十二月的天空海洋中，探索鲸鱼座的深处。

冬季 • 一月

我已登上了南船座，跟他们一起到远离水蛇座和飞鱼座无垠无涯的地方去追击鲸鱼座。

——赫尔曼·梅尔维尔《白鲸》，1851年

鲸是一种巨大的生物，天上的鲸鱼座也是巨大的。鲸鱼座是全天第四大星座，仅次于长蛇座、室女座和大熊座。由于恒星每晚从东向西运行，所以鲸鱼座看上去像是倒退着游过天空一样。鲸的头部在东边占据了很长的部分，且比尾巴高，毕星团的“V”字正好指向鲸鱼座组成头部的环形。

我们从双星鲸鱼座ν开始吧，它位于鲸鱼座头部那个环形中的鲸鱼座γ和鲸鱼座ξ^2中间。在我的105 mm折射望远镜中，漂亮的黄色主星东边有一颗暗淡的伴星。在大气比较平静的夜晚，我可以在47倍下分辨出它们，但是当视宁度较差时，倍率要翻倍才行。

威廉·H. 史密斯在他的著作《贝德福德星表》中称，他在1833年的时候用5.9英寸折射望远镜看鲸鱼座ν的伴星 “只能在仔细观察的时候偶尔瞥见”。在《皇家天文学会月刊》中，威廉·诺布尔声称他在1873年用他的4.2英寸望远镜看这颗星相当明显。1861年托马斯·威廉·韦布在

深空天体多且美，神鱼见首不见尾							
目标	类型	星等	大小 / 角距	赤经	赤纬	*MSA*	*U2*
鲸鱼座ν	双星	5.0, 9.1	7.9″	$2^h35.9^m$	+5°36′	239	99L
宇宙问号	星群	3.9	2.1°×0.7°	$2^h36.3^m$	+6°42′	239	99L
鲸鱼座γ	聚星	3.6, 6.2, 10.2	2.3″, 14′	$2^h43.3^m$	+3°14′	238	119L
M77	旋涡星系	8.9	7.1′×6.0′	$2^h42.7^m$	−0°01′	262	119L
NGC 1055	旋涡星系	10.6	7.6′×2.6′	$2^h41.7^m$	+0°27′	262	119L
NGC 1087	旋涡星系	10.9	3.7′×2.2′	$2^h46.4^m$	−0°30′	262	119L
NGC 1090	旋涡星系	11.8	4.0′×1.7′	$2^h46.6^m$	−0°15′	262	119L
NGC 1094	旋涡星系	12.5	1.5′×1.0′	$2^h47.5^m$	−0°17′	262	119L
鲸鱼座84	双星	5.8, 9.7	3.6″	$2^h41.2^m$	−0°42′	262	119L
鲸鱼座o	变星	$3^1/_2$ –9	—	$2^h19.3^m$	−2°59′	264	119R

大小和角距数据来自最新的星表。实际观测时的目标大小往往比星表里的数值小，且根据观测设备的口径和放大倍率的变化而不同。赤经和赤纬是历元2000.0数据。表格中的*MSA*和*U2*列分别为《千禧年星图》和《测天图2000.0》第二版中的星图编号。本月所有天体都在《天空和望远镜星图手册》中的星图4所覆盖的范围内。

5.5英寸望远镜中也轻易地看到了它。诺布尔写道："这颗'问题恒星'一定是一颗十分显著的变星。"我没有找到资料能够证实这是一颗变星。我们相信不同的观测者、不同的设备、不同的天空环境会得到悬殊的观测结果，但无论如何，时常关注一下这对双星是一件很有意思的事情。

鲸鱼座ν位于一个有趣的星群下面，美国加利福尼亚州天文爱好者达纳·帕奇克称之为"宇宙问号"。鲸鱼座ν就是这个问号下面的点，北边5颗6等星和7等星组成了问号的形状。这个2°高的宇宙标点，在我的8×50寻星镜中看得很清楚，也是一个适合小双筒望远镜观测的目标。

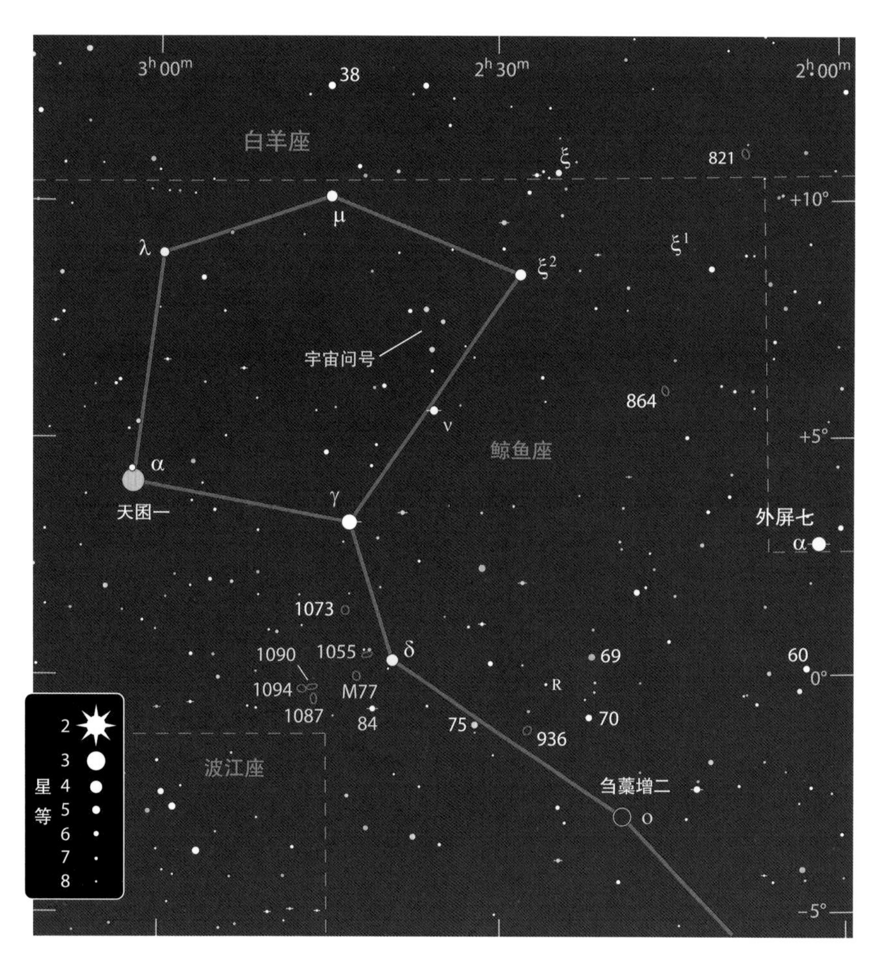

鲸鱼座γ是一对比鲸鱼座ν更有挑战的双星。我用小型折射望远镜放大到127倍能够在白色的主星西北偏西方向分辨出淡黄色的伴星。一颗10等红矮星位于它们西北方14′，它和这对双星的自行（在天球上的视运动）相同，有可能是这个系统的一个物理成员。如果是这样的话，这颗红矮星距离它们的伙伴们至少21 000天文单位，150万年才能绕它们转一圈。这个系统距离我们82光年。

鲸鱼座中唯一的梅西耶天体是旋涡星系M77，位于鲸鱼座δ东南偏东方向52′。我用105 mm望远镜放大到127倍，看到了一个2.5′大小的晕，

虽然鲸鱼座是全天第四大星座，覆盖了超过1 200平方度，但它只有一个梅西耶天体——旋涡星系M77。1913年，洛厄尔天文台的V.M.斯莱福得到了M77的光谱，显示出它正在以每秒1 000千米的速度远离我们，为埃德温·哈勃在20世纪20年代揭示宇宙正在膨胀奠定了基础。照片视场宽度为11′，上方为北。
* 摄影：罗伯特·詹德勒。

稍微有点椭圆，向东北偏北方向倾斜。晕的里面是一个小而亮的核球和一个像恒星一般的核。一颗与核差不多亮度的恒星位于星系东南偏东边缘。我用10英寸反射望远镜放大到213倍看到了淡淡的旋臂。东边的旋臂向北旋转，西边的旋臂向南旋转。

现在，在M77和鲸鱼座δ连线的中间偏北一点，找到一颗7等星和一颗8等星。旋涡星系NGC 1055位于这两颗星星的南边6′处。用我的小型折射望远镜放大到87倍，我看到了一个4′×1′的纺锤形，向东南偏东方向倾斜。一颗暗淡的恒星坐落在微微亮一些的核球西北偏北边缘。

NGC 1055和M77距离我们5 000万光年，被认为是一对相互作用的星系。NGC 1087和它们属于同一个星系群。在M77东边0.5°有两颗南北分布的离得很远的星星，亮度分别为8.2等和8.8等。选一个低倍率的视场，把较亮的那颗星放在视场的西北边，就能看到NGC 1087了，它位于一颗10等星南边6′处。我用105 mm望远镜放大到87倍能看到一个中等暗淡的2′×1.2′大小南北方向的椭圆，亮度很均匀。NGC 1090位于它的北边0.25°，在同一个视场中，但是极其暗淡。

用我的10英寸反射望远镜放大到115倍时，NGC 1090就显得明亮一些；与此同时我还看到了第三个星系NGC 1094，也位于同一个视场中。虽然NGC 1094的面亮度比NGC 1090高，但是它更难看到，因为它实在是太小了。它位于一颗9.7等星的南边4.5′。将放大倍率增大到213倍，则能够更容易看到它，但仍然没有任何细节。

NGC 1090相当细长，沿着东南偏东到西北偏西方向延伸了2′的距离。NGC 1087有2.5′长，宽度是长度的一半，越往中心越亮，看起来非常有质感。

在这片区域，你可以去看一颗漂亮的双星鲸鱼座84，位于M77西南偏南方向0.75°，是这片区域中最亮的星。我用10英寸望远镜放大到166倍，能够看到一颗黄色主星和它西北边暗得多的橙色伴星。它们距离我们不远，只有71光年。

我们最后一个目标是鲸鱼座o，又叫刍藁增二。它是第一颗已知周期的变星。这颗变星亮度变化的发现通常归功于荷兰神职人员、天文爱好者大卫·法布里休斯，他在1596年记录到了它的亮度极大值，当时他以为这是一颗新星。在约翰·拜尔1603年的《测天图》中首次用希腊字母o（omicron）为它命名。1642年，约翰尼斯·赫维留为它取名Mira[1]。

刍藁增二的光变周期在1638年由荷兰的约翰·福肯斯·霍尔沃德首次确定。它的亮度平均在3.5等到9等之间变化，周期为11个月，但不同的极大值和极小值会有1个多星等的波动。要想知道当前刍藁增二的亮度，可以使用美国变星观测者协会（AAVSO）网站上的亮度曲线生成器。在星名处填写“Mira”，然后按回车键，结果图不仅会告诉你刍藁增二现在的亮度，还会告诉你它正在变暗还是在变亮。

刍藁增二是一颗不稳定的红巨星，它的外层正在缓慢而半规则地扩张和收缩。其他有类似特征的星都被称为刍藁型变星。刍藁增二最大时，直径超过太阳的330倍。

我们要去捕鲸，
还有很多事等着我们。

——赫尔曼·梅尔维尔

1 在许多场合下Mira被音译为“米拉”变星，意思是“神奇的”，而这颗星在中国古代星名中被称为刍藁增二。——译者注

冬季 • 一月

珀尔修斯飘扬的披风

一月的夜晚，英仙座下的银河高高挂在头顶，这是热衷深空观测的人们的狩猎场。

英仙座中有很多精彩的深空天体，那是因为它正好位于银河的方向。加勒特·P.瑟维斯在他19世纪的经典著作《与星星度过一年》中写道："英仙座拥有银河的光辉，就像穿上一件飘扬的披风。"英仙座中最亮的星天船三（英仙座α），处于一群密集的恒星中，这里就是我们的旅行开始的地方。

天船三星团的名字就得名于其中最亮的这颗星，这个星团也叫梅洛特20（Melotte 20，或Mel 20）。在城市近郊的家中我能看到几颗暗星围绕在天船三的东南方。淡淡的薄雾意味着还有没分辨出来的恒星。这个星团非常大，在双筒望远镜中看非常壮观。我用12×36稳像双筒望远镜可以数出20颗亮星和70颗暗星，占据了4°×2.5°的天空。很多星星排成了明显的"S"形，从黄白色的天船三蜿蜒经过橙色的英仙座σ，形成了一个环。其他一些松散的连线使之更加壮观，其中一条从天船三开始向西北延伸，直到一颗黄色恒星，这颗黄色恒星还有一颗大角距的伴星。

梅洛特20是一个真实的星团，距离我们大约600光年，年龄大约5 000万岁。它属于一个更松散、更大的星族，全都诞生于同一个时期。虽然它们在太空中做相对运动，但由于引力较弱形成松散的群体而无法聚集到一起。

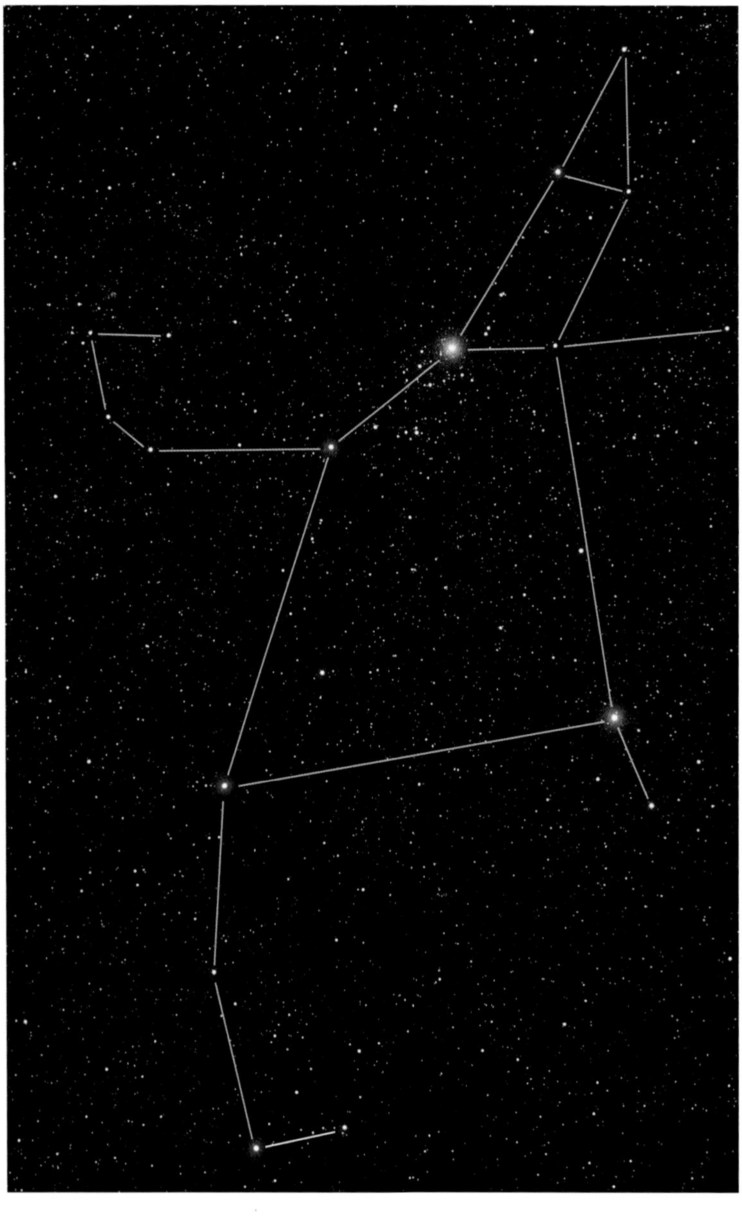

疏散星团M34更小也更紧凑，和英仙座κ、英仙座β（大陵五，一颗著名的食双星）组成一个等腰三角形。在小寻星镜中可以轻松地看到星团是一块模糊的光斑，大寻星镜就能看到里面的一些星星了。我用105 mm折射望远镜放大到127倍，可以看到75颗或亮或暗的星组成一个0.5°大小的正方形。其核心是矩形的，位于正方形的一条对角线上，包含了大部分亮星成员，很多星都是成对的。星团中最亮的星是深黄色的，位于正方形南部的中间，第二亮星位于对面，闪烁着橙色的光芒。M34的年龄是梅洛特20的5倍，它的恒星更暗，是因为它距离我们有1 600光年。

从M34向东扫过0.5°，有一条5颗9等到11等星组成的9′长的曲线。最亮的一颗星和最西边一颗星距离2′，沿着东西方向分布；一个鲜为人知的行星状星云艾贝尔4（Abell 4）就位于后面那颗星的西北偏北方向1.6′处。我用10英寸反射望远镜，在低倍率下看不到这个暗弱的星云。放大到166倍，再使用氧-Ⅲ滤镜或窄带滤镜，才能用余光

英仙座跨在银河上，里面有大量的星团。其中适合肉眼和双筒望远镜观看的主要是梅洛特20，在天船三（英仙座α）周围聚集的恒星占据了5°直径的天空。

* 摄影：藤井旭。

英仙座范围内最亮的星系是NGC 1023。用一个中等口径的望远镜就可以看到它，用8英寸以上的望远镜观测更佳。注意看NGC 1023东边（左）有一块亮斑，一般人很少注意到，那是它的一个伴星系。照片视场宽度为0.5°，上方为北。

* 摄影：帕洛玛天文台巡天二期/加州理工学院/帕洛玛。

看得更远

银河系的银盘中聚集了很多恒星、尘埃和气体，它们阻挡了来自遥远宇宙的光线。但英仙座方向的这片区域，遮挡物质有时候比较薄，这让我们能够看到一些遥远的星系，比如上图中的NGC 1023就是这样。

看到这个若有若无的星云，也只是个没有细节的圆盘。放大到213倍看更容易一些。氧-Ⅲ滤镜让视场看起来太暗，我不太喜欢，但换用更大口径的望远镜再加这个滤镜效果就还不错。

照片显示在艾贝尔4西北偏西方向仅仅48″的地方有一个16等的星系。这个侧向旋涡星系经常被误认为是CGCG 539-91，实际上这个编号指的就是艾贝尔4（虽然这是一个星系星表）。这个星系的编号让人头疼，叫作2MASX J02452000+4233270。虽然这个名字谁都记不住，但从名字上我们知道它来自2微米巡天扩展星表，以及它的精确坐标。我还没听说过有人能用小于24英寸的望远镜看到这个星系。

现在从M34向南移动2.5°，是一颗肉眼可见的恒星英仙座12。就在这颗黄色恒星东北边一点的是双星Σ292，在我的小型折射望远镜中放大到17倍来看，感觉特别漂亮。7.6等蓝白色主星旁边，朝向英仙座12，距离23″远是它的8.2等白色伴星。

欣赏完Σ292，把它放在一个低倍率视场的东边，再向南移动1.25°，就来到了NGC 1023。这是英仙座中最明亮的星系。我用105 mm望远镜放大到17倍，也很难看到这块东西方向延长的模糊光斑，主要因为它的南边有两颗分散注意力的恒星。放大到87倍，NGC 1023显示出一个明亮的椭圆形核球，向内更加明亮，中间是一个恒星般的内核。星系的宽度为1.3′，旋臂非常暗淡，看起来将星系的长度扩展到了3.6′。用我的10英寸望远镜放大到220倍，星系占据了7.5′×1.7′的范围，两端各有一颗12等星。明亮的核球在中心附近勾勒出圆形的轮廓，还有一颗13.9等星位于核球的西边。

英仙座的奖励

目标	类型	星等	大小 / 角距	赤经	赤纬	*MSA*	*U2*
梅洛特 20	疏散星团	2.3	5°	$3^h24.3^m$	+49°52′	78	43L
M34	疏散星团	5.2	35′	$2^h42.1^m$	+42°45′	100	43R
艾贝尔 4	行星状星云	14.4	22″	$2^h45.4^m$	+42°33′	100	43R
Σ292	双星	7.6, 8.2	23″	$2^h42.5^m$	+40°16′	100	43R
NGC 1023	星系	9.4	7.4′×2.5′	$2^h40.4^m$	+39°04′	100	61L
NGC 1245	疏散星团	8.4	10′	$3^h14.7^m$	+47°14′	78	43L
NGC 1193	疏散星团	12.6	3′	$3^h05.9^m$	+44°23′	99	43R

大小和角距数据来自最新的星表。实际观测时的目标大小往往比星表里的数值小，且根据观测设备的口径和放大倍率的变化而不同。赤经和赤纬是历元 2000.0 数据。表格中的 *MSA* 和 *U2* 列分别为《千禧年星图》和《测天图 2000.0》第二版中的星图编号。本月所有天体都在《天空和望远镜星图手册》中星图 13 所覆盖的范围内。

虽然英仙座中有很多各种各样的深空天体，包括著名的双星团，但是在18世纪法国彗星猎手夏尔·梅西耶的星表中，只有两个天体入选，即疏散星团M34和行星状星云M76。这里显示的是M34，用双筒望远镜可以轻松看到。照片视场宽度为0.75°，上方为北。

* 摄影：伯恩哈德·胡布尔。

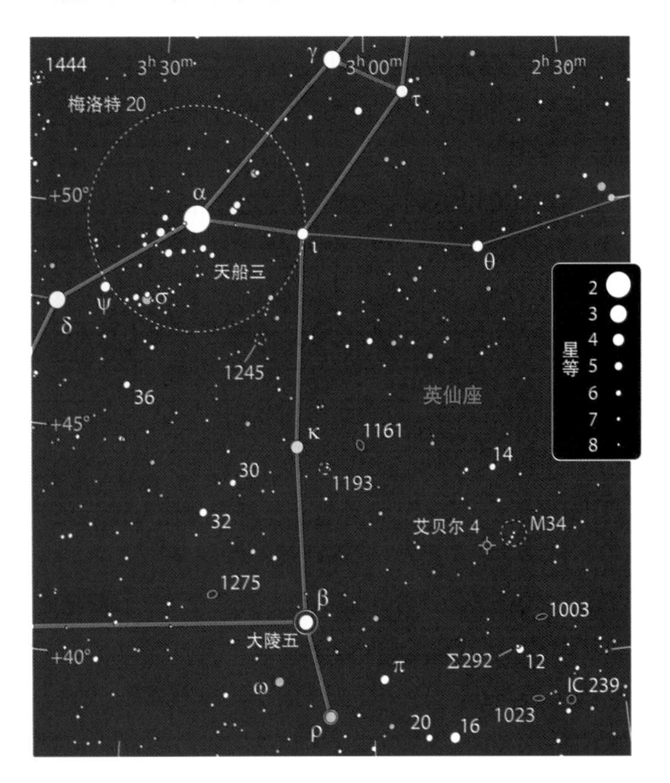

在照片中，似乎能看到一个矮星系挂在NGC 1023的东边。虽然知道它的准确位置，但我用10英寸望远镜却看不到这个NGC 1023A。我只能说在那个位置我觉得NGC 1023比我想象的没有伴星系的样子要宽一些。这个微妙增宽的区域旁边有一颗13.7等星，位于NGC 1023东端的南边。

下面，我们要去看第三个疏散星团NGC 1245。它比M34更小更致密，位于从英仙座κ到天船三一条假想的连线中间西边一点。我用小型折射望远镜放大到17倍来看，可以发现这个星团是有颗粒感的光斑，一颗8等星位于它的东南偏南边缘。每次增加倍率都能看到更多的恒星。在122倍下，我能数出25颗星星，宽度约8′；我用10英寸望远镜放大到213倍，在斑驳的迷雾中分辨出了70多颗恒星。NGC 1245中有几百颗恒星，距离我们9 800光年，年龄比M34大3倍。

NGC 1193是一个暗得多的星团，位于英仙座κ西南方47′。用我的105 mm折射望远镜放大到87倍，它看起来就像一团柔和的光斑，西边缘上有一颗12等星。西北偏北方向4.5′处有两颗大角距的中等亮度的星，暗一些的那颗是橙色的。虽然NGC 1193中有很多恒星，但由于它距离我们在遥远的17 000光年之外，所以看起来非常暗淡。在黑暗且宁静的夜晚，即使用10英寸望远镜在高倍率下也只能分辨出十几颗星星。NGC 1193也是一个非常年老的星团，一般认为它的年龄是80亿岁。

英仙座的片段

英仙座的银河里包含很多迷人的星团和星云。

很多资料都把英仙座上半部分的星星组成的一条曲线视为一个肉眼可见的星群，区别只是各自包含了一些不同的恒星。回溯历史，在我找到的最早的资料中，只有三颗星——英仙座γ、英仙座α和英仙座δ，组成了一段很大的圆弧，在大熊座方向上凹陷。

法国天文学家约瑟夫·杰罗姆·勒弗朗索瓦·德·拉朗德是我找到的最早给这个星群命名的人。在他1764年出版的《天文学》一书中，他称之为“英仙的腰带”，但到了19世纪中期，就演变成了“英仙座的弧线”。同时，在1830年12月的《帝国杂志》中，“英仙座的片段”的名字第一次出现，但文中说这个名称已经广为人知了。[1]

我们从英仙座γ，也就是“英仙座的片段”中最北边的一颗星的东边1°开始深空旅行吧。在这里，我们将先找到NGC 1220。用我的105 mm折射望远镜放大到47倍，这个疏散星团是一块小而暗的模糊光斑。它柔和的光芒位于一个21′长的等腰三角形北边8′处，这个三角形指向东南偏南方向，由三颗7等和8等星组成。放大到87倍，星团显现出轻微的颗粒感。两颗暗淡的星点若隐若现，其中一颗位于1.5′大小的光斑南边缘处。

我用10英寸反射望远镜放大到43倍来看，可以发现三角形中最接近NGC 1220的星是橙色的，还有一对暗星位于它和星团的中间。放大到115倍，光斑的颗粒感更明显，并且在南北方向变长；这时候可以看到6颗星，其中一颗在星团的西边。再继续放大到213倍，我在星团中心分辨出10颗星，其中北边是一对靠得非常近的双星，还有几颗其他的星星在星团的西边闪烁。

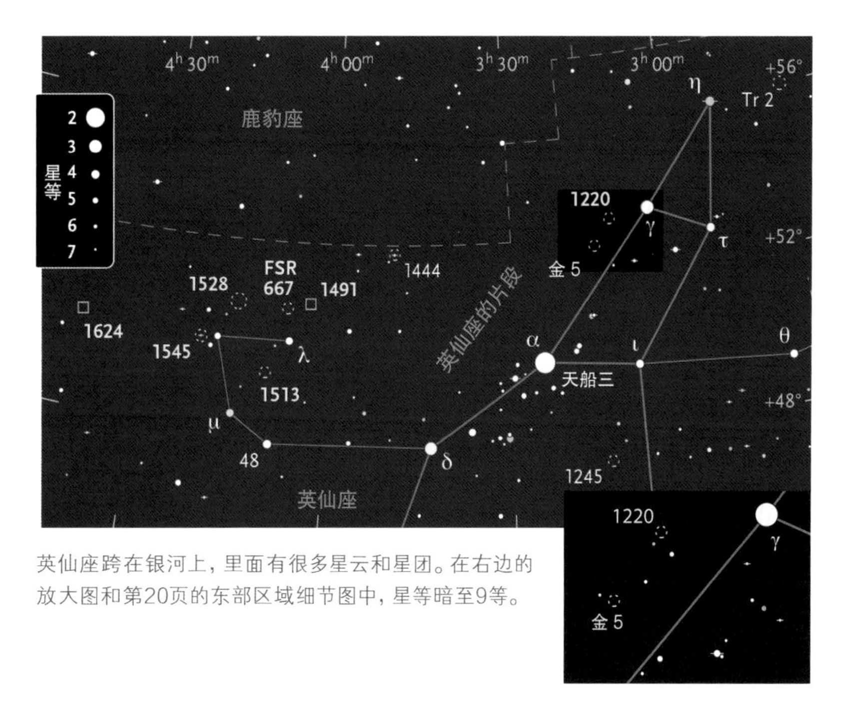

英仙座跨在银河上，里面有很多星云和星团。在右边的放大图和第20页的东部区域细节图中，星等暗至9等。

1　这个星群在中国古代星官体系里有个知名度更高的名字，叫作“天船”。——译者注

一大群恒星和发光的星云

目标	类型	星等	大小 / 角距	赤经	赤纬
NGC 1220	疏散星团	11.8	2′	$3^h 11.7^m$	+53°21′
金 5	疏散星团	—	6′	$3^h 14.7^m$	+52°42′
NGC 1513	疏散星团	8.4	12′	$4^h 09.9^m$	+49°31′
NGC 1491	发射星云	8.5	21′	$4^h 03.6^m$	+51°18′
FSR 667	疏散星团	8.9	7′	$4^h 07.2^m$	+51°10′
NGC 1528	疏散星团	6.4	21′	$4^h 15.3^m$	+51°13′
NGC 1545	疏散星团	6.2	18′	$4^h 21.0^m$	+50°15′
NGC 1624	星云和星团	11.8	5′	$4^h 40.6^m$	+50°28′

大小和角距数据来自最新的星表。实际观测时的目标大小往往比星表里的数值小，且根据观测设备的口径和放大倍率的变化而不同。

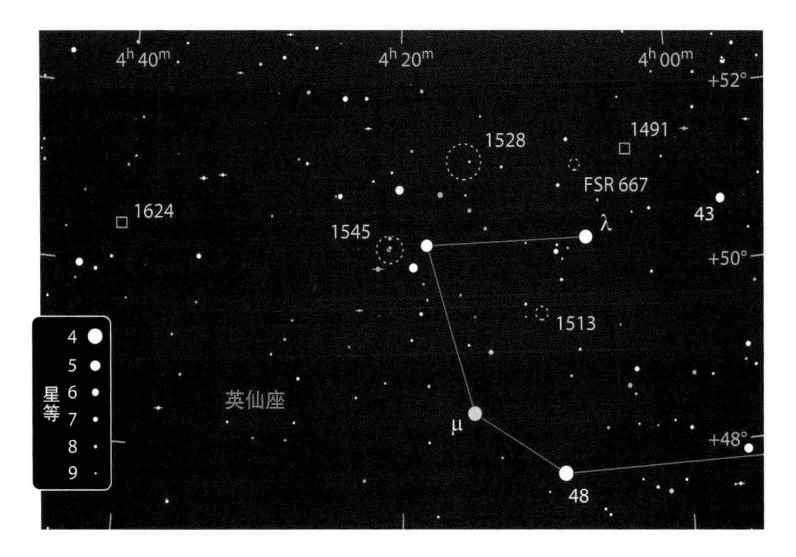

南部边缘。放大到213倍，我发现金5星团里满是暗星。我数出了25~30颗集中在一个4′×6′的东西方向的长条形范围内，但西边的部分星星不那么多。

轻量级的星团能够把它的恒星聚集在一起的时间只有几亿年。金5星团存活了这么长时间，是因为它包含了很可观的6 000多颗恒星，彼此之间的引力阻止了恒星的流失。在星团的一生中，存活下来的大质量恒星定居在星团的中心，而低质量的恒星则向外迁移。金5星团也位于英仙臂中，距离我们大约6 200光年。

NGC 1220是一个年轻的星团，年龄只有6 000万年。它距离我们大约5 900光年，位于银河系的英仙臂中。这是我们太阳系所在的猎户臂（也叫近域旋臂）外面的一条旋臂。

旁边的金5和它正好相反，是一个年老的星团，年龄已经有10亿岁了。它就位于NGC 1220的东南方47′，一颗8.7等星的西南偏西方向9′。在我的小型折射望远镜中，它就是个幽灵般的家伙，在87倍放大率下，只能用余光看到一块3.5′大小的光斑，还有一颗11等星守在它的东北边缘。用我的10英寸望远镜放大到43倍，这颗星和东南偏南、西南方向距离4′的两颗更暗的星组成一个等边三角形，前一颗在光斑之外，后一颗在光斑里。放大到115倍，我能看到15颗星在一片轻薄的迷雾之上。最亮的一块光斑位于那个三角形中，还有一颗相对较亮的星在它的

现在我们向下俯冲，来到英仙座δ，也就是“英仙座片段”中最南的那颗星。向东移动4.3°，是一颗4等星英仙座48，它和两颗亮度差不多的星英仙座μ和英仙座λ组成了一个直角三角形。疏散星团NGC 1513位于从英仙座μ到英仙座λ一半多一点的地方。

我用105 mm折射望远镜放大到17倍，很容易看到NGC 1513，是一块8′大的雾斑，还有一颗9.6等星位于它的东北偏北边缘。放大到47倍，则可以分辨出4颗暗星和几颗非常暗的星。继续放大到87倍，能够分辨出16颗星。较亮的一些星在星团的东半边距离边缘8′处形成了一条弯曲的弧线。

我用10英寸反射望远镜放大到115倍能够看到40颗星，大部分恒星组成了一只鸭子的样子。一颗9.6等星和它西北偏北方向的伴星是鸭子的尾巴。星团南边缘的一颗暗星是鸭嘴。鸭子的身体填满了NGC 1513的西半边，这群星星西边有一颗11等星，在它肚子的下面。鸭子的头部有大部分亮星，占据了星团的东南部。你能看到我的这位嘎嘎叫的朋友吗？

NGC 1513距离我们4 300光年，在太阳系里看，它在猎户臂的对面。

从英仙座μ到英仙座λ连一条线，再向前延伸一半的距离，就来到了发射星云NGC 1491中最明亮的一块光斑处。我用小型折射望远镜放大到47倍，发

上图：NGC 1624是一个年轻星团外面包围着发光星云的典型。

* 摄影：肖恩·沃克/谢尔登·法沃尔斯基。

右图：马里奥·韦甘德拍摄的这张可爱的照片中，NGC 1528（右上）精致的星尘和明亮粗糙的NGC 1545（右下）形成了鲜明对比。

现这是一个相当明亮的星云，长约4′，南北向延伸，东边有一颗11等星。用窄带星云滤镜看效果更好，更暗的星云状物质向东边延伸。用我的10英寸望远镜加滤镜看，我看到了宽宽的一条星云带从明亮的区域向北方、东方和东南方延伸，长度达到了0.25°。在氧-Ⅲ滤镜中就更大了，渐渐消失在星空背景中。

2007年，弗勒布里希、肖尔茨和拉夫特里进行了一次系统的红外波段星团巡天，其结果发表在《皇家天文学会月刊》上。巡天中包括一个可能是星团的天体FSR 667，这是一个有趣的目视目标。加利福尼亚州天文爱好者达纳·帕奇克也向我介绍过这个天体，他在1980年用8英寸望远镜偶然发现了它。帕奇克管它叫"弯弯曲曲星团"，并且说："它是一条十几颗星组成的可爱的曲线，最亮的一颗10.6等星位于中间，其他的星星暗到12.7等挂在两边。"

在英仙座λ的北边49′处往东一点点就可以找到这条曲线了。用我的105 mm望远镜放大到17倍，它是一块模糊的光斑；放大到127倍，能看到12颗星组成了一个7′长的正弦波形状，沿南北方向延伸。最亮的星有一颗很近的伴星。这条曲线很容易记住，值得一看。

从这里向东扫过1.3°，就来到了NGC 1528。我用105 mm望远镜放大到47倍来看，可以发现这个星团非常漂亮而且不规则，大约有45颗星聚集在20′的范围内。两颗9等星位于星团东北边，就像某种甲壳类动物的两只闪光的眼睛。我用10英寸望远镜能看到75颗星，其中有几颗红色的星星十分引人注目。在我们这只镶嵌着珠宝的生物的两只眼睛中间有四颗星连成的一只长喙。

从NGC 1528向东南方向移动1.3°就来到了疏散星团NGC 1545，其中心有一组色彩斑斓的三合星——索思445（South 445）。三颗分得很开的子星组成了一个瘦长的等腰三角形，指向西南偏西方向。用我的小型折射望远镜放大到68倍来看，它的7等主星是橙色的，一颗8等黄色伴星在西北偏北，一颗9等蓝色伴星在三角形的尖端。大约30颗星从中间的三合星向外辐射出几条线，大部分都很暗。在星团北边缘，有一对双星Σ519，主星是橙色的8等星，北边是一颗9等伴星。

FSR 667的距离尚未确定，但上面介绍过的最后三个NGC天体都位于银河系的猎户臂内，在我们和NGC 1513之间。

我们最后一个目标是NGC 1624，一个发射星云和疏散星团，位于NGC 1545东边3.1°处。用我的105 mm望远镜放大到28倍，它是一块模糊的小光斑，中间有一颗暗星；放大到127倍，在一个宽度4′的网中能看到五颗暗星。星云的西北偏西边缘还有一颗星。

NGC 1624是到目前为止我们的旅行中距地球的距离最遥远的一个天体。它距地球大约有20 000光年，甚至比英仙臂还远，位于我们银河系的外部旋臂（Outer Arm）中。

大视野

拥有较宽视场的目镜（65°～100°）特别有助于观测大的星团。它们能够在你更高的放大倍率下来分辨恒星的同时保持足够大的视野，让星团在天空背景中凸显出来。

上图：发射星云NGC 1491在小型望远镜中就很容易观测，特别是使用星云滤镜后。
* 摄影：布赖恩·卢拉。
右图：照片左边缘处弯弯曲曲的一条线就是星团FSR 667。在低倍率下，它和NGC 1491处于同一个视场中。
* 摄影：帕洛玛天文台巡天二期/加州理工学院/帕洛玛。

御夫座，驾车的人

天空中最美的一些星云和星团就在这个星座里。

你松开了马的颈项，鞭打着马的腰，
在我们尚未知晓路线的比赛中，
让它在眼前的赛道上奔跑。
战车的轮子旋转着，好像吹过黑暗的风，
它道路上的光，就是夜空在世界上的样子。

——阿尔加侬·查尔斯·斯温伯恩
《厄瑞克透斯》，1876年

根据神话传说，厄瑞克透斯是希腊神赫菲斯托斯在凡间的儿子。厄瑞克透斯制造了第一架四乘马车，在人间骑行，给众神留下了深刻的印象，这为他赢得了天上的一个星座席位，即御夫座。

我们从梅洛特31（Melotte 31，或Mel 31）开始在御夫座的旅行。35颗左右的恒星组成了一个长长的星群，延伸了2.25°，金色的御夫座16位于中央。在郊区的夜空中，肉眼看上去梅洛特31是一块模糊的光斑，但是在乡村你或许可以分辨出其中的几颗星星。

这群星星在寻星镜、双筒望远镜或小型望远镜低倍率下都很容易被看到。明亮的御夫座16到御夫座19非常引人注目。《天空和望远镜》杂志高级编辑艾伦·麦克罗伯特长期以来称这个可爱的星群为“跳跃的米诺鱼”，而加利福尼亚州天文爱好者罗伯特·道格拉斯管它叫“御夫座煎锅”。虽然梅洛特31表面上很壮观，但其中的星星基本上没有什么关系。

梅洛特31是以英国天文学家菲利伯特·雅克·梅洛特的名字命名的，他整理了245个天体，收录在《富兰克林-亚当斯星图中的星团表》中。梅洛特为人所知的另一个原因是他发现了木星的一颗卫星——木卫八。

用我的105 mm折射望远镜放大到28倍，这条“米诺鱼”和发射星云IC 410，以及星云中的疏散星团NGC 1893位于同一个视场中。星团中的一些9等星聚集在一起，形成了一个三角形，位于一团模糊的迷雾东边。星团宽度约12′，星团的范围至少是19′。放大到76倍，我能数出40颗9等到13等星。星云斑驳而不规则，星团东边有一个暗淡的海湾形状，星团西边有一块暗斑。

我用10英寸反射望远镜放大到70倍，能够看到NGC 1893中的60颗星，宽度也扩大了一倍。很多亮星组成的图案让我想起一对交叉的拐杖糖，最亮的一颗星是金色的，位于星团的东北部。IC 410向西边延伸到星团边缘的一颗9等星，再往东是一对漂亮的双星埃斯平332（Espin 332）。主星亮度8.9等，在它的西南边是9.5等的伴星。

我感觉在这个星云中，从那颗金色星到星团中心的10等星路程的三分之一处，有一块小亮斑。换高倍率看那里，很容易看到一块亮度增加的斑块。其中有一颗暗星，南边缘还有一颗更暗的星。这块亮区就是西梅斯130（Simeis 130）的头部，IC 410中的一个彗星状星云。彗星状星云还有个昵称叫“蝌蚪”，是星云中更加稠密的气体和尘埃，被星风和来自星团的辐射塑造成这个样子。在这只“蝌蚪”的西北方4′处应该还有一只“蝌蚪”西梅斯129，但是我没有看到，也没看到“蝌蚪”的尾巴。

深度曝光的照片显示出IC 405、IC 410和IC 417（右、中间和最左）其实是一个星云中最亮的几个部分。梅洛特31中明亮的恒星闪耀在IC 405和IC 410之间。
*摄影：罗伯特·詹德勒。

在“米诺鱼”的西北边大约0.75°，是爆发变星御夫座AE。它是一颗蓝白色的恒星，亮度在5.4等到6.1等之间不规则地变化。这颗失控的恒星在大约250万年前从猎户座的恒星形成复合区逸出。天文学家认为，是两个双星系统的一次亲密接触，形成了一个奇怪的双星系统猎户座ι和两颗高速逃逸的恒星御夫座AE和天鸽座μ。

御夫座AE现在是照亮发射/反射星云IC 405的主要光源，它和IC 405的相遇在天文学尺度上算是最近才发生的事。1903年德国天文学家马克斯·沃尔夫发现御夫座AE周围的星云物质“看上去像一个燃烧的物体，从中爆发出几个巨大的弧形火焰，像巨大的突出物一样”。他认为这颗“喷火的星星”值得研究，所以这个星云也就得名“烽火恒星云”。

我用105 mm折射望远镜放大到17倍来看，发现星云状的迷雾非常明显，围绕在御夫座AE和它西北方8′处一颗7.7等淡黄色恒星附近。如果你有氢-β滤镜，那么IC 405是相对少见的适合用这种滤镜观赏的目标之一。当然，窄带滤镜也是可以使用的。在我的镜像视场中，我看到了一个暗淡的1.5°大小的“J”字形星云状物质，特别是我从东向西扫过的时候。“J”字倒挂在天空中，但只有钩子那里的明亮区域才叫烽火恒星云。

现在我们向东移动到5等星御夫座φ。它位于一个1.5°大小的像笑脸一样的星群中，纽约天文爱好者本·卡卡切将它称为“笑脸猫”。6颗星组成了宽宽的、向东北偏北方向倾斜的嘴巴，两只代表眼睛的星星位于它们的西边。我用105 mm望远镜放大到17倍来观察，发

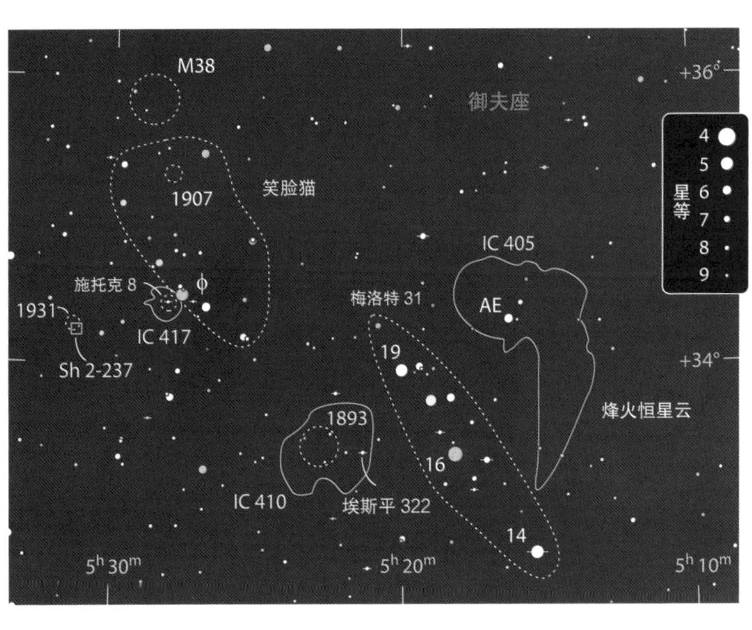

右下图：星云IC 410和它内部的星团NGC 1893，在大卫·朱拉舍维奇这张氢-α的照片中非常壮观。作者用她的10英寸反射望远镜看到了南边的“蝌蚪”（西梅斯130），但没有看到北边更暗的“蝌蚪”（西梅斯129）。

星之车，火之云

目标	类型	星等	大小/角距	赤经	赤纬
梅洛特 31	星群	—	135′	$5^h18.2^m$	+33°22′
NGC 1893/IC 410	星团/星云	7.0	40′×30′	$5^h22.6^m$	+33°22′
埃斯平 322	双星	8.9, 9.5	14.8″	$5^h21.4^m$	+33°23′
IC 405	亮星云	—	30′×20′	$5^h16.6^m$	+34°25′
笑脸猫	星群	3.9	90′	$5^h27.3^m$	+34°52′
施托克 8/IC 417	星团/星云	—	15′	$5^h28.1^m$	+34°25′
NGC 1931/Sh 2-237	星团/星云	—	7′	$5^h31.4^m$	+34°15′

大小和角距数据来自最新的星表。实际观测时的目标大小往往比星表里的数值小，且根据观测设备的口径和放大倍率的变化而不同。

冬季 • 一月

和IC 405、IC 410一样，IC 417（照片中央右侧）和沙普利斯2-237也是一个巨大星云中两个最明亮的部分。

* 摄影：帕洛玛天文台巡天二期/加州理工学院/帕洛玛。

沙普利斯2-237实在太亮了，几乎掩盖了它里面的星团NGC 1931。

* 摄影：阿尔和安迪·费拉约尼/亚当·布洛克/美国国家光学天文台/美国大学天文研究联合组织/美国国家科学基金会。

现御夫座φ和北边的眼睛都是橙黄色的。由于这只猫中最暗的星都有6.9等，所以这个星群对大部分双筒望远镜来说都是一个容易观察的目标。

华丽的疏散星团M38就位于笑脸猫的“嘴巴”北边。另一个疏散星团施托克8（Stock 8）笼罩在星云IC 417之中，位于笑脸猫的“嘴唇”外面，御夫座φ的旁边。

用我的105 mm折射望远镜放大到47倍，它们是一块模糊的光斑，夹杂着几颗暗星，最亮的一颗是9等，位于星团中间附近。这颗星在76倍下被分解为一对双星（Σ707），11等的伴星位于主星东南方，角距18″。我在这个稀疏的星团里看到了11颗星，南北方向长约6.5′，星云在星团的东边更长且延伸得更远。

我用10英寸反射望远镜放大到118倍，能看到施托克8中更多星星。我看到了35~40颗中等亮度的星星松散地分布在11′的天空中。IC 417笼罩在星团比较密集的部分，宽度大约8′。

用我的小型折射望远镜放大到47倍，IC 417和另一个小一些但是更明显的星云沙普利斯2-237（Sharpless 2-237，或Sh 2-237）位于同一个视场中。星云中心的11等星几乎被星云的光掩盖，但我把倍率增加到87倍，看恒星就更清楚了。它位于一个和三颗暗星组成的3.5′大小的四边形的西北角。星云在这些恒星附近非常亮，向外突然消失，直径大约3.5′。

NGC 1931是和沙普利斯2-237相关联的星团，用我的10英寸望远镜在高倍率下才能看到。其中一颗亮星其实是四颗星，它们中三颗最亮的成员组成了一个小三角形，第四个成员位于它们的东北方。另外几颗星从它们西南偏西方向一直散落到南边。

以上介绍的三个星团是全天最年轻的星团中的几个。它们中最年老的，年龄只有400万年，星团仍在诞生着新的恒星。

畅游猎户的宝剑

好消息！即使最小的望远镜也能畅游猎户的宝剑。

深冬的夜晚，明亮又壮观的猎户座高悬在南方的天空。在第295页的二月全天星图中，猎户座位于“朝向南方”标签的正上方，跨越在天赤道上。参宿四和参宿五象征着猎户的肩膀，参宿七和参宿六是他的腿或脚。中间是猎户的腰带，三颗星斜着排成一条直线，甚是惹人注目。

在乡村或者郊外，你能够看到在猎户的腰带下面，还有三颗或四颗星竖着排成了一条线。这里就是猎户的宝剑。在这里，有一些复杂而迷人的星云和星团，正等待着你用小型天文望远镜去探索。

M42。猎户的宝剑中间那颗星，看起来很不寻常，即使用肉眼也能看出和其他星星不一样。如果黑夜条件很好，没有光污染，你的视力也很棒，仔细看那颗星，就会发现它其实有点模糊。用双筒望远镜或寻星镜观察，就可以证实这一点。用天文望远镜再看，哈！原来这里就是著名的猎户座星云。这是一大片被年轻恒星照亮的、夹杂着暗尘埃的发光气体，也是恒星的温床。起初，你或许只看到了一个暗淡的、扇形的轮廓，里面还包含着几颗恒星。但是别停下，再仔细看看，耐心地看看。集中精力看看不同的部分，下一个夜晚再来看看，像看望朋友一样，你将会发现这个星云不一样的一面，那是一个错综复杂的宏伟奇观。

首先使用低倍率、大视场来观看。此时，你将看到星云最亮的部分环绕着其中最亮的恒星。暗淡的星云向西北和东南偏南方向延伸出两条弧线，包围着其中更加暗淡的发光区域。在远离光污染的地方通过105 mm望远镜，我能够看到这些弯曲的弧线在另一端闭合成一个完整的环，宽度大约40′，边缘经过明亮的猎户座ι和它南边的几颗星星。要想看到这样的景象需要多多练习几次才可以！

现在换中倍率试一下，比如40倍到80倍。星云中最亮的部分开始显出斑驳的样子，其中有很多弯弯曲曲的细节，比任何照片都有立体感。很多人能够看到这些区域是明显的绿色，这和平时看到的照片所呈现的粉色和红色是不一样的。这是因为我们的眼睛对星云中双电离氧的绿色谱线更敏感，而相机底片或感光元件对星云中氢的红色辐射更敏感。

注意星云东北方，侵入明亮部分的黑色星际尘埃，这里的暗星云被称作“鱼嘴”。放大到125倍以上时，明亮部分的斑驳感更加明显，曾经有人把这里比作“鱼鳞天”的云。

猎户座四边形。在中高倍率下，能明显地看到这个聚星系统中最亮的星。这个聚星系统就是猎户座θ^1，即著名的猎户座四边形。甚至60 mm的望远镜也能够分辨出这四颗最亮的星组成一个不规则的四边形（太小的望远镜可能看不到最暗的那一颗）。这四颗星从西到东分别叫作

猎户的宝剑从上到下的全景。照片的视场高度为2°，上方为北，左方为东。猎户座星云M42明亮的中心曝光过度了；要看清它的细节，请见第26页的放大图。

* 摄影：罗伯特·詹德勒。

在猎户座中狩猎					
目标	类型	星等	距离（光年）	赤经	赤纬
M42	弥漫星云	3.0	1 300	$5^h35.0^m$	−5°25′
猎户座四边形	聚星	5.1, 6.4, 6.6, 7.5	1 300	$5^h35.3^m$	−5°23′
M43	弥漫星云	9.0	1 300	$5^h35.5^m$	−5°17′
NGC 1977/5/3	星团＋星云	~4	1 600	$5^h35.3^m$	−4°49′
NGC 1981	疏散星团	4.2	1 300	$5^h35.2^m$	−4°26′
猎户座ι	三合星	2.9, 7.0, 9.7	1 800	$5^h35.4^m$	−5°55′
Σ747	双星	4.7, 5.5	1 800	$5^h35.0^m$	−6°00′
Σ745	光学双星	8.4, 8.7	—	$5^h34.8^m$	−6°00′

左边这张猎户座星云中心的放大照片，和很多目视观测时看到的绿色调是吻合的。照片中几乎看不到星云中组成四边形的四颗星了，但是在目视时它们是最明亮的特征。在大气视宁度较好的夜晚，使用下图可以帮助你找到四边形中第五和第六颗星——E和F。

* 摄影：利克天文台。

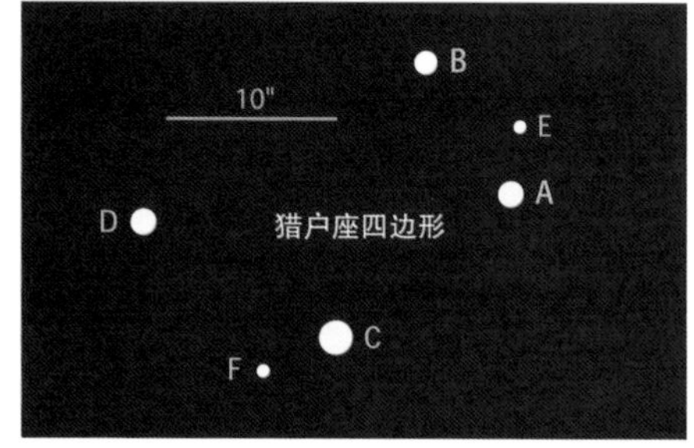

A，B，C和D，其中C是最亮的，B则最暗。

用更大口径的望远镜，放大到更高的倍率，你或许还能看到四边形中另外两颗暗星。难度有点大，这需要非常好的大气视宁度，这样恒星才能稳定在一个星点上。使用90 mm望远镜，也许能分辨出E星，差不多在A和B中间，如右上图所示。要观看F星更加困难，至少需要4英寸或更大的望远镜，因为它很容易被C的光芒所掩盖。如果大气视宁度一般，任何望远镜都看不到它。

M43。猎户座星云还没看完。一颗7等星正好位于“鱼嘴”的北边。在黑暗的夜晚，用60 mm望远镜能够看到一块小小的、圆圆的光斑围绕在这颗星周围，稍微有点偏心。在我的105 mm折射望远镜中，M43和照片中呈现的一样，像一个逗号形。逗号的尾巴朝向东北方，比圆圆的头暗一些。

NGC 1977（还有NGC 1975和NGC 1973）。再向北移动仅仅0.5°，你就会看到一片非常暗淡的星云包围着一群稀疏的星星。我用105 mm望远镜可以看到两颗5等星呈东西方向排列，15颗更暗的星散落在周围。那两颗最亮的星颜色还有些不同。西边那一颗是猎户座42，像猎户座中的很多年轻恒星一样，散发出蓝白色的光芒。而东边的猎户座45，则是黄白色的。

在没有光污染的暗夜，我能够看到这群星星笼罩在一块暗淡的长条形光斑中，还能看到一些内部结构。这个反射星云最亮的部分，弯曲着穿过那两颗最亮的星星，并向两侧延伸出去。在它们北边有一块暗斑，夹杂着暗淡的星云向北延伸。

NGC 1981。就在NGC 1977的北边，我们来到了另一个更加松散的星团，用双筒望远镜或小型天文望远镜就可以轻轻松松找到它。十几颗6等到10等的星星组成了一个球弹跳的轨迹似的形状，从东到西延伸了大约20′。最亮的三颗星组成了最东边的弹跳轨迹，几乎是南北方向分布，这里也是猎户的宝剑最北边的位置。在105 mm望远镜中，在这片区域能数出十几颗星星。

猎户座ι。猎户宝剑的最底端，也是宝剑中最亮的一颗星，就是3等星猎户座ι，位于猎户座星云南边0.5°的地方。猎户座ι是一组漂亮的三合星，在小型望远镜中就可以看到三颗星的颜色分别是白色、蓝色和橙红色。

在猎户座ι两颗伴星中，较亮的一颗是7.7等，位于主星东南方11″的地方，在50倍放大率下能够看到它。它和主星都是高温的蓝白色恒星，但是它俩靠得如此近，相比之下，伴星显得要更蓝一些。猎户座ι的第二颗伴星亮度为11等，你恐怕需要一个105 mm甚至更大的望远镜才能看到它，它位于主星东南偏东方向50″处，颜色为暗红色。

斯特鲁维747。猎户座ι西南方就是远距双星斯特鲁维747（Struve 747，或Σ747）。这是一对蓝白色的"宝石"，两颗星距离36″，亮度分别为4.8等和5.7等。用双筒望远镜持稳一些，就能分辨它们。

在这对双星西边，不到它们和猎户座ι一半距离的地方，是一对暗一些但也很醒目的双星Σ745。两颗星分别为8等和9等，角距离28″。它们可能不是一对真正的双星，其中一颗星距离我们大约1 800光年，另一颗貌似要近得多。

这份猎户的宝剑导游图覆盖的天区还不到2°。如果你的望远镜能够用一个好一些的目镜把放大率降低到25倍，你可以把这整个天区囊括在视野中。这是夜空中最壮观的景象之一。北半球的观测者们或许畏惧一二月份冰冷的寒夜，但正是冬季的夜晚展现了夜空中最美丽的风景。实在是值得花上一个晚上的时间，好好欣赏它们。

霍迪纳的御夫座

御夫座中的三个星团，联系起了17世纪的西西里岛和一个寻找星云的天文学家。

在北半球中纬度地区，二月的夜晚，御夫座正好位于头顶。御夫座中一些亮星组成了一个明显的五边形，使它非常好辨认，其中最亮的星五车二，或御夫座α，就位于五边形的一个顶点上。御夫座中有非常多的深空天体，很多用小型望远镜就能够看到。

需要注意五边形中看起来是和相邻的金牛座共享的一颗星，也就是五车五。很久以前，星座之间共享星星并不罕见，但在1930年国际天文学联合会颁布了星座边界标准之后，这颗星被划分到了金牛座，因此官方现在将它称作金牛座β。

现在我们主要关注M36、M37和M38这三个疏散星团，它们由西西里岛的乔瓦尼·霍迪纳（1597—1660）发现。1654年出版的一本小册子中包含了他的一些观测记录，最近又被重新研究了一番。霍迪纳把这些星团归类为"星云"——肉眼看上去是模糊的云气，但用望远镜能够看到它是由聚集在一起的恒星组成的。

我们就从M38开始吧。M38深藏在五边形的中心，位于金牛座β北边7.2°的地方，和金牛座β、御夫座ι组成了一个等边三角形。在寻星镜中，M38是一块模糊的光斑。我用105 mm折射望远镜在68倍下观测，能够看到大约60

踩着伽利略的脚印前行

目标	类型	星等	距离（光年）	赤经	赤纬
M38	疏散星团	6.4	4 300	$5^h28.7^m$	+35°50′
NGC 1907	疏散星团	8.2	4 500	$5^h28.0^m$	+35°19′
M36	疏散星团	6.0	4 000	$5^h36.0^m$	+34°08′
Σ737	双星	9.1, 9.2	4 000	$5^h36.4^m$	+34°08′
Sei 350	双星	10.3, 10.3	4 000	$5^h36.2^m$	+34°07′
B226	暗星云	N/A	N/A	$5^h37.0^m$	+33°45′
M37	疏散星团	5.6	4 400	$5^h52.5^m$	+34°33′

疏散星团M38（上方）和NGC 1907（下方）深藏在御夫座的中心。M38包含300多颗恒星，一些恒星连成串从中心辐射出来。NGC 1907是一个紧凑的星团，包含100多颗恒星，位于M38西南偏南方向距离0.5° 的地方。
* 摄影：肖恩•沃克和谢尔登•法沃尔斯基。

颗星，8等或更暗，占据了大约20′ 的天空，但边界很难确定。这个星团有一个很特别的形状，一颗孤零零的9.7等星位于一个5′ 大小的没有什么星星的暗洞的中间。很多更亮的星星从这个暗洞向外辐射出四条臂，形成了一个十字，较长的一条沿着西南偏西到东北偏东方向。M38中最亮的成员是一颗8.4等的黄色星，位于星团的东北偏东边缘，十字的底部。倍率增加到87倍，能够看到更多暗星，星数增加到大约80颗。

在87倍下，我的望远镜视场是53′，可以勉强把M38旁边的NGC 1907放到同一个视场里。这个小星团位于M38西南偏南方向大小约6′ 处。在我的折射望远镜中，我看到了在模糊的背景上有一群非常暗淡的星星，其中一颗稍微亮一些的星位于中心的东边。一对10等星装点在东南偏南的边缘。

M36位于M38东南方仅仅2.3°的地方。它和金牛座β、御夫座θ组成了一个非常扁的等腰三角形，在寻星镜中可以看到。我用折射望远镜放大到87倍可以看到50颗亮度不一的星星，松散地分布在15′ 的范围内。一些亮星组成几条弯曲的弧线从中间辐射出来。你可以看到一对9等的恒星（Σ737）位于中心的东南偏东方向，一对角距更大的10等恒星（Sei 350）在中心的南边。M36看起来就像从它自己的南边挖出来的一群星星一样，因为M36星团的南边有一块和它大小差不多的区域，没有什么星星，这片区域就是暗星云B226，从M36星团南侧边缘10′ 处开始。

现在我们看看最后一个疏散星团M37，它位于M36东南偏东方向3.7°，是这三个疏散星团中最亮的一个。它位于五边形的外面，M36位于五边形的里面，它俩相对于五边形的一条边对称。M37堪称霍迪纳的三个御夫座星团中的极品。我用折射望远镜放大到87倍，可以看到极其多的暗星成群集结在中间一颗橙色的9.1等星周围。有很多暗带和暗区穿插在群星当中。这群美丽又混沌的恒星，是

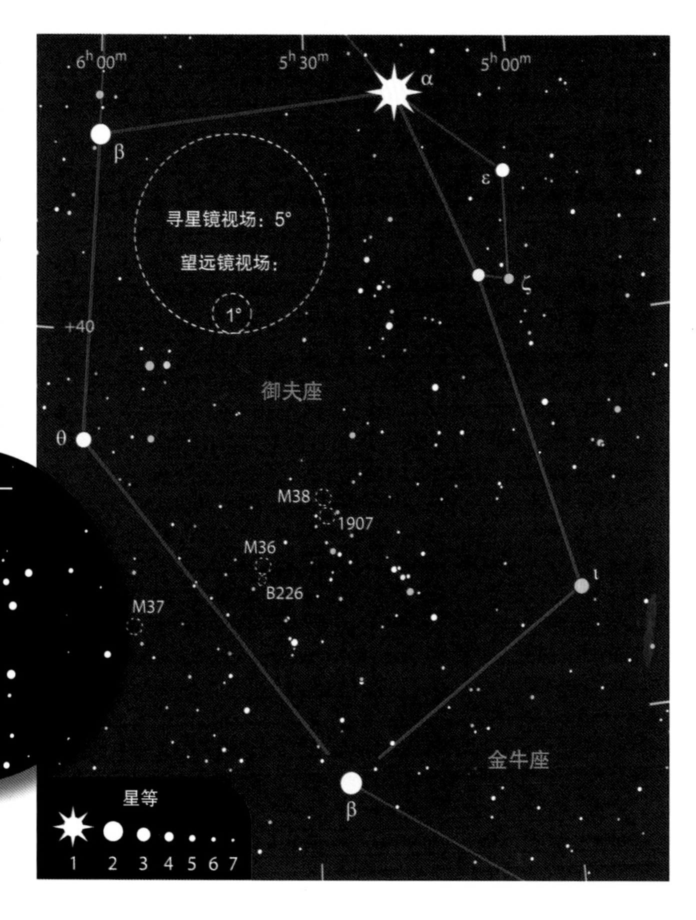

在这幅星图（以及所有照片）中，上方为北，左方为东。虚线标出了一个典型的寻星镜（5°）和小型望远镜低倍率目镜（1°）的视场范围。要在你的目镜中找到北，可以让你的望远镜稍微往北极星方向移动，新的星星会从北方边缘进入你的视野（如果你使用天顶镜，视野中看到也许就是镜像的，把它取下来就和星图一样了）。
小图：M36中心放大图，图中标出了两对双星Σ737和Sei 350。

我最喜欢的深空天体之一。

乔瓦尼·霍迪纳是西西里岛最早掌握了伽利略思想精髓的天文学家之一。他的望远镜只是一个简单的伽利略式折射望远镜，放大倍率只有20倍，极限星等约为8等。他有计划地巡视天空，计划出版一本100张星图构成的全天星图，把他观测到的星云都标注上。然而霍迪纳却没能完成这项工作，只有少量的资料留了下来，尽管如此，这里面还是包含了46个天体。有一些只是星群，还有一些描述得不清楚，现在无法知道是什么天体，但在他观测的“星云”中，至少有10个可能是他首先发现的。这在当时那个望远镜的早期时代，是相当惊人的，因为其他的天文团体只发现了一个天体，就是猎户座星云。

霍迪纳相信，要不是受到望远镜的限制，“天空中所有这些精彩纷呈的天体”都能够分解为恒星。他猜测恒星的表观亮度不仅和它们本身的亮度有关，还和它们与地球的距离有关。他还接受了这样一种观念，即恒星的分布看上去是无序的，是因为它们分布在宇宙的各个地方。在那个把太阳看成宇宙中心都会惹来杀身之祸的时代，霍迪纳作为一名宗教人士，居然能够如此大胆地讨论，甚至假设宇宙的中心或许在别的遥远的地方。

由于霍迪纳住的地方相对偏远，而且那个时代对恒星天文学普遍没什么兴趣，因此他的发现和想法几乎没有流传下来。当我们再次注视御夫座的星团时，记住它们吧，也感谢他把那么简朴的望远镜用成了这么了不起的观测仪器。

上图：与御夫座中其他疏散星团一样，M36看上去像银河背景上一颗模糊的星星。提高放大倍率能够看到它密集的核心。

下图：御夫座中最漂亮、恒星最多的星团是M37，它的中心有一颗橙色的恒星，周围环绕着大量恒星与暗带。

* 摄影：普雷斯顿·斯科特·贾斯蒂斯。

巨人的盾牌

猎户座里的这串星星喊你来看看。

在双子旁边，看到猎户座正在上升；
他的手臂占据了一半的天空：
他的步伐不亚于此。 稳步前进
他脚下是无边无垠的星的王宫。

——马库斯·曼尼里乌斯，《天文》

这段诗写于1世纪，原文是用拉丁文所写，其中只描述了“他（猎户）的手臂占据了一半的天空”。而托马斯·克里奇在17世纪翻译了一段英文，则描写了神话传说中猎户座的大小。无论如何，都不影响我们赞叹猎户座的壮观。

对组成猎户座身躯的那些明亮的星星而言，我们的目光几乎是无法抗拒的。但其中还有一些不那么明亮的星星，也值得我们注意。现在，我们就来看看猎户的盾牌吧，有时候也被描绘成挂在猎户前伸的手臂上的狮子皮。在第295页的二月全天星图中，你可以看到这个盾牌的形状，是由一些3等到5等的星星沿着子午线方向组成的一条弧线。和藏有“好东西”的宝剑相比，盾牌常常被忽略掉，实际上盾牌这里也有值得一看的目标。

让我们闲庭信步，从疏散星团NGC 1662开始吧。在8×50的寻星镜中，它和4.6等的猎户座π^1在同一个视场里，看起来像一个小星云，里面还有几颗暗星。我用105 mm折射望远镜放大到47倍，可以看到9颗较亮的星，周围有12颗暗星，范围大约20′。在10英寸牛顿反射式望远镜中，放大到70倍，我可以看到30颗星，大部分亮星组成了一个心形，心形的尖端在星团的外面西南偏西方向。心形

冬季 ● 二月

的两瓣交汇于一个四颗星组成的环，这四颗星是一个聚星系统h684。它的主星是明显的黄色，中间偏南的那颗星的西北方有一颗更暗的、相距10″的伴星。心形北边那瓣中最亮的星也是明显的黄色星。

美国加利福尼亚州的天文爱好者拉塞尔·西普在NGC 1662中看到了一个很不一样的形状。他把它想象成了一艘克林贡战舰（来自电视剧《星际迷航》），环组成了飞船向前突出的身体，两边的亮星组成了弯曲的翅膀（见下方左图）。

从这里向北移动2.2°，就是NGC 1663。在我的小型折射望远镜里，它并不显眼。在87倍的放大率下，三颗10等和11等星弯曲地分布在它的西南边界上。几颗非常暗的星组成正弦波曲线，交织在星团的北部。星团的其他部分就没什么星星了，只有几颗12等甚至更暗的星。用我的10英寸反射望远镜，放大到44倍观测，在1.5°的视场中，一个“W”形星群出现在星团的西南部，让人想起了仙后座。即使放大到118倍，我也只数出了18颗星。

最新的研究显示，NGC 1663是一个疏散星团的遗迹。这种遗迹是古老星团失去了它们大部分的恒星之后剩余的部分。如果它的确是一个星团，而不是视线上恰好离得近的恒星，那么NGC 1663的年龄大约是20亿年，和我们的距离在2 000光年之外。三颗最亮的星很可能是前景星。

我们的下一个目标是行星状星云约恩克海勒320（Jonckheere 320，或J320），位于猎户座π^1东北偏东方向2.7°的地方，它和猎户座6、猎户座π^1组成了一个瘦长的等腰三角形。我在寻星镜视野中，可以同时看到它们，还能在星云东边15′处看到一对8等星。在低倍率目镜中把这对8等星放在中间，你会在南边的那颗星西边12′处看到一颗稍微暗一些的星。J320和以上三颗星组成了一个扁扁的梯形。

这个行星状星云在我的105 mm折射望远镜中放大到28倍时很容易被看到，但是它看上去像一颗恒星。放大到87倍时就开始不像恒星

《星际迷航》的粉丝拉塞尔·西普把稀疏的星团NGC 1662视为克林贡战舰的灯光。右图就是这个星团，视场宽度为20′，上方为北，摄影：帕洛玛天文台巡天二期。左图是《天空和望远镜》杂志制作的示意图。上方的星图改编自《测天图2000.0》。

了，放大到127倍时，我能看到一个小的视面。使用氧-Ⅲ（绿色）滤镜看这个星云效果很好，看上去它和东南偏南边距离4.6′处的8.8等星一样亮。我在10英寸望远镜低倍率下，可以看到在3′范围之内有三颗“星”，最东边且最亮的那颗就是这个星云。放大到170倍时，我可以看到一个略带蓝灰色的椭圆形，椭圆长轴沿着东南偏东到西北偏西方向。如果你有更大的望远镜，你应该去寻找一下沿着南北方向延伸的非常暗淡的星云外延。J320是一个非常大的行星状星云，差不多有1光年大小。而它之所以看上去很小是因为它距离我们太远，大约有20 000光年。

现在我们在猎户的肩膀停留一下，在这里我们会找到一个可爱的星群多利泽17（Dolidze 17）。在参宿五，或猎户座γ西北边1°的地方，5颗8等星组成了一个订书钉的形状。在这群星的东边，另一颗相似亮度的星和它们一起组成了一个万圣节的玉米糖形状[1]，长度有16′。这份甜点又大又亮，即使最小的望远镜也能看到。

另一份甜点是从猎户座5开始向东南方向延伸的一串五彩缤纷的目标。我用小型折射望远镜放大到17倍，视场3.6°，可以把这片天区都装在视场中。从这颗橙红色的星开始向东南扫过，我依次看到了蓝白色的猎户座π^5、金黄色的猎户座π^6、双星Σ630和红色的猎户座W。在这样的低倍率下，Σ630是一颗蓝白色的7等主星，在它东北方向紧挨着一颗白色的8等伴星。猎户座W是一颗碳星，它的大气中含碳的分子就像一个滤镜，让这颗星成为全天最红的星之一。这颗星的亮度以7个月为周期变化，同时又叠加在一个更长的长达7年的周期上变化。猎户座W在较短的周期内变化时，亮度在5.5~7.5等波动。

从猎户座W向南几度，我们就来到了明亮的反射星云NGC 1788。找到它的最简单方法是从3等星波江座β开始。在寻星镜中，你能看到5等的波江座66在它的西北偏北方向距离30′的地方。从这里再往北1.3°就是这个星云了。在我的小型折射望远镜22倍放大率下，波江座β和NGC 1788同时出现在视场里，星云很容易被看到，它包围着一颗10等星，并向东南方向延伸。

就像雾气弥漫的夜晚中迎面而来的一盏头灯那样，NGC 1788星团在一片星云的笼罩之下熠熠生辉。这是乔治·诺曼丁在美国纽约州韦斯特尔镇的哥白尼天文台用20英寸反射望远镜和SBIG ST-9E CCD相机曝光12分钟拍下的照片。这张照片的视场为边长16′的正方形，上方为北。

1　一种软糖，形状和颜色都像一粒玉米。——译者注

猎户盾牌的装饰品

目标	类型	星等	大小 / 角距	赤经	赤纬	*MSA*	*U2*
NGC 1662	疏散星团	6.4	20′	$4^h48.5^m$	+10°56′	208	97L
NGC 1663	疏散星团	9.5	9′	$4^h49.4^m$	+13°08′	208	97L
约恩克海勒 320	行星状星云	11.9	26″×14″	$5^h05.6^m$	+10°42′	207	97L
多利泽 17	星群	6.2	12′	$5^h22.4^m$	+7°07′	230	97L
Σ630	双星	6.5, 7.7	14″	$5^h02.0^m$	+1°37′	255	117L
猎户座 W	碳星	$5\frac{1}{2}$ -$7\frac{1}{2}$	—	$5^h05.4^m$	+1°11′	255	117L
NGC 1788	反射星云	—	5.5′×3.0′	$5^h06.9^m$	−3°20′	255	117L
NGC 1684	星系	11.7	2.4′× 1.6′	$4^h52.5^m$	−3°06′	256	117L
NGC 1682	星系	12.6	0.8′× 0.8′	$4^h52.3^m$	−3°06′	256	117L

大小和角距数据来自最新的星表。表格中的 *MSA* 和 *U2* 列分别为《千禧年星图》和《测天图 2000.0》第二版中的星图编号。

换87倍看时，星云最亮的部分是它的东南端，逐渐变亮并延伸至一颗暗星。在我的10英寸望远镜中放大到200倍，这个美丽的星云大约有4′长（西北到东南方向）、2′宽。另外还有一颗暗星嵌在星云的中北部。

NGC 1788还因为另一个特点为人所知：它包含很多低质量恒星，这些恒星还没有开始燃烧氢，所以还没有进入主星序。一些恒星甚至是年轻的棕矮星，它们太小了，无法维持核聚变。

我们的最后一站是星系对NGC 1684和NGC 1682，位于NGC 1788西边3.6°的地方。如果你想找一个更近更亮的地标，你可以先找到4等的波江座μ，然后向东移动1.8°就好。NGC 1684是猎户的盾牌附近最明亮的星系。我用105 mm望远镜甚至能够在它的高度尚未脱离附近城市灯光干扰时就找到它。它看上去是一块椭圆形光斑，在东西方向长一些。放大到87倍时，我可以看到星系越往中心越亮，长约1.5′。NGC 1682是一个更暗的小斑点，位于NGC 1684的西边，在这对星系南边4′的地方有一颗8等星。

用我的10英寸反射望远镜放大到170倍，较亮的星系就显出了一个巨大的椭圆形中心部分和一个小而亮的核。另外那个小而圆的星系则越往中心越亮，有一个恒星般的核。两个星系中心距离大约3′。当你注视着这两群遥远的恒星时，你看到的是从2亿年前——恐龙统治着地球的时候——就开始了征程的光线，现在才到达你的眼睛。

在这张帕洛玛天文台巡天二期的照片中，星系NGC 1684（中间偏左）和NGC 1682（前者右边3′）显现出一些结构。在NGC 1682北边几个角分处，还可以看到一个更暗的星系NGC 1683。

* 摄影：帕洛玛天文台巡天二期/加州理工学院/帕洛玛。

冰蓝色的钻石

昴星团，老幼皆宜。

庄严升起的昴星团，
在温柔无垠的黑暗中
像挂在银丝上的珍宝。
——玛乔丽·劳里·克丽斯蒂·皮克索尔《群星》，1925年

昴星团在世界各地的文化中都备受关注，这并不奇怪。每当这些闪亮的“少女”[1]从地平线上升起，虽然它们总是出现在寒冷的冬夜，但在我的心里总会荡漾起温暖。在二月的夜晚，它们高高挂在南方，吸引人们去关注它们光彩夺目的身姿。

虽然昴星团也叫七姐妹星团，但是肉眼到底能看到几颗星因人而异，而且要看天气情况如何。我在近郊的家里用肉眼能在昴星团里看到11颗星，《天空和望远镜》杂志前专栏作家瓦尔特·斯科特·休斯敦在70年前，在美国亚利桑那州的绝佳暗夜中，能够看到18颗星。

在希腊神话中，昴星团被视为7个姐妹，但它们的名字直到文艺复兴时期才被赋予具体的星星身上。奇怪的是，得到名字的并不是组成小北斗形状的最亮的7颗星，而是两颗暗星和另外5颗亮一点的星。其中斯忒洛珀（Sterope，中文星名昴宿三）实际是两颗星，它们离得太近了，不用望远镜靠肉眼是分辨不出来的。斗柄的两颗星是阿特拉斯（Atlas，中文星名昴宿七）和普勒俄涅（Pleione，中文星名昴宿增十二），是七姐妹的父亲和母亲。这夫妻俩离得很近，普勒俄涅夫人（昴宿增十二）暗一些，如果天

1　在很多文化中，包括中国，昴星团都代表7个仙女或少女。——译者注

气条件差一些或观测者视力不佳，就有可能看不到她。

用双筒望远镜看昴星团相当壮观，能看到的恒星数量显著增加。小罗伯特·伯纳姆在他的巨著《伯纳姆天体手册》中写道：“在黑暗的夜晚，昴星团中的八九颗亮星就像黑色天鹅绒上的冰蓝色钻石一样闪闪发光；星云般的迷雾反射着星光，在星星周围打转，像苍白的月光照在雪花上，更增加了寒冷的气氛。”

这团星云般的迷雾最明显的地方围绕在梅洛普（Merop，中文星名昴宿五）周围并向南方延伸，这就是NGC 1435，通常也被叫作梅洛普星云或昴宿五星云。另一个星云围绕在玛雅（Maia，中文星名昴宿四）周围，所以叫玛雅星云或昴宿四星云（NGC 1432）。注意不要被假的星云欺骗了，因为在寒冷的冬季，你呼吸产生的雾气凝结在目镜上，会让所有星星周围都像星云一样开花。利用昴宿七和昴宿增十二可以帮你确认是否存在这样的假星云，因为这两颗星周围几乎没有星云，如果你看到了星云，那就是假的。令人惊奇的是，这个星云和昴星团在天空中向着不同的方向运动，它们现在凑在一起只是一个巧合罢了。

在昴星团里有一个我最喜欢也最有挑战性的天体巴纳德昴宿五星云（IC 349），注意不要和那个更大的我们已经熟知的昴宿五星云搞混。我第一次对巴纳德昴宿五星云感兴趣是因为在1999年我了解到从来没有天文爱好者看到过这个星云。IC 349是昴宿五星云中的一块小而亮的光斑，由爱德华·埃默森·巴纳德在1890年首先发现。它的直径只有30″，位于昴宿五东南偏南方向36″的地方。巴纳德当年在加利福尼亚州圣何塞附近的利克天文台用12英寸折射望远镜看到了它，那么我想用我的14.5寸反射望远镜应该也能看到吧。

我为10.4 mm目镜（相当于212倍放大率）做了一个遮挡条，来挡住昴宿五的光芒。这个遮挡条就是一个简单的薄铝条，用橡胶胶水粘在目镜的视场光阑上。我旋转望远镜的镜筒，让IC 349落在副镜支架形成的衍射星芒的两条星芒中间。我把望远镜的自动跟踪关掉，旋转目镜，让遮挡条位于东西方向上，让昴宿五慢慢穿越视

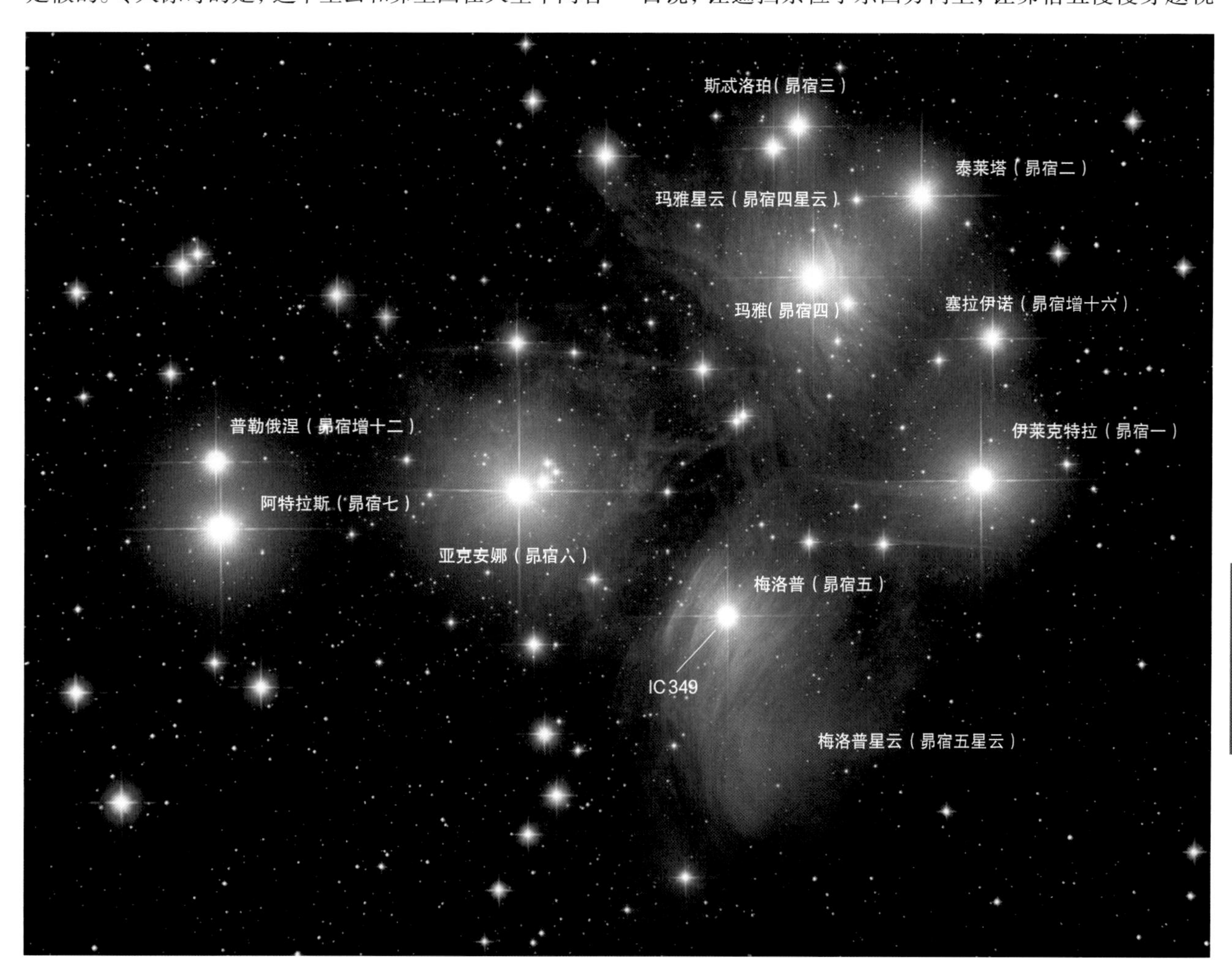

昴星团恐怕是最著名的深空天体了，哪怕是在不那么理想的夜空下，肉眼都可以轻松看到。但环绕在它周围的星云就没那么容易了，需要非常好的暗夜条件才能被看到。这张照片的视场宽度为1.7°，上方为北。

* 摄影：罗伯特·詹德勒。

二月精彩的夜空							
目标	类型	星等	大小 / 角距	赤经	赤纬	*MSA*	*U2*
昴星团	疏散星团	1.5	2°	$3^h47.5^m$	+24°06′	163	78R
昴宿五星云	反射星云	—	30′	$3^h46.1^m$	+23°47′	163	78R
昴宿四星云	反射星云	—	26′	$3^h45.8^m$	+24°22′	163	78R
IC 349	反射星云	—	30″	$3^h46.3^m$	+23°56′	163	78R
OΣΣ 38	双星	6.8, 6.9	134″	$3^h44.6^m$	+27°54′	140	78R
多利泽 14	星群	5.0	12′	$4^h06.8^m$	+27°34′	139	78L
PGC 1811119	星系	~16	28″×16″	$4^h06.65^m$	+27°32.4′	139	78L
NGC 1514	行星状星云	10.9	2.0′×2.3′	$4^h09.3^m$	+30°47′	139	60L

大小和角距数据来自最新的星表。实际观测时的目标大小往往比星表里的数值小，且根据观测设备的口径和放大倍率的变化而不同。表格中的 *MSA* 和 *U2* 列分别为《千禧年星图》和《测天图 2000.0》第二版中的星图编号。

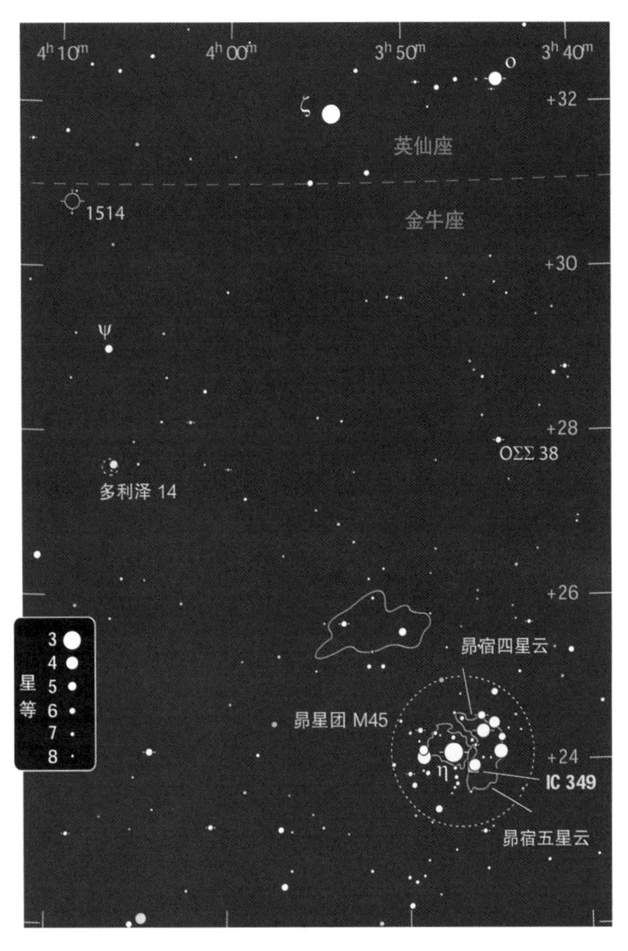

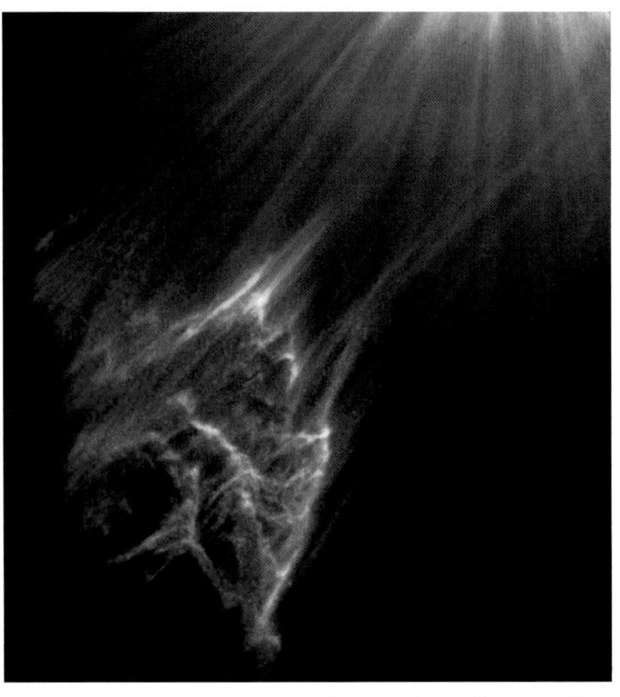

上图：IC 349发现于1890年，是昴宿五星云中的一块小光斑，位于昴宿五（照片外面右上方）东南偏南方向仅仅36″的地方。在昴星团的照片中，它往往被过曝的昴宿五光芒所掩盖，就像第33页的照片那样。

* 摄影：NASA/哈勃传承计划团队/空间望远镜研究所/美国大学天文研究联合组织。

场，并走到遮挡条的后面。第一晚尝试观测时，我觉得我看到了IC 349。第二晚，我能够熟练地找到它。第三晚，我可以在每次尝试时都看到一块比周围星云亮的光斑。我担心我看到的是杂散光的影响，因此我换了对面的方向检查，也就是看昴宿五的北边，昴宿五逐渐移动到遮挡条的后面，我什么都没看到。

做了这些观测之后，我向其他有经验的观测者发出了观测邀请，让他们也来看看这个星云。美国加利福尼亚州的杰伊·雷诺兹·弗里曼用14英寸望远镜、美国亚利桑那州的杰伊·勒布朗用17.5英寸望远镜，以及澳大利亚的迈克尔·克尔用25英寸望远镜，都表示看到了这个星云。

在金牛座昴星团附近的这片区域还有一些其他有趣的天体。双星OΣΣ 38位于昴宿二北边3.4°的地方，在它附近没有别的更亮的星了。它的两颗7等子星角距很大，甚至在寻星镜中就能分辨出来。在我的105 mm折射望远镜放大到17倍时，东北方的星看上去是黄色的，西南方那颗是白色。

把ΟΣΣ 38放在一个低倍率视场中的北边，向东扫过4.9°，就来到了一个不寻常的星群多利泽14（Dolidze 14）。星群中最亮的星是金牛座41，一颗蓝白色的5等星，靠它可以很容易地找到多利泽14。我用折射望远镜放大到17倍还可以看到三颗亮度差不多的星沿着东西方向排成一条线，颜色分别是黄色、金色和黄白色。放大到87倍，又能看到十几颗暗星，范围大约12′。亚利桑那州的天文学家布赖恩·斯基夫已经查明多利泽14是一些基本无关的恒星组成的星群。

深空照片显示在多利泽14范围内有一个极其暗淡的背景星系——PGC 1811119。它位于排成一条线的那三颗星最西边的两颗星中间偏北一点。你能看到这个星系吗？

从多利泽14开始向北移动1.4°，就来到了5等星金牛座ψ，把金牛座ψ放在低倍率视场的西边缘，再向北移动1.8°，你就会看到南北排列的两颗8等星和它们中间的行星状星云NGC 1514。我用105 mm望远镜放大到17倍，可以看出这个行星状星云是一个小小的、圆圆的、暗淡的晕圈，环绕着一颗9等星。放大到87倍，星云的四周显得更亮了，直径大约2′。用我的10英寸反射望远镜放大到139倍观察，NGC 1514相当漂亮，它略呈椭圆形，边缘的两条大弧更亮一些，中间有一些斑驳。我终于明白为什么一些观测者把这个精致的行星状星云称作水晶球星云了。

朦胧的微光和繁星的溪流

二月的夜空里，英仙座有一场深空盛宴。

发光的区域渐渐形成，
火，朦胧的微光，
星团，世界之床，
蜂群一般的恒星，
和繁星的溪流。

——阿尔弗雷德·丁尼生男爵，1833年

英仙座的南部有很多弥漫星云散发着朦胧的微光。最有名的是NGC 1499，或者叫作加州星云，因为它很像美国加利福尼亚州的形状。爱德华·埃默森·巴纳德于1885年在美国田纳西州的范德比尔特天文台使用6英寸库克折射望远镜发现了NGC 1499。巴纳德只看到了星云中最亮的部分，后来的照片显示出星云更大的范围。加州星云占据了长长的一大片天空，最好用视野比较大的设备来观察。《天空和望远镜》杂志前专栏作家瓦尔特·斯科特·休斯敦于20世纪80年代初在康涅狄格州用6×30双筒望远镜看到过它。他和亚利桑那州的天文学家布赖恩·斯基夫都是最早通过星云滤镜裸眼看到加州星云的人。

加州星云非常好找，它就位于4等星英仙座ξ（或叫卷舌三）的北边一点。用我的105 mm折射望远镜放大到17倍，在3.6°的视场中可以同时囊括加州星云和英仙座ξ。用窄带滤镜可以增强目视效果，使用氢-β滤镜观看NGC 1499的效果非常好，我用小型望远镜就可以轻松地看到。星云沿着东南偏东—西北偏西方向延伸了2.5°，其宽度是长度的三分之一。星云北端和南端的边界很明显，中间比较模糊。

不要因为以上这些描述看起来很容易就大意，觉得观测加州星云是小菜一碟。除非夜空非常理想，否则不用滤镜是肯定完全看不到星云的。如果你的视场不大，不足以囊括整个星云和它周围的一些区域，你恐怕需要南北方向移动，才能感受到星云的边缘。NGC 1499的面亮度非常低，即使用了滤镜、有大视场和理想的暗夜，对新手来说仍然是个有难度的目标。但是不要放弃！一遍又一遍地观察它，慢慢地扫视它。请记住，比起静止的视场，在一个移动的视场中更容易看到暗弱的天体。

在加州星云东边缘的东边4.7°处，有一个美丽的星云复合体NGC 1579，有时叫它北三叶星云，因为它长得很像人马座的三叶星云。NGC 1579在我的10英寸反射望远镜中44倍放大率下很容易被看到。在118倍放大率下，它的大小约为6′，形状非常不规则，亮度也很不均匀。星云的核心很亮，几颗星位于它的边缘。发光的NGC 1579外围环绕着暗星云LDN 1482。把星云照亮的是一颗年轻的高光度恒星，嵌在一片电离的氢之中，恒星和星云都被外围的尘埃外壳严重遮挡。我通过观测红外波段可以看到

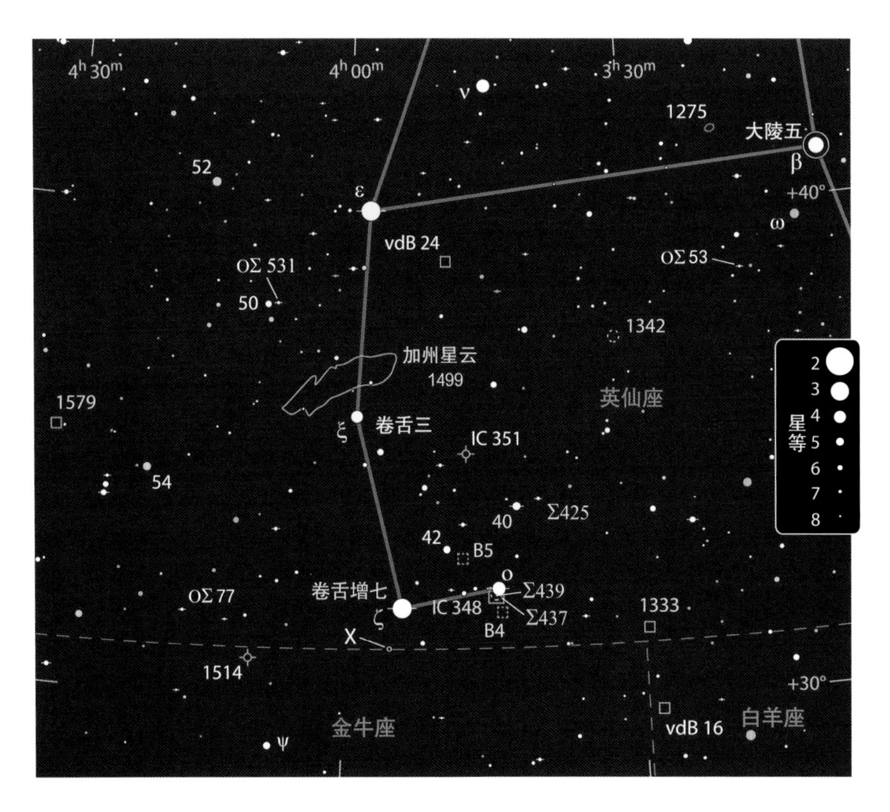

小型的双子座。用我的105 mm折射望远镜放大到47倍，我看到了30颗星排列成了一个图案，让我想起了可可波里，即阿纳萨齐族神话中驼背的长笛演奏者。他的头朝西身体朝东，长笛朝北。我用10英寸反射望远镜，则可以看到更多星星，可可波里变成了一名跪着的修女，她的面纱飞扬，修女裙折叠着。北边的星星勾勒出向上举起祈祷的手的样子。你会想象出什么形象呢？

现在跳到下面，去看一颗漂亮的五合星英仙座ζ（或叫卷舌增七）。在蓝白色的主星南边偏西一点、角距很大的地方，有一对亮度差不多的10等星。在主星西南偏南方向有一颗9等星距离主星很近，还有一颗11等星位于主星西边偏北一点中等距离处。我用105 mm和10英寸望远镜放大到70倍，在同一个夜晚观测英仙座ζ，但是在105 mm望远镜中看不到最暗的那颗星，只能看到最近的那颗伴星和更亮的那一对10等的伴星，其他星星只是视线处于同一个方向上。

星云中的35颗暗星。这一群天体距离我们大约是2 000光年，年龄不到100万年。

从加州星云的西边缘再向西移动4.8°，我们就来到了一个有趣的星团NGC 1342。它的一串星星能够引发人们许多很形象的联想。加拿大的天文爱好者史蒂夫·欧文用他的4.9英寸马克苏托夫望远镜观测，把它想象成一个

英仙座ζ是英仙座OB 2星协中最亮的成员，英仙座

英仙座南部的深空奇观套餐

目标	类型	星等	大小/角距	赤经	赤纬	*MSA*	*U2*
NGC 1499	发射星云	6.0	160′×40′	$4^h00.5^m$	+36°33′	117	60
NGC 1579	星云复合体	—	12′×8′	$4^h30.1^m$	+35°17′	116	60L
NGC 1342	疏散星团	6.7	17′	$3^h31.6^m$	+37°23′	119	60R
英仙座ζ	聚星	2.9, 9.2, 10.0, 10.4, 11.2	13″, 120″, 98″, 33″	$3^h54.1^m$	+31°53′	140	60R
英仙座40	双星	5.0, 10.0	26″	$3^h42.4^m$	+33°58′	118	60R
Σ425	双星	7.5, 7.6	2.0″	$3^h40.1^m$	+34°07′	118	60R
B4	暗星云	—	46′×29′	$3^h44.0^m$	+31°48′	140	60R
B5	暗星云	—	1.5°	$3^h47.9^m$	+32°54′	140	60R
IC 348	星团和星云	7.3	8′	$3^h44.6^m$	+32°10′	140	60R
Σ439	三合星	9.3, 9.5, 10.3	0.5″, 24″	$3^h44.6^m$	+32°10′	140	60R
Σ437	双星	9.8, 10.0	11″	$3^h44.1^m$	+32°07′	140	60R
NGC 1333	反射星云	5.7	6′×3′	$3^h29.3^m$	+31°24′	141	60R

大小和角距数据来自最新的星表。实际观测时的目标大小往往比星表里的数值小，且根据观测设备的口径和放大倍率的变化而不同。表格中的 *MSA* 和 *U2* 列分别为《千禧年星图》和《测天图 2000.0》第二版中的星图编号。本月所有天体都在《天空和望远镜星图手册》中的星图 13 所覆盖的范围内。

OB 2星协距离我们1 000光年，是最近的星协之一，主要是高光度的O型和B型星。英仙座ζ是一颗蓝超巨星，它已经耗尽了核心的氢燃料，开始向主星序之外演化，变得不稳定了。英仙座OB 2星协中最亮的主序星是英仙座40，它还有一颗伴星。蓝白色的明亮主星和它的10等伴星，在47倍放大率下离得很远。在这片区域，从英仙座40向西北偏西方向移动0.5°就是Σ425。这对7.5等的黄色双星角距比英仙座ζ中最近的一对还要小，但用我的小型折射望远镜放大到87倍，可以分辨出它们。

以上提到的三颗主星在巴纳德1927年出版的《银河精选区域摄影图集》的3号底片上全都能找到。但是在这张曝光6小时41分钟的照片上，巴纳德的注意力集中在英仙座o附近一个精彩的“模糊的星云状的区域”。这张照片拍摄的是英仙座边界范围内的一块区域，包含了巴纳德暗星云表中从B1到B5的天体。我用105 mm望远镜放大到28倍，可以找到B4和B5，这是最明显的两个暗星云。B5位于英仙座o东北边1°，是一个45′ ×15′ 的椭圆形，向东北方向倾斜，边缘处有一颗5等星英仙座42。B4位于英仙座o的南边，覆盖了超过1°的天区，在它内部的西边有一个巨大的凹陷。

把倍率增加到153倍，我看到了位于B4的北方边缘的小星团IC 348。大约10颗星聚集在一个5′ 大小的椭圆环里。如果把英仙座o移出视场，我能够看到暗淡的星云笼罩在最亮的星和它近旁的两颗星周围，第三颗星在星云西边的边缘。最亮的星和它东北方的星形成了三合星Σ439 AB-C。其中A和B子星的角距很小，只有0.5″，我的小型望远镜无法分辨它们。Σ437是一对亮度差不多的10等双星，在同一个视场里位于IC 348西南偏西方向不远处。我用10英寸望远镜观察，又能多看到一缕星云环绕在星团最南端的恒星周围。轻薄的迷雾笼罩在两团星星上，并在东边将它们连接在一起。

在B4西边1.5°处，你会看到一个由7等星和8等星组成的37′ 大小的等腰三角形。三角形指向西南偏西方向一个三角形长度之外的另一个反射星云。这就是NGC 1333，是一个模糊的椭圆形，有一颗10.5等星嵌在星云东北方的末端。它的西南方有一颗12等星，总共覆盖了5′ ×2.5′ 的范围。用我的10英寸望远镜放大到115倍看，星云有些斑驳，靠近亮星那一边四分之一的范围是最亮的。这个区域大部分星云都属于英仙座OB 2星协内的分子云。尽管它叫这个名字，但它和英仙座OB 2星协的关系还不清楚，因为它的距离还相当不确定。

英仙座NGC 1579非常像人马座中的三叶星云，所以也被称为北三叶星云，用普通的望远镜就可以轻松看到。由于位于一片没有什么亮星的区域，它经常被人忽略。照片视场宽度为17′，上方为北。
* 摄影：R. 杰伊·加班尼。

冬季 • 二月

繁星之夜

大犬座位于银河的边缘，对深空观测者来说，这里是群星的乐园。

我听到黑夜袅袅的衣裳，
拂过她大理石的殿堂！
我看到她黑色的裙边
装点着来自天上的星光！

——亨利·沃兹沃斯·朗费罗，《夜的赞歌》

这些文字是美国诗人亨利·沃兹沃斯·朗费罗在1839年写下的，它们描述了作者透过卧室的窗户，看到外面景色的感受。虽然他看到的是夏夜的星空，但诗中女孩的冬裙却被更亮的星光装点着。其中最亮的一颗就是大犬座α，也叫天狼星，是夜空中最耀眼的恒星。

在天狼星明亮的光辉中，有一颗白矮星伴星。由于长久以来西方一直称天狼星为狗星，所以这颗1862年发现的白矮星伴星，就被视作一只小狗。这只小狗跟随它的大哥穿越寰宇，它们的角距自1993年以来逐渐增大，2008年达到了8″。

需要注意的是，天狼星比这颗白矮星亮了大约10 000倍。我曾经在佛罗里达群岛举行的冬季星空聚会上在-1.5等的主星旁边分辨出这颗8.5等的“小狗”，佛罗里达群岛的视宁度（大气的稳定程度）通常是很好的，这对分辨天狼星的伴星很重要。

在2005年的聚会上，即使没有观测经验的新人也能够通过我的10英寸反射望远镜在320倍下看到这只“小狗”。到了2006年，两颗星的角距变得更大，分辨出“小狗”就更容易了。

由于大气的抖动会让星星稍稍模糊，所以“小狗”并不是特别明显。它和天狼星的角距会在2022年达到最大，也就是11.3″。到那时，你会不会去试试在耀眼的天狼星旁边找找这只“小狗”呢？不需要10英寸这么大的望远镜，有观测者说，用5英寸的望远镜就可以成功分辨出“小狗”了。

在大犬座中还有许多其他值得一看的深空天体。如果你想看难度不大的双星，试试大犬座μ吧。它的亮度是5等，差不多位于大犬座γ和大犬座θ连线的中点偏西边一点。我用105 mm折射望远镜在127倍下，能够看到漂亮的金色主星和它旁边蓝白色的7等伴星，伴星在主星的西北偏北方向，两颗星相距3.2″。虽然这对双星的角距比天狼星和它的伴星小很多，却更容易分辨，这是因为它们的亮度差别没那么大。

天狼星南边1.6°的地方有一颗深黄色的7等星，在这颗星的东北偏东相距11′处，有一个旋涡星系NGC 2283。我用小型折射望远镜在87倍下，只能看到一块模糊的小光斑，里面有三颗恒星。在我的10英寸望远镜中，这个星系仍然只是一块均匀的光斑，比之前多看到一颗恒星。目视观察时，NGC 2283很容易被认为是一个星云。实际上，我手里有一本旧版的《捷克星图》，里面确实把它标成了星云。在斯文·塞德布拉德1946年发表的银河星云星表中它被标记为塞德布拉德86。使用我的望远镜无法看到这个星系的旋涡结构和其他的前景星，天文摄影师们可以尝试拍一拍它，看能否拍到更多的细节。

继续向南2.5°，就来到了大犬座中唯一的梅西耶天体——疏散星团M41。在暗夜中，肉眼就可以看到它是一块模糊的光斑。M41是意大利天文学家乔瓦尼·霍迪纳在1654年最先记录的。亚里士多德在公元前4世纪曾经描述

大犬座是二月的夜晚很容易找到的星座，夜晚最亮的恒星——如灯塔一般的天狼星，就位于大犬座。作者描述了各种各样的适于望远镜观察的目标，这些目标都位于天狼星附近。

* 摄影：藤井旭。

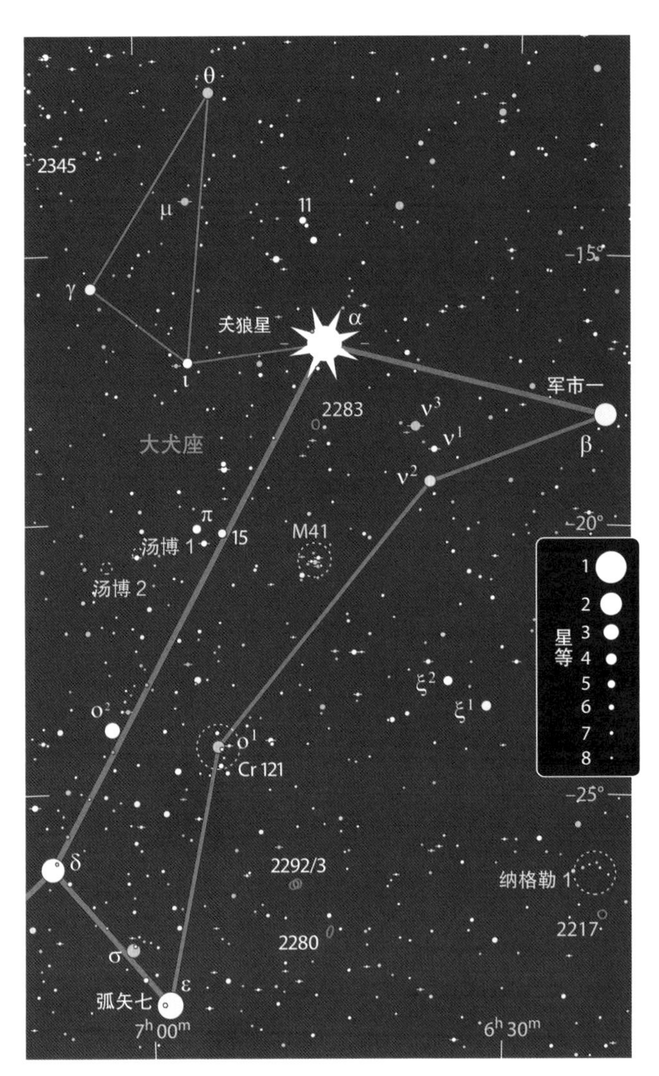

在黑暗的夜晚，肉眼可以看到M41是一块模糊的光斑，这是一个适于各种型号的双筒望远镜和天文望远镜观赏的目标。尽管大犬座所在的天区有很多星团，然而M41却是大犬座中唯一的梅西耶天体。这张照片的视场是1.4°，上方为北。

* 摄影：帕洛玛天文台巡天二期/加州理工学院/帕洛玛。

过在这片天区有一颗星拖着暗弱如彗星的尾巴，这有可能就是M41。

我用15×45的稳像双筒望远镜能够看到30多颗7等或更暗的星星聚集在40′的范围内。6等的大犬座12位于这团星星东南边缘。用我的105 mm望远镜放大到47倍观察，M41包含了80多颗或亮或暗的恒星，很多恒星连成串，像从中心向外辐射出来的一串串珍珠。我还能看到星团中散落着的几颗黄色或橙色的宝石一般的星星。

现在向东移动3.4°，就看到了一对7等星，一颗是金色的，一颗是白色的，相距2.5′。它们的西北方就是汤博1（Tombaugh 1，或Tom 1），这是克莱德·汤博在寻找海王星外行星时发现的一个疏散星团。在2006年的冬季星空聚会上我用贝齐·惠特洛克的105 mm折射望远镜观测了汤博1。在17倍放大率下，它是一块很明显的雾状光斑，放大到28倍时，我能够看到一颗孤零零的星星位于中间。在47倍放大率下，我又看到了星团中几颗钻石尘般的星

二月星空看点

目标	类型	星等	大小 / 角距	赤经	赤纬	*MSA*	*U2*
天狼星	双星	−1.5, 8.5	8.4″	6h 45.2m	−16°43′	322	135R
大犬座 μ	双星	5.3, 7.1	3.2″	6h 56.1m	−14°03′	298	135R
NGC 2283	星系	11.5	3.4′×2.7′	6h 45.9m	−18°13′	322	154L
M41	疏散星团	4.5	39′	6h 46.1m	−20°46′	322	154L
汤博 1	疏散星团	9.3	6′	7h 00.5m	−20°34′	（322）	154L
汤博 2	疏散星团	10.4	3′	7h 03.1m	−20°49′	（321）	154L
纳格勒 1	星群	—	16′×48′	6h 22.4m	−26°28′	347	154R
NGC 2217	星系	10.7	4.5′×4.2′	6h 21.7m	−27°14′	347	154R

大小和角距数据来自最新的星表。实际观测时的目标大小往往比星表里的数值小，且根据观测设备的口径和放大倍率的变化而不同。表格中的 *MSA* 和 *U2* 列分别为《千禧年星图》和《测天图 2000.0》第二版中的星图编号。带括号的编号代表该天体没有在星图中标出。本月所有天体都在《天空和望远镜星图手册》中的星图 27 所覆盖的范围内。

冬季 • 二月

旋涡星系NGC 2217中间的核心在小型望远镜中就可以看到，但作者没有看到星系外围的环，在这张长时间曝光的照片中，这个环很明显。照片视场为20′，上方为北。

＊ 摄影：帕洛玛天文台巡天二期/加州理工学院/帕洛玛。

星，散落在5′大小的斑驳的光斑上，光斑的两边各有一颗11等的星星。放大到87倍时，我能看到十几颗闪烁的星星，只剩一点没有被分辨出的淡淡的光斑。在同样的倍率下，用来自纽约的乔·伯杰龙的3.6英寸折射望远镜观察，我能够看到9~10颗暗星。用我的10英寸反射望远镜放大到118倍看时，35颗恒星聚集在一个模糊的三角形里面。

在惠特洛克的望远镜低倍率的视场中，我能够在汤博1的东南偏东方向、距离40′的地方同时看到汤博2。这个星团比汤博1更加难以辨认，利用汤博2北边4′处的一颗8.5等星可以找到它。放大到87倍时，星团更容易被看到，但也只是一个2′大小的模糊斑点，一颗11等星位于它的东南边缘。在我的10英寸望远镜中，放大到118倍，可以看到这个星团是一些极其暗弱的星光构成的如尘埃一样的雾斑。

汤博2或许和大犬座矮星系有关联，那是一个被银河系引力拆散的星系，也是银河系最近的一个伴星系。它距离太阳25 000光年，距离银河系中心42 000光年。

几年前，光学设计师阿尔·纳格勒告诉我这片天区有一个有趣的星群。你可以这样找它，把大犬座ζ放在双筒望远镜视场的南端，纳格勒1就位于视场的北端。

用我的15×45双筒望远镜看，纳格勒1是一个漂亮的16′×48′的指向北方的“人”字形，由7—10等星组成。从“人”字形顶点指向东边的第一颗星是一对双星。在望远镜中，三颗最亮的星散发着橙黄或橙红色的光芒。发挥想象力将视野扩大，“人”字形分向左右的两笔可以扩大一倍，西边的一笔更加明显一些。

从纳格勒1向南1°，你会看到两颗黄白色的8等星和一颗非常红的9等星组成一个35′大小的直角三角形。位于这个直角三角形直角顶点的那颗星北边16′的地方，就是星系NGC 2217。我用105 mm望远镜在87倍放大率下观察，这个星系比较暗，小小的、圆圆的。它的核心很明亮，像一颗恒星一样。

我用10英寸反射望远镜放大到171倍，能够看到一个1′大小的东南偏东方向延长的椭圆形包围在圆形核心的周围。两颗暗星位于西侧边缘。这些恒星嵌在一个4′×3′东北偏北方向倾斜的暗弱的环中，我的望远镜完全看不到它们。这个虚无缥缈的环是无数恒星组成的，如果你能看到它，那就太棒了！

更大倍率，更多星星

如果你有一个望远镜，放大倍率越大，就能看到越暗的星星。对于8英寸或更小的望远镜，从最低倍率增大到150倍，这种改善是很明显的，但再增加倍率，效果就不大了。大口径的望远镜放大到250倍，这种效果更明显，能够看到很多低倍率下看不到的暗星。当然，每个人的感受可能不太一样，目视天文学就是这样。

魔法的魅力，让我感到了她的存在，从上方俯临；
宁静威严的夜，宛如我爱着的恋人。

——亨利·沃兹沃斯·朗费罗，《夜的赞歌》

迷失的科普兰小三角

用现代的望远镜如何重演50年前的观测?

1957年3月号的《天空和望远镜》杂志刊登了一篇关于麒麟座的文章,作者是利兰·S.科普兰。科普兰的名字广为人知,因为他为很多深空天体都起了昵称。有一些昵称很有名,流传至今,也有一些昵称慢慢被人遗忘了。科普兰小三角,或许由于位置描述得不清楚,现在人们已经不知道它到底在哪里了。

现在,我们就来重温科普兰在麒麟座的旅行,看一看他在这些天体中都观测到了什么,最后再尝试寻找那个三角形吧。以下所有对天体的描述,都是用我的105 mm折射望远镜观测的。

科普兰的旅行从一个美丽的三合星麒麟座β开始。在47倍放大率下,我只能看到两颗星:一颗亮星,以及它东南方向一颗稍稍暗一点的伴星。放大到87倍时,那颗伴星也被分解为一对密近的双星,暗星位于亮星的东南偏东方向。这三颗星都是蓝白色的,亮度都是5等左右。

离开麒麟座β,科普兰将视线向北移动2.2°,来到了疏散星团NGC 2232,他称之为双楔形星团。放大到47倍时,大约25颗星在5等的麒麟座10周围向南呈扇形展开。麒麟座10周围有5颗星:北边一颗,南边一颗,东北偏东一颗,西南偏西两颗。在它们的西北方,一个由6颗星组成的更钝的楔形指向刚才的扇形。在这个楔形中,麒麟座9位于它的最北边,大约25颗暗星散布在它的周围。很多资料并不把第二个楔形算作NGC 2232的一部分。在《星团》一书中,两位作者布伦特·阿奇诺和斯蒂芬·海因斯对这两个楔形星团的大小和位置都有争议。

下一个天体是NGC 2301,它被科普兰称为黄金虫星团。放大到47倍时,星团看上去是大约15颗从北向南呈波浪形排列的一串暗星,跨越了约20′的天空(见第43页图)。另一串很短且不那么显眼的恒星从中间向东延伸出去,两串星星交汇于星团中最亮的星处。环绕在它周围的是一群暗星和花纹一般的迷雾。放大到87倍时,这团迷雾被分解为致密的一群10等到12等的暗星,星团中的总星数可达40颗。科普兰形容这个星团是弯弯曲曲的一群星,

如第42页中所描述的,玫瑰星云环绕在星团NGC 2244周围。通过望远镜是看不到星云的颜色的,但在暗夜中使用星云滤镜,可以看到旋涡般的轮廓和其中花丝般的暗带。

* 摄影:《天空和望远镜》/肖恩·沃克。

冬季 ● 二月

你能在M50中找到科普兰所说的“盘丝”吗？
* 摄影：罗伯特·詹德勒。

其中几颗闪着金色的光芒，就像金色的毛毛虫一样。

现在我们将视线转向M50，科普兰称它为盘丝星团。在17倍放大率下，很容易看出其中的十几颗暗星，还有一些更暗的恒星构成了无法分辨的云雾，占据了11′×9′的天空。星团外面还包围着一圈近似五边形的恒星晕，直径大约为23′。用87倍放大率看M50就非常壮观了。5颗星呈“U”形位于星团的中央，在它们外面是一圈没有什么星星的区域，再外面则包围着23颗中等亮度星和暗星组成的卵形，星团的最南边还有一些漂亮的双星。恒星晕进一步被分解，在我的镜像视野中，星团的西北方形成了一个大圆弧，还有另外三条弧线在其他方向上沿着逆时针方向均匀地展开。但是在这些弧线中，哪里是科普兰所说的“盘丝”呢？M50中的亮星弯曲成一个“S”形，看起来像弹簧上完整的一圈“盘丝”。你能找到它吗？

下面，我们来看看NGC 2264。科普兰为它起的名字广为人知：圣诞树星团。难怪这个名字这么有名，因为实

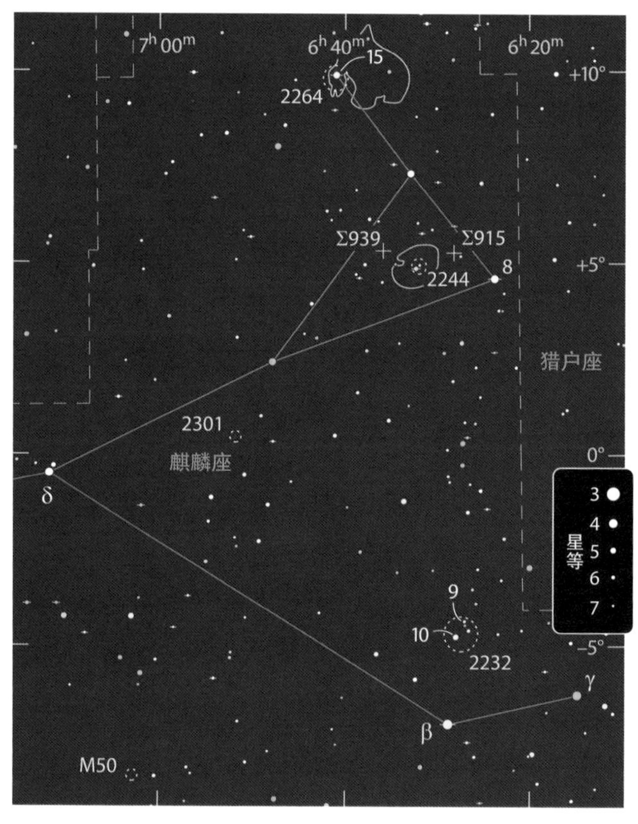

在太像了。放大到47倍时，大约54颗星装点着这棵圣诞树的轮廓，从底部到顶端的张角约26′。蓝色的麒麟座15（也叫麒麟座S，是一颗变星）位于圣诞树的树干底部，在它的东北偏北方向还有一颗暗得多的伴星。圣诞树顶端的南边有一群暗弱的星星，它们不算作星团的一部分，但是我能够想象出，它们就像一颗五角星，装饰在圣诞树的最上面。由于圣诞树的顶端是朝向南的，因此在某些成倒像的望远镜中，圣诞树恰好是正立的，就像第43页右下图所示的那样。

科普兰对圣诞树赞叹了一番之后，将视线移向麒麟

重温科普兰在麒麟座的旅行

目标	类型	星等	大小/角距	赤经	赤纬
麒麟座β	三合星	4.6, 5.0, 5.3	AB 7.1″, BC 3.0″	$6^h28.8^m$	−7°02′
NGC 2232	疏散星团	4.2	53′	$6^h27.3^m$	−4°46′
NGC 2301	疏散星团	6.0	15′	$6^h51.8^m$	+0°28′
M50	疏散星团	5.9	15′	$7^h02.8^m$	−8°23′
NGC 2264	疏散星团	4.1	40′	$6^h41.0^m$	+9°54′
麒麟座8	双星	4.4, 6.6	12.1″	$6^h23.8^m$	+4°36′
NGC 2244	疏散星团	4.8	30′	$6^h32.3^m$	+4°51′
Σ915	三合星	7.6, 8.5, 11.2	6.0″, 39.2″	$6^h28.2^m$	+5°16′
Σ939	三合星	8.4, 9.2, 9.4	30.6″, 39.5″	$6^h35.9^m$	+5°19′

大小和角距数据来自最新的星表。实际观测时的目标大小往往比星表里的数值小，且根据观测设备的口径和放大倍率的变化而不同。

你觉得NGC 2301里哪些黄色的星星组成了它的昵称“黄金虫”？
* 摄影：伯恩哈德·胡布尔。

座ε和NGC 2244。麒麟座ε也叫麒麟座8，后者或许更广为人知，是一对能够轻易分辨的双星。在47倍放大率下，主星是白色的，伴星更暗，呈黄色，位于主星的东北偏北方向。NGC 2244是疏散星团，科普兰称之为竖琴星团，位于麒麟座ε的东边2.1°。我不知道科普兰是怎么把它想象成竖琴的，我只能尽力这样猜测：放大到47倍时，在星团的中心区域有明明暗暗的25颗星，其中的亮星组成了一个20′长的棒状，沿西北偏北方向倾斜，这可能就象征着一个倒立的竖琴较短较重的那一边。还有许多恒星在周围散布开来，很难讲哪里是星团的边界。最显眼的一群星星从棒状的最北端向西南偏南方向延伸，这或许就是竖琴较长的琴弦一边吧。你觉得呢？

NGC 2244位于玫瑰星云的中心，科普兰说“用普通的望远镜是看不到玫瑰星云的”。但是他当年并没有使用过星云滤镜，而今天我们用得可是美滋滋的。在17倍放大率下，通过氧-Ⅲ滤镜观察，玫瑰星云美丽而复杂。它像花环一样，大约占据了1°的天空，中间相对较空，星团中的很多亮星恰好位于此处。这个星云的宽度和亮度变化范围很大，中间夹杂着很多暗带。

最后，聊聊科普兰的三角形。他形容“恒星组成了非常小的三角形”以及“三颗密近而且相对较亮的星组成的微型的奇迹”。他称三角形位于NGC 2244西北方一点点，他也是这样标注在他的星图上的。在他标注的地方，我找到了三合星Σ915，但这不可能是那个三角形。在47倍放大率下，两颗亮的成员星形成了一对漂亮的双星，但第三颗星太暗，又在双星东南方太远的地方，它们组成了一个窄细的三角形。

在科普兰后面的文字中，他又提到那个三角形是Σ939，但它实际上位于NGC 2244的东北方向。再来看看这颗三合星吧，在17倍放大率下，我只能勉强看出来是一个可爱的小三角形。但放大到47倍时，好戏来了。8等的主星旁是两颗9等的伴星，一颗在东南偏东方向，一颗在东北方向，组成了一个精彩的三角形。这一定就是科普兰的三角形了，它配得起这个名字，也值得人们关注。正如科普兰断言的那样，会有人对深空中的这个宝藏情有独钟的。

寻找麒麟座β

麒麟座中的星都很暗，寻找起来有点困难。一个简单的方法，是从猎户的腰带开始，向天狼星方向延伸。延伸到一半时，会在稍稍北边一点遇到两颗亮度差不多的星。离猎户座近的是麒麟座γ，离天狼星近的是麒麟座β。从这里开始，再去寻找麒麟座中的天体吧。

6^h40^m 6^h30^m 6^h20^m
+10° +8° +6°
15
2264
锥状星云
13
麒麟座
Σ915
Σ939
2244
玫瑰星云
8
星等 4 5 6 7 8 9

这张照片展示的是NGC 2264，上方为南，这样看更像一棵圣诞树，这也是典型的反射望远镜中看到的样子。在望远镜中是看不到星团周围的星云的，即使使用星云滤镜也很难看到。圣诞树顶端被暗星云侵入的部分被称为锥状星云。
* 摄影：科德·肖尔茨。

御夫座的宝藏

很多精彩但鲜为人知的星团和星云装点着天上的这位驾车人。

御夫座横跨在银河中天体富集的区域，因此在御夫座中满是深空的宝藏。我们已经欣赏过御夫座五边形里的几个天体了，现在来了解五边形外面的几枚珍宝和轻如薄纱的天体，就从御夫座的东边开始吧。

在这片区域，有11颗星都是用希腊字母ψ命名的，但是御夫座ψ^{10}实际上位于旁边的天猫座范围内，更多时候叫它天猫座16。有两颗星离得太近了，共享一个名字御夫座ψ^{8}。这对星星直接用肉眼看就是一颗星，它俩合起来的亮度也只有5.6等，是这群星星中最暗的。御夫座ψ^{2}是最亮的一颗，为4.8等。你能够用肉眼看到几颗御夫座ψ星呢？

在御夫座ψ^{7}西南偏南方向距离50′的地方有一个有趣的疏散星团NGC 2281。用我的105 mm折射望远镜放大到47倍来看，NGC 2281的大小约20′，包含35颗中等亮度的星和暗星。其中的一些亮星组成了一个在东北偏北方向凹陷的佩斯利旋涡花纹的形状[1]。这个图案最窄的部分让我想起海豚座，或者再加上旁边几颗星就像一个耶稣鱼[2]的图案。这条鱼鼻子处的星是金色的，在我的10英寸反射望远镜中，鱼的尾巴尖也是金色的。在NGC 2281周围，5颗颜色不同的星组成一个五边形，其中三颗是橙黄色的，还有一颗是一对星星，其中北边那颗是一颗燃料即将耗尽的橙色星。

要想看颜色更深的星星，就向西南方移动3.5°，看看半规则变星御夫座UU吧。它的亮度在5等到7等之间变化，叠加了两个周期分别为233天和439天。御夫座UU是一颗碳星，也是一颗冷巨星，由于它发出的蓝色光被大气中的碳分子和碳化合物过滤掉，因此看起来颜色非常红。

从御夫座θ移动到御夫座40，然后再继续移动相同的距离，就来到了一个很不一样的疏散星团NGC 2192。我用小型折射望远镜放大到28倍，只能看到一块模糊的小

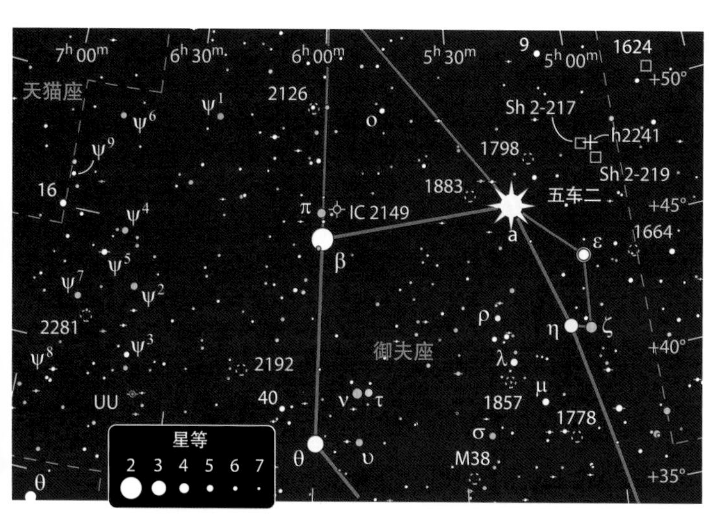

NGC 2281（右图）中明亮又泛蓝色的星星说明它是一个相对较近且年轻的星团。因为它距离银河将近17°，所以这里背景星特别稀少。NGC 2192（上图）比NGC 2281更远也更老，它的星星看起来暗淡，彼此相距很近，颜色也更红。

* 摄影：帕洛玛天文台巡天二期/加州理工学院/帕洛玛。

1 一种历史久远的形似蝌蚪的装饰图案。——译者注

2 基督教一个代表性符号。——译者注

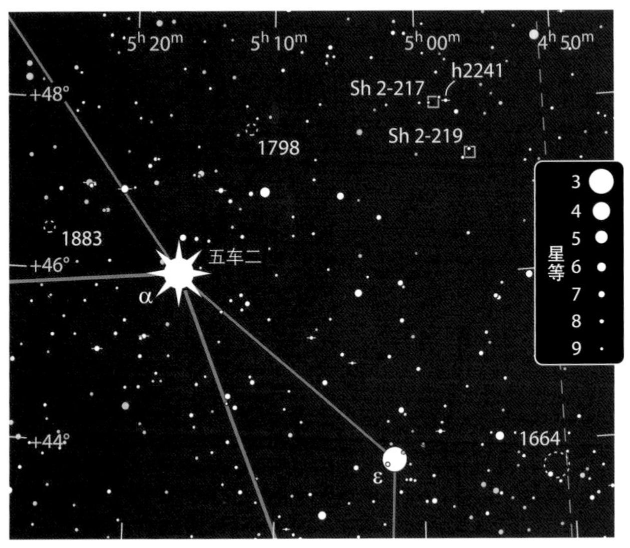

左上图：暗弱的Sh 2-217位于明亮的双星赫歇尔2241东边9′处。
右图：Sh 2-219比Sh 2-217更小但是更亮。
* 摄影：帕洛玛天文台巡天二期/加州理工学院/帕洛玛。

光斑。放大到87倍，这群星星显出明显的颗粒状，宽度大约4′。里面的星非常暗，甚至是极其暗，最亮的一颗位于东北偏北边缘。即使我用10英寸望远镜放大到192倍，也只能数出20颗星，其背景仍是一块分辨不出恒星的光斑。

以上两个星团的外观如此不同，主要是距离的原因。大而明显的NGC 2281距离我们只有1 800光年，而钻石尘般的NGC 2192比前者要远4.5倍。两个星团另一个不同点是年龄。NGC 2281的年龄大约是3.6亿年，而NGC 2192却已经20亿年了。

下一站是一个复杂的行星状星云IC 2149，它位于橙红色的御夫座π西北偏西方向距离38′的地方。用我的5.1英寸折射望远镜放大到63倍时，它又小又明亮，星云的中心更亮一些。放大到234倍，我能看到星云是长长的，在中央恒星附近更加明亮，西南偏西一端更加宽广。用我的10英寸反射望远镜放大到299倍，IC 2149在长轴方向上更明亮了，特别是东边一半。在低倍率下使用氧-Ⅲ滤镜能够增加对比度。

IC 2149是由威廉明娜·弗莱明在1906年发现的，首先发布在哈佛大学天文台通告第111号中。弗莱明是在检查8英寸德雷珀望远镜拍摄的哈佛大学恒星光谱巡天的照相底片时发现这个天体有气态星云的特征亮线，而在之前的星表里，它被视为一颗恒星。

如果从御夫座o向东扫过2.2°，你会看到一颗稍微暗一些的黄色星，在它东边0.5°处有一颗亮度差不多的恒星，这颗星就位于疏散星团NGC 2126东北部的边缘。

用我的105 mm折射望远镜放大到47倍看，这个星团是一群漂亮的像星尘一样的小星星。放大到127倍，我在6′的范围内数出了15颗恒星。我用10英寸反射望远镜放大到192倍，能看到23颗星，大多数星星都集中在一个4′的三角形里。两颗星位于三角形的一端，把三角形变成了一个指向东北偏北方向的箭头。

明亮的五车二附近有两个钻石尘般的星团。NGC 1883在它的东北偏东方向距离1.7°处，NGC 1798在它的西北偏北方向距离1.9°处。

用我的105 mm折射望远镜放大到87倍看，NGC 1883是一块暗淡模糊的光斑嵌在一个指向西南偏南方向的瘦长的三角形的锐角处。光斑有2′大小，显现出颗粒状，一颗暗星位于星团的东边缘，星团的西北部有一块斑驳的区域。放大到174倍，这块斑显出了一颗非常暗淡的星星。我用10英寸望远镜放大到213倍，能看到十几颗小星星聚集在2.5′范围内，在南边还有两颗离群的星。

漂亮的NGC 1664被想象成风筝、四叶草、花朵、银杏叶。
* 摄影：帕洛玛天文台巡天二期/加州理工学院/帕洛玛。

NGC 1798比NGC 1883更大也更亮。用我的105 mm折射望远镜放大到122倍看，模糊的光斑中有三颗非常暗的星星，中心东南偏东方向有一块不像恒星的光斑，在照片中它是一小团星星。用我的10英寸反射望远镜放大到192倍，在4.5′～5′的范围内，能数出15～20颗星。在NGC 1798西边2.5°的地方有两个发射星云。我用105 mm折射望远镜放大到76倍看起来都有点挑战。沙普利斯 2-217（Sharpless 2-217或Sh 2-217）位于h2241东边9′，h2241是一对东西分布的双星，两颗子星亮度差不多，都是白色，像黑暗中的两只眼睛。星云暗弱的光辉延伸了大约4.5′，一颗11等星和几颗暗星淹没在星云中。使用窄带星云滤镜看Sh 2-217更明显。在它西南方0.75°的地方就是沙普利斯 2-219（Sh 2-219），只有1.5′ 大小。一颗12等星嵌在星云中心的西边。它与南边一颗和北边两颗9等星到12等星一起组成了一条5′ 的弧线（凹向东边）。

用我的10英寸望远镜放大到118倍，我注意到在Sh 2-217的西南部分有一块小亮斑。放大到192倍再仔细看就可以确认这一点，但是我无法确定这块亮斑是否是一颗恒星。一些研究表明，这块小亮斑中包含了一个被尘埃遮挡了大半的密集星团，在红外波段可以清晰地被看到。

现在我们向下移动到御夫座ε。平时它的亮度是2.9等，每隔27.12年，它就会被一个通常认为是大而暗的物质盘所掩食。在半年时间内，其亮度降到3.8等，并保持一年的时间。之后又通过半年的时间上升到通常的亮度。下一次掩食将在2036年发生。

在御夫座ε西边2°处，就是疏散星团NGC 1664。在它里面有几串能连成圈或线的星星，所以你可以用它来玩连点成图的游戏。我听说有人把它想象成一条黄貂鱼，或拖着长线的风筝，或四叶草，或系绳的心形气球。每一次看这个星团时，我也能想象出这些形状，除此之外我还会联想到一个神秘图形，一片带着波浪形梗的银杏叶。在我家乡附近的村庄里——纽约的斯科舍的主街上，种的都是银杏树。

用我的105 mm折射望远镜放大到17倍看，NGC 1664是一小群非常暗的星星，有一颗7等星位于东南边，显得更亮一些。放大到87倍，那片6′ ×4′ 的银杏叶就坐落在NGC 1664的中央，7′ 长的叶梗朝着那颗亮星蜿蜒过去，经过那颗星的西边。二十几颗星松散地环绕在我们的银杏叶—风筝—气球—黄貂鱼—四叶草周围，让星团的大小增加到20′ 。

御夫座五边形外面的星团、恒星和星云

目标	类型	星等	大小 / 角距	赤经	赤纬
NGC 2281	疏散星团	5.4	25′	$6^h48.3^m$	+41°05′
御夫座 UU	碳星	5—7	—	$6^h36.5^m$	+38°27′
NGC 2192	疏散星团	10.9	5.0′	$6^h15.3^m$	+39°51′
IC 2149	行星状星云	10.6	34″×29″	$5^h56.4^m$	+46°06′
NGC 2126	疏散星团	10.2	6.0′	$6^h02.6^m$	+49°52′
NGC 1883	疏散星团	12.0	3.0′	$5^h25.9^m$	+46°29′
NGC 1798	疏散星团	10.0	5.0′	$5^h11.7^m$	+47°42′
Sh 2-217	发射星云	—	7.3′×6.3′	$4^h58.7^m$	+48°00′
h2241	双星	9.3, 9.5	12″	$4^h57.8^m$	+48°01′
Sh 2-219	发射星云	—	2.0′	$4^h56.2^m$	+47°24′
NGC 1664	疏散星团	7.6	18′	$4^h51.1^m$	+43°41′

大小和角距数据来自最新的星表。实际观测时的目标大小往往比星表里的数值小，且根据观测设备的口径和放大倍率的变化而不同。

乐趣成双

双子座是各种双星和深空天体的家园。

你可以在本书第296页的三月全天星图上，找到双子座的这对兄弟，它们位于南边的高空之中。双子座中最亮星的名字来源于神话中的孪生子。卡斯托尔（Castro，中文星名北河二）代表了其中一个兄弟的头部，波吕克斯（Pollux，中文星名北河三）则代表了另一个兄弟的头部。双子座里拥有北天球最美的疏散星团之一、最壮观的行星状星云之一和最迷人的聚星系统之一。

我们从迷人的M35开始吧。美国马萨诸塞州的天文爱好者卢·格拉默称之为“鞋扣星团”。它在卡斯托尔北侧的“鞋子”上闪闪发光，位于双子座η与双子座1这两颗恒星中间偏上的地方，在夜空中靠肉眼隐约可见。在透明度高的天空中，用寻星镜可以清楚地分辨出一个模糊的小斑点。如果使用7×50的双筒望远镜，目标会变得异常清晰，加勒特·P. 瑟维斯在他1888年所著的《望远镜中的天文学》一书中，把这个星团描述为一片磨砂银，表面不停闪烁着光芒。

如果用105 mm反射望远镜放大到47倍，就可以看到一个非常显著的星团，在满月面积大小的区域中包含了100多颗恒星，中心区域附近有一片比较空洞的区域，那里聚集了一些昏暗恒星的光芒，而且有一条美丽的恒星弧线从M35的北边缘开始，向西一直延伸到空洞的位置。用6英寸的反射望远镜放大到39倍观看时，我有了些许不同的体验。其中我注意到一个大小约为20′×25′的模糊状矩形区域，包含一个由70颗恒星组成的内核，区域整体从西北侧延伸到东南侧，东北边缘的明亮恒星有着非常显著的金色调；它是双星OΣ 134中的主星，在它的南侧是浅蓝色的伴星。

最近的研究表明M35的年龄大约为1.5亿年，从宇宙或者地质的时间尺度上来看，它相当年轻。当你凝望M35的时候，你可能正踩在一块比它年纪大得多的石头上。

M35边缘的模糊小点是疏散星团NGC 2158。用我的小型反射望远镜，放大到127倍观看，在一团朦胧而无法分辨的4′背景之上，显示出很多极暗弱的星点。其中最亮的一颗恒星位于东南侧的边缘。如果不是因为它4倍于M35——12 000光年的遥远距离，它定会是一个非常令人震撼的星团。NGC 2158是一个非常古老的星团，年龄约为20亿岁；其表面最耀眼的星均为红巨星。

另一个相似的星团NGC 2266位于标记卡斯托尔膝盖的双子座ε以北1.8°。放大到87倍观看，在朦胧的背景中我可以分辨出一些昏暗和非常昏暗的星星，形成难以捉摸的光点闪烁在视野中。这个迷人的星团宽6′，看起来有点像一个三角形，最亮的星位于西南顶点。NGC 2266包含很多红巨星，在彩色照片中，它是我所见过的最美丽的星团之一。

冬季 ● 三月

双子座中最著名的星团M35是中心左边那一大群星星。它旁边的“伴”星团NGC 2158 要遥远得多，在有光污染的夜空中常常被观测者忽略。箭头所指的就是双星OΣ134。照片的视场宽度约为3°，和用20倍的望远镜看的效果差不多。上方为北。

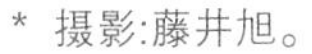

* 摄影:藤井旭。

在双子神话中寻宝								
目标	类型	星等	大小 / 角距	距离（光年）	赤经	赤纬	*MSA*	*U2*
M35	疏散星团	5.1	28′	2600	$6^h09.0^m$	+24°21′	156	76R
OΣ134	双星	7.6, 9.1	31″	2600	$6^h09.3^m$	+24°26′	156	76R
NGC 2158	疏散星团	8.6	5′	12000	$6^h07.4^m$	+24°06′	156	76R
NGC 2266	疏散星团	9.5	6′	11000	$6^h43.3^m$	+26°58′	154	76L
双子座 δ	双星	3.6, 8.2	5.5″	59	$7^h20.1^m$	+21°59′	152	76L
NGC 2392	行星状星云	9.2	47″×43″	3800	$7^h29.2^m$	+20°55′	152	75R
北河二	三合星	1.9, 3.0, 8.9	4.1″, 71″	52	$7^h34.6^m$	+31°53′	130	57R
双子座 YY	变星	8.9 to 9.6	—	52	$7^h34.6^m$	+31°52′	130	57R

近似距离是以光年为单位，表格中的 *MSA* 和 *U2* 列分别为《千禧年星图》和《测天图 2000.0》第二版中的星图编号。

现在让我们转到卡斯托尔的兄弟——波吕克斯，在那里我们可以看到双星双子座δ。冥王星在1930年1月被发现时，就非常靠近这对双星。用我的105 mm望远镜放大到87倍观察，双子座δ的两颗恒星靠得非常近。在黄白色的主星西南侧是8等的伴星。虽然这颗伴星是一颗红矮星，但是很多观测者将其描述为红紫色甚至蓝色。

错综复杂的行星状星云NGC 2392（也叫科德韦尔 39）位于双子座δ东南偏东2.4°。另有一颗8等星位于星云的北侧，用低倍率望远镜观测，它们看起来就像一对双星。我使用小型望远镜放大到153倍观察时，发现一团微小呈圆形且略有斑驳蓝灰色的光斑环绕在明亮的中央恒星周围。一些观测者注意到它闪烁的现象。用眼角余光法可以让星云看起来更明显，相比之下直视时则会使它闪烁不停。

NGC 2392通常被称为爱斯基摩星云，因为一些地面拍摄的照片让它看起来像一张被毛皮帽子裹起来的脸。在小型望远镜中就可以发现这个低亮度“毛皮帽”的存在，如果想要分辨出爱斯基摩人脸上的暗环，你至少需要一台8英寸口径的望远镜。一台6英寸口径的望远镜，开始能够显现出爱斯基摩人脸部的暗弱细节，特别是在中心西部一块勾勒出鼻子轮廓的暗斑。若需要观测爱斯基摩星云的一些更精细的结构，高倍率望远镜并配备氧-Ⅲ光污染滤镜，或者窄带滤镜将提供极大的帮助。

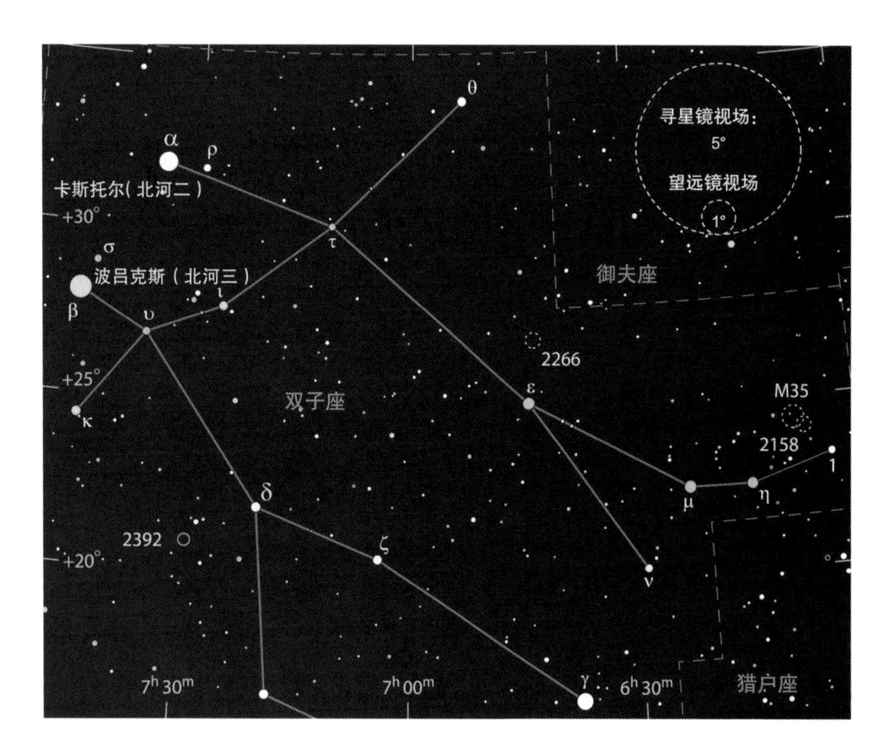

2000年1月，经过新修整的哈勃望远镜对准了爱斯基摩星云，揭示了它丰富迷人的细节。关于星云中毛皮帽子的结构，天文学家推测是即将死亡的中央恒星抛射出低速赤道星风所致，而细丝状的脸部则是源于极区的高速星风。

我们的最终目标是北河二，这是一个多星系统，有六颗恒星互相环绕，共同表演着错综复杂的芭蕾舞。三颗直接可见的主星，各自隐藏了一颗距离很近的伴星，这些伴星难以通过望远镜进行分辨，只能通过光谱分析来揭示它们的存在。用我的小型折

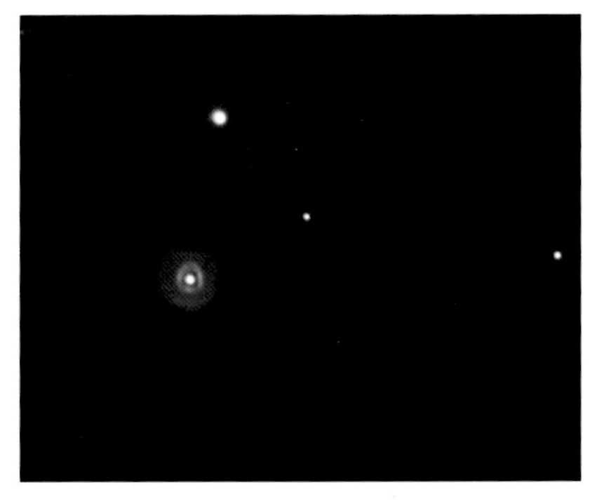

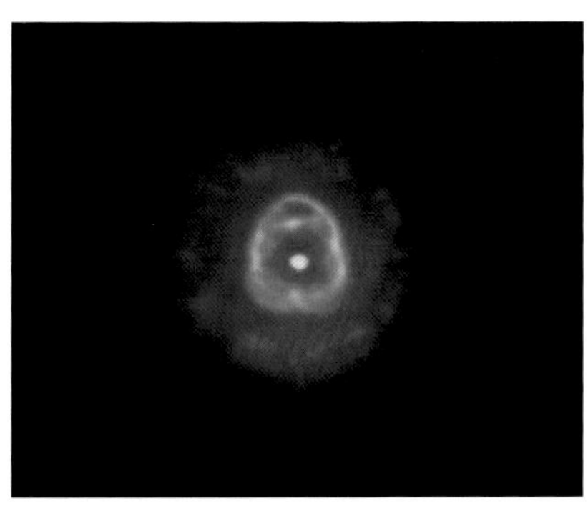

左上和右上：爱斯基摩星云（NGC 2392）非常小巧；在较宽的视场下，一颗8等的恒星仅位于星云中央恒星以北99″。这些CCD图像使用8英寸星特朗望远镜和16英寸米德望远镜拍摄。

* 摄影：左上，《天空和望远镜》/肖恩·沃克；右上，罗斯和茱莉娅·迈耶斯/亚当·布洛克/美国国家天文台/美国大学天文研究联合会/美国国家科学基金会。

射望远镜放大到87倍，二等星北河二A紧紧相伴在北河二B东北偏东的位置，二者都呈白色。北河二C位于东南偏南71″，距离稍远。它由两颗几乎相同的红矮星组成，由于相互掩食，我们可以记录出它们的轨道周期为19.5小时。每一次掩食，都会让组合恒星的亮度减半，下降约0.7等。作为一颗变星，北河二C被命名为双子座YY。

双子座里的各种天体既有观测带来的欣喜又有令人深思的奇迹，为我们提供了双重乐趣。在日后晴朗的夜晚，尝试观测一下吧！

底部：这里看到的NGC 2266星团展现出迷人的色彩，这是小型望远镜无法呈现出的细节。

* 摄影：帕洛玛天文台巡天二期/加州理工学院/帕洛玛。

在船尾座兜风

去看看小犬座南边和天狼星东边星光熠熠的天空吧。

每年这个时候，在船尾座中随便看看是我最喜欢的消遣方式。这片富含恒星的区域对任何深空观测者都是一片肥沃的星田，用一个小型望远镜就能看到其中十几个目标。星座中一片最壮观的区域，在暗夜中用肉眼就可以看出是一片模糊光斑。其中包含了我们要欣赏的大部分天体。

我们从M46开始，这是一个非常壮观的星团。即使用14×70双筒望远镜，也能看到无数的小星星。但是为了保证你看对了地方，首先把4等星麒麟座α放在你的望远镜中心，然后向南移动5°就到了。用我的105 mm折射望远镜放大到17倍，M46是圆形的、致密的一大群暗星，背后是一团迷雾。最亮的是西边的一颗8.7等星；剩下大部分星都是11等或12等。增加倍率可以从背景的迷雾中辨出几颗星来，但是在星团中心有一小块没有恒星的区域。

放大到87倍看这个星团，我能看到一个行星状星云NGC 2438，好像嵌在星团的北边缘。它又圆又亮，一颗11等星位于它的东南边缘。NGC 2438宽度为1′，比天琴座著名的指环星云小一点。如果你找不到它，使用窄带滤镜或氧–Ⅲ光害滤镜会让恒星变暗，让星云凸显出来。虽然它看起来像在M46里面一样，实际上这个行星状星云可能是一个前景天体，只是在同一条视线上罢了。

M47是另一个迷人的星团。1771年，法国天文学家夏尔·梅西耶在给这个星团编号时，记录到这个星团离M46不远，包含更亮的恒星。但是他将坐标记为赤经$7^h54.8^m$、赤纬–15°25′，然而这里却是一片空白区域。尽管如此，约翰·L. E. 德赖尔还是在他1888年的《星云星团新总表》中将这个坐标位置编为NGC 2478。

1934年，德国天文学家奥斯瓦尔德·托马斯指出，德

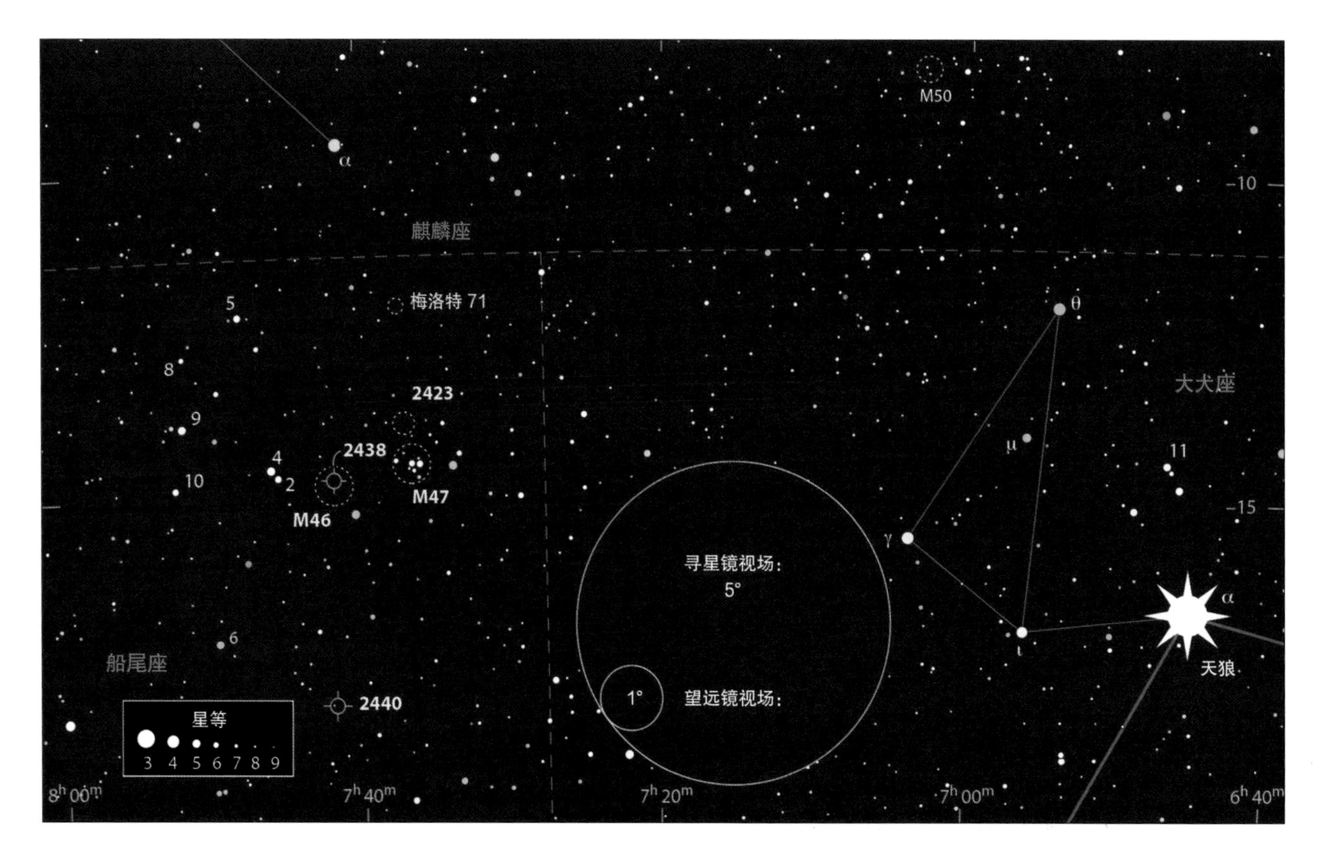

赖尔的星表中另一个天体NGC 2422，位于M46西北偏西方向相距1.3°的地方才是梅西耶真正看到的东西。1959年，魁北克蒙特利尔的T. F. 莫里斯为这个困惑提供了一个机智的解释。梅西耶写到，他是相对于南船座2（今天的船尾座2）测量M47的位置的。他给出的位置是这颗星的东边9^{m}和南边44′。但如果我们说M47位于船尾座2的西边9^{m}和北边44′，那这个位置就非常接近NGC 2422了。所以梅西耶可能是把方位写反了。

不管梅西耶发现这个天体背后的故事如何，西西里的天文学家乔瓦尼·霍迪纳在100多年前就发现了这个星团。霍迪纳有一份鲜为人知的星表，发表于1654年，描述和定位了这个星团，就是我们今天所知的M47。

M47在任何设备里看都是一道美丽的风景。用14×70双筒望远镜可以看到20~25颗星非常松散且不规则地聚集在0.5°范围内。用我的小型折射望远镜放大到17倍，我数出了48颗明暗相间的恒星。其中大多数都是狂暴的蓝色恒星，还有几颗是橙色的。

M47中有几个聚星系统。在小型望远镜中看最漂亮的可能是Σ1121，位于星团中心附近，很容易在一条三颗星组成的弧线的最南边找到它。Σ1121包含两颗亮度差不多的7等星，都是蓝白色，在68倍放大率下能够明显分辨出来。

在M47附近可以找到另一个星团NGC 2423，位于一串9等星的北边。放大到87倍，我可以看到30颗暗星松散

船尾座西北部的景色

目标	类型	星等	大小 / 角距	距离（光年）	赤经	赤纬	*MSA*	*U2*
M46	疏散星团	6.1	27′	4500	$7^h41.8^m$	−14°49′	295	135L
NGC 2438	行星状星云	11.0	64″	2900	$7^h41.8^m$	−14°44′	295	135L
M47	疏散星团	4.4	29′	1600	$7^h36.6^m$	−14°29′	296	135L
NGC 2423	疏散星团	6.7	19′	2500	$7^h37.1^m$	−13°52′	296	135L
梅洛特 71	疏散星团	7.1	9′	10300	$7^h37.5^m$	−12°03′	296	135L
NGC 2440	行星状星云	9.4	20″×15″	3600	$7^h41.9^m$	−18°13′	319	153R

大小数据来自星图或照片。实际观测时的目标大小往往比星表里的数值小，且根据观测设备的口径和放大倍率的变化而不同。表格中的 *MSA* 和 *U2* 列分别为《千禧年星图》和《测天图 2000.0》第二版中的星图编号。

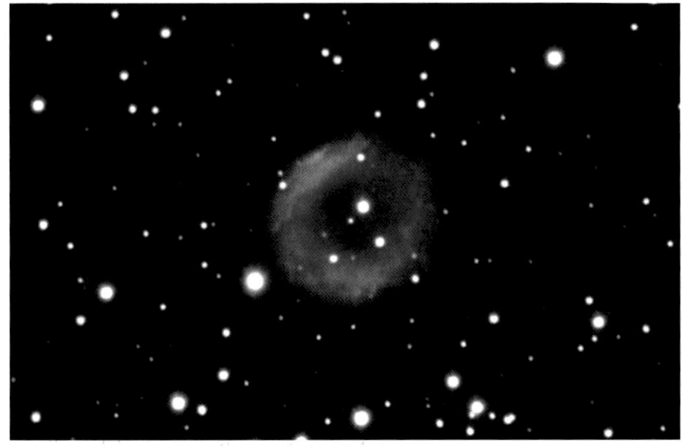

左图：在这张视场宽度为1°的M46照片中，你能找到像小“肥皂泡”一样的NGC 2438吗？
* 摄影：乔治·R.维斯科姆。

左下图：这张放大的NGC 2438是M46中的行星状星云，显示出目视观测无法看到的结构。这张CCD照片拍摄于亚利桑那州基特峰。
* 摄影：妮科尔·比斯/艾西德罗·埃尔南德斯/亚当·布洛克/美国国家光学天文台/美国大学天文研究联合组织/美国国家科学基金会。

地分布在15′范围内。中间是此星团中最亮的星之一——双星h3983（约翰·赫歇尔发现）。9.1等主星的西北偏西方向相距8″处是一颗9.7等伴星。主星本身也是一对双星，但是它的伴星离它实在太近了，小型望远镜根本无法分辨出来。NGC 2423中最亮的星是西南偏南边缘处的一颗8.6等星，但大部分恒星都是11等或12等。

一个短焦距的小型望远镜在25倍放大率以下可以在同一个视场中同时看到以上三个星团。用一些广角目镜你还可以把倍率增加到45倍，使它们同时保持在一个视场中。这三个“恒星城市”组合在一起的景色真是迷人。

再远一点，我们可以在NGC 2423北边1.8°找到一个小星团梅洛特71（Melotte 71，或Mel 71）。用我的105 mm望远镜放大到87倍看，它给我的感觉是一枚钻石被粉碎成了粉末，还有一些碎屑在散发着光芒。在西南边缘附近有两颗最亮的星，其中东边是一对亮度差不多、相距很近的双星。其他的暗星闪烁在一个9′大小的模糊背景上。

回到M46，再向南移动3.4°，就来到了另一个行星状星云NGC 2440。它位于一颗橙色8等星的西边。在低倍率下，NGC 2440看上去像一颗暗星，但在87倍放大率下就可以看到一个东北—西南方向延伸的椭圆，颜色是明显的罗宾鸟蛋蓝[1]。这个星云很亮，适合用高倍率望远镜观看。放大到153倍，我能看到中间有一个明亮的点，但这并不是中央恒星。美国加利福尼亚州的天文爱好者罗恩·巴努基斯里用他的105 mm折射望远镜在大约400倍放大率下能够看到这个星云分成了两个明显的结——通常大型望远镜才能看到这些细节。星云的中央恒星很暗，小型望远镜看不见，但它是已确认的表面温度最高的恒星之一。它的表面温度达到200 000 ℃，是太阳的30倍。

银河在穿过船尾座时，留下很多这样的奇迹，一定要找一个没有月亮的迷人夜晚来享受它们哦。

疏散星团M47（中间偏下）和NGC 2423（上）在低倍率望远镜中处于同一个视场中。这张照片的视场高度是1°。本节中所有照片都是上方为北。
* 摄影：乔治·R.维斯科姆。

1　罗宾鸟蛋蓝是介于蓝绿色和青色的一种颜色。——译者注

冬季 • 三月

独角兽的飞翔

麒麟座中的星星很暗，但在其他风景上得到了补偿。

我一动不动地，
乘着微微弯曲的玻璃翅膀，
升上夜空。

——卡特·D.海沃德

麒麟座[1]是一个相对现代的星座。荷兰制图员彼得勒斯·普朗修斯在1613年绘制的天球仪上引入了这个星座，但是可能有更早的源头。在《星星的名字：它们的传说和意义》（多佛，1963年）一书中，理查德·欣克利·艾伦说法国学者约瑟夫·尤斯图斯·斯卡利杰在一个波斯天球上发现过麒麟座。天文学家路德维希·伊德勒在1809年研究恒星名称起源和意义时写到他在1564年的一本德国占星书中找到了关于这个问题的资料："在孪生兄弟和螃蟹的下面还有另一匹马，有很多星，但是都不亮。"

明亮的麒麟座15是圣诞树星团（NGC 2264）中最亮的星，目视这个星团比照片更容易看出它的形状。它南边大约0.5°是锥状星云，在照片中看起来很震撼，但是目视则不容易看出来。
* 摄影：罗伯特·詹德勒。

麒麟座就像它在神话中一样难以看到。在麒麟座中没有亮度高于4等的恒星，但它是一个探索深空的完美星座。麒麟座中的冬季银河像温柔的丝绸，其中有很多精彩的星云和星团。

我们从麒麟座北部、位于独角兽头部的NGC 2264开始吧。这个疏散星团位于双子座ξ西南偏南方向相距3.2°处，其中包含一颗4.7等星麒麟座15。利兰·S.科普兰称之为圣诞树星团，这个壮观的星团配得上这个名字。我想起很久以前观测NGC 2264的时候，当时我已经听说过圣诞树星团但不知道指的是哪个星团。当我在目镜里看到它时，我知道一定就是它了！

在15×45双筒望远镜中，圣诞树星团倒着挂在空中，代表树干的麒麟座15在最上面。这个三角形的树由20颗7等星和更暗的星组成。沙普利斯2-273（Sharpless 2-273，或Sh 2-273）是一片蔓延的星云，包裹着星团，并向西北方向延伸，暗星云申贝格 205/6（Schoenberg 205/6）从北边侵入。我用10英寸牛顿反射式望远镜放大到44倍只能看到一个小小的暗缝从星云的南边伸入，一直延伸到圣诞树的顶部，这就是锥状星云（LDN 1613）。用氧-Ⅲ滤镜能够分离出绿色的辐射，稍微提升一点对比度，有些观测者用光害滤镜也成功看到了它。当你观测这里时，多花点时间仔细看看麒麟座15。它的光谱型是O7型，是天空中最蓝的星之一。

麒麟座15的西边相距2°处有两个小星云。用我的105 mm折射望远镜放大到68倍看，NGC 2245位于一颗8等星的西南偏西方向，星云内部在东北边有一颗非常暗的星。用我的10英寸反射望远镜放大到70倍看，附近的NGC 2247也出现在同一个视场中。它看上去更大但也更暗，其中心有一颗9等星。这两个天体通常被认为是反射星云，被附近的恒星照亮。但是当我使用氧-Ⅲ滤镜时，NGC 2245显得更亮，这说明在这个星云的光芒中有一部分是被激发的辐射。

NGC 2261，也叫哈勃变光星云或者科德韦尔46，位

1　麒麟座的拉丁文名为monoceros，意思是"独角兽"，但中国神话体系中没有独角兽这种动物，我国天文学家将其翻译为"麒麟"。——译者注

于麒麟座15西南偏南方向相距1.2°处，是一个很棒的观测目标。威廉·赫歇尔1783年在英国发现了这个反射星云。100多年后，美国天文学家埃德温·哈勃，一个在叶凯士天文台工作的毕业生，被安排了一项工作，研究这个星云的亮度变化。哈勃发现这个星云的形状和亮度都会发生变化。

我用15×45双筒望远镜就可以看到哈勃变光星云，非常像一颗恒星。我用小型折射望远镜放大到87倍，能看到一个小而明亮的扇形星云，像一个尾巴宽宽的彗星。头部有一个亮点，宽尾巴朝向北方。用我的10英寸望远镜放大到170倍看，扇形的两边比中心和顶端都亮。由于星云在短短几周内就有可能发生明显的变化，所以这些观测记录仅仅是当时的样子。

扇形尖端的那个亮点很久以前被认为是一颗变星麒

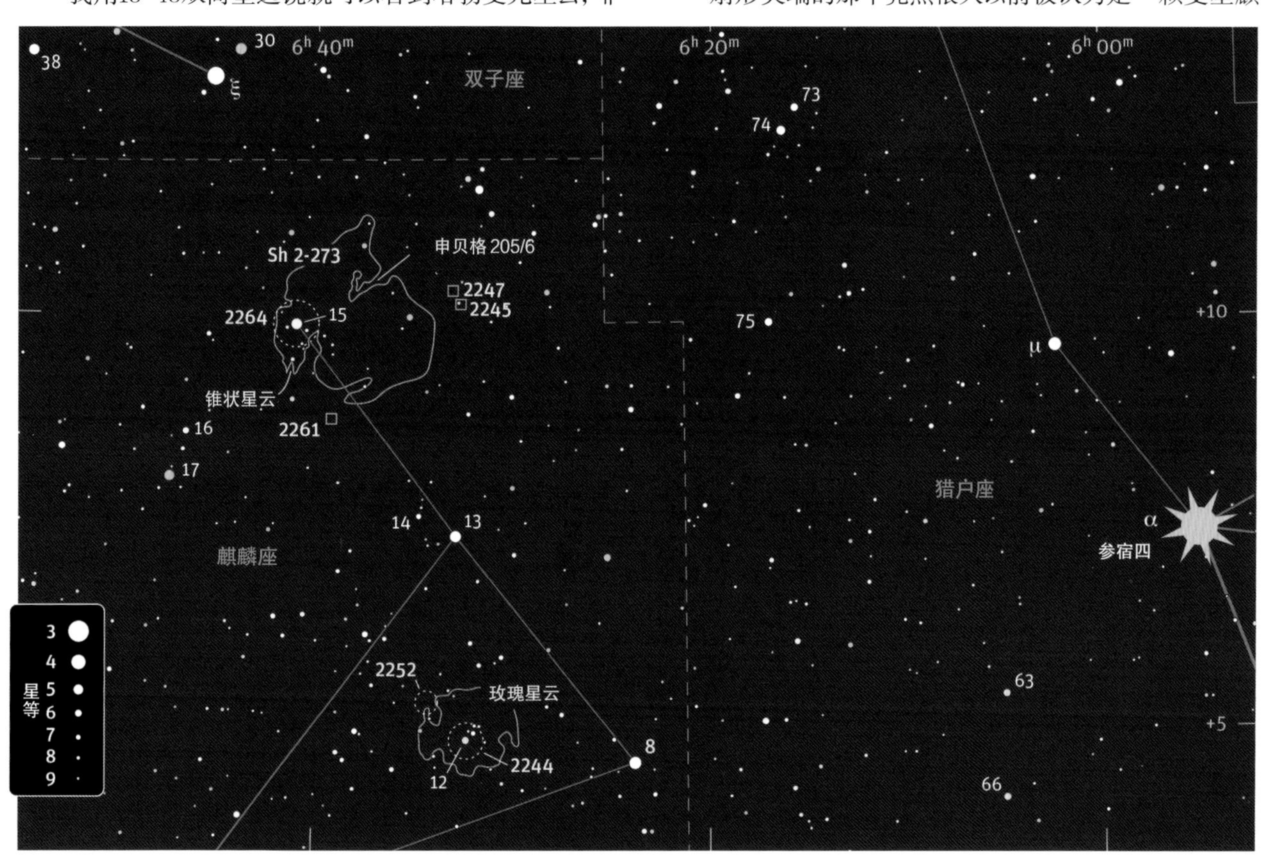

独角兽的菜单

目标	类型	星等	大小 / 角距	赤经	赤纬	*MSA*	*U2*
NGC 2264	疏散星团	4.1	40′	6h 41.0m	+9°54′	202	95R
Sh 2-273	发射星云	—	140′	6h 37.6m	+9°50′	202/3	95R
申贝格 205/6	暗星云	—	35′×15′	6h 37.1m	+10°21′	203	95R
锥状星云	暗星云	—	4.5′×2.5′	6h 41.2m	+9°23′	202	95R
NGC 2245	反射星云	—	2′	6h 32.7m	+10°09′	203	95R
NGC 2247	反射星云	—	2′	6h 33.1m	+10°19′	203	95R
NGC 2261	反射 / 发射星云	10	2′	6h 39.2m	+8°45′	202/3	95R
麒麟座 8	双星	4.4, 6.6	12.5″	6h 23.8m	+4°36′	227	95R
玫瑰星云	发射星云	5 ?	80′×60′	6h 31.7m	+5°04′	227	95R
NGC 2244	疏散星团	4.4	30′	6h 32.3m	+4°51′	227	95R
NGC 2252	疏散星团	7.7	18′	6h 34.3m	+5°19′	227	95R

大小和角距数据来自最新的星表。实际观测时的目标大小往往比星表里的数值小，且根据观测设备的口径和放大倍率的变化而不同。表格中的 *MSA* 和 *U2* 列分别为《千禧年星图》和《测天图 2000.0》第二版中的星图编号。

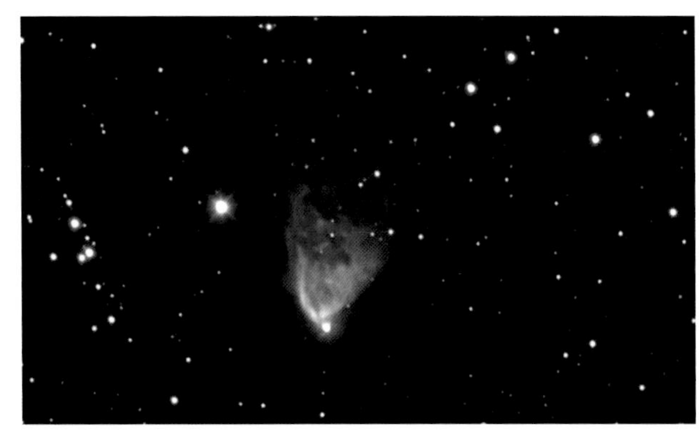

哈勃变光星云（NGC 2261）经常会让巡天的人小激动一下，以为发现了新的彗星。左上方为北。
* 摄影：吉姆·米斯蒂。

麟座R。但实际上，我们看到的那个像恒星一样的点是气体和尘埃组成的星周壳，里面藏着一对年轻的双星。恒星附近的暗尘埃云的运动投射在反射星云上的影子改变着它的外观。1949年1月26日的夜晚，哈勃变光星云有幸成了帕洛玛山顶史诗级200英寸海尔望远镜官方发布的第一张照片。

现在我们向西南方向移动5.6°，来到一对明亮的双星麒麟座8，使用任何望远镜放大到50倍都可以轻松地将它们分辨出来。4.4等的白色主星东北偏北方向，距离12.5″处是它的6.6等伴星。伴星的光谱型是F5型，应该是淡黄色的。然而很多观测者，特别是那些用小型望远镜的，看到的伴星是蓝色或不同程度的紫色。我用6英寸反射望远镜放大到43倍看到的是蓝色的。如果光谱型是准确的，那么蓝色一定是一种对比错觉。用高倍率让两颗星离得远一点，或者用一个更大口径的望远镜聚集更多的光线，可能会有助于减弱错觉。

漂亮的玫瑰星云（科德韦尔49）位于麒麟座8东边2.1°。它的中心是一个星团NGC 2244（科德韦尔50），星团本身足够亮，我在纽约州北部近郊的家中用肉眼就能看到一块模糊的光斑。用15×45双筒望远镜能看到15颗星，四周环绕着一圈宽而暗淡的星云状的环。我用10英寸反射望远镜放大到43倍，可以看到5颗亮星和几颗很亮的星组成两条微微弯曲的平行线。大约40颗更暗的星散落其中，很多溢到了星云里。使用氧-Ⅲ滤镜看玫瑰星云极其壮观！它覆盖了超过1°的范围，其中有很多大尺度的斑驳结构和丰富的细节。在环形的东南偏东部，有一块巨大的暗斑，北部、西部和西南部各有一块亮斑。星云的中间是一个20′大小的不规则的暗洞。星团中最亮的那些星在洞里偏心的位置，所以星团最南边是处在星云里的。其中最亮的一颗星是橙黄色的麒麟座12，它是一颗前景星。

由于玫瑰星云太大而且斑驳，每次发现它的时候也只发现一部分，所以在约翰·L.E.德赖尔1888年的《星云星团新总表》（NGC）中，玫瑰星云被分成了三个部分，有三个编号：NGC 2237、NGC 2238和NGC 2246。

星团NGC 2252和玫瑰星云的东北部边缘连接在一起。我用小型折射望远镜放大到68倍，能看到25颗暗星和非常暗的星，松散且不规则地分布着。最亮的一些星组成一个许愿骨的形状[1]，另一些星组成一个半圆，位于星团的东部。在我的10英寸望远镜中，最亮的一些星组成的图案让我想起了肉眼看英仙座的样子。

当我们注视这些星团和星云的时候，我们在看向银河系的外面。那些圣诞树星团附近的天体离我们大约3 000光年远，和太阳同处于近域旋臂中。玫瑰星云和NGC 2252离我们要远一些，大约5 000光年远，位于外面一条旋臂英仙臂的一条分支内侧。

玫瑰星云是天空中星云包含着一个星团的最好例证之一，它在照片上是红色的，但在望远镜中目视是看不到颜色的。注意星云东北（左上）边缘的小星团NGC 2252。拉塞尔·克罗曼在得克萨斯州奥斯汀的家中拍摄了这张照片，视场宽度为2.4°，使用Tele Vue 105 mm折射望远镜。

1　许愿骨是鸟类胸部形似“Y”的骨头。在一些西方国家的传统中，吃到这根骨头时两个人要分别拉住骨头的一端用力拉断，最后拿到长一点骨头的人可以许一个愿望，故名“许愿骨”。——译者注

天空的马戏团

在天狼星附近的银河里有一片冬季深空奇境。

19世纪末，有一种小型的马戏团巡演，因为主角是一些小狗和小马，所以就叫小狗和小马的表演。每年这个季节的夜空中，我们也有马戏表演。小狗（小犬座）就像骑在一只独角兽（麒麟座）的背上，大狗（大犬座）在它们旁边嬉戏。考虑到在夜空才能看到独角兽，我们就先仔细看看麒麟座吧。和神话中所说的一样，麒麟座很难被看到，因为这个星座里没有亮度高于4等的星。

梅西耶星表里只有一个天体在麒麟座，就是疏散星团M50。因为它所在的区域没有肉眼能看到的星，所以经常需利用大犬座中的亮星帮助寻找M50。从天狼星到大犬座θ想象一条指向东北偏北的连线，然后继续向前延伸五分之四的距离，就来到了M50附近。大犬座θ和M50位于同一个寻星镜视场的两端，星团是一颗6等星东边的一团温柔的光斑。

在持稳的双筒望远镜中可以看到M50里的一些恒星，但倍率对于能看到多少恒星非常重要。在7×50双筒望远镜中，我看到了5颗星，用15×45的就可以看到至少15颗星。用我的105 mm折射望远镜放大到17倍，我看到了一群漂亮的星星，其中的暗星非常多，一颗明亮的橙色星在它的南部。放大到87倍，我数出了50颗星，聚集在15′的范围内。在星团中心的南边和东北偏北边各有一块没有什么恒星的区域。用我的10英寸反射望远镜放大到70倍，一些星星在星团中心的西北边又勾勒出一个缺少恒星的区域。这个可怕的形象让我想起了爱德华·蒙克的画作《呐喊》。北边的两块黑斑是眼睛，南边拉长的一个空洞是张开的惊恐的嘴巴。

回到大犬座θ，向北移动1.8°，就来到了一个星群，天文作家汤姆·洛伦津称它为负3星群。在双筒望远镜或天文望远镜中，它是一个44′大小的正立图像，组成了一个数字3，在它的前面偏上一点是三颗星组成的一个负号。数字3的部分是加拿大天文爱好者兰迪·帕坎独立发现的，所以有时也称它为“帕坎的3”。在我的小型折射望远镜中它是镜像的，把“帕坎的3”翻转成了一个Σ，可以看到它由大约20颗星组成。一些长焦距的望远镜可能装不下整个负3星群，但“帕坎的3”高度只有23′，适合用绝大多数类型的望远镜观看。

向东移动几度，就是精彩的海鸥星云，它是星际气体和尘埃云的复合体，海鸥的翼展达到2.5°。如果你从“帕坎的3”向东扫视，直到星群刚刚离开寻星镜视场，此时雾蒙蒙的海鸥星云应该就在视场中心附近。主要的一条星云状物质是沙普利斯2-296（Sharpless 2-296，或Sh 2-296），也就是海鸥的翅膀。只有小型望远镜在使用广角目镜、低倍率下才有可能囊括海鸥的整个翼展。我用105 mm望远镜放大到17倍，不用滤镜就能轻易地看到这

在动物之间仙游

目标	类型	星等	大小 / 角距	赤经	赤纬	*MSA*	*U2*
M50	疏散星团	5.9	15′	$7^h 02.8^m$	−08°23′	273	135R
负 3 星群	星群	—	44′×23′	$6^h 54.0^m$	−10°12′	298	135R
Sh 2-296	发射星云	—	150′×60′	$7^h 06.0^m$	−10°55′	297	135R
vdB 93	发射 / 反射星云	—	19′×17′	$7^h 04.5^m$	−10°28′	297	135R
Ced 90	发射 / 反射星云	—	7′	$7^h 05.3^m$	−12°20′	297	135R
NGC 2343	疏散星团	6.7	6′	$7^h 08.1^m$	−10°37′	297	135R
NGC 2335	疏散星团	7.2	7′	$7^h 06.8^m$	−10°02′	297	135R
NGC 2353	疏散星团	7.1	18′	$7^h 14.5^m$	−10°16′	297	135L
梅洛特 72	疏散星团	10.1	5′	$7^h 38.5^m$	−10°42′	296	135L
NGC 2506	疏散星团	7.6	12′	$8^h 00.0^m$	−10°46′	295	134R

大小和角距数据来自最新的星表。实际观测时的目标大小往往比星表里的数值小，且根据观测设备的口径和放大倍率的变化而不同。表格中的 *MSA* 和 *U2* 列分别为《千禧年星图》和《测天图 2000.0》第二版中的星图编号。

冬季 • 三月

这一大片宇宙尘埃和气体的复合体就是大家熟知的海鸥星云，它跨在大犬座和麒麟座的边界上，其中包括几个不同的天体，各有各的名称。这是一片天文摄影师和目视观测者，特别是那些热衷于探索微弱的发射星云的人们都喜欢的区域。视场宽度为1.75°，上方为北。
* 摄影：沃尔特·科普林。

个星云，用窄带星云滤镜只能适当地改善。一些观测者更喜欢用氢-β滤镜看这个星云。

沙普利斯2-296在星图上经常被称为IC 2177。约翰·L.E.德赖尔在他的《星云星团新总表续编》（1908年）中，根据艾萨克·罗伯茨在1898年11月的《天文通报》的报告收录了IC 2177。然而罗伯茨在一张照片中发现的那个天体其实只是海鸥的头部，这个小得多也更明亮的星云，我们今天叫它范登伯93（van den Bergh 93，或vdB 93），它环绕在一颗7等变星麒麟座V750的周围。用我的小型折射望远镜放大到47倍观看，范登伯93是一块7′大的光斑，大部分位于麒麟座V750的南边和东南边。更暗的星云状物质在恒星周围扩展到12′大小。一个更小的斑驳的星云塞德布拉德90（Cederblad 90，或Ced 90）位于海鸥南边那条翅膀的尖端外面，围绕在一颗8等星周围。

有几个星团隐藏在海鸥的羽毛里。最亮的一个是NGC 2343，位于麒麟座V750东边55′偏南一点。用14×70双筒望远镜我能看到几颗暗星在一团迷雾之上。我用105 mm望远镜放大到87倍观看，能够看到14颗星聚集在6′范围内。三颗最亮的星在星团的东、北、西边的边缘，组成一个三角形。东边的星Σ1028是一对双星，黄色的主星西北方11′处是它的11等伴星。

海鸥中另一个值得注意的星团是NGC 2335，位于北边翅膀的拐弯处。用我的小型折射望远镜放大到47倍，它和NGC 2343处于同一个视场中。NGC 2335更暗也更不明显，10颗暗星聚集在一团迷雾之中。

这片区域中的很多恒星都属于大犬座OB1星协，这是一群松散的炽热的年轻恒星，是它们照亮了星云。它们和NGC 2335可能没有物理关联。星团比大犬座OB1老得多，最新的距离估算显示星团比这群复合体要远。而NGC 2343的情况就不那么确定，它距离我们3 400光年，位于估算的星云距离范围内。NGC 2343的年龄估算误差很大，它可能太老了，不太可能由和大犬座OB1里的恒星一样的原恒星形成。

现在我们离开海鸥，向东边去看三个非常棒的星团。如果你把NGC 2343放在一个低倍率视场的南端，然后再向东移动1.6°，你就来到了NGC 2353，这是一个漂亮的星团，很多暗星蜷缩在最亮的蓝白色6等星周围。用我的小型折射望远镜放大到47倍观看，我在15′范围内数出了30

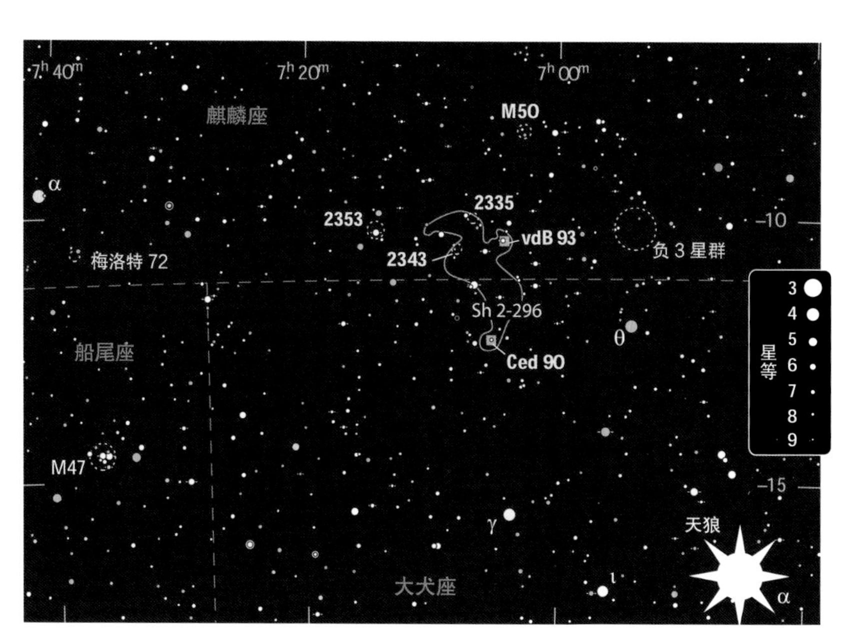

麒麟座中唯一一个梅西耶天体是疏散星团M50。在作者的10英寸反射望远镜中，有三块没有恒星的区域，让这个星团整体看起来像爱德华·蒙克著名的画作《呐喊》。视场宽度为40′，上方为北。
* 摄影：罗伯特·詹德勒。

颗星。一对9等双星Σ1052很吸引眼球，位于蓝白色恒星的东北方，星团两侧各有一颗6等的橙色星。向东大约6°，或者从麒麟座α向西南偏南方向1.3°，你就找到了钻石尘星团梅洛特72（Melotte 72，或Mel 72）。我用折射望远镜放大到87倍观看，能看到迷雾中的一些小星星集中在5′大小的三角形范围内。一颗橙色的7等星在西北边缘的外面。继续向东5.3°就来到了一个壮观的星团NGC 2506。我用小型望远镜放大到87倍能看到20颗暗星组成了两条弧线，中间一条直线把它们连接起来，后面是7′大小的迷雾，那是没有分解开的恒星。用我的10英寸反射望远镜放大到73倍，星团中满是银色的小暗星，更明显的一些星星聚集成两团寒霜一般的斑块。

与犬同吼

大犬座除了夜空最亮的恒星，还有很多可以看的好东西。

大犬，
天上的野兽，
一颗星是它的眼睛，
在东方跃起。
他向西方，
直立起舞，
他的前足，
从不落地。
我是个可怜的失败者，
但今晚我要
与大犬同吼，
嬉闹着穿越黑暗。
——罗伯特·弗罗斯特，《大犬座》，1928年。

大犬座，现在每晚直立在空中，爪子在空气中乱舞。它西边的脚转瞬就会错过最适合观测的时间，但它的头部和背部后面的星空现在正好可以嬉戏一会儿。所以当夜幕降临之后，我们与大犬一起叫吧，去发现那些跟随它醒来的深空珍宝。

我们从疏散星团NGC 2345开始，它位于大犬座γ东北偏北方向2.7°。我用105 mm折射望远镜放大到55倍，能看到十几颗中等亮度的星和暗星组成两条分叉的线，外面还有一颗单独的星，背景一片模糊。用10英寸望远镜可以把这团模糊分解为大约30颗暗星，聚集在12′的范围内。一颗8等的前景星在星团东北偏北边缘。用大口径望远镜会看到最亮的那些星是黄色和橙色的。

现在向东扫过2.5°，来看看令人印象深刻的发射星云NGC 2359。这个星云在我的小型折射望远镜中很暗，使用窄带星云滤镜会好很多，用氧-Ⅲ 滤镜就更明显了。在47倍放大率下，我看到了一条圆鼓鼓的有些斑驳的弧，还有两条暗弱的延长部分。我用10英寸反射望远镜放大到70倍不用滤镜就能轻易看到星云中最亮的部分。最显眼的区域有6.5′高，形状像数字2。2的横线位于西南偏西方向，弯曲的一笔朝向北方。一片更暗的区域从2的顶部向西北方向延伸。2的弯曲部分可以想象成一个维京人的头盔，朝西的两条延伸部分是头盔上的角。这个形象也让NGC 2359得名“雷神的头盔”。2的曲线里填满了薄薄的光辉。一条非常暗的星云状臂从2的顶部向东延伸，两条

冬季 ● 三月

和大犬赛跑							
目标	类型	星等	大小 / 角距	赤经	赤纬	*MSA*	*U2*
NGC 2345	疏散星团	7.7	12′	$7^h08.3^m$	−13°12′	297	135R
NGC 2359	发射星云	9	13′×11′	$7^h18.5^m$	−13°14′	297	135L
哈夫纳 6	疏散星团	9.2	7′	$7^h20.0^m$	−13°10′	297	135L
NGC 2374	疏散星团	8.0	19′	$7^h24.0^m$	−13°16′	296	135L
巴塞尔 11A	疏散星团	8.2	5′	$7^h17.1^m$	−13°58′	297	135L
NGC 2360	疏散星团	7.2	12′	$7^h17.7^m$	−15°39′	297	135L
哈夫纳 23	疏散星团	7.5	11′	$7^h09.5^m$	−16°56′	321	135R
Mink 1-13	行星状星云	12.6	30″×42″	$7^h21.2^m$	−18°09′	(320)	153R
NGC 2362	疏散星团	3.8	7′	$7^h18.7^m$	−24°57′	345	153R
NGC 2367	疏散星团	7.9	5′	$7^h20.1^m$	−21°53′	345	153R
h3945	光学双星	5.0, 5.8	27″	$7^h16.6^m$	−23°19′	345	153R

大小和角距数据来自最新的星表。实际观测时的目标大小往往比星表里的数值小，且根据观测设备的口径和放大倍率的变化而不同。表格中的 *MSA* 和 *U2* 列分别为《千禧年星图》和《测天图 2000.0》第二版中的星图编号。带括号的编号代表该天体没有在星图中标出。本月所有天体都在《天空和望远镜星图手册》中的星图 27 所覆盖的范围内。

短一些的从2的底部分别向东、向西延伸。

在2的弧线两端各有一颗星，还有一颗星位于弧线的里面。最后一颗星是一颗11.5等的沃尔夫-拉叶星，也是激发NGC 2359的能量来源。这颗极其炽热的大质量恒星吹出猛烈的星风将周围的气体和尘埃一扫而光，形成了星云中心泡状的外观。泡泡周围复杂的结构由恒星、抛出物和星际介质的相互作用塑造而成。

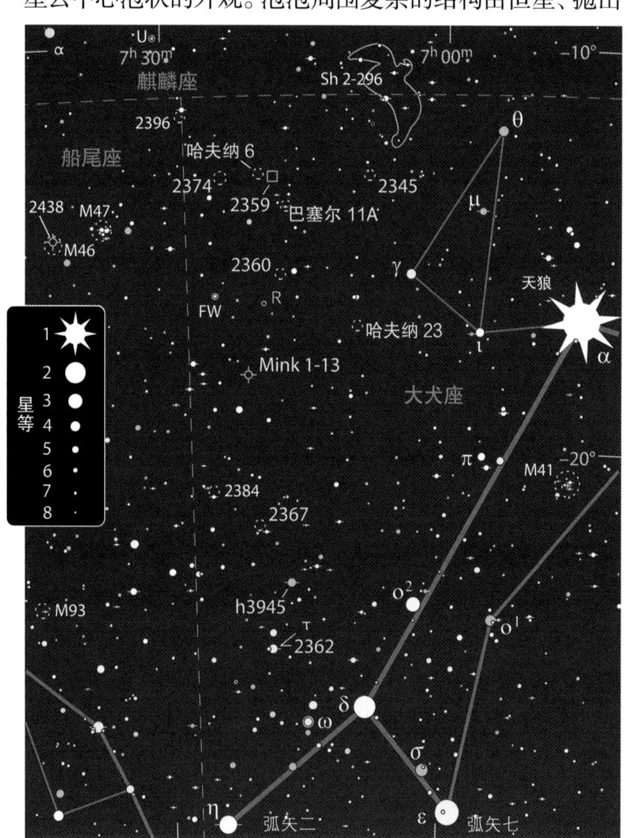

小疏散星团哈夫纳6位于雷神的头盔东北偏东方向距离22′处。哈夫纳6的大小约为7′，充满极其暗淡的恒星，在我的10英寸反射望远镜中也非常不明显，对大口径望远镜来说是个不错的目标。你可能已经猜到了，哈夫纳6这么小，距离一定很远吧：它的距离估计有10 000光年远。它也是一个非常年迈的星团，大约6.7亿岁了。

向东移动1°，就来到了NGC 2374。1785年威廉·赫歇尔在英国发现了这个疏散星团，他用速记符号做了记录，翻译过来就是“一个亮星云集的漂亮星团，星很多，形成一个大约20′长的弯曲图案”。我用10英寸望远镜放大到170倍，能看到25颗暗星聚集在6′的范围内，很多星弯弯曲曲组成了一个“W”形。在更大视场的64倍放大率下，我看到了50颗中等亮度的星和暗星位于一个破碎的与中间星团分离的晕中。

这个晕覆盖了大约20′，所以它一定就是赫歇尔描述的星团的一部分。我用小型折射望远镜放大到68倍，在核心只看到了7颗暗淡的星，淹没在斑驳的未分解开的恒星中。

疏散星团巴塞尔11A（Basel 11A）位于雷神的头盔西南偏南方向49′。用我的105 mm折射望远镜放大到68倍，我看到了一颗8等星和散落在它周围的十几颗暗星。星团的西北偏北边缘有一颗9.5等星。在我的10英寸反射望远镜中，巴塞尔11A更像星团了，二十几颗暗星聚集在一个三角形范围里。

NGC 2360更好看，位于巴塞尔11A的南边1.7°、大犬座γ东边3.4°。在7×50双筒望远镜中，它是一块模糊的光斑，旁边有一颗5等星。我用小型折射望远镜放大到87倍，能看到60颗星，大部分都是11等星和12等星，组成了12′大小的不规则的一团。星星组成的环、链、旋涡装饰在星团里，一颗蓝色的9等星位于它的东边缘。

现在向西南偏西方向移动2.4°，来到哈夫纳23（Haffner 23）。我用105 mm望远镜放大到47倍能够看到30颗暗星和非常暗的星，稀疏地散落在一个13′大小的斑驳的背景上。哈夫纳23的坐标通常是其中最亮的一颗9等星的位置。而视觉上，星团的中心在这颗星东北方几角分的位置上。

我们换换节奏，去看一个行星状星云闵可夫斯基1-13（Minkowski 1-13，或Mink 1-13、PN G232.4-1.8），它位于哈夫纳23的东南偏东方向3°。你需要用一个很好的星图才能定位这个小目标，用我的10英寸望远镜中放大到44倍，它看起来就像一颗恒星。倍率增大到220倍，我看到这个星云是一个很亮的小椭圆，沿着东北偏北方向延伸。它的亮度是12.6等，位于一颗11.2等星北边45″处。

向南俯冲7°，就来到了蓝白色的大犬座τ，它就位于一个漂亮的星团NGC 2362的中间。我用小型折射望远镜放大到47倍，能看到25颗暗星紧密地聚集在大犬座τ周围6′的范围内。用我的10英寸望远镜放大到220倍，我数出了45颗星挤在7′范围内。亚利桑那州的深空观测爱好者韦恩·约翰逊（又称“星系先生”）形容NGC 2362是“一大群蜜蜂围绕着它们的蜂王”。

一群美国加利福尼亚州的天文爱好者在弗里蒙特峰观测完之后，把大犬座τ称为“墨西哥跳跳星”。他们注意到当风吹得望远镜抖动时，大犬座τ的移动方向和它周围的星不一样。这可能是亮星的视觉暂留效应引起的错觉。

NGC 2362是一个非常年轻的星团，只有大约500万岁，仅是金牛座昴星团年龄的百分之四。

NGC 2367是一个经常被忽视的疏散星团，但是值得关注。它位于大犬座τ的北边3.1°。我用小型望远镜放大到87倍，能看到十几颗星组成了一个参差不齐的冷杉树

大犬座中很不寻常的发射星云NGC 2359，在极热的沃尔夫-拉叶星的激发下，明亮的细节形成一个维京人的头盔形状。这让星云得到一个很有名的名字：雷神的头盔。照片视场宽度为0.5°，上方为北。
* 摄影：丹尼尔·贝尔沙切/安蒂尔韦天文台/智利。

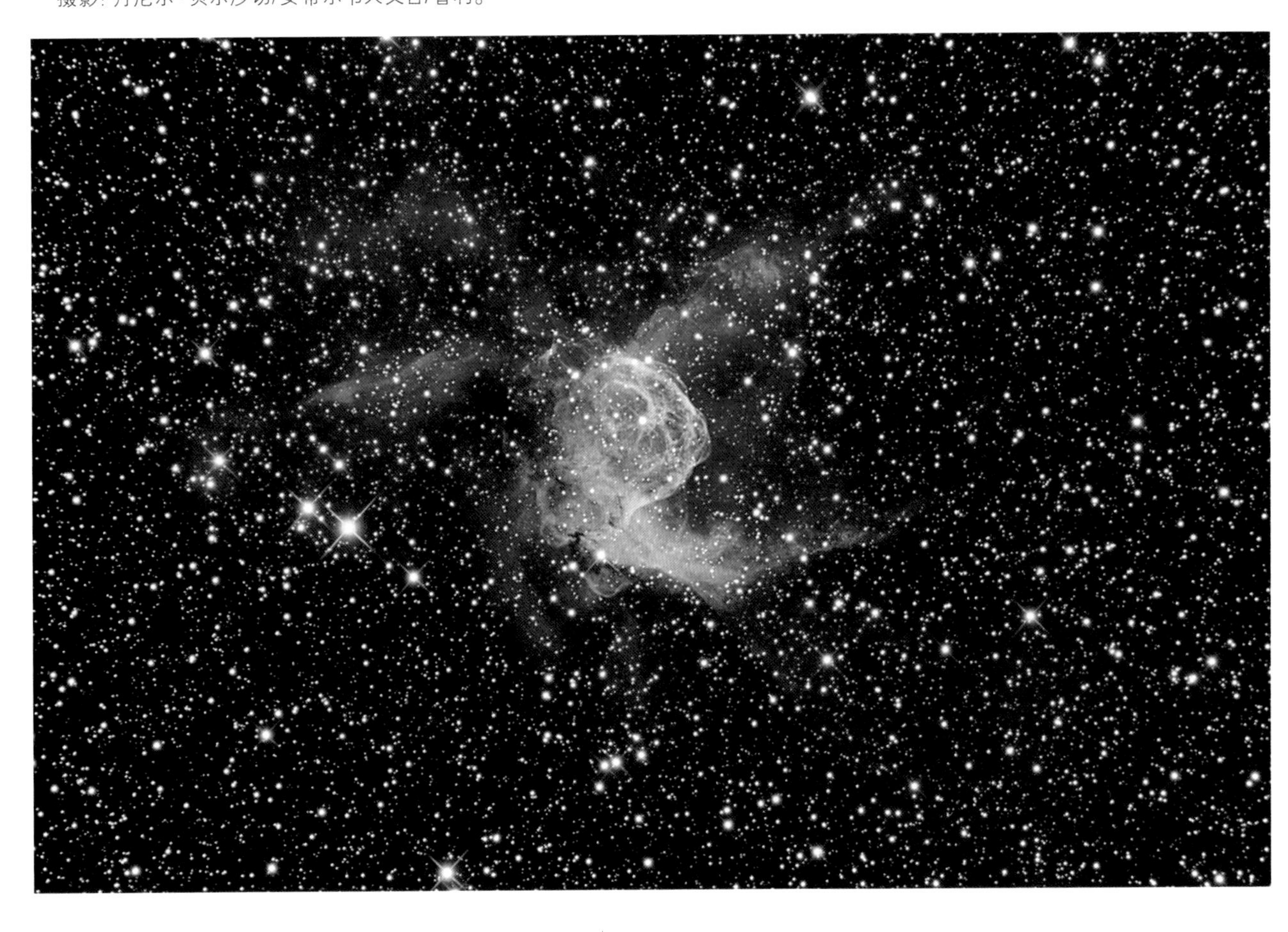

形状。这棵树高5′，树梢朝向南方。在一次星空大会上有人告诉我，这个星团被称为“查理·布朗的圣诞树”。看过动画片《花生漫画》的观众会立即觉得还挺像的吧。NGC 2367也是一个只有500万岁的年轻星团。

h3945是一对漂亮的双星，它位于NGC 2367和金牛座τ的连线中间偏西38′处。这对双星还有一个名字——大犬座154G，但其中的字母G经常被遗忘。G代表来自本杰明·阿普索普·古尔德1879年所著的《阿根廷测天图》。它是这片天区最亮的星，主星5.0等，伴星5.8等，角距27″。虽然看上去很壮观，但实际上这只是一对光学双星，两颗星只是在视线上比较接近。天文作家詹姆斯·马拉尼把它称为冬季的天鹅座β（辇道增七），因为它很像天鹅座那对著名的金色和蓝色双星。在小型望远镜中，我看它们是金色和白色的。你看到的是什么颜色呢？

以双子之名！

明亮的北河二和北河三让双子座引人注目，在双子座中你会找到很多珍宝。

凛冬在海面上肆虐，
水手们在颤抖，
用祈祷和誓言召唤孪生兄弟，
在恐惧中聚集在高高的船头。
——荷马，《卡斯托尔和波吕克斯赞美诗》

卡斯托尔和波吕克斯是希腊罗马神话中的孪生兄弟，在天空中它俩是一个星座——双子座。有一句古老的用语，借用了这对孪生兄弟，在表达誓言或惊讶的时候会说“By Gemini（以双子之名）”，这个用语渐渐演变成了“By Jiminy”。

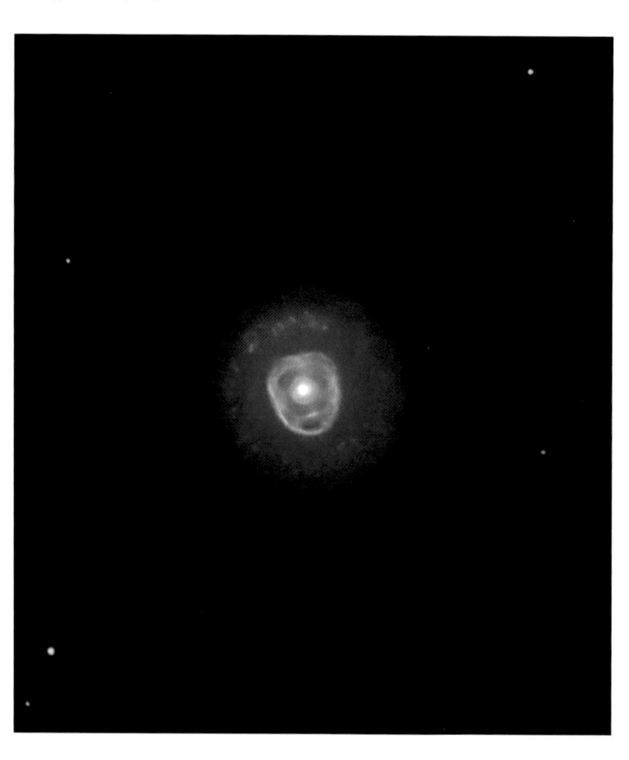

双子座中的行星状星云NGC 2392也叫爱斯基摩星云，因为它的外观很像一张人脸，外面环绕着一圈皮毛大衣的帽子。这个星云大约在10 000年前形成，那时它的中央恒星开始向外抛射物质。照片中差不多是南方朝上，这样看起来更像一张脸，视场宽度大约为3′。
* 摄影：贝恩德·弗拉赫-维尔肯/福尔克尔·文德尔。

双子座有很多奇观，首先就是令人惊奇的卡斯托尔，或者叫双子座α。它距离我们仅有52光年，是一个六合星系统，跳着错综复杂的引力之舞。我用105 mm折射望远镜放大到87倍，能看到北河二A和北河二B清晰地分开。这两颗白色的炽热恒星形成了一对绕转周期为467年的目视双星。2011年，这颗3等伴星位于2等主星东北方向4.8″，它们的角距在慢慢增大，将2085年将达到最大的7.3″。

在这两颗星东南偏南方向，距离很远的地方是北河二C，一颗淡橙色的星。用我的8英寸望远镜看，其颜色更加明显。这三颗星每一个成员都是一对角距很小的双星，但角距实在太小，任何望远镜都无法分辨它们。我们之所以知道它们都有一颗很近的伴星，是因为观测到了它们的光谱都有周期性的红移和蓝移，这暗示着它们周期性的轨道运动。

我们的下一站是一个行星状星云，它的两瓣分别有一个编号，NGC 2371是西南方的部分，NGC 2372是东北方的部分。它们是1785年威廉·赫歇尔在英国用一个18.7英寸反射望远镜巡天时发现的。他描述道：“两个，暗淡，大小相等，都很小，相距不到1′；每个好像都有一个核，它们表面的大气相互碰撞。”

这个漂亮的双极行星状星云由于它的两部分像双胞胎一样，所以有时候也叫双子星云。深黄色的双子座ι是寻找它的一个不错的起始点。从双子座ι向北移动1.7°，你会找到NGC 2371/72位于一个几颗暗星组成的13′ 大小的三角形东边。我用小型折射望远镜放大到87倍，看到了一个长方形的小星云。放大到174倍，我能分辨出两个瓣，西南方的那个更亮一点。用我的10英寸反射望远镜放大到166倍看，每个瓣都朝着一块偏心的光斑变亮，西南方的瓣中有一个像恒星一样的亮点。

使用氧-Ⅲ滤镜能够让这个点更加明显，这说明它不是一颗恒星，而是星云中一个很小的致密的结。放大到213倍，不用滤镜，我就能看到在两瓣之间有暗弱的雾，在它们外面还有薄薄的一层迷雾。

NGC 2371/72的西北方和东南方还有额外的星云状物质，把星云扩大了一倍。训练有素的观测者用10英寸的望远镜加氧-Ⅲ滤镜就能看到它们。14.8等的中央恒星藏在两个主瓣之间，用11英寸以上的望远镜在高倍率下不用滤镜就能够看到。

在双子座δ附近还有另一个壮观的行星状星云。要找到它，从双子座δ向东1.8°，来到一颗橙色的7等星，它和西边相距37″ 的黄白色9等伴星形成了一对双星索思548AC（South 548 AC，或S548）。这对双星和南边大约35′ 处的三颗更亮的星组成了一个瘦瘦的倒挂的风筝，双星位于风筝的尖端。

沿着风筝东边那条线向南方延伸，在低倍率下，会看到一对貌似南北方向的双星。仔细观察就会发现南边那颗“星”是一个蓝色的小圆盘，它就是NGC 2392。用我的105 mm折射望远镜放大到153倍看，这个明亮、圆形、蓝灰色的行星状星云有些斑驳，中心有一颗明显的恒星。用我的10英寸反射望远镜直视时，中央恒星很显眼，但把目光移向一旁（也就是用余光）时，星云就更加明显了。将倍率增大到213倍，能够看到非常迷人的细节。星云的内部是一个又大又斑驳的椭圆，外面环绕着一缕缕圆形的晕。

一些深度曝光的大幅照片显示出NGC 2392的晕像一个皮毛大衣的毛边帽子，中间的细节像一张脸。这个形象让它得名“爱斯基摩星云”。在2001年佛罗里达群岛的冬季星空大会上，我非常有幸用佐治亚州天文爱好者亚历克斯·朗古西斯的24英寸反射望远镜欣赏了爱斯基摩星云。当时放大倍率超过了1 000倍，远远超过了大气视宁度允许的倍率，那景色令人印象极其深

威廉·赫歇尔认为NGC 2371/72是两个物体，所以它们的编号也分成了两个，因为它正好在双子座中，有时也叫它“双子星云”。上方为北，视场宽度为3′。
* 摄影：1999年，昴星团望远镜 / 日本国立天文台。

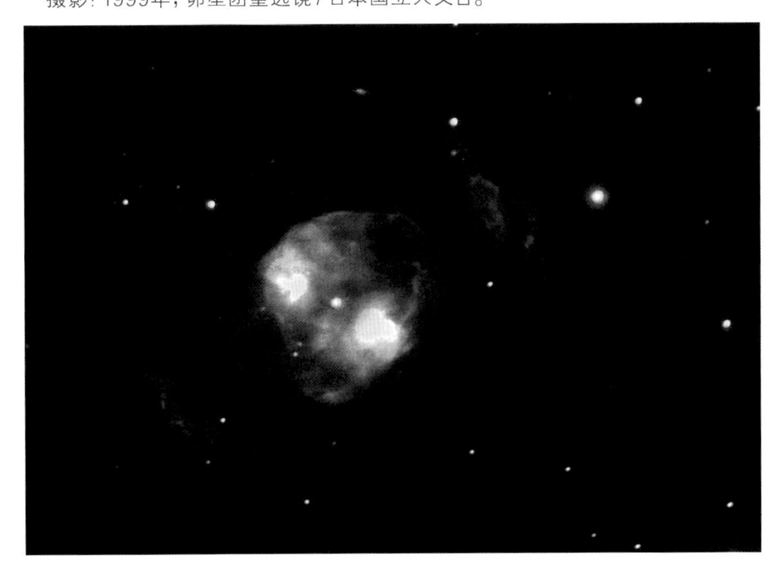

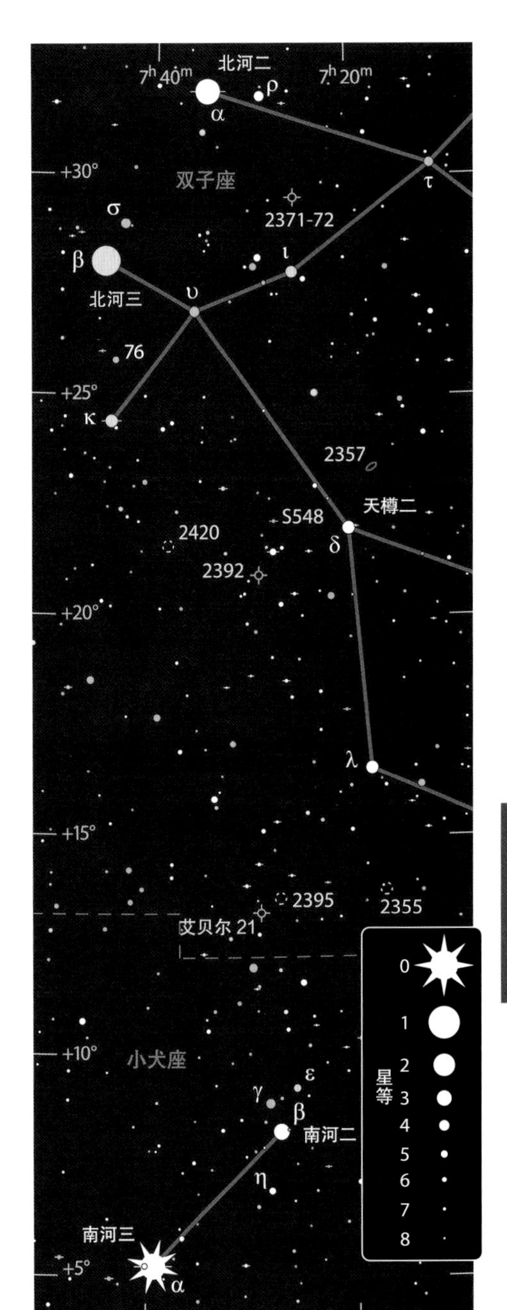

双子座中一些适合用望远镜欣赏的珍宝							
目标	类型	星等	大小 / 角距	赤经	赤纬	*MSA*	*U2*
北河二	三合星	1.9, 3.0, 9.8	4.8″, 71″	$7^h34.6^m$	+31°53′	130	57R
NGC 2371/72	行星状星云	11.2	55″	$7^h25.6^m$	+29°29′	130	57R
S548	双星	7.0, 8.9	37″	$7^h27.7^m$	+22°08′	152	75R
NGC 2392	行星状星云	9.1	50″	$7^h29.2^m$	+20°55′	152	75R
NGC 2420	疏散星团	8.3	10′	$7^h38.4^m$	+21°34′	152	75R
NGC 2357	星系	13.3	3.5″×0.4′	$7^h17.7^m$	+23°21′	153	75R
NGC 2355	疏散星团	9.7	9′	$7^h17.0^m$	+13°45′	201	95L
NGC 2395	疏散星团	8.0	15′	$7^h27.2^m$	+13°37′	200	95L
艾贝尔 21	行星状星云	10.3	12.4′×8.5′	$7^h29.1^m$	+13°15′	200	95L

大小和角距数据来自最新的星表。实际观测时的目标大小往往比星表里的数值小，且根据观测设备的口径和放大倍率的变化而不同。表格中的 *MSA* 和 *U2* 列分别为《千禧年星图》和《测天图 2000.0》第二版中的星图编号。本月所有天体都在《天空和望远镜星图手册》中的星图 25 所覆盖的范围内。

刻。这是我唯一一次看到和照片中一样的复杂细节。

下一个天体，我们先回到寻找爱斯基摩星云用过的那个星群。从风筝的顶端（南部）向东移动2.5°，就来到了疏散星团NGC 2420。用我的小型折射望远镜放大到17倍，它是一块明显的模糊光斑。放大到87倍，我看到了15颗星聚集在8′ 范围内，中间还有一块没有被分解开的迷雾。最明亮的是它西边的一颗11等星，其他大部分都是12等星。在我的10英寸望远镜中，充满了由暗到非常暗的星星，很漂亮。在166倍放大率下，我数出了50颗星，很多星组成了小弧线，散落在10′ 的天区内。

我们的下一个目标是NGC 2357，一个旋涡星系，收录在伊戈尔·D.卡拉切索夫等人著的《扁平星系星表修订版》中，因为这个星系拥有非常狭长的外观。

扁平星系是指那些核球很小或者没有核球的侧向旋涡星系。NGC 2357是爱德华·斯蒂芬1885年在马赛天文台用31.5英寸反射望远镜发现的，那是世界第一台使用镀银玻璃镜面的大口径望远镜。斯蒂芬描述NGC 2357是一个“东南到西北方向延伸的小纺锤形、长度约3′、非常非常暗、非常细、周围有几颗非常小的星星、中心附近有一颗稍微亮一点的星的星系”。

别让“非常非常暗”吓到你。寻找NGC 2357是挺有挑战的，但用10英寸望远镜就可以看到它。它位于双子座δ西北偏北方向1.5°，一份好的星图能够帮助你快速确定它的位置。在这片区域找两颗相距1.2′ 的9.5等星，它们沿

屏住呼吸

呼出的热气碰到冰冷的目镜，你暂时就无法观测了。在冬夜里，甚至从你的眼睛散发出来的水汽也能让目镜起雾。你可以通过用你最常用的两个目镜在大衣口袋中和望远镜上的轮换来应对这个问题。

在双子座的三个行星状星云中，艾贝尔21对一般望远镜来说是个挑战，但作者用她的105 mm折射望远镜加氧-Ⅲ滤镜看到了它。视场高度为17′，上方为北。

* 摄影：克里斯·舒尔。

着东北偏东到西南偏西方向分布。在它们的东南偏东方向8.6′处有一颗亮度差不多的星，从上面的两颗星向这第三颗星连一条线，并继续向前延伸相同的距离，就到了NGC 2357。

要想看到它需要中高倍率。用我的10英寸望远镜放大到299倍看，这个星系是束幽灵般的光条，中间稍微亮一点。一颗13等星悬在西北端的上方。对天文摄影师来说，NGC 2357是一个有趣的拍摄目标，可以尝试能否拍到它微微弯曲的样子和叠在上面的那颗恒星。

现在我们到南边很远的地方去找一个密集的疏散星团NGC 2355。从双子座δ到双子座λ连一条线，再延长一半的距离就到了。用我的105 mm望远镜放大到17倍，我看到在一颗8等星的西南偏南方向有一块模糊的小光斑，两颗暗星位于光斑之中。放大到87倍，这是一群漂亮的、边缘参差不齐的星星，大约20颗星聚集在10′的范围内。在星团中心3.5′范围内，有没分解开的迷雾，那是更加致密的群星。

从这里向东扫过2.5°，就来到了NGC 2395。我用小型折射望远镜放大到87倍能够看到20颗星松散地分散在15′范围内。在28倍放大率下，只能看到一块有颗粒感的光斑和两颗暗星，但加了氧-Ⅲ滤镜之后就大不一样了。之前完全看不到的美杜莎星云艾贝尔21出现在星团东南边0.5°的地方！我能直视它，用余光看就更加明显。这个不同寻常的行星状星云宽度大约8′，其西北方向上有一个凹陷，东北和西南部分最亮。我用10英寸望远镜在68倍放大率下，加上一片窄带星云滤镜（而不是氧-Ⅲ滤镜），就能非常好地欣赏这个巨大的、细节丰富的、亮度非常不均匀的行星状星云了。

在繁星的夜空中

巨蟹座是一个适合用望远镜欣赏的星团和双星仓库。

很多年前，在繁星的夜空中，
我找到了我的科学。
我怀着一腔热血每夜观察，
想要解开群星的谜团，
它说："了解了我们，你的智慧将会增长。"

——斯特林·邦奇，《在繁星的夜空中》

季节交替对我们来说已经司空见惯，而当我们面对星空时这一点表现得尤为明显。在西边，我们看到了伴我们度过寒冬的闪耀群星，而东边，柔和的春季星空已经升了起来。无论处于一年中的哪个时候，星空中都有值得关注的奇迹。

最近夜空舞台上的星座，巨蟹座是其中非常暗弱的一员。作为一个黄道星座，它有时候被称为"黑暗符号"。巨蟹座中没有什么亮星能够勾勒出一只螃蟹的形状，然而其中深空天体的情况却大不一样。

巨蟹座中的深空之王是M44，也叫鬼星团或蜂巢星团。加勒特·P.瑟维斯在他的《与星星度过一年》中描述它像"一张星星组成的网"，在一般的暗夜中肉眼就可以看到，它是一块柔和的、颗粒感的光斑。

在各种规格的双筒望远镜中，M44都是一个闪亮的宝贝。我用15×45稳像望远镜观测它的效果相当不错。9颗亮星组成了一个斜着的"V"，十几颗星星散落在周围。四颗最亮的星散发着金色的光芒：一颗在"V"的尖端，一颗在"V"北边的一画中，一颗在"V"南边的一画中，还有一颗在"V"北边一画所指的方向。我总共能够数出55颗星，宽度大约1.5°。

在大口径望远镜中你是看不到蜂巢星团的全貌的，但你可以用第64页上带有标记的照片来寻找躲藏在背景中的一群小而暗弱的星系。我用10英寸反射望远镜放大到213倍可以找到其中的三个星系：星团西边的NGC 2624和NGC 2625，以及星团东边的NGC 2647。NGC 2625的照片显示有一颗暗星位于星系的西边，但是我没有看到。用我的14.5英寸反射望远镜，我又看到了NGC 2643、IC 2388、UGC 4526，以及星系对CGCG 89-56中的一个。星团中有一个星系NGC 2637，我从未确定地看到过它。你能看到它吗？

从M44向西南偏西方向扫过7°，就来到了巨蟹座ζ，它是由5等星和6等星组成的一组漂亮的三合星，在低倍率

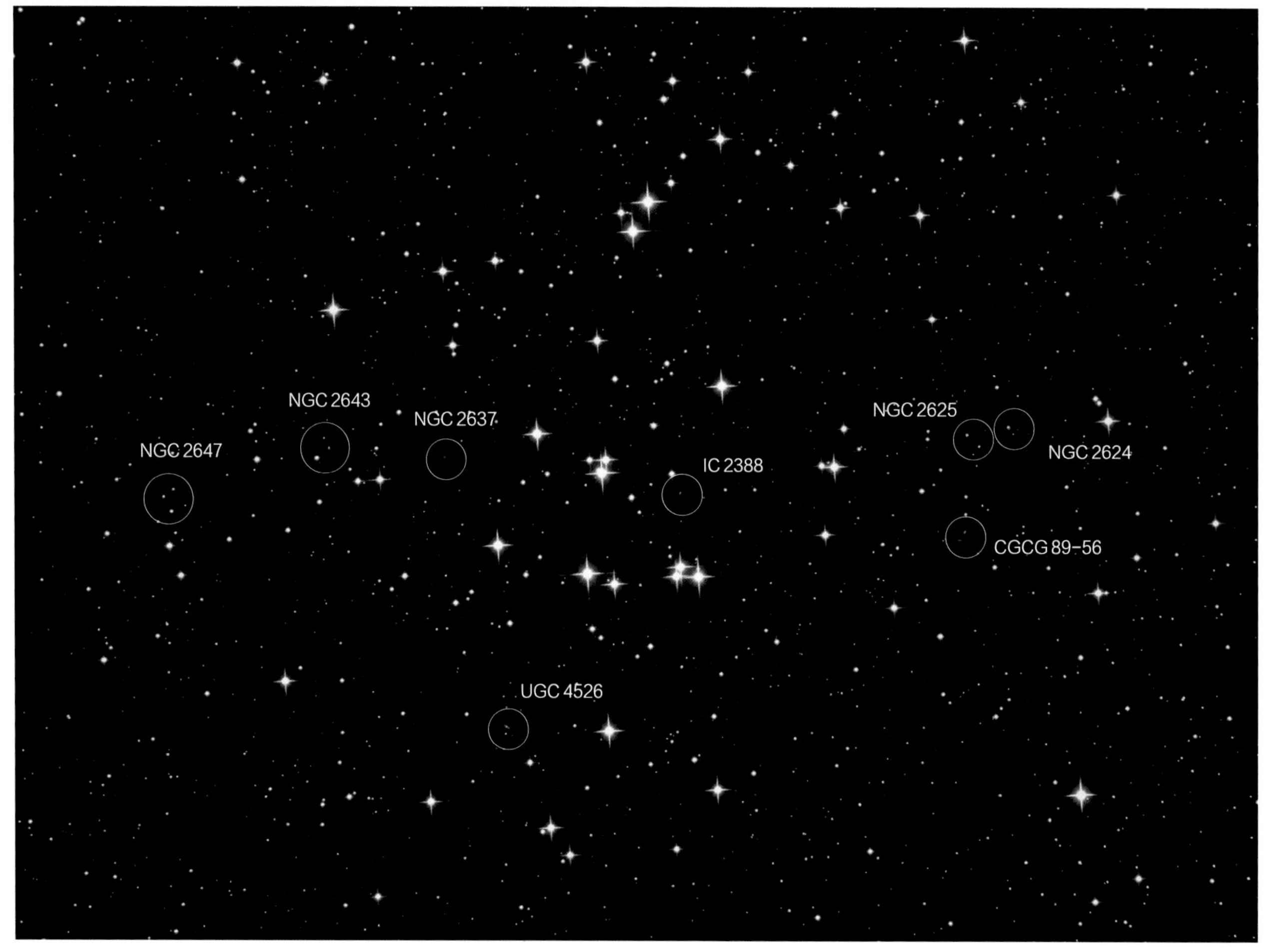

仔细看罗伯特·詹德勒拍摄的这张蜂巢星团的精彩照片，你会看到其中有很多暗弱的星系。在暗夜中用一个10英寸以上的望远镜你就可以看到它们。

下看上去像双星。我用105 mm折射望远镜放大到47倍，可以看到浅黄色的主星东北偏东方向有一颗暗一些的黄色伴星。放大到174倍，亮星看上去像被夹了一下，两瓣的颜色一样，放大到203倍，就能看出它们是两颗挨在一起的星星，暗星在东北方。我用10英寸望远镜在213倍放大率下看，这对双星显得稍分开一些，在299倍放大率下观看就显示完全分开了。

巨蟹座ζ系统距离我们不远，仅有83光年。从我们这里看过去，它几颗子星的位置和角距离都在缓慢变化。角距较大的一对轨道周期大约是1 115年，角距较小的一对轨道周期是60年。

我们来欣赏一颗颜色鲜艳的星星巨蟹座X，它位于巨蟹座o的西北偏北方向2°。巨蟹座X是一颗碳星、一颗冷巨星，它的颜色之所以特别红，是因为大部分蓝色光被恒星大气中的碳分子和碳化合物过滤掉了。它也是一颗半规则变星，亮度在5.6等到7.5等之间变化，适合用小口径望远镜观测。

下面，我们从巨蟹座α向西扫过1.7°，去看看巨蟹座中另一个仅有的被确认的星团M67。M44距离我们610光年，但M67的距离要比M44远上5倍，因此看上去要暗很多。M67也更加年老，它已经有26亿岁了，而M44只有7.3亿岁。

在我的小型折射望远镜17倍放大率下，巨蟹座α和M67位于同一个视场中。这个星团包含很多未被分解开的恒星，紧密聚集在一起，内部和轮廓都不规则。星团的东北边有一颗很亮的橙黄色恒星。放大到47倍，这颗亮星是一个指向东北偏东方向的楔形的一部分。在楔形的西边聚集了一大群星星，组成了一棵树。闪光的树干和星星枝叶弯曲着向西延伸，这棵树足有11′ 高。放大到87倍，我在这个美丽的星团中数出了80颗星，这些星星占据了22′的天空。

M67激发了很多联想类比。爱尔兰天文爱好者凯文·贝里克看到了一座“明亮的星星喷泉”，最亮的星是“锈橙色”，位于喷泉的顶部。英国观测者戴尔·霍尔特也注意到这颗有颜色的星星，说它是“一小堆宝藏”。在澳大利亚，道格和珍妮特·亚当斯把M67看作一个“吃豆人”（来

左图：迪安·萨曼的这张曝光6.5小时的照片显示出艾贝尔31相对较亮的环，以及环的东南偏南方向暗弱的星云状物质。
下图：亚科·萨洛兰塔用一个80 mm望远镜加氧-Ⅲ滤镜看到的艾贝尔31的素描。

自同名游戏)，并指出星团中“凹陷的形状，就好像它在吃前面的星星一样”。纽约天文爱好者乔·伯杰龙说：“M67的外观蠢萌，像好多东西，包括一只蹲下的长尾巴猴子。我也经常觉得它像一个大酒杯。”你看到这个星团时，能想到它像什么呢?

艾贝尔31(Abell 31)是一个很大的行星状星云，在很多星图上标记为PK 219+31.1，位于M67东南偏南方向3°。我在近郊的夜晚，通过10英寸望远镜加星云滤镜在低倍率下可以看到暗弱的艾贝尔31，用14.5英寸望远镜看效果好得多。它占据了12′的天空，一颗12等星和两颗10等星叠在星云上。后面两颗星在南边和其他三颗星一起组成了一个简笔画房子，房顶指向东方。

和大多数行星状星云不同，艾贝尔31只有中心区域主要是双电离氧(氧-Ⅲ)谱线。小口径望远镜加氧-Ⅲ滤镜通常只能看到这个区域。有经验的观测者在暗夜中，用80 mm的望远镜就看到了这个薄如蝉翼的迷雾的一部分。

如果蜂巢星团里的星系对你来说太难了，就试试巨蟹座中最亮的星系NGC 2775吧。它位于巨蟹座和长蛇座

M67看上去比蜂巢星团小且暗，因为它距离我们要比后者远5倍。但如果两个星团位于同样的距离上，那么M67会比蜂巢星团壮观得多。
* 摄影：罗伯特·詹德勒。

的边界附近，长蛇座ω东北偏北方向2.2°。用我的105 mm望远镜放大到17倍看，这个星系很小但是很亮，看上去像一个中心明亮的行星状星云。放大到87倍，NGC 2775是一个3.25′×2.5′的椭圆，沿西北偏北方向倾斜，笼罩在一群极其暗淡的星星之中。

NGC 2775的长曝光照片非常壮观。星系内部很大一块区域没有什么细节，很像一个椭圆星系。然后这片平坦的光芒向外突然就变成了毛茸茸的旋涡结构。我们透过NGC 2775外面的晕，能够看到一块光斑，那是一个遥远的背景星系。

一对漂亮的双星Σ1245也贴在长蛇座的边界上，在长蛇座δ西北偏北方向1°就能找到它。即使用我的小型折射望远镜在28倍放大率下也能分辨出它们。6等的黄色主星东北偏北方向有一颗深黄色的7等伴星，角距10″。我们的深空旅行就以这对漂亮的双星宝石结束了。

NGC2775看上去是一个奇异的混合体，中间是一个椭圆星系，外面是紧紧环绕的旋臂。
* 摄影：杰夫·牛顿/亚当·布洛克/美国国家光学天文台/美国大学天文研究联合组织/美国国家科学基金会。

巨蟹的收藏

目标	类型	星等	大小/角距	赤经	赤纬
M44	疏散星团	3.1	1.5°	$8^h40.4^m$	+19°40′
巨蟹座ζ	三合星	5.3, 6.3, 5.9	1.1″, 5.9″	$8^h12.2^m$	+17°39′
巨蟹座X	碳星	5.6—7.5	—	$8^h55.4^m$	+17°14′
M67	疏散星团	6.9	25′	$8^h51.4^m$	+11°49′
艾贝尔31	行星状星云	12.0	16′	$8^h54.2^m$	+8°54′
NGC 2775	星系	10.1	4.3′×3.3′	$9^h10.3^m$	+7°02′
Σ1245	双星	6.0, 7.2	10.2″	$8^h35.9^m$	+6°37′

大小和角距数据来自最新的星表。实际观测时的目标大小往往比星表里的数值小，且根据观测设备的口径和放大倍率的变化而不同。

秘密守护者

鲜为人知的天猫座中有一些很棒的深空天体。

对一些北美洲原住民来说，山猫是一种秘密守护者图腾。这个描述很适合天猫座，因为在它里面没有亮于3等的星，也没有普通观测者一下子能想起来的深空天体。

天猫座是约翰尼斯·赫维留创立的，并画在他的《赫维留星图》中。在德博拉·琼·沃纳的星图巨作《天空探索》中，她写道："天猫座提醒人们不要忘记，赫维留不信任用望远镜看到的东西，他说，要想看星星组成的星座，你必须像山猫一样目光敏锐。"

由于天猫座不容易被识别出来，所以我们从巨蟹座附近开始本节的深空之旅。巨蟹座也没有亮星，但是它有一个优势在于有一个明显的倒写的"Y"字形，夹在明亮的双子座和狮子座中间。

巨蟹座ι位于"Y"字的根部，是一对漂亮的双星。深黄色的主星和白色的伴星在任何望远镜的低倍率下都能被轻易看到。一些观测者看到伴星是蓝色的，这是颜色反差大时的错觉。使用高倍率让两颗星分开得远一点，有助于你判断它真实的颜色。

向天猫座边界方向移动，我们会在一串7等星到9等星组成的曲线末端找到三合星巨蟹座57，这条曲线从巨蟹座ι出发，向东北方向延伸。三合星中的主星是深黄色的6等星。低倍率下能够看到一颗9等星位于主星西南偏南方向，角距达到了55″。放大到更高的倍率，你还会从主星旁边分辨出一颗比它暗一点的伴星。用我的105 mm折射望远镜看，这一对星星在87倍放大率下像被拉长的

一颗星，放大到122倍是接触在一起的两颗星，放大到153倍，是分开一点点的两颗星，放大到203倍就能够分得很开了。伴星位于主星西北方，闪着橙黄色的光芒。

从巨蟹座57向北移动2°，是巨蟹座σ^1，再向北1°就来到了天猫座中最明亮的星系NGC 2683。用我的小型折射望远镜放大到17倍，这块长长的光斑就挂在四颗巨蟹座σ星的旁边。NGC 2683和巨蟹座σ^1、巨蟹座σ^2组成了一个等边三角形，在星系的南边12′处有四颗暗星组成了一个四边形。放大到87倍，NGC 2683是一个6′×1.5′的纺锤形，沿东北方向倾斜，中间有一个3′长的核球。一颗暗星位于星系的东南边，北边还有一颗更暗的星。放大到127倍，核球显得很斑驳。用我的10英寸反射望远镜在213倍放大率下观察，NGC 2683非常漂亮。外面的晕延伸有7.5′长，核球细节丰富，向中心小而明亮的核的方向逐渐变亮。

NGC 2683是一个侧向对着我们的旋涡星系。距离我们相对较近，大约2 300万光年，这个恒星王国的外观很有冲击力，一些观测者称它为UFO星系。

我用105 mm望远镜放大到17倍在天猫座附近闲逛的时候，偶然发现了一个可爱的星群，我把它叫作“尺蠖”星群。它位于天猫座38的西北方3°，其中包含黄色的4.6等星HD 77912。尺蠖星群有46′长，有10颗星，暗至10等。黄色星位于尺蠖身体拱起的部分，两只闪亮的眼睛位于西北端。

从尺蠖星群向东北方向移动2.5°，来到了一个奇怪的旋涡星系NGC 2782。在我的5.1英寸折射望远镜中放大到

下图：侧向旋涡星系NGC 2683是天猫座中最壮观的星系。
* 摄影：道格·马修斯/亚当·布洛克/美国国家光学天文台/美国大学天文研究联合组织/美国国家科学基金会。

天猫的巢穴					
目标	类型	星等	大小／角距	赤经	赤纬
巨蟹座ι	双星	4.1, 6.0	31″	$8^h46.7^m$	+28°46′
巨蟹座 57	三合星	6.1, 6.4, 9.2	1.5″, 55″	$8^h54.2^m$	+30°35′
NGC 2683	纺锤星系	9.8	9.3′×2.1′	$8^h52.7^m$	+33°25′
尺蠖星群	星群	4.3	46′	$9^h05.9^m$	+38°16′
NGC 2782	潮尾星系	11.6	3.5′×2.6′	$9^h14.1^m$	+40°07′
NGC 2419	球状星团	10.4	5.5′	$7^h38.1^m$	+38°53′
NGC 2424	扁平星系	12.6	3.8′×0.5′	$7^h40.7^m$	+39°14′
NGC 2537	矮星系	11.7	1.7′×1.5′	$8^h13.2^m$	+45°59′
NGC 2537A	正向星系	15.4	0.6′	$8^h13.7^m$	+46°00′
IC 2233	扁平星系	12.6	4.7′×0.5′	$8^h14.0^m$	+45°45′
JnEr 1	行星状星云	12.1	6.8′×6.0′	$7^h57.9^m$	+53°25′

大小和角距数据来自最新的星表。实际观测时的目标大小往往比星表里的数值小，且根据观测设备的口径和放大倍率的变化而不同。

23倍，它是一块模糊的小光斑，位于两颗离得很远的很暗的星星北边。放大到102倍，星系是一个1.6′×1.3′的椭圆形，北边稍向东斜一点，巨大的核球向内变得很亮。我用10英寸反射望远镜放大到192倍，看到了一个恒星般的核和东北偏东方向2′处的一块独立的光斑，一颗非常暗的星位于它的西边缘。一缕薄雾连接起了光斑的南端和星系的其余部分。

NGC 2782东边这个多余的结构是2亿年前一个类似银河系的星系和一个质量只有它四分之一的星系融合之后形成的潮汐尾。

我们转换一下步伐，去看看球状星团NGC 2419，位于天猫座和御夫座边界处的一串5等到6等星组成的3°长的弧线中。用我的5.1英寸折射望远镜放大到63倍，我看到它是一块柔和的圆形光斑，位于三颗更明亮的7等到9等星组成的弧线末端。中间那颗星的东北偏北方向24″有一颗暗淡的伴星。这个4′大小的星团越往中间越亮，星团周围散落着几颗暗淡的前景星。它的东北方向36′处是一个很狭长的星系NGC 2424。放大到102倍，它大约2.5′长，东边略向北翘。

只有用大望远镜才能窥见NGC 2419中的恒星，因为它的亮度只有17等。之所以如此暗，是因为这个球状星团距离我们有惊人的275 000光年。这么遥远的距离让NGC 2419得名“星系际流浪者”，虽然我们早就知道这个球状星团仍然位于银河系的引力范围内，但这个名字仍然经久不衰。

我们的下一站是熊掌星系NGC 2537，它就坐落在天猫座31西北偏北方向3.3°。用我的5.1英寸望远镜放大到102倍，可以看到一个明亮的、50″大小的核球，带有奇怪的大规模的斑块。外面是一圈细细的晕。我用14.5英寸反射望远镜放大到170倍可以看到三个斑块，也就是指向南方的熊掌的“脚趾”。NGC 2537A是一个正向对着我们的旋涡星系，就悬浮在熊掌的东边4.5′处。

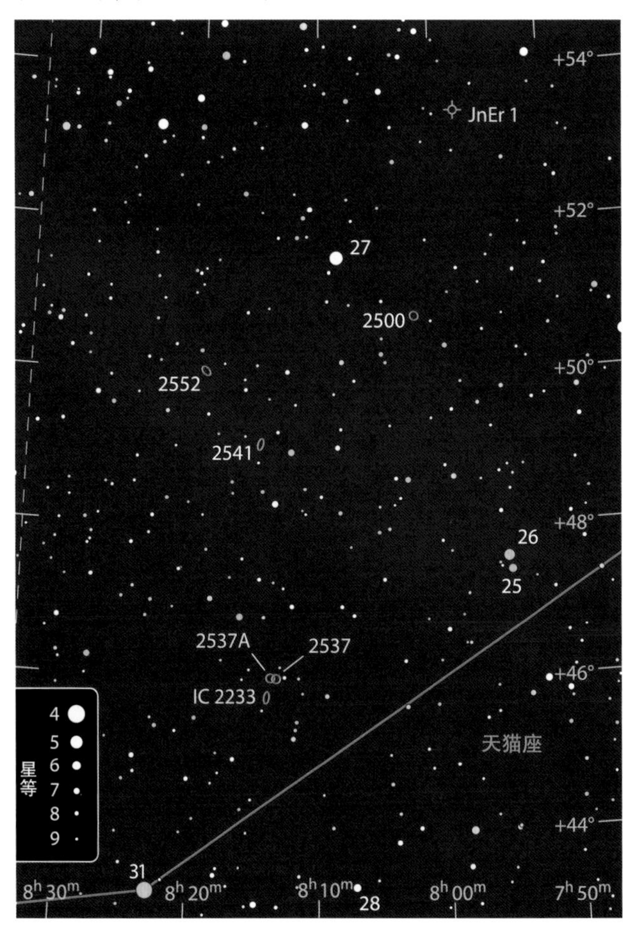

上图：行星状星云琼斯–恩伯森1在望远镜中是一个很难看到的目标。
* 摄影：上图，亚当·布洛克/美国国家光学天文台/美国大学天文研究联合组织/美国国家科学基金会。下图，帕洛玛天文台巡天二期/加州理工学院/帕洛玛。

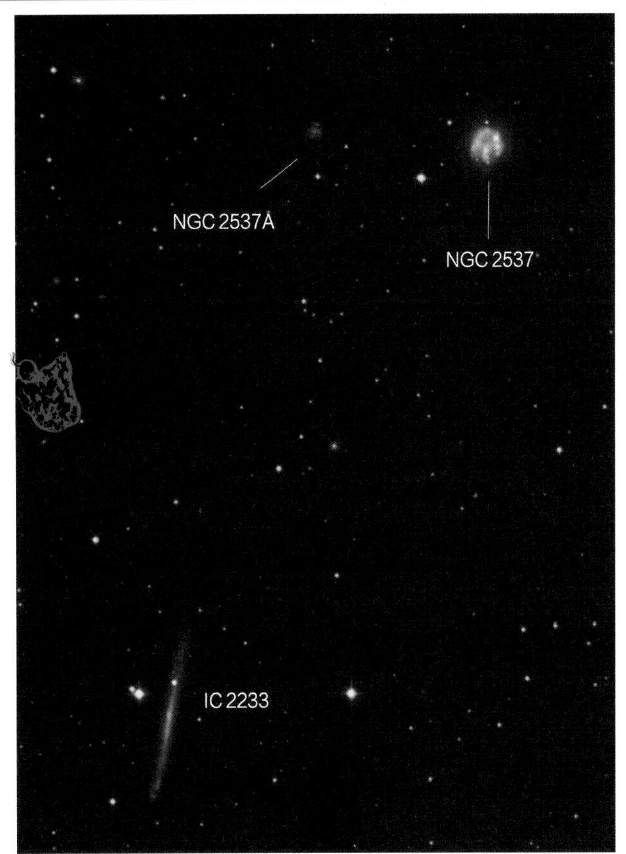

IC 2233是一个特别细长的侧向对着我们的星系，就位于熊掌的东南偏南方17′处。用我的5.1英寸折射望远镜放大到164倍看，它就像是在一颗10等星和它暗弱的伴星西边划开的一道口子。这一丝灰白色延伸了1.5′长，它北边的尖端上面有一颗暗星。在我的10英寸反射望远镜中，这个纤细的星系长度增加了一倍。

熊掌星系是一个致密的矮星系，它的外观由一个恒星形成的复合体构成，这个复合体里有很多明亮的蓝色恒星。它距离我们大于2 600万光年。NGC 2537A比它远大约20倍。

我们将以一个巨大的行星状星云结束我们的旅行，它就是琼斯–恩伯森1（Jones–Emberson 1，或JnEr 1，PK 164+31.1）。在2009年佛罗里达州冬季星空大会上，来自弗吉尼亚州的伊莱恩·奥斯本和俄亥俄州的大卫·托特和我一起用我的5.1英寸望远镜欣赏了它。放大到63倍时很难看到这个星云。最亮的一块光斑和东边、东北边两颗11等星组成一个等腰三角形。西北方4′还有一块更暗的光斑。两块光斑靠一个暗弱的光弧微微连在一起，形成一个6′大小的环。使用窄带星云滤镜或者高倍率可以看得更清楚。

JnEr 1最早是1939年由丽贝卡·B.琼斯和理查德·莫里·恩伯森发布在哈佛大学天文台公告上的。奇怪的是，公告中说："一个暗淡的环连接起了NGC 2474（约翰·赫歇尔爵士发现）和NGC 2475。"然而文章的图片明明显示NGC 2474和NGC 2475是在JnEr1南边0.5°远。这个错误出现在后来的很多引用文章中。

你看，我们这个守口如瓶的天猫座中包含了很多不寻常的天体，希望你会觉得没有白白花时间去寻找它们。

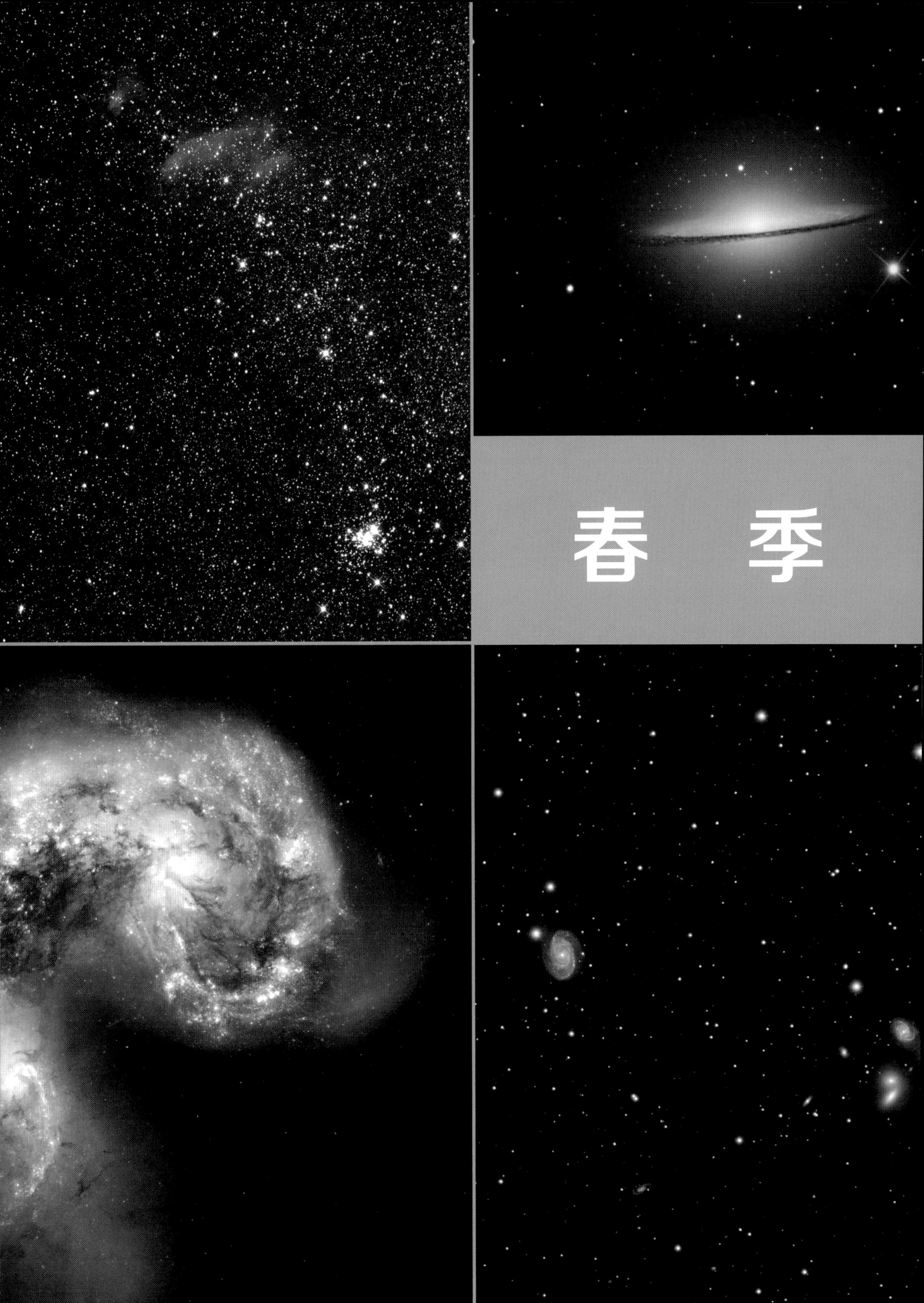

春季

群居星系

意大利天文爱好者米尔科·维利在这个星系群中的发现，引起了专业人士极大的兴趣。

星系是一种“群居生物”。大部分星系聚集在规模不等的群体中，从只有少数几个的小群体，到数量高达几千个的庞大群体。规模相对较小的M96星系群也被叫作狮子座Ⅰ星系群，非常适合在春季的夜晚进行观测。这是距离我们最近的星系团，包含了几个明亮的旋涡星系和一个椭圆星系。M96星系群与附近的狮子座三重星系（也称M66星系群）或有物理上的联系。

首先咱们来看看为M96星系群命名的星系M96。在第297页的四月全天星图上，你会看到狮子座的最亮星——轩辕十四，既靠近子午线（一条假想的将地图垂直分成两半的线），又与黄道十分接近。此时将视线沿黄道向东移动一点，你会看到一颗十分暗淡的蓝白色恒星狮子座ρ；除此之外，在狮子座的臀部有三颗恒星组成了一个直角三角形，位于直角上的星就是狮子座θ。M96就在狮子座ρ和狮子座θ之间靠近狮子座ρ 三分之一的位置上。

想要更精确地定位，请借助你的寻星镜和本页中的图，在狮子座ρ的东北偏东方向，相距4.2°的地方找到一颗5.3等的狮子座53，这是这片区域最明亮的恒星。它和旁边一颗7等星以及一颗8等星刚好组成一个等边三角形。然后换到你的望远镜上，用低倍率目镜来观看，扫描狮子座53的西北偏北方向1.4°，找到亮度为9等的模糊的M96。

在我的14×70双筒望远镜下，M96是一个微弱模糊的斑点，中心趋于明亮。我用105 mm折射望远镜放大到127倍也仅能多看到一点细节。星系略呈椭圆形，长轴由西北向东南延伸。它暗淡的外部星系晕包裹着巨大明亮的核球和一个恒星一般的核。

1998年，意大利天文爱好者米尔科·维利在M96发现了一颗Ⅰa型超新星。Ⅰa型超新星一向被看作测量遥远星系距离的“标准烛光”。像这样的天体在我们邻近的星系竟然就有一个，且这个星系的距离已运用其他的技术测量得出，因而让专业天文学者们产生了浓厚的兴趣。最近的几项研究利用从这颗超新星爆发中得到的更新数据，重新定义了宇宙距离的尺度，同时也修正了宇宙膨胀的速率。关于维利之星（官方命名为超新星1998bu）的最新研究得出的结论是，宇宙膨胀速率为70千米/秒/百万秒差距。这个数字与哈勃空间望远镜关键项目中得出的数值72非常接近。对于目前最受推崇的宇宙学模型来说，这

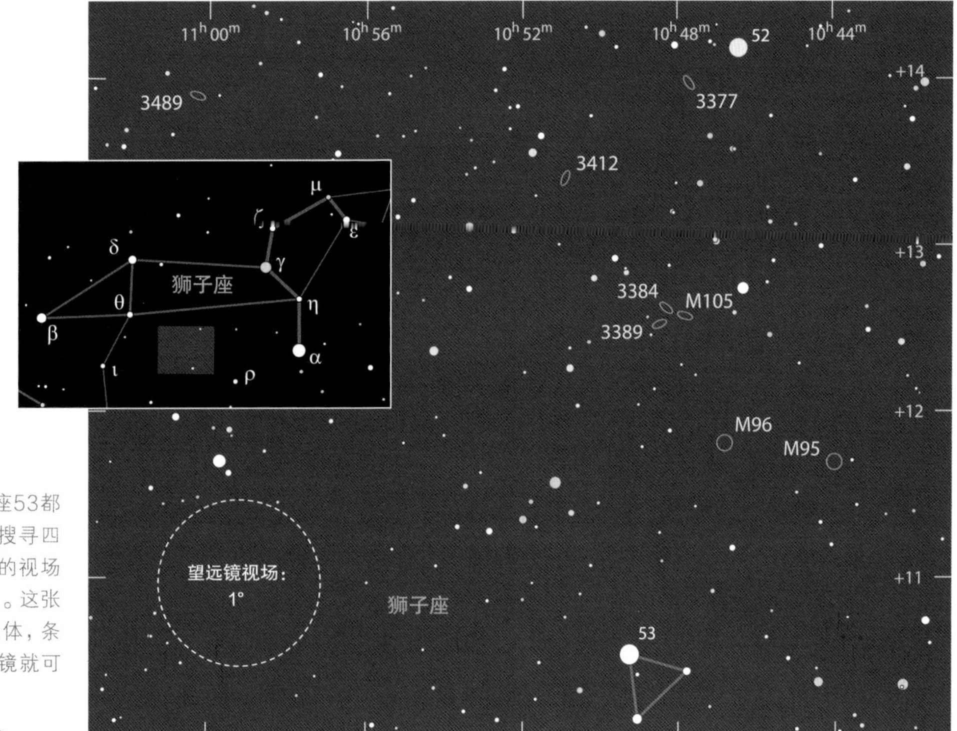

借助右图，将狮子座52和狮子座53都放在寻星镜中。接下来就可以搜寻四月的星系了，不过要记住，主镜的视场要小得多（大致显示在左下方）。这张星图显示了包含11等以上的天体，条件好的时候一台76 mm的望远镜就可以看到图上所有的恒星。

* 右图：改编自《千禧年星图》。

小图：由米德16英寸望远镜拍摄，右边的M95和下方的M96方向相反的旋臂呈现出结构上的不同。M95有一个中心棒，旋臂从棒两端伸出。M96以其缠绕的尘埃带出名。在望远镜中很难目视到这些特点。

* 摄影：右图：比尔·加洛韦和苏·加洛韦／亚当·布洛克／美国国家光学天文台／美国大学天文研究联合组织／美国国家科学基金会。下图：丹·斯托茨和迈克·福特／亚当·布洛克／美国国家光学天文台／美国大学天文研究联合组织／美国国家科学基金会。

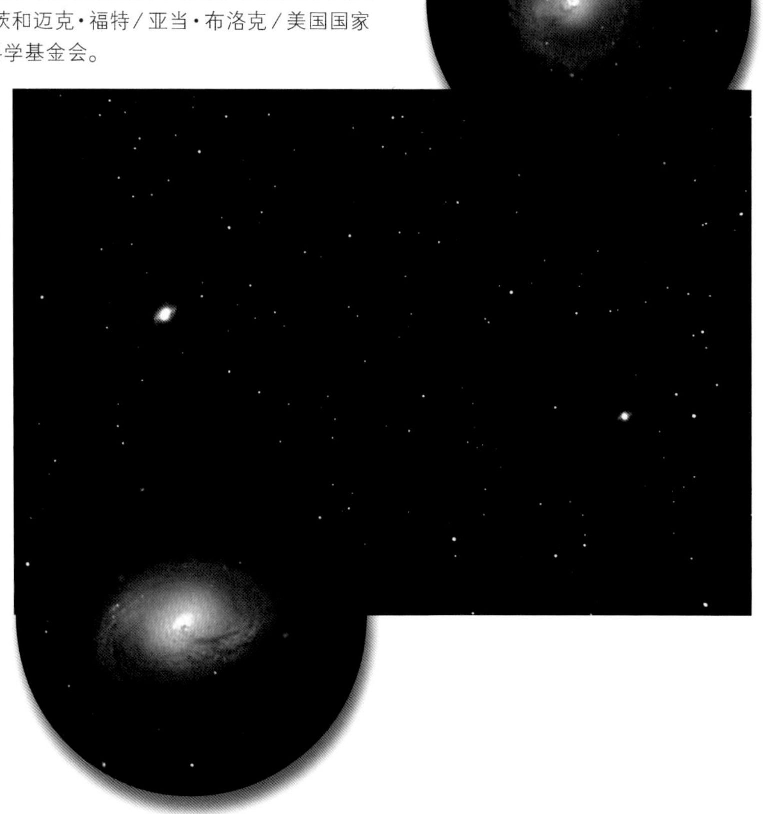

右图：月亮可以在不遮挡M95（右）和M96的前提下填满整个视场。这就意味着在低倍率广视场（且没有月亮！）的情况下，我们可以同时看到这两个天体。纽约普莱西德湖的乔治·R.维斯科姆用8英寸的反射望远镜拍摄下了这两个天体，光圈5.6，柯达2415敏化胶片，曝光45分钟。

些数值意味着宇宙的年龄大约是137亿年。

除了M96，M96星系群中还有两个梅西耶天体——M95和M105。M95位于M96以西42′，在低倍率视场下可以同时看到这两个星系。在我的14×70双筒望远镜中，M95是一个非常暗淡的斑点。在这三个梅西耶天体中，M95的视星等和面亮度最低。我用105 mm望远镜放大到127倍，可以看到一个微弱的圆形光晕和一个明亮的核球，越趋近于中心的致密核心越明亮。凭借一架4英寸的折射望远镜，目光敏锐的天文学作家斯蒂芬·詹姆斯·奥米拉成功观测到了从这个棒旋星系的核心延伸出的翼状结构，以及环绕在星系边缘的暗淡的光环。

椭圆星系M105位于M96的东北偏北方向48′处。它和M96的视星等相同但个头更小，因此面亮度更亮。在我的14×70双筒望远镜中，这个星系小而黯淡，和M95、M96、狮子座53在同一个视场内。这四个天体排列成为一个"Y"字形。只需要一台30倍的小天文望远镜就可以在同一视场内看到这三个星系。

我用105 mm望远镜放大到87倍，可以看到M105和位于它东北偏东方的另一个星系NGC 3384。这两个星系的中心距离仅为7′。在中高倍率下，会看到M105一个小而明亮的核心嵌在稍显椭圆形的光辉之中，越靠近边缘越暗淡。NGC 3384就像M105的缩小版。观察再细致一点就会看到第三个非常暗弱的星系——NGC 3389，位于M105的东南偏东方向10′处。NGC 3384是狮子座Ⅰ星系群的成员之一，NGC 3389则被认为是一个背景星系。

1781年，法国观测者皮埃尔·梅尚第一个注意到M96星系群的三个主要星系，但他并没有把新发现的M105及时纳入夏尔·梅西耶最终的梅西耶天体目录里。直到1947年，M105才被海伦·索耶·霍格加入梅西耶天体群中。

在同一个小型望远镜的视场下至少还有三个狮子座Ⅰ星系群的成员，它们都与M105处于同一个视野范围内。它们中每一个都比身为非星系群成员的NGC 3389明亮，但又都比NGC 3384要暗淡。要搜寻NGC 3377，可以看M105以北1.4°、黄色5.5等星狮子座52的东南方23′。NGC 3377很小，形态不是很圆，但有一个极小的明亮的核心。NGC 3412在M105的东北方1.1°，以及一对白色和金色的8等双星的西南方16′的位置上。NGC 3412微小而黯淡，呈圆形，有一个较为明亮的恒星般的核。NGC 3489是这三个星系中最难找的。它附近没有明亮的恒星或独特的双星作为指引，

右边巨大的椭圆星系是M105，左上是NGC 3384（透镜状星系），左下是NGC 3389。1997年4月12日，美国加利福尼亚州千橡市的马丁·C.赫尔马诺用35英寸的反射望远镜和SBIG ST-4自动导星，曝光100分钟拍下了这张照片。

M96 星系群（狮子座 I 星系群）的深空居民					
目标	类型*	星等	大小 / 角距	赤经	赤纬
M96	Sbp	9.3	7.1′×5.1′	$10^h 46.8^m$	+11°49′
M95	SBb	9.7	7.4′×5.1′	$10^h 44.0^m$	+11°42′
M105	E1	9.3	4.5′×4.0′	$10^h 47.8^m$	+12°35′
NGC 3384	SB0	9.9	5.9′×2.6′	$10^h 48.3^m$	+12°38′
NGC 3389	Sc	11.9	2.8′×1.3′	$10^h 48.5^m$	+12°32′
NGC 3377	E5	10.4	4.4′×2.7′	$10^h 47.7^m$	+13°59′
NGC 3412	E5	10.5	3.6′×2.0′	$10^h 50.9^m$	+13°25′
NGC 3489	E6	10.3	3.7′×2.1′	$11^h 00.3^m$	+13°54′

*这里的星系有两大类，旋涡星系（S 型）和结构不明显的椭圆星系（E 型）。

那就只能看看第73页的星图，以M105三重星系为起点，沿着东北方向的一条由8等星和9等星组成的蛇形线路来寻找；或是在低倍率下，将NGC 3412附近的一对白色和金色的恒星放在视野的南部，然后慢慢向东搜寻，捕捉NGC 3489发出的模糊光芒。它是一个亮度与NGC 3412相当、核心比较明亮的小椭圆星系。

狮子座I星系群和我们的银河系相距较近，因而天文学家可以研究其中为数众多的造父变星。这些众所周知的"量天尺"告诉我们，这个星系群的距离大约是3 800万光年，是室女座星系团距离的三分之二左右。

长蛇座的亮点

追随夜空中长蛇蜿蜒的身躯，用你的小型望远镜来搜寻那些有趣的天体吧。

水中巨蛇长蛇座，不论是在面积还是长度上都排名第一。这条巨蛇盘踞超过四分之一个夜空的长度，四月是一年中仅有的可以在夜晚看到整个长蛇座的时段。它的头部是巨蟹座以南的一群排成椭圆形的恒星，尾部则紧靠着天秤座。如此庞大的身躯，足够让你沉迷一整晚，遍览其中一处处依次经过夜空最高处（即上中天）的奇妙天体了。

我们首先探访的就是长蛇座中最明亮的疏散星团M48。四月夜幕降临时，星团已开始西沉，所以要早一点才能捕捉到它的身影。要找到M48，需要在长蛇座头部的西南偏南方向距离8°的地方找到3.9等的长蛇座C。长蛇座C在寻星镜中很好辨认，因为有两颗5.6等星护卫在它的两侧。将长蛇座C放在寻星镜视场的东北边缘，M48模糊的辉光就会出现在视野里。

从寻星镜换到低倍率视场的望远镜，你会发现M48特别好看！我的105 mm望远镜放大到47倍可以看到1°的视野里有上百颗8等到12等星。其中边缘分散的恒星都渐渐隐没在了背景天空中，而中间0.5°范围的星星则显得更加密集。星团中最明亮的成员在星团中心的东南边缘闪耀着黄色的光。

M48曾被认为是一个失踪的梅西耶天体，因为在18世纪末夏尔·梅西耶给出的坐标上，并没有一个他所描述的星团。当我在夜空中搜寻时，费了好一番工夫才发现：一些旧版的星图最早把M48标在了错误的位置上。梅西

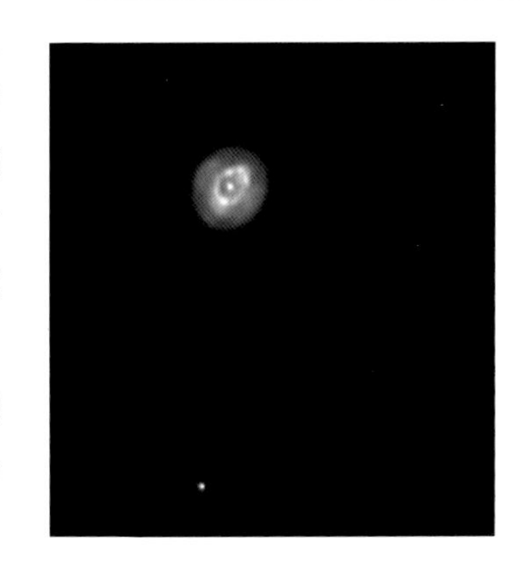

尽管在小型望远镜中，行星状星云NGC 3242看起来又小又模糊，但在这张使用RC光学系统的12.5英寸反射望远镜拍摄的CCD照片中，NGC 3242（图中上方）呈现出了清晰的结构。图中下方的11等星就位于星云以南2.4′处。

* 摄影：理查德·D.雅各布斯。

长蛇座中的风景

目标	类型	星等	大小 / 角距	距离（光年）	赤经	赤纬	*MSA*	*U2*
M48	疏散星团	5.8	54′	2 500	$8^h 13.7^m$	−5°45′	810	114R
NGC 3242	行星状星云	7.3	40″×35″	2 900	$10^h 24.8^m$	−18°39′	851	151R
长蛇座 V	碳星	6—13	—	1 600	$10^h 51.6^m$	−21°15′	850	151L
M68	球状星团	7.8	11′	33 000	$12^h 39.5^m$	−26°45′	869	150L
M83	旋涡星系	7.5	13′×11′	1 500 万	$13^h 37.0^m$	−29°52′	889	149L

大小数据来自星表和照片；大部分天体在望远镜中目视时会显得较小。表格中*MSA*和*U2*列分别为《千禧年星图》和《测天图2000.0》第二版中的星图编号。

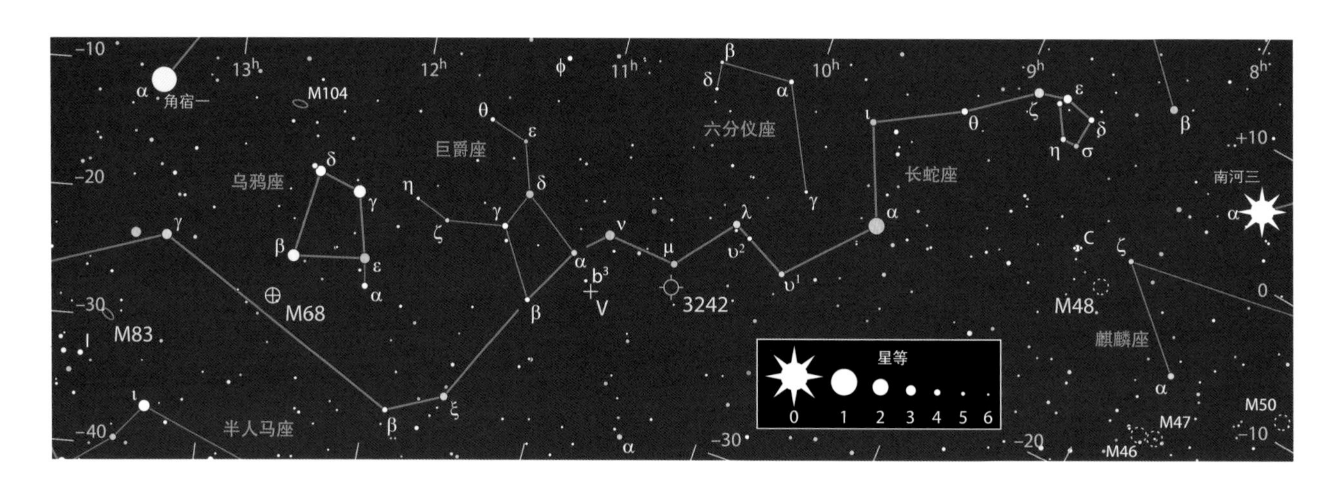

耶将M48描述为一个由暗淡群星组成的星团，位于麒麟座尾部的三颗恒星附近。然而在现代的星座划分中，这些恒星其实是长蛇座C及其伴星，早就不属于麒麟座了。由于星团NGC 2548符合梅西耶的描述，新的星图便将它作为M48进行了收录。

我们的下一个目标是长蛇座最明亮的行星状星云NGC 3242，也被称为科德韦尔59，绰号“木星之魂”。1785年，威廉·赫歇尔发现了这个星云并首次将它与行星进行比较，说它发出的光和木星的颜色一样。但直到1887年，威廉·诺布尔上尉才第一次将其记录为“仿佛木星之魂”。

NGC 3242位于3.8等星长蛇座μ南边略偏西方向距离1.8°处。这个行星状星云在寻星镜中很容易被发现，但它看起来像一颗普通的8等星。你可以通过它不同于恒星的颜色来辨认，其颜色通常被描述为蓝色或绿色。在50倍或更高的倍率下这个星云会呈现出其本来的面目。

不同于赫歇尔的描述，在我看来NGC 3242的颜色和木星并不相似。在我的小型折射望远镜里，这个行星状星云呈现出明显的蓝绿色。放大到203倍时它是圆形的，表面亮度均匀，边缘略微模糊。在更好的夜空环境下观测或是拥有更大倍率望远镜的人，可以看到它的形状在西北—东南方向上显得被“拉长”了，两端各有一块明亮一些的光斑。你也许还能看到12等的中央恒星。

现在我们将视线移动到长蛇座最红的一颗星长蛇座V。长蛇座V是一颗碳星，大气中大量的含碳分子使这颗恒星看起来像是加了一块红色滤镜。这颗恒星以长约18年的时间为一个大周期发生变化，同时还叠加了一个17个月的小变化周期。它在大周期里变化到最亮的时候，小周期让它的星等在6等到9等之间浮动；而在大周期里变化到最暗的时候，相应的小周期变化星等范围则降低到了10等到13等。

要找到长蛇座V，首先要找到5等星长蛇座b^3。它和一颗4等星巨爵座α、3等星长蛇座ν组成了一个直角三角形，这三颗星都能在同一个寻星镜视场中看到。在低倍率的望远镜中，你会看到长蛇座b^3和它东南方一颗6.6等星以及南方一颗7.1等星组成了另一个直角三角形。在长蛇座b^3和南方这颗星之间画一条略有弧度的曲线，并将其延长一倍多一点的距离，你就会找到长蛇座V。这颗恒星的颜色随着亮度变化，当亮度较暗时呈红色，亮度最亮时呈橙色。

长蛇座V看起来是一颗随时会变成行星状星云的濒死的红巨星。研究表明，行星状星云很大程度上是因高速双极喷流形成的，而这种喷流喷发的时间仅仅占据了恒星漫长生命的几百年到一千年。长蛇座V是第一颗被观测到正在喷流的恒星。2003年11月20日的《自然》杂志发表的一篇论文，报道了由哈勃空间望远镜成像光谱仪拍摄的喷流照片。参与该拍摄的研究团队指出，喷流可能是由一颗看不见的伴星或巨型行星驱动的。

M68是长蛇座中最明亮的球状星团。乌鸦座的恒星可以指引我们找到它的身影。从乌鸦座δ出发画一条假想的直线穿过乌鸦座β，并继续延伸一半的距离，在那里，通过一个低倍率的目镜，你会看到一颗5等星，并且在它东北边有一个模糊的斑点。用我的105 mm望远镜在87倍放大率下看，这个模糊的斑点就会变成一个大小为9′ 的光球，有一个大而明亮的斑驳的核心，周围环绕着稀疏的光晕，光晕上点缀着一些暗淡的恒星。继续将望远镜放大到153倍，你将会看到星团中心更多的恒星。M68斑块状的表面让一些观测者在绘图时，画出了几条暗带环绕在其中的样子。

不同于在大望远镜中看到的特写，这张广角的M83星系更接近于观测者们通过小型望远镜看到的画面。这个视角宽3°，还包含了上页星图中的三颗恒星。上方为北方。
* 摄影：藤井旭

我们的最后一个目标是长蛇座中最明亮的星系M83，位于从3等星长蛇座γ到4等星半人马座1之间三分之二的位置上。北半球的寻星者们或许会觉得，在天还比较亮或是地平线较模糊的时候，肉眼很难看到暗淡的半人马座1。如果是这种情况，可以试试以长蛇座γ为起点，运用星桥法沿着一条由6等星和7等星组成的曲线向南，再向南，继而向东移动。M83就位于星桥最后一颗恒星的东南偏东1°的位置，与这颗恒星处于同一低倍率视场中。

在127倍的放大率下，我用小型望远镜可以看到一个小而明亮的核球和相当明亮的内层晕，占据了5′ ×2′ 的视野范围，从东北偏东一直延伸到西南偏西。它被一个宽度约为8′ 的暗淡椭圆形晕所包围。我能看见一些明亮的光斑，但无法观测到M83的旋臂结构。星系的东南边有三颗10等前景恒星连成一条线，与星系的边缘相切。

至此，在长蛇座中搜寻亮点的我们对这个星座的巨大有了充分的认识。令人惊讶的是，即使如此，我们并没有看到它的全貌，从M83向东再延伸18.5°才是长蛇座的边界。

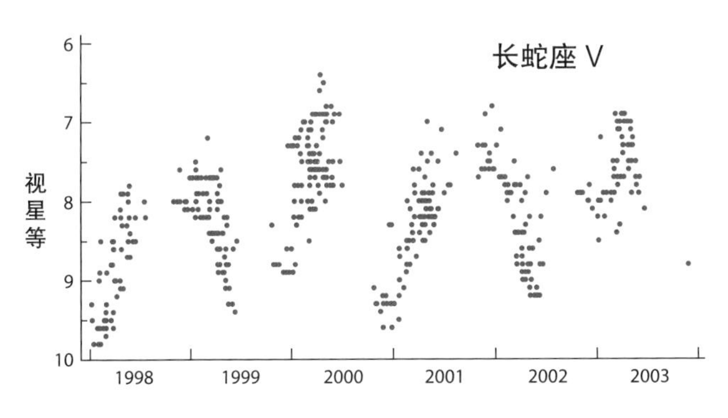

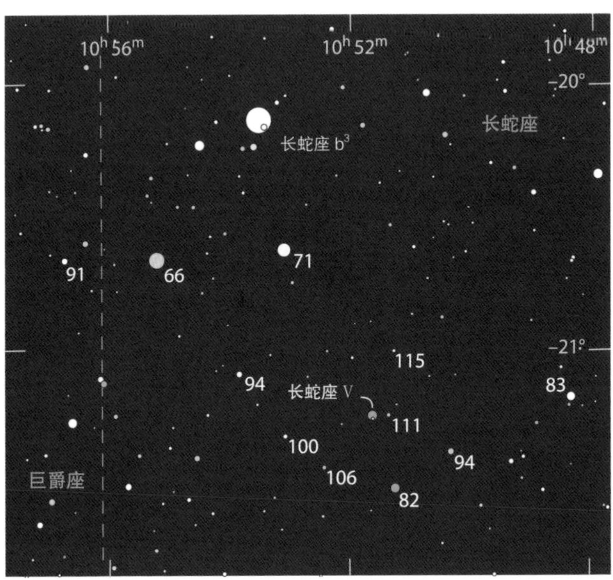

左图上：这张图用美国变星观测者协会搜集的数据，展示了从1998年到2003年，长蛇座V的视星等变化过程。光变曲线间的空隙是恒星与太阳距离很近无法观测造成的，太阳每年九月上旬运行到长蛇座V附近。图提供者：美国变星观测者协会。
左图下：为了监控长蛇座V的亮度变化，这张特写的星图上，在参考恒星旁边标注了它们的星等，精确到0.1等，并省略了其中的小数点。

春季 • 四月

大熊的馈赠

大熊座为我们提供了许多值得观测的深空目标。

他搜寻着有形的天空，
最璀璨的宝石闪耀其中。
首先须将心灵之眼引导向北，
方能把大熊之美细细品味。
——威廉·泰勒·奥尔科特，《所有时代的群星传说》

最初的大熊座原型仅仅包含7颗恒星，也就是我们如今所熟知的北斗七星—— 一个肉眼清晰可见的大勺子。在它的帮助下，我们得以分辨出更多在夜空中看起来不那么显眼的形状。在那之后，大熊座的“身形”渐渐丰满，囊括了更多暗淡的恒星，而大熊座自己最终也变成了全天的第三大星座，仅次于长蛇座和室女座。

在大熊座的一些现代版本中，大熊座24位于熊的耳朵处，我们对大熊的“深空狩猎”也是自此开始的。魔术师总是喜欢从人们的耳朵后方拿出一枚闪闪发光的硬币，然而藏在大熊耳朵后面的，则是更令人惊羡的宝藏——北天中一对最璀璨的星系。

壮丽的M81 和M82位于大熊座24以东2°，它们十分明亮，在足够黑暗的夜空中，只需要8×50的寻星镜就能找到它们。而当我用14×70的双筒望远镜观测时，总能清晰地看见这对星系。M81整体呈椭圆发光状，中心趋于明亮。在它的北边（也就是每年这个时候位于M81的下方），是更小更暗淡呈纺锤状的M82，具有均匀的面亮度。

用我的105 mm折射望远镜放大到17倍来观测时，下面的场景就像是一场动人的二重奏：椭圆形的M81一端朝向西北偏北，另一端朝向东南偏南，中心部位可见其耀眼的核心。当我凝视M81时，它看起来比M82大不了多少；而当我把视线移向M82，余光中的M81则呈现出一个巨大而暗淡的晕，因而使整个星系的体积陡然变大。M82有着细微的斑点，它独特的雪茄形状从东北偏东延伸至西南偏西。在它最西端的南部边缘能看到一颗10等星。

将望远镜的倍率提升到28倍，M81的晕变得更加明显起来。M82星系前方有两颗11等星，位于M81外核南边与星系晕的交界地带。在47倍倍率下，M82斑驳的外观更加明显，尤其在它靠西三分之二处特别明亮且纹理清晰。在87倍的广角目镜下，这对星系仍保持在同一个视场，但已然填满了整个画面。M81的内核呈现出细微的斑点，M82

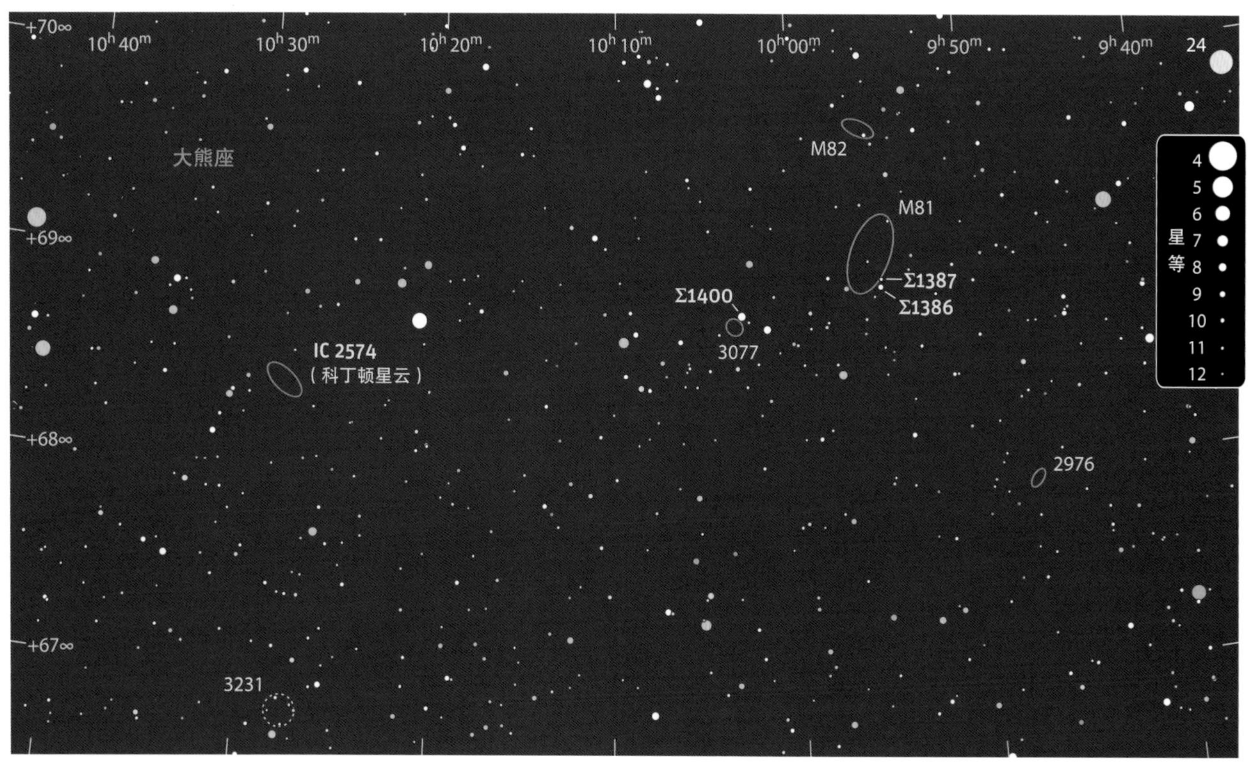

图表改编自第谷-2星表。

在单筒望远镜的视场中，M81（图左）和M82是公认的北天最壮观的一对星系，也是四月夜晚中理想的观测对象。M81是典型的旋涡星系，相比M82则有混乱的形态，这是由于爆发式的恒星形成过程将大量气体吹离了M82星系核心。这张照片跨越了1° 宽的天空，上方为东。
* 摄影：理查德·D.雅克布斯。

则显得错综复杂。在它的中心东部有一块明亮的楔形斑点，更小的斑点从这里向西延伸，在星系中呈现出“大珠小珠落玉盘”的形态。

用我的10英寸反射望远镜放大到170倍观测时，M81占据了12′ ×7′ 的天空。将M81前方的两颗11等星连起来，其延长线会指向星系另一边一颗靠近外核边缘的暗淡恒星。M81的西南偏南处还有一对南北向的恒星，一颗9等、一颗10等，这两颗星各自是一对双星（Σ1386和Σ1387）。在这个视野范围内，我们还能看到占据了8′ ×2′ 天空的锥形M82以及三块主要的暗斑。星系中心以东较大的一块暗斑横贯M82，而且星系中最明亮的区域就位于这块暗斑的东边。另有一块不太明显的暗斑构成了这片明亮区域的东侧边界，此外星系中心以西还有一块更微弱的斑点。

M81是M81星系群中最大的成员。M81星系群距离我们大约1 200万光年，是离我们的本星系群最近的星系群。正如临近的星团看起来比遥远的星团更大，毫无疑问临近的星系群也显得更大。M81星系群中其他可能的成员们横跨了大熊座、天龙座和鹿豹座。

要想看到M81星系群中的成员其实不需要很长的焦距。实际上，在能看到M81和M82的低倍率视野中同时也能看到NGC 3077。要想找到它的位置，首先我们需要在M81的南端以东0.5°的位置找到一颗8等的金色恒星，再顺着它往南移动大约一半的距离找到一颗有着相似亮度的黄白色恒星。NGC 3077就在这颗恒星的东南方。

我用105 mm折射望远镜放大到47倍，可以很清楚地看到NGC 3077和它的老大哥们。NGC 3077是一个微小而暗淡、东北–西南朝向的椭圆星系，有着略微明亮的中心。用我的10英寸望远镜放大到170倍观测时，这个星系显得相当明亮，它巨大的中心区环绕着一个难以描述的星状内核。在它的西北侧有一颗8等恒星Σ1400，在距离这颗恒星很近的位置还有一颗10等伴星。19世纪著名的英国业余天文学家威廉·亨利·史密斯曾痴迷于观测这个星系周围漆黑的天区。他形象地描述，这“就好像是遥不可及的星云正飘浮在可怕的、无边无际的空洞之中”。

照片中的M82看起来非常混乱，相比之下NGC 3077仅仅是略微杂乱。但它们都是各自伴星系引力撕扯的受害者。而M81作为这个星系群中质量最大的星系，在这一团混战中幸免于难。

矮旋涡星系IC 2574是M81星系群中一个暗弱却很有意思的成员。1898年，位于美国加利福尼亚州圣何塞的利克天文台的天文学家埃德温·福斯特·科丁顿在检查6英寸克罗克望远镜拍摄的照片时发现了这个星系。紧接着，

大熊座的深空宝藏

目标	类型	星等	大小 / 角距	赤经	赤纬	*MSA*	*U2*
M81	旋涡星系	6.9	26.9′×14.1′	$9^h55.6^m$	+69°04′	538	14L
M82	不规则星系	8.4	11.2′×4.3′	$9^h55.9^m$	+69°41′	538	14L
Σ1386	双星	9.3, 9.3	2.1″	$9^h55.1^m$	+68°54′	538	14L
Σ1387	双星	10.7, 10.7	8.9″	$9^h55.0^m$	+68°56′	538	14L
NGC 3077	不规则星系	9.9	5.4′ ×4.5′	$10^h03.4^m$	+68°44′	538	14L
Σ1400	双星	8.0, 9.8	3.4″	$10^h02.9^m$	+68°47′	538	14L
IC 2574	旋涡星系	10.4	13.2′×5.4′	$10^h28.4^m$	+68°25′	538	14L
NGC 3231	疏散星团	9.0	9.5′	$10^h27.5^m$	+66°48′	549	14L
NGC 2976	旋涡星系	10.2	5.9′×2.7′	$9^h47.3^m$	+67°55′	550	14L

角度大小与分类数据来源于最新的资料。表格中的*MSA*和*U2*列给出的数据为《千禧年星图》和《测天图2000.0》第二版中的天体图表编号。

20世纪著名的深空作家瓦尔特·斯科特·休斯敦经常如此评论：那些有绰号的深空天体都有着特殊的吸引力。因此，矮旋涡星系IC 2574很可能通过它的绰号“科丁顿星云”来吸引“后院天文观测者”的注意力。这张照片跨越了30′高的天空，上方为北。

* 摄影：马丁·C.赫尔马诺。

科丁顿和威廉·约瑟夫·赫西又通过天文台12英寸的折射镜目视到了这个星系。科丁顿记录道：“望远镜中看到它是一个巨大、不规则而且暗淡的星系，由大量的聚集物组成。”IC 2574通常被称为“科丁顿星云”。

由于表面亮度较低，当你搜寻科丁顿星云时，对它精确定位十分重要。首先需要找到NGC 3077以东1.6°的一颗6等星，科丁顿星云就在这颗恒星东南偏东45′的位置，在低倍率视场中可以同时看到它俩。

我用小型折射望远镜放大到适中的47倍，就能获得欣赏IC 2574的最佳视角。这时的它看起来是一条东北—西南朝向发光的“蛛丝”，延伸大约5′。观测时需要借助余光法，也就是视线看向星系的一侧而非直接看向星系本身。当我用10英寸望远镜放大到70倍时，占据12′×4′大小的科丁顿星云展现出令人惊艳的细节。较低的面亮度使它呈现出一种幽灵般飘忽的形态。几颗暗淡到不能更暗淡的恒星闪烁于这个魅惑的星系间，其他大多数星星散落在星系的边缘。

疏散星团NGC 3231位于IC 2574以南1.6°处。虽然它并不属于M81星系群，但由于星团在大熊座中并不常见，所以还是值得一看的。它的位置在一颗黄色8等星的北边。我用105 mm口径的折射望远镜放大到17倍，只能看见该星团的6颗恒星，大约都是11等。换成87倍时，NGC 3231的团状则会更加明显，能在10′的范围内数出15颗恒星。此时再往外也没有什么可看的了，即便我用10英寸的望远镜也只能看到17颗恒星聚集在一个巨大的空洞中心。

M81星系群的另一位成员NGC 2976，在M81的西南方1.4°的位置上。我用小型折射望远镜放大到28倍来观察，能看到这个星系里暗淡群星组成的星环上散发着白色的微光，中心稍显明亮。将望远镜放大到87倍，NGC 2976显得更加明晰，大约占据了4′×2′的天空。在星系的西南侧中间的位置可以看到一颗暗淡的恒星。在高倍率望远镜下，这个星系呈现出清晰的绒毛状结构，这是M81星系群内引力相互作用下的又一个遗迹。

狮子座的赤经11h

四月的夜晚，是在狮子座东部的星系之海里遨游的最佳时机。

天上的雄狮——狮子座，现已造访我们的夜空。当它缓缓踱步西沉，最后仍然逗留在夜空中的部分就是狮子座的后部，位于赤经11h的部分。这让我们有足够的时间，可以在这片让夜空更加丰富的星系之海中自由徜徉。

在《天图2000.0》第二版中，狮子座位于赤经11h的部分标注了40个星系，而在《千禧年星图》中，甚至标注了249个之多。我们先忽略这个惊人的数字，将注意力放在狮子座的后臀部，在那里我们会看到NGC 3607星系群。这个星系群距离我们大约7 500万光年，内部各星系有着物理关联，但至于哪些星系该属于这个星系群，在不同的列表里却有着不同的说法。我的选择则非常简单。从不同的列表中，我选择那些我用105 mm折射望远镜观测过的星系，再加上两个在我的10英寸反射望远镜中能同时看到的星系。

我们先来看看整个星系群中目视起来最明亮且最大的成员——NGC 3607。它位于狮子座δ和狮子座θ的连线中点再往东0.5°的位置。我用小型折射望远镜放大到28倍，能看到两个小而模糊的亮点，南边的那一个就是NGC 3607。将望远镜切换到高倍率继续观测，我发现在放大到127倍时可以获得最佳的观测效果。NGC 3607呈现出一个恒星一般的核、一个明亮的圆形核球，以及一个暗淡的、从西北向东南延伸2′的椭圆晕。三颗微弱的恒星组成的三角形位于星系的东南4′，南端的那颗还拥有一个距离很近的伴星。

在高倍率视场下出现在NGC 3607北边的星系是NGC 3608。不同于前者，它显得更小、更暗淡，从东北偏东到西南偏西占据了1.5′的天空。NGC 3608的中心较为明亮，有一个近乎圆形的核心和一颗朦胧的星形核。两颗12等星护卫在星系的北端。

第三个星系NGC 3605位于NGC 3607核心的西南方3′。虽然一开始我需要通过余光才能找到它，但一旦知道了它的具体位置，我便可以直接目视到这个星系。它在折射望远镜中只是很小的一块光斑，但我用10英寸的反射望远镜放大到166倍，便能看清这个有着大而明亮的椭圆核心、占据1′天空的窄长形星系。

这三个星系都处于NGC 3607星系群的核心地带。根据天文文献搜集到的数据，NASA/IPAC河外数据库给出了这些星系的平均距离。NGC 3607、NGC 3608、NGC 3605的距离分别是7 000万光年、7 700万光年、7 300万光年。因为这些星系离我们稍微有点近，所以用视向速度法测距的时候很难得到可靠的答案，但要想简单地直接研究其中的恒星，距离又显得太远。这使我们很难确

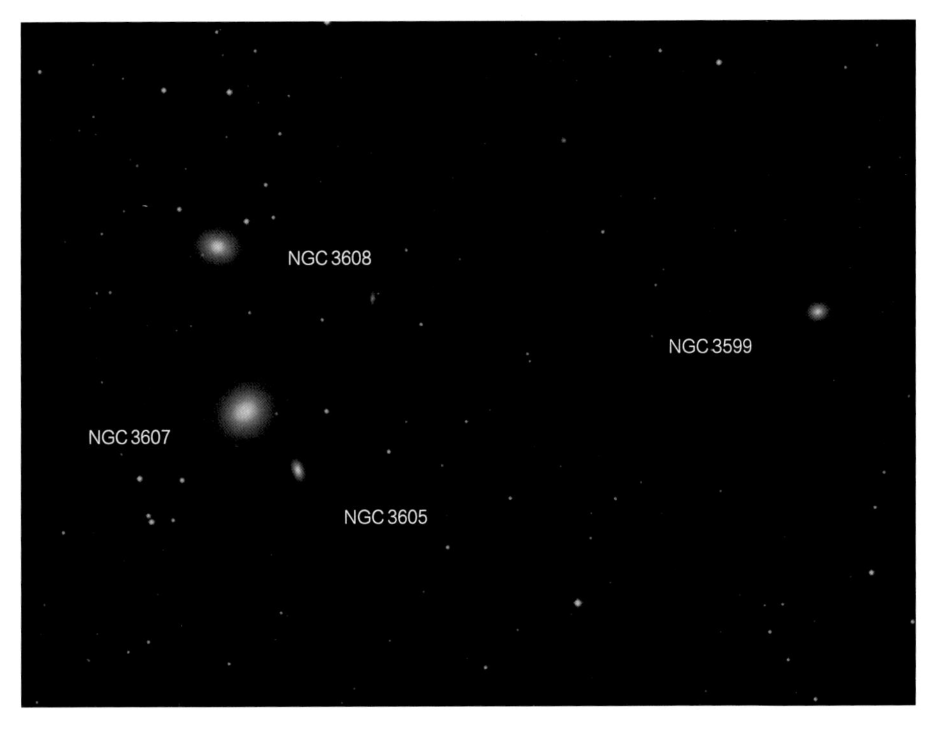

透镜状星系NGC 3607所在狮子座后部的一小群星系，在暗夜环境好的情况下，都能通过6英寸的望远镜观测到。本书作者用她的105mm折射望远镜看到了左图中标记出的全部星系。这张图片的视场宽度为0.6°，上方为北方。

* 摄影：帕洛玛天文台巡天二期/加州理工学院/帕洛玛。

春季 • 四月

认它们究竟有多远，它们的真实距离或许和我们在前文中提到的会有25%的偏差。

如果我将10英寸望远镜的倍率降到115倍，就能把这三个星系和NGC 3599放到同一个视场中。NGC 3599位于这三个星系以西20′的空旷地带，可以看到它是一个中心较亮、从西北偏西向东南偏东斜着延伸1′的椭圆形，中央还有一个恒星一般的核。在我的105 mm折射望远镜下，放大到87倍可以用余光法看到这个星系；放大到127倍则能直接目视到它。根据估算，它的距离是6 500万光年。

将视线向西移动3°，我们就会看到NGC 3507。它的核心区域释放出低能量的辐射，这些辐射被认为是由星暴与黑洞活动的联合作用产生的。我用小型折射望远镜在47倍放大率下观看，NGC 3507是一团暗淡的光，中间包着一颗11等星。它被夹在两颗恒星之间，一颗是东北偏北方向距离5′ 的一颗比它略昏暗的恒星，另一颗是西南偏南方向距离3′ 的一颗10等星。放大到127倍时，它看起来是一个长为2′ 、东西向的椭圆形。由于星系东北边的前景位置上叠加了一颗恒星的干扰，所以这个星系的核球虽然比较明亮却很难被辨认出来。我用10英寸望远镜放大到166倍来观测，还可以看到再往西南边13′ 的扁扁的（侧向）星系NGC 3501。它看起来非常瘦长，长度有2′ 。它的面亮度很低，如果将它附近的9等星移出视场就能看得更清楚一点。NGC 3507和NGC 3501的距离分别是6 500万光年和7 600万光年。

接下来，让我们回到NGC 3607再往东找找看。我用小型折射望远镜放大到47倍，就能看到同一视场下的NGC 3626，位于东北偏东48′ 。这个星系很容易被看到，呈一个小小的椭圆形，中心稍亮一些。将望远镜倍率增大到87倍，我就能顺利地看到它恒星一般的核。在10英寸反射

纷繁的星系

目标	类型	星等	大小 / 角距	赤经	赤纬	*MSA*	*U2*
NGC 3607	透镜状星系	9.9	5.5′×5.0′	11h16.9m	+18°03′	705	73L
NGC 3608	椭圆星系	10.8	4.2′×3.0′	11h17.0m	+18°09′	705	73L
NGC 3605	椭圆星系	12.3	1.6′×1.2′	11h16.8m	+18°01′	705	73L
NGC 3599	透镜状星系	12.0	2.7′×2.2′	11h15.5m	+18°07′	705	73L
NGC 3507	棒旋星系	10.9	4.6′×3.7′	11h03.4m	+18°08′	705	73L
NGC 3501	旋涡星系	12.9	4.6′×0.6′	11h02.8m	+17°59′	705	73L
NGC 3626	旋涡星系	11.0	3.2′×2.3′	11h20.1m	+18°21′	705	73L
NGC 3655	旋涡星系	11.7	1.5′×0.9′	11h22.9m	+16°35′	704	91R
NGC 3686	棒旋星系	11.3	3.2′×2.4′	11h27.7m	+17°13′	704	91R
NGC 3684	旋涡星系	11.4	3.0′×2.0′	11h27.2m	+17°02′	704	91R
NGC 3681	棒旋环状星系	11.2	2.0′×2.0′	11h26.5m	+16°52′	704	91R
NGC 3691	棒旋星系	11.8	1.3′×0.9′	11h28.2m	+16°55′	704	91R

大小和角距数据来自最近的目录。观测目标的目视大小通常比目录中给定的数值要小，且根据观测仪器的口径和倍率不同而变化。表格中*MSA*和*U2*列分别为《千禧年星图》和《测天图2000.0》第二版中的星图编号。

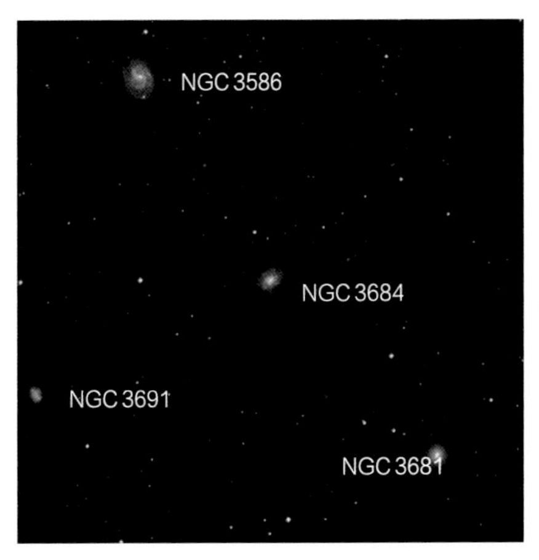

这是一条由亮度为11等的星系组成的长约0.5°的星系链。它的起点(图片的右下方)位于5.6等星狮子座81的东北偏北方向，距离0.5°处。这张图片的视场宽度为0.6°，上方为北方。

* 摄影：数字化巡天项目。

望远镜放大115倍时观看，这个星系有一个大小为2′的星系晕，略微向北偏西方向倾斜，核心虽小却格外明显。NGC 3626是一个奇怪的星系，它的气体和恒星围绕核心旋转的方向是相反的。这或许证明了这个星系曾经与一个富含气体的矮星系合并过。在美国NASA/IPAC河外数据库中，NGC 3626和NGC 3507与地球的距离大致相同。

NGC 3655与我们相隔一亿光年，是此行最遥远的星系。要找到它，需要先找到NGC 3626东南方大约1.25°的位置，在那里有三颗7等星组成的一个直角三角形。然后将三角形那条较长的直角边放到视野中央，再向南移动约40′。这个小星系在我的105 mm望远镜中显得非常暗淡。它的中心略微明亮，还有一颗13等星位于它东北偏东方向距离2.5′的地方。我用10英寸望远镜放大到166倍观看，就能看到一个大小为0.75°的椭圆形向东北方向倾斜，其中有一个明亮的椭圆形核球，还有一个恒星一般的核。

现在将三角形的短直角边放到你的视场中央，再将视线向东移动52′，在这里我们将邂逅NGC 3686。此处共有四个星系占据着45′的天空，而NGC 3686是这四个星系中最大的一个。用我的小型折射望远镜在68倍放大率下，NGC 3686呈现出小小的椭圆形，朝向东北偏北倾斜，还有一个比较大的稍显明亮的核心。其他三个星系就更不显眼了。NGC 3684位于西南方14′，是一个西北—东南方向的暗淡的椭圆形，面亮度均匀。再向西南方14′看过去，NGC 3681要更明显一点，和上述两个星系串成了一条直线。它又小又圆，中心明亮，和旁边的两颗12等星还连成了一条幅度不大的曲线。在我的10英寸望远镜中，小小的NGC 3691星系也在画面之中，它就位于前三个星系组成的直线的东南偏东15′。按照上面介绍的顺序，这些星系与地球的距离分别为6 900万光年、7 400万光年、7 900万光年和8 200万光年。

雄狮的巢穴

四月是属于星系的月份。

然而雄狮踱步在空旷的平原，
它光芒万丈的鬃毛震慑了夏天。
——伊拉斯谟·达尔文《植物园》，1791年

以上这些诗句出自英国著名的博物学家查尔斯·达尔文的祖父，描绘的是太阳“踏入”狮子座的群星圣殿时的光景。在北方夏季的最后几个星期，天空中的雄狮捕捉到了太阳的光芒，并通过它茂盛的鬃毛将这光芒扩散，照耀我们的星球。然而现在是北方的春季，狮子座统治着夜空，并向我们投来遥远恒星的光芒。

让我们把注意力集中在狮子座的东侧，从1781年夏尔·梅西耶知名目录上标注的两个星系——M65和M66，开始我们的寻访。M65大概位于狮子座θ到狮子座ι的正中间，M66就在它东南偏东20′的位置上。二者在14×70的双筒望远镜下都呈现出小小的椭圆形，M66要显得更大也更亮一些。我用105mm折射望远镜放大到68倍，能看到M65的长约是宽的6倍，并且微微向北偏西倾斜。我观察这个星系，能看到其中有一个相当明亮的椭圆形核心和它西南端一颗暗淡的恒星。M66和M65的外观大体相似，但它的长度大约比宽度长两倍多一点。星系中有一颗明亮的椭圆形核心，它的西北端有一颗10等星。将M65和M66放置到视场南部边缘就可以把NGC 3628也放到画面里。这个侧向星系尽管暗淡，却很大且美丽。它纵截面的长度比宽度长8倍，向东南偏东倾斜。这个飘渺的星系有一个发着微光的、十分狭长的核心。

这三个星系也被叫作狮子座三重星系。我用10英寸反射望远镜来进行观测，揭示了它们更多的秘密。将倍率放大到68倍，这个三重星系仍然处在同一个视场中。M65

深空观测者都知道，北半球的春季是观测星系的最佳季节，其中尤以狮子座所在的天区为甚。这里最佳的观测目标就是M65和M66，它们是法国彗星猎手夏尔·梅西耶在1780年观测到的。除此之外，NGC 3628则是一个更具挑战性的观测目标。威廉·赫歇尔在1784年4月8日发现了它的存在。视场宽度为0.8°，上方为北方。

* 摄影：罗伯特·詹德勒。

占了7.3′×2′的画面。其核心最明亮的区域略显斑驳，其中还有一颗星形核。M66的外部拥有一个大小为6′×2′的南北向的光晕。这个星系的中心部位较倾斜，越趋向致密的核心就越明亮。细长的NGC 3628长度为13′但宽度仅有2′。一条朦胧的尘埃带轻柔地缠绕住它的核心。当放大到115倍时，同一个视野范围就放不下这三个星系了，但它们各自呈现出了不同的魅力。M65的核心变成了一个小圆点，在其西北偏北处有一个明亮的结，M66的核心则呈现出明显斑驳的外观。环绕在NGC 3628周围的尘埃带角度倾斜，东端比西端更高。

狮子座三重星系距离我们大约有3 000万光年，它同时也属于另一个更大的星系群：狮子座Ⅰ星系群。缠绕NGC 3628的尘埃带和M66扭曲的旋臂或许就是这个星系群中潮汐相互作用的证据。研究证明大约在十亿年前，NGC 3628和M66可能已经有过一次亲密接触了。

附近的NGC 3593也是狮子座Ⅰ星系群的一分子。它的位置就位于M65的西南偏西1.1°、金色的5等星狮子座73的西南偏南34′。我用105 mm望远镜放大到28倍就可以刚好囊括这四个星系。NGC 3593是一个小而暗淡的东西向椭圆形星系。它和两颗7等星组成了一个大小为20′的直角三角形，NGC 3593就位于这个三角形的西边顶点上。放大到87倍时，我能看到这个星系的长度为2.5′，宽度是长度的三分之二，中心明亮。用我10英寸的望远镜放大到43倍，NGC 3593呈现出明亮的核心，而M65位于1.5°宽的视场的另一侧。当放大到166倍时，视场中就只有一个星系了。它占据了3′×1.5′的天空，拥有一个巨大的椭圆形核心，中心部位有一个致密的、较明亮的光点。

现在我们来仔细看看狮子座ι，一对魅力四射但极富挑战性的双星。在视宁度不够稳定的夜晚，我用小型折射望远镜放大到218倍可以间歇性地将这对双星区分开来。4.1等的主星看起来是淡黄色的，6.7等的伴星闪烁着淡淡的蓝色或绿色光芒。放在318倍的倍率下则可以完全将两颗星区分开，更暗淡的那颗星看起来更接近白色；在视宁度较好的夜晚，用我的10英寸反射望远镜放大到171倍时，这对双星刚好贴在一起，只需要放大到220倍就能区分开来。这对双星以186年的周期围绕彼此运行。2011年它俩之间的距离是2.0″，在接下来的几十年里，随着伴星从主星的东侧缓缓移动到东北偏东方向，这个数字会增加到2.7″。

NGC 3705正好位于狮子座ι东南方2°的位置。我能看到它位于一个四边

环顾狮子座

目标	类型	星等	大小/角距	赤经	赤纬	*MSA*	*U2*
M65	旋涡星系	9.3	9.8′×2.8′	$11^h18.9^m$	+13°06′	729	92L
M66	旋涡星系	8.9	9.1′×4.1′	$11^h20.3^m$	+12°59′	729	92L
NGC 3628	旋涡星系	9.5	14.8′×2.9′	$11^h20.3^m$	+13°35′	729	92L
NGC 3593	透镜状星系	10.9	5.2′×1.9′	$11^h14.6^m$	+12°49′	729	92L
狮子座ι	双星	4.1, 6.7	1.9″	$11^h23.9^m$	+10°32′	728	91R
NGC3705	旋涡星系	11.1	4.9′×2.0′	$11^h30.1^m$	+09°17′	728	91R
狮子座τ	双星	5.1, 7.5	89″	$11^h27.9^m$	+02°51′	776	112L
狮子座83	双星	6.6, 7.5	29″	$11^h26.8^m$	+03°01′	776	112L
NGC 3640	椭圆星系	10.4	4.3′×3.4′	$11^h21.1^m$	+03°14′	776	112L
NGC 3641	椭圆星系	13.2	1.0′×1.0′	$11^h21.1^m$	+03°12′	776	112L
NGC 3521	旋涡星系	9.0	11.0′×7.1′	$11^h05.8^m$	−00°02′	777	112L

大小和角距数据来自最近的目录。实际观测时的目标大小往往比星表里的数值小，且根据观测设备的口径和放大倍率的变化而不同。表格中*MSA*和*U2*列分别为《千禧年星图》和《测天图2000.0》第二版中的星图编号。本月所有天体都在《天空和望远镜星图手册》中的星图34所覆盖的范围内。

上图：NGC 3521是威廉·赫歇尔在1784年2月22日发现的。这是一个有趣的旋涡星系，使用小型望远镜的观测者可以关注一下。用大口径的望远镜还能看到星系核心斑驳的样子。照片视场宽度为10′，上方为北。

* 摄影：罗伯特·詹德勒。

形的顶端，这个四边形由四颗9~11等星组成，像一个简笔画的矮胖小房子，NGC 3705就在房子的北边。我用105 mm折射望远镜放大到87倍，可以看到NGC 3705是一个清晰的、大小为3′的纺锤状星系。它的中心趋于明亮，朝东南偏东倾斜。用我的10英寸望远镜放大到115倍来观测，这个美丽的星系大小为4′，中间是一个有着明亮星形核的椭圆形中心。

向南移动6.4°，我们会看到两对艳丽的双星，狮子座τ和狮子座83。两对双星之间的距离仅有20′，在低倍率的视场中可以轻松地同时看到它们。在我的小型折射望远镜中，即使倍率只有17倍，也可以清晰地观测到它们。狮子座τ是一颗5.1等星，它的主星是深黄色的，黄白色的7.5等伴星位于主星南边较远的位置。较近一点的狮子座83双星的主星是金色的6.6等星，浅橘色的7.5等伴星位于主星的东南偏南。

狮子座τ、狮子座83和西北方向的狮子座82都均匀地分布在一条恒星链上。当你在低倍率的视场下观测狮子座82时，将视线向西移动1.1°，你就会看到NGC 3640的身影。用我的105 mm折射望远镜放大到87倍来观测，这个星系显得小而暗淡。它呈现出略微的椭圆形，中心趋于明亮，还有一颗星形核。用我的10英寸反射望远镜放大到166倍来观测，NGC 3640就会占据2′×1.5′的天空，朝向几乎是东西向的。而NGC 3641星系看起来在它的东南偏南方向，两个星系的中心距离是2.5′。这个星系很小、很暗淡，中心较为明亮。当夜空环境极好的时候我能从我的小型折射望远镜中看见这个微小的星系。为了锁定它的位置，我会用余光法（将目光投向目标天体的身旁而不是直接观测天体）来观测，还会用黑色的布料罩住我的头来避免其他光线的干扰。

我们的最后一站是华丽的NGC 3521星系。沿NGC 3640向西南偏南移动1.6°来到狮子座75和狮子座76，然后再沿着同样的方向移动2.2°找到狮子座69。NGC 3521刚好位于这颗5等星以西2°处。用我的105mm望远镜放大到28倍来观测，这是一个有着星形核的明亮的纺锤状星系。它的大小约为5′×2′，向东南偏南倾斜。换成87倍的倍率来观测，我能看到它小小的椭圆形核心。对于大一点的望远镜来说，NGC 3521是一个很有意思的目标。在由克里斯蒂安·卢京比尔和布赖恩·斯基夫创作的《观测手册与深空天体目录》中，他们将这个星系描述为一个美丽的星系，还具体形容了它在12英寸望远镜下的形象："它的边缘参差不齐，核心与光环都斑驳不已。椭圆的核心大致居中，但星系西边越发明亮，在那里还有一条20″宽的尘埃带。"

从照片中可以看出NGC 3521的旋涡结构是波动且不连贯的。像这种支离破碎的系统被称为絮状旋涡星系。M63和猎犬座的向日葵星系也有着相似的絮状外观。NGC 3521深度曝光得出的图像还呈现出一个异常大而显著的光晕。

大熊掌

四月的夜晚，在追寻夜空巨兽脚步的途中，你将有幸见到一系列壮观的深空奇景。

夜空中的巨兽——大熊座，最为著名的就是那7颗明显的恒星，也就是夜空观测者们所熟知的北斗七星了。除北斗七星外，大熊座里最亮的恒星是分别位于熊掌三只脚趾上的三对恒星，它们本身就组成了一个独特的星群。阿拉伯人将这个形状称为“瞪羚三跳”，这是一只瞪羚被身旁的狮子所惊吓，在跳开逃跑时所留下的足迹。

除此之外，熊掌上仍然有关于阿拉伯瞪羚的联想。大熊座最靠东的熊脚趾上那对双星，大熊座ν和大熊座ξ的英文名分别是Alula Borealis和Alula Australis。Alula源于阿拉伯短语“第一跳”，而Borealis和Australis在拉丁语里就是北方和南方的意思。这两个“蹄印”都是双星，大熊座ν的主星是一颗明亮的金色恒星，较为暗淡的伴星就位于它东南偏南方向距离7.4″的位置。我用105 mm折射望远镜放大到87倍就可以将它们轻易区分开来。

大熊座ξ双星的亮度更为接近，但需要更高的倍率才能将它们区分开来。放大到122倍时，它们看起来还是互相紧贴着对方，放大到153倍时，可以勉强将它们区分开，放大到174倍，才能分辨出这对美丽但依旧靠得很近的双星。其中主星是黄白色的，伴星则呈现出黄色。

大熊座中的旋涡星系NGC 2841在小型望远镜中很容易被发现，我们用高倍率来观测，可以看到更多微妙的细节。这张照片的视场宽度为0.25°，上方为北方。

* 摄影：吉姆·米斯蒂。

大熊座ξ双星的轨道周期仅为60年。2011年，双星的距离是1.6″，而到2034年将达到3.1″。威廉·赫歇尔在1780年发现了这对双星。当他观察到伴星在22年间从主星的东南边运行到了主星的东边后，他将其标注为“在位置角度上有着非常惊人的变化”。1827年，法国天文学家费利克斯·萨瓦里确定了大熊座ξ双星的轨道，使其成为第一对确定轨道的双星。

然而，大熊座ξ远比我们所看到的更加复杂。1905年，丹麦天文学家尼尔斯·埃里克·内隆发现，实际观测到的两颗星的位置和计算得出的位置之间有差异。他推断最合理的解释就是还有一颗看不见的伴星对轨道产生了扰动。事实的确如此，后来的研究证明，大熊座ξ的主星本身就是一对双星，其中一颗比太阳温度高不了多少，另一颗是红矮星，两星间的最大距离仅为0.08″，可以说是极度接近了。

大熊座ξ可见的那颗伴星又是一对更加接近的双星，主星的温度比太阳低一点，伴星是一颗矮星，轨道周期仅为4天。这个伴星系统有的时候被标注还有第三颗恒星，但它的存在尚无方法去证明。复杂又神奇的大熊座ξ就这样在27光年外吸引着我们的目光。

银河系中第二遥远的球状星团——帕洛玛4就位于大熊座ξ东南方3.5°的位置上，它距离我们有355 000光年（银河系中最遥远的球状星团是位于南天时钟座的阿尔普-马多尔1，距离我们有402 000光年）。

这样遥远的距离，即使是在拥有大望远镜的天文观测者眼里，帕洛玛4仍然是一个有挑战性的目标。一张优秀的星图（例如第88页的那张）会增加你找到它的胜算。接下来，看看我是如何捕获这个星团的。首先，我在大熊座ξ东南方2.5°的位置找到一个由7等星组成的、长为54′、顶端朝西的三角形。沿三角形东侧的两个顶点向南，会看到两颗相距较远、几乎呈东西分布的8等星和9等星。在它们以西0.5°处，你会看见一颗10等星。帕洛玛4就在这颗10等星以西6′处，一颗13等星位于它东北偏东的位置。

用我的15英寸反射望远镜在144倍率下观测，帕洛玛4幽灵般的光晕占据了大约1.3′的宽度，很难被观测到。即使用余光法，我也很难在视野中稳定地捕捉到它。美国弗吉尼亚州的业余天文学家肯特·布莱克韦尔成功地用10英寸的望远镜捕捉到了这个鬼魅星团，真是令人印象深刻的壮举。

深空探索

如果你对搜寻遥远的球状星团感兴趣，可以在astronomy-mall网站上找到芭芭拉·威尔逊提供的列表。

大熊座λ和大熊座μ是瞪羚的第二组蹄印，这两颗星的英文名称为Tania Borealis和Tania Australis（Tania源于阿拉伯短语“第二跳”）。在7×50的双筒望远镜中，它们是颜色迥异的一对恒星——大熊座λ看起来呈白色，大熊座μ明显呈橙色。大熊座μ是一颗249光年外的红巨星，而大熊座λ是一颗亚巨星，距离仅为大熊座μ的一半。

在它们附近还有两个值得一提的旋涡星系。NGC 3184位于大熊座μ以西46′，且在一颗淡橙色的6.5等星东南偏东方向距离11′的地方。在我的17倍小型折射望远镜下，它看起来是一团小小的圆形的雾气，在47倍下，我能看到一颗12等恒星位于它的北边，换成87倍的倍率观测时，则能从4.5′的光晕中看到一个小小的、较为明亮的核心。在10英寸反射望远镜放大到118倍下观察，我可以看到明暗不均匀的区域，表明有一对旋臂似乎从银核的南北边伸出，呈逆时针方向缠绕。在171倍放大率下，我从光晕中看到了更明亮的斑块：一块在西北，一块在西南，还有一块较模糊的在东边。前两块光斑都有它们各自的名称：NGC 3180和NGC 3181。

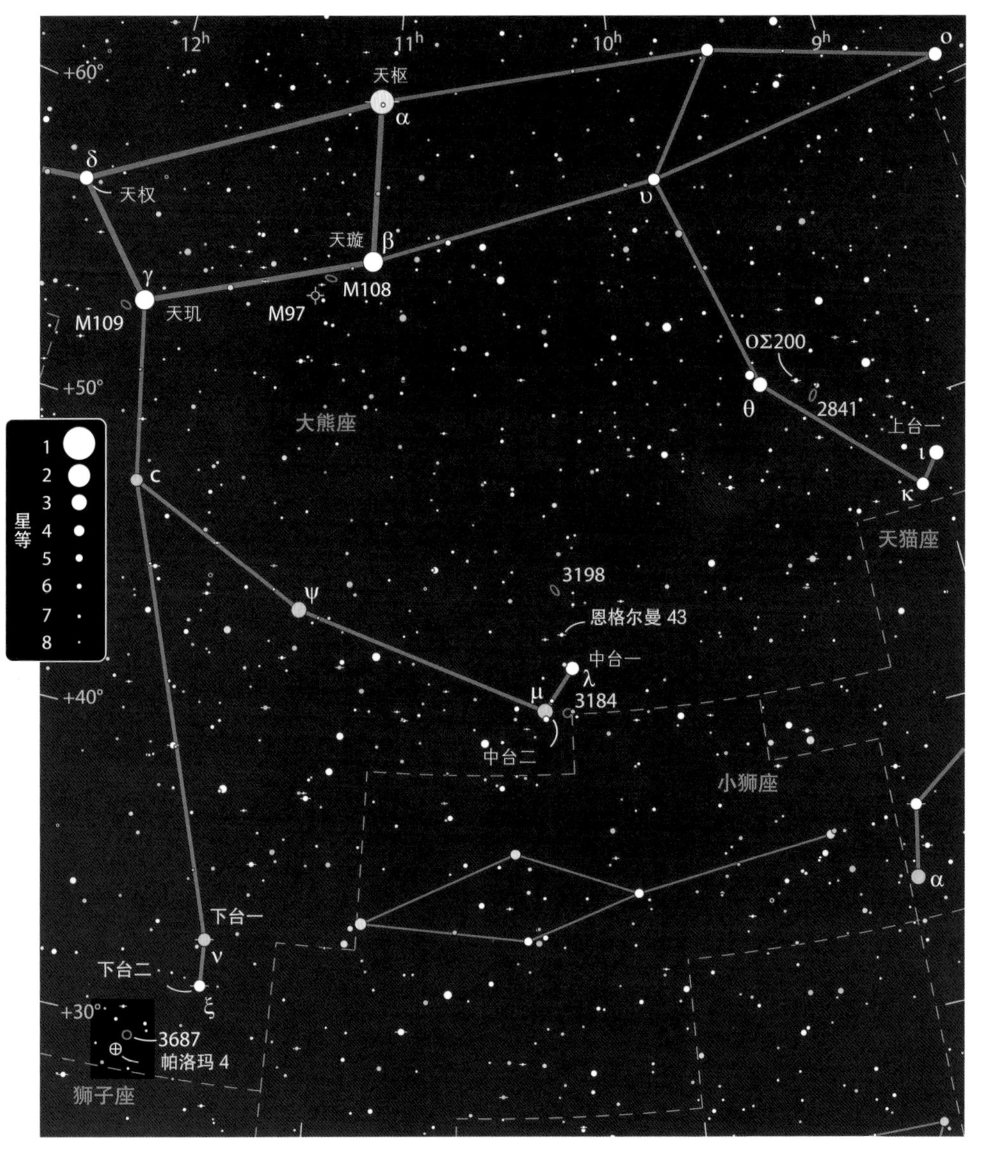

第二个星系NGC 3198也非常容易定位。以大熊座λ为起点，搜寻一颗位于它东北偏东方向距离18′的6.5等黄色恒星，接着向北移动1°到一颗有着相似颜色和亮度的恒星上。这是双星恩格尔曼43（Englemann 43），它的伴星是一颗东边距离较远的9等星。在第一颗黄色恒星和恩格尔曼43之间画一条线，将线延长1.5倍的距离，就能找到NGC 3198。

用我的105 mm望远镜在17倍放大率下观测这个区域，我看到的NGC 3198是一个小小的斑点，位于一条由9等和10等星组成的长曲线上。在87倍放大率下，NGC 3198呈现出模糊的椭

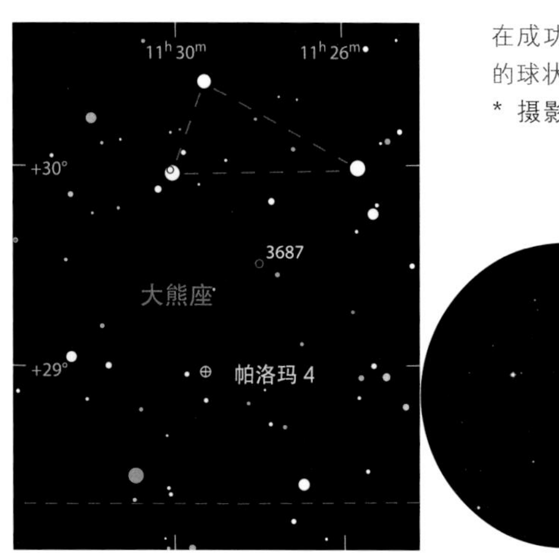

在成功捕捉到具有挑战性的球状星团帕洛玛4后，你就可以宣布自己观测到了银河系最遥远的球状星团之一；它与太阳之间的距离大约是355 000光年。

* 摄影：帕洛玛天文台巡天二期/加州理工学院/帕洛玛。

圆形，长度为5.5′，宽度是长度的四分之一。一颗11等星靠近星系东北端的北侧。在153倍放大率下，NGC 3198呈现出略微斑驳的外形。而它朦胧的外观在我10英寸望远镜放大到171倍时可以完美地呈现。此时NGC 3198占据了7′×2′的天空，还能看到一些暗淡的恒星镶嵌在星系的西南角。

斯皮策邻近红外星系调查（SINGS）将NGC 3198和NGC 3184分别定位于2 800万光年和3 200万光年。两个星系都是在17世纪80年代当威廉·赫歇尔用他18.7英寸的金属反射望远镜扫描英国的夜空时发现的。

大熊座只有一只前脚掌有一对亮星——大熊座ι和大熊座κ。虽然这两颗星也代表了瞪羚的第三次跳跃，但只有大熊座ι有一个与瞪羚相关的英文别名：Talitha。熊掌附近有一个很值得欣赏的旋涡星系，但眼下我们可以先跳过它，去稍远的大熊前肢的大熊座θ看看。

从大熊座θ向西移动1.2°到一颗6等星上，这是一对非常接近的双星OΣ 200，两颗星之间的距离仅为1.3″。在我的10英寸反射望远镜下，OΣ 200的主星呈淡黄色，金色的8.5等伴星位于它的西北偏北方向。在213倍的倍率下，两颗星因为大气的扰动时而重叠时而分开，但如果放大到311倍我就能完全将它们区分开来。

从OΣ 200向西南偏西移动43′，可以找到一颗有着相似亮度的恒星NGC 2841。NGC 2841位于OΣ 200的东南方21′，和两颗6等恒星组成了一个直角三角形。用我的小型折射望远镜放大到17倍观看，这个星系的椭圆形态清晰可见。它向西北方倾斜，东边有一颗8.5等的金色恒星。在87倍的放大率下，NGC 2841有一个又小又圆的明亮的核心，星系北端还有一颗11等恒星。放大到127倍观测时，星系的长度为4′，宽度是长度的三分之一。

用我的10英寸反射望远镜在171倍放大率下观看，NGC 2841的光晕包含了北端的这颗恒星。我还能看到一颗暗淡的恒星，位于这个星系微小核心的西北偏北方向距离1.8′的地方，深藏于星系的光晕中。星系晕与椭圆核心都略微斑驳。星系核与内部晕中最明亮的部分合起来看，几乎是呈棒状的；它们的东侧有一块微弱的暗部，意味着在星系的旋臂上有一条尘埃带。NGC 2841的发现者也是威廉·赫歇尔，SINGS确定了它的距离与NGC 3198相同。

大熊座途经的美景

目标	类型	星等	大小 / 角距	赤经	赤纬	*MSA*	*U2*
大熊座ν	双星	3.5, 10.1	7.4″	$11^h18.5^m$	+33°06′	657	54L
大熊座ξ	双星	4.3, 4.8	1.6″	$11^h18.2^m$	+31°32′	657	54L
帕洛玛 4	球状星团	14.2	1.3′	$11^h29.3^m$	+28°58′	657	54L
NGC 3184	旋涡星系	9.8	7.4′×6.9′	$10^h18.3^m$	+41°25′	617	39L
NGC 3198	旋涡星系	10.3	8.5′×3.3′	$10^h19.9^m$	+45°33′	617	39L
恩格尔曼 43	双星	6.7, 9.4	145″	$10^h18.9^m$	+44°03′	617	39L
OΣ 200	双星	6.5, 8.6	1.3″	$9^h24.9^m$	+51°34′	580	39R
NGC 2841	旋涡星系	9.2	8.1′×3.5′	$9^h22.0^m$	+50°59′	580	39R

大小和角距数据来自最新的星表。实际观测时的目标大小往往比星表里的数值小，且根据观测设备的口径和放大倍率的变化而不同。表格中的 *MSA* 和 *U2* 列分别为《千禧年星图》和《测天图 2000.0》第二版中的星图编号。本月所有天体都在《天空和望远镜星图手册》中的星图 32 和 33 所覆盖的范围内。

永不西沉的大熊

大熊座的每一个角落都挤满了星系。

大熊遥望群星，一颗接着一颗，
在蓝色的海水中下沉，却永不坠落。
——威廉·卡伦·布赖恩特，《自然的秩序》

这段描写大熊的诗句说的就是位于北极附近的大熊星座，它终年围绕北极星旋转，每夜可见。你必须足够靠北，才能保证大熊座的四只脚都不会落到地平线以下。我在北纬43°观看大熊星座，只有它最北端的脚掌可以保持在地平线以上。为了让大熊最南端的脚掌也终年不落，你必须至少在北纬58.5°才可以。然而在一年中这段时间（四月）的夜里，大熊沉睡在北天的高空中，看起来就像仰躺着四脚朝着天顶——这是最适合观测大熊座的时间。

我们首先来看看大熊座前肢顶端的大熊座υ。当我用105 mm的折射望远镜放大到28倍观测时，大熊座υ和NGC 2950 就处于同一个视场中，NGC 2950位于大熊座υ以西1.1°、以南11′ 处。在如此低的倍率下，这个星系显得小而暗淡，却呈现出一个较为明亮的中心。放大到87倍，我能看到NGC 2950有一个椭圆形的轮廓，朝向西北倾斜，其核心有一颗明亮的星形核。

用我的10英寸反射望远镜放大到213倍，NGC 2950的大小为1.25′ ×0.75′，一颗14.9等星位于该星系西南侧的中点附近。它与一颗15.4等星和一颗15.5等星组成了一条长约0.75′ 的直线，NGC 2950就在这条线东南偏南的那一端。但我找不到另外那两颗星，不知道你能不能找到它们。如果可以的话，最北端那颗星再往西北偏西0.5′ 还有一颗15等星，将它与之前咱们提到的这三颗星连在一起，直线就变成了短粗的曲棍球棒。

目镜下NGC 2950简单的外观掩盖了其结构的复杂。这是一个双棒结构透镜状星系。它的两根短棒以不同的速度旋转，最近的研究还表明，星系内部小短棒的旋转方向，可能与外部大短棒和整个星系盘的旋转方向完全相反。这样的短棒显然不能存活那么长的时间，除非星系的内盘也在反向旋转。

接下来我们将造访NGC 2768，它位于大熊座υ和大熊座o的中间，大熊座o就是大熊的鼻子。即使用我的小型折射望远镜放大到17倍观测，这个星系看起来依旧暗

图为奥地利天文摄影师伯恩哈德·胡布尔拍摄的霍姆伯格124星系群的全部四个星系。

春季 ● 四月

左图：你能从这张斯隆数字化巡天拍摄的照片中看到NGC 2950的两根短棒吗？

右图：这张深空摄影作品也出自斯隆数字化巡天，显示出NGC 2681是一个小巧而美丽的棒状透镜状星系，正面朝向地球。左下角为北方。

淡。放大到47倍时，它东西向的椭圆形外观越趋向中心的星形核越明亮。在87倍的倍率下来观测这个星系是极好的，我可以看到一颗10等星位于星系的西北偏西处，一颗暗淡的恒星则靠近星系的东北偏东角。如果我将视野向西北方向移动，还能看到NGC 2742，它的大小为53′，与NGC 2768占据了几乎整个画面。它与NGC 2768的外观和方向相似，但更小一点儿，面亮度也更均匀。NGC 2742的西北边有一颗深黄色的恒星，西南边有一小群暗淡的恒星组成了一个三角形。

NGC 2950，NGC 2768和NGC 2742与我们之间的距离大约都为6 500万光年。

沿NGC 2742向下移动一度你会看到一颗6等星，从这里再向西1.8°移动到第二颗星。“螺旋”星系NGC 2685就位于第二颗星的东南27′处。用我的105 mm折射望远镜放大到28倍来观测，它是一个非常暗淡的、东北-西南向的椭圆形星系，一颗微弱的恒星位于其东北端的北面。放大到87倍时，它的长度为1.5′，中心较为明亮。

这个“螺旋”星系（下图）距离我们4 500万光年，是最近的极环星系之一。极环星系有一个由气体、尘埃和恒星组成的、几乎垂直于主星系的圆盘（或圆环）。人们认为这个圆盘是星系与相邻星系进行了融合或堆积产生的。用我的10英寸反射望远镜放大到高倍率来观测，唯一支持极环存在的证据就是它的中心宽度很大，超出了我的预期。从我的14.5英寸望远镜视野中隐约可以看到，它垂直于主星系的短粗的突出部分略微往顺时针方向倾斜，其中西北边显得更突出一些。

再向北移动我们会看到一组四个星系，霍姆伯格124（Holmberg 124，见第89页图）。其中最大的成员是位于大熊座τ东北偏东1.2°的NGC 2805。这个正向旋涡星系的面亮度很低，装备有小型天文望远镜的观测者只能看到它小而明亮的核心。用我的10英寸反射望远镜放大到170倍，这个鬼魅一般的星系呈现出不规则的圆形，直径为4′～5′。它被一颗明亮的9等星和一颗明亮的10等星夹在中间，还有一颗12等星位于它的西北边缘。

最左方：肯·克劳福德拍摄的关于NGC 2685的惊人细节，向我们展示了“螺旋”星系名字的由来。左方：通过一台8英寸的天文望远镜，芬兰星空观测者耶雷·卡汉佩得以观察并描绘出“螺旋”星系核心的针-茧结构。

九大星系与一对双星					
目标	类型	星等	大小 / 角距	赤经	赤纬
NGC 2950	星系	10.9	2.7′×1.8′	$9^h 42.6^m$	+58°51′
NGC 2768	星系	9.9	6.4′×3.0′	$9^h 11.6^m$	+60°02′
NGC 2742	星系	11.4	3.0′×1.5′	$9^h 07.6^m$	+60°29′
NGC 2685	星系	11.3	4.6′×2.5′	$8^h 55.6^m$	+58°44′
NGC 2805	星系	11.0	6.3′×4.8′	$9^h 20.3^m$	+64°06′
NGC 2814	星系	13.7	1.2′×0.3′	$9^h 21.2^m$	+64°15′
NGC 2820	扁平星系	12.8	4.3′×0.5′	$9^h 21.8^m$	+64°15′
IC 2458	星系	15.0	0.5′×0.2′	$9^h 21.5^m$	+64°14′
Σ1321	双星	7.8, 7.9	17″	$9^h 14.4^m$	+52°41′
NGC 2681	星系	10.3	3.6′×3.3′	$8^h 53.5^m$	+51°19′

大小和角距数据来自最新的星表。实际观测时的目标大小往往比星表里的数值小，且根据观测设备的口径和放大倍率的变化而不同。

和NGC 2805处于同一视场下的是东北偏北10.5′处较小的NGC 2814，一颗11等星靠近它的南端。这个侧向旋涡星系的整体亮度比NGC 2805要暗，但由于它的体型较小，所以会有更高的面亮度。我透过望远镜可以看到一条长约1′、南北向的暗淡斜线。

NGC 2820与NGC 2814相比更加明显，中心距离NGC 2814东侧仅有3.7′。NGC 2820也是一个侧向旋涡星系，它的形状扁到足以被列入《扁平星系星表修订版》（伊戈尔·D.卡拉切夫及其同事，1999）。能进入这个星表的星系都是中心几乎没有凸起的盘状星系，侧面对着我们且长度至少是宽度的8倍。在我的10英寸望远镜下，细长条的NGC 2820一端朝着东北偏东，一端朝着西南偏西，长约2.5′，与它的邻近星系处在同一个视场中。

霍姆伯格星系群是我们此行最远的目的地，距离我们大约有7 600万光年之遥。我用10英寸的望远镜搜索这片天区，没能找到这个星系群里最后一个成员——暗淡的IC 2458。你能在NGC 2820的西边看到这个星系吗？

现在我们要向南移动到大熊座15，它将指引我们造访最后两个深空奇景。双星斯特鲁维1321（Σ1321）位于大熊座15和大熊座18的连线中间往东一点点，斯特鲁维1321、大熊座15和大熊座18都可以在同一个视场中被看到。用我的小型折射望远镜放大到17倍就可以将这对双星区分开，它们分列东西两侧，一颗呈橙色，一颗呈金色。

接下来，稍微将大熊座15从视野中心向北移动一点，再将视线向西移动2.4°就能找到NGC 2681。我用105 mm望远镜放大到17倍可以看到一小团暗淡的雾气，中心明亮。放大到47倍，我能看到在星系的西北偏西处有一对微弱的恒星。我用10英寸望远镜放大到220倍观测，星系的星形核在略为隆起的中心闪烁，它们被笼罩在直径为3′的灰色尘埃中，一颗暗淡的恒星位于尘埃的东部边缘。

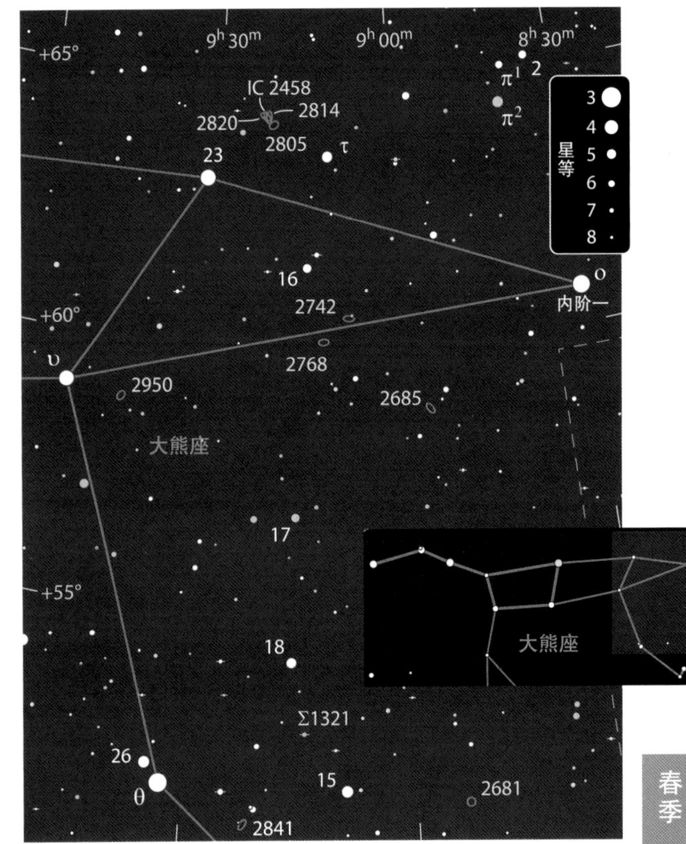

NGC 2681距离我们仅3 800万光年，是咱们这次“永不西沉的大熊”深空之旅中最近的星系。

春季 ● 四月

大熊与小熊之间

大熊座以北有一个区域很值得研究却时常被忽略。

巨大的长蛇在夜空中滑行，
蜿蜒如河流，分隔大小熊星。
——维吉尔《农事诗》，第一卷

将大熊座和小熊座隔开的是盘踞在夜空中的巨龙——天龙座的尾巴。天龙座并没有什么特别亮的恒星，但它有一系列值得说道的深空奇迹。

让我们从4等星天龙座κ开始这段旅程。这颗星被标记在第297页的四月全天星表上，它是天龙座尾部从尾尖数起的第二颗星，与北斗七星中的天权、天枢共同组成了一个很容易辨认的三角形。天龙座κ被两颗5等星夹在其中，这三颗星在低倍率的望远镜视野中都可以被看见。它们由南向北排列，颜色分别为橙色、蓝白色和金色。

棒旋星系NGC 4236位于天龙座κ以西1.5°再往南一点的位置。NGC 4236的整体亮度为9.6等，是这个区域最亮的星系。换句话说，如果所有的光都集中在该星系的一个点上，NGC 4236 的亮度就相当于一颗9.6等的恒星。然而，它的光线实际上被分散在一个长约为22′、宽约为7′的椭圆形区域，它的亮度也因此衰减了。NGC 4236的面亮度仅为15.0。对于这样低面亮度的小星系来说，想要用小天文望远镜来进行观测几乎是不可能完成的任务，但我们的双眼在观测大的暗淡物体时，表现可比望远镜优秀多了。一个有利于我们的因素在于，NGC 4236的亮度分布并不均匀。该星系本身的亮度比平均亮度更明亮一些，这使我们能更容易地看到它内部的很大一部分细节。

我在城郊观星时，用我的105 mm折射望远镜在47倍的倍率下进行观测，可以很容易找到NGC 4236。它是一个向西北偏北倾斜的椭圆形星系，被一群独特的行星所包围，我由此得以确定它的准确位置。这个星系在87倍的倍率下显得格外可爱，同时能展示出大量的细节。

和其他深空天体相比，NGC 4236在夜空中相对较明显，这是因为它离我们的距离相对较近——只有1 400万光年。如此近的距离使观察者们可以用大望远镜一窥

NGC 4236是一个棒旋星系，其中的恒星形成区域极为明显。其中最亮的部分被命名为VII Zw 446。
* 摄影：布赖恩·卢拉。

在星系盘上闪耀的恒星形成区域。位于星系中心东南偏南4.5′一个明亮但渺小的点被称为Ⅶ Zw 446，它在弗里茨和玛格丽特·茨维基编纂的扁平星系表中也占有一席之地。但是在NGC 4236的彩色深空照片中，这个小斑点似乎是一个电离氢区域（H Ⅱ），当我将14.5英寸的望远镜放大100倍用窄带星云滤镜拍摄时，这个斑点显得更加突出。星云滤镜也可以将星系中其他的H Ⅱ区域体现出来。

我们将NGC 4236与椭圆星系NGC 4125来做个对比。NGC 4125位于NGC 4236的西南偏南4.4°处，护卫在大熊座的边界上。NGC 4125的亮度为9.7等，整体亮度和NGC 4236差不多，但它体型更小，所以亮度更加集中。这个占据了6′×3′画面的椭圆形，其平均面亮度为12.9等每平方角分，比NGC 4236的面亮度高得多。所以NGC 4125更容易被观测。

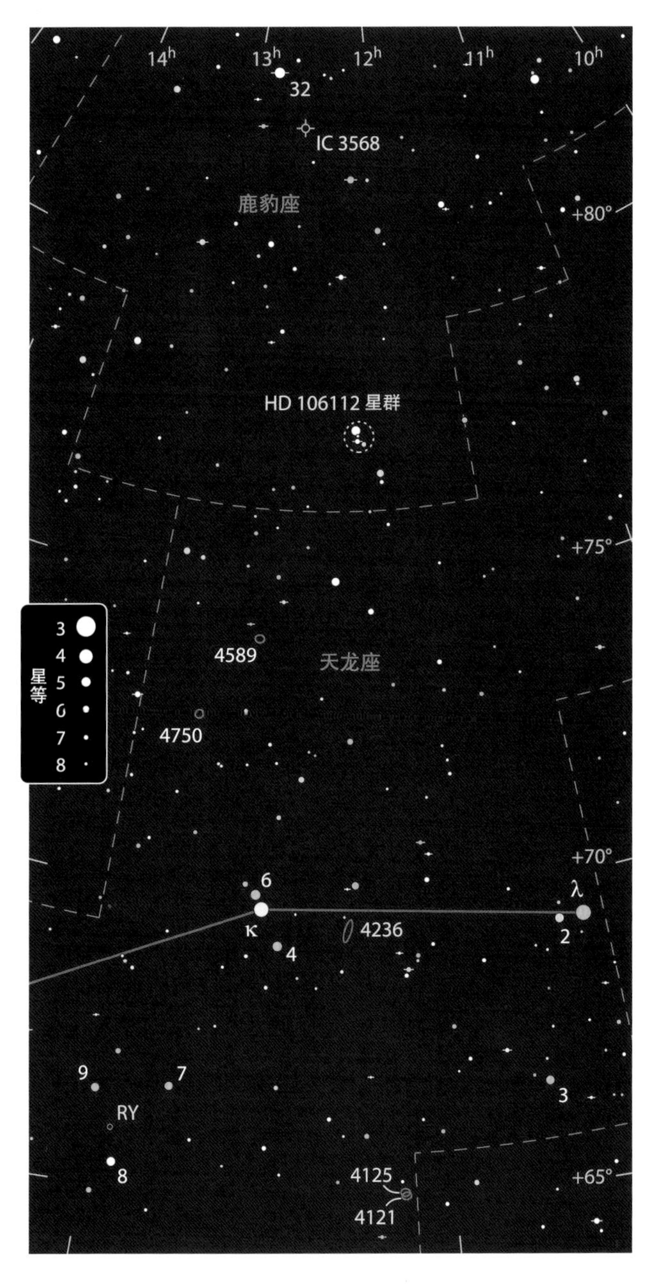

NGC 4125距离我们大约7 500万光年。如果把它放在和NGC 4236相同的位置上，它看起来会比NGC 4236再大三分之一，亮度约为6等。

用我的105 mm折射望远镜在47倍的倍率下进行观测，NGC 4125是一个较亮的椭圆形天体，稍稍向东偏北倾斜。它越靠近中心越明亮，一颗10等星位于它的东边。小小的伴星系NGC 4121位于NGC 4125的西南偏南3.8′，用余光法来观测一般都能看到它。在87倍的倍率下我可以稳定地看到NGC 4121的身影。NGC4125的中心和它东边的10等星、NGC4121一起组成了一个直角三角形，NGC 4121位于这个三角形的南端顶点。在这个放大倍率下，我估计NGC 4125的视大小为3.25′×1.5′。

向西移动5°，我们就能找到一颗碳星——天龙座RY，它位于5等星天龙座7、天龙座8和天龙座9组成的一个等腰三角形东侧那条边上。天龙座RY是一个周期未知的半规则变星。它似乎有着变化非常缓慢的长叠加周期。我们可以在一颗6等星和一颗8等星之间找到天龙座RY，在我的5.1英寸折射望远镜中，它的颜色橙得发红。天龙座RY与它身旁的一个三角形形成了鲜明的对比，那是由北边两颗明亮的黄橙色恒星和南边一颗白色的恒星组成的三角形。

天龙座不是大熊和小熊之间唯一的星座，鹿豹座的头部也在它俩之间。我用肉眼可以看到鹿豹座中一块小小的模糊的光斑，就位于从天龙座κ到北极星之间三分之一处，北斗七星勺子底端的两颗恒星指向它的大致位置。当我用5.1英寸的望远镜在低倍率下指向这块光斑时，我发现它是一个引人注目的小星群。三颗恒星组成了两条弧线，弧线的一端挨在一起，顶端是一颗5等星，另一边则略微分叉，底端的两颗星星分别是6.8等和9.7等，西边弧线最南端的恒星闪烁着黄色的光。

相信也有其他人注意到了这个星群，我是在深空猎手（一个雅虎群）数据库里找到它的，名为HD 106112星群。这个名称指的是该星群最亮的星在HD星表里的数字。

鹿豹座32是一颗5等星，位于HD 106112以北6°。大部分北天亮星的名称都较为相似，因为它们都取自1721年约翰·弗拉姆斯蒂德星表的未授权版本。举例来说，天龙座RY旁组成三角形的三颗恒星就是以弗拉姆斯蒂德编号命名的。但如果你仔细查看一张标有恒星编号的星图，就会发现鹿豹座32在这个星座中并没有按照弗拉姆斯蒂德的编号来排序。这是因为这个编号并不是来自弗拉姆

天龙座和鹿豹座中的深空盛筵					
目标	类型	星等	大小 / 角距	赤经	赤纬
NGC 4236	星系	9.6	21.9′×7.2′	$12^h16.7^m$	+69°28′
NGC 4125	星系	9.7	5.8′×3.2′	$12^h08.1^m$	+65°10′
NGC 4121	星系	13.5	0.6′×0.6′	$12^h07.9^m$	+65°07′
天龙座 RY	碳星	6—8	—	$12^h56.4^m$	+66°00′
HD 106112	星群	4.7	17′	$12^h11.3^m$	+77°29′
鹿豹座 32	双星	5.3, 5.7	21″	$12^h49.2^m$	+83°25′
IC 3568	行星状星云	10.6	18″	$12^h33.1^m$	+82°34′

大小和角距数据来自最新的星表。实际观测时的目标大小往往比星表里的数值小，且根据观测设备的口径和放大倍率的变化而不同。

斯蒂德星表，而是来自天文学先驱——约翰尼斯·赫维留于1690年出版的《赫维留星图》。大多数的赫维留编号已经过时了，但鹿豹座32依然坚挺，时常出现在星表中，困扰着天文观测者们。

在望远镜中，鹿豹座32几乎可以算得上是一对白色双星，伴星位于主星的西北边。两颗星之间的距离达到21″，在低倍率下就可以被轻易区分开来。

行星状星云IC 3568位于鹿豹座32的西南偏南1°。它同时被称为“柠檬片”，这是因为在1997年哈勃太空望远镜拍摄的图像中，IC 3568呈现出辐射状的结构和黄色的外观。业余天文爱好者杰伊·麦克尼尔戏称其为小爱斯基摩星云，因为它的外观与爱斯基摩星云（NGC 2392）相似。

当我用5.1英寸的折射望远镜放大到63倍来观测时，IC 3568 显得相当明亮。一开始人们甚至会误以为它是一颗恒星，但随即又会发现它发出的光并不像恒星那般耀眼，并且发出明显不是恒星的浅蓝色泛灰的色调。用102倍的倍率来观测，我能看到IC 3568非常明亮的中心部位，其四周则是淡淡的蓝色条纹；当放大到164倍，四周的条纹失去了颜色，中心的亮度开始变得不均匀起来。用我的10英寸望远镜放在高倍率下观测，我能看到一颗13等恒星紧挨在行星状星云的西侧边缘部位。我的15英寸反射望远镜可以帮助分辨出明亮核心中更多的细节和隐藏在其中的恒星。IC 3568上有斑纹的核心和暗淡的条纹，使它看起来确实像爱斯基摩星云的缩影。

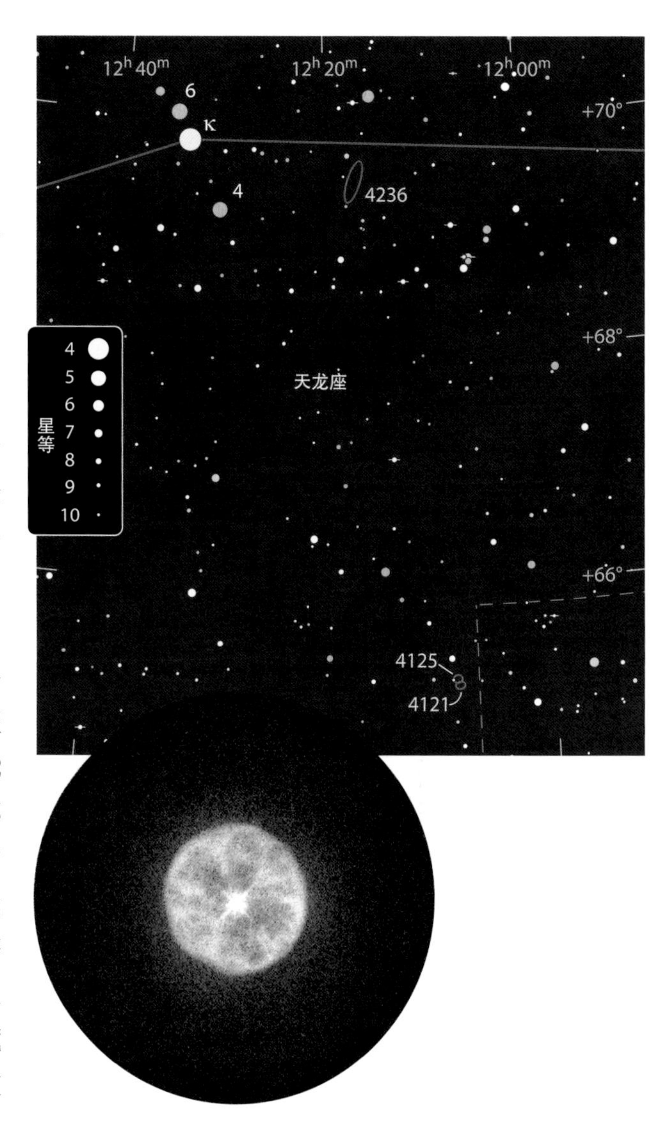

1997年哈勃太空望远镜拍摄的这张照片给行星状星云IC 3568赋予了“柠檬片”的绰号。

室女座星系团从这里开始

一旦熟悉了这块天区，你就可以用星桥法，甚至星系桥法，去探寻新的天地。

在第298页的五月全天星图中，银河这条模糊的光带正好穿过了分布在地平线上的星座。银河系的盘面和尘埃云带非常低，因此我们看天空的时候没有什么阻碍，能够看到太空深处。观测的最佳视野是后发座中的北银极方向，在这里我们将会找到距离我们最近的大型星系团。

室女座星系团距离我们大约6 000万光年，跨越在室女座和后发座的边界上。它拥有2 000多个星系成员，形成了本超星系团的核心，我们的本星系群是其中比较偏远的成员。室女座星系团的巨大质量作用在它周围的星系群上，减缓了在宇宙整体扩张中应有的退行现象。银河系和本星系群的其他成员或许最终会被室女座星系团吞噬。

室女座星系团的星系中有大约50个星系亮度比较高，能够用小型望远镜观看到，其中包括16个梅西耶天体。在这个缺少亮星的区域里拥挤了这么多的星系，新手很容易迷失其中。俗话说得好：好的开始是成功的一半。我们要在室女座中找一个好的起始点，从这里开始去探寻周围更远的区域。

如果你那里的夜空足够黑暗，可以看到5.1等星后发座6，后面就好办了。如果看不到这颗星，还可以从狮子的尾巴五帝座一开始。从五帝座一向东扫过6.5°，就可以找到后发座6了。它是这条路径上最亮的一颗星，在它附近有另外四颗6.4~6.9等星组成的一个明显的“T”字形的星群，而后发座6就位于星群的最西边。

这一群星星就是我们在室女座星系团中的大本营。在寻星镜中可以轻易囊括整个“T”字形。或者在望远镜中，使用低倍率，得到2°以上的视场，也能看到整个“T”字。

首先，我们从后发座6开始，来寻找星系M98。这个几乎是侧向对着我们的旋涡星系就位于后发座6的西边0.5°的地方，在70倍下，它们处于同一个视场中。尽管M98的面亮度不高，但在暗夜中用60 mm望远镜也能看到它。在105 mm望远镜中放大到100倍左右，该星系的大小有6′×2′，向西北偏北到东南偏南方向倾斜。它的核球大而明亮，略显斑驳，中间是一个偏心的、恒星般的核。著名观测者斯蒂芬·詹姆斯·奥米拉看到了M98中形似《星际迷航》中的克林贡战舰的亮区。经验不足的观测者或许需要更大的望远镜才能观测到M98中弯曲的旋臂。

M98正以125千米/秒的速度靠近我们。由于室女座星系团整体在以1 100千米/秒的速度退行，因此M98相对于

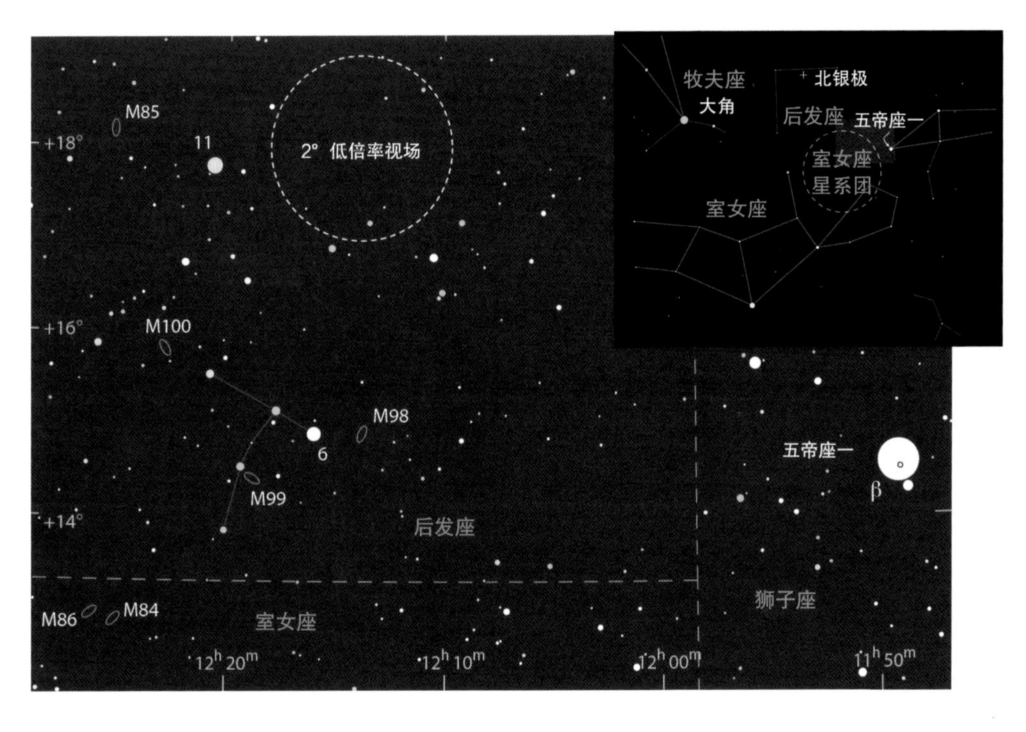

室女座星系团的简单星系						
目标	类型	星等	大小 / 角距	赤经	赤纬	星座
M98	旋涡星系	10.1	9′×3′	$12^h13.8^m$	+14°54′	后发座
M99	旋涡星系	9.8	5′	$12^h18.8^m$	+14°25′	后发座
M100	旋涡星系	9.4	7′×6′	$12^h22.9^m$	+15°49′	后发座
M85	椭圆星系	9.2	7′×5′	$12^h25.4^m$	+18°11′	后发座
M86	椭圆星系	9.2	7′×6′	$12^h26.2^m$	+12°57′	室女座
M84	椭圆星系	9.3	5′×4′	$12^h25.1^m$	+12°53′	室女座

根据最新的估算，室女座星系团的中心距离我们 4 000 万 ~7 500 万光年；单个的星系成员距离未知。这里列出的大小比实际用小型望远镜观测到的效果要大。

它的星系团中心，一定是以1 225千米/秒的速度朝我们的方向飞行的。室女座星系团巨大的质量造成的引力加快了许多成员的速度，所以来自某些星系的光，比如M98，会出现蓝移，不像一般的天体因为宇宙的膨胀而表现为红移。

如果你找不到M98，别灰心，下面两个目标会简单一些。这次我们从“T”字形那一竖中间那颗星开始。M99是一个正面对着我们的旋涡星系，位于这颗星西南方仅10′的地方，即使用高倍率也能在同一个视场中看到它们。我用105 mm望远镜放大到约100倍，能够看到一个3′×2′的椭圆形核球，越往中心越亮，外围则环绕着非常暗淡的椭圆形晕。椭圆形的长轴沿着东西方向延伸，而晕则沿着东北—西南方向延伸。在暗夜中，我用6英寸望远镜可以看到一些旋涡结构。稍亮一些的区域从星系的东边伸出，绕到了南边。

M99的旋涡结构是不对称的，这可能是由它和室女座星系团中其他成员的旋臂缠扭而形成的。M99本身的速度也是非常快的。测量到的M99的红移比这个距离上应有的值要大，这说明它在飞速远离我们，其速度达到了2 324千米/秒。这是室女座星系团整体退行速度的两倍!

要找到下一个星系，我们要从6.5等的“T”字形那一横最东边的那颗星开始。在这颗星东北偏东仅35′的地方，就是一个正面朝向我们的旋涡星系M100。在105 mm望远镜中放大到100倍左右，我能够看到这个星系稍稍有些椭圆，大小约4′×3′，其东南偏东到西北偏西[1]方向略长。它的晕相当均匀，而核心又小又圆又明亮。我用6英寸的望远镜可以看到晕里面一些稍亮的部位组成了星系的旋臂。M100的照片显示出漂亮的旋臂结构，天文学家称之为宏象旋涡结构（一个星系有两个主旋臂）。

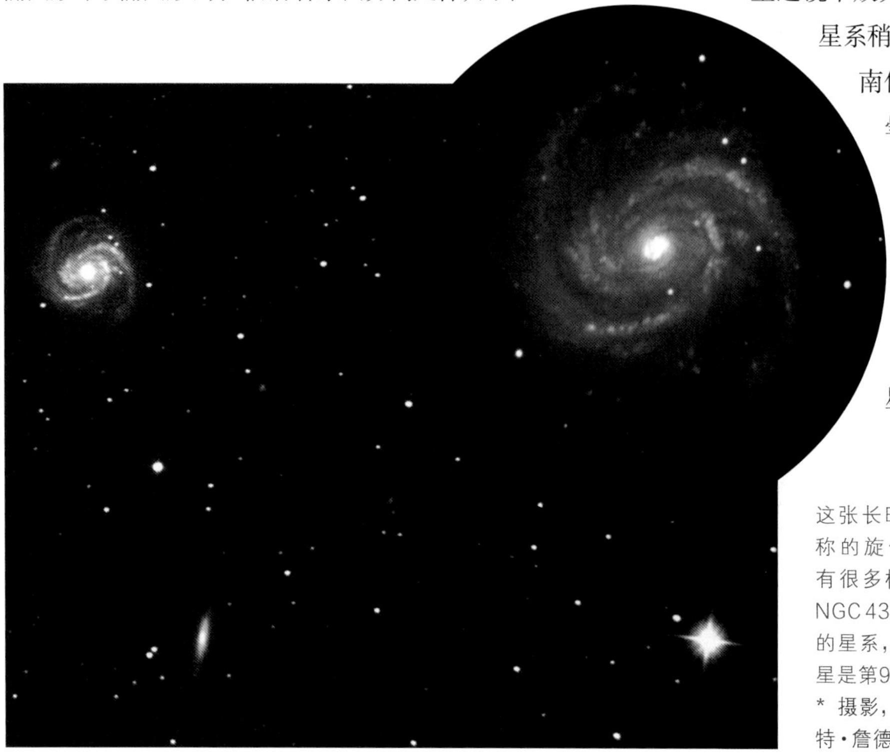

这张长时间曝光的照片中显示出的M100对称的旋臂很有代表性。注意在M100附近有很多模糊的天体。它们都是星系！但只有NGC 4312，那个西南偏南方向20′的像针一样的星系，能够用小型望远镜看到。右下方的亮星是第95页星图中“T”字形星群中的一颗。

* 摄影，左图：马丁·C.赫尔马诺；放大图：罗伯特·詹德勒。

1 原文此处疑是笔误，怀疑应是东北偏东到西南偏西。——译者注

左图：M98是本月的星系中最接近侧向的，它比其他星系暗一点。后发座6正好在视场的左边缘之外。

* 摄影：乔治·R.维斯科姆。

右图：M99与同视场中明亮的6等星和9等星组成了一个三角形。照片中明显的风车形状需要一个大望远镜才能看到。

* 摄影：马丁·赫尔马诺。

"T"字形图案和M98、M99、M100为我们提供了一个室女座星系团的起始点，但我们不能止步不前。一旦你熟悉了这片区域，就可用星桥法，甚至星系桥法，去探寻新的天地。比如，从M100向东扫过45′，就来到一颗6.7等星。从这里向北2.3°就是M85，或者向南2.9°就是M86。M86旁边就是M84，这一对星系位于由星系组成的一条长长的弧线——马卡良链的一端。

每次看一点，最终，你会掌握室女座星系团中那些明亮的星系。或许有一天，你也会教初学者们如何去寻找它们。

后发座正方形

这片区域主要的星团如此之大，连望远镜也无用武之地。

在北半球中纬度地区，后发座（贝勒奈西的头发）在春季星空中高挂在天上。这片区域在暗夜中散落着一些暗弱的星星。在第298页的五月全天星图中，只有三颗星足够亮，能够画在其中，这三颗星组成了一个上下翻转的"L"形，位于室女座上方。把星系M85当作后发座缺的那个角，正好能连成一个正方形，每条边长约10°，和你的拳头宽度差不多。在这个正方形的里面和旁边，有很多深空天体。

后发座是用一个真实人物命名的，即王后贝勒奈西二世，她生活在公元前3世纪，是埃及国王托勒密三世的妻子。他们结婚之后不久，托勒密就因妹妹（也叫贝勒奈西）在外交阴谋中被害而发动了战争。

由于担心她的丈夫、她的国王，当然还有她自己的地位，贝勒奈西王后向神献上了她的秀发作为祭品，以保佑托勒密的安全。当托勒密得胜归来时，贝勒奈西兑现了她的誓言，剪下她琥珀色的头发，藏在阿佛洛狄忒神庙中，但是不久之后头发就不见了。

国王和王后因此震怒。皇室的天文学家，来自萨莫斯的科农平息了此事。科农机智地说，神对贝勒奈西的礼物非常满意，他们把它拿走放在了天上以便让所有人都看到，现在就装点在夜空中闪闪发光：

是谁启动了明亮的天空机器

绘制出星汉灿烂出入其里……

你首先看到了那温柔的光华

就立刻认出那是女王的秀发。*

我们将从这个星座的α星开始游览，这颗α星有时也

* 节选自《卡图卢斯诗集》双语版（伯克利和洛杉矶：加州大学出版社，1969）。

春季 • 五月

左图：这块令人惊奇的细长的光斑——最完美的侧向旋涡星系NGC 4565——在暗夜中用小型望远镜很容易找到。但是右下方0.25°处的微小光斑——星系NGC 4562，即使对于12英寸望远镜来说也是一个艰难的挑战。鲍勃和贾尼斯·费拉用他们在皮诺斯山的11英寸星特朗望远镜拍摄的三张90分钟曝光的照片合成了这张图像。

右图：这对星系M85（右）和暗一些的NGC 4394位于图片的中间，上方为北。

* 摄影：帕洛玛天文台巡天二期/加州理工学院/帕洛玛。

被称为“王冠”，但是它在星座图画中总是被画在头发的下面。球状星团M53就位于这颗黄白色宝石的东北方1°处。M53在小寻星镜中看起来像一颗恒星，但在14×70的双筒望远镜中，可以看到一块中等亮度、圆形的、模糊的光斑，越往中心越亮。用我的105 mm折射望远镜放大到153倍，M53显现出颗粒感。在大气视宁度较好的夜晚，放大到203倍，我能看到一些若隐若现的光点。

如果你觉得寻找M53还比较容易，就再试着寻找一个非常暗的球状星团NGC 5053，就在M53的东南偏东方向距离1°的地方。斯蒂芬·詹姆斯·奥米拉用他的4英寸折射望远镜看到了它，在他的著作《梅西耶天体》一书中，得意地把NGC 5053描述为“它明亮邻居的灵魂”。

现在我们转移到后发座正方形对角线对面那个角上，这颗星是金色的后发座γ。以后发座γ为最北端、覆盖5°天区的是一个近距离的疏散星团——后发座星团，也叫梅洛特111。由于这个星团太大了，所以普通望远镜在这里毫无用武之地。在8×40双筒望远镜中，我能数出十几颗亮星和二十几颗暗星。这个星团包含一对角距非常大的双星后发座17。在小型望远镜低倍率下，我能够看到5.2等的主星和6.6等的伴星，主星和伴星的颜色差别非常细微。实际上它们分别是蓝白色和白色，但有些观测者看到伴星是蓝绿色的。

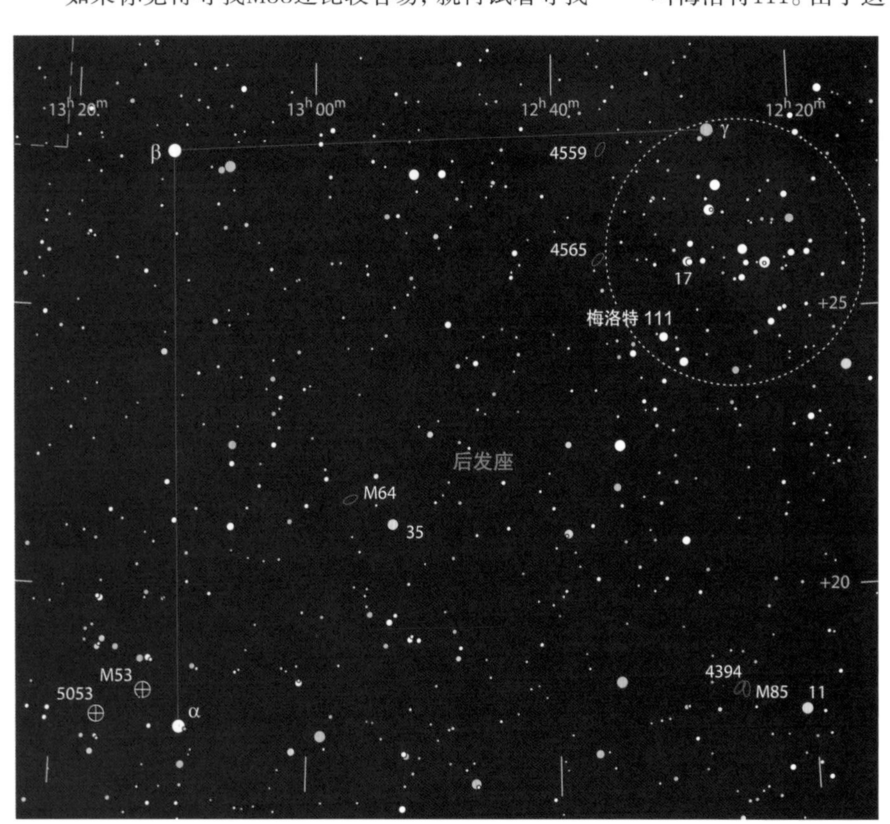

NGC 4565位于后发座17东边1.7°。它是《扁平星系星表修订版》中最令人印象深刻的星系之一，这份星表里列出了上千个极为狭长的侧向旋涡星系。用我的小型折射望远镜放大到47倍观测，我发现NGC 4565长约7′，非常细，中间有一个小而亮的核

后发座的深空财富						
目标	类型	星等	大小 / 角距	距离（光年）	赤经	赤纬
M53	球状星团	7.6	12′	60 000	$13^h12.9^m$	+18°10′
NGC 5053	球状星团	9.5	8′	54 000	$13^h16.5^m$	+17°42′
梅洛特 111	疏散星团	1.8	5°	290	$12^h25.1^m$	+26°07′
后发座 17	双星	5.2, 6.6	145″	270	$12^h28.9^m$	+25°55′
NGC 4565	星系	9.6	16′×3′	3 200 万	$12^h36.3^m$	+25°59′
NGC 4559	星系	10.0	11′×5′	3 200 万	$12^h36.0^m$	+27°58′
后发座 35	双星	5.0, 9.8	29″	320	$12^h53.3^m$	+21°15′
M64	星系	8.5	9′×5′	1 900 万	$12^h56.7^m$	+21°41′
M85	星系	9.1	7′×5′	6 000 万	$12^h25.4^m$	+18°11′
NGC 4394	星系	10.9	3′	6 000 万	$12^h25.9^m$	+18°13′

球。放大到87倍，核球两边略显斑驳，说明沿着星系长的方向上有暗尘埃带。

在NGC 4565北边2°有另外一个漂亮的星系NGC 4559，也是一个椭圆形的星系，但比它南边的邻居要短一些、胖一些。该星系东南端两边各有一颗暗星。

在后发座17到后发座α连线的三分之二处，我们可以找到一颗4.9等的金色星后发座35。认出它并不难，它是这个区域最亮的星，在它东南方有一颗9.8等的伴星，在17倍放大率下就能分辨出来。

我们可以通过后发座35来寻找黑眼星系M64，M64就位于后发座35的东北方1°处。黑眼这个名字来自它明显的尘埃带，在照片中看起来非常震撼。观测者用60 mm的小型望远镜就可以看到这个特征。我用105 mm望远镜放大到127倍，这个星系的大小约6′ ×3′。

现在我们转向后发座正方形的西南角，这个角上是星系M85。如果你那里的夜空足够黑暗，你可以用肉眼看到它附近的一颗4.7等星后发座11（见上一页的星图）。在望远镜中，它是橙黄色的，M85就位于它东北偏东方向距离1.2°（一个低倍率的视场宽度）的地方。M85是室女座星系团中最北边的一个梅西耶天体，也是其中最亮的星系之一。

我用14×70的双筒望远镜可以轻易看到它，看上去是一块小小的椭圆形光斑。用我的小型折射望远镜放大到87倍，它是一个2′的一边大一边小的椭圆形，往中心方向平滑地变亮。在它北边缘有一颗非常暗的星，东南方还有一颗10等星。在暗夜中，你还有可能看到一个更暗的星系NGC 4394，就在M85的东边，它们的中心距离只有7.5′。NGC 4394呈现出一个小小的椭圆形，中间有一个明亮的恒星一般的核。

在贝勒奈西的头发中缠绕的深空天体不少，上面只提到了一小部分。如果有一份好的星图，你会在温暖春天的夜晚发现更多的深空奇观。

M64被称为黑眼星系的原因是显而易见的。上面的照片用星特朗11望远镜拍摄，视场宽度约为0.25°。下面是作者的铅笔素描图，用她的Astro-Physics Traveler 105 mm折射望远镜放大到127倍所绘，视野稍大一点。两张图都是上方为北，左方为东。

* 摄影：鲍勃和贾尼斯·费拉。

马卡良链

在一个望远镜视场中能够同时看到最多星系的是天空中哪个区域?

在室女座和后发座交界处，由8个星系连成一条1.5°的弧线，这就是马卡良链。其中两个成员（M84和M86）是由夏尔·梅西耶在1781年发现的，其他成员人们更熟知的是它们在约翰·L.E.德赖尔1888年的《星云星团新总表》里的编号（NGC 4435, 4438, 4458, 4461, 4473和4477）。但这一整群星系的名字最初来自一篇题为《室女座星系团的星系物理链和它的动态稳定性》的论文（《天体物理学报》：1961年12月，第555页），作者是俄罗斯天体物理学家本杰明·E.马卡良。

很长时间以来，马卡良链都是我最喜欢的一片天区，我喜欢用它玩一个观测小游戏，看看在一个望远镜视场中最多能看到多少星系。天空中还有很多其他区域，在一个相对小的望远镜视场中有好几个星系，但大都需要大型望远镜才能看到。而这里，在室女座星系团的中心，即使小型望远镜也可以玩这个游戏。

在这个数数游戏中有一个平衡点。大口径的望远镜能看到更暗的星系，但小型望远镜能提供更大的视场，从而囊括更多的星系。随着倍率的增加，我们能更容易地看到暗弱的星系（我们的眼睛看清大的暗天体比看清小的暗天体更容易），但这又会使视场减小，让附近的星系分离得更远。

我看这片天区最喜欢用一个10英寸反射望远镜，加上43倍的目镜，这样就能得到一个89′的视场。我能同时看到整个马卡良链，再加上五六个其他的星系。虽然低倍率看到的这一大群星系非常动人，但为了看到更多细节，我在描述它们时都是使用75~100倍的放大率。这些星系在我的105 mm折射望远镜中也能被看到，但有一些很有挑战。现在我们就挨个去看看。

第一个目标是M84，位于马卡良链的最西端，东次将（室女座ε）和五帝座一（狮子座β）的中间。我用105 mm望远镜可以看到一块微微椭圆形的光斑，长轴沿着西北—东南方向，中间是一个更亮的圆形核球。在10英寸反射望远镜中，我可以看到一个小而亮的核和外围的一些晕。

M86位于M84东边仅仅17′处。用我的小型折射望远镜看，它比M84大一些，也稍稍暗一些。M86比M84更长，倾斜方向一致，往中心方向显著增亮。我从10英寸望远镜中可以看到一个恒星般的核。

几个非马卡良链的成员也在这个区域内。NGC 4388位于M84和

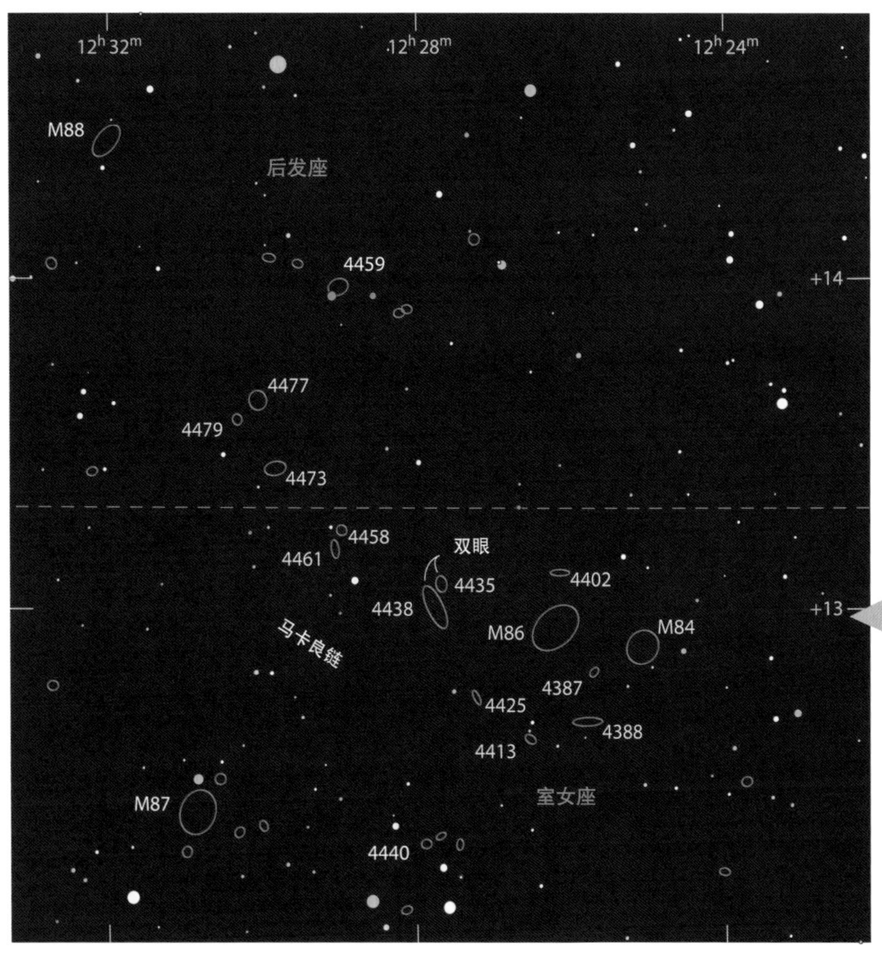

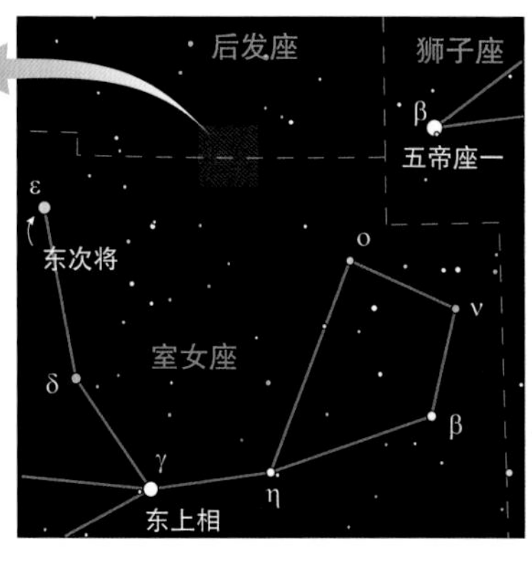

这两个星系被称为“双眼”，位于马卡良链的中间。NGC 4438更大一些，显示出因星系的引力交互而形成的扭曲，NGC 4435位于NGC 4438的西北偏北方向5′处。这张放大照片是由亚当·布洛克用20英寸RC系统望远镜和SBIG ST-10XME相机，在亚利桑那州的基特峰拍摄的。

* 摄影：美国国家光学天文台/美国大学天文研究联合组织/美国国家科学基金会。

M86的南边，和它们组成一个等边三角形。这个东西向的雾状光条用我的折射望远镜很容易看到，但是几乎没有细节，只有一个稍亮一些的核球。我用10英寸望远镜可以看到一个稍稍鼓起的核球，位于中心以西，中心是一个暗弱的如恒星一般的核。

NGC 4387位于以上NGC 4388、M84、M86组成的三角形的中央。在105 mm望远镜中观测，它是一个非常微小的模糊的光点，在10英寸望远镜中观测，它变成了一个小椭圆，中央区域更亮一些。这四个星系合在一起，组成了一张星系脸。M84和M86是它的眼睛，NGC 4388是它的嘴，NGC 4387是它的鼻子。这张脸上甚至还有一条扬起的眉毛。

这条眉毛就是NGC 4402，一个细长的纺锤形，有点像NGC 4388，但是暗得多。用小型望远镜很难看到它。用大望远镜看，它的亮度均匀，有一些难以察觉的杂色。这条眉毛让这张脸看起来像一个诧异的表情，似乎在想，是谁剃掉了我另一条眉毛。

这附近还有两个星系——NGC 4413和NGC 4425，用105 mm望远镜观测可能会被误认为是恒星。NGC 4413是这一对里更难观测到的一个。先在NGC 4388东边找到一颗10.9等星，这颗星东南偏南方向、距离1.6′处是一颗11.5等星。NGC 4413就位于那颗11.5等星的南边，看起来是一颗暗弱模糊的恒星。观测NGC 4425则简单一些。它就位于星系脸东边最亮的恒星西南偏西方向距离4′处。用10英寸望远镜可以看出这两个暗弱天体的星系特征，它们都是中间稍亮的椭圆形。

回到马卡良链，我们去看看M86东边的NGC 4435和NGC 4438。《天空和望远镜》杂志1955年2月号刊登了一篇题为《室女云探险记》的文章，作者是利兰·S.科普兰，他是20世纪40年代该杂志“深空奇迹”专栏最早的作家。科普兰制作了一张图，他称为后发-室女大陆，并在图上标注了很多稀奇古怪的名字和由恒星、星系组成的图案。他为这一对星系取名为“双眼”，然后这个名称就流传了下来。

这两个星系用我的小型折射望远镜都能轻易看到。NGC 4435是一个几乎南北方向倾斜的小椭圆形，其中心有一个恒星般的核。NGC 4438更大，也更长，向东北偏北方向倾斜。一个明亮的核球位于NGC 4438的中心。用10英寸望远镜看NGC 4438显得更大，其中心有一个暗弱的恒星般的核。

钱德拉X射线望远镜的最新观测表明，这对星系在我们看到的样子的1亿年前曾经历过一次高速碰撞。这次碰撞扭曲了NGC 4438，并且让NGC 4435喷射出了大量炽热气体。NGC 4438可能有一个活动的星系核，在未来会造成大混乱。

如果从这对星系向东北偏东方向移动21′，你会找到另外一对星系：NGC 4458和NGC 4461。在我的105 mm望

马卡良链附近有很多星系，从M84（右）一直延伸到NGC 4477（左上）。上方为北，视场宽度为2°。

* 摄影：罗伯特·詹德勒。

春季 ● 五月

马卡良链中的星系			
目标	星等	赤经	赤纬
M 84	9.1	$12^h25.1^m$	+12°53′
M 86	8.9	$12^h26.2^m$	+12°57′
NGC 4388	11.0	$12^h25.8^m$	+12°40′
NGC 4387	12.1	$12^h25.7^m$	+12°49′
NGC4402	11.7	$12^h26.1^m$	+13°07′
NGC 4413	12.3	$12^h26.5^m$	+12°37′
NGC 4425	11.8	$12^h27.2^m$	+12°44′
NGC 4435	10.8	$12^h27.7^m$	+13°05′
NGC 4438	10.2	$12^h27.8^m$	+13°01′
NGC 4458	12.1	$12^h29.0^m$	+13°15′
NGC 4461	11.2	$12^h29.1^m$	+13°11′
NGC 4473	10.2	$12^h29.8^m$	+13°26′
NGC 4477	10.4	$12^h30.0^m$	+13°38′
NGC 4479	12.4	$12^h30.3^m$	+13°35′

远镜中，NGC 4458显得小而圆，非常暗淡。NGC 4461稍亮一些，往南北方向拉长。在10英寸望远镜中，NGC 4458更容易被找到，它有一个明亮的核心和暗淡的外晕。NGC 4461在一个小而圆的核球中间有一个恒星般的核。

从室女座穿越边界进入后发座，我们的下一个目标是NGC 4473。对于我的105 mm望远镜来说，这是个简单的目标，它是一个东西方向倾斜的椭圆形，中间有一个恒星般的核。在10英寸望远镜中看，NGC 4473显得更大，且从中心向外逐渐变暗。

马卡良链中的最后一个星系是NGC 4477。它也是一个用小型望远镜就能比较容易看到的星系，它又小又圆，中间区域更亮一些。在10英寸望远镜中，它的中心和边缘看起来都略呈椭圆形，中间有一个恒星般的核。

要想把NGC 4477和M84放在10英寸望远镜的同一个低倍率视场中，我必须把它们置于两端，并且它们的一些晕会位于视场外。仔细地移动视场，我还可以在视场边缘找到NGC 4479。但这是一个很暗的星系，在低倍率视场中，除非天空非常黑暗，否则很难在边缘找到它。NGC 4479在我的105 mm望远镜中是一块很难被看到的小光斑，在10英寸望远镜中则更容易被看到，但是也没什么特点。

数星系游戏有好几种玩法。小型望远镜能够提供几度的视场，虽然看不到较暗的那些星系，但是可以看到附近更多的梅西耶星系。大型望远镜的视场有限，牺牲了星系链最东边的一些成员，但是能看到一些暗弱的NGC和IC星系。

马卡良链是不是一个真实的有物理联系的系统目前还有争议，但这并不影响观星的人们享受这片丰富多彩的天区。我们就用利兰·S.科普兰在另一篇文章中的一段话来结束本文吧：

地球的阴影扫过天空，
结束精彩的一天；
大地失去灰色，
山峰褪去了黄昏蓝。
抬头看，星星回来了，
银河璀璨，
那些透过望远镜凝视的眼睛，
正享受着夜空的纷繁。

大熊座拍案惊奇

北斗七星的斗勺里有很多精彩的深空天体。

只有狂热的观星者才会熟悉大熊座的全貌，但其中有7颗星星却无人不知、无人不晓。在中国，我们叫它们北斗七星，在北美，我们叫它们“大长柄杓”，3颗星组成了弯曲的勺子柄，4颗星组成了勺子头。现在，我们要在勺子头附近游览一番，这里有很多精彩的深空天体。

我们从另外一个7颗星组成的图案开始，它位于大熊座β（天璇）西边1.5°处。1993年，巴洛·佩平在《英国天文学会期刊》中描述了这个星群。佩平将这个星群的发现归功于约翰内斯·萨哈里亚森。皮埃尔·博雷尔在1655—1656年记录了他用望远镜发现这个星群的故事。博雷尔把萨哈里亚森发现的这群星星称为比利时星，星群里的7支箭代表了尼德兰联省共和国的7个省。如果佩平看到的

斗中起舞							
目标	类型	星等	大小/角距	赤经	赤纬	*MSA*	*U2*
七箭星群	星群	6.8	15′×9′	$10^h50.6^m$	+56°08′	577	25L
M108	旋涡星系	10.0	8.7′×2.2′	$11^h11.5^m$	+55°40′	576	24R
M97	行星状星云	9.9	3.4′	$11^h14.8^m$	+55°01′	576	24R
NGC 3718	旋涡星系	10.8	9.2′×4.4′	$11^h32.6^m$	+53°04′	575	24R
NGC 3729	旋涡星系	11.4	3.0′×2.2′	$11^h33.8^m$	+53°08′	575	24R
h2574	双星	11.8, 11.9	33″	$11^h32.5^m$	+53°02′	575	24R
希克森56	星系群	14.1（total）	2.4′（total）	$11^h32.6^m$	+52°57′	575	24R
M109	旋涡星系	9.8	7.6′×4.6′	$11^h57.6^m$	+53°22′	575	24R
NGC 4026	透镜状星系	10.8	5.2′×1.4′	$11^h59.4^m$	+50°58′	575	24R
M40	双星	9.7, 10.2	53″	$12^h22.2^m$	+58°05′	559	24L
NGC 4290	旋涡星系	11.8	2.3′×1.5′	$12^h20.8^m$	+58°06′	559	24L
NGC 4284	旋涡星系	13.5	2.5′×1.1′	$12^h20.2^m$	+58°06′	559	24L

大小和角距数据来自最新的星表。表格中的 *MSA* 和 *U2* 列分别为《千禧年星图》和《测天图 2000.0》第二版中的星图编号。

这一群星星的确是萨哈里亚森发现的，那么这将是用望远镜观测到的最早的星群记录之一。

很多观测者把这个七箭星群描绘成一个由7~10等星组成的不完整的椭圆环，大小约15′。因为这个环残缺不全，天文作家菲利普·S.哈林顿把这个星群称为“破碎的婚戒”，最亮的那颗星就是戒指上的钻石。我总是把环东边的两颗星也看作星群的一部分。这样就有5颗星组成了一根24′长的棒，从东北偏东斜向西南偏西，从长棒的中间向北伸出一条四颗星组成的弧线。有时候我会把它想象成一条扁扁的船，船上是一张鼓起的风帆，就像中国式的帆船那样。有时候，它又让我想起狐狸座的衣架星团（科林德399）或小熊座的小衣架星团。有一些东西，比如袜子，总是会丢失，而还有一些东西则会越来越多。衣架就是那种神奇地变得越来越多的东西，看来在天上也是这样。

在天璇附近还有一些大家熟知的深空天体。旋涡星系M108就位于天璇的东南偏东方向1.5°的地方。在从天璇到M108不到一半路程的地方有一颗7等的金色恒星，可以帮助你快速找到这个星系。用我的105 mm折射望远镜放大到47倍，M108看起来是一个斑驳的5′×1.1′的纺锤形，东边稍微向北倾斜。一颗很亮的星叠加在星系中心的西侧，一颗12等星位于西侧的边缘。用我的10英寸反射望远镜放大到166倍看，这个星系非常斑驳，令人印象深刻，还能看到一颗非常暗淡的星位于该星系南部边缘。M108的照片显示出尘埃带和明亮的恒星形成区混乱地搅在一起。

M97位于M108东南方48′处，在低倍率视场中可以同时看到它们。用我的小型折射望远镜放大到47倍看，M97更亮一些。它的宽度大约3.5′，一颗12等星位于它的东北偏北边缘。放大到127倍，这个星云看上去有一点呈椭圆形。仔细观察，就能看到在星云里有两块暗斑，这使它得名“夜枭星云”。这两只黑色的眼睛沿着M97的长轴分布。两只眼睛之间的窄条更亮一些，和两边的眼睛排成一排。星云的中间有一颗亮星，但不要把它误认为是星云的中央恒星，后者只有16等，小型望远镜是看不到的。

夜枭星云这个名字是19世纪爱尔兰观测者罗斯伯爵起的，他画的夜枭星云的素描图风格有些异想天开。虽然我们在望远镜视场中能够同时看到夜枭星云和M108，但它们在空间中的距离可不近。M97在我们的银河系里，距离我们2 000光年，而M108距离我们有4 600万光年。

在天璇到大熊座γ（天玑）连线五分之三的地方有一颗金色的5.6等星。如果你把这颗金色的星星放在一个低倍率视场中，向南移动1.7°，就来到了一对相互作用星系NGC 3718和NGC 3729。我用105 mm望远镜放大到87倍看，这两个星系都很暗淡。NGC 3718是一个2.5′长的椭圆，正好位于一对亮度差不多的12等星（双星h2574）的东北偏北方向。NGC 3729是一块小一些的光斑，在它的西南偏南边缘有一颗12等星。

用我的10英寸望远镜放大到166倍观测，这对星系就很漂亮了。NGC 3718的核很小，周围包裹着巨大而明亮的椭圆形核球，长轴沿着西北偏北到东南偏南方向倾斜。从椭圆的两端各伸出一条短而暗淡的弧形，像一个镜像的暗弱的S形曲线，外面还有一团5.5′×2.5′的晕。NGC 3729则小一些，但是其面亮度更高，北边稍向西倾斜。它的核球很大，外面包裹着一层轻薄暗弱的雾，整个大小约2′×1′。

照片显示在NGC 3718南边几角分距离处有一个超密星系群希克森56（Hickson 56）。在非常暗的夜空中用12英寸的望远镜就能看到它。五个星系挤在2.5′的范围内，想要分辨出它们可不容易，必须用高倍率望远镜才行。这里又有一个悬殊的对比。NGC 3718距离我们大约5 000万光年，而希克森56与我们的距离则要比它远上10倍。

现在向东移动，星系M109就位于天玑星东南偏东方向39′的地方。用双筒望远镜看，天玑会成为一个干扰，但是用我的小型折射望远镜放大到47倍，把天玑置于视场外，就能轻易地看到这个星系了。将望远镜放大到87倍时，M109看起来呈椭圆形，长轴沿着东北偏东到西南偏西方向倾斜，中心区域更明亮些。一颗暗星位于该星系的核球的北边，另一颗位于该星系最东边。在我的10英寸望远镜中，这个星系大小约5.5′×3′，椭圆形的核球相对于整个星系有些倾斜，往东北—西南方向延伸1.5′，越往中间越亮。

现在我们在M109东边20′处寻找一颗9等星。这颗9等星位于一条由四颗星组成的连线的最北端，这四颗星沿南北向分布，亮度和颜色差不多，但它们之间的距离非常不均匀。在最南端那颗星的西南偏南方向7′处就是一个漂亮的纺锤形星系NGC 4026。我用小型折射望远镜放大到87倍，可以看到一个中等亮度、南北向长3.5′的光条，中间椭圆的核球稍亮一些，中心是一个小的圆形的核。NGC 4026和M109属于一个6 000万光年之外的星系群。

我们的下一个目标是双星M40，它位于大熊座δ（天权）附近。M40曾

这对目视可见的相互作用星系——NGC 3718（右）和NGC 3729，与位于前者下面的致密星系群希克森56形成了鲜明对比。最新的估算表明相互作用星系对距离我们大约5 000万光年，希克森星系群的距离则要远上10倍，这是从它们的相对大小和亮度直观判断出来的。上方为北，视场宽度为22′。

* 摄影：罗伯特·詹德勒。

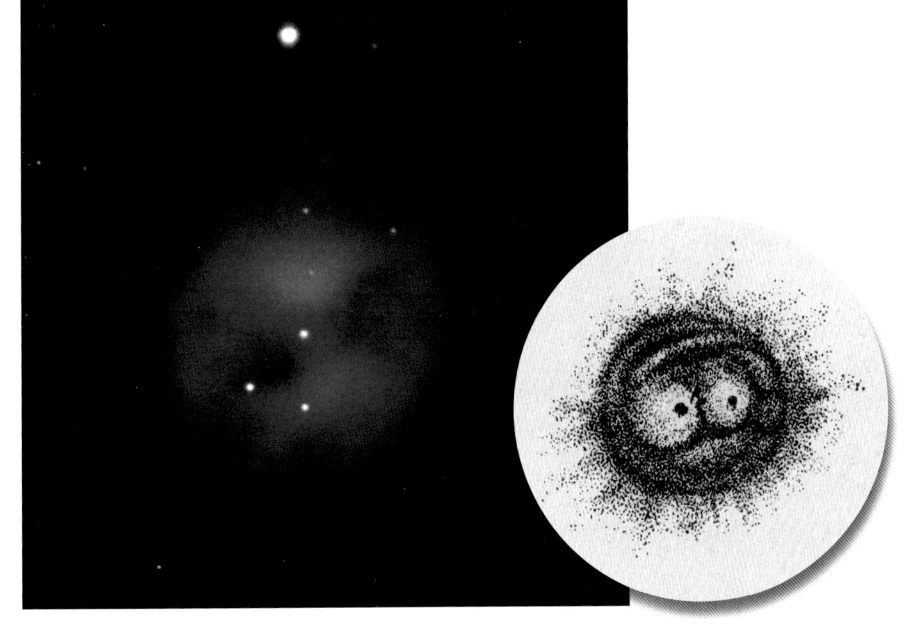

看看罗斯伯爵的素描（右下图），你就知道为什么这位19世纪的爱尔兰天文学家把行星状星云M97命名为“夜枭星云”了。夜枭的两只黑眼睛用中等口径的望远镜就可以看到，照片则能显示出更多在目镜中看不到的细节。上方为北，视场宽度为5′。

* 摄影：加理·怀特/韦莱纳·门罗/亚当·布洛克/美国国家光学天文台/美国大学天文研究联合组织/美国国家科学基金会。

素描：《罗斯伯爵的科学论文》，威廉·帕森斯（第三代罗斯伯爵），1800—1867。

经被认为是一个丢失的梅西耶天体。夏尔·梅西耶在他1784年的星表中描述M40是“非常小的两颗相距非常近的星，位于大熊尾巴的根部”。梅西耶描述的位置上对应着一对双星，没有理由认为这个天体会“丢失”。他是在寻找约翰尼斯·赫维留记录的一个“模糊的星星”时发现这对双星的。梅西耶认为是赫维留把这对双星误认作一个星云，但实际上赫维留指的是另外一颗同样没有星云状物质的恒星。

要想找到M40，首先从天权向东北方向移动1.1°，来到5.5等星大熊座70。继续沿着这个方向移动0.25°，就是M40了。我用105 mm望远镜放大到28倍，可以看到一对东西分布的10等星，西边那颗稍微亮一点。在10英寸望远镜中，我能够看到亮的那颗是橙黄色的，而它的伴星是黄白色的。放大到118倍时，在同一个视场中还有两个星系。NGC 4290是一个东北—西南方向倾斜的小椭圆，NGC 4284是一块暗弱的小光斑，和两颗13等星组成了一个1.5′ 大的三角形。这两个星系和我们的距离分别为140光年和190光年。M40的两颗星的距离未知，但很可能它们只是一对光学（没有物理关联）双星。

1863年德国天文学家弗里德里希·奥古斯特·特奥多尔·温内克独自发现了这个天体，所以在他的双星表里M40也被称为温内克 4。温内克还首先发现了NGC星表中的8个天体，此外还有10颗彗星也是以他的名字命名的。周期彗星7P/庞斯–温内克（7P/Pons Winnecke）是六月牧夫座流星雨的母体，这个流星雨的流量很难预测，爆发时峰值的每小时流星数量能够达到100颗。

狗狗欢乐颂

在五月温柔的夜晚，猎犬座是个看星系的好地方。

猎犬座常常被描述为两只猎狗，狗绳牵在牧夫座牧羊人的手中。约翰尼斯·赫维留在他1687年出版的《赫维留星图》中描绘了今天我们看到的猎犬座，但是这两只狗狗在很早以前的星图上就已经有了。最早好像是出现在1493年约翰尼斯·施特夫勒的天球仪上，这两只狗位于牧夫座和巨蛇座之间。在1533年彼得·阿皮安的星图上，它们被移到另一边去了，但是在室女座北边手臂的上面。1602年威廉·布劳的天球仪上，一个小版本猎犬座被移到了北边，这片区域中的两颗最亮的星位于它们的脖子处。

赫维留把这两只猎犬的大小和位置调整到今天的样子，并把它们设置为一个独立的星座。在他的星图中，北边那条狗被标记为Asterion（来自希腊语，意为“繁星的”，中文名常陈一），南边那条狗被标记为Chara（来自希腊语，意为“乐趣”，中文名常陈四）。常陈一和常陈四是这个星座中最亮的两颗星，也就是猎犬座α和猎犬座β，它们将引导我们寻找M94——这片天区一串精彩星系中的第一个。

M94和猎犬座α、β组成了一个扁扁的等腰三角形。

旋涡星系M94几乎正向对着我们，一圈致密的恒星形成区环绕在小而明亮的核周围。用小型望远镜就能看到这些特征，不止一位经验丰富的观测者把它想象成一只眼睛跨越1600万光年的宇宙回望着我们。视场宽度为10′，上方为北。

* 摄影：吉姆·米斯蒂；后期处理：罗伯特·詹德勒。

把猎犬座β置于一个低倍率视场中，向东扫过3.2°就到了M94。我用105 mm折射望远镜放大到28倍，能够看到一个相当明亮的椭圆形晕，包裹着一个小而致密的核球和一个很小的核，最外面还有一层暗淡的薄纱般的晕。M94的北边有一颗9.5等星，西边缘有一颗11等星。同一个视场中还有一对漂亮的双星埃斯平2643，一颗呈金色，另一颗呈黄色。埃斯平2643位于M94西北偏北方向1°处的一个箭头形的星群中。将倍率放大到87倍，我又能够看到几颗暗星装饰在星系的外围，增添了一分美感。将倍率放大到127倍，我就可以看到星系中心区域斑驳的特征。

M94距离我们约1 600万光年，是最近的一个正向对着我们的星暴环形星系。一条致密的恒星组成的环围绕着星系中心，与中心的距离约3 800光年。它与M94中心棒状的小核相互作用，驱动了恒星的形成过程。

HyperLeda河外星系数据库显示，有四个NGC星系与M94有物理关联。其中两个相互作用星系位于M94和猎犬座β中间。亮一些的是NGC 4618。在我的小型折射望远镜中放大到87倍，NGC 4618是一块2′长的椭圆形光斑，宽度是长度的三分之二，向东北偏北方向倾斜。它有一个偏心的棒状的核球，向东北偏东方向倾斜。在中倍率同一个视场中，NGC 4625就像个小毛球，一颗暗星位于它的西边缘。

这两个星系都是麦哲伦旋涡星系，它们都是只在中心棒状的一端伸出一条明显的旋臂。引力相互作用或许增强了这种不寻常的结构，但这种不匀称的结构在没有物理伴星系的麦哲伦旋涡星系中也有发现。如果你有10英寸或者更大的望远镜，试试能否看到NGC 4618的旋

猎犬座中的星系

目标	类型	星等	大小/角距	赤经	赤纬	*MSA*	*U2*
M94	环状旋涡星系	8.2	14.3′×12.1′	$12^h50.9^m$	+41°07′	610	37L
NGC 4618	麦哲伦旋涡星系	10.8	4.2′×3.4′	$12^h41.5^m$	+41°09′	611	37R
NGC 4625	麦哲伦旋涡星系	12.4	1.6′×1.4′	$12^h41.9^m$	+41°16′	611	37R
NGC 4490	棒旋星系	9.8	6.3′×2.7′	$12^h30.6^m$	+41°39′	611	37R
NGC 4485	麦哲伦不规则星系	11.9	2.3′×1.6′	$12^h30.5^m$	+41°42′	611	37R
NGC 4449	麦哲伦不规则星系	9.6	6.1′×4.3′	$12^h28.2^m$	+44°06′	611	37R
NGC 4460	透镜状棒旋星系	11.3	4.0′×1.2′	$12^h28.8^m$	+44°52′	611	37R
NGC 4346	透镜状棒旋星系	11.2	3.3′×1.3′	$12^h23.5^m$	+47°00′	591	37R
M106	棒旋星系	8.4	18.8′×7.3′	$12^h19.0^m$	+47°18′	592	37R
NGC 4248	不规则星系	12.5	3.1′×1.1′	$12^h17.8^m$	+47°25′	592	37R
NGC 4232	棒旋星系	13.6	1.4′×0.7′	$12^h16.8^m$	+47°26′	592	37R
NGC 4231	透镜状星系	13.3	1.1′	$12^h16.8^m$	+47°27′	592	37R
NGC 4217	旋涡星系	11.2	5.7′×1.6′	$12^h15.8^m$	+47°06′	592	37R
NGC 4226	旋涡星系	13.5	1.0′×0.5′	$12^h16.4^m$	+47°02′	592	37R

大小和角距数据来自最新的星表。实际观测时的目标大小往往比星表里的数值小，且根据观测设备的口径和放大倍率的变化而不同。表格中的 *MSA* 和 *U2* 列分别为《千禧年星图》和《测天图 2000.0》第二版中的星图编号。

臂，这条旋臂亮度斑驳，从核球的东边伸出，转向南边。

另一对和M94有关系的相互作用星系——NGC 4490和NGC 4485位于猎犬座β西北偏西方向40′处。用我的105 mm望远镜放大到87倍观测，NGC 4490大约长4.5′，宽度是长度的三分之一，东南端更宽一些。一条又宽又不规则的明亮棒状沿着星系长轴方向排列。NGC 4485又小又圆，中心稍亮，位于它的伴星系较窄的那一端的北面。

现在我们转向另一群相关的星系，从NGC 4449开始。如果你把NGC 4490放在一个低倍率视场的东边，然后向北扫过2.5°，应该就能轻松发现这个中等亮度的星系了。用我的105 mm望远镜放大到87倍看，它是一个东北—西南方向延伸的椭圆形，中间的核球更明亮一些，外面是一层薄薄的晕。核球有些斑驳，看上去东北边更宽。NGC 4449是一个麦哲伦不规则星系，有几处明显的恒星形成区。资深观测者斯蒂芬·詹姆斯·奥米拉用他的4英寸折射望远镜放大到189倍，就看到了NGC 4449中好几处这样的明亮区域。

从这里向北扫过42′，就来到一对双星Σ1645，它们的颜色分别是一颗黄白色、一颗深黄色。在87倍下，这对双星的角距很大，NGC 4460就和Σ1645位于同一个视场中，NGC 4460位于Σ1645的东北偏东方向8′处。这个暗淡的星系大约有2′长，其宽度是长度的四分之一，长轴沿着东北—西南方向倾斜。

在Σ1645西北偏北方向2.6°的地方有一颗6等的橙色星，这颗6等星将被作为我们下面两个星系的跳板。这颗6等星是这片区域最亮的一颗星，NGC 4346就位于它的东南方19′处。用我的小型望远镜放大到47倍，这个东西方向的星系大约1.5′长，宽度是长度的三分之一，中间有一个小而亮的核球。

M106位于橙色星的西北偏西方向0.5°处，是我们的第二群星系中最主要的成员。在我的小型折射望远镜中放大到87倍看，它又大又漂亮。暗淡的晕占据了10′×3.5′的范围，一颗暗星位于它的西北偏北边缘。明亮的椭圆形核球显得斑驳，其长度占据了星系的一半。中心小而圆的致密明亮的核的中心有一个质量达到3 500万太阳质量的黑洞。它的伴星系NGC 4248则很暗淡，是一块椭圆形的光斑，位于M106的西北偏西方向，并且指向它的北端。

用我的10英寸反射望远镜放大到118倍，M106的中心区域形成了一条很宽的淡淡的S形曲线，这是它的旋臂特征。NGC 4248的中心是一个棒状的核球，轻薄的晕西端有一颗暗淡的恒星。在NGC 4248西北偏西方向距离11′处，能够看到两个暗弱的星系NGC 4232和NGC 4231并排挨在一起。放大到170倍，我看到NGC 4232是一个小椭圆形，长轴沿着西北偏北到东南偏南方向，中心更明亮些。NGC 4231小而圆，就位于NGC 4232的北边。这两个星系和它们西边的一颗14等星组成了一个小等腰三角形。NGC 4232和NGC 4231并不属于M106星系群，因为M106距离我们只有2 500万光年，而那一对星系与我们的距离要远14倍。

另外两个星系和M106位于同一个中倍率视场中。用我的105 mm折射望远镜放大到87倍，暗淡的NGC 4217位于M106西南偏西方向34′，其北边有一颗11.6等星。虽然这个星系不是特别暗，但它东北边一颗9等星的光芒影响了我们的观测。有大望远镜的观测者可以去找一下沿着这个侧向星系长轴延伸的尘埃暗带。我用10英寸望远镜看不到尘埃带，但看到了它东南方向7′处的NGC 4226。这个椭圆形的小星系中间稍亮，向东南偏东方向倾斜。NGC 4217离地球的距离是M106的两倍，而NGC 4226更遥远，似乎与NGC 4232和NGC 4231有联系。

在六月，我们将继续在这片天区寻找形形色色的星系。

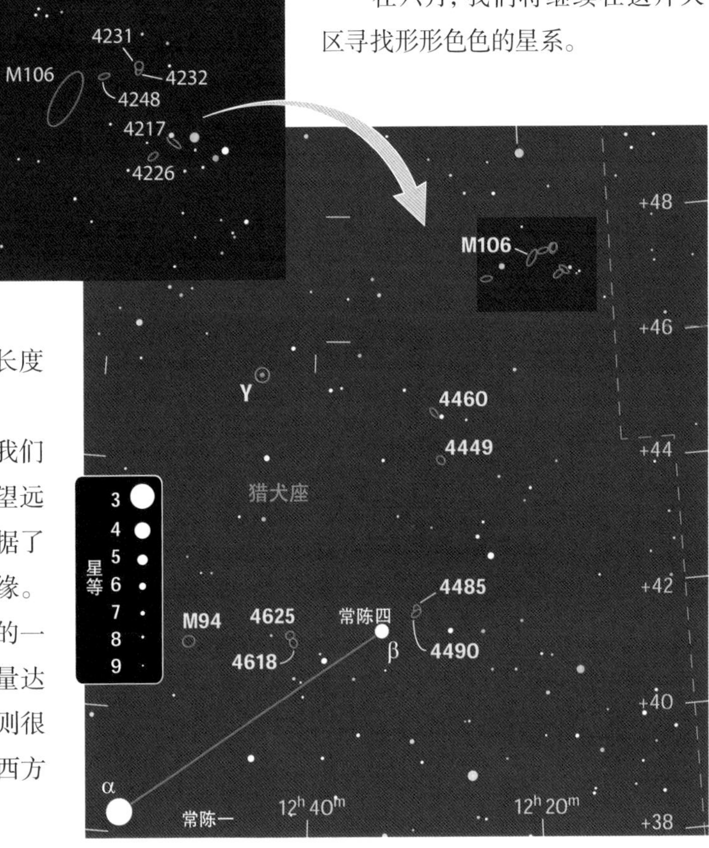

室女座之V

在室女座的一个角落，隐藏着远近交错的天体。

室女座中西边最亮的那些恒星组成了一个明显的非常宽的“V”字形，这是我在这片星系众多的天区中的好向导。从东到西组成“V”字的恒星是室女座ε、室女座δ、室女座γ、室女座η和室女座β。这些星在古代阿拉伯天文学中有特殊的地位，它们是月亮的一个宫（*manâzil al-qamar*）。月球在绕着地球公转的过程中，相对于星空背景依次穿过一些星座，每晚访问一个行宫。室女座中的宫叫作al-′Awwa′[1]。它的意思不太确定，通常认为它和狗窝有关系，所以把它翻译成“狗宫”（the Barker）。

室女座γ（东上相），位于“V”字的尖端。它是一对周期169年的视双星。2005年5月，这对黄白色的恒星角距达到最小，只有0.4″。到2011年，它们的角距已经增大到1.6″，用76 mm高倍率望远镜在大气稳定的夜晚看有点难度。如果无法分辨它们，就去感受一下它们组合在一起的光芒有没有在南北方向拉长。它们的角距会继续增大，在2088年将达到最大的6.0″。

从东上相开始用星桥法可以找到星系NGC 4517。首先向西北方向移动大约1°，来到一颗7.2等星，这是这片区域最亮的恒星。然后向同样的方向再移动同样的距离，来到一颗8.6等金色恒星。这颗恒星位于一群暗星的最西边。其中两颗最亮的星和这颗橘黄色的星组成了一个箭头形状。沿着这个明显的标志继续向前再移动同样的距离，我们就来到了一颗8等星和NGC 4517之间的一个地方，在同一个视场中能够同时看到它们。

用我的105 mm折射望远镜放大到47倍，NGC 4517是一条暗淡的线，一颗11等星处于它的北边缘上。这个星系非常狭长，东边稍向北倾斜。我用10英寸反射望远镜放大到118倍，可以看到NGC 4517细长的样子延伸了8.5′，且沿着南面更亮一些。我用15英寸反射望远镜放大到153倍还可以看到幽灵般的星系NGC 4517A。它位于NGC 4517西北偏北方向17′处，和西北边10等星、西边的11.5等星组成了一个4′的三角形。NGC 4517A看上去略呈椭圆形，非常暗淡。用余光法（不要直视它，把视线偏向旁边一点）更容易看到它。虽然它们的编号很接近，但NGC 4517A和它的邻居并没有物理联系，而是比它远了2 000万光年。NGC 4517是一个很扁的星系。如果一个扁平的旋涡星系正向对着我们，那么我们看到它则是圆形的。如果它侧向对着我们，它看上去就会非常狭长，如果星系没有比较大的核球，它看上去就更扁了。NGC 4517的长度超过宽度的7倍，被收入了1999年伊戈尔·D.卡拉切索夫和他同事所著的《扁平星系星表修订版》中。

另一对更亮的星系就在北边不远处等着我们。从NGC 4517向北移动1°，有一颗黄色的8等星。从这颗8等星向东北偏北方向移动1.4°，有两颗南北分布的9等星就位于NGC 4527和NGC 4536的中间。用我的小型折射望远镜放大到47倍，这两个星系都是暗淡的椭圆。

1　阿拉伯文转写，原文的括号不正确，应该用撇号表示。——译者注

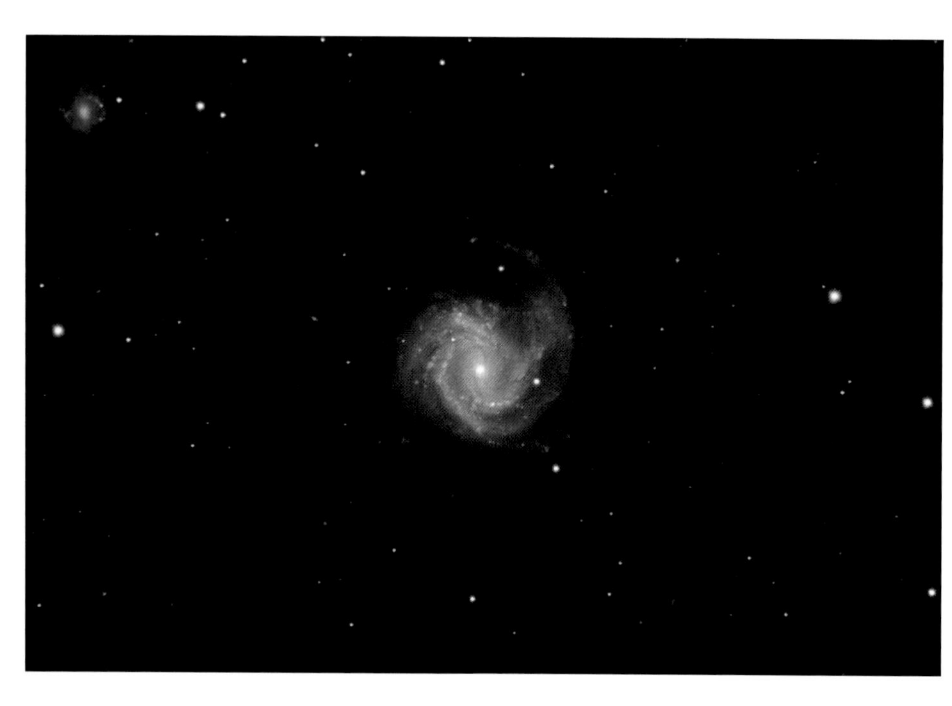

室女座中充满了星系，对小型望远镜来说，M61是最漂亮的星系之一，它有一个清晰的恒星般的核。在它的东北边10′处是一个很难被看到的暗淡的伴星系NGC 4303A（位于左上方，照片视场宽度为14′）。

* 摄影：吉姆·米斯蒂/罗伯特·詹德勒。

如果你看到了天空中最亮的类星体3C 273，你就可以向别人炫耀你看到了来自20亿年前的光，那时候高级生命还没有出现在地球上。右边的放大图是下面星图中的黑色方块区域。一些星的视星等精确到小数点后一位，但省略了小数点（所以101代表10.1等），这个类星体的亮度在12.3到13.0之间不规则地变化。上方为北。

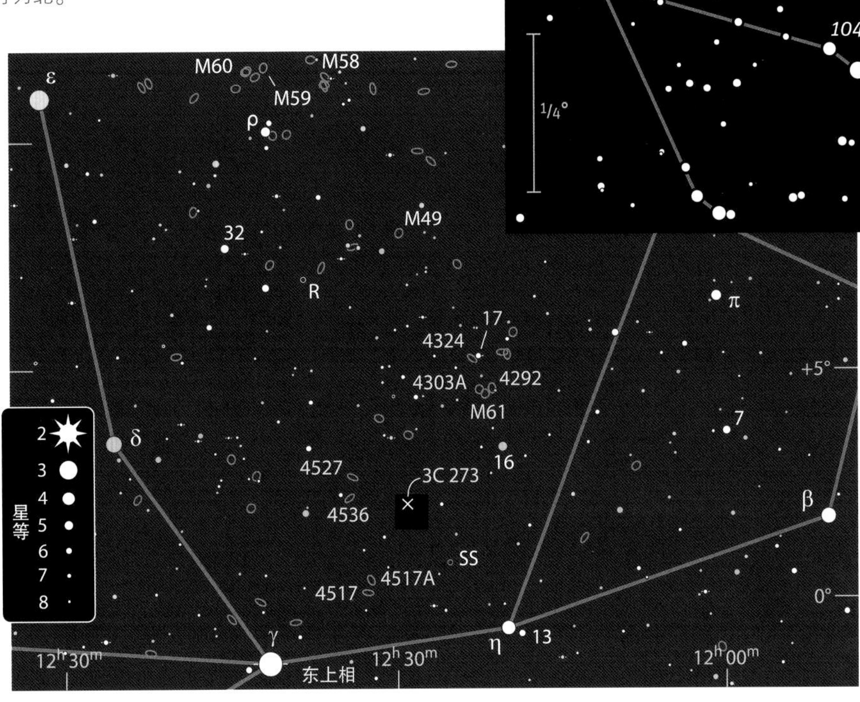

NGC 4536更大但面亮度更低。NGC 4527有一个明亮的核球，用余光看核球还会更大。放大到87倍时，这两个星系仍然处于同一个视场内。NGC 4536长3.5′，宽度是长度的三分之一，向东南方向倾斜。NGC 4527与NGC 4536的长度差不多，其宽度是长度的四分之一，向东北偏东方向倾斜。我用10英寸望远镜放大到118倍，可以看到NGC 4536有一个斑驳的、不规则的核球，中心是一个恒星般的核。透镜状中心的投影让这个星系显示出一条淡淡的"S"形曲线。NGC 4527有一个小的核，沿着它的长轴方向显著增亮。

天空中最亮的类星体3C 273位于NGC 4536西边1.3°。这些看起来像恒星，但是蕴含巨大能量的类星体，是遥远星系的活动星系核。我从来没想过用小型望远镜能够看到3C 273，直到亚利桑那州天文学家布赖恩·斯基夫用70 mm折射望远镜看到了它为止。我在纽约州北部的观测地比亚利桑那州的安德森梅萨光污染要严重，所以我认为值得用我丈夫艾伦和我的90 mm、105 mm折射望远镜一试。最终我们都成功了。用大望远镜放大到87倍，可以看到3C 273和它旁边的一颗13.6等星，类星体明显要亮得多。小型望远镜放大到113倍可以直接看到类星体3C 273，但类星体旁边那颗星就只能用余光看到了。我们

室女座西北部的星系嬉戏

目标	类型	星等	大小 / 角距	赤经	赤纬	*MSA*	*U2*
东上相	双星	3.5, 3.5	≥ 1.6″	12h 41.7m	−01°27′	772	111L
NGC 4517	星系	10.4	11.2′×1.5′	12h 32.7m	+00°07′	773	111L
NGC 4517A	星系	12.5	5.1′×3.4′	12h 32.5m	+00°23′	773	111L
NGC 4527	星系	10.5	6.9′×2.4′	12h 34.1m	+02°39′	773	111L
NGC 4536	星系	10.6	8.4′×3.2′	12h 34.4m	+02°11′	773	111L
3C 273	类星体	12.3—13.0	—	12h 29.1m	+02°03′	773	111L
M61	星系	9.7	6.5′×5.7′	12h 21.9m	+04°28′	749	111L
NGC 4292	星系	12.2	1.7′×1.2′	12h 21.3m	+04°36′	749	111L
NGC 4303A	星系	13.0	1.5′×1.2′	12h 22.5m	+04°34′	749	111L
室女座 17	双星	6.6, 10.5	21.4″	12h 22.5m	+05°18′	749	111L
NGC 4324	星系	11.6	3.1′×1.3′	12h 23.1m	+05°15′	749	111

大小和角距数据来自最新的星表。实际观测时的目标大小往往比星表里的数值小，且根据观测设备的口径和放大倍率的变化而不同。表格中的 *MSA* 和 *U2* 列分别为《千禧年星图》和《测天图 2000.0》第二版中的星图编号。本月所有天体都在《天空和望远镜星图手册》中的星图 45 所覆盖的范围内。

完成了这项壮举之后，芬兰天文爱好者亚科·萨洛兰塔告诉我他用一个40 mm口径的折射望远镜就看到了3C 273。

艾伦和我看到的3C 273亮度是12.6等。这个类星体的亮度在12等到13等之间不规则地变化，所以看到它的难度也在变化。但是当你看到3C 273时，你可以跟别人炫耀你看到了不可思议的20亿光年之外的东西。它照在我们身上的光芒，在氧气刚刚成为地球大气的主要组成部分的时代就开始了征程。

现在我们从"V"字形中的室女座η开始，开辟一条寻找M61的路。我用寻星镜先寻找由室女座η、室女座13和室女座16组成的一个又长又窄的三角形。把室女座16放在中间后，在低倍率望远镜视场中看，有三颗8等星和9等星排成一条直线。从室女座16向直线中最北边那颗星连一条线，并继续向前移动两倍远，就到了M61附近。

我用105 mm望远镜放大到87倍仔细观看，可以看到一块相当大的椭圆形光斑。这个星系看上去有很多斑驳的结构，还有一个又小又亮的核球。星系NGC 4292是一块很暗淡的小光斑，位于M61西北方12′处，同时也位于一颗10等星的东南偏南方向距离1.3′处。放大到127倍，我可以看到M61的中心有一个恒星般的核。

用我的10英寸反射望远镜放大到70倍，M61有一个明亮的、宽度1.5′的环，外面围绕着暗淡的晕，渐渐消失在星空背景中。放大到171倍，环被打散成一些片段，意味着一对旋臂向逆时针方向打开。一颗暗星守在它们的西边。NGC 4292和NGC 4303A位于同一个视场中。NGC 4292是一个南北向的椭圆，中心更明亮些。NGC 4303A是一块非常暗淡的小光斑，位于M61东北方10′处，在它的西边2.5′处有一颗13等星。

在NGC 4303A北边0.75°处是一颗漂亮的双星室女座17。在我的小型折射望远镜47倍下，它们分得很开，浅黄色的主星和它西北偏北方向暗得多的橙色伴星。在它们的东南偏东方向9′处，是一个暗淡的星系NGC 4324。放大到87倍看，这个星系是一块椭圆形的光斑，向东北偏东方向倾斜，有明亮的核球和恒星般的核。这个场景中的两个天体的距离形成了鲜明的对比，室女座17距我们只有97光年远，而NGC 4324要远将近100万倍。

大熊不朽

大熊座是个寻找与众不同的星系和恒星的好地方。

看一下第298页的五月全天星图中的大熊座，你可以如彼得·卢姆在他的《天上的恒星》一书中所描述的那样，"想象这头神兽正大踏步地在天空中向下行走"。在星图中，我们可以看到这头熊的前腿和身体在大熊座υ处连接，我们就从这里开始深空之旅。

侧向旋涡星系NGC 3079让它的邻居NGC 3073相形见绌。这一群星系中第三亮的成员是CGCG 265-55，从作者的14.5英寸反射望远镜中看是一块又小又暗淡的光斑。
* 摄影：罗伯特·詹德勒。

从大熊座υ向东南偏南方向移动2°，有一颗黄色6等星和一颗金色6等星，这两颗星相距42′，和大熊座υ排成一条直线。把这条线延长1.5°，就来到了我们的第一个目标，一个色彩斑斓的三合星系统。它的A和B两颗子星有一个编号是Σ1402。这个名字意味着这对双星是19世纪俄籍德裔天文学家弗里德里希·格奥尔格·威廉·冯·斯特鲁维发现的。我用105 mm折射望远镜放大到28倍可以看到金色的8等主星的东南偏东方向，有一颗角距很大的黄色9等伴星。

第三颗星属于另一对双星 GIR 2 AC，GIR代表英国天文爱好者皮埃尔·吉拉德，他在1996年韦布学会的双星通告上报告了这颗星。C星是一颗深黄色的10等星，位于主星南边2.2′处。根据克劳斯·法布里修斯等人2002年出版的《第谷双星表》，这颗橘黄色的恒星实际是一对角距非常小的双星，只在1991年被记录过一次，当时记录的角距是0.4″。甚至这颗恒星有可能并不是真正的双星。亚利桑那州的天文学家布赖恩·斯基夫推荐使用16英寸或更大的望远镜在视宁度非常好的夜晚观测这颗橘黄色的恒星。

五月猎熊					
目标	类型	星等	大小 / 角距	赤经	赤纬
Σ1402/GIR 2	聚星	7.7, 8.9, 9.6	32″, 134″	$10^h04.9^m$	+55°29′
NGC 3079	星系	10.9	7.9′×1.4′	$10^h02.0^m$	+55°41′
NGC 3073	星系	13.4	1.3′×1.2′	$10^h00.9^m$	+55°37′
大熊座 W	变星	7.8—8.5	—	$9^h43.8^m$	+55°57′
铁锹	星群	—	1.1°	$9^h42.6^m$	+53°17′
UGC 5459	星系	12.6	4.0′×0.5′	$10^h08.2^m$	+53°05′

大小和角距数据来自最新的星表。实际观测时的目标大小往往比星表里的数值小，且根据观测设备的口径和放大倍率的变化而不同。

在Σ1402西北偏西方向28′处是一个漂亮的星系NGC 3079。它的南端正好位于一个由一颗8等星和两颗9.5等星组成的三角形的一边。我用小型折射望远镜放大到47倍，可以看到一个漂亮的纺锤形，其长度是宽度的8倍。北边稍向西倾斜，有一个又大又长的核球。放大到87倍，我在它旁边看到了一个小伴星系NGC 3073，NGC 3073和视场内的其余三颗星组成了一个完美的扑克牌“方块”图案。这个星系看上去又暗又圆，只能用余光看到，直视的时候就看不到了。放大到127倍，我可以观测到NGC 3079的北端有一颗非常暗的星星。

用我的10英寸反射望远镜放大到202倍，NGC 3079看上去西边是扁的，而另一边却鼓出来。核球稍微有些斑驳，中心椭圆的明亮区域中有一个恒星般的核。NGC 3073也有一个小而明亮的核心。

这对星系距离我们大约5 000万光年。NGC 3079有一个活动星系核，在一个超大质量黑洞的驱动下喷射出高能的粒子流。根据2007年的研究，这些喷流遇到了致密的星际物质云，吹出了一个粗糙的双极热气体泡。电离氢和氮的辐射照片显示这个泡从星系中心向外扩张了3 500光年。

现在我们来看一对迷人的双星大熊座W，它距离我们仅有162光年。它的伴星离它太近了，这对双星被拉伸成了泪滴形，实际上两颗星在中间连接上了！这两颗星都是黄矮星，一颗比我们的太阳大一点儿，另一颗小一点儿。这对连体恒星疯狂地绕着彼此旋转，每8小时就转一圈，它们交替从彼此前面穿过，每4个小时就会经历两次日食。

这个旋转的哑铃之所以吸引人，是因为随着它不停地以不同的姿态对着观测者，其亮度也会不断地变化。它只需要两个小时就从最亮变到最暗，或从最暗变到最亮。大熊座W最亮大约7.8等，最暗约8.5等，两个极小值的亮度差不多。

要想找到大熊座W，先从NGC 3079向西移动1.2°，来到一颗8等星。然后继续向西移动1.7°，来到一颗6.5等星，

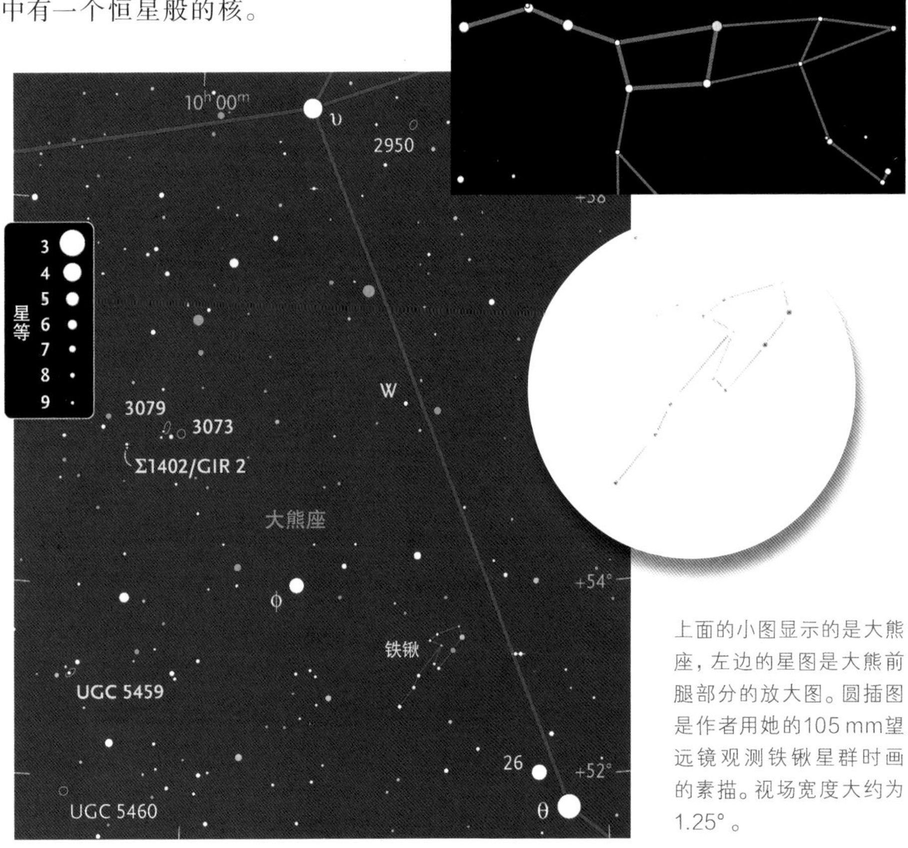

上面的小图显示的是大熊座，左边的星图是大熊前腿部分的放大图。圆插图是作者用她的105 mm望远镜观测铁锹星群时画的素描。视场宽度大约为1.25°。

春季 • 五月

这颗6.5等星和另外三颗星组成一个南北长0.5°的平行四边形，它位于最西边也是其中最亮的一颗星。平行四边形中南边和北边的星都是8.9等，比大熊座W最暗时还要暗一点。大熊座W就是最东边那颗星。如果你在不同时间观察它们，就能察觉到两颗星相互运动造成的快速变化。

下面，我们要进行更深入的探索，去寻找一个星群，约翰·基亚拉瓦莱在他的《星群》中称之为“铁锹”。这是一个适合小型望远镜或大双筒望远镜观测的好目标。这个星群非常好找，就在大熊座φ的西南方1.6°。这个天上的大铁锹从东南到西北延伸了1.1°。我用105 mm望远镜放大到28倍，能够看到三颗星组成了铁锹的把手，8颗星组成了铁锹的头。

再从大熊座φ开始，向东南偏东方向移动2.6°，来到两颗7.8等星，它们中间有一颗9.6等星。这三颗星组成了一条稍微弯曲、东南—西北方向的16′长的连线。扁平星系UGC 5459位于这条线南边5′处，与这条线平行。一颗8.7等星似乎藏在星系的东南端。我用10英寸反射望远镜放大到213倍看，星系大约2.5′长，非常细。两颗暗星位于星系东北端的西边1.5′处。

扁平星系基本上都是没有核球的旋涡星系，之所以看上去很细，是因为它们侧向对着我们。很多这样的星系中的恒星诞生率都不高，常常也看不到尘埃暗带。而另一些则相反，比如后发座的旋涡星系NGC 4565，是一个壮观的侧向星系，有很明显的尘埃带。

与乌鸦齐飞翔

这个南天星座中有异常迷人的星系和聚星。

乌鸦座的恒星组成了一个明显的四边形，每年五月飞翔在南边的天空。虽然这个图案一点都不像一只鸟，但是包括古希腊在内的多种文化都把它和鸟联系在一起。在中国，人们把它描绘成南方朱雀七宿中一辆乘风而行的车。乌鸦座或许象征着邪风使者，或风暴鸟，在巴西，它被视为一只苍鹭。

乌鸦座中没有梅西耶天体，但是在紧贴着它北边的边界另一侧，我们可以找到草帽星系M104，作为乌鸦座的邻居，它非常值得欣赏一番。草帽星系位于室女座χ南边3.6°处，即使在我的12×36稳像双筒望远镜中都能轻易看到它是一块长的光斑。用我的105 mm折射望远镜放大到47倍观测，M104从东到西有6.75′，明亮的椭圆形核球宽2.25′，中间是一个小而致密的核。一条窄的尘埃带横着贯穿整个星系，像乌鸦一样黑，如同草帽的宽沿。一颗10等星就像悬在草帽西端的绒球。核球的大部分位于尘埃带的北侧，就像草帽的帽顶。在高倍率望远镜下看，这条尘埃带会更明显，会给人留下深刻的印象。

和飘在你家周围的灰尘不一样，环绕在草帽星系周围的尘埃不可小视。它们的总质量达到我们的太阳质量的1 600万倍。

用我的小型折射望远镜放大到17倍观测，这个壮观的星系与一个惊艳的星群和一个六合星系统位于同一个3.6°视场中。首先看看M104西北偏西方向距离24′处的一群8等星和9等星。天文作家菲利普·S.哈林顿把这个2°长的星群称为大白鲨，它就像这只鲨鱼咧开嘴笑一样。从北边开始，我看到6颗星向东弯曲组成了鲨鱼纤瘦的身体，西边一颗星就像它的背鳍。别游得太近哦，它看上去很饿。

爱尔兰天文爱好者凯文·贝里克把这个鲨鱼的微笑看成一个缩小版的天箭座。在我的10英寸反射望远镜中，这些星星是五彩缤纷的。其中一颗是黄色的，两颗是橙黄色的。看来我们的鲨鱼该刷牙了。

下面从M104向西南偏西方向移动1.1°，观测一个聚星系统斯特鲁维1659（Struve 1659，或Σ1659）。用我的105 mm望远镜放大到47倍，我看到一个5′大小的等腰三角形，在它的中心又有一个更小的等腰三角形。除了6颗星中最暗的那一颗，其余的都能用我的10英寸望远镜看到它们的颜色，按照从亮到暗，它们的颜色依次是黄白色、深黄色、浅黄色、黄色和金色。

我第一次知道这个六合星系统是在20世纪80年代的一次得克萨斯州星空大会上，约翰·瓦戈纳告诉我的。他管这群星星叫“星门”，因为这让他想起1979—1981年的电视剧中的英雄巴克·罗杰斯使用的超时空星门。瓦戈纳

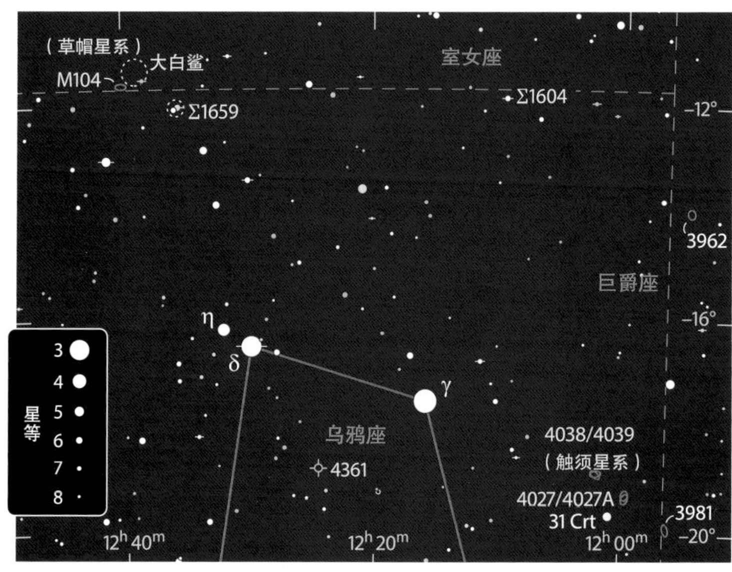

在照片中，M104最震撼的特征莫过于它又宽又暗的、沿着赤道分布的尘埃带了。位于尘埃带北边的部分——在望远镜中首先看到的部分——让M104获得了“草帽星系”的绰号。

＊ 摄影：马丁·皮戈。

创立并运营天文联盟BBS，他也把它命名为星门。除了瓦戈纳之外，也有很多其他人发现了这一群星星，这并不令人感到意外。

澳大利亚天文爱好者佩里·弗拉霍斯写信告诉我，他把这群星星称为“双三角星”，并且在布伦特·A.阿奇纳尔和史蒂文·海因斯所著的《星团》中，这群星被称为卡纳利，这是宾夕法尼亚州天文爱好者埃里克·卡纳利的名字，卡纳利把这群星星称为“漂亮的小三角星群”。

三合星系统组成三角形的情况很常见，毕竟任何不在一条线上的三颗星都能组成三角形，但是大三角形套小三角形的聚星系统，据我所知就这一个。三合星组成等边三角形的情况也很罕见，但在Σ1659西边6.4°的地方正好就有一个。在我的小型折射望远镜47倍下观测，斯特鲁维1604（Struve 1604，或Σ1604）的主星是黄色的，较亮的伴星是黄白色的，较暗的伴星则是橙色的。

关于几颗子星的数据，不同的来源十分混乱。困扰来自这几颗星相对较大的自行速度，以及C星实际上比B星更亮（大部分三合星系统中的A、B、C子星是按亮度降序命名的）。在我们的表格中，角距和方位数据都是2010年的。

向下移动到乌鸦座，四边形上面的两颗星是乌鸦座δ和乌鸦座γ。有一个不寻常的行星状星云NGC 4361和这两颗恒星组成了一个等腰三角形，位于乌鸦座γ东南偏东方向2.4°。

用我的105 mm望远镜放大到87倍，NGC 4361是一个明亮的圆形的行星状星云，中间有一颗暗星。用10英寸反

乌鸦乘风跨越南天					
目标	类型	星等	大小 / 角距	赤经	赤纬
M104	星系	8.0	8.7′×3.5′	$12^h 40.0^m$	−11°37′
大白鲨	星群	6.4	30′	$12^h 38.9^m$	−11°21′
Σ1659	六合星	6.6—11.0	6′	$12^h 35.7^m$	−12°02′
Σ1604	三合星	6.6, 9.4, 8.1	9.1″ E, 10.2″ NNE	$12^h 09.5^m$	−11°51′
NGC 4361	行星状星云	10.9	2.1′	$12^h 24.5^m$	−18°47′
NGC 4038	星系	10.5	3.4′×1.7′	$12^h 01.9^m$	−18°52′
NGC 4039	星系	11.2	3.1′×1.6′	$12^h 01.9^m$	−18°53′
NGC 4027	星系	11.1	3.2′×2.1′	$11^h 59.5^m$	−19°16′
NGC 4027A	星系	14.5	0.9′×0.6′	$11^h 59.5^m$	−19°20′
大小和角距数据来自最新的星表。实际观测时的目标大小往往比星表里的数值小，且根据观测设备的口径和放大倍率的变化而不同。					

射望远镜看，我能够分辨出很多细节。放大到115倍，我看到了一个暗弱的圆形晕，包裹着一个更亮的、东北—西南方向延长的椭圆形，中间是一个明亮的椭圆形核球，东边略向南边倾斜。放大到166倍，我估测晕的宽度是2′，较大的椭圆形长1.5′。在核球中有一块暗弱的光斑，位于中央恒星的西南偏南方向。核球的最东端拐向西南方延伸一小段，西端是一个方向相反、更暗更粗的一小段延伸。使用窄带星云滤镜在低倍率下看能够增强一些细节，但是我更喜欢不用滤镜放大到166倍观看。用我的15英寸反射望远镜放大到133倍，延伸的部分更长并向逆时针方向弯曲，使这个星云看上去非常像一个旋涡星系。

在乌鸦座游览的最后，我们来欣赏一个古怪的四重星系，它们位于巨爵座31的北边（这颗星在命名的时候是巨爵座的一部分，但是现代的星座分界把它划分到了乌鸦座里）。NGC 4038和NGC 4039这对星系广为人知，它们正在戏剧性地融合在一起，这对星系还有一个昵称叫作触须星系。甚至用我的小型折射望远镜就能看出它们奇怪的迹象。放大到47倍时，我只能看到一块暗淡的大光斑，北边稍亮一些。但放大到87后，我就能看到NGC 4038是一个东西向的椭圆，而暗一些的NGC 4039中有一块亮斑，在这里它和它的伴星系的东端融合在一起，并向西南方向延伸。NGC 4038和NGC 4039加起来的光斑南北向宽3′，东西向宽2.5′。在我的10英寸望远镜中放大到213倍，触须星系看起来非常震撼。它们两个一起组成了一个胎儿的形状，西边凹陷，并显示出大规模的斑块状。随着望远镜口径的增大，这对星系逐渐显示出更多的细节。我曾经幸运地用一个36英寸反射望远镜看到过它，我看到了非常复杂的细节。明亮的斑块是星系的核心及由于持续的碰撞而引发的强烈的恒星形成区。

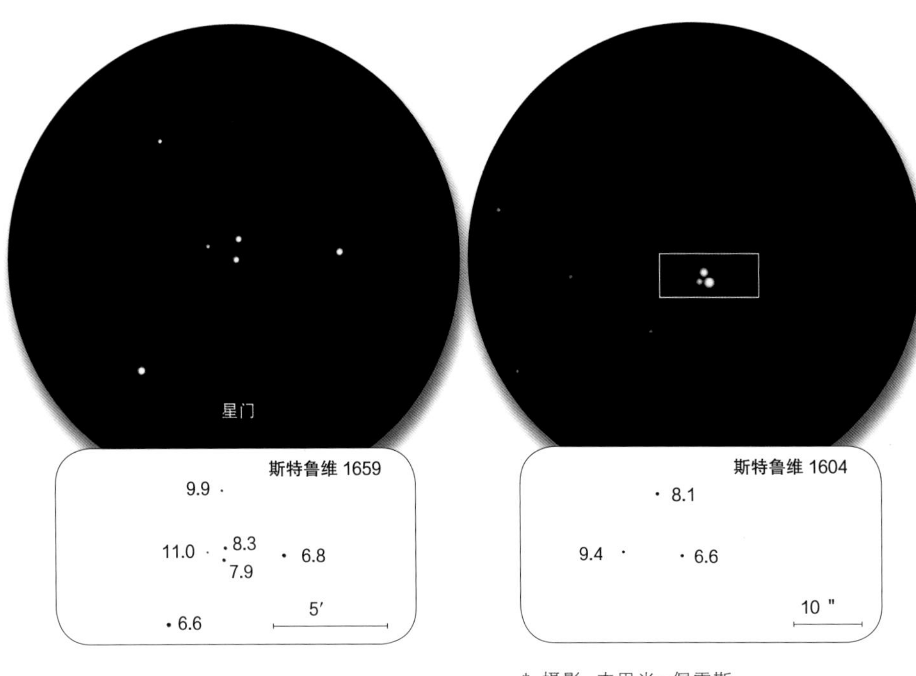

* 摄影：杰里米·佩雷斯。

触须星系得名于它们由恒星和气体组成的薄纱般的长尾巴，这些结构在长时间曝光的照片中可以看到。在引潮力的相互作用下，这些

左图：大白鲨星群的嘴指向了M104，组成鲨鱼身体的6颗亮星环绕着星系。
* 摄影：帕洛玛天文台巡天二期/加州理工学院/帕洛玛。

下图：触须星系的碰撞引发了惊人的恒星形成大爆发。这张哈勃望远镜拍摄的照片显示出几十个这样的区域，其中蓝色是年轻的热恒星发出的光，粉色来自H-α辐射。这些颜色和星系中年老的恒星发出的黄色的光形成鲜明对比。上方为北。
* 摄影：NASA/ESA/哈勃传承计划团队/空间望远镜研究所/美国大学天文研究联合组织。

壮观的光弧跨越了50万光年的距离。一些天文爱好者尝试用12.5英寸的小型望远镜观测这些结构，但即使用20英寸的望远镜也很难看到这些尾巴。

第二对相互作用星系位于触须星系西南方41′处，虽然较亮的星系是一个奇怪的只有一条旋臂的旋涡星系，但它经常被忽视。在我的小型折射望远镜中等倍率下，NGC 4027只是一块暗淡的光斑，但在我的10英寸望远镜中放大到213倍，我看到了NGC 4027的特别形状，还看到了它的小伴星系NGC 4027A。

在星光灿烂的春夜，花点时间去探索乌鸦座吧。如果你欣赏到了乌鸦座里的珍宝，你就可以去炫耀一番了。

上图：NGC 4038（上）和NGC 4039，这对碰撞的星系通常被称作触须星系，在太空中甩出长长的气体尾巴。

* 摄影：马丁·皮戈。

右图：作者为奇怪的单臂旋涡星系NGC 4027和它暗淡的伴星系NGC 4027A绘制的素描图，这是用她的10英寸望远镜放大213倍观测到的。

后发如丝

室女座北边的这个星座里充满了星系。

一位裹着毯子的老妇人，
比月亮还高十七倍；
她要去哪里，我不得不问，
因为她手里拿着一把扫帚。
“老妇人，老妇人，老妇人，”我说，
“要去哪，要去哪，要去哪，这么高？”
“我要去天上扫除蜘蛛网，
而且我会和你在一起！”

——无名氏

加勒特·P.瑟维斯在他的《望远镜中的天文学》中描述后发座——贝勒奈西的头发时，引用了上面这段话。他写道：“在狮子座β（五帝座一）和牧夫座α（大角星）之间的一条线上，更靠近前者一点，你会感到一种奇怪的闪烁，就像蛛网上挂着露珠闪闪发光。有人可能会认为这是童谣里的老太太在天上清扫蛛网的时候遗漏了这里，或是她认为这里很漂亮，即使自己那么想清扫，还是刻意保留了这里。”

瑟维斯所说的蛛丝就是梅洛特111，代表贝勒奈西的头发的一个巨大星团。在黑暗的夜空注视这个星团，我能够看到头发中的几颗宝石，用双筒望远镜能够看到几十颗星星。

在望远镜中我们会看到更多迹象，表明这位老太太留下这片天空没有清扫，因为这里充满了灰尘一般的星系。其中一团毛絮是NGC 4559。它位于橙黄色的后发座γ东边2°偏南一点，后发座γ是梅洛特111的前景星中最亮的一颗。

用我的105 mm折射望远镜放大到28倍，NGC 4559是

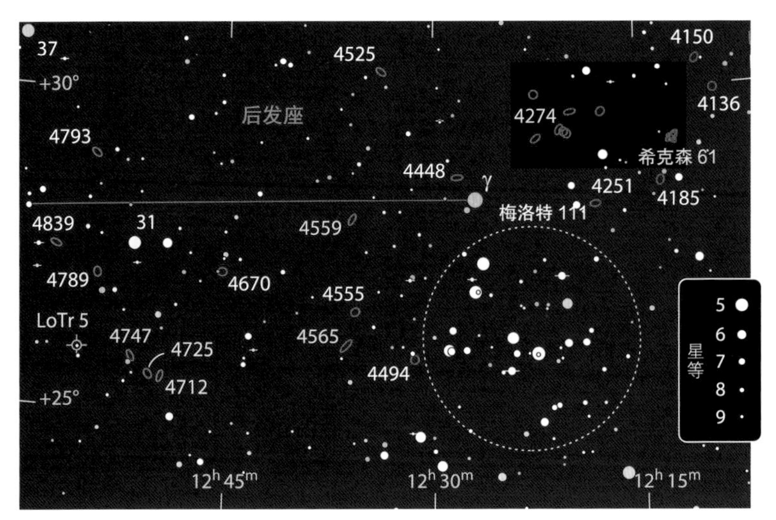

这张星图中大部分星系都是室女座星系团的成员，距离我们大约6 000万光年。后发星团梅洛特111距离地球只有280光年。

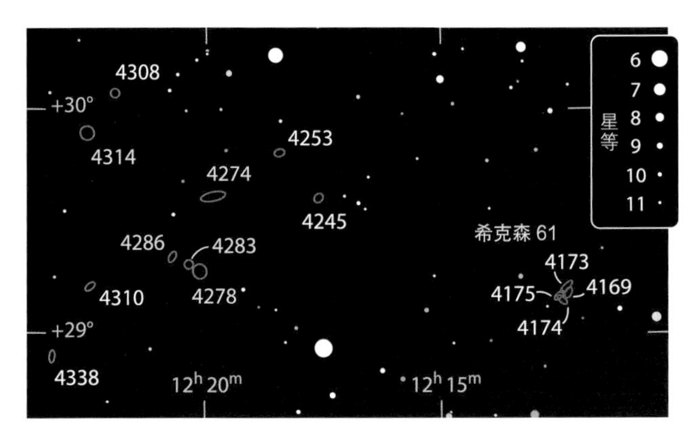

一块椭圆形的光斑，其东南端的两边各有一颗暗星。放大到76倍，我又看到一颗更暗的星在东南端的尖上。该星系覆盖了4′×1.5′的范围，有一个明亮的核球，亮度稍稍有些不均匀。

用我的10英寸反射望远镜放大到192倍看，NGC 4559扩展到6.5′×2.5′，十分漂亮。几缕暗淡的光带伸向中间和星系最东边环绕星系的三颗恒星。还有一条更暗的光带从星系中心北边开始向西北偏北方向延伸。NGC 4559的中心是一个若隐若现的恒星般的核，一块亮一些的光斑装点在星系的表面。一个壮观的星系NGC 4565在NGC 4559南边2°的天空中划开一道口子。这个侧向星系细长的侧面让它得名为针状星系，另一些观测者喜欢叫它贝勒奈西的发簪。

在那些长度至少是宽度8倍的星系中，NGC 4565是最亮的一个，所以它是最适合用小型望远镜观测的扁平星系之一。用我的5.1英寸望远镜放大到37倍，它是一个9′长的光条，光条里面有一个其长度一半的更亮的区域，中心有一个小的核球。放大到102倍，核球也呈椭圆形，有一个恒星般的核，东北边的极区上面有一颗暗星。一条黑暗的尘埃带从恒星般的核的东北边擦过，穿过核球并向外延伸。

用我的10英寸反射望远镜放大到192倍观测，NGC 4565非常漂亮。它跨越了惊人的15′的天空，我能看到大约3′长的暗带。

从这里向东移动3.2°，再向南一点，就来到了一个很不寻常的结构NGC 4725。由几颗星星组成的细长的链子从东方指向它。在我的105 mm望远镜中放大到28倍，NGC 4725是一个相当大而明亮的星系。它有一个小核球，东北和西南方向向外延伸，外面包围着一圈暗淡的晕。一颗暗星挂在该星系南边缘的下面。放大到87倍，NGC 4725两端的延伸变成了一块椭圆形光斑的一部分，亮度不均匀，环绕在核球周围。核球本身也略呈椭圆形，中心有一个小而明亮的核。NGC 4725的大小约为6.5′×4.5′，一颗极其暗淡的星位于它的边缘、核的北边。

我用10英寸望远镜放大到192倍，可以看到NGC 4725里面丰富的细节，还可以看到附近两个别的星系。NGC 4725位于一个几颗12等星组成的10′大小的菱形的边缘。暗一些的NGC 4712在同一个视场中，位于菱形的另一边。NGC 4712是一个2′×0.75′大小的椭圆形，中间有一个小的椭圆形核球。在更远的地方，NGC 4747位于那一串星星中最亮那颗的北边6′处。这个非常暗淡的光条有2′长，中间稍亮一些。

棒旋星系NGC 4559的结构和我们的银河系类似。
* 摄影：杰夫·哈普曼/亚当·布洛克/美国国家光学天文台/美国大学天文研究联合组织/美国国家科学基金会。

左图：NGC 4565经常被认为是最壮观的侧向旋涡星系。
* 摄影：约翰内斯·舍德勒。
右图：棒旋星系NGC 4725和NGC 4712都是介于正向和侧向之间面对着地球的。但NGC 4712比NGC 4725要远3倍多，所以它看上去更小。
* 摄影：谢尔登·法沃尔斯基/肖恩·沃克。

旋涡星系NGC 4274内部的旋臂和外面的晕看上去都是围绕在核球周围的环形结构。其明亮的内环经常和土星的光环联系起来。
* 摄影：史蒂夫和谢里·布希/亚当·布洛克/美国国家光学天文台/美国大学天文研究联合组织/美国国家科学基金会。

那些有大望远镜、黑暗的天空条件且喜欢挑战的人可能会尝试寻找行星状星云朗莫尔-特里顿5（Longmore-Tritton 5，或LoTr 5）。它位于NGC 4747东边52′北边一点，它的中心有一对8.9等星，暗的那颗就是星云的前身恒星。这个行星状星云的面亮度非常低，也是全天最大的行星状星云之一。它的视直径有8.8′，其样子让人联想起螺旋星云（NGC 7293）。要想找到它，试试低倍率和氧-Ⅲ星云滤镜。我用14~15英寸望远镜看到过几次这个幽灵般的星云，但也只能说“可能”看到过。在黑暗的夜空中，有观测者用16英寸望远镜成功看到了它。

现在，我们从后发座γ向西北方向移动2.1°，来看看NGC 4274。在我的105 mm望远镜28倍下，它和NGC 4278、NGC 4314处于同一个视场中。NGC 4274是一个很亮的椭圆形，NGC 4278又小又圆，有一个明亮的核，而NGC 4314是一块模糊的光斑。放大到87倍，NGC 4274约5.5′×1.75′，东边向南倾斜。NGC 4274有一个椭圆形的大核球，而中间的核小而圆且明亮。一对相距很近但亮度差很多的恒星位于它的南边6′处。NGC 4278的中心则明亮得多。一颗非常暗的星在它北边5′处，小而明亮的圆形星系NGC 4283陪伴在它东北偏东方向3.5′的地方。NGC 4314是一个明亮的2.5′长纺锤形，中间是一个圆形的核球和恒星般的核。它外面包围着一圈暗淡的晕，一颗非常暗的星在它西北方的顶端附近。

用我的10英寸望远镜放大到192倍，NGC 4274看上去很奇怪。椭圆形的晕和核球两边好像是不连接的，被两个黑暗的耳朵隔开，就像在看一个幽灵般的土星！在整个星系外面有一个近乎透明的包层，并向外迅速消失不见。NGC 4283东北偏东方向5′处是NGC 4286。NGC 4286是一块暗淡的椭圆形光斑，中间有一个小而明亮的核球，在它的东南偏南的顶端外面有一颗暗星。

我们的最后一站是希克森61，位于NGC 4278西边1.7°处。这个紧凑的星系群由四个星系挤在6′的天空中组成，通常被称作“盒子”。用我的105 mm折射望远镜放大到87倍，能够看到其中的三个星系。NGC 4169是最亮的一个星系。它向西北偏北方向倾斜，有一个椭圆形的大核球。NGC 4174和NGC 4175非常暗，前者是一块东北向倾斜的模糊小光斑，后者更大一些，向西北方向倾斜。第四个成员，NGC 4173，在我的10英寸望远镜中也是若隐若现的。它很纤长，和NGC 4175在同一条线上，最好用余光法观察。

虽然看起来很奇怪，但NGC 4173实际上是一个前景星系，和其他三个星系没有物理关联。从照片上就能看出迹象，NGC 4173看起来更大，细节更多，也比另外几个星系更蓝。室女座星系团的中心距离我们6 000万光年，但大部分星系都离我们更近或者更远。希克森61中的其他星系和NGC 4172要远上3倍。

王后头发中的尘埃

目标	类型	星等	大小 / 角距	赤经	赤纬
NGC 4559	星系	10.0	10.7′×4.4′	$12^h 36.0^m$	+27°58′
NGC 4565	星系	9.6	15.9′×1.9′	$12^h 36.3^m$	+25°59′
NGC 4725	星系	9.4	10.7′×7.6′	$12^h 50.4^m$	+25°30′
LoTr 5	行星状星云	—	8.8′	$12^h 55.6^m$	+25°54′
NGC 4274	星系	10.4	6.8′×2.5′	$12^h 19.8^m$	+29°37′
希克森 61	星系群	12.2—13.4	6′	$12^h 12.4^m$	+29°12′

大小和角距数据来自最新的星表。实际观测时的目标大小往往比星表里的数值小，且根据观测设备的口径和放大倍率的变化而不同。

斯隆数字化巡天

春季 • 五月

夺目的双星，璀璨的球团

一个不太知名的星座给使用小型望远镜的爱好者带来了很多的乐趣。

巨蛇座的头部蜿蜒曲折地穿过蛇夫座（贴切的称谓）与牧夫座之间初夏的天空。巨蛇座群星之中隐藏着全天最好看的——但常常被忽视的——球状星团之一。让我们从这个孤立的目标开始。在那里，我们将沿着多对双星组成的星桥走到邻近蛇夫座的一对密近球团。

M5是天赤道以北最亮的球状星团。它位于巨蛇座最亮的星巨蛇座α西南7.7°的天区。用一台60 mm的望远镜即可轻松找到5.8等的M5，它是一块小而圆的光斑，还有较暗的颗粒状星晕。在同一个视场中，M5东南偏南仅0.3°的位置是一颗黄色的5等星巨蛇座5（Σ1930）。一台4英寸望远镜放大到150倍能够分辨出星团外缘许多恒星。

这个星团的中心区像一团明亮火焰，随着向恒星般的内核靠近而逐渐增强。它看起来略呈椭圆形，长轴沿东北—西南倾斜。M5有130亿年的历史，是已知最古老的球状星团之一。从球状星团的个头来说，它也是属于第一梯队的，横跨130光年。德国天文学家戈特弗里德·基尔希在1702年最先发现了它。M5是由数十万颗星组成的引力束缚系统，距离我们大约25 000光年。

V42。作为M5 内部众多变星中的一员，它位于M5核心西南3′ 的星晕中。想找到它有一定的挑战，但值得一试。V42的视亮度以25.7天为周期在10.6等到12.1等之间往复变化。当其视亮度达到最大值时，它是星晕中最亮的星，然而当视亮度降到最低时它就可能从小型望远镜的视场中消失。

巨蛇座5。回到M5东南的那颗亮星。它事实上是一对双星，其中5等主星呈鲜亮的黄色。小型望远镜可能难以分辨它东北12″ 位置的10等橙色伴星。80倍放大率下可以将它们完全分解。这对双星也被称为Σ1930。希腊字母Σ出现在许多双星的命名中，它代表这个目标被收录于双星探索先驱者弗里德里希·格奥尔格·威廉·冯·斯特鲁维编纂的星表《双星和聚星的微测量》，并于1837年发表。

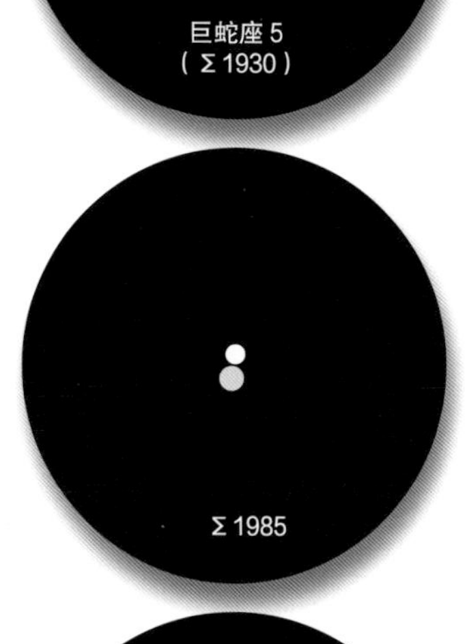

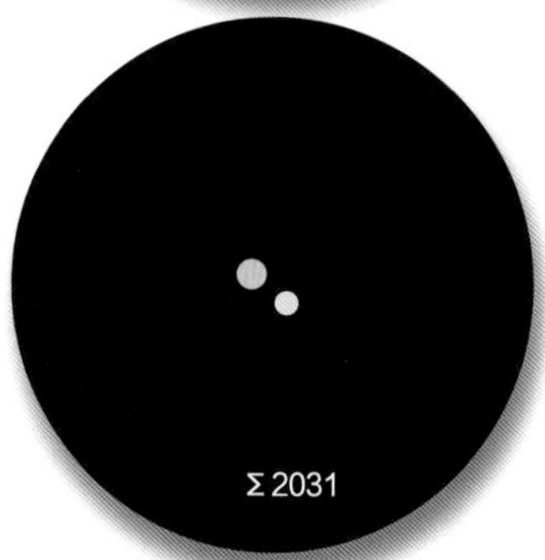

右图：双星观测家茜茜·哈斯手绘的巨蛇座5（Σ1930）、Σ1985和Σ2031。这三张图显示了小型折射望远镜中它们呈现出的样子。上方为北。左图：位于蛇夫座心脏部位的一对球状星团。在藤井旭拍摄的这张照片中，M12位于右上，M10位于左下。上方为北。

在球状星团间跳跃

目标	类型	星等	距离（光年）	赤经	赤纬
M5	球状星团	5.8	25 000	$15^h18.6^m$	+2°05′
V42	变星	10.6—12.1	25 000	$15^h18.6^m$	+2°05′
巨蛇座 5（Σ1930）	双星	5.0,10	81	$15^h19.3^m$	+1°45′
Σ1985	双星	7.0, 8.1	123	$15^h56.0^m$	−2°10′
Σ2031	双星	7.0, 11	152	$16^h16.3^m$	−1°39′
M12	球状星团	6.6	18 000	$16^h47.2^m$	−1°57′
M10	球状星团	6.6	14 000	$16^h57.1^m$	−4°06′

Σ1985。这对橙黄色的双星位于3.5等星蛇夫座μ东北仅仅2°的地方。它包含一颗7等主星和其北侧6″的8等伴星。放大约120倍才能将它们有效地区分开。

Σ2031。从Σ1985向东大约5°，我们可以看到第三颗斯特鲁维双星，这里靠近两颗裸眼可见的星星蛇夫座δ和ε，分别也被称作天市右垣九和天市右垣十，英文名分别叫Yed Prior和Yed Posterior。英文的Yed来自阿拉伯语词汇“手掌”；在蛇夫抓捕巨蛇的形象中，这两颗星象征蛇夫的左手。在这场横跨夜空永不停息的斗争中，天市右垣九代表手掌前端（西侧），而天市右垣十紧随其后。

从天市右垣九向东北偏北移动2.1°即可找到Σ2031。50倍放大率就能轻易把这对远距双星区分开，但是可能还有一定的挑战，因为在小型望远镜中伴星非常暗弱且接近白色。伴星位于7等橙色主星的西南21″。

M12。顺着斯特鲁维的垫脚石，我们离地球越来越远。刚才经过的Σ1930、Σ1985和Σ2031，距离我们分别是81、123和152光年。接下来到球状星团M12的这一跳，则跳到了大约18 000光年之外。M12位于Σ2031东边7.7°处。从双筒望远镜或者寻星镜中即可看到这团微小而弥散的斑点。一台4英寸望远镜使用高放大率就能够分辨出外层晕中的一些星星，但是其核心仍然是一片斑驳的迷雾。用6英寸望远镜放大200倍可以显示出数十颗星，晕中许多星排列成曲折的星链，勾勒出黑暗又无星的空洞。

M10。M12东南仅仅3.3°处，我们可以找到一个相似的星团，它可能比M12更容易定位，因为它坐落在橙色4.8等星蛇夫座30西侧仅1°的位置。如果你搜寻M12遇到了困难，那就首先观测

蛇头从北冕座下方开始延伸穿过蛇夫座伸出的手掌。这张星图中，上方向北，东方向左。为了从目镜中确定方向，可以朝北极星方向轻轻推动望远镜；新的天空从视野的北侧边缘进入。（如果你使用的目镜接入了直角天顶镜，它给出的视场可能是镜像的。你可以将它取出然后用准确的图像来与星图匹配。）

璀璨的球状星团M5孤独地闪烁在巨蛇的背部。变星V42位于星团中心西南3′处。视场宽度为20′，上方为北。
* 摄影：罗伯特·詹德勒。

M10，然后从这里开始进一步寻找M12。在寻星镜中能够同时看到这两个星团。

M10看起来比它的同伴M12稍微亮一点，而且靠近中心更加致密。在一台4英寸望远镜中使用高倍率观测，M10中心呈颗粒状，能够分辨出边缘附近的一些恒星。6英寸设备可以显现出数十颗星散落在朦胧的背景之上。M10距我们14 000光年，所以蛇夫座两个球状星团都是我们相对较近的邻居。如果这个距离是准确的，二者在对方的天空中都是一个4等的天体。

北天极的夜空

小熊座可能缺少漂亮的深空天体，但是你是否整理过这些星星呢？

阴郁而肃杀的夜晚
却有众多欢快闪亮火光；
那些耀眼的星芒
在暗夜褪去之前划过半边天空舞动徜徉……
然而是你迎接它们揭幕，
北极之星！是你目送它们收场。
在这孤独的寒夜，
你永远驻守那不动的地方。

——威廉·卡伦·布赖恩特“北极星赞歌”

尽管视亮度2等的北极星有些暗淡，但它是全天最著名的恒星。一整年的每日每夜，北极星都恒定地矗立在你头顶的星空（假设你在北半球），保持在那个位置，让其他星不停围绕它旋转。北极星不仅标记了真正的北方（精确到0.75°），而且标记了你所在的纬度——它非常接近北极星的地平高度角。

从观测角度来说，北极星贡献给我们的，可不仅是指北。一台低倍率小型望远镜还能显示出包含北极星在内的一串直径40′的星环，它们亮度大多为6等到9等，向英仙座方向延伸。这个星群有时被称作订婚戒指星群，北极星便是上面闪亮的钻石。尽管有这样的名称，但是订婚戒指似乎遭到了破坏，其整体为椭圆形且向它的南侧严重凹陷。

北极星本身是一对双星；2等主星之外还有一颗9等伴星闪烁在18″外的位置。这看起来像是我们的订婚戒指被损坏之后掉落的一块钻石。如果两颗星亮度大致相当，那么低倍率望远镜也可以轻易地将它们分开，然而这里两颗星的亮度有7等之差（亮度大约相差600倍），这意味着伴星很容易被亮星的光芒掩盖。为了看清伴星请尝试至少80倍的放大率。北极星呈淡黄色。相比之下，暗淡的伴星看起来呈淡蓝色，但是实际测量结果却显示出它们的颜色非常接近。

由于地球自转轴恰好指向北极星，所以它处在天空特殊的位置。换句话说，它几乎位于北极点的正上方。随着地球旋转，只有地理极点的指向是整日整夜始终不变的。因此，极点正上方的星是唯一看似静止不动的恒星。

然而北极星并不是诗人描述的完全静止的焦点。我们的地轴和它略微有一点偏差；当前真正的北天极位于北极星旁边0.75°处，二者连线指向小熊座另一颗2等星——帝星，或者叫小熊座β。每天我们的北极星都绕着真正的北天极运行一小圈。

在接下来一个世纪中，这个小圈的半径将会缩小到0.5°以内。为什么？太阳和月球对地球赤道隆起施加引力，使它被拉向黄道面。这些力矩作用在旋转的地球上便

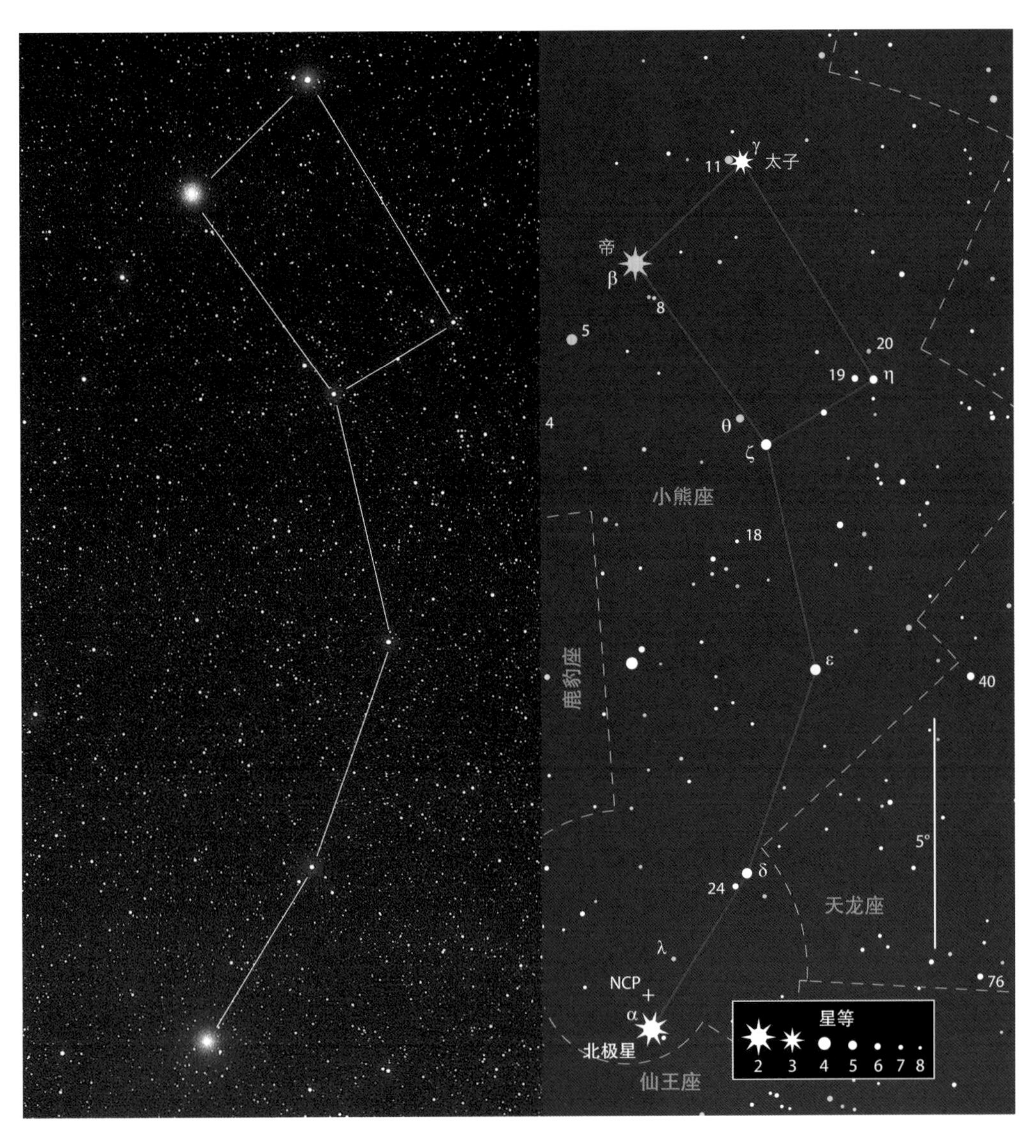

小北斗从北极星开始延伸一直到天极守护者，小熊座β和小熊座γ——跨度接近20°，或者说大约三个双筒望远镜的视场。为了搭配春末傍晚小北斗的位置，图中所有的图示都以下方为北。

* 星图：改编自《千禧年星图》的数据。

产生了岁差，即地轴指向相对恒星发生缓慢的移动。岁差带着北天极用大约26 000年的时间沿着天空划出一圈近圆的轨迹。

那么北极星在什么时候最接近北天极呢？答案并不简单。当北天极沿着岁差圈运动时，月球的引力效应给它增加了一项18.6年周期的微弱扭动（章动）。相对于射入的星光，地球有30千米/秒的公转运动，于是叠加在章动影响之上，所有恒星的视位置还有一项微小的周年漂移（周年光行差）。另外，在星系空间中北极星有相对于太阳的侧向运动，所以它自己的位置也在改变（自行）。

把这些都考虑在内，计算天才琼·梅乌斯得出北极星最接近北天极将出现在2100年3月24日，届时视间隔只有27′ 09″。虽然这可能不是关于北极星作为天极之星的最终结论，但是它表明一个简单问题可以有空前复杂的答案，这取决于你希望答案精确到何种程度。

组成小北斗的其他恒星中还有四对超宽距双星。虽然没有一个是真正的双星，但是其中两个很有吸引力，在双筒望远镜或者小型望远镜中它们的色彩对比都十分鲜明。

第一对双星是小熊座ζ和θ，位于勺柄和勺碗的连接处。4等的小熊座ζ呈白色；5等的小熊座θ呈橙色。二者

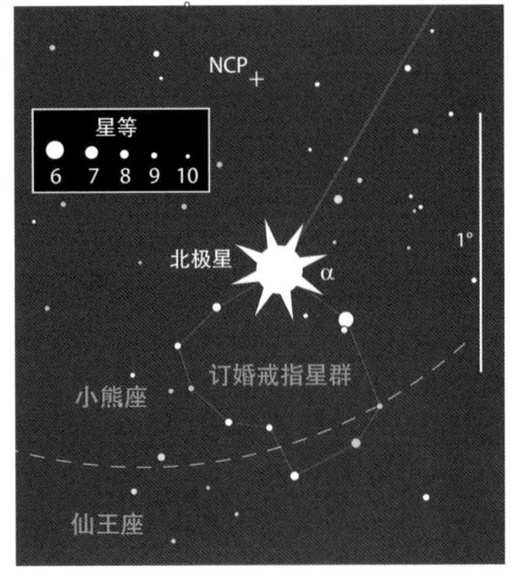

有多少观测者知道以北极星为宝石的暗弱星群订婚戒指？这个环横跨40′，所以用你的望远镜观测时宜搭配最低倍率、最大视场的目镜。

春季 • 六月

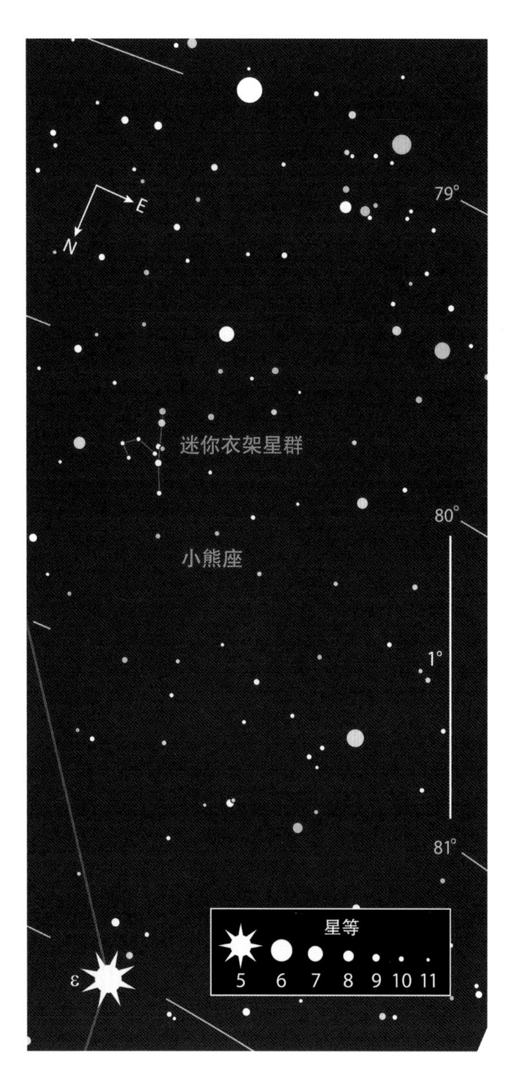

迷你衣架星群长约为20′，位于小北斗勺柄和勺碗之间，靠近小熊座ε。

相距49′，仅仅适合在低倍率广角视场中观测。

在小北斗勺碗中这对双星的对角是3等星太子和5等星勾陈增五，或者分别叫小熊座γ和小熊座11。它们相距17′，而且和前一对双星小熊座ζ和θ有相似的颜色，但是较暗的这颗呈现更淡的橙色，色指数为1.4，与之相比小熊座θ的色指数为1.6（色指数+0.2为纯白色；较低和负值呈现略微的蓝色，而较大的数值代表黄色、橙色和红色）。用你最低的放大倍率尽可能让这两对双星彼此靠近，以增强它们的颜色对比度。

与帝星相对的勺碗对角由小熊座η和小熊座19组成。它们相距26′，一颗呈现带有一丝黄色的白色，另一颗则是带有一丝蓝色的白色。你能察觉它们的差异吗？另有一颗橙黄色的6等星小熊座20与它们组成一个等腰三角形。

第四对双星是小熊座δ和小熊座24，它们是斗柄上北极星之下的第一对星。它们相距23′，分别是4等星和6等星，而且均为白色。

美国宾夕法尼亚州天文爱好者汤姆·怀廷在小北斗勺碗北侧发现了一个漂亮的星群。因为它和狐狸座为人熟知的衣架星群相似，所以怀廷把它称为“迷你衣架”。它由10颗9等到11等的星组成，位于小熊座ε西南偏南1.9°处。就像它的大表兄，迷你衣架类似一个老式衣架，拥有笔直的木杆和金属挂钩。7颗星组成这个长约17′的木杆。三颗暗星组成挂钩。

虽然大众熟知小熊座源自它包含北极星的事实，但是这里还能看到微妙的宝藏，且最重要的是，大多数读者在全年都可以看到它们。

小北斗中的恒星

恒星	星等	光谱型	色指数	距离（光年）	赤经	赤纬
北极星 A	1.9—2.1	F5—8 Ib	+0.6	430	$2^h31.8^m$	+89°16′
北极星 B	9.0	F3 Ⅴ	+0.4	430	$2^h31.8^m$	+89°16′
小熊座 β	2.0	K4 Ⅲ	+1.5	125	$14^h50.7^m$	+74°09′
小熊座 ζ	4.3	A3 Ⅴ	0.0	375	$15^h44.1^m$	+77°48′
小熊座 θ	5.0	K5 Ⅲ	+1.6	800	$15^h31.6^m$	+77°21′
小熊座 γ	3.0	A3 Ⅲ	+0.1	480	$15^h20.7^m$	+71°50′
小熊座 11	5.0	K4 Ⅲ	+1.4	390	$15^h17.1^m$	+71°49′
小熊座 η	5.0	F5 Ⅴ	+0.4	97	$16^h17.5^m$	+75°45′
小熊座 19	5.5	B8 Ⅴ	−0.1	660	$16^h10.8^m$	+75°53′
小熊座 20	6.4	K2 Ⅳ	+1.2	760	$16^h12.5^m$	+75°13′
小熊座 δ	4.4	A1 Ⅴ	0.0	180	$17^h32.2^m$	+86°35′
小熊座 24	5.8	A2	+0.2	155	$17^h30.8^m$	+86°58′
小熊座 ε	4.2	G5 Ⅲ	+0.9	350	$16^h46.0^m$	+82°02′

跟随这条弧线

牧夫座并非许多天文爱好者认为的那样缺乏深空景象。

牧夫座——天上的放牧人，是一个能够被轻松定位的星座。如果我们记着一句常说的话，“跟随这条弧线走向大角星”，那么我们熟悉的北斗七星形状便能指引我们找到这里。顺着北斗七星勺柄的曲线延伸下去，就能带我们准确地指向大角星——这颗牧夫座中最亮的恒星。牧夫座风筝骨架般的形状，正是从这颗耀眼的金色恒星开始，向东北方扩展开来的。放牧人的一条胳膊伸向了北斗七星的勺柄，好像他正抓着大熊座的尾巴。夜晚他们绕着北极星追逐，也许正是因为大熊从放牧人前面逃跑，所以它的尾巴就这样被拉长了。

“尽管找到牧夫座很简单，但它是一个缺少深空奇迹的星座”——或许你可能这么认为。我询问过我的天文俱乐部中几位活跃的观测者，他们是否能够想到任何位于牧夫座的深空天体，唯一的答案是梗河一，又名牧夫座ε，一对漂亮的呈金色和黄色的双星。不过，牧夫座确实还有其他值得搜寻的深空景象。让我们拜访几个。

我们从大角星群开始。我从布伦特·A.阿尔基纳和史蒂文·J.海因斯的精彩著作《星团》中了解到这群5等到9等之间的恒星。两位作者发现， 海勒姆·马蒂森和伊莱贾·H.博里特在1856年出版的《天空地理学》最先提到这个星群。在《天空地理学》中，作者将它描述为“环绕在大角星附近一个致密的星群。在小型望远镜中可能可见”。附带的星图显示它包含48颗恒星，但是大小和方位均没有标明。用双筒望远镜可以粗略地显示出这里对应的恒星集团。它有一个核心星群，大约3.5°×2°的长轴沿东西走向排列，而外层星群大小扩展到大约5°×3°的范围 。小型望远镜能够显示出其中一些黄色和橙色成员星的迹象，但是很少有望远镜可以达到足够的视场将它们全部覆盖。大角星群并非一个真实的星团，而是一群不相关的恒星，碰巧出现在了相同的视线方向。

NGC 5466 位于这幅照片的右侧，看起来黯淡微弱，而且太过于稀疏，几乎不能称为一个球状星团。不过，几乎在任何望远镜中都能看到它。一颗7等星位于它东边约20′ 处。乔治·R.维斯科梅在纽约普莱西德湖，用他的14.5英寸 f/6 牛顿反射式望远镜，在3M 1000胶片上曝光22分钟拍摄了这张照片。

牧夫座中掩藏的战利品								
目标	类型	大小	星等	平均面亮度	赤经	赤纬	*MSA*	*U2*
大角星群	星群	约 5°	—	—	14h19.5m	+19°04′	696	70R
皮科 1	星群	20′×7′	—	—	14h14.9m	+18°34′	696	70R
NGC 5466	球状星团	9′	9.0	—	14h05.5m	+28°32′	650	70R
M3	球状星团	18′	6.2	—	13h42.2m	+28°23′	651	71L
NGC 5529	旋涡星系	6.4′×0.7′	11.9	13.5	14h15.6m	+36°14′	627	52R
NGC 5557	椭圆星系	3.6′×3.2′	11.0	12.6	14h18.4m	+36°30′	627	52R
NGC 5676	旋涡星系	4.0′×1.9′	11.2	13.2	14h32.8m	+49°27′	586	36L
NGC 5689	旋涡星系	4.0′×1.1′	11.9	13.0	14h35.5m	+48°45′	586	36L

大小来自星表或者照片；当使用望远镜目视观测时，大多数天体看起来都要稍小。平均面亮度用每平方角分的等效视星等表示。表格中的*MSA*和*U2*分别为《千禧年星图》和《测天图 2000.0》第二版中的星图编号。

在大角星群南部边缘，还存在着一个小得多的星群。有的在线星表将它称作皮科 1（Picot 1）。皮科 1由7颗恒星组成，它们的亮度范围为9.4等到10.7等，且呈钟形曲线排列。命名这个星群的法国业余天文学家菲尔贝·皮科赋予了它一个恰当的昵称——拿破仑的帽子。其中帽檐长约20′，从东北到西南延伸。几乎任何一台望远镜都可以拍摄到这顶皇帝的帽子。

法国观测天文学家夏尔·梅西耶在1779年跟踪波得彗星的时候发现了球状星团M3，并将这个星团排在他那著名的深空天体列表的第三位，尽管他只看到了这里模糊的一团，没有任何恒星。本书的作者用她的105 mm折射镜分辨出了单独的恒星。为了避免中心区过曝，乔治·R.维斯科梅把曝光限制在10分钟。视场宽度为0.4°，上方为北。

向北移动，我们来到了牧夫座中我最喜欢的一个目标：NGC 5466，一个具有低表面亮度的幽灵般的球状星团。尽管这样，在暗夜中通过双筒望远镜仍然可以寻觅到它的踪迹。顺着梗河三（牧夫座ρ）向西南偏西6°，在一颗橙色的7等星旁边就可以定位到它。

通过一台小型望远镜观察，NGC 5466 横跨大约5′，是一块微弱的圆形光斑。我用105 mm折射镜在87倍放大率下只能分辨出星团中最亮的几颗星，但是一台6~8英尺望远镜也许可以看到十几颗星。更大的口径能让你显著提升放大率，同时不会让星团变暗消失。用我的10英寸反射镜在213倍放大率时，NGC 5466 横跨6′，沿东西方向有非常轻微的拉长。超过二十几颗暗弱和非常暗弱的星，在分辨不出细节的辉光中闪烁，而其中最亮的几颗星主要环绕在星团边缘。

M3是北天最壮观的球状星团之一，位于NGC 5466 以西5°。虽然它是猎犬座的成员，而非牧夫座，但是M3非常值得顺路观赏一下。这个星团足够亮，可以在双筒望远镜中看到，还有一些观测者用裸眼察觉到了它。用我的105 mm望远镜在127倍放大率下，M3显现出稀疏的边缘和一个异常明亮的内核，越靠近中心越加剧增亮。一些恒星就在星团中心区被分辨出来。它的核心，沿西北—东南方向伸长，淹没在宽达12′ 的光晕中。一颗10等星闪耀在其西北侧边缘，还有一颗8等星位于晕的外侧东南偏南方向。在望远镜倍率不断放大的过程中，这个球状星团仍然显得丰富而漂亮，所以可以尽情提升倍率，帮助我们分辨更暗的恒星。

用较大的望远镜观测M3，则会分辨出这团壮丽的

在晴朗的无月夜，侧向星系是众多星系中最令人吃惊的景象。在亚利桑那州基特峰，16英寸望远镜拍摄的NGC 5529。视场宽度为0.25°，上方为北。

* 图片来源：比尔·凯利/肖恩·凯利/亚当·布洛克/美国国家光学天文台/美国大学天文研究联合组织/美国国家科学基金会。

火焰中其实是充满了数不尽的恒星。在蜿蜒的星流和闪耀的光芒中，离群的恒星从中央辐射出来。M3与它的近邻 NGC 5466 相比，给人以更加深刻的印象，因为M3实际上有 NGC 5466的6倍亮，但是与我们的距离只有NGC 5466的三分之二远。

牧夫座的众多深空成员中有很多都是星系，但是都不是特别明亮。这些星系中最有趣的是 NGC 5529，一个异常平坦的星系。NGC 5529 事实上是一个侧向的旋涡星系，它的盘面看起来极其细长，或者说“平坦”。它被收录在《扁平星系星表修订版》中，该星系星表汇总了4 236个长度至少8倍于宽度的星系。它们中绝大多数是无法从普通的家用望远镜中看到的，然而NGC 5529是个例外。

为了定位它，首先从招摇（牧夫座γ）沿西南偏西移动2°，找到一颗7等星，也是这片视野中最亮的星，然后继续延长扫视相同的距离。虽然有人用口径小到6英寸的设备看到了NGC 5529，但是我在任何小于我10英寸牛顿望远镜的设备中从未看到过它。在115倍放大率下，我看到它像一枚针状的银币，从西北偏西到东南偏东延伸。NGC 5529的星系中心稍宽稍亮，蕴藏着一个极暗弱的核心。它的两侧各有一条由三颗恒星组成的同心圆弧，亮度为10等到12等。NGC 5529 更靠近东边的恒星弧线，并且它的东南尖端贴近弧线中最南边的恒星。

从照片上看，NGC 5529大约 6.4′×0.7′，且被一道灰暗的尘埃带一分为二。我很感兴趣的是，有没有人目视看到过这条暗带。

在 NGC 5529 东北偏东38′的位置，我发现了一个非常圆的星系NGC 5557，能够在同一个低倍视场中看到它。因为NGC 5557有更高的表面亮度，所以更容易被看到。我的105 mm望远镜在17倍时，NGC 5557显示出一个中心明亮的圆形小斑点。在87倍时，它看起来略微呈椭圆形，还有薄晕环绕在核心周围。把放大率提升到127倍时，NGC 5557显示出一个难以捉摸的多角星形核心。从我的10英寸望远镜中观察，因为能看到更大范围的星系晕，所以看起来这个星系变得更大了。

一小群星系位于放牧人上抬的手臂旁边，至少其中有两个星系足够明亮，可以在小型望远镜中看到。首先在天枪三（牧夫座θ）东南偏南3°的区域搜寻一颗橙红色的5.7等星。从这里向西北偏西19′，我们将找到这两个星系中的 NGC 5676。在我的小折射镜中它也是可见的，47倍放大率时NGC 5676像一个延伸的斑点从东北指向西南。87倍放大率时，它保持近乎均匀的表面亮度。它在我的10英寸望远镜中显示出一个长度4倍于宽度的暗晕，包裹着巨大的椭圆内核。一个更明亮的斑点装饰在核心的最东端，这个线索说明它是一个旋涡星系。

虽然NGC 5689稍暗一些，但是仍然可以在小折射镜的47倍放大率下看到。它位于上面提到的橙红色恒星东南偏南38′的位置，显示出东西方向的延展，在87倍放大率下时，我可以看到靠近其中心的区域变得更亮。用10英寸望远镜在中等倍率到高倍率下，可以显示出其核心区轻微的杂色，且其中还蕴藏着一个星系核。NGC 5689 是一个接近侧向的棒旋星系。

我们可以看到牧夫座的确拥有值得探寻的宇宙奇迹。当某个充满星光的夜晚在召唤时，务必跟随这条弧线，为自己寻觅几个奇迹。

拥抱左枢

在北天的春季星空中有大量的星系。

本月的深空探索覆盖以天龙座ι（也叫左枢）为中心的一片天空。左枢本身也是一颗有趣的恒星。由于地球自转轴的岁差摆动，大约6 400年前左枢曾经是我们的北极星，尽管它从未像今天的北极星这样靠近北天极。

左枢坐落在两个流星雨的辐射点附近，分别是一月的象限仪座流星雨和六月的牧夫座流星雨（也被称为天龙座ι流星雨）。后者的峰值流量在每小时0颗到100颗之间变化，但是有记录以来仅有1916年、1921年、1927年和1998年四次精彩的表现。未来象限仪座流星雨的峰值流量预测在国际流星组织官网上可以查到，网站上还有对其他流星雨观测条件的讨论。

左枢是一颗K2型橙巨星，它的光从100光年外射向我们。它是第一颗被证实存在亚恒星伴星的巨星，现在称其伴星为天龙座ι b。大家认为伴星质量为木星质量的8.9~19.8倍，所以这颗伴星既可能是一颗巨行星也可能是一颗褐矮星。它运行在高离心率的椭圆轨道上，与左枢的距离在0.4~2.2天文单位之间变化。

定位左枢是一件轻而易举的事。它附近的天龙座α（也叫右枢）位于小北斗勺碗末端和大北斗勺柄转角连线的中点。3等星左枢是天龙座蜿蜒的身躯中α星东侧的第一颗星。在望远镜中很容易辨识出这颗金色恒星。它和东北方红色的9等星组成了一对超宽距光学双星（BUP 162）。

左枢周围有一群值得观测的星系，其中最亮的叫作NGC 5866，位于左枢西南4°处。用我的105 mm折射望远镜放大到28倍观察，这个近乎侧向的透镜状星系虽然小但很亮。NGC 5866坐落在由三颗7~8等的场星组成的40′的直角三角形最暗的顶点之外。另一颗黄色亮星位于NGC 5866南边1.2°处，还有一颗11等紧贴它的西北侧。提升放大率到87倍，我还看到一颗暗星位于视场中NGC 5866的对侧。这个星系呈纺锤形，长约2.5′，宽是长的三分之一，还有一块明亮且被拉长的中心区。在127倍放大率下观测，我能看到微小的星系核时隐时现。配备大口径望远镜（比如12英寸或者更大）的观测者，可以试试寻找沿着星系长轴的尘埃带和中心区两端延伸出的薄薄光翼。

虽然它的名称存在争议，但是NGC 5866通常被绘制或者包含在梅西耶星表中，记为M102（参见《天空和望远镜》2005年三月刊78页和对比文章）。

NGC 5866所属的星系群距离我们大约5 000万光年，它是星系群中最亮的成员。第二亮的是NGC 5907，坐落在NGC 5866东北偏东1.4°处。当你扫向NGC 5907时，注意留心一条由三颗8等星组成的0.25°圆弧。顺着星链继续延伸相等的弧长将指引你前往NGC 5907。

旋涡星系NGC 5907的星系盘几乎完美侧向，比它的邻居显得更加扁平。有人称它为碎裂星系，这个名字似乎来自《天空和望远镜》前专栏作家瓦尔特·斯科特·休斯敦，自1970年该杂志的六月号开始他曾多次使用这一词。我的105 mm望远镜放大87倍时显示出一个相当昏暗但是非常优美的狭长针状物，沿东南偏南到西北偏北排列。它

只需一眼就可以回答为什么天龙座侧向星系NGC 5907经常被《天空和望远镜》前专栏作家瓦尔特·斯科特·休斯敦称作碎裂星系。视场宽度为12′，上方为北。

* 摄影：罗伯特·詹德勒。

长7′，靠近长轴两侧和中心区都有增亮。我用10英寸反射望远镜放大115倍，将这个绚丽的刀刃星系延长到了9′，而且显示出一个斑驳的核心。一颗暗星蜷缩在星系西侧边缘，还有几颗散落在星系北半区。

从NGC 5907向南移动1°左右带我们来到星系NGC 5905和NGC 5908。用我的小型折射望远镜放大到87倍，它们处于同一个视场。NGC 5908是二者中较亮的一个，也是一个接近侧向的星系。它长约2′，是宽的四倍。NGC 5908星系沿长轴方向明显增亮，靠近中心时显著变亮。位于西北偏西13′的NGC 5905则是一块没有细节的斑点。

我的10英寸望远镜使用115倍放大率仍能同时呈现两个星系，虽然这套设备仅仅提升了NGC 5908的视亮度，但是NGC 5905的观测效果也得到了大大改善。105 mm望远镜中的暗斑此时演变为一个大型星系的核球，拥有向西北倾斜的椭圆星系晕和明亮的类星星系核。一对11等的密近双星（维尔茨13）坐落在星系东南角以南2.5′处。使用大望远镜的观测者可以尝试搜寻NGC 5908核球中的星系棒和NGC 5905的尘埃带。你可以分辨出它们吗？

NGC 5905和NGC 5908不属于NGC 5866星系群，而是一对比后者还远3倍的相互作用背景星系。接着，我们回到NGC 5907，向西北移动1°能够找到这个星系群中第三亮的成员。它便是旋涡星系NGC 5879，在西北偏北7′的位置还有一颗黄白色7等星。我的小型折射望远镜放大到87倍显示出一个接近南北走向的1.5′×0.5′椭圆。靠近中心区有显著增亮，而且在东边几个角分的位置有一对暗淡的双星。在我的10英寸望远镜中，NGC 5897扩展为3′×1′的椭圆，并显示出一颗类星星系核。

我们现在回到左枢，向东北偏东移动1.8°，指向全天最令人惊叹的三重奏之一。位于一亿光年外的NGC 5981、NGC 5982和NGC 5985形成一组真实的星系群，尽管每个看起来都形态迥异。此处，我们可看到一个侧向旋涡星系、一个椭圆星系和一个倾斜能够看到旋臂的旋涡星系。

最容易辨识的是椭圆星系NGC 5982，用我的105 mm望远镜放大到28倍也能看到。然而观测三重星系的最佳视野来自102倍的放大率，三个星系均匀排布在一条平滑的弧线上。NGC 5982的椭圆外形略微向东南方向倾斜，并包裹着一个稍亮核球和类星星系核。NGC 5985非常大，但是表面亮度较低。它接近南北走向，具有一块相当大而且比较亮的中心区，另有一颗12等星点缀在星系北侧尖端。NGC 5981则是一个非常暗弱的条纹，指向它西北偏北的一颗11等星。

我的10英寸反射望远镜放大到118倍仍然能够在同一个视场中放下这组三重星系。NGC 5981长1.7′且非常薄，NGC 5982有一个1.5′×1′的星系晕包裹着一半大小的核球，NGC 5985大小为3′×2′。在良好的条件下，一台10英寸的望远镜刚好能显示出NGC 5985旋臂中暗藏的斑驳形态。如果你有一台更大的望远镜，试试搜寻其中微小的星系核，核心的辐射使这个旋涡星系被划分为活动星系家族的一种——赛弗特星系。

邻近左枢的迷人星系

目标	类型	星等	大小 / 角距	赤经	赤纬	*MSA*	*U2*
左枢	双星	3.4, 8.9	255″	$15^h24.9^m$	+58°58′	553	22R
NGC 5866	透镜状星系	9.9	6.4′×2.8′	$15^h06.5^m$	+55°46′	568	22R
NGC 5907	旋涡星系	10.3	12.9′×1.3′	$15^h15.9^m$	+56°20′	568	22R
NGC 5905	旋涡星系	11.7	4.7′×3.6′	$15^h15.4^m$	+55°31′	568	22R
NGC 5908	旋涡星系	11.8	3.2′×1.6′	$15^h16.7^m$	+55°25′	568	22R
维尔茨 13	双星	11.1, 11.5	9″	$15^h15.6^m$	+55°27′	568	22R
NGC 5879	旋涡星系	11.6	4.2′×1.4′	$15^h09.8^m$	+57°00′	568	22R
NGC 5981	旋涡星系	13.0	3.1′×0.6′	$15^h37.9^m$	+59°23′	553	22R
NGC 5982	椭圆星系	11.1	2.5′×1.8′	$15^h38.7^m$	+59°21′	553	22R
NGC 5985	旋涡星系	11.1	5.5′×2.9′	$15^h39.6^m$	+59°20′	553	22R
NGC 6015	旋涡星系	11.1	5.4′×2.1′	$15^h51.4^m$	+62°19′	553	22R

大小和角距数据来自最新的星表。表格中的 *MSA* 和 *U2* 列分别为《千禧年星图》和《测天图 2000.0》第二版中的星图编号。表中所有天体，除 NGC 6015 之外，都绘制在第 130 页星图中。

天龙座三重星系，特别值得注意的是它视觉上的多样性，而且足够紧凑，能够在大多数望远镜的单一视场中捕获它们。左起分别是NGC 5985、NGC 5982和NGC 5981。视场宽度为15′，上方为北。
* 摄影：罗伯特·詹德勒。

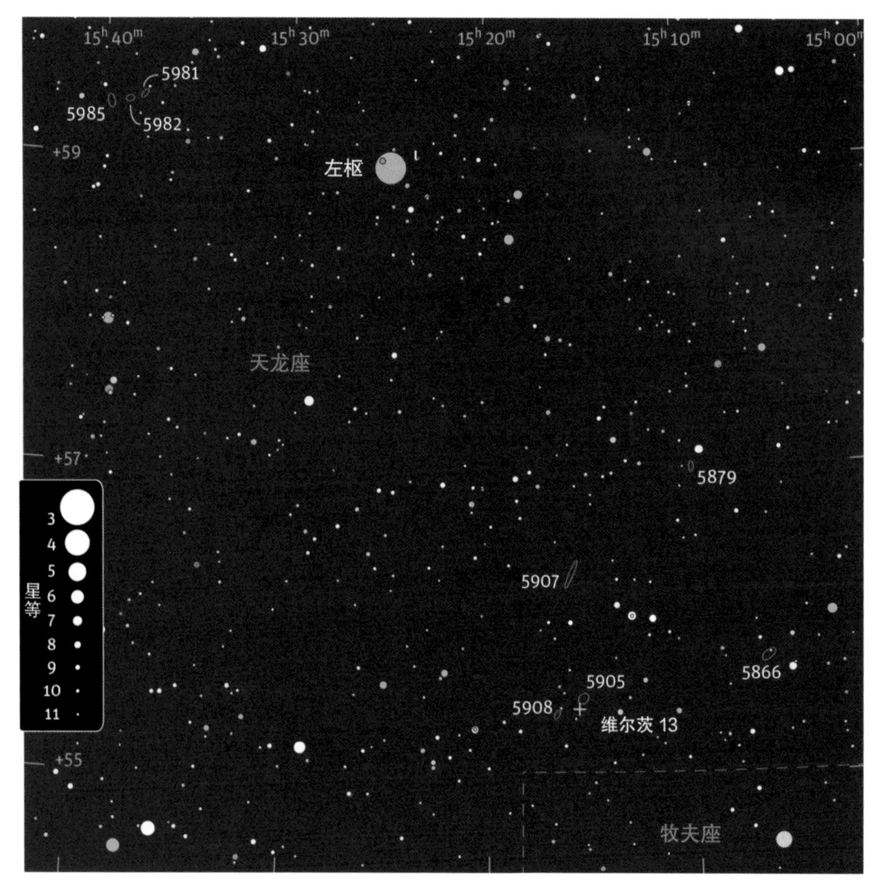

我们的最后一站是絮状星系NGC 6015，位于我们的星图之外东北偏北3.3°处。你会发现NGC 6015坐落在一颗5等星东南偏东37′的天区。我的小型折射望远镜放大87倍能展示出一个暗淡的椭圆，3.5′大小并向东北偏北倾斜，靠近中心逐渐增亮。一颗11等星位于它的西侧，还有一对非常暗弱的双星位于它的南侧尖端。用我的10英寸望远镜放大到170倍，我判断它的大小有3′×1.2′。这个星系大而明亮的内核和内侧晕呈现出诱人的斑驳状。一颗13等星点缀在星系的南端东侧。NGC 6015是一个距离我们大约5 000万光年的孤立星系。

这9个迷人的星系在整个夏天都非常适合中纬度观测者观测，而且从左枢开始，你完全不需要偏离超过一个寻星镜视场就能够追踪到它们。

猎犬归来

六月的夜空为深空猎手们准备了一群有趣的星系。

在本书第105页"狗狗欢乐颂"一节中，我搜寻了猎犬座中包括M94到M106在内的一系列深空奇迹。让我们探索更南部的天区，从大熊座边缘开始探寻我最喜欢的两个星系。

我们的第一站是漂亮的聚星大熊座67。如果你那里的夜空足够黑暗，你应该能够用裸眼看到它的5等主星，特别是如果选择猎犬座α和β做向导，它们的连线正好大致指向大熊座67。即使用8×50寻星镜也能轻松识别出大熊座67中的三颗成员星，若用一台望远镜将会看出这组宽距排列四合星呈现丰富的颜色。主星为白色，但是它的伴星们却呈现出深浅各异的黄色。7等的次星为深黄色，在东北偏东4.6′处。8等伴星为橙黄色，在主星东北偏北6.2′处，还有相对较远位于西侧的9等伴星呈现出淡黄色。

从大熊座67开始，你可以向东推进54′到达猎犬座的NGC 4111。用我的105 mm折射望远镜在低倍率下观测，这个星系看起来像一颗模糊恒星。但是在87倍下，我看到一条2.5′长的细线并且向西北偏北倾斜。它有一颗致密的类星星系核、一个明亮而扁长的核球，还有一片昏暗的星系晕。双星h2596位于星系NGC 4111东北偏东仅仅3.8′的位置，它包含一颗深黄色主星和一颗朝向星系方向的暗淡的伴星。用我的10英寸反射望远镜放大171倍，与h2596相对的另一侧显现出另一个星系NGC 4117，长约50″，斜向东北偏北方向，具有亮度较弱的核球。

我的105 mm望远镜在28倍放大率下显示出包含NGC 4111在内的两块小斑点。较亮的一个是NGC 4143，坐落在一颗黄色8等星东南43′的天区。在87倍下，这个椭圆状星系呈现出三块不同的亮区：沿东南到西北走向的椭圆形暗晕，小而亮的核球，还有微小的星系核。在我的10英寸反射望远镜中，核球形似一片凸透镜而且在东北侧和西南侧存在些许增亮的结构。NGC 4138位于NGC 4111东北46′处。用我的105 mm望远镜放大到87倍观测，我看到一个柔和的辐射状椭圆，靠近中心缓缓增亮，并且有一颗暗淡的类星星系核。

用我的10英寸望远镜向东扫41′，将我带到NGC 4183，这个星系极狭长的形态使其被收录在《扁平星系星表修订版》中。这个星表由伊戈尔·D.卡拉切索夫和四个合作者于1999年完成，收录的侧向旋涡星系满足其长至少为

一场年中的星系搜寻

目标	类型	星等	大小 / 角距	赤经	赤纬	*MSA*	*U2*
大熊座 67	四合星	5.2, 6.6, 8.3, 8.9	4.6′, 6.2′, 6.1′	$12^h 02.1^m$	+43°03′	612	37R
NGC 4111	侧向透镜状星系	10.7	5.2′×1.2′	$12^h 07.0^m$	+43°04′	612	37R
h 2596	双星	8.2, 11.6	34″	$12^h 07.3^m$	+43°06′	612	37R
NGC 4117	侧向透镜状星系	13.0	2.1′×0.9′	$12^h 07.8^m$	+43°08′	612	37R
NGC 4143	棒旋透镜状星系	10.7	2.4′×1.8′	$12^h 09.6^m$	+42°32′	612	37R
NGC 4138	透镜状星系	11.3	3.0′×2.4′	$12^h 09.5^m$	+43°41′	612	37R
NGC 4183	扁平侧向旋涡星系	12.3	6.3′×0.8′	$12^h 13.3^m$	+43°42′	612	37R
NGC 4244	扁平侧向旋涡星系	10.4	17.7′×1.9′	$12^h 17.5^m$	+37°48′	633	54L
NGC 4214	麦哲伦不规则星系	9.8	7.4′×6.5′	$12^h 15.7^m$	+36°20′	633	54L
厄普格伦 1	星群	6.2	20′	$12^h 35.3^m$	+36°17′	632	54L
NGC 4631	侧向棒旋（?）星系	9.2	15.4′×2.6′	$12^h 42.1^m$	+32°32′	632	54L
NGC 4656	特殊侧向旋涡星系	10.5	9.1′×1.7′	$12^h 44.0^m$	+32°10′	654	54L
NGC 4627	特殊椭圆星系	12.4	2.6′×1.8′	$12^h 42.0^m$	+32°34′	654	54L

大小和角距数据来自最新的星表。实际观测时的目标大小往往比星表里的数值小，且根据观测设备的口径和放大倍率的变化而不同。表格中的 *MSA* 和 *U2* 列分别为《千禧年星图》和《测天图 2000.0》第二版中的星图编号。

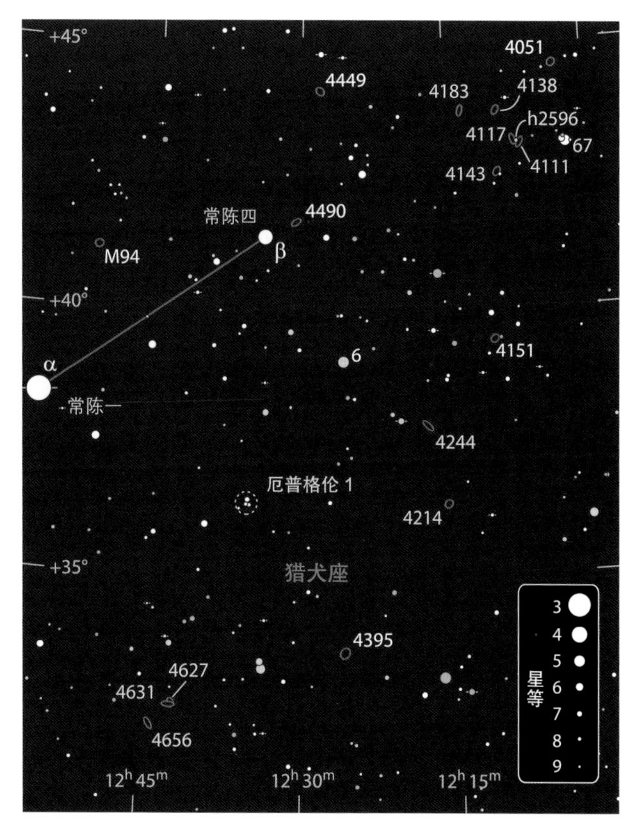

宽的8倍的条件。放大到118倍的视场显示出一个4.5′的条纹，向西北偏北倾斜，并且包裹着一个1.5′的斑驳核球，还有一颗暗星镶嵌在南端。

截至目前，我提到的星系都从属于一个5 000万光年远的物理关联系统，而它只是南大熊座星系群的一小部分。我们的下一个星系仅有1 400万光年之遥，因此显得非常大。为了搜寻NGC 4244，从常陈四开始向西南偏南跳过2.8°指向黄色的5等星猎犬座6，它与猎犬座α和β组成了一个直角三角形。从这里继续向西南滑动2°，NGC 4244作为又一个扁平星系，在我的105 mm望远镜放大到28倍时显现为一道银光。它针状形态在东北—西南方向延伸12′，并且越靠近长轴越亮。在我的10英寸望远镜中，这个极扁薄的星系延展到16′且呈现出微妙的杂色。

天文学家对NGC 4244特别感兴趣，因为它内部很多恒星在大望远镜中都能被清晰分辨。结合这个星系的侧向方位，这些恒星有助于天文学家分析旋涡星系的结构和演化。根据最近的一项研究，NGC 4244存在一个恒星形成薄盘，外侧围绕着一个包含年老恒星而且宽超过其两倍的厚盘，以及一个接近7倍宽的低亮度扁平星系晕。

现在向西南偏南移动1.5°，来到不规则星系NGC 4214。我用小型折射望远镜放大到127倍可以看到一团朦胧的圆形光斑，当靠近不均匀发光的棒形核球时急剧增亮，核球部分在西北侧末端变宽。它扭曲的外观源自无数巨大而持续的恒星形成区，让星系充满谜团。其中几块区域在大型家用望远镜中就能分辨出来，特别是核球东南的区域。NGC 4213距离我们大约1 300万光年。

猎犬座包含一个疏散星团——嗯，有点儿像。厄普格伦1（Upgren 1）是一团“密近的F型恒星群”，1965年阿瑟·厄普格伦和薇拉·鲁宾让它引起了天文学家的注意。他们的研究表明厄普格伦1可能是一个疏散星团的核心，来自最年老、最接近我们的疏散星团之一。他们认为这个星群已经失去了对暗弱成员的引力束缚，而且走向了消散的最后阶段。虽然这项工作给出了一幅迷人的图景，但是后续研究在分析了这片天区中恒星的运动之后，给出证据证明厄普格伦1实际不是一个真正的星团。

厄普格伦和鲁宾研究时选出的7颗星对任何望远镜来说都很容易辨识。NGC 4214东边4°可以搜寻到这个20′的星群。其中三颗星组成一条东西走向的直线，分隔出北侧的两颗星和东南方的另外两颗星。

我们将在两个迷人的星系中结束这个月的深空搜寻，它们是NGC 4631和NGC 4656。从厄普格伦1向南移动

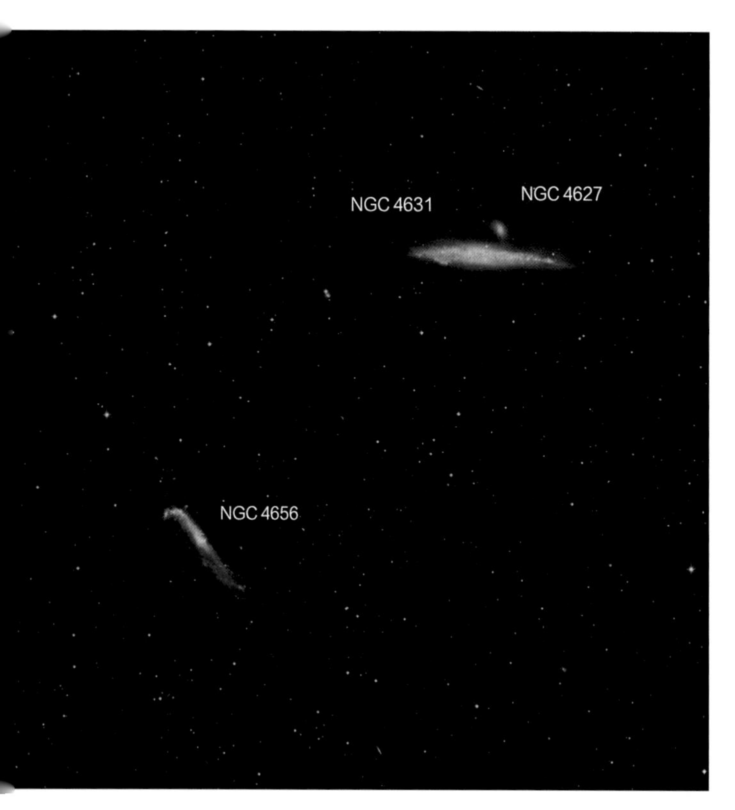

天文学家认为，大型侧向星系NGC 4631、NGC 4656和邻近较小的伴星系NGC 4627之间的剧烈潮汐作用导致了三者不同寻常的外形，它们位于猎犬座距离我们2 500万光年的地方。视场宽度为1°，上方为北。

* 摄影：帕洛玛天文台巡天二期/加州理工学院/帕洛玛。

3°指向一对南北分布的橙色明亮双星。然后向东南偏东扫描1.9°，你将会看到美丽的NGC 4631。我的小型折射望远镜放大87倍，这个细长、沿东西走向的纺锤形星系大小为8′×1.75′。它羊毛状的表面布满了微妙的细节，一颗暗弱的星固定在中心区外偏向北侧。同一视场东南方仅0.5°便是纤薄的星系NGC 4656，它在从东南至西北方向延展了6′。与它的邻居相比，NGC 4656暗淡许多。

在我的10英寸反射望远镜中，装饰这些星系的亮结和暗斑变得非常明显。NGC 4631东半部分较宽阔，但是其西侧末端逐渐缩小为一个窄点。一个小亮斑位于中心区东侧，与一片复杂而致密的恒星形成区重合，这片区域可能代表部分中心环状结构或者是棒形结构末端。一个微小的伴星系NGC 4627，依偎在NGC 4631北侧。

NGC 4656在其块状核球的西南侧表现出令人惊讶的暗弱。一个惹眼的钩状结构为这个星系的绰号带来了灵感，曲棍球棒，它在东北末尾疯狂地扭曲。这个弯钩向东方转折，而且拥有自己的名称，NGC 4657。NGC 4631和NGC 4656这种混乱的外观来自二者剧烈的潮汐作用和邻近的NGC 4627的影响。这组狂暴的三重奏距离我们约2 500万光年。

室女散步的地方

随着年中靠近，室女座东部密集的星系群开始召唤我们。

天上的少女——室女座，是全天第二大星座，面积仅次于长蛇座。雕塑般的室女座从头到脚跨过53°天区，她的脚指向星座东方。正如资深观测者所了解的，室女散步的天区不仅布满了星系，还有一些其他的惊喜。

让我们从漂亮的侧向旋涡星系NGC 5746开始。它就坐落在裸眼可见的恒星室女座109西侧20′处，很容易就能找到。我用105 mm折射望远镜在47倍下能看到一个纤细的条纹和一颗明亮的内核。由四颗星组成的一条弧线环绕在星系北端，其中两颗最亮的闪烁着橙色的火光。当我放大到87倍时，这个片状星系长约4′。在我的10英寸反射望远镜中，NGC 5746看起来像后发座著名星系NGC 4565缩小一半的版本。当放大到166倍时，一条尘埃带显现在星系斑驳的核心的东侧。

NGC 5746距离我们大约9 600万光年，也是孤立星系对KPG 434的一员。它较小较暗的伴星系NGC 5740位于西南偏西18′，当我的10英寸望远镜放大115倍时它们共处一个视场。椭圆形的NGC 5740，其长是宽的三倍，包含一颗宽阔明亮的核球。

NGC 5746与它的同伴相距甚远，所以不会承受显著的潮汐作用，而且它也没有显示出星爆或者活动星系核的迹象。再加上它侧向的视角，这些特性让NGC 5746成为流行的星系形成理论中一个非常令人头疼的研究对象。人们普遍认为旋涡星系是由巨型星系际云塌缩而形成的，因此它们应该会被包裹在由气体缓慢下落形成的残余热晕中。人们已经探测到了来自活动星系所喷射气体的热晕，但是从来都没有发现任何下落气体晕，直到钱德拉X射线天文台对准了NGC 5746。天文台发现，星系两侧都存在着向外延伸的气体晕，至少达到65 000光年的

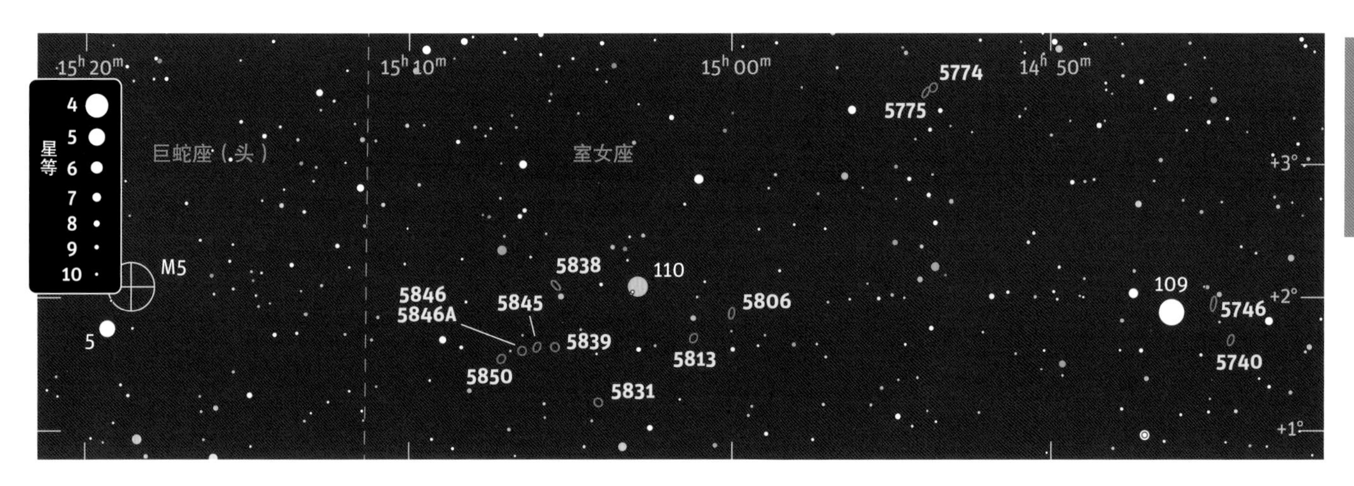

漫步在室女座							
目标	类型	星等	大小 / 角距	赤经	赤纬	*MSA*	*U2*
NGC 5746	旋涡星系	10.3	7.5′×1.3′	$14^h44.9^m$	+01°57′	766	109L
NGC 5740	旋涡星系	11.9	3.0′×1.5′	$14^h44.4^m$	+01°41′	766	109L
NGC 5774	旋涡星系	12.1	3.0′×2.4′	$14^h53.7^m$	+03°35′	766	109L
NGC 5775	旋涡星系	11.4	4.2′×1.0′	$14^h54.0^m$	+03°33′	766	109L
NGC 5806	旋涡星系	11.7	3.0′×1.5′	$15^h00.0^m$	+01°53′	765	108R
NGC 5813	椭圆星系	10.5	4.1′×2.9′	$15^h01.2^m$	+01°42′	765	108R
NGC 5831	椭圆星系	11.5	2.0′×1.7′	$15^h04.1^m$	+01°13′	765	108R
NGC 5838	透镜状星系	10.9	4.1′×1.4′	$15^h05.4^m$	+02°06′	765	108R
NGC 5850	旋涡星系	10.8	4.6′×4.1′	$15^h07.1^m$	+01°33′	765	108R
NGC 5846	椭圆星系	10.0	3.5′×3.5′	$15^h06.5^m$	+01°36′	765	108R
NGC 5846A	椭圆星系	12.8	0.4′×0.3′	$15^h06.5^m$	+01°36′	765	108R
NGC 5845	椭圆星系	12.5	0.8′×0.5′	$15^h06.0^m$	+01°38′	765	108R
NGC 5839	透镜状星系	12.7	1.3′×1.1′	$15^h05.5^m$	+01°38′	765	108R
NGC 5634	球状星团	9.5	5.5′	$14^h29.6^m$	−05°59′	791	129L
IC 972	行星状星云	13.6	43″×40″	$14^h04.4^m$	−17°14′	840	129R
艾贝尔 36	行星状星云	11.8	8.0′×4.7′	$13^h40.7^m$	−19°53′	841	149L

大小和角距数据来自最新的星表。实际观测时的目标大小往往比星表里的数值小，且根据观测设备的口径和放大倍率的变化而不同。表格中的 *MSA* 和 *U2* 列分别为《千禧年星图》和《测天图 2000.0》第二版中的星图编号。带括号的编号代表该天体没有在星图中标出。本月所有天体都在《天空和望远镜星图手册》的星图 46 所覆盖的范围内。

尺度。这似乎说明理论预测的晕确实存在，但是真正的发现还需要等待强大的钱德拉X射线望远镜仔细观测。

位于室女座109东北2.5°的地方是另一个有趣的星系对—— KPG 440。它由正向旋涡星系NGC 5774和侧向旋涡星系NGC 5775组成。从我的小型折射望远镜中只能看到后者。在47倍放大率下，我看到一个亮度均匀的纺锤状物体，大约向西北倾斜，而且与南侧的两颗9等星组成一个扁等腰三角形。更仔细的观察并未带来更多的细节。用我的10英寸反射望远镜放大118倍，NGC 5775变成一块覆盖4′ ×1′ 的斑点。在西北偏西几个角分的位置可以察觉到另一块非常暗淡的光斑，这正是略呈椭圆形的NGC 5774，它看起来大约只有其邻居长度的一半。

研究表明，气体和恒星正在从NGC 5774流向NGC 5775。许多恒星过于年轻不可能形成于它们的母星系，一定是在星系之间巨大的空隙中形成的。这组引人注目的星系对距离地球8 700万光年。

现在我们向东南移动到室女座110，进行一项快速的短途旅行，观测一族排列成箭形长1.8°的星系。作为箭头的NGC 5806坐落在室女座110西南偏西45′ 的天区。用我的105 mm望远镜放大87倍，这个星系看起来长2′，长是宽的3倍，有一点向北偏西倾斜。与它同在一个视场的是NGC 5813，位于箭头南端再向东南偏东21′ 处。这里有一颗13等星和三颗12等星组成了一个小方盒子，更亮更宽的NGC 5813即被囚禁在这个盒子中。NGC 5813向西北倾斜，和邻近的NGC 5806长度相当。

NGC 5831标记了箭头的最南角。从NGC 5806扫描到NGC 5813，然后继续延长2.5倍的距离，就可以找到NGC 5831。用我的小型折射望远镜放大87倍观测，它看起来既小又圆还有一个稍显明亮的中心。箭头的最北角是NGC 5838，位于室女座110东侧38′ 处。在相同的放大倍率下，这个星系呈现为3′ ×1′ 的暗晕，包裹着横跨1′ 的明亮圆形核球。NGC 5838周围可见一颗橙色8等星及其西南偏南5′ 的暗弱伴星。

这支星系箭的箭杆由一串星系组成，包括最东端的NGC 5850。这个星系在我的105 mm望远镜87倍下显得相当暗弱。它那模糊不清的星系晕向西北偏西方向倾斜，包裹着一颗微小而明亮的核球。同一视场中西北偏西10′，明亮呈圆形的NGC 5846非常显眼。它横跨2′，靠近中心

乍看之下，很容易把位于室女座东部的侧向旋涡星系NGC 5746和后发座的标志性星系NGC 4565相混淆。虽然NGC 5746与后者相比稍小且略暗，但是很容易搜寻，因为它位于裸眼可见星室女座109东侧仅仅20′的天区。这张照片左侧为北，其中的亮星并非室女座109而是星系西北偏北的一颗9等场星。
* 摄影：罗伯特•詹德勒。

逐渐增亮。用我的10英寸望远镜放大231倍观测，星系晕中心南侧显现出另一个小巧伴星系NGC 5846A，它表现为恒星状的亮点，还有一圈微小的薄雾环绕在周围。把望远镜向西挪动12′可以发现箭杆上的另外两个星系。微小明亮的椭圆形NGC 5845拥有耀眼的中心。NGC 5839是仅前者一半大小，但是较暗淡，还有一颗近乎恒星状的星系核。所有的箭杆上的这些星系都属于同一个物理相关的星系群，星系群的中心距离我们7 000万光年。

现在我们来看一个完全不同的目标——NGC 5634，室女座中唯一的球状星团，坐落在室女座μ和ι的连线中点南侧8′处。用我的折射望远镜在中等倍率下观测，它像一个漂亮的小棉花球点缀在一颗8等星和两颗10等星连线的东北末端，最亮的那颗镶嵌在星团东侧边缘。NGC 5634横跨大约3′，有些许斑驳，而且靠近中心逐渐增亮。还有一颗12等星坐落在NGC 5634的西北边缘。

我们的银河系可能已经吸收了这个来自人马座矮椭球星系的球状星团。作为银河系的卫星星系，这个矮椭球星系似乎在20亿年前掠过大麦哲伦星云时，被散射到围绕银河系的小椭圆轨道上。我们的星系缓慢吞噬这个矮星系的同时，还在逐渐剥离并占据它的很多球状星团。NGC 5634可能就是其中之一。它远离银河系盘面，距离我们大约82 000光年。在如此遥远的距离下，我不会期望能够分辨出星团中的任何恒星，然而修订版《哈通南天望远镜天体》称NGC 5634能够“清晰分解为暗弱的恒星，用20 cm（8英寸口径）望远镜刚好可以察觉”。对此我很好奇，仔细观测这个球状星团进一步发现其中最亮的星为14.5等。此外，共有5颗星亮于15等，13颗星亮于15.5等，还有27颗星亮于16等。想用8英寸望远镜分辨出星团中的更多恒星，需要非常黑暗、晴朗且稳定的夜空。在城郊的夜空下，用10英寸望远镜高倍率观察，我仅能看到稀疏的几颗星散落在一块小暗斑周围，以及它西侧边缘偶尔闪烁的星光。你看到了什么？

室女座中只有两个天体被正式认定为行星状星云，也就是类太阳恒星的辉光遗迹。较容易分辨的目标是IC 972，位于金色的6等星HD 122577东北偏东21′处。用我的10英寸望远镜放大171倍观察，它看起来暗弱呈圆形，而且相当微小。尽管艾贝尔36的总表面亮度大于IC 972，但由于视角面积更大，观测起来仍然有相当大的挑战。其中相对较亮的11.5等中央星绘制在《千禧年星图》上；代表该行星状星云（标记为PK 318+41.1）的标志本应该以这颗星为中心，实际却略有偏离。我需要用我的14.5英寸反射望远镜才能发现这个行星状星云的踪迹。放大63倍并且加置氧-Ⅲ星云滤镜观察，艾贝尔36横跨约5′，呈现暗弱的斑驳状。

忘乎所以的美妙

许多精美的天体坐落或者邻靠于大北斗的勺柄。

英语里有个习语叫“flying off the handle”，意思大概是“失去理智”或者“勃然大怒”，然而《牛津英语词典》对这个词条的第一个解释却是“被兴奋冲昏头脑”。当我们也飞离北斗七星的勺柄（“handle”），就会发现这里有着非常多令人兴奋的目标，坐落在夜空中一些最令人惊叹的深空奇迹之中。

我们围绕勺柄转角的开阳展开。如果你所在的天空没有严重的光污染，那么你不需要光学设备辅助就能看

靠近大北斗的勺柄

目标	类型	星等	大小 / 角距	赤经	赤纬
开阳	双星	2.3, 3.9	14.3″	$13^h 23.9^m$	+54°56′
费雷罗 6	星群	7.0	28′×20′	$13^h 10.0^m$	+57°31′
拉特舍夫 2	移动的星团	3.8	5°	$13^h 44.4^m$	+53°30′
M101	星系	7.9	29′×27′	$14^h 03.2^m$	+54°21′
NGC 5474	星系	10.8	4.7′	$14^h 05.0^m$	+53°40′

大小和角距数据来自最新的星表。实际观测时的目标大小往往比星表里的数值小，且根据观测设备的口径和放大倍率的变化而不同。

到辅星（也称开阳增一），一颗靠近开阳东北偏东的4等伴星。现在并不确定辅星是否真的围绕开阳运转。

不论辅星，开阳本身也是一对著名的双星——第一例由望远镜发现的物理双星。1617年1月，贝内代托·卡斯泰利（Benedetto Castelli）向他的朋友伽利略写信并催促他仔细观察这颗星——被卡斯泰利称为"夜空中最美妙的目标之一。"伽利略在当月晚些时候观测了这里，随后在笔记中记录了一对相隔15角秒（15″）的亮度不等的双星。

这项观测工作可以在任何现代望远镜上重复。用我的105 mm折射望远镜放大到47倍可以看到同一视场中的开阳和辅星。开阳伴星位于开阳东南偏南，亮度同辅星相当。虽然三颗星均为白色，但是我能看出两颗较暗的星星显出轻微的黄白色。

现在我们的轴心点已经建立，让我们飞离勺柄指向迷人的星群费雷罗6。这个由法国业余天文学家洛朗·费雷罗命名的星群位于开阳西北3.3°处，而且与开阳和大熊座ε（又称玉衡）组成了一个直角三角形，其直角顶点正是费雷罗6。用我的小型折射望远镜放大到47倍观察，其中显现出16颗星让我联想到了埃菲尔铁塔的形状，又或者是顶部填装了避雷针的圆顶帐篷，有门和其他所有的结构。这个尖端指向西南偏南的形象高28′，其成员星亮度分布为8等到12等。

大熊座81、大熊座83、大熊座84和大熊座86组成一条略呈波浪的线条，由开阳东侧起然后向东南偏东绵延3.3°。其中最亮星为4.6等，其他星稍暗一个星等——在我位于城郊的家中，几乎达到裸眼直接观测的亮度。然而通过双筒望远镜或者寻星镜才能看到它们优美的排列方式。这些星是潜在的移动星团——拉特舍夫2（Latyshev 2）中最亮的成员星。1977年，天文学家伊万·拉特舍夫（Ivan Latyshev）证实这些恒星在空间中占据相同的运动轨迹，因此可能具有共同的起源。

我们沿着拉特舍夫2向东飞行继续寻找我们的下一个目标：宏伟的旋涡星系M101，有时也被

M101（NGC 5457）以其夺目耀眼的光束之结而闻名，星结镶嵌在优美旋臂上，其中很多都有自己独立的NGC名称。

* 摄影：伯恩哈德·胡布尔。

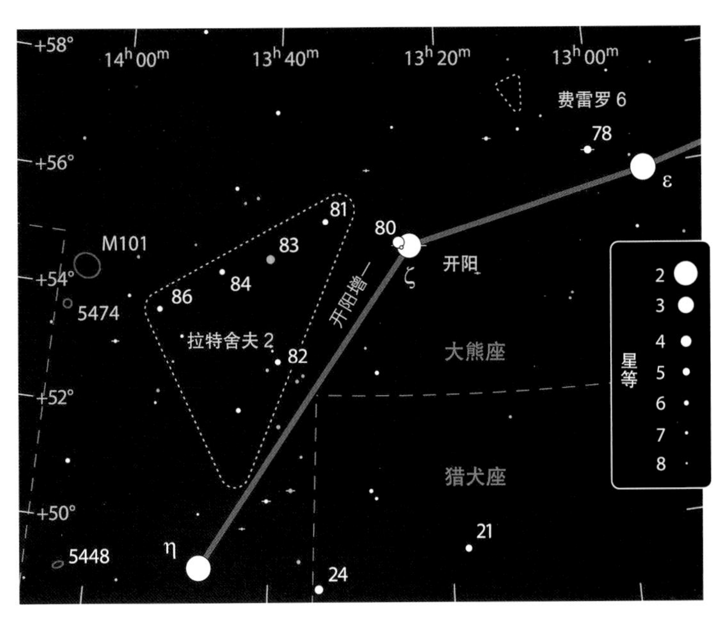

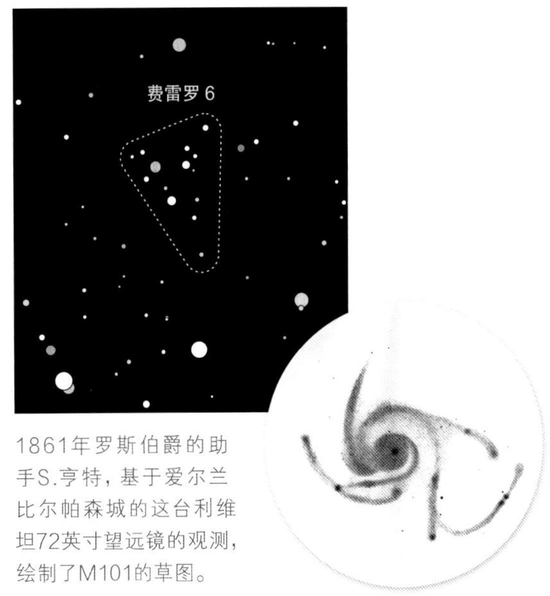

1861年罗斯伯爵的助手S.亨特，基于爱尔兰比尔帕森城的这台利维坦72英寸望远镜的观测，绘制了M101的草图。

称作风车星系。大熊座86向东0.5°有三颗7等星组成一条直线，由北向南延伸1.5°。M101位于北侧两颗星以东52′，并且与这两颗星组成等腰三角形。

M101是一个正向旋涡星系，具有极低的表面亮度，尽管如此它在我的小折射镜放大28倍下却清晰可见。灰白的星系晕横跨0.25°，包裹着一颗非常小但是稍显明亮的核球。放大87倍时，星系呈现出微妙的斑驳状，还有一颗暗星点缀在核球北侧一点。继续放大到127倍，我看到了一颗微小的星系核位于风车的中心，而且能够分辨出星系中精美的旋臂。

用我的10英寸反射镜放大到115倍，宏大的M101像转轮烟花一般，向外甩出多个旋臂结构。核球北侧两条旋臂旋开到西侧。有一条旋臂紧紧围绕核球，然后与伸向北端的东部亮区相结合。另外一条旋臂比较松散逐渐伸向西南方。南边和东南边还有一条分支，覆盖了明亮的恒星形成区NGC 5461。这条旋臂的亮度从这里开始逐渐变暗但是延伸至NGC 5462时又重新增强。

坐落于NGC 5462东北偏东5.6′ 的NGC 5471，是一块脱离星系的恒星形成区，NGC 5471时常被误认为是独立的星系。这块圆形亮斑与周围三颗场星组成了横跨3′ 的梯形，并标记在梯形的东北顶点。M101中心西侧还有另一个旋臂结构，它主要由非常暗弱的星斑组成，但是我能够清晰察觉其中的组合光斑NGC 5447和NGC 5450，而且还有一颗微小的恒星紧贴它们北侧。使用我的105 mm望远镜仔细研究，这些恒星形成区就像松散的小岛。而且在我的10英寸望远镜中，显现出另外两个这样的区域。位于M101星系核南端3′ 的NGC 5458是一个幽灵状亮条。坐落在这里西南偏南3.8′ 的NGC 5455则是一个非常微小但是相对明亮的光点。它与东北方和西北偏北各2.3′ 处的两颗暗星组成了一个等腰三角形。

迷人的星系NGC 5474坐落在M101东南偏南44′ 处，与三颗11等星组成一个10′ 的梯形，NGC 5474位于梯形东侧顶点。用我的小型折射望远镜放大47倍显现出一团柔和圆润的光斑，放大到122倍时这个星系横跨2′，并且在北端达到最亮。然而用我的10英寸望远镜观测时它变得非常有趣。在213倍下，NGC 5474让我联想到圆蛤的贝壳。一个明亮的核心装饰在它奇特的外形北部，然后沿扇形向南方散开。一颗暗星点缀在核心亮区东北小于1′ 的位置。

M101与NGC 5474存在相互作用，看起来较大的星系好像正在把伴星系的核心撕裂出来！然而事实并非如此。NGC 5474受到潮汐影响或者是物质沉降产生了明显的天平动。天文学家认为它正在被“搅动”，搅动到另一个方向只是时间问题。

不对称旋涡星系NGC 5474（位于底部）似乎在逃离它的巨型伙伴M101。
* 摄影：《天空和望远镜》/丹尼斯·迪西科。

恒星旋涡

猎犬座拥有数个北方夜空里最美妙的星系。

白色的恒星旋涡缓缓在天空游荡，
穿越夜幕中规则的边界，
远胜过目之所及的宝藏，
仅有魔镜方能撷取它的容光：
透明而微弱的光束采集场。

——乔治·布鲁斯特·盖洛普，“安德洛墨达”

在1845年的春天，威廉·帕森斯，爱尔兰的罗斯伯爵三世，成为首位在“星云”中目视到旋涡结构的人。他那令人震撼的72英寸反射望远镜指向了M51，后来被称作旋涡星云，或是涡状星云。随着更多结构特别的星云被找到，罗斯伯爵评论说：“这些奇怪天体的发现可能最终激发了我们的好奇心，同时唤醒了人们想要了解有关这些美妙系统的秩序法则的强烈意愿。”

现在都知道这个优美的旋涡庞大而遥远，并且和我们的银河系类似，也是一座恒星之城，我们称之为涡状星系。搭配现代的望远镜和预先准备的知识，我们无须拥有一台利维坦望远镜，就可以看到这个星系旋涡。

梅西耶在其著名的星表中，将M51描述为一个气体相互接触的双重星云。因此名称M51不仅属于壮观的旋涡星系NGC 5194，还同时属于它的相互作用伴星系NGC 5195。这对星系坐落在北斗勺柄末端恒星摇光的西南方3.6°处，与摇光和猎犬座24共同组成了一个扁扁的等腰三角形。

我曾在一个晴朗的夜晚用50 mm寻星镜看到了M51，但是朦胧的天空遮掩了它的细节。我用105 mm折射望远镜即使只放大到17倍，也能分辨出这对清晰又美丽的星系，其中伴星系紧邻在北侧的边缘。NGC 5194拥有一个耀眼的核球，整体小巧而且相当明亮，是一个长6′的椭圆星系，与之相比，NGC 5195大小约为NGC 5194的五分之一，呈圆形，拥有一个微小而致密的核球。在87倍的放大率下，较大星系的晕略微向北偏东倾斜，排列出足够多的斑块来显示这个星系的旋涡结构，靠近中心核球逐渐增亮，并且带有轻微的杂色。这个倍率下NGC 5195拥有明亮的核心，与它旁边的伙伴相比，此刻它显得稍大了一些。

透过我的10英寸望远镜，在115倍下观察时，NGC 5194显得十分迷人。两条旋臂顺时针展开，消散在南侧和北侧的最末端。NGC 5195最亮的区域往南北方向

与马头星云一样，猎犬座的旋涡星系M51也是天文学中最具代表性的图像之一。虽然与家用望远镜的目镜观察相比，长曝光照片通常会显示出更多的细节，但是对M51和它的伴星系NGC 5195而言，使用中等口径的望远镜观察即可辨识出其中很多大尺度的结构特征。上方为北。
* 摄影：约翰内斯·舍德勒。

猎犬座的星系

目标	类型	星等	大小/角距	赤经	赤纬
M51	星系对	8.4, 9.6	11′×6′	$13^h29.9^m$	+47°14′
NGC 5198	星系	11.8	2.1′×1.8′	$13^h30.2^m$	+46°40′
NGC 5173	星系	12.2	1.0′×0.9′	$13^h28.4^m$	+46°36′
NGC 5169	星系	13.5	2.2′×0.7′	$13^h28.2^m$	+46°40′
M63	星系	8.6	12.6′×7.2′	$13^h15.8^m$	+42°02′
NGC 5023	扁平星系	12.3	6.0′×0.8′	$13^h12.2^m$	+44°02′
希克森68	星系群	11.0—13.6	10′	$13^h53.7^m$	+40°19′
NGC 5371	星系	10.6	4.4′×3.5′	$13^h55.7^m$	+40°28′
苍鹭星系	星系对	11.4, 13.0	4′×2′	$13^h58.6^m$	+37°26′

大小数据来自最新的星表。实际观测时的目标大小往往比星表里的数值小，且根据观测设备的口径和放大倍率的变化而不同。

延伸，然而星系晕却呈东西走向，覆盖大约2′×2.5′的天区。两个扭曲的星系在东侧彼此靠近，但是使它们相连的物质桥在中间逐渐消失。涡状星系的旋臂亮度非常不均匀，在166倍下观察它尤其美妙。在NGC 5195核心的东北方2′处，有一个显著且杂色鲜明的星系棒，指向西侧。而在星系的另一边，对称地存在着一块相似的亮斑，还有一颗暗弱的恒星紧贴亮斑内缘。第一条棒状旋臂具有一个明亮而光滑的圆弧结构指向核心，以及一个向外延伸的小亮斑。

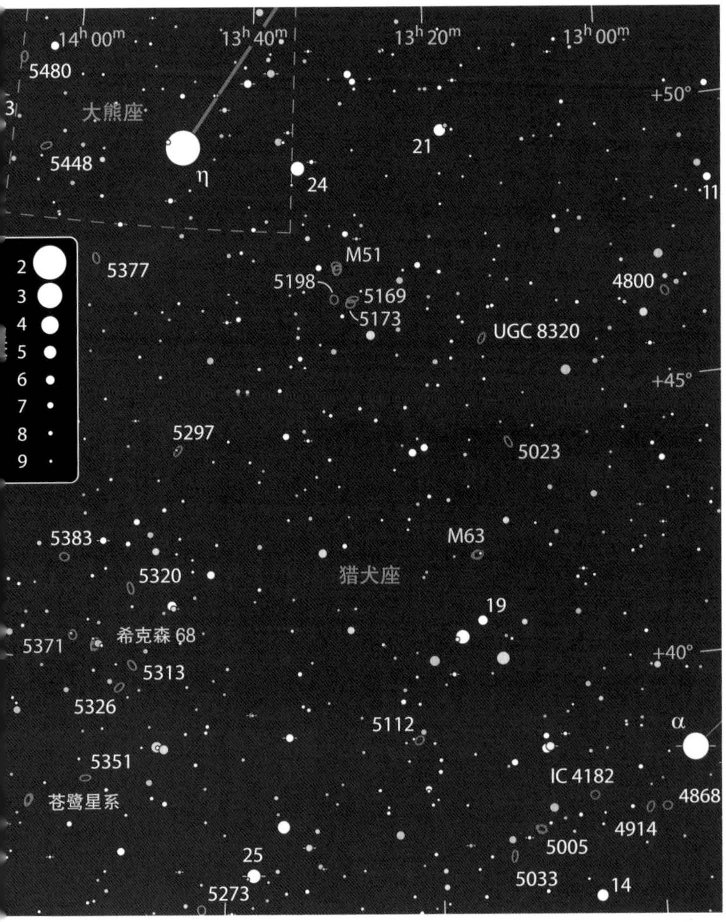

双重星系M51距离我们仅有2 500万光年，但是把我的10英寸望远镜向南推动0.5°即可看到比M51远4倍的3个星系。NGC 5198，几乎位于M51的正南方，是三者中最大最亮的。它呈圆形，拥有更明亮的中心和类星星系核。NGC 5173，位于NGC 5198西南偏西19′处，整体暗弱呈圆形，有异常明亮的中心。在NGC 5173西北偏北仅仅5.5′的位置是星系NGC 5169，正视观测难以察觉到它的存在，不过随着向中心区靠近会有些许增亮。

M63，作为梅西耶星表中的另一个贡献，坐落在6等星猎犬座19以北1.2°的天区。M63是一个絮状旋涡星系，有时也被称作向日葵星系，它那看似茸毛的结构不禁让人联想到向日葵在盛开时内部紧密排列的种子。

透过12×36稳像双筒望远镜，我看到这朵向日葵像一块朦胧的斑点，还有一颗恒星镶嵌在其西侧的末端。在同一个视场中包含猎犬座19在内，还有4颗亮星，它们共同组成了一个对勾的形状。用我的105 mm折射望远镜在17倍放大率下观测，我能够看到一个向西北偏西倾斜的相当明亮的椭圆。在87倍下观测，星系覆盖了7′×3′天区，拥有一个3′×1.5′的外核球和一个小而圆的内核球，以及一个暗弱的恒星核区。用我的折射望远镜始终未能一瞥M63那茸毛状的外表，但是斯蒂芬·詹姆斯·奥米拉在夏威夷高海拔的黑暗环境中用一台相似的设备看到过它。

继续向西北偏北方向移动2.1°，我们的视场转向了一个扁平星系NGC 5023，它看起来格外薄，因为它是一个侧向我们的无核球旋涡星系。用105 mm折射望远镜，在87倍下观测，我能看到它纤细的形态向东北偏北方向倾斜。间隔很宽的几对双星分布在距离星系两侧几角分的位置，每对双星中较暗的星组成了一条直线，星系的细长状核心便沿着这条线排列。乍看之下，这条光带长约2.5′，但是经过细致的研究我能察觉到其长约3.5′。

我们的下一站是位于猎犬座东方较远的致密星系团希克森68。希克森列表中大部分星系团都是专属于中型到大型业余望远镜的目标。然而希克森68是其中一个例外，在它西侧边缘那颗金色的6.5等星可以帮助我们定位这个星系团。

即使放大到47倍，我的105 mm折射望远镜也仅能显示出其中的三个成员。最容易辨识的是组合在一起的光点NCG 5353 和NGC 5354。虽然它们的星系晕重叠在一起，但是能够区分各自的核球。在它们北边，是一个东北—西南走向、呈椭圆形的NGC 5350。向东，在同一个视场中可以看到非希克森星系NGC 5371。这块椭圆形光斑沿南北走向，比它邻近的星系要大。在127倍下观察，我能够轻松分辨出NGC 5353 和NGC 5354，偏南的星系稍亮，向西北倾斜。用余光侧视观察并辅以一定的耐心，我看到了一个极其暗弱又微小的灰点，那是NGC 5355。NGC 5371 具有均匀的表面亮度然而却存在着一颗难以描绘的星系核。对于希克森68中最后一个成员星系NGC 5358，尽管105 mm望远镜让我看到了它西南偏南附近暗弱的密近双星，但是仍然需要我那台有更强大集光力的10英寸反射望远镜才能发现这个星系。在166倍放大率下，它模糊的影像只能依稀表现出细长的形态，还蕴藏了一个暗弱的类星星系核。

这个月最后一个目标是一对相互作用星系，即NGC 5395和NGC 5394。在拍摄的照片中，二者合在一起与水鸟苍鹭有着惊人的相似之处，因此它们以苍鹭星系之名著称。

M63 通常被称为向日葵星系，用稍小的双筒望远镜即可分辨，还有观测者用4英寸望远镜目视到一些照片中可见的斑点。

* 摄影：约翰内斯·舍德勒。

在希克森68东南偏南3°处，我的105 mm折射望远镜只能看到NGC 5395。在87倍下，我看到了一个表面亮度均匀的椭圆，呈南北走向，长约为宽的两倍。用我的10英寸望远镜放大171倍，NGC 5395拥有一团 2.5′ ×1′ 的暗弱星系晕，其中包含一个 1.2′ ×0.75′ 大小的核球，逐渐靠近中心略有增亮。核球呈现出一些亮度的变化，尤其在它的北侧。另有一颗13.7等星刚好坐落在这个星系的南侧顶端。NGC 5394 是一个小型椭圆，向东北倾斜，表面亮度与其同伴的核球相当。

用我的15英寸反射望远镜放大到192倍仔细观察NGC 5395，我看到了一条长而暗的旋臂从星系南端开始一直从西侧延伸到北端。星系最北端有一个短小的钩状结构，沿着东侧弯向南方。一颗暗星悬挂在NGC 5395北侧顶端，同时还有另一颗星守护在它的西边。我始终未能看到NGC 5394壮美的潮汐臂。你能吗？

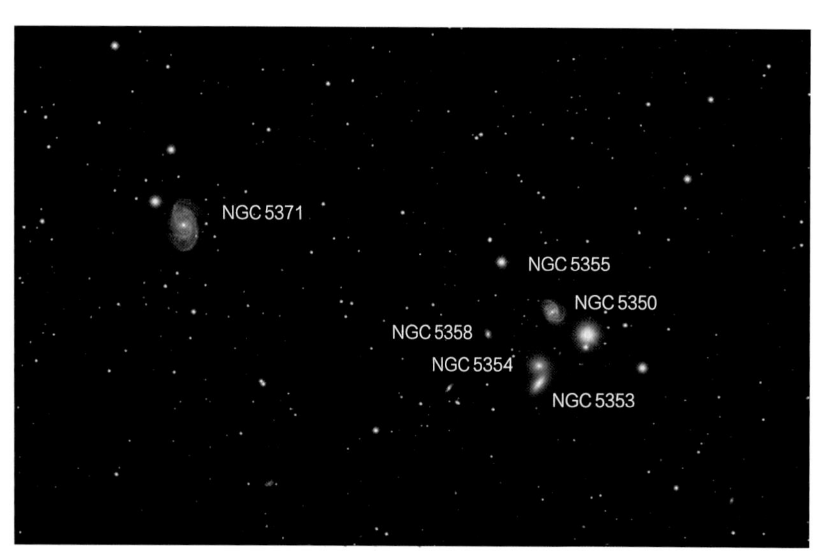

对小型望远镜来说，很多希克森星系群的观测都具有挑战性，然而猎犬座东边的希克森68是一个例外，因为它的大多数成员星系都在4英寸望远镜的观测范围之内。这个星系群也容易被定位，因为它毗邻一颗明显的6.5等金色恒星。

* 摄影：伯恩哈德·胡布尔。

南方的天空

天蝎座和它的近邻们举办了一场无与伦比的视觉盛宴。

南方的天空，你可曾留意南方的天空？
那里深藏着双眸前所未见的珍贵音容，
它将会彻彻底底荡涤你的心胸
好似那些古老的传说在吟诵。

——艾伦·图森特，“南方的夜空”

每年的这段时间，南方的天空尤其绚烂，那些用望远镜深入探寻的人们将受到大量深空瑰宝的迎接。但是北半球中纬度的观测者向南搜寻的范围是受限的。考虑到这一点，我选择了一小片南方天空的深空奇迹，从略低于天赤道的位置开始，到一个不可思议的景象结束，在纽约州北部观察它刚好紧贴地平线。

让我们从朦胧的行星状星云沙恩1（Shane 1，或PK 13+32.1）开启我们的旅途，它位于巨蛇座σ以南1.3°的天空。用6英寸反射望远镜在低倍率下观测，我能够轻松定位沙恩1，它在一个由10等到12等星组成的“V”字形星群中。这个“V”高18′，非常纤细，并且西侧边缘存在轻微扭曲，如图所示。一个小三角形标志着它的最南端。两条侧边的中点分别由沙恩1（东）和一颗11.6等星（西）所标记。

沙恩1是一个极小的家伙，仅有6″×5″大小。尽管它的尺寸甚微，但是小巧的行星状星云通常都有某种确切的特点在悄声表达“我不是一颗恒星”。它们看起来似乎不那么锐利，也不是准确的恒星颜色。对我来说，沙恩1就像星之幽灵。窄带滤镜或者氧-Ⅲ星云滤镜即可揭开它行星状星云的本性，当我们用这种滤镜观测时，沙恩1比西边的恒星还璀璨。我用10英寸反射望远镜在高倍率下目视，看到了一颗暗淡的蓝灰色中央恒星，以及星云的更多细节。沙恩1在星表中被记录为12.8等，但从我的观测来看它要再亮半个星等。

时任美国加利福尼亚州圣何塞邻近的利克天文台台长查尔斯·唐纳德·沙恩，检查20世纪40—50年代的利克北天自行巡天计划的第一期摄影底片时发现了沙恩1。较新的星表将沙恩1标记在大约31 000光年远的位置。

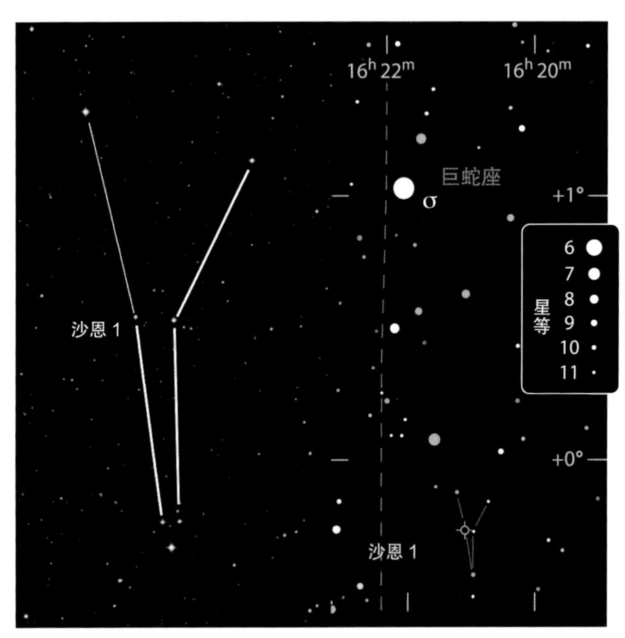

* 摄影：帕洛玛天文台巡天二期/加州理工学院/帕洛玛。

一份夏夜的饕餮大餐

目标	类型	星座	星等	大小/角距	赤经	赤纬
沙恩 1	行星状星云	巨蛇座	12.8	6″×5″	$16^h21.1^m$	−00°16′
NGC 5897	球状星团	天秤座	8.5	11.0′	$15^h17.4^m$	−21°01′
长蛇座 54	双星	长蛇座	5.1, 7.3	8.3″	$14^h46.0^m$	−25°27′
NGC 5694	球状星团	长蛇座	10.2	4.3′	$14^h39.6^m$	−26°32′
NGC 5986	球状星团	豺狼座	7.5	8.0′	$15^h46.1^m$	−37°47′
NGC 6072	行星状星云	天蝎座	11.7	98″×72″	$16^h13.0^m$	−36°14′
NGC 6231	疏散星团	天蝎座	2.6	14.0′	$16^h54.2^m$	−41°50′

大小和角距数据来自最新的星表。实际观测时的目标大小往往比星表里的数值小，且根据观测设备的口径和放大倍率的变化而不同。

春季 · 六月

* 摄影：丹尼尔·贝尔沙切/安蒂尔韦天文台，智利。

现在我们向下移动到NGC 5897，如本页上图所示。这个漂亮的球状星团坐落在天秤座ι东南1.7°的天区。用我的6英寸望远镜在38倍下观测，它看似一团柔和的光斑，外围三颗8等星组成的平弧将它环抱。放大到112倍时，NGC 5897变得相当可爱。它横跨大约7.5′的天区，包裹了一颗又大又亮的核心。星团中至少有数十颗星相互交叠，还有一对11等星和12等星组成的双星守护在它的西北偏北外缘。用我的14.5英寸反射望远镜放大到170倍观测，NGC 5897非常像恒星分布密集的疏散星团，覆盖了大约10′的天区，它的东半边散落着几颗很亮的星。

如果用上面的星图定位NGC 5897或者NGC 5694（下面介绍）有些困难，这些天体在《天空和望远镜星图手册》中都有介绍。

接下来两个目标来自长蛇座——天上的水蛇，但是更有趣的是把它们看成猫头鹰座的一部分。1822年，亚历山大·贾米森最先将这种以聪慧著称的猛禽绘制在自己的星图上。浏览现代星图，小猫头鹰曾经屹立在长蛇座的尾部，还占据了天秤座和室女座的一些天区。

猫头鹰座的第一站是色彩鲜明的双星长蛇座54。这对双星在我的5.1英寸反射望远镜63倍放大率下能被轻松分辨出来。黄白色主星在东南偏南方托着一颗金色伴星。1783年，威廉·赫歇尔发现了这对双星，但是他把伴星描述为蓝红色。你认为是什么颜色呢？

同样在猫头鹰座，球状星团NGC 5694紧靠在一个由四颗7等星组成的53′大小的“之”字形星群的西侧。用我的6英寸反射望远镜放大到38倍观察，NGC 5694是一团模糊的小球，与一对南北排列的10.5等双星形成一条长约2.5′的曲线。甚至放大到176倍，这个星团都无法分辨出具体的恒星，但是它相当引人注目，拥有一个致密的、近乎恒星般的核心。在直径1′的范围内，这个球团异常明亮，其外围是比中心区大两倍的暗淡星晕。

NGC 5694本质上比NGC 5897更亮更大，但是看起来又小又暗，因为它非常遥远——后者距离我们只有113 000光年，相比之下前者有40 000光年。NGC 5694核心区恒星排列致密程度是NGC 5897的400倍。因而后者相对松散的形态并不仅仅因为它离我们近。

接下来我们快速朝下移动，指向豺狼座中最亮的球状星团NGC 5986。我的105 mm折射望远镜放大到87倍，能够显露出一团稍许清晰的斑驳光影。一颗明亮的前景恒星点缀在它的东侧。用我的10英寸反射望远镜放大到187倍，NGC 5986呈现为颗粒状的雾滴，直径为5′，另外还有几颗星散落在它的正面。

与我们相距34 000光年的NGC 5986是这三个球状星团中离我们最近的一个。尽管受到更多星际尘埃的遮挡，而且自身光度略低，但与NGC 5897相比，更近的距离足以让它在夜空中显现得更明亮。

行星状星云NGC 6072坐落于豺狼座θ东北偏东仅仅

1.4°的位置，属于天蝎座。透过我的6英寸望远镜放大112倍，它呈现圆形并且内部有一些暗斑。一颗黄色的8.6等星驻守在它的北方。用我的10英寸望远镜在118倍下观察，显现出一个东西走向的椭圆，末端渐暗，整体略有环形的迹象，还有一颗暗弱的恒星叠置在它的东北侧。这个星云在窄带滤镜或者氧-Ⅲ星云滤镜中异常突出。放大到220倍，我可以看到它长约1.25′，宽度是长度的三分之二，靠近中心区环抱着一块很亮的光斑。

对那些加拿大北部和欧洲北部的观测者来说，NGC 5896和NGC 6072过于偏南，但是在纽约州北部，它们仍然能够比我的地平线高出大约10°。相比之下，“假彗星”只是轻微掠过我的地平线，在更北边的任何地方都不再能看到它的全貌。

加拿大业余天文学家艾伦·惠特曼在1983年参加得克萨斯州星空大会时，指出了这块引人注目的“彗星状银河补丁”。凭借裸眼观测，惠特曼将NGC 6231看作彗星的彗发，将天蝎座ζ^1和ζ^2看作前端的彗核。特朗普勒24（Trumpler 24，或Tr 24）的模糊光晕构成了彗尾的大部，

天蝎座ς北侧天区，有时被称作“假彗星”，是全天最壮观的视场之一。

* 摄影：亚当·布洛克/美国国家光学天文台/美国大学天文研究联合组织/美国国家科学基金会。

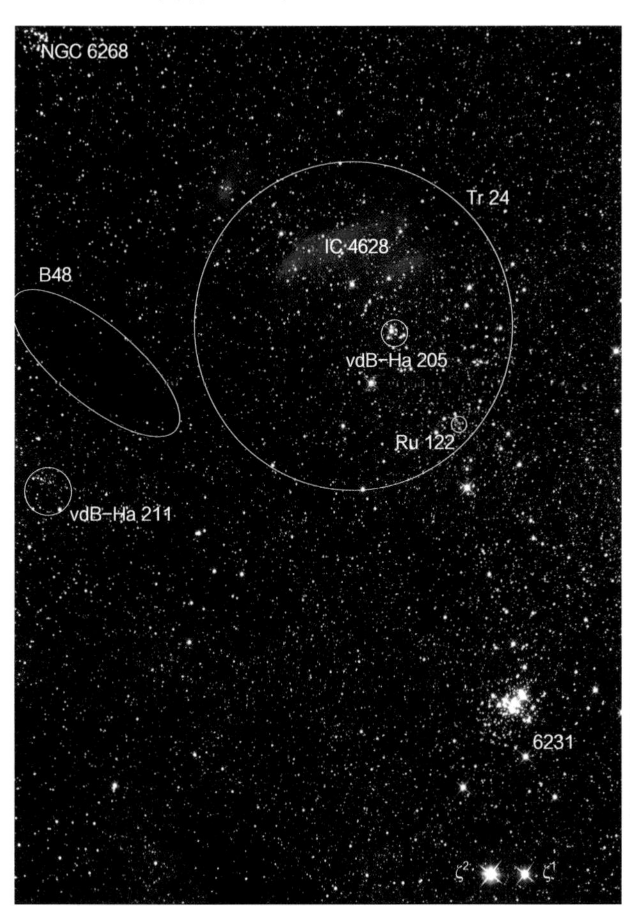

向北划出轻微的弧线。

在我所处的纬度，裸眼观测，“假彗星”毫不起眼，但是在我丈夫的15×50稳像双筒望远镜中，它的各个组成部分都是美妙的景象——即便在我们的家庭营地，彗核仅仅高出地平线3.3°。对比鲜明的两颗ζ恒星闪烁着白色和金色的光芒，NGC 6231的斑驳光晕点缀在它们北边。在此之上，一条由离散恒星组成的大弧线划向东北偏北约1.75°。一些文献认为这就是特朗普勒24，然而1931年瑞典天文学家佩尔·阿尔内·科林德在他的博士论文中定义了一个较大的星群，科林德316，覆盖了特朗普勒24并且将中心置于西南更远的天区。也许它过于松散以至于无法达到疏散星团的级别，这些恒星们也是年轻的天蝎座OB1星协的成员。

在佛罗里达群岛的冬季星空大会上，“假彗星”是一个漂亮的裸眼观测对象。在佛罗里达用纽约业余天文学家贝齐·惠特洛克的105 mm折射望远镜观测令人惊叹的NGC 6231，它的直径为0.25°，是一个由80颗明暗恒星混合成的星群，而彗尾则是远远超过100颗星的大型耀眼星群。

我的10英寸反射望远镜让更多的彗星结构呈现在眼前。观察特朗普勒24内部，6颗恒星组成的小扭结是范登伯-哈根205（vdB-Ha 205），暗淡恒星组成的一团小喷雾是鲁普雷希特122（Ru 122），一片东西走向的光影是发射星云IC 4628。还有一些诱人的目标环绕在彗尾周围。25颗恒星组成的夺目集合是直径9′的NGC 6242，大多数恒星汇聚在一个朝西北偏北方向倾斜的棒状结构中。同样由25颗恒星组成的NGC 6268则更小更暗，其中很多星排列在两条平行的直线上。一片斜向东北方的35′×10′的贫星区是暗星云巴纳德48（B48），还有一个模糊的星群范登伯-哈根211（vdB-Ha211），它主要由一条东西走向的恒星链构成。

“假彗星”确实是南方夜空中令人惊叹的美景。祝你观赏愉快。

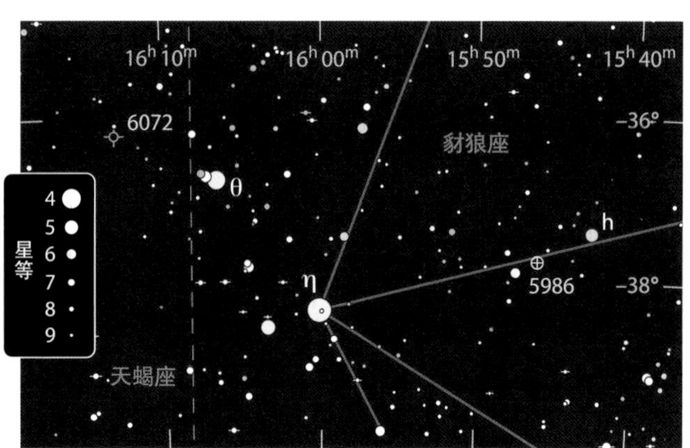

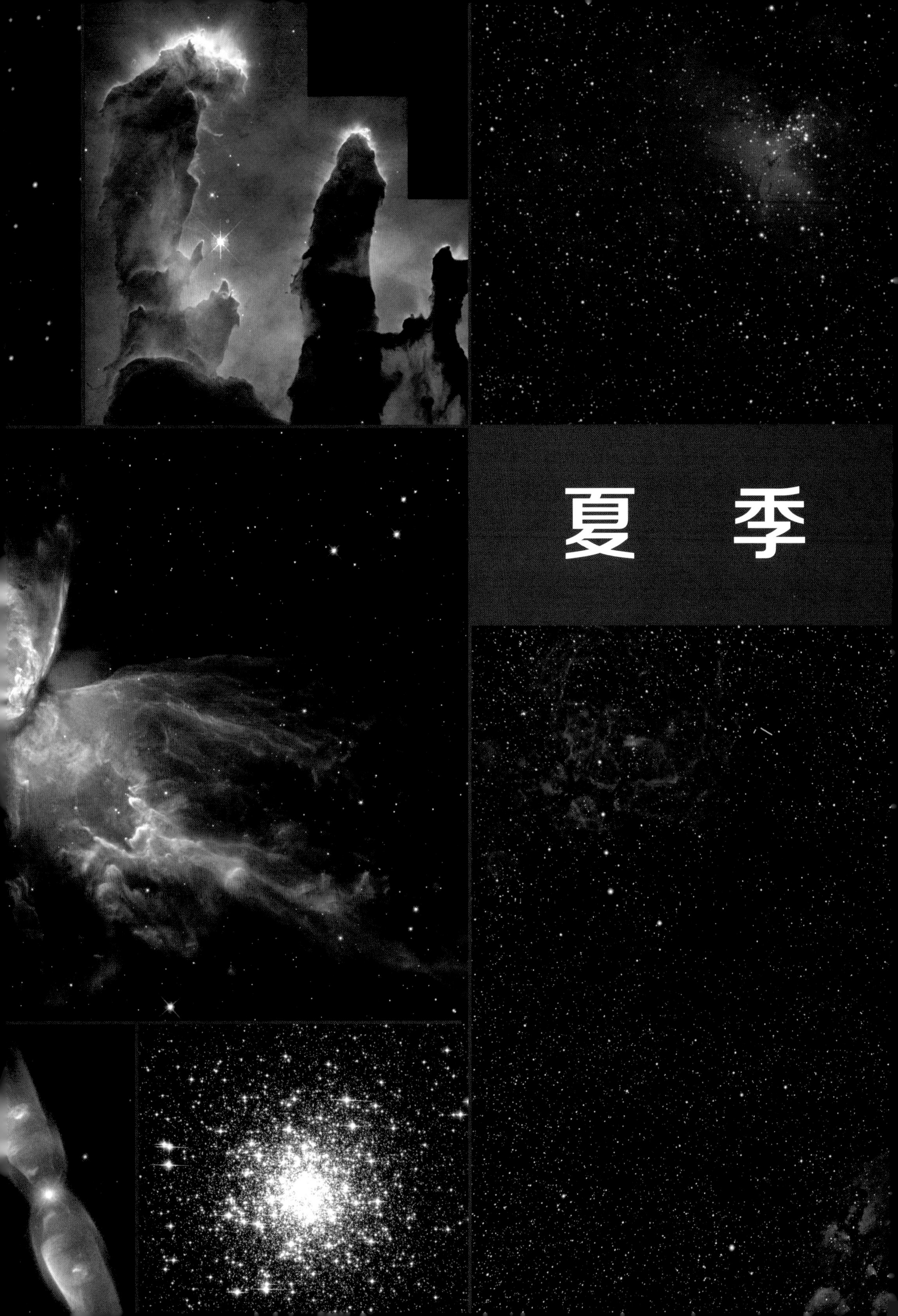

夏季

在天龙座的转角

这个拱极星座中一片有趣的天区，在七月的晚上高悬夜空。

天龙座，也就是天空中的一条巨龙，在北方的夜空中蜿蜒曲折，缠绕在邻近的北极星座周围。巨龙尾巴的最末端，位于大小北斗的勺口之间，接着沿小北斗的形状弯折，随后急转向南。许多值得注意的目标都环抱在巨龙的转角处，使它们能够轻易地被找到。

我们从象征着巨龙头部的四边形开始。其中最暗的恒星是一对双星天龙座ν，它们的角距足够大，在双筒望远镜中就能分辨出来。用我的105 mm折射望远镜放大17倍，我看到两颗相似的恒星沿西北（ν^1）到东南（ν^2）排布。在我看来，这两颗星都呈白色，但是ν^2有些许黄色的感觉。

巨龙蜿蜒的身躯与头部相接处的恒星是天龙座ξ（天棓一），它是巨龙的“下巴”，它更广为人知的名字叫Grumium，这个词儿听起来颇有苏斯博士绘本的风格。沿着天龙座ν到天棓一连线并继续延伸四分之三倍，将会看到5等星天龙座39。在17倍放大率下，我看到东北偏北方向一颗8等伴星，与白色主星明显分离。将放大率提高到153倍后，第三颗成员星显现出来，勉强能与主星分离。这两颗伴星亮度相当，但是外侧的那颗接近白色，而内侧这颗呈现蓝色。

从天龙座39向东北偏北移动3.5°，我们朝向了略微明亮的天龙座ο。在放大到17倍时，我可以轻松看到它是一对不均等的橙色双星：5等主星和一颗位于它西北方的8等伴星。威廉·亨利·史密斯于1844年出版了堪称经典的《贝德福德星表》，其中他把这对双星描述为橙黄色和淡紫色。其他观测者曾看到伴星呈现蓝绿色，不过这些色调应该是对比错觉造成的，因为这颗恒星的光谱型是K3（橙色）。

天龙座τ靠近巨龙转角的上端，是一颗橙色4等星。从这里向北移动3.2°，我们能看到一小团恒星，其中有一颗星明显偏红。它是碳星天龙座UX，是夜空中最红的恒星之一。衡量恒星颜色的一个指标被称为色指数——恒星越红，指数越大。白色恒星织女星（位于天琴座）的色指数为0.0，与之相比橙红色心宿二（位于天蝎座）的色指数为1.8。然而天龙座UX比心宿二更红，它的色指数接近2.7。它是一颗半规则变星，在颜色和亮度上都有变化。天龙座UX的亮度以168天为周期在5.9等到7.1等之间变化。

接下来，我们要探寻迷人的星群甘伯2。这一小群7等到9等恒星非常容易定位，其中心位于3.6等星天龙座χ东南偏东1.1°处，直径大约20′。甘伯2这个名称出现在第二版《测天图2000.0》和星图软件“MegaStar 5.0”中，是为了纪念著名的加拿

天龙座的深空乐趣

目标	类型	星等	大小 / 角距	距离（光年）	赤经	赤纬	*MSA*	*U2*
天龙座ν	双星	4.9, 4.9	62″	99	$17^h32.2^m$	+55°11′	1095	21R
天龙座39	三合星	5.1, 8.0, 8.1	90″, 3.7″	190	$18^h23.9^m$	+58°48′	1078	21L
天龙座ο	双星	4.8, 8.3	37″	320	$18^h51.2^m$	+59°23′	1078	21L
天龙座UX	碳星	5.9—7.1	—	2000	$19^h21.6^m$	+76°34′	1043	3R
甘伯2	星群	5.6	20′	—	$18^h35.0^m$	+72°23′	1053	10R
天龙座ψ	双星	4.6, 5.6	30″	72	$17^h41.9^m$	+72°09′	1054	11L
NGC 6503	星系	10.2	7.1′×2.4′	1700万	$17^h49.5^m$	+70°09′	1054	11L
NGC 6543	行星状星云	8.1	22″×19″	3000	$17^h58.6^m$	+66°38′	1066	11L

表格中的*MSA*和*U2*列分别为《千禧年星图》和《测天图2000.0》第二版中的星图编号。大小和角距数据来自最新的星表。

大业余天文学家和方济各会修士卢西恩·J.甘伯。他曾经写过一篇关于这个星群的文章，但是从未发表。他的挪威朋友阿里尔·莫兰赋予了它“迷你仙后座星群”的称号，随即甘伯的文章才引起了其他观测者的注意。在《深邃的天空》一书中，菲利普·S.哈林顿把这团引人注目的恒星称为“小皇后”。

这些别称都呼应了甘伯2那令人惊叹的形状，它与仙后座的5颗亮星组成的熟悉的“W”有着不可思议的相似之处。甚至还有第六颗星对应于仙后座η，只不过位置稍有偏离。甘伯2的形状在《千禧年星图》中被清晰地呈现了出来，但未有标注。用我的小型折射望远镜放大到28倍观察，其中最亮的星呈金色，最北那颗星呈橙色。虽然甘伯2引人注目，但它实际是天空中不同远近、不同方向运动的恒星出现的巧合排列。

向西扫描4°，我们来到了另一对远距双星天龙座ψ。用我的小型望远镜放大到17倍观察，它们已经明显分离。伴星位于主星东北偏北处，两颗星均呈淡黄色。

天龙座ψ为搜寻本月唯一的河外天体矮旋涡星系NGC 6503提供了绝佳的起点。为了定位NGC 6503，将天龙座ψ置于低放大率视场的西侧边缘，然后向南摆动2.1°。当我在略微朦胧的夜空中观测时，我的105 mm望远镜放大到68倍显示出一块透镜状的光斑，沿长轴方向稍许增亮（椭圆呈西北偏西到东南偏南倾斜）。这个星系长约3′，宽为长的四分之一。一颗8.6等星坐落在它的最南端正东方向。这个面亮度很高的星系是1854年德国大学生亚瑟·冯·奥威尔斯用他的2.6英寸折射望远镜发现的。奥威尔斯后来成了一名天文学家，还有一座月球环形山以他的名字命名。

我们最后造访的这位大咖是NGC 6543，又被称为猫眼星云。这个微小的行星状星云位于NGC 6503南边3.6°稍偏东处。你能在天龙座36和一颗5等星天龙座ω间一半的位置找到它。在17倍放大率下，NGC 6543几乎就是一颗星，但是它那罗宾鸟蛋蓝色告诉我们事实并非如此。星云内部的中央恒星甚至可以在低倍率下被分辨出来。一颗10等星处在西北偏西2.7′的位置与之相伴。放大到153倍，猫眼星云看起来略微呈椭圆形（沿东北偏北向西南偏南延伸），而且似乎在最中心区稍有变暗。其外侧边缘

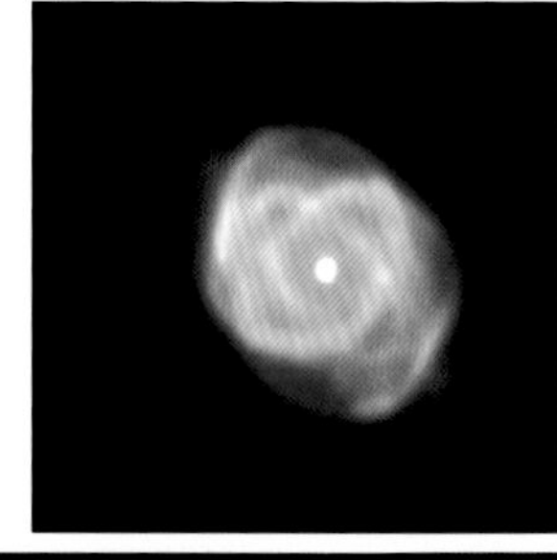

右下：在米德16英寸望远镜的高倍率下，猫眼星云这个名字真是恰当。当我们用小型望远镜在低倍率下观测时，它就像一颗散焦的恒星。星云的总亮度为8等，它的中央恒星为11等。

底部：NGC 6503，一个几乎侧向的旋涡星系，看起来更像一个纺锤而非转轮。虽然它的亮度足以被小型望远镜发现，但是在亚利桑那州基特峰拍摄的这张照片却看不到精细的结构。上方为北。

* 摄影：亚当·布洛克/美国国家光学天文台/美国大学天文研究联合组织/美国国家科学基金会。

模糊不清，似乎呈现一个薄薄的暗环。如果大气平稳，猫眼星云可以被尽情放大。

1864年，英国业余天文学家威廉·哈金斯用光谱仪仔细观察了NGC 6543。这是世上首次用光谱仪分析行星状星云，随后的光谱结果证实这个星云由发光气体组成。（此前，诸多天文学家相信只要有足够强大的观测设备，所有星云的组成解析都会是恒星。）哈金斯无法鉴别使星云呈现蓝绿色的明亮光谱发射线来自何种元素，于是将它们归因于一个假想的新元素，名为“氙”（英文里叫nebulium，这是个生造的词）。

后来的研究表明，这些谱线是双电离氧的“禁线”。这种类型的发射线在地球上几乎不会存在，但是它可以在某些星云的稀薄气体中出现。因此，小罗伯特·伯纳姆在《伯纳姆天体手册》中说道：“禁线，实际上并非彻底‘禁止’发生；打个比方，它们像狠狠地皱着眉头说‘不行’。”

我们用低倍率望远镜观测，发现天龙座的甘伯2与仙后座的“W”形有明显的相似之处（后者的形状要大很多）。在这个2°的视场中，可以看到甘伯2星群和明亮的天龙座χ，并包括11等暗星。
* 星图：改编自《千禧年星图》数据。

蝎美人的毒针

天蝎座的尾巴要把你搞晕，方法多得很。

天蝎座，对北半球中纬度的观测者来说坐落于低空。然而它却用丰富的、难以忽视的深空宝藏召唤我们，催促我们探寻这些低空目标。天蝎尾巴附近的天区是一片猎物众多的狩猎场。确实，你几乎找不到一个角度，能让望远镜视场中不包含任何目标。

天蝎座λ和天蝎座υ构成了天蝎的尾刺，过去它们被合称为Shaula，这个词源自阿拉伯文al shaulah，意为“毒刺”。随着时间推移，这个名称渐渐转移至双星中较亮的那颗天蝎座λ（尾宿八），同时天蝎座υ（尾宿九）拥有了英文名Lesath，源自阿拉伯文las' a，意为“刺痛”。但是在早期阿拉伯天文著述中，这个词语与这颗恒星并无关联。

正如恒星命名专家保罗·库尼奇在《现代恒星名称词典》中所阐释的，“Lesath”经过了迂回曲折的历程才最终被赋予了天蝎座υ。托勒密在2世纪撰写的《天文学大成》中提到一个“模糊的恒星群”伴随在天蝎的尾刺之后。这里的希腊文随后被翻译为阿拉伯文allatkha，意为“尖点”。后来演变为alascha，这是阿拉伯文的拉丁文变体，在占星学中把它与天蝎的尾巴关联了起来。1600年，伟大的古典学者约瑟夫·贾斯特斯·斯卡利杰尔错误地认为alascha是从las' a派生而来，但是对天蝎座的另一颗尾刺星来说，这个解释看起来还是挺合乎逻辑的。

现在人们普遍认为，托勒密所述的模糊亮斑是疏散星团M7现存最早的记录。尽管贴近地平线，但是它3.3的星等，裸眼都清晰可见。你可以花一整个晚上探索M7和它周围的宝藏。

用任何望远镜观测M7都是一种享受。我的15×45稳像双筒望远镜显示出它的中心有一个由10颗星组成的希腊字母“χ”形图案。另外50颗或明或暗的星在星团内向外延伸至1.25°大小。用我的小型望远镜观察，在星团内部20′的范围内，是一个30颗星组成的扭结，它让我联想到一个图案：就好像“#”符号的8个尾巴被砍掉了一半，每隔一个就砍掉一个。其他观测者则将其想象为一个被粉碎的盒子或者字母“K”。整个星团在直径1°范围内都有高密度的恒星排布，另有近100颗离散的恒星向外延伸

天蝎尾巴附近令人眩晕的其他美景							
目标	类型	星等	大小 / 角距	赤经	赤纬	*MSA*	*U2*
M7	疏散星团	3.3	80′	17ʰ53.9ᵐ	−34°47′	1437	164L
Tr 30	疏散星团	8.8	20′	17ʰ56.4ᵐ	−35°19′	1437	164L
NGC 6444	疏散星团	—	12′	17ʰ49.5ᵐ	−34°48′	1437	164L
NGC 6453	球状星团	10.2	3.5′	17ʰ50.9ᵐ	−34°36′	1437	164L
NGC 6455	恒星云	—	1°	17ʰ51.8ᵐ	−35°11′	1437	164L
B287	暗星云	—	25′×15′	17ʰ54.4ᵐ	−35°12′	1437	164L
Cn 2-1	行星状星云	12.2	2″	17ʰ54.5ᵐ	−34°22′	1437	164L
Hf 2-1	行星状星云	14.0	9″	17ʰ51.2ᵐ	−34°55′	1437	164L
M 1-30	行星状星云	14.7	5″	17ʰ53.0ᵐ	−34°38′	1437	164L
MJ6	疏散星团	4.2	30′	17ʰ40.3ᵐ	−32°16′	1416	164L

大小数据来自最新的星表。实际观测时的目标大小往往比星表里的数值小。表格中的 *MSA* 和 *U2* 列分别为《千禧年星图》和《测天图2000.0》第二版中的星图编号。

至1°20′的距离。因为其中有数颗星足够明亮，所以颜色鲜明，多呈蓝白色调。三颗明显的金色恒星点缀着整个星团：一颗位于中央扭结的西南角，另一颗位于星团内西北区域，第三颗位于星团的西北偏北边界处。“得益”于在低空常见的糟糕视宁度，M7这颗璀璨的宝石有时候还会明灭闪烁、熠熠生辉。

小星团特朗普勒30（Tr 30），也被称为科林德355，紧贴M7的东侧边缘。透过模糊的天空，用4英寸到6英寸望远镜观测，我看到一个包含30颗星、长为10′的三角形星团。一颗8等星标记了它的北侧点，其余恒星亮度分布在10等到12等。我的10英寸反射望远镜揭露出更多的恒星（多数位于三角形的西南）让整体增大到20′。最亮的成员星似乎位于一个五边形恒星群中心，又好像组成了一个简笔画的火柴人。

疏散星团NGC 6444位于M7的西侧边缘，如果你没有仔细搜寻，很容易忽视它。在小型望远镜中我看到20余颗亮度11等到12等的恒星，零散地分布在横跨12′的天区。最亮的一批星聚集在星团中东西走向的棒形结构中。在我的14.5英寸反射望远镜中，它是一个非常漂亮的星团，遍布暗星，其中很多汇聚为小型星链。

球状星团NGC 6453看起来依附在M7的西北偏北边缘，然而事实上它的距离比M7远50倍。在

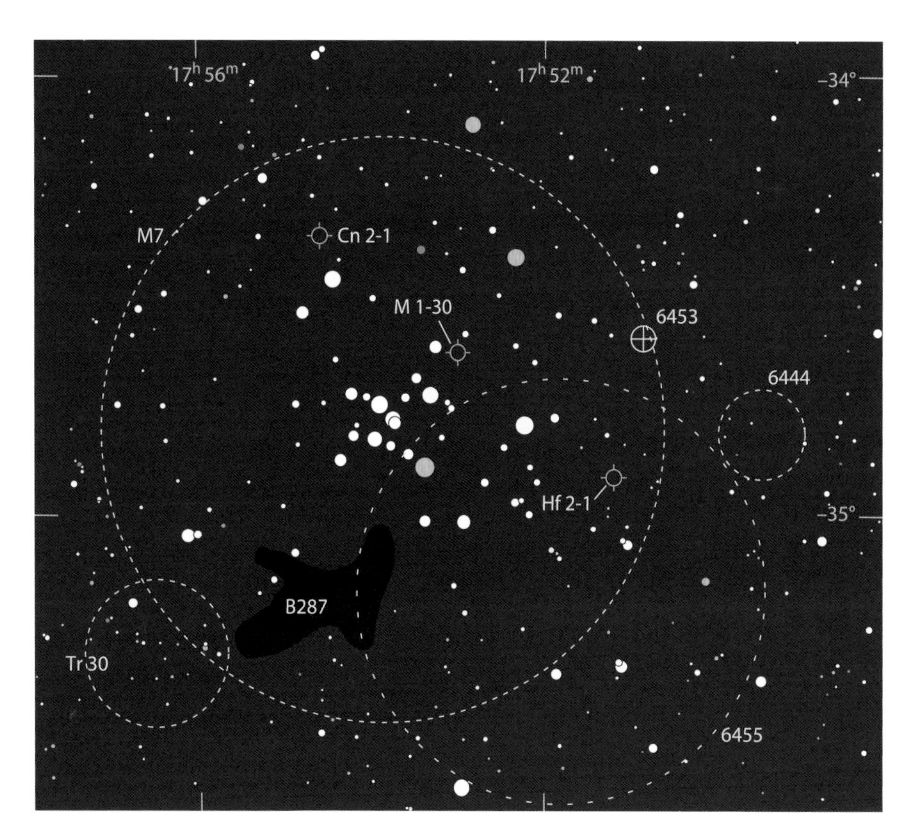

明亮的疏散星团M7内部和周围其他8个深空天体。其中最难辨识的是三个行星状星云，需要足够大的业余望远镜和高放大率，以及在非常通透晴朗的夜空才能分辨出。这个星图的极限星等为11等。M7位于天蝎座和人马座之间。

小型望远镜中它呈现圆形而且看起来像一个又小又暗的星云。一颗11等星紧靠它的西侧，还有一颗10等星坐落在它东边较远的位置。在我的大反射望远镜中，NGC 6453看起来有些斑驳。我能看到一些闪烁的光点，但是考虑到视场内星星的富集度，这些亮点可能是前景恒星而非星团内的成员星。

NGC 6455是约翰·赫歇尔于19世纪30年代早期在南非观测时发现的。他将其描述为“银河中一团巨大的星云状集合。星点过于微小而且不计其数”。考虑到有些现代的资料都把NGC 6455归为“不存在”的天体，这个描述可以说是相当出色了。杰克·W.苏伦蒂克和威廉·G.蒂夫特在《非星天体新总表修订版》（亚利桑那大学出版社，1976）中首次将NGC 6455归入虚构天体的行列。苏伦蒂克仔细检查了国家地理学会-帕洛玛天图记录的图像，然后确认在指定的位置没有星团。没错，这里你确实看不到星团，但是，你能看到一大片明亮的银河系恒星群，它们横跨大约1°的距离，并与M7完全重叠。它的中心靠近M7西南外缘，而且延伸至M7明亮的核心处。在M7的光芒下，NGC 6455的亮度很不明显，但是借助穿过这片区域的暗星云我们得以定义它的边界。最佳观测设备是小型大视场望远镜或者大双筒望远镜，以及南方的观测地也是一个决定性的优势。

几个暗星云点缀在这片夜空，其中之一位于M7内。巴纳德287（B287）飘荡于星团的东南部。我看到它挥舞着三条暗淡的物质臂整体横跨20′的天区，几颗星零散地分布在它表面。想要分辨出这个星云，你必须能够识别它所处的银河背景。低纬度（M7位于天空较高的位置）的观测者或许能够在小型望远镜中辨认出B287，然而北方的观测者可能需要较大的设备。

虽然三个行星状星云是背景天体，但它们看起来就像在M7内部。最亮的坎农2-1（Cannon 2-1，或Cn 2-1、PN G356.2-04.4）在8英寸口径的望远镜中已经能够分辨。它虽然亮，但是用我的14.5英寸反射望远镜放大315倍仍然很微小。在氧-Ⅲ（绿色）滤镜中它呈现出明显的细节。霍夫莱特2-1（Hoffleit 2-1，或Hf 2-1、PN G355.4-04.0）在8英寸望远镜中同样可见，但是我发现辨识它相当困难。我用14.5英寸望远镜放大315倍并且加上氧-Ⅲ滤镜，可以看到一个小而暗的圆盘。不加滤镜的话，我只能偶然瞥见它。对于第三个行星状星云，闵可夫斯基1-30（Minkowski 1-30，或M 1-30、PN G355.9-04.2），尽管我已经尝试多次，但从未确切抓住它

上图：M7星团的核心位于这片1° 40′大视场天区的中心。斑驳的暗星云巴纳德287位于视场中心偏下。右上角是局部解析的球状星团NGC 6453。这是在富士SG 400彩色负片上30分钟曝光的影像，使用的是300 mm f/6望远镜，上方为北。

下图：蝴蝶星团M6，其名字源于形成翅膀轮廓的恒星串。在这片1° 40′大视场天区中，最亮的橙色恒星是变星天蝎座BM。上方为北。

* 摄影：藤井旭。

的身影。不过有观测者用10英寸或者更大的设备成功捕捉到了它。让我们离开这片暗星区并向M7西北移动3.8°，指向赏心悦目的星团M6。在良好的天空条件下，4.2等的M6裸眼可见。在我的15×45双筒望远镜中，M6呈现为横跨20′的椭圆，沿东北偏北—西南偏西走向，其中分布着20颗星。6英寸反射望远镜将它扩大到0.5°，其中的恒星数量增加到大约50颗，而我的10英寸望远镜使其中的恒星数量增加到90颗。在星团东部边缘闪闪发光的金色亮星是长周期、半规则变星天蝎座BM。

在几乎所有的望远镜中，许多观测者都认为M6像一只蝴蝶。可能是1923年西奥多·E.R.菲利普斯和威廉·H.史蒂文森在《天空之美》中最先给出了这个类比。这本书中写道："形状有些不规则，中央存在肋骨状突起像一双张开的翅膀。"这个恒星集合现在俗称蝴蝶星团。奇怪的是，并非所有人都能用相同的方式描摹出蝴蝶的形态。大多数人看到它是正在飞向西北方向的蝴蝶，但是有些观测者认为这只蝴蝶是向东北飞的。你怎么看呢？

天蝎尾刺附近的区域是深空狩猎的绝佳场所。如果你花一些时间用自己的望远镜搜寻这片天区，我保证你一定会发现其中更多的宝藏。

游走于天蝎之侧

作为最古老的星座之一，天蝎座是深空观测者的天堂。

天蝎在那片夜空扭动，
尾巴和钳肢气势恢宏；
它照耀了广袤的天穹，
稳稳雄踞着两座星宫。

——奥维德《变形记》

上面的段落，是古罗马诗人奥维德介绍古希腊文化中刻画的天蝎座形象。这个古代版的天蝎座还包含了我们现在划分到天秤座的一些恒星。古希腊人把这些星看作独立的星座，并称之为"螯"。如此一来，古代的天蝎座占据了两座黄道星宫。当今的我们则重新定义了天蝎座的螯——位于躯干上方的那部分。这片天空正是我们在七月搜寻深空奇迹的地方。

我们从天蝎座δ（房宿三）开始今天的旅行。2000年6月，这颗星突然演变成了一颗变星，因为这颗高速自转的恒星形成了星周盘。它以无规则的涨落增亮接近1个星等，然后经过数年回到了最初的亮度。房宿三有一颗密近伴星，每10.7年接近一次，而且伴星与星周盘之间的相互作用有可能持续带来有趣的现象。房宿三就这样在我们眼前变成了一颗不规则喷发变星。这类变星的原型是仙后座γ，它需要经过29年才能恢复到爆发前的亮度。而且，

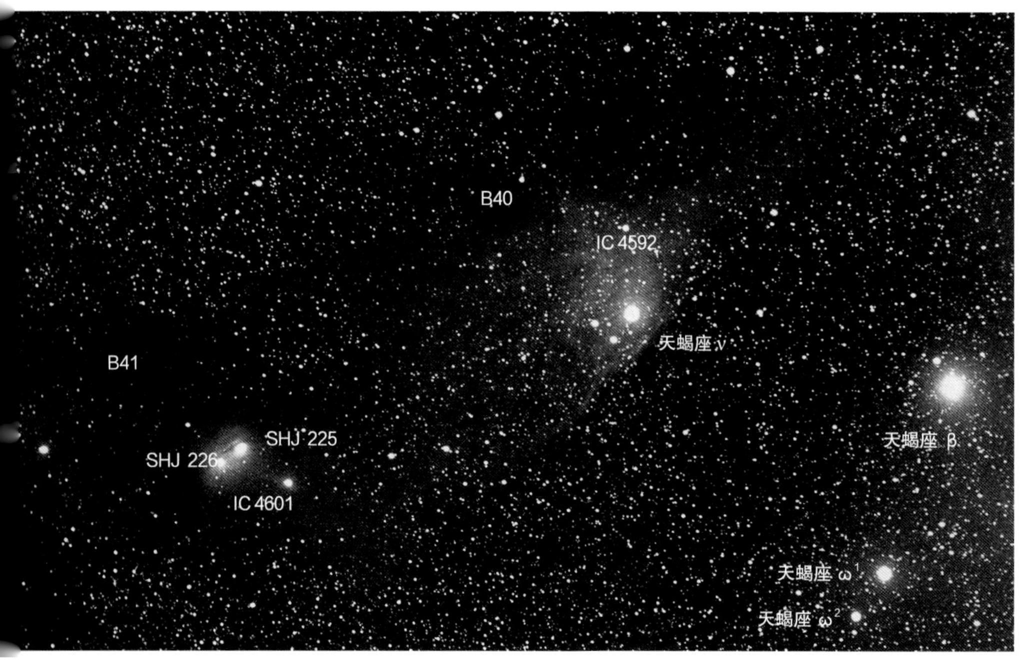

一个世纪以前，著名的天文学家爱德华·埃默森·巴纳德在刚建成的美国加利福尼亚州威尔逊山天文台拍摄照片，最终汇集为《银河精选区域摄影图集》。由于巴纳德的照片仅记录蓝色波段，所以与人眼所见相比，天体的视亮度有些许失真。视场宽度为5°，上方向北。

* 摄影：华盛顿卡内基研究所天文台。

这张照片宽度为10°，中心处是致密的球状星团M80。同时标注了照片中附带的一些深空天体。

* 摄影：藤井旭。

这类变星都是高速自转的蓝白色恒星，它们不断从赤道区域抛出物质，与此同时，伴随抛射出现的通常是暂时的亮度衰减。那么，天蝎座δ在未来数年会发生什么呢？没有人知道。它周围有一些邻近的恒星可以用来作为测量其亮度的参考，包括1.6等星天蝎座λ、1.8等星人马座ε、2.1等星人马座σ和2.4等星天蝎座κ。

从天蝎座δ向东北移动2.4°，我们能看到一对美丽的光学双星天蝎座ω^1和ω^2。虽然裸眼已经能够将它们分解开来，但是最好用双筒望远镜或者非常低倍率的望远镜观察这两颗4等星，可以感受到它们对比鲜明的蓝色与黄色。

继续向东北移动1.7°将把我们的视线指向4等星天蝎座ν，这组可爱的“双双星”让我想起天琴座ε。用我的105 mm折射望远镜放大17倍观察，6.6等伴星位于4.2等主星的西北偏北方向。放大到87倍时，较暗的伴星东北2.4″的位置分解出一颗7.2等子星。二者均为白色。使用203倍极高的放大率可以辨识出紧贴主星北侧边缘的一颗5.3等子星，呈蓝白色。

在2005年2月美国佛罗里达群岛的冬季星空大会上，我决定观测一番天蝎座ν附近的数个星云。其中，反射星云IC 4592将天蝎座ν包裹其中。这个星云过于庞大，以至于我在自带的10英寸反射望远镜的视场中都无法看到它的全貌。我期待有机会用我的小型折射望远镜观测它。

为了充分发挥我的望远镜的能力，我计划搜寻天蝎座ν东边两个暗星云和一个较小的反射星云。暗星云之一，巴纳德40（Barnard 40，或B40）位于天蝎座ν东北偏东1°处，在这里我分辨出一块巨大而稠密的“Z”形暗斑。随后当我仔细查阅《银河精选区域摄影图集》时，发现爱德华·埃默森·巴纳德在照片中仅标注了B40中最暗的最北端15′，使其截断为侧向一旁的“V”形。向东南偏南移动1.5°，我就找到了巴纳德41（B41）。它几乎是这片天区的巨大暗星云复合体中最漆黑的区域之一，在我的望远镜中呈现为一块40′的暗斑。在B41的西南边缘可以看到微弱的反射星云IC 4601。它呈西北—东南走向，覆盖大约10′×15′的天区，包裹着一对明亮的双星SHJ 225和SHJ226，分别为蓝色和白色。这些观测都是在44倍放大率、87′有效视场中完成的。我还没有尝试过用较小的望远镜观测这些目标。你呢？

现在我们向南移动几度来探访三个截然不同的球状星团。首先是M80，位于天蝎座σ西北偏北2.8°处，同时它的东北4′的位置还有一颗8.5等星。用我的105 mm折射望远镜放大到17倍，M80看起来是一个非常小但出奇明亮的毛球，随着向中心区靠近它显得特别耀眼。放大到87倍时，直径4′的晕呈现出颗粒状，但是只能看到零星几颗恒星——最亮的星位于东北偏北边缘。用我的10英寸望远镜放大到166倍，M80变得非常漂亮，从晕中能分辨出许多恒星和它的外核。微小的内核异常明亮。

18世纪著名的观测天文学家威廉·赫歇尔将M80描述为“我印象里曾见过的恒星最密集排列最紧凑的星团之一”。他还震惊于坐落在星团西侧边缘一团没有星的空洞，声称这“几乎认可了一个猜测，也就是说组成星团的恒星是从那个区域‘收集’出来的，于是留下了这片空洞”。

球状星团M4（中心靠下）周围的天区是银河中最绚烂多姿的天区之一。这里布满了发射星云和反射星云。天蝎座σ（右上角亮星）附近是一处反射星云，具有熟悉的蓝色，还有左上独特的橙色光影，这是源自心宿二的照射，而耀眼的它刚好位于1.75° 宽的视场外，上方为北。图中较小的球状星团（中心偏左）是NGC 6144。

* 摄影：马尔科·洛伦齐。

突出的球状星团M4坐落在天蝎座σ和心宿二连线中点偏下。用我的小型折射望远镜放大到87倍观测，M4是一团华丽的暗星风暴，可以部分解析星团正中心区域。其中的恒星组成了一条明亮且密集的棒形结构沿南北走向穿过7′ 大小的核心区，还有横跨13′ 的星晕。几颗大致11等的亮星点缀在星晕上以及核心外缘。对一个球状星团来说，M4的恒星分布相对分散，使它几乎像一个密集的疏散星团。在我的10英寸望远镜放大115倍下，M4参差不齐的边缘将其铺展开横跨大约25′ 的天区，核心的恒星散布于一片无法清晰分辨的朦胧区域之上。M4中许多离群恒星排列成向南下垂的曲线，好像拂过核心模糊"头部"的发丝。

赫歇尔意识到自己的猜测得到了证实，因为M4坐落在另一个空洞的西侧边缘。他认为引力不可抗拒地将恒星拽入星团，使之随时间推移变得更加密集、更加紧凑。他进一步推测，这种"银河"的渐进积聚过程可以粗略告诉我们它的年龄与未来的寿命。

赫歇尔还猜测，正在形成的星团内部，不同的分支可能积聚成不同的星团。而且他指出M4附近存在一个"微小的星团"。他指的就是球状星团NGC 6144。观测这个球状星团最好用高放大率，使耀眼的心宿二离开视场。我的小型折射望远镜在高倍率下仅仅显示出一块3′ 的光斑，边缘呈颗粒状。一颗孤立的12等星闪烁在西侧边缘。即使用我的10英寸望远镜放大到220倍，它也只延展到5′ 。

在天蝎座搜寻

目标	类型	星等	大小 / 角距	赤经	赤纬	*MSA*	*U2*
天蝎座 δ	变星	1.6—2.3	—	$16^h 00.3^m$	−22°37′	1398	147L
天蝎座 ω	双星	3.9, 4.3	15′	$16^h 06.8^m$	−20°40′	1398	147L
天蝎座 ν	聚星	4.2, 5.3, 6.6, 7.2	41″, 2.4″, 1.3″	$16^h 12.0^m$	−19°28′	1374	147L
IC 4592	反射星云	—	3.3°×1°	$16^h 13.1^m$	−19°24′	1374	147L
B40	暗星云	—	15′	$16^h 14.6^m$	−18°58′	1374	147L
B41	暗星云	—	40′	$16^h 22.3^m$	−19°38′	1373	147L
IC 4601	反射星云	—	20′×12′	$16^h 20.2^m$	−20°04′	1374	147L
SHJ 225	双星	7.4, 8.1	47″	$16^h 20.1^m$	−20°04′	1374	147L
SHJ 226	双星	7.6, 8.3	13″	$16^h 20.5^m$	−20°07′	1374	147L
M80	球状星团	7.3	10′	$16^h 17.0^m$	−22°59′	1398	147L
M4	球状星团	5.6	36′	$16^h 23.6^m$	−26°32′	1397	147L
NGC 6144	球状星团	9.0	7′	$16^h 27.2^m$	−26°01′	1397	147L

大小和角距数据来自最新的星表。表格中的 *MSA* 和 *U2* 列分别为《千禧年星图》和《测天图 2000.0》第二版中的星图编号。

紧靠中心区依稀能分辨出一些恒星，其余的星星全都藏于一团雾气中。

自赫歇尔时代以来，天文学始终在前进。我们现在知道银河系中漆黑的暗斑并非真正的虚空，而是不发光的巨大气体和尘埃团，它们遮挡了远处的星光。疏散星团从星云中诞生，随着年龄增长渐渐消散而不是积聚；大多数球状星团在我们星系形成早期便已经达到这样密集的状态。

科学的本质是发展和进步。哪些我们现在珍视的猜想将会被淘汰呢?

银河黑马

七月之时，南方的蛇夫座是属于深空观测者的肥沃牧场。

20世纪80年代，我在美国得克萨斯州星空大会上初次认识了银河黑马。它是一个非常引人注目的暗星云复合体，位于蛇夫座最南方，横跨了9°的天区。这片区域的形状就像一匹奔腾的黑色骏马，在美国得克萨斯州西南这片原始的天空中，我用肉眼就能看到它。天文作家理查德·贝里在20世纪70年代用35 mm相机拍摄了一系列银河拼图照片，他从中发现了这个星云并将其命名为黑马。

银河黑马在爱德华·埃默森·巴纳德于1927年创作的《银河精选区域摄影图集》中占据了两个版块。它包含至少18个巴纳德暗星云、不透明气体和尘埃云，在远处星光的照耀下各自显现出剪影般的轮廓。马的后半身由著名的烟斗星云组成，后者本身就是一个特征鲜明的裸眼景观。许多漆黑的空洞遮盖了银河中这块显著的区域。如果你有机会在暗夜中观测，这片奇妙的天区值得用裸眼或者双筒望远镜细细探寻。

蛇夫座还拥有众多适合望远镜观测的美景，包括数量可观的球状星团。相比于约束在银河系盘面的疏散星团，球状星团则是以星系内核为中心呈球形分布的。因为我们处在距离银河系中心25 000光年的偏远地带，所以当我们将目光投向宏伟的恒星之城的核心区时，能捕捉到绝大多数的球状星团。准确地说，我发现它们主要分布在三个星座：人马座、天蝎座和蛇夫座。

1781年夏尔·梅西耶创立的星表中有三个球状星团分布在环绕银河黑马的天区。最亮的是M62，它最南端溢出的恒星跨过蛇夫座边界进入了天蝎座。你能够在双筒望远镜或者寻星镜中看到它呈现为一小团模糊的斑点。用我的105 mm折射望远镜放大到153倍，M62呈现为一个直径5′的暗晕及分布在边缘的一些难以捉摸的光点。M62东南方偏离中心的内核特别明亮且非常斑驳。用我的10英寸反射望远镜放大219倍，我能分辨出晕和外核的几颗恒星，还发现最亮的一些恒星倾向于分布在星团的西半部分。用我的14.5英寸反射望远镜放大到245倍观测，星团覆盖10′的天区，呈现椭圆状在东北—西南方向延伸。我能看到整个面源中部分解析的区域及靠近中心区显著增加的恒星密度。如果我用10英寸望远镜降低放大率到44倍，暗星云巴纳德241（B241）就进入了当前视场。这块被银河黑马踏起的“草皮”位于M62西侧，长约0.25°，宽是长的三分之一。

寻星镜视场中可以同时看到M62和M19，后者位于M62以北4°处。用我的105 mm望远镜放大到87倍观察，可以发现球状星团M19非常漂亮。它呈现出一个8′的暗晕，包裹着一个3.5′的亮核球。星团的核球是一个沿南北走向的清晰椭圆，然而星晕却轻微向东北倾斜。放大到127倍时，我发现相当数量的恒星散落在星团表面，紧紧围绕着一个小巧而耀眼的核心。

在我的小型折射望远镜使用低倍率时，视场中同时存在两个较小较暗的球状星团：东侧的NGC 6293和东北偏北的NGC 6284。放大到153倍，NGC 6293显现出一个直径2′的星晕和一个相对较大较明亮的核心。NGC 6284则略小而且表现出些许斑驳。它拉长的内核直径大约占整个星团的三分之一，并具有一个微小又致密的中心区。一些微弱的星紧靠在晕的边界闪烁，另有一颗12

由气体和尘埃组成的暗云编织出各种各样的图案，遮挡了雄踞银河系中心的无数恒星所发出的光芒。20世纪70年代，天文作家理查德·贝里在他的广域摄影中注意到一片图案，就像矗立的骏马。在这张1987年的照片中，贝里的银河黑马带着土星项链占据着左下的天空，在晴朗的暗夜肉眼可见。这张照片视场宽度为24°，耀眼的橙色心宿二在银河黑马的右边。
* 摄影：《天空和望远镜》/丹尼斯·迪·西科。

等星坐落在星团东侧。

我们要观测的第三个梅西耶球状星团是M9，它位于蛇夫座ξ以北2.5°。用我的105 mm望远镜放大到17倍观察，它显得很亮，并且与另外两个球状星团和两个暗星云处于同一视场。NGC 6356显而易见，但是比M9稍小。NGC 6356有大而明亮的外核、昏暗的星晕和恒星般的中心区。NGC 6343是一个非常小且暗淡的灰点，在中心区稍有增亮。紧贴NGC 6342的小块暗区是巴纳德259（B259），它是银河黑马的鼻子。M9的西侧，我看到了巴纳德64（B64），巴纳德本人对此恰当地描述道：

“它具有彗星的形态和一个深黑的核心，或者说前端紧邻厚厚的一层恒星；从这里它向外扩展为一大片细节显著的暗区，填充了M9西南边相当大的空间。于是它就像一颗黑暗的彗星，具有清晰而致密的彗头和弥散而宽广的彗尾。”

当我将放大率提高至153倍时，M9得以单独地展现，它的3′星晕和较大的外核显现出轻微的颗粒状。少许光点点缀着星晕，其中最惹眼的几颗星出现在东侧边缘。

具有挑战性的球状星团上普罗旺斯1（Haute-Provence 1）最早被记录于1954年出版的《上普罗旺斯天文台论文集》。它坐落在蛇夫座45以东49′、以南7′的天区。首先找到一条由11等和12等星组成的长线，这条长线从蛇夫座45出发，沿东南偏东指向另一个由三颗恒星组成的短线。这三颗星等距分隔，最东边是一颗9等星，其余两颗为11等星。上普罗旺斯1在这三颗恒星最西边那颗以北5′的位置。用我的10英寸望远镜放大到118倍观察，这个球状星团非常模糊，几乎无法被察觉。北侧有三颗均匀分隔的12等恒星，组成了长1.5′的曲线，支撑着这个星团。

球状星团和暗星云并非南方蛇夫座仅有的深空原住民。疏散星团特朗普勒26坐落于蛇夫座45东北偏北方向0.5°的地方。它是一个横跨7′的星团，其中恒星亮度为10等或者更暗，最亮的几颗星按“Y”字形排列。我用105 mm望远镜数出了18颗星，而在10英寸望远镜中则数出了35颗。

行星状星云NGC 6369，以小幽灵星云著称，位于蛇夫座51西北偏西方向0.5°的地方。1972年7月，《天空和望远镜》专栏作家瓦尔特·斯科特·休斯敦写道，他感到非常惊讶，因为他用7×50双筒望远镜轻松找到了这个星云。虽然它看似一颗恒星，但是休斯敦发现它带有明显的绿色。用6英寸或者更大口径的望远镜在较高放大率观测

跑马溜溜的蛇夫座							
目标	类型	星等	大小 / 角距	赤经	赤纬	*MSA*	*U2*
M62	球状星团	6.5	15′	17^{h}01.2^m	−30°07′	1418	164R
B241	暗星云	—	18′×6′	16^{h}59.5^m	−30°12′	1418	164R
M19	球状星团	6.8	17′	17^{h}02.6^m	−26°16′	1395	146R
NGC 6293	球状星团	8.2	8.2′	17^{h}10.2^m	−26°35′	1395	146R
NGC 6284	球状星团	8.8	6.2′	17^{h}04.5^m	−24°46′	1395	146R
M9	球状星团	7.7	12′	17^{h}19.2^m	−18°31′	1370	146R
NGC 6356	球状星团	8.3	10′	17^{h}23.6^m	−17°49′	1370	146L
NGC 6342	球状星团	9.7	4.4′	17^{h}21.2^m	−19°35′	1370	146L
B259	暗星云	—	30′	17^{h}22.0^m	−19°18′	1370	146L
B64	暗星云	—	25′	17^{h}17.3^m	−18°31′	1371	146R
上普罗旺斯 1	球状星团	11.6	1.2′	17^{h}31.1^m	−29°59′	1416	164L
特朗普勒 26	疏散星团	9.5	7.0′	17^{h}28.5^m	−29°30′	1416	164L
NGC 6369	行星状星云	11.4	30″	17^{h}29.3^m	−23°46′	1394	146L
IC 4634	行星状星云	10.9	11″×9″	17^{h}01.6^m	−21°50′	1395	146R
蛇夫座 o	双星	5.2, 6.6	10″	17^{h}18.0^m	−24°17′	1395	146R
蛇夫座 36	双星	5.1, 5.1	4.9″	17^{h}15.4^m	−26°36′	1395	146R

大小和角距数据来自最新的星表。实际观测时的目标大小往往比星表里的数值小，且根据观测设备的口径和放大倍率的变化而不同。表格中的 *MSA* 和 *U2* 列分别为《千禧年星图》和《测天图 2000.0》第二版中的星图编号。

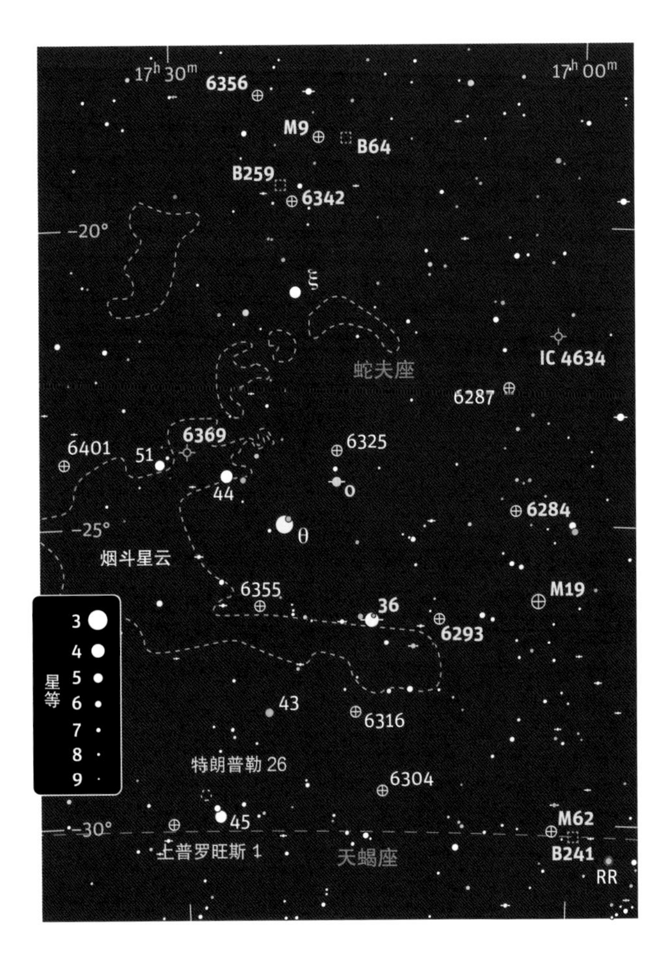

时，这个星云呈环状，且其北侧外缘更明亮。使用氧-Ⅲ滤镜还能提升观测效果。

还有一个更小的行星状星云位于蛇夫座ξ以西4.5°处。用我的小型折射望远镜放大87倍观测，IC 4634微小但明亮。当我使用氧-Ⅲ滤镜时，除了行星状星云，几乎所有天体都从视场中消失了。放大到127倍时，IC 4634有较亮的中心区和模糊的外边缘。我的10英寸反射望远镜在219倍下偶尔能够展现出来自中央恒星微弱的闪光。

这片天区还拥有几对色彩华美的双星。就像我用105 mm望远镜放大到68倍所看到的，其中最美的两对分别是蛇夫座o和蛇夫座36，前者是一颗金色主星搭配淡黄色伴星，后者则是一对几乎相同的金色“太阳”。

天国的英雄

武仙座拥有群星中的至高荣耀。

当阿尔喀得斯的人身褪去，
他优秀的灵魂得到成长和淬炼；
他威严的面容无比耀眼；
全能的朱庇特乘着由他高贵的后代驱赶的马车在飞驰；
骏马们高高飞过流动的云朵，
把英雄安住在星空的天国。

——奥维德《变形记》

这里，诗人奥维德记录了神话中朱庇特神和凡人女性所生之子，英雄赫拉克勒斯（阿尔喀得斯）升上夜空的故事。当赫拉克勒斯的凡人生命终结时，他体内神的那一半化身为夜空中一个至关重要的星座。赫拉克勒斯生前伟大、死后也光荣，他成了天上的第五大星座——武仙座。作为星座形象头部的帝座，和蛇夫座形象的头部挨得很近，就像我们的英雄在帮助蛇夫搏击凶猛的巨蛇。

帝座，武仙座 α，是一颗与我们相距400光年的红巨星，如果将其摆在太阳的位置，它足够大，大到可吞没火星轨道。帝座还是一颗亮度介于2.7等到4.0等的变星，它6年的光变周期建立在一系列复杂的变化之上，涵盖多种较短间隔的轻微亮度涨落。透过我的105 mm折射望远镜观测，放大到127倍时可以看到深金色的帝座紧紧靠着东偏南一颗5等伴星。这颗伴星虽然实际呈白色，但是与金色的主星相比，它时常显现出略带蓝色或者绿色的色调。这颗白色伴星周围实际还有一颗望远镜无法分解的密近伴星，这是一颗大约两倍太阳质量的黄巨星。

在低倍率时，帝座和西北1.3°处的一小簇暗星同处一个视场，那是多利泽-吉姆舍列伊什维利 7（Dolidze-Dzimselejsvili 7，或DoDz 7）。将放大率提高至87倍，我能看到一团疏散的恒星群，芬兰天文学家耶雷·卡汉佩把它比作帆船：6颗10等到12等的星组成弯曲的船体，张开侧面向西南偏西倾斜；一根无帆的桅杆同样在这个方向伸出，桅杆的顶部是一颗10等星。自行巡天数据显示，这些星在空间中向不同的方向运动，它们并未组成一个真实的受引力束缚的星团。

在暗夜中，裸眼可以看到帝座以西几度内散落着一些星。天文科普作家汤姆·洛伦津称这个星群为蛇夫的汗滴，然后写道："嘿！如果你正在和一条巨蛇搏斗，你也不会在意汗水会溅到什么地方！"在我的8×50寻星镜中，我看到8颗星形成一个积分号（∫）的形状，长约2.5°，并且在西北末端延伸出一个方形结构。我用折射望远镜放大到17倍，可以看到积分号中间有一颗橙色鲜明的亮星。在它南边，是一对亮度相当的明显的双星ΣI 33，它们分别呈白色和金色，在双筒望远镜中轻松可辨。

位于武仙座 ω西南偏南2°处是大型星群哈林顿7，连出这个星群的过程就像是连点画画游戏那样绝妙。我的105 mm折射望远镜放大到28倍能够显现出20余颗8等到10等星，它们组成了一个大约1.3°向西北偏北倾斜的锯齿形状。作家菲利普·S.哈林顿称其为锯齿星团，这让我想起游行中挥动的中国龙。最亮的星（从龙尾末端数的第三颗）呈金色，于是我称它为"金龙"。然而，用10英寸反射望远镜放大到44倍时，我却看到了完全不同的景象。最南部的一大片星似乎勾勒出一朵花，可能是鸢尾花，它的花茎绵延向北。从另一个角度想象，这个星群又变成一

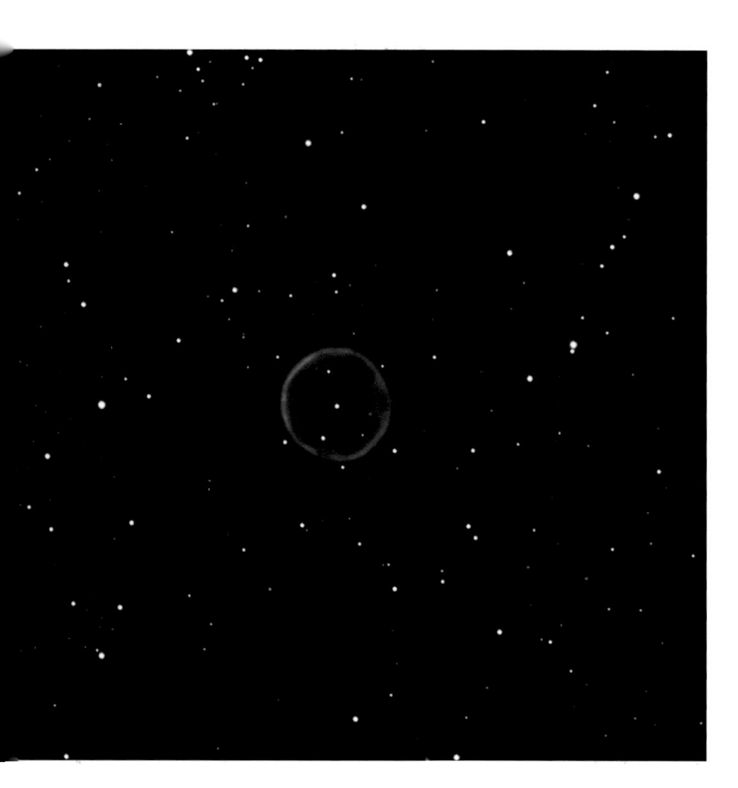

位于武仙座的艾贝尔 39是一个近乎教科书式的行星状星云，它诞生于数千年前，中央恒星外层大气被抛射，形成了膨胀的物质球壳。它距地球约7 000光年，直径约5光年。即使在优良的天空条件下，用10英寸望远镜观测艾贝尔 39也是一项挑战。右上为北。
* 摄影：唐·戈德曼。

根末端火花四溅的火焰棒。

龙头以西1.25°处坐落着一颗白色7等星。从这里向西南偏西13′的金色8等星连线，并延长3倍的距离可以看到双星Σ2016。8.5等白色主星东南偏东7.4″处是它的9.6等黄色伴星。这对双星西北偏西11′处是行星状星云IC 4593，IC 4593有时被称作白眼豌豆。星云内10.7等中央恒星便于定位。我的小型折射望远镜放大到28倍时，显示出那颗星四周围绕着一团非常小的灰绿色光斑。放大到47倍并加置氧-Ⅲ滤镜后，星云变得更加清晰。大望远镜带给我们更多震撼的色彩，比如关于这个星云的颜色，就有过绿色、蓝绿色或者蓝色等不同说法的报道。在高倍率下，IC 4593星云呈椭圆状，而且用余光观测时它似乎显得更大。它的西北方向有一块亮斑，试着找找吧。

让我们转向北方，然后寻访一对迷人的双星武仙座κ，用低倍率观测即可轻松分辨出较亮的成员星。在我看来，它们呈现出诱人的深黄色和金色，这与它们在星表中的光谱分类G8和K1相当吻合。武仙座还有很多不那么绚丽的星系。靠近武仙座β的NGC 6181是其中最亮的一个。由β星向南移动1°指向一颗黄色的5等星，随后接着向东南偏南滑动47′到达这个星系的位置。NGC 6181位于一颗11等星东边仅数个角分，用我的小型折射望远镜放大47倍便隐约可见。继续放大到87倍，我看到一个南北走向的微小椭圆，其内核非常明亮。

一对间隔17′的7等双星位于武仙座β与武仙座51连线的三分之二处。明亮的行星状星云NGC 6210坐落在这对双星的东北成员星西北偏西9′处。我甚至能够用我的105 mm折射望远镜放大到17倍分辨出这个星云。放大到87倍时，漂亮的蓝灰色星云几乎盖过了12等中央恒星的光芒。一圈暗晕环绕在NGC 6210周围。从我的10英寸反射望远镜中观察，NGC 6210看起来呈蓝绿色，在高倍率下沿东西方向拉长。NGC 6210的深空影像显示出反常的物质投影，NGC 6210的昵称就来自投影的形状——海龟星云。

武仙座四边形在照片中需要仔细观察，但肉眼观测时很容易分辨，四边形星群也是这一节中武仙座南部深空天体的出发点。特别值得注意的是武仙座α西侧（右边）一个形似积分号（∫）的星群。
* 摄影：藤井旭。

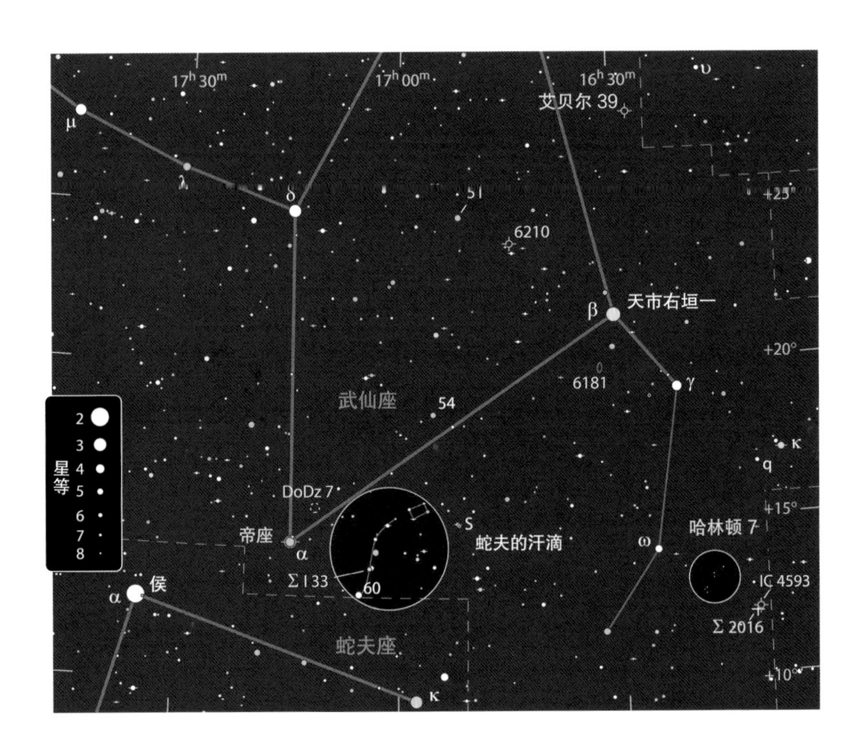

我们的最后一个目标是另一个行星状星云，一个极具挑战性的目标：艾贝尔39（Abell 39，或PK 47+42.1）。拜耳命名法里离它最近的恒星是北冕

夏季 • 七月

武仙庇荫下的深空

目标	类型	星等	大小/角距	赤经	赤纬	*MSA*	*U2*
帝座	双星	3.5, 5.4	4.6″	$17^h14.6^m$	+14°23′	1251	87L
DoDz 7	星群	—	10′	$17^h11.4^m$	+15°29′	1251	87L
蛇夫的汗滴	星群	—	~3.5°	$17^h01.1^m$	+14°13′	1251	87L
Σ I 33	双星	5.9, 6.2	305″	$17^h03.7^m$	+13°36′	1251	87L
哈林顿 7	星群	—	100′×15′	$16^h18.1^m$	+13°03′	1254	87R
Σ2016	双星	8.5, 9.6	7.4″	$16^h12.1^m$	+11°55′	1254	87R
IC 4593	行星状星云	10.7	13″×10″	$16^h11.7^m$	+12°04′	1254	87R
武仙座 κ	双星	5.1, 6.2	27″	$16^h08.1^m$	+17°03′	1230	87R
NGC 6181	旋涡星系	11.9	2.5′×1.1′	$16^h32.4^m$	+19°50′	1229	69L
NGC 6210	行星状星云	8.8	20″×13″	$16^h44.5^m$	+23°48′	1204	69L
艾贝尔 39	行星状星云	13.0	170″	$16^h27.6^m$	+27°55′	1181	69L

大小数据来自最新的星表。实际观测时的目标大小往往比星表里的数值小，且根据观测设备的口径和放大倍率的变化而不同。表格中的 *MSA* 和 *U2* 列分别为《千禧年星图》和《测天图 2000.0》第二版中的星图编号。本月所有天体都在《天空和望远镜星图手册》中星图 54 和星图 55 所覆盖的范围内。

座υ。从这颗星向东南偏东跳跃1.7°可以看到这片天区中最亮的那颗金色7.5等星，接着向东南偏南下降39′指向一颗8.6等星。随后再向东移动26′看到一颗9.8等星，它和另外三颗稍亮的星组成了15′的梯形。由梯形的西侧星到北侧星连线并继续延长相同的距离将会带你找到艾贝尔39。

当我第一次用我的10英寸反射望远镜观测艾贝尔39时，我只能在加装氧-Ⅲ滤镜后用眼角余光法观测到它。自我熟悉它后，我便始终能够直视到这片星云。圆形的艾贝尔39呈现出模糊的环状，而且在行星状星云中体型较大——几乎横跨3′天区。大约70倍的放大率能带来最佳的观测效果。有观测者用8英寸反射望远镜成功捕获了这个难以探寻的星云。

赫拉克勒斯的十二试炼

七月的夜晚，这位最强壮的神穿行在高高的头顶。

他怀揣宽广的胸襟，目标直指升天成神之路；
他必须完成十二项试炼。

——忒奥克里托斯，“田园诗 二十四”

赫拉克勒斯（武仙座）的神话形象可能是众多星座中最著名的一个。他用12年完成了12项极为艰巨的任务，在任何文学创作中都是不朽的存在，不论是古典诗歌还是加里森·凯勒尔的《牧场之家好做伴》，我们的英雄在星空和银幕上都赢得了自己的地位。为了彰显赫拉克勒斯的试炼，让我们开启一项不那么艰巨的工作，寻访他在天空住所中的12个深空奇迹。

在我们的12步计划中，球状星团M92可谓其中的明星。它大约位于武仙座ι至η连线的五分之二处，在我的12×36双筒望远镜中表现为一小团中心明亮的朦胧光斑。虽然更加耀眼夺目的邻居M13使我们常常跳过M92，但是它作为星团有自己独特美妙的一面。我的105 mm折射望远镜放大到127倍，M92呈现出一团8′×7′的光晕，稀疏地飘散着几颗恒星。M92有一颗宽2.5′的内核，其中闪亮的恒星近乎贴近它闪耀的中心。用我的10英寸反射望远镜放大到115倍观测，整个星团14′的表面都密集地点缀着恒星。其核心萦绕在一团无法分解的闪光薄雾中。星团中很多恒星似乎随机地排列成一条条短线。

用任何口径大于8英寸的望远镜观察M92都非常壮观。但是不论你的望远镜多大，你看到的星星肯定不如这张20英寸望远镜+CCD相机+40分钟曝光的照片里的星星多。

* 摄影：道格·马修斯/亚当·布洛克/美国国家光学天文台/美国大学天文研究联合组织/美国国家科学基金会。

较暗的球状星团NGC 6229位于武仙座τ东北偏东4.8°处，与两颗黄白色8等星组成一个漂亮的小三角。透过我的105 mm折射望远镜放大到28倍观测，NGC 6229是一团相当明亮的光斑，而且被一片相对较暗的晕环绕。提高到68倍时，它延展到2′的天区，并且展现出它近乎恒星般的内核。即使用我的10英寸反射望远镜放大到213倍，我也只能辨识出5颗恒星散落在4′的星晕中。内核看起来只有之前的一半，其中较亮的斑块使它显得些许斑驳。这个球状星团距离达到了异乎寻常的99 000光年，因此造成了它分辨率的缺失。相比之下，星光斑驳的M92距离我们仅有27 000光年。

现在朝下转向密近双星武仙座ρ，它坐落在武仙座四边形星群的东北拐角。在这对令人着迷的白色双星中，5.4等伴星位于4.5等主星的西北侧。在大气稳定的夜晚，我能够用105 mm折射望远镜在28倍的放大率下分解开这对双星。当视宁度不佳时，如果用更高倍率才能分解开来也不必奇怪。在视宁度较差的夜晚，我需要105倍（8英寸反射望远镜）才能将其分解开。武仙座ρ与我们相距大约400光年，其中两颗星至少需要4 600年才能相互绕转一圈。

两对视距更宽、颜色更丰富的双星坐落在南面较远的天区。用我的小型折射望远镜可以看到，武仙座δ包含一颗3.1等白色主星和位于其西北偏西12″处的8.3等黄色伴星。这其实仅仅是一对光学双星——两颗物理上不相关的恒星，碰巧分布在相同的视线方向。从武仙座δ向西移动4.5°将带我们找到一个由亮度5等和6等的武仙座51、56和57组成的三角形。其中最北侧的武仙座56是一对精美的双星，包含一颗黄色主星和其东侧18″处的暗弱伴星。虽然用小型望远镜即可轻松将它们区分开来，但是需要拿10英寸反射望远镜才能看出伴星黄白的色调。尽管相对星空背景中，两颗星有相同的运动轨迹，但是它们分隔较远，可能并非一对真正的双星。

朝武仙座δ东侧观察，我们能够看到星群多利泽-吉姆舍列伊什维利8（Dolidze-Dzimselejsvili 8，或DoDz 8）。由武仙座δ向东南偏东1.4°找到武仙座70，然后沿相同的方向继续延长相同的距离便能到达DoDz 8。尽管这个星群较为稀疏，但是用我的小型折射望远镜在47倍的放大率下观测时，我发现了其中有趣的对称结构。两对亮度为8等和9等的恒星排列成南北走向的“之”字形，还有一颗暗星坐落在它们之间大约一半的位置。此外，一颗位于东侧和三颗位于西侧的10等至12等星，辅助这个15′的星群呈现出径向发散的星芒形图案。

接下来，我们造访迷人的聚星武仙座μ。我的105 mm折射望远镜放大到17倍时，显示出其中明亮、呈黄色的

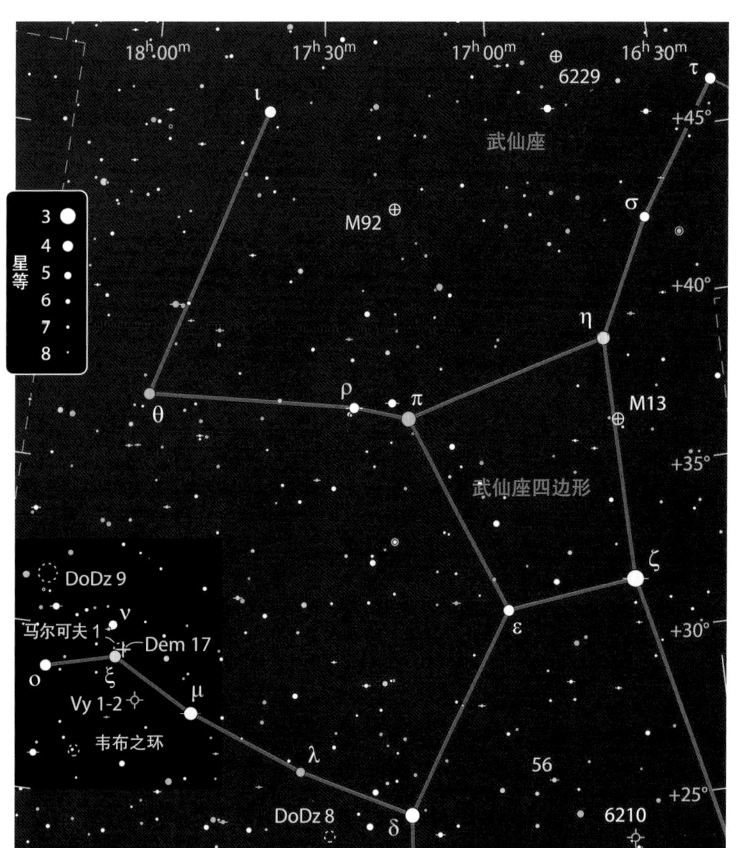

夏季 • 七月

赫拉克勒斯的十二双星奖赏					
目标	类型	星等	大小/角距	赤经	赤纬
M92	球状星团	6.4	14′	$17^h17.1^m$	+43°08′
NGC 6229	球状星团	9.4	4.5′	$16^h47.0^m$	+47°32′
武仙座ρ	双星	4.5, 5.4	4.1″	$17^h23.7^m$	+37°09′
武仙座δ	双星	3.1, 8.3	12″	$17^h15.0^m$	+24°50′
武仙座56	双星	6.1, 10.8	18″	$16^h55.0^m$	+25°44′
DoDz 8	星群	6.8	15′	$17^h26.4^m$	+24°12′
武仙座μ	三合星	3.4, 10.2, 10.7	35″, 1.0″	$17^h46.5^m$	+27°43′
Vy 1-2	行星状星云	11.4	5″	$17^h54.4^m$	+28°00′
马尔可夫1	星群	6.8	15′	$17^h57.2^m$	+29°29′
Dem 17	双星	9.9, 10.3	24″	$17^h56.7^m$	+29°29′
DoDz 9	星群	—	34′	$18^h08.8^m$	+31°32′
韦布之环	星群	—	11′×7′	$18^h02.3^m$	+26°18′

大小和角距数据来自最新的星表。实际观测时的目标大小往往比星表里的数值小，且根据观测设备的口径和放大倍率的变化而不同。

双星视宁度

将紧密的双星分解为独立的恒星在很大程度上依赖于视宁度，也就是大气的稳定性。它完全不同于衡量大气清晰程度的透明度概念。实际上，朦胧的夏夜通常会带来最佳的视宁度，能够在望远镜高倍率下获得出色的成像质量。

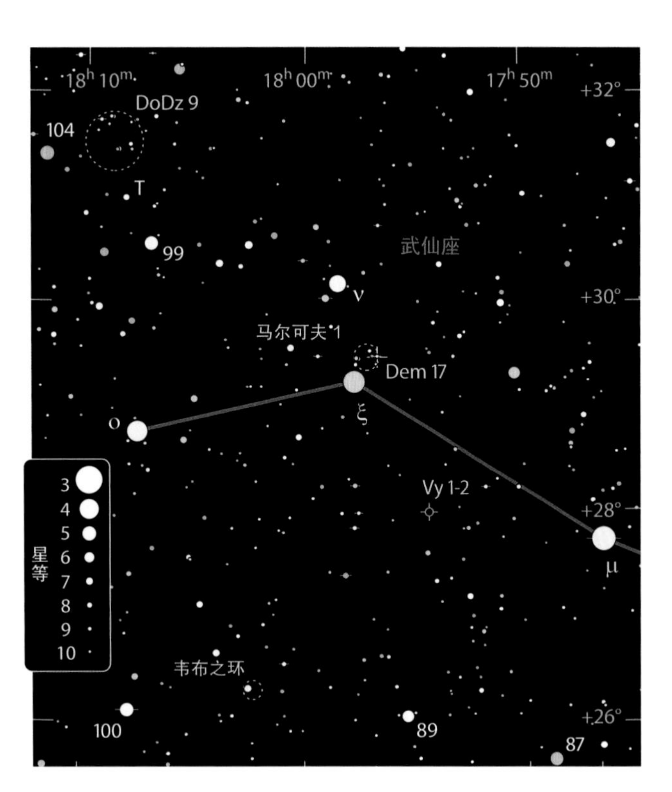

主星和它西南偏西角距达到35″的一颗非常暗弱的橙色伴星。这颗主星正是我们太阳年龄较老时的样子。它的核心氢的供给已经耗尽，随后演化为一颗正在膨胀的亚巨星。

事实上，它的伴星是一对非常紧密的红矮星，亮度分别为10.2等和10.7等。当它们相隔0.6″时，我用14.5英寸反射望远镜放大到245倍能够勉强分开这对红色组合。2011年末，这对暗星分隔1.0″，在视宁度极佳时可以用来测试6英寸望远镜。2015年，它们角距将近到0.5″，之后这两颗星开始持续远离，2030年将达到最大值1.6″。从这对红矮星的视亮度来看，你可能会猜测武仙座μ系统是我们的近邻——确实，它们距离地球仅有27光年。

坐落在武仙座μ以东1.7°、以北17′的是微小的行星状星云维索茨基1-2（Vyssotsky 1-2，或Vy 1-2、PN G55.3+24.0、PK 53+24.1）。透过我的小型折射望远镜放大到87倍观察，它就像亮度11等的“恒星”般清晰可见。Vy 1-2位于长5′的碗形弧线中心，这条弧线由东北方一颗稍暗的星和南方一颗10等星组成。还有一对12等的密近双星排布在它西南偏西3′。当我用10英寸折射望远镜放大到213倍观测时，这个行星状星云表现为一个极小的圆盘。窄带滤镜和氧-Ⅲ滤镜都能让它更加明显，后者尤为如此。

现在让我们移动到令人喜爱的星群马尔可夫1（Markov 1），它坐落在黄色武仙座ξ西北偏西16′的天区，而且在低倍率下两者同处一个视场。2000年7月，加拿大业余天文学家保罗·马尔可夫注意到了这个星群，当时认为它看起来像微缩版的茶壶星群——一个由人马座西南区域亮星组成的星群。我用105 mm折射望远镜放大到47倍观测，看到9颗9等到10等星横跨17′的天区。其中三颗星组成的瘦等腰三角形指向东南偏南方向，其余的星组成横着的大写字母“T”形。还有几颗较暗的星散落在星群各处。双星登博夫斯基17（Dembowski 17，或Dem 17）坐落在字母“T”较长那一画。它的9.9等主星携带着一颗位于其东南24″的10.3等伴星。

在Dem 17附近我还发现了另一个DoDz星群。从武仙座o向北攀升2.8°即可发现多利泽-吉姆舍列伊什维利9（DoDz 9）。我用小型折射望远镜放大到28倍观测，黄白色武仙座99、橙色武仙座104和西北方金色5.7等恒星（HIP 88636）组成了一个色彩斑斓的三角形，星群DoDz 9正是镶嵌在这个三角形的中心。这个优美的星群展现出8等或者更暗的30颗恒星，稀疏散落在32′内的区域，而且在星群中心附近并无亮星。我用10英寸反射望远镜观测，发现其中一些亮星几乎呈橙色。

回到武仙座o，然后向西南偏西移动2.7°，将我们带到一颗金色的7等星。它装饰在韦布之环的东侧。韦布之

拍好一张单纯星群的照片比它看起来难很多。这张马尔可夫1的照片来自两位加拿大摄影师的合作，其中保罗·莫特菲尔德装配和操作CCD相机，斯特夫·坎切利完成图片处理。

环作为小巧而知名的星群，在托马斯·威廉·韦布所著的观星指南《普通望远镜观测天体指南》第四版（1881）中最先被提到。我用105 mm折射望远镜放大到68倍观测时，显示出亮度为11等到12等的其他13颗星，勾勒出一个11′×7′向东北倾斜的椭圆，并且在亮星处向内凹陷。

至此，结束我们在武仙座中繁星点缀的十二项试炼。我希望你发自内心地喜欢这些试炼。

神奇天体在哪里

温暖的夏夜，行星状星云散落在银河间，召唤着观测者们走出家门。

宇宙中有无数神奇的天体，
耐心等待我们以智慧解开谜题。
——伊登·菲尔波茨《一道阴影掠过》，1918年

行星状星云都是极其迷人的深空天体。我们已经了解到老年恒星——尤其是那些质量是太阳的1～8倍的恒星——会在不同的时间以不同的速度释放物质，从而形成行星状星云。但关于这些星云的多样化形态和复杂的结构，其具体的形成过程依旧存在争议。在我们的银河系中只有2 500个左右的行星状星云，然而在室女座星系团这样遥远的星系中已确认了有大量行星状星云的存在。这些系外行星状星云帮助我们确定了地球到它们主星系的距离，然而我们自己星系里的大部分行星状星云离我们有多远还是未知的。

让我们一起沿路拜访一下这些镶嵌在夏季银河中、鲜有人问津的神奇天体，以及它们在天空中不经意邂逅的同行者们。

我们以人马座的南部为起点，用星桥法移动至NGC 6563，在这途中会经停　颗很有意思的星星。从人马座ε向西北偏西移动1.4°，找到一颗6等星，它是这片区域最亮的一颗恒星，同时也是四重星系h5036的主星。它的三个同伴在低倍率下可以同时看到，星等范围为8.7~10.2等。其中两颗位于主星东北方1.7′一片较为宽广的区域里，剩下一颗与主星的距离是前两颗的一半，不过位于主星的东部。更有趣的是，主星是食变双星人马座RS，周期为2.4天。通常情况下星等为6.0等，有一次曾经达到0.3等，而在这之后半个周期，星等又变成了0.9等，这是由于从地球上观测这颗双星时，它们交替从对方身前经过而形成了遮挡。

回到我们的星桥法，从人马座RS按照和上一跳相同

的距离和方向跳到另一颗6等星上。NGC 6563就位于这颗星东南偏南15′处，它俩和更南边的两颗7等星一起组成了一个四边形。我用105 mm折射望远镜放大到87倍观测，这个行星状星云小而暗淡，呈圆形。虽然与窄带星云滤镜相比，氧-Ⅲ滤镜并无多大的改进，但它在拍摄星云上的表现还是很突出的。我用10英寸反射望远镜放大到115倍观测，可发现NGC 6563呈圆形，直径0.75′，面亮度均匀。它镶嵌在一个由三颗12等和13等的恒星组成的小三角形中，距离北边顶点较近，距离西北和东南顶点较远。将放大率调整至213倍，再加上一块氧-Ⅲ滤镜，我们就能看到这个星云呈现出椭圆形，向北偏东60°倾斜。在它的北边有一道明亮的弧线，而在南边则有一道更微弱的亮光。

球状星团NGC 6440和它东北偏北22′处的行星状星云NGC 6445位于人马座的更北边。即使将我的小型折射望远镜放大到17倍，NGC 6440也清晰可见，是位于淡黄色恒星蛇夫座58东北方1.8°处的一块模糊的小光斑。当放大到47倍时，行星状星云NGC 6445和它以东5′处的双星h2810也出现在了画面里，是一个小小的、十分暗淡的光点。双星h2810的主星亮度为7.6等，主星以南偏西一点点是它的10.4等伴星。放大到87倍时，NGC 6445是一个长约40″、大致呈椭圆形的行星状星云，向西北偏北倾斜。它的西北偏北边缘看起来更加明亮，稍远处还有一颗暗淡的恒星。此时球状星团NGC 6440

神奇天体的年中狩猎

目标	类型	星等	大小 / 角距	赤经	赤纬
NGC 6563	行星状星云	11.0	59″×43″	$18^h12.0^m$	−33°52′
h5036	聚星	6.0,（8.7,10.2）,9.5	（1.7′）,40″	$18^h17.6^m$	−34°06′
人马座RS	食变双星	6.0—6.9	2.4 days	$18^h17.6^m$	−34°06′
NGC 6445	行星状星云	11.2	45″ ×36″	$17^h49.2^m$	−20°01′
NGC 6440	球状星团	9.2	4.4′	$17^h48.9^m$	−20°22′
h2810	双星	7.6, 10.4	44″	$17^h49.6^m$	−20°00′
NGC 6765	行星状星云	12.9	40″	$19^h11.1^m$	+30°33′
M56	球状星团	8.3	8.8′	$19^h16.6^m$	+30°11′
NGC 7027	行星状星云	8.5	18″×11″	$21^h07.0^m$	+42°14′
NGC 7044	疏散星团	12.0	7′	$21^h13.2^m$	+42°30′

大小和角距数据来自最新的星表。实际观测时的目标大小往往比星表里的数值小，且根据观测设备的口径和放大倍率的变化而不同。

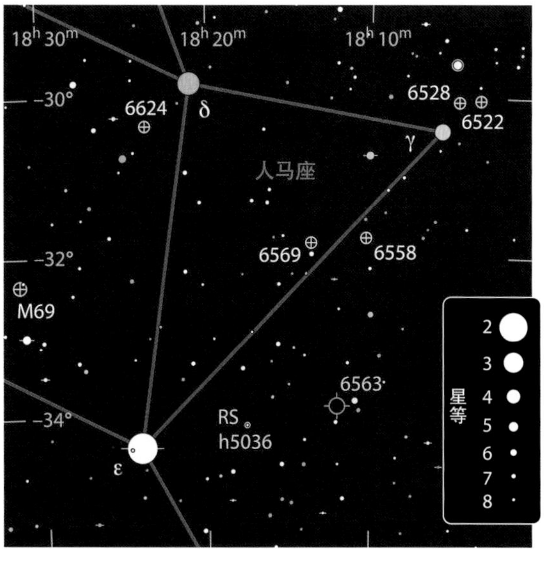

从人马座茶壶星群最南端的恒星——ε出发，用星桥法就能带你在密密麻麻的群星中找到有趣的行星状星云NGC 6563。这张照片的视场宽度为8′，上方为北。

* 摄影：亚当·布洛克/莱蒙山天文中心/亚利桑那大学。

上图：北半球的年中总是有着一年之中最适合欣赏夏季银河的夜晚。只要愿意，深空观察者们可以穷尽一生的时间，畅游在那些分布于天蝎座和人马座银核部分的星团和星云里。在日本天文摄影师藤井旭的照片里，它们显得如此耀眼。

依然处在画面中，它占据了大约2.3′的视野，中心较为明亮。NGC 6440位于一条由11等和12等的群星组成的长约11.5′的星链中间，其中两颗星位于星团的西北偏北处，还有两颗则在另一边。

美国亚利桑那州天文爱好者弗兰克·克拉利奇曾说，他用10英寸的反射望远镜在112倍的放大率下观测，NGC 6445看起来像是一个头重脚轻、中空的四边形盒子。盒子的北面和南面十分明亮，北面更窄且更致密。星云的边缘还有继续向外延伸的微弱迹象。克拉利奇说氧-Ⅲ滤镜会让画面看起来更糟糕，窄带滤镜会增强行星状星云边缘的对比。除此之外，他还发现NGC 6445的北半边内部显得更暗一些。

接下来，我们将向北移动到天琴座，那里有行星状星云NGC 6765和它的邻居球状星团M56。我们先从M56开始，它更明亮，也更容易找到，就在天鹅座2西北以西1.7°处。即使用我的15×45稳像双筒望远镜来观测，M56也是一块很容易找到的光斑，它明亮的中心较为宽广，西边有一颗暗淡的恒星。M56星团在我放大到87倍的105 mm折射望远镜中显得特别美丽。它的核心大小约为1.75′，斑驳而明亮，形状较不规则，被散布着恒星的光晕环绕，光晕向西慢慢消散。在127倍的放大率下可以看到核心中的一些恒星。我将10英寸的反射望远镜放大到166倍进行观测，可以看到其不规则的、只有部分细节可以看清的核心，以及散落在星团间明暗不一的恒星。

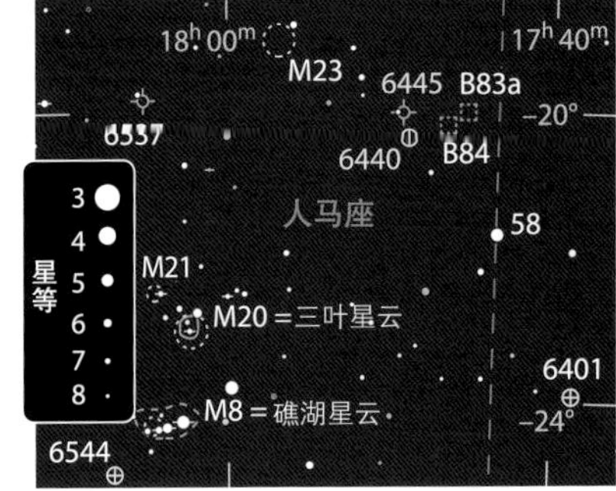

虽然在大小适中的天文望远镜中都可以见到，但NGC 6445复杂的结构仍然吸引着观测者们用更大的口径和更高的倍率来观察这个行星状星云。
* 摄影：帕洛玛天文台巡天二期/加州理工学院/帕洛玛。

M56西北26′处有一颗橙色6等星，NGC 6765就在它以西1°的位置。在我放大到87倍的小型折射望远镜中观测，这是一个非常暗淡的行星状星云，直接将放大率调整到122倍，比任何星云滤镜都更加直接有效。这个行星状

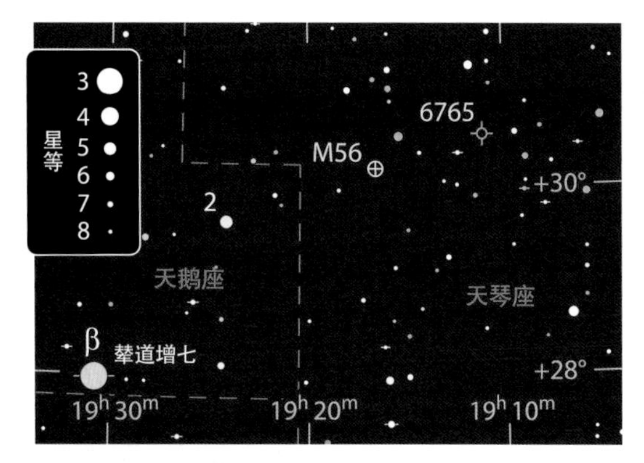

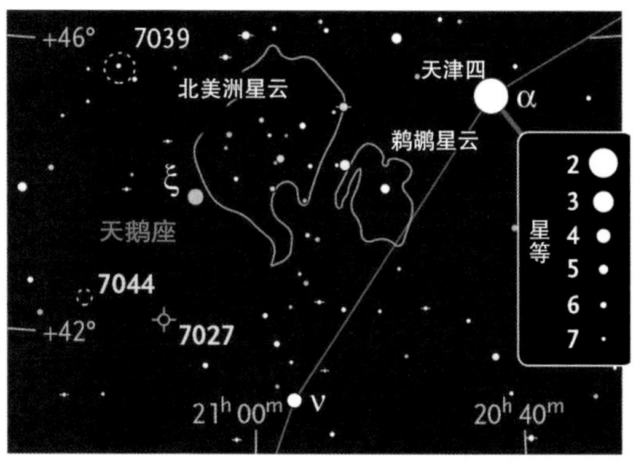

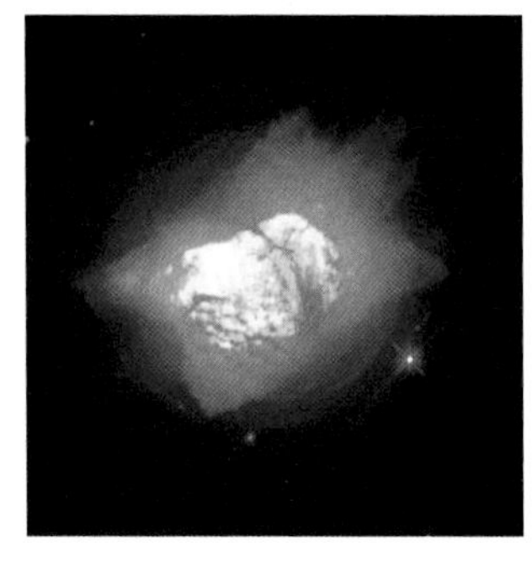

这张由哈勃空间望远镜拍摄的NGC 7027的照片捕捉到了惊人的细节。在深色背景下，只能看出星云的两半和晕（图片中黄色和橙色的部分）。西北部里的亮点很引人注意。这张照片中的西北方向是左边较低的这个部分。

* 摄影：H.邦德/空间望远镜研究所/NASA。

星云看起来呈从东北偏北到西南偏南倾斜的瘦长条形状，长约0.5′。氧-Ⅲ滤镜用在我10英寸反射望远镜上非常有帮助。放大到219倍时，NGC 6765呈现出斑驳的棒状外形，北端最为明亮。棒的周围，尤其是东边似乎萦绕着一层薄雾。在我的10英寸反射望远镜中观测，整个星云占据了大约35″的视野；用14.5英寸反射望远镜观测，星云的大小则为40″。

我们要探访的最后一个行星状星云是天鹅座的NGC 7027。它与天鹅座ξ、疏散星团NGC 7044组成了一个三角形，NGC 7027就在这个三角形的右边端点。我用小型折射望远镜放大到87倍进行观测，整个星团呈现出朦胧的球形，东边有两颗暗淡的恒星。在我放大到118倍的10英寸反射望远镜中，NGC 7027是一个可爱的冰晶状的星团，许多非常暗淡的恒星镶嵌在宽约4.5′的发光迷雾中。

我用105 mm折射望远镜放大到47倍观测，NGC 7027是一个浅绿色的星云，中心小而明亮；当使用氧-Ⅲ滤镜并把望远镜放大到127倍时，NGC 7027是一个向西北倾斜的椭圆形。我用10英寸反射望远镜在213倍的放大率下进行观测，NGC 7027星云呈现出明显的蓝绿色。一条窄窄的暗带将它分隔成两块，被暗淡的光晕所环绕。星云的西北部分面积较大，西部边缘有一个微小的亮点。东南部分则有一些暗淡，从东北偏东延伸到西南偏西。在299倍的放大率下，NGC 7027的颜色并没有之前那么鲜艳，但星云的复杂结构由此呈现出来。星晕变得十分明显，将星云分割成两块的暗带也突显出来。整个光点周围的区域十分明亮，能看出光点本身是非恒星状的，即使用带有氧-Ⅲ或窄带滤镜的目镜来观测也依然保持明亮，这证明它确实是一个星云。

在这一节中所呈现的行星状星云只是星云各种形态的冰山一角，而行星状星云独特迷人的结构也使它们在宇宙万千神奇天体中占据一席地位。

天蝎之夜

光芒栖息于天蝎的毒刺上。

天蝎座是一个格外引人瞩目的星座，不需要费多大力气就能从组成星座的群星中看出一只蝎子生动的形态。除此之外，由各种深空奇迹编织而成的豪华背景，也让天蝎座成为一个值得用天文望远镜去深究的星座。

我们此行的起点是明亮的天蝎座λ，也被称为尾宿八，它位于天蝎座翘起的毒针上。已经有不少人分享了他们对这片天区的看法，我也很乐意在这里介绍他们的观测结果。

将视线从尾宿八向东移动1.3°，我们就会找到疏散星团NGC 6400。三位来自美国加利福尼亚州的观测者向我提供了他们的观测笔记。史蒂夫·沃尔迪从他的9×50寻星镜中看到的星团是一块小小的模糊的光斑，当他用120 mm折射望远镜在100倍的放大率下进行观测时，他看到暗淡的恒星散布在一片更暗淡的星空幕布中。罗伯特·艾尔斯说在他的8英寸折射望远镜放大到65倍时，NGC 6400和鲁普雷希特127（Ruprecht 127，或Ru 127）形成

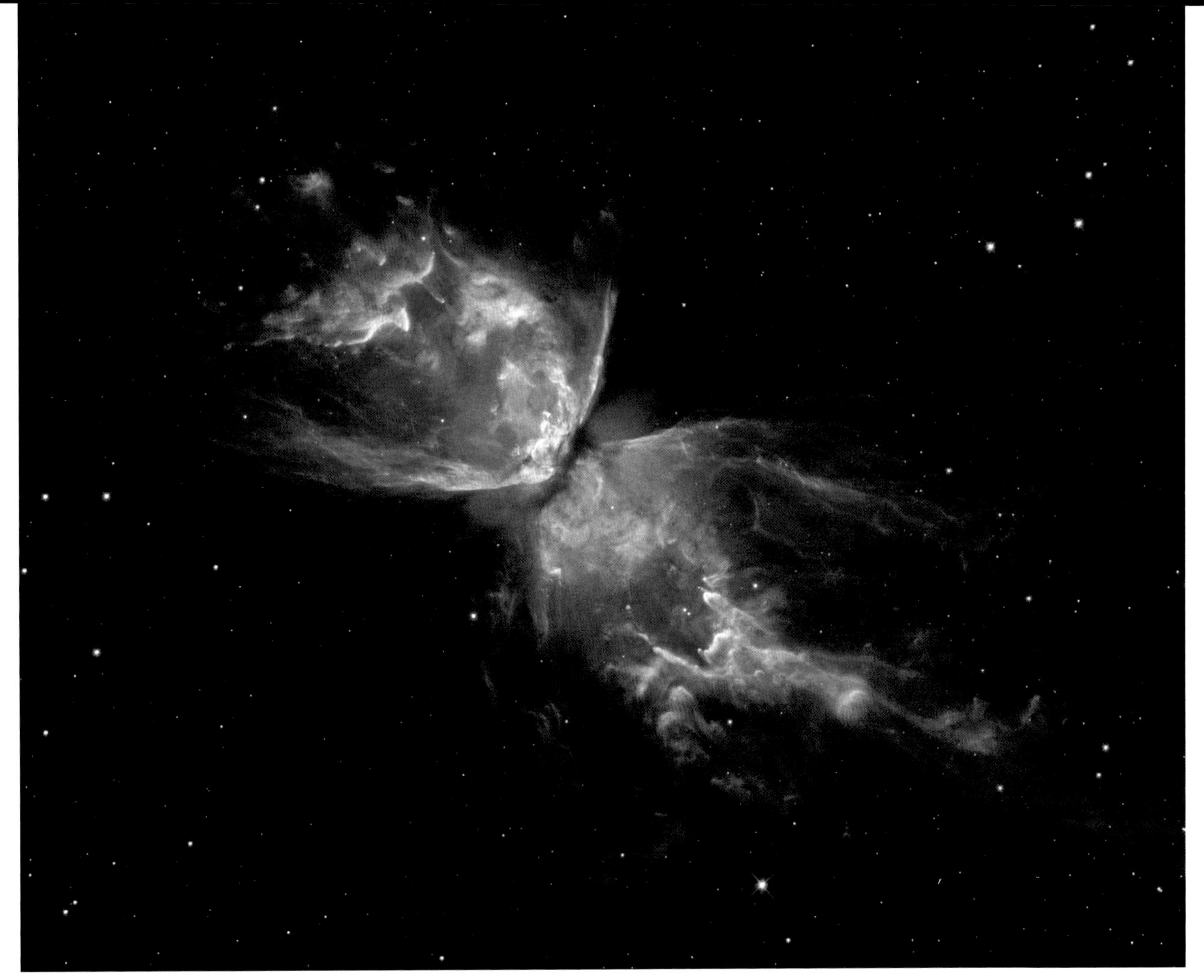

2009年5月，宇航员在哈勃空间望远镜上安装了第三代广角视场相机。上图是它所传回的第一批照片中的一张，呈现出NGC 6302 惊人的细节。

* 摄影：NASA / ESA / 哈勃SM4 ERO小组。

了一个双星团，前者更加显眼，后者则较为疏散，Ru 127位于NGC 6400西北边49′ 处。凯文·里切尔认为，他从10英寸反射望远镜中看到了一组椅子形状的星星，从图案的中央向外辐射，这个形状由三条明亮的星链组成，其中一条上还有一个结。当我用5.1英寸折射望远镜观测时，我能数出16颗星，换成10英寸反射望远镜则能看到25颗星，亮度为11等至12等，分布在大小为10′ 的星群里。

再往东，是金色的天蝎座G，它点缀在球状星团NGC 6441的西边。天蝎座G原来位于望远镜座中，后来重新定义星座边界后，望远镜座范围缩小，它被划分到天蝎座中，美国天文学家本杰明·阿普索普·古尔德将它命名为天蝎座G。

即使是在市区，里切尔也能通过50 mm双筒望远镜观测到NGC 6441。他发现在自己的4英寸折射望远镜中，NGC 6441是一块明显的圆形光斑。他由此记录道："在90倍的放大率下，它的外观比较粗糙，核心明亮，越往边缘越暗淡。"在我的10英寸反射望远镜中，这个星团占据了2.8′ 的视野。一颗10等星位于星团西南偏西的边缘，一颗13等星则镶嵌在星团西北偏北的边缘。

NGC 6441很难被看清楚，因为其中大部分的恒星亮度都低于15等。你能找到其中的恒星吗？

比起NGC 6441星团本身，很多给我发来观测记录的人好像都对星团旁边的共生星更感兴趣。共生星是一种距离很近的双星系统，温度较低的巨星将高温气体流转移到旁边温度较高的矮星。过去人们总是会将它和行星状星云弄混，因为二者都会释放出强烈的射线。NGC 6441旁边的共生星就拥有好几个行星状星云的命名，最早的是PN H 1–36，也被称为阿罗2–36。它经常会被误称为阿罗1–36。

阿罗2–36位于天蝎座G西北偏北方向距离1.3′ 的地方，这个定位可以帮我们找到共生星的正确位置，但它的光芒太过耀眼，反而会遮挡我们的视野。幸运的是，除了阿罗2–36，这个位置没有别的类星体比它更明亮了。

沃尔迪、美国弗吉尼亚州天文爱好者肯特·布莱克韦尔，以及芬兰天文爱好者亚科·萨洛兰塔都在他们的80 mm折射望远镜中找到了阿罗2–36的身影。沃尔迪评论道，在

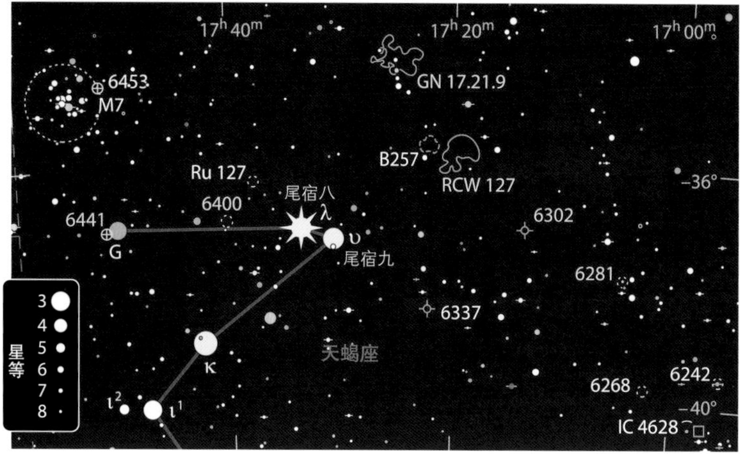

3等星天蝎座G距离地球大约127光年。共生星阿罗2-36的亮度其实比天蝎座G更亮，但由于它到地球的距离是天蝎座G到地球的100倍，所以看起来要暗淡得多。精致的球状星团NGC 6441的距离又是阿罗2-36的两倍。

* 摄影：丹尼尔·贝尔沙切/安蒂尔韦天文台/智利。

放大到114倍的望远镜上使用氧-Ⅲ滤镜观测时，他大约有25%的时间可以看到阿罗 2-36。在我的10英寸反射望远镜中，这颗共生星很容易被观测到。一些观测者也同意使用氧-Ⅲ滤镜来观测是最佳的选择，它同时还会降低天蝎座G的亮度。使用窄带滤镜也会带来类似的改善。

现在我们从尾宿八向西移动4°找到行星状星云NGC 6302，外号小虫星云。弗吉尼亚州天文爱好者伊莱恩·奥斯本用她的4英寸折射望远镜，在低倍率下看到的NGC 6302是一个模糊的圆形星云，中心较为明亮，同一视场下还能看到一个“小乌鸦座”的形状。当换成10英寸的反射望远镜来观测时，奥斯本惊讶地发现：“呀！小虫变成蝴蝶了！”这只蝴蝶狭长的翅膀从东向西自核心处延伸开，占据了15′的视野。

沃尔迪将他的11英寸施密特-卡塞格林式望远镜倍率调整到惊人的466倍，借助滤镜来欣赏这个星云。他利用窄带滤镜和余光法（不直接观测天体，而是将目光从目标上移开一点），在蝴蝶的西边翅膀上发现了一个明亮的光点。沃尔迪表示，透过氧-Ⅲ滤镜，图像显得比较暗淡，但星云核心看起来“细碎斑驳”，翅膀的边缘“纤细朦胧”。同时他还提到，当用宽带滤镜进行观测时，较暗淡的东翼延伸得更远。

在小虫星云西南偏南2°处有一个少有人造访的星团NGC 6281。爱尔兰天文爱好者凯文·贝里克用90 mm折射望远镜放大到71倍拍摄了这个星团，这个星团看起来就像一个破碎的箭头。沃尔迪认为这是一个很值得观赏的深空天体，将他的120 mm望远镜放大到67倍观测，NGC 6281是一组由几十颗恒星组成的梯形星团，东北角

天蝎毒刺上的亮点

目标	类型	星等	大小/角距	距离（光年）	赤经	赤纬
NGC 6400	疏散星团	8.8	12′	3 100	$17^h 40.2^m$	-36°58′
NGC 6441	球状星团	7.2	9.6′	38 000	$17^h 50.2^m$	-37°03′
阿罗 2-36	共生星	12.1	—	15 000	$17^h 49.8^m$	-37°01′
NGC 6302	行星状星云	9.6	90″×35″	4 000	$17^h 13.7^m$	-37°06′
NGC 6281	疏散星团	5.4	12′	1 560	$17^h 04.7^m$	-37°59′
RCW 127	发射星云	—	50′×25′	5 500	$17^h 20.4^m$	-35°51′
GN 17.21.9	发射星云	—	35′	8 000	$17^h 25.2^m$	-34°12′

大小和角距数据来自最新的星表。实际观测时的目标大小往往比星表里的数值小，且根据观测设备的口径和放大倍率的变化而不同。

的那颗星最为明亮。我用10英寸反射望远镜可以看到其中的25颗恒星，以及散落在南边的一些其他星星。

我们的下一个目标是RCW 127，也被叫作猫爪星云。NGC 6334是猫爪上最明亮的一只脚趾，这只脚趾踩住了一颗9等星，位于尾宿八西北偏西2.8°处。即使用66 mm折射望远镜在16倍的放大率下观测，不管有没有滤镜，里切尔都能看到NGC 6334模糊的光斑。而沃尔迪用120 mm折射望远镜，装备氧-Ⅲ滤镜在19倍的放大率下观测，就可以看到星云的形态。在猫爪星云最北端的脚趾上，在没有滤镜的情况下放大到100倍可以看到疏散星团范登伯-哈根223（van den Bergh-Hagen 223，或vdB-Ha 223），一个至少能看到6颗恒星的稀疏的星团。艾尔斯用他的6英寸折射望远镜放大到28倍，加上氧-Ⅲ滤镜来观测，可以辨认出一片雾气，对应着南边的脚趾延伸开来。三位观测者都认为这个星云是一个非常值得挑战的深空观测目标。

在奥斯本的眼中，这个星云壮美而震撼。在郊区黑暗的夜空中，她用10英寸反射望远镜对星云进行了观测。她能辨认出三只脚趾；夜空中的猫咪似乎有一些羞涩，需要通过仔细观察，才能辨认出猫爪上的脚垫（通过转移一点视线的方法，可以让那些暗淡的物体看起来更明显一点）。奥斯本的望远镜目镜上还装备了一个氧-Ⅲ滤镜，目镜的放大率为88倍，视野范围是67′。RCW 127的最长直径约为50′，NGC 6334的直径大约为10′。

一个由5颗6等星和7等星组成的明亮星群位于NGC 6334东北偏北1.5°处。来自澳大利亚的维多利亚天文学会会长佩里·弗拉霍斯将这个星群形容为高尔夫球杆，他解释说："这就像一个右手选手正朝着蛇夫座所在的那片草地击球！"星群的四颗星组成了高尔夫球杆柄，沿南北走向长27′，然后转向西南偏西，形成了球杆柄的头部。借助50毫米的双筒望远镜，弗拉霍斯可以毫不费力地发现这个星群。

智利的维克托·拉米雷斯将组成高尔夫球杆柄的四颗恒星称为"胡安妮塔四姐妹"。在她们的引领下，我们进入了暗淡的发射星云的中心，那就是GN 17.21.9星云，也被叫作龙虾星云。它占据了大约35′的天空，其中还包含NGC 6357，这是一块大小为3′的明亮光斑，位于"胡安妮塔四姐妹"最北端的西北偏西8′处。

里切尔用他借来的4.3英寸折射望远镜放大到24倍进行观测，他能看到这个巨大的星云被模糊的尘埃带切割得支离破碎，但里切尔同时也提醒我们，即使使用星云

左上角星云有很多个称呼，NGC 6357、沙普利斯 2-11（Sharpless 2-11）、RCW 131和GN 17.21.9说的都是它。但NGC 6357指的仅仅是这片星云中最亮的部分，而沙普利斯和RCW两个称呼则包括了望远镜目镜中无法看到的部分。同样的道理，虽然RCW 127（猫爪星云）有的时候也被叫作NGC 6334，但这个称呼也只是用来描述猫爪上三只脚趾中的一只而已。

* 摄影：约翰内斯·舍德勒。

滤镜也很难将这个星云与该区域的其他星云区分开。但NGC 6357相比其他星云更加明亮，我们直视就能看见。

沃尔迪用4.7英寸望远镜在171倍的放大率下进行观测，看到了NGC 6357以南几颗暗淡的恒星，它们是皮什米什24（Pismis 24）星团中最明亮的成员。它们中有一些是已知最明亮、最蓝、最大的恒星，其中有几颗的质量是太阳质量的100倍。沃尔迪的10英寸反射望远镜配备了一块氧-Ⅲ滤镜，在46倍的放大率下，龙虾星云是一团大小为25′的斑驳的雾气，其中NGC 6357和皮什米什 24是雾气中闪烁的光点。

下一个晴夜不妨去试试，看看你能否逮住龙虾，捉住蝴蝶，或是邂逅美丽的"胡安妮塔"姐妹呢？

三叶星云之夜

三叶星云的北端隐藏着一颗恒星，通过烟尘大小的粒子反射出幽蓝的光芒。

在科幻小说和电影中，有一种巨型的食人植物，叫“三尖树”（Triffid）。而我们这儿要聊的，则是夜空中更有名的“三尖树”——三叶星云。三叶星云是一个令人惊异的天体大集团，因为它包含了一个疏散星团、一组聚星，以及三种不同类型的星云。尽管它本身的内容如此丰富，但是想定位三叶星云，最好的方法是通过它的一个壮观的邻居——礁湖星云来寻找它。

我们从人马座里著名的“大茶壶”图案出发，先来看茶壶嘴附近，那儿不断涌出的水流正在腾起一团团雾气。我观测这个星云的地方是美国纽约州的郊外，那里纬度较高，因而礁湖星云（M8）只会出现在南方低空处。即使这样，我在郊外的夜空中也能用肉眼直接看到它。当你用望远镜去找M8的时候，你多半会首先注意到其中镶嵌的星团NGC 6530。我用105 mm折射望远镜在87倍的放大率下进行观测，可以数出其中25颗恒星，它们呈尖劈状排布，尖端指向东北方。这些恒星的亮度从7等到10等不一，尖劈的最大宽度差不多有10′（相当于满月直径的三分之一）。在这个主要星团的北方和西方，还有两团稍小一些的恒星集团，其中一个恒星集团还包含6等星人马座9。

在NGC星表中，礁湖星云的编号是NGC 6523。在刚开始观察这儿的时候，你也许只会注意到其附近成团的恒星周围有一些星云状物质，其中最明显的一块包含了恒星人马座9，以及这颗恒星西南偏西方向3′处的一块特别亮的星云斑块。在高倍率下观测，这个斑块呈现出两头大、中间细的形状，细得就像星云被“掐断”了一样，因而有了一个知名度更高的称呼——沙漏星云。这个“沙漏”被其中一颗9.5等星照亮。礁湖星云里亮度排第二的部分也很容易被看到，它一直延伸到其中一个三角楔形星团的西南边。明亮的星云四周穿行环绕着一条条黑色的暗星云，因此得名“礁湖”。

在这个星团的东边和南边，铺展着一片薄如蝉翼的半透明星云区域。想要看到这么暗淡的区域，一种办法是去夜空足够黑暗的地方；如果你那儿有轻度的光污染，那么用一些特制的滤镜来观察也不失为一种好方法。这个星云在窄带滤镜和氧-Ⅲ滤镜下看起来效果都不错。

接下来，我们去找一块较暗的“迷雾”。它把北边的几颗恒星淹没在自己的光里，并且还往西边延伸。我用105 mm折射望远镜在87倍的放大率下观测，可以看到它一直延伸了26′到一颗5等星——人马座 7。星云在延伸到一对双星——阿尔格兰德31（Argelander 31，或Arg 31）之前就逐渐消失不见了。这对双星中，主星为一颗7等星，而伴星为9等星，位于主星

在最佳观测条件下，当三叶星云（中）和礁湖星云（下）在暗夜中升到很高的地方时，观测者们用小型望远镜在各种放大倍率下都能看到这张图中的几乎所有星云，最大的不同之处是，人眼在暗光环境下几乎是“色盲”的，也就是说，在肉眼看来，星云都像小灰猫一样，是没有颜色的。
* 摄影：藤井旭。

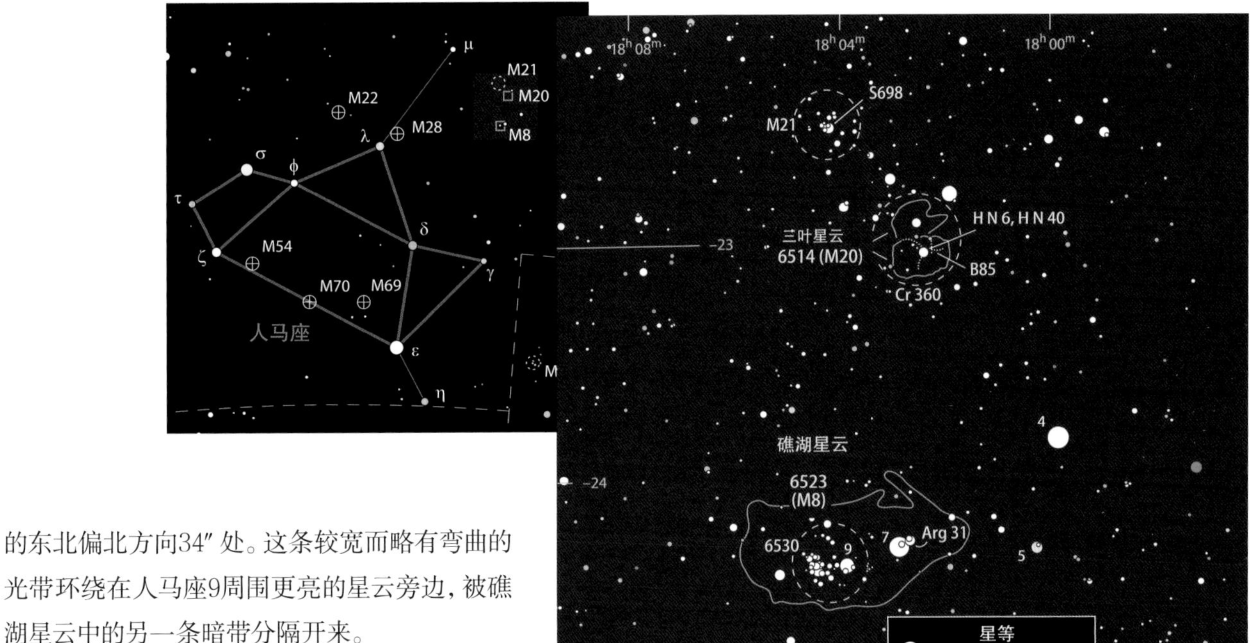

* 星图：改编自《千禧年星图》的数据。

的东北偏北方向34″处。这条较宽而略有弯曲的光带环绕在人马座9周围更亮的星云旁边，被礁湖星云中的另一条暗带分隔开来。

从礁湖星云出发，寻找三叶星云（M20）就易如反掌了。首先将人马座7放在一个低倍率大视场的中心，然后缓慢向北扫描1.3°，就可以看到一片暗淡模糊的薄雾，围绕在一颗7等星周围。这片薄雾就是三叶星云本身，在NGC星表中称为NGC 6514。之所以叫三叶星云，是因为它前面还有一个暗星云——巴纳德85（Barnard 85，或B85），以这颗7等星为中心，把NGC 6514分成了三瓣。B85星云在60 mm小型望远镜中就能观测到，而且在城郊的地方，我用我丈夫的92 mm折射望远镜在64倍的放大率观测，即使不用滤镜也能看清楚它。如果光害太严重，影响了观测，那么用氧-Ⅲ滤镜或窄带滤镜都能改善观测效果。在照片中，B85把NGC 6514星云分为四瓣，因而著名的天文观测家斯蒂芬·詹姆斯·奥米拉将它称为“四叶草”。也就是说，如果你用小型望远镜就能看到星云的第四瓣的话，那么你一定会和看到了四叶草一样幸运。

三叶星云的中央恒星是一个有6颗已知成员的聚星系统。我用105 mm折射望远镜放大到153倍观测，可以很容易地看到其中两颗较亮的恒星，它们被称为HN6，二者之间的距离为11″，主星为7.6等，伴星在西南偏南方向，为8.7等。在视宁度好的晚上，你也许还能看到第三颗恒星，与前两者几乎排成一条直线——在那颗7.6等主星的东北偏北方向，就能找到这颗较暗弱的10.4等星。这对双星的名字叫作HN 40。

正是三叶星云中心的一小群热恒星让我们能够看到这片星云。这些恒星的能量将周围的氢元素气体电离开来，然后当被电离的电子重新与氢原子结合时，就会发出标志性的红色光。这可以说是发射星云的最显著特征，这种红光在照片中显得尤为惊艳。

照片上还显示出，在那个三叶星云东北偏北8′处的7等星周围有一块发蓝的星云。在这里，烟尘大小的粒子反射出了嵌入星云中的恒星所发出的蓝色光芒。虽然比位于南方的“兄弟”发射星云要暗一些，但这块反射星云在小型望远镜中也是可见的。在黑暗的、没有雾霾的夜空中，这块反射星云看起来和发射星云一样大，但实际上反射星云要大得多。增强后的图片显示，反射星云把红色的发射星云完全包在了里面，就像一只蓝色的螃蟹紧紧地攥住手里珍贵的食物。人的肉眼看不到照片上那么惊艳的颜色，但我仔细观察时，还是能隐隐约约地感受到一点微弱的颜色差异。我还发现，滤镜对反射星云的观测收效甚微，甚至会让它更不明显。

在很多深空天体列表中，M20被列为“星云+星团”的一类。分布在星云内外的恒星大概属于一个叫科林德360（Collinder 360，或Cr 360）的星团。这个星团在璀璨的银河背景上并不突出，但只需一个小型望远镜就能看到这片区域周围点缀着一二十颗恒星的景象。

三叶星云东北方向40′处是一个疏散星团M21。三叶星云中的两颗星，连同外面一颗7等星和一颗8等星，组成了一条略弯曲的弧线，正好指向M21。这里差不多有20颗恒星聚集在这片小区域里，边界非常模糊。用望远镜在较大的放大率下观测，还能看到更多暗弱的恒星。星团

三叶星云（M20）及其周边					
目标	类型	星等	大小 / 角距	赤经	赤纬
NGC 6514（主要部分）	发射星云	—	16′	$18^h02.4^m$	−23°02′
B85	暗星云	—	16′	$18^h02.4^m$	−23°02′
NGC 6514（北边部分）	反射星云	—	20′	$18^h02.5^m$	−22°54′
HN 6 和 HN 40	聚星	7.6, 8.7, 10.4	11″, 6″	$18^h02.4^m$	−23°02′
Cr 360	疏散星团	6.3	13′	$18^h02.5^m$	−23°00′
M21	疏散星团	5.9	12′	$18^h04.6^m$	−22°30′
S698	双星	7.2, 8.5	30″	$18^h04.2^m$	−22°30′

礁湖星云（M8）局部					
目标	类型	星等	大小 / 角距	赤经	赤纬
NGC 6530	疏散星团	4.6	15′	$18^h04.8^m$	−24°20′
NGC 6523	发射星云	5.8	90′×40′	$18^h03.8^m$	−24°23′
Arg 31	双星	6.9, 8.6	34″	$18^h02.6^m$	−24°15′

中最明亮的是一对双星S698，其中主星为7.2等，伴星位于其西北方向30″处，为8.5等。

我在这里提到的所有目标都可以装入2.5°的天区范围内，也就意味着一架短焦距的小型望远镜就能够在同一个视野中将它们悉数装下。其中，大部分目标都包含在那个令人惊异的三叶星云的集团中。当你目视三叶星云时，别忘了你所看到的地方正在孕育新的恒星。你说，会不会有一颗这样的恒星，源源不断地为一颗行星送去光和热，最终在行星上诞生巨大的食人植物“三尖树”呢？或者，还会诞生什么更怪异的东西吗？

品茶之后

人马座的深空天体，除了“大茶壶”里里外外的那些，还有更多值得欣赏的目标。

在八月的南方天空，人马座的亮星勾勒出了引人注目的“大茶壶”图案，如第301页星图所示。银河就流淌在人马座的上方，仿佛是从茶壶的壶嘴里喷出的蒸汽。这里以其众多的深空天体慷慨地招待着观测者们。然而，当“大茶壶”由东向西穿过天空后，凝视夜空的人们却很少把注意力转移到茶壶背后，那片看起来“贫瘠”的地方。其实，就在这片区域里便有两个梅西耶天体，以及其他更引人入胜的景象，等待着被添加到各位的小型望远镜观测目标列表中。

人马座的东部因为缺乏恒星而显得空旷，在这边寻找目标可能是一个挑战。因此，我们从比较好找的M55开始。它之所以能弥补身处空旷区域不好定位的缺点，是因为我们从寻星镜里就可以轻松地看到它，M55像一个小小的绒毛球。这里有两个寻找M55的策略：一个是，首先想象一条从人马座σ到人马座τ（组成“茶壶柄”的端点的恒星）的直线，然后继续延长2.75倍的距离，就能到达M55；另一个是，注意M55与位于“茶壶柄”的人马座τ和人马座ζ构成了一个长的等腰三角形。

如果你那里的夜空足够黑暗，能直接看到人马座52和人马座62，那么也可以从这儿近一点的地方开始寻找：人马座52、人马座62与M55几乎构成了一个等边三角形。将人马座52放在低倍率望远镜视场的西侧边缘，然后往南边扫过6°的距离。如果运气好的话，这几种方法中的任何一种都能让你足够接近M55的位置，这样就能很方便地通过寻星镜或者低倍率目镜来看到它。

用一台60 mm望远镜放大到50倍左右观测，M55显得很大，而且呈现出斑驳的样子，里面有个宽而稍亮的核球。如果用一台4~6英寸的望远镜放大到75~100倍观测，

M55就像是一个飘浮在空中的恒星球。如果它能出现在地球的中高纬度地区的天空中，那可能会更加著名一些。图片中上方为北，正方形视场宽度为0.5°。
* 摄影：帕洛玛天文台巡天二期/加州理工学院/帕洛玛。

则会看到许多暗淡的恒星松散地分布在星团中。算上稀疏的外侧晕区，这个星团的直径看起来大约有10′。有一些黑暗的“划痕”将星团分割开来，而且边缘也有一些被“蚕食”掉的缺口，尤其是东南方向的边缘上缺了好大一块，使其显得参差不齐。

M55是距离我们最近的球状星团之一，大约只有17 000光年远。它的直径是100光年，绝对亮度几乎是太阳的90 000倍。

第二个梅西耶天体是球状星团M75，它坐拥人马座的东部边界。因为观测的时候很容易从它身上一扫而过而没有注意到它，所以你必须精准地确定它的位置。我们从红橙色的4等星人马座62开始，首先把它放在一个寻星镜视场的南部边缘之外，这时候北方就会进来一对6等恒星。然后，用望远镜上低倍率目镜来观测，把这对6等星靠东边的那颗放在视野西南边缘，这样，M75就会出现在北部边缘附近。如果你使用了一个反射式瞄准镜（一种自带发光标记的不放大瞄准设备），就会发现M75位于摩羯座 ψ 和人马座 ρ的正中间。在第174页的星表上就能查到这些恒星。

通过一台小型望远镜在低倍率下观测，M75就像一颗模糊的恒星。而在我的105 mm折射望远镜中放大到87倍进行观测时，则显示出一个直径约2′的小雾团，并且分辨不出具体的恒星。星团越向中间越急剧变亮，正中心有一个微小而特别明亮的核。

M75离我们有68 000光年之遥，是梅西耶星表里最遥远的球状星团之一，这也使夏尔·梅西耶对它的描述相当有意思。他认为M75似乎只由非常微弱的恒星组成，也包含了一些星云状物质——但其实梅西耶在M55里并没有看到恒星，在比M55更容易分辨细节的其他明亮球状星团里也没有看到。M75显得又小又模糊纯粹是因为它距离我们太远了。它的实际直径有130光年左右，比太阳的真实亮度高出220 000倍。

现在，让我们把视线转向人马座 ρ。这颗恒星位于一个被称为“茶匙”的星群的最北端，而星团NGC 6774就处在这颗恒星西北方向2°的地方。这是一个庞大但稀疏的疏散星团，直径大约有30′，最好通过双筒望远镜或小型望远镜在低倍率下观测。它藏身于一大群恒星之中，需要用大视野来帮助它从背景星空中显露出来。我的小型折射望远镜在28倍放大率下显示出了大约40颗8等到12等的恒星，排列成一串一串的形状。

NGC 6774与一颗4.5等恒星——人马座υ在寻星镜里同框。如果我们把人马座υ放在寻星镜视场的西侧边缘外面一点点，就会让连成一条小曲线的三颗5等星进入视野的东侧。再从视野中央的恒星移动到北边那颗恒

人马座的意外亮点

目标	类型	星等	大小 / 角距	距离（光年）	赤经	赤纬	*MSA*	*U2*
M55	球状星团	6.3	19′	17 000	$19^h 40.0^m$	−30°58′	1410	162R
M75	球状星团	8.5	6.8′	68 000	$20^h 06.1^m$	−21°55′	1386	144L
NGC 6774	疏散星团	—	30′	820	$19^h 16.6^m$	−16°16′	1365	125L
NGC 6822	星系	8.8	16′×14′	160 万	$19^h 44.9^m$	−14°48′	1363/39	125L
NGC 6818	行星状星云	9.3	22″×15″	5 500	$19^h 44.0^m$	−14°09′	1339	125L

表格中的 *MSA* 和 *U2* 列分别为《千禧年星图》和《测天图 2000.0》第二版中的星图编号。距离数据来自 2000 年前发表的研究论文。大小数据来自不同的星表，但 NGC 6774 因为没有清晰的边界所以不同来源的大小差异很大。

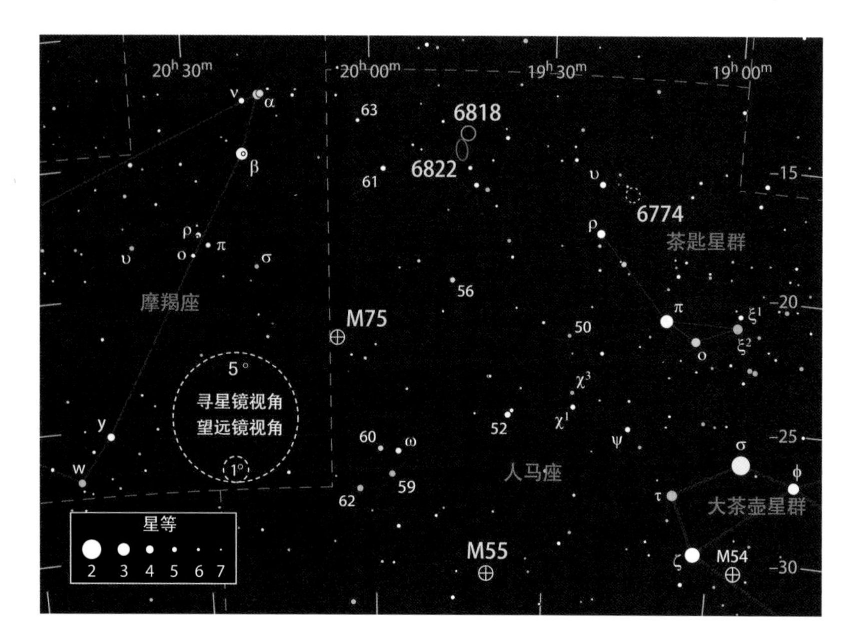

这样的天体时，用视野较广的小型望远镜，通常比视野较窄的大型望远镜更容易看到。虽然巴纳德星系在7×35双筒望远镜中就可以观测到，但我仍然建议应该在相当黑暗的天空，用至少60 mm折射望远镜进行观测。在我位于城郊的家里，我用105 mm折射望远镜放大到17倍进行观测，这个星系都显得难以捉摸，呈现出非常暗淡的长方形的样子，长边大约为11′，沿着南北方向摆放。

巴纳德在1884年的发现，发表在著名的期刊《天文通报》上，标题叫"在《星云星团新总表》No. 4510旁边的新星云"。今天，我们知道GC 4510即

星，并继续往前移动同样的距离，就可以到达巴纳德星系（NGC 6822）的位置。1884年，当美国天文学家爱德华·埃默森·巴纳德还是个爱好者的时候，他就在田纳西州发现了这个天体，但直到20世纪20年代，巴纳德星系才被认可是一个银河系外的天体。巴纳德星系（也称为C57）是本星系群的一员，本星系群是一个小星系团，组成它的星系中，已知的有36个，包括我们的银河系。

巴纳德描述他的发现是"一个非常微弱的星云状物质……光芒非常弥散和均匀。用一个6英寸的赤道式望远镜很难看到，但在5英寸的望远镜和30倍左右的放大率（大约1.25°的视场）下来看，则相当明显。在寻找它时，应该记住这一点"。

巴纳德的建议是值得采纳的。在观测像NGC 6822

NGC 6818，是一个小而明亮的行星状星云，昵称叫"小宝石星云"。它位于巴纳德星系西北偏北41′的地方，两个星系可以同时出现在望远镜的低倍率视场中。如果你找不到巴纳德星系，可以回到它下面那条6等星连成的弧线，然后从弧线最北端的那颗恒星开始，向北扫过1.3°，就能直接找到这个星云。

我用105 mm折射望远镜放大到28倍观测，这颗"小宝石"看起来像一颗臃肿的蓝色恒星。在87倍的放大率下，我能看出它是一个微小的圆形星云。再继续放大到153倍，这个行星状星云显示出一点椭圆形的痕迹，可能有一些轻微的斑驳状。在我们的夜空中，深空天体往往形成于远古时代，但是这颗海蓝色的"小宝石"却相对年轻——大约只有3 500年的历史。

左图：因为NGC 6822距离我们的银河系相对较近，所以和典型的星系形态相比，它看起来更像一个缩略版的"麦哲伦星云"，只是需要用望远镜而不是肉眼就能看到。图上（右下角）这颗明亮的恒星位于其西南偏南方向0.75°的地方，亮度为5.5等。马丁·赫尔马诺把他的8英寸f/5反射望远镜拉到美国加利福尼亚州的皮诺斯山上，用柯达2415敏化感光乳剂拍摄了这张照片。

右图：NGC 6818，即小宝石星云，看起来像一个飘浮在黑色天空中的蓝色椭圆。

* 摄影：帕洛玛天文台巡天二期 / 加州理工学院 / 帕洛玛。

恒星的联盟

人马座的这片天区很适合北纬50°以南的观测者欣赏。

纯净的星星聚在一起，不再是五颜六色的，
在天体的花边背后，像泡沫一样苍白。

——威廉·汉密尔顿·海恩，“印度神话”

夏季夜空中，银河系那数不清的星星为我们绘就了一幅横跨苍穹的朦胧天河图。当银河汇入人马座时，我们就可以看到它丰富多彩的组成中最精妙的一段。这片区域也充满了各种各样的深空奇景，通常来说，只需随便观测一下这片天区，就会有不止一个深空目标映入你的眼帘。让我们把视线转回人马座北边的区域，来看看那边埋藏着什么宝藏。

我们首先从一个简单的目标——疏散星团M23出发。它位于人马座μ西北偏西方向4.5°处，它们在寻星镜或双筒望远镜中都可以放在同一视场里。用10×50双筒望远镜观测，你能看到一团雾蒙蒙的光斑里有几个微小的斑块在闪烁，如果用大一些的14×70双筒望远镜观测，就可以看到一个充满暗弱恒星的美丽星团。如果用小型天文望远镜来观测，还可以看到50~75颗恒星聚集在一起，几乎有满月大小。在约翰·M.马拉斯和埃弗雷德·克赖默合著的《梅西耶天体目录》(1978)中，马拉斯描述了他用4英寸折射望远镜看到的壮丽场景，并且称：“这个形状不规则的星团中的亮星，组成了一只飞翔的蝙蝠的图案。”

从M23出发，你可以向西南偏西方向跨过2°的距离，来到行星状星云NGC 6445和球状星团NGC 6440。它俩离得很近，在望远镜视场中都可以放在一起，并且在口径小到只有60 mm折射望远镜里就能一览其风采。如果用4英寸到6英寸的望远镜，则可以相对轻松地完成观测任务。

首先，我们去寻找一对远距双星h2810。它的主星为7.6等，伴星在其南方距离43″处，为10.4等。NGC 6445就在这对双星西边5′的地方。这个小小的行星状星云的表观大小只有天琴座著名的指环星云的一半，所以为了获得较好的观感，建议至少用100倍的放大率来观测。NGC 6445看起来像椭圆形，甚至有点像长方形，沿着东南偏东—西北偏西方向延伸。它在长边的端点处略微变亮，并且还有一颗暗弱的恒星坐落在它的西北边缘。如果观测时夜空不那么澄澈，那么用一个窄带滤镜或者氧-Ⅲ滤镜就可以改善观测效果。

NGC 6440位于NGC 6445的西南偏西方距离22′处，它看上去有2′宽（比它隔壁NGC 6445宽度的两倍还多），越往中间越亮。这个球状星团被框在一对暗弱的恒星之间，一个位于它的西北偏北方，为12等，另一个在其东南偏南方，距离两倍远，略微亮一些。这个星团即使在我的10英寸反射望远镜中观察也很难分辨出细节。只要你用望远镜在同一视场下观测NGC 6440和NGC 6445，就会真切感觉到它俩是一对引人入胜的组合。

M24，即人马座小恒星云，就位于人马

人马座小恒星云（M24）是左图中间那块白色椭圆形光斑。这张照片视场宽度是25°。恒星云的西北边（上方）被两个清晰的小暗星云割裂开来，这两个暗星云分别是巴纳德93（左）和巴纳德92（右）。
* 摄影：藤井旭。

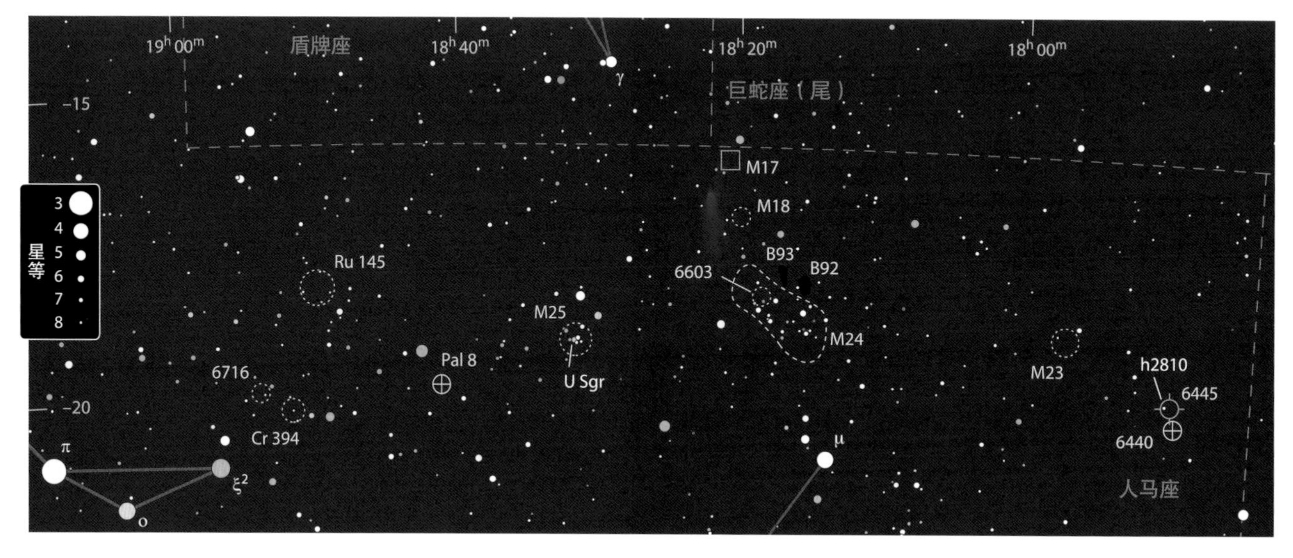

用大双筒望远镜可以看到上图中标注出的一大半深空天体，当然前提是要在一个特别晴朗的夜空中进行观测。

* 星图：改编自《天图2000.0》的数据。

座μ的北方。在银河里，人们用肉眼就能看到这块又大又亮的“补丁”。银河里本来有许多让星光变得模糊的尘埃云，但它们巧合地在这一大群恒星的地方打开了一个窗口，让我们能清楚地看到这团恒星云。其中那些恒星与我们的距离有10 000到16 000光年。

M24在天空中蔓延了2°的距离，所以最适合在一个小型的广角视场望远镜中欣赏。这片天区是用双筒望远镜看起来最漂亮的区域，而且如果你用一台小型望远镜来观测，可以看到数不清的遥远的恒星。M24还囊括了几个其他的深空天体，包括位于它西北角的两个暗星云。这两个暗星云之一的巴纳德92（Barnard 92，或B92）呈椭圆形，边界清晰；位于它东边的巴纳德93（Barnard 93，或B93）则更瘦窄一些，没那么明显。如果用小型望远镜观察，在M24中心的东北边有一个小疏散星团NGC 6603。NGC 6603又小又模糊，而用10英寸望远镜来观察，则可以看到丰富的暗恒星聚集在其内部。

在M24北端之外不远处，栖息着一对可爱的深空珍宝——M18和M17。M18是一个疏散星团，而M17则是一个发射星云，他俩之间只相距1°，因而通过双筒望远镜或者小型望远镜在低倍率视场下观测，就能很好地把它俩同时收入。在一个14×70的双筒望远镜中观测，M18是一群中等亮度的恒星小结，而M17则是一个略微有点亮的光晕，形状像数字“2”底部的一横被拉长了的样子。这个“2”可能是上下颠倒并且（或者）镜像的，这取决于你所用的观测设备的光路。

在我的105 mm折射望远镜中，M17看起来很像一只天鹅——“2”的一长横是天鹅的躯体，而上面的大弯则是天鹅的头和颈部。我猜它一定是一只“神圣的天鹅”，因为它的头部还围绕着一圈小小的光晕。M17经常被称作“天鹅星云”，因为它实在是太像天鹅了。更有趣的是，资深观察家斯蒂芬·詹姆斯·奥米拉用他的4英寸折射望远镜在M18中还看出来一只黑色的天鹅。这只黑天鹅的图案是由星团中的明亮恒星所塑造出来的，不过在我们实际观测的时候，它也可能和M17一样，在天空中头朝下地“倒吊”着。但不一样的是，这只天鹅星团东边有一条由恒星组成的曲线，描绘出了一片没有亮星的黑暗区域，这就是黑天鹅的一只部分伸展开来的翅膀。

接下来，我们将要前往疏散星团M25。它位于人马座

在这个好看的疏散星团M25里，有几颗恒星呈橙色调，特别是离它中心很近的那颗变星人马座μ。乔治·R.维斯科姆在美国纽约州普莱西德湖拍摄了这张视场大小为1°的照片。他使用的是6英寸f/8反射望远镜+3M 1000反转胶片组合。

人马座星空的原野风光

目标	类型	星等	大小 / 角距	赤经	赤纬	*MSA*	*U2*
M23	疏散星团	5.5	27′	$17^h56.9^m$	−19°01′	1369	146L
NGC 6445	行星状星云	11.2	44″×30″	$17^h49.2^m$	−20°01′	1369	146L
NGC 6440	球状星团	9.3	4.4′	$17^h48.9^m$	−20°22′	1369	146L
M24	恒星云	2.5	1°× 2°	$18^h17.0^m$	−18°36′	1368	145R
B92	暗星云	—	15′×9′	$18^h15.5^m$	−18°13′	1368	145R
B93	暗星云	—	12′×2′	$18^h16.9^m$	−18°04′	1368	145R
NGC 6603	疏散星团	11.1	4.0′	$18^h18.5^m$	−18°24′	1368	145R
M18	疏散星团	6.9	9.0′	$18^h20.0^m$	−17°06′	1368/67	145R/126L
M17	发射星云	6.9	11′×6′	$18^h20.8^m$	−16°10′	1368/67	126L
M25	疏散星团	4.6	32′	$18^h31.8^m$	−19°07′	1367	145R
Pal 8	球状星团	10.9	5.2′	$18^h41.5^m$	−19°50′	1366	145L
NGC 6716	疏散星团	7.5	10′	$18^h54.6^m$	−19°54′	1366	145L
Cr 394	疏散星团	6.3	22′	$18^h52.3^m$	−20°12′	1366	145L
Ru 145	疏散星团	—	35′	$18^h50.3^m$	−18°12′	1366	145L

大小数据来自最新的星表。实际观测时的目标大小往往比星表里的数值小。表格中的 *MSA* 和 *U2* 列分别为《千禧年星图》和《测天图2000.0》第二版中的星图编号。

小恒星云东边3.5°的地方。它俩可以同时出现在一个双筒望远镜或者寻星镜视野中。我用10×70双筒望远镜观测，可以在0.5°视野中看到30多颗明暗不一的恒星交织在一起。通过4英寸折射望远镜观测，我还发现这个星团周围装饰着很多对双星。在星团中心，有7颗9等星和10等星聚集在一起，形成了大写字母“D”的形状；星团里有4颗亮星，已经能够很明显地看出其金黄色的色调，其中靠近中心的一颗称为人马座U。这是一颗造父变星，亮度会从6.3等降低到7.2等，然后再变回6.3等，这样的一个周期为6.7天。

对这片天区而言，寻找球状星团帕洛玛8（Palomar 8，或Pal 8）可谓是一大挑战。它位于M25东南偏东方向距离2.4°的地方。大部分帕洛玛星团都很难找，其中帕洛玛8算是相对比较容易的一个。有人在80 mm小型望远镜中找到了它，并且还称在4英寸望远镜里可以相当轻松地观察到它。我在10英寸望远镜里观测这个星团，发现它真是漂亮到不可思议。它虽然不亮，但是尺寸相当大，直径达到4′。它被包藏在一大群暗淡的恒星里，有一些非常暗淡的恒星浮现在星团的模糊光晕前面。这些大概都是前景天体，因为星团中的恒星最亮也只有暗弱的15等。在高倍率下观测，帕洛玛8看起来略微呈斑块状，并且没有显示出越往中心越亮的趋势。

继续向东移动3.1°，我们便来到了NGC 6716跟前。如果你刚才没能找到帕洛玛8，那么可以从人马座ξ^2出发，向西北偏北移动大约1.4°，便能寻得这个疏散星团。我用105 mm折射望远镜在低倍率下观测，发现这个星团里25颗恒星排列成了一个拉长的、边角圆滑的“M”形，差不多长10′。在同一

天鹅星云，也就是M17，在夜空中发出标志性的红色光芒。这种红色是氢元素的气体被年轻的热恒星电离过后发射出来的。不过，对大部分人来说，用肉眼直接看到的都是无色（灰色）的光。比较上面这张藤井旭拍摄的照片和作者的目视观测印象的记录，就能发现这个问题。两张图都是上方为北，视场宽度大概为1°。作者用她的105 mm“天体物理旅行者”折射望远镜和纳格勒目镜放大到87倍观测，画下了这张铅笔草图。

个视场内，NGC 6716的西南边，还散落着一群恒星，约是原来星团的两倍大。这个星团的名字叫作科林德 394（Collinder 394，或Cr 394）。它包含了一群8等星和更暗的恒星。在Cr 394的西边，还搁着一对漂亮的双星，一颗黄色、一颗蓝色，都是7等星。将NGC 6716和Cr 394放在我的105 mm折射望远镜3.6°大小视野的南部，那么在西北偏北的地方就能看到一个松散的星团——鲁普雷希特 145（Ruprecht 145），在35′大小的天区范围内至少有30颗暗淡的恒星组成了这个星团。在它的西南边缘外，还有一对明亮的双星，一颗是黄色，另一颗是白色。在银河背景上找出这三个星团可能需要费点儿劲，但当你能在望远镜较低倍率视场目镜中同时找出这三个“星团三件套”成员时，那场景的美妙是毋庸置疑的。

当我们游览星点密集的南天银河时，别忘了一位美国早期的天文观测家加勒特·P.瑟维斯的名言警句：“别以为你用小型双筒望远镜看到的那几千颗星星就是天空戈尔孔达的全部了。想看全那天上的珍宝，无论你用多强大的望远镜都是徒劳的。”（《双筒望远镜中的天文学》，1888）瑟维斯提到的戈尔孔达是印度的一座城市，在中世纪以出产丰富的钻石而闻名世界。

更多的夏夜行星状星云

行星状星云以其独特的形状和漂亮的颜色，成为家用望远镜观测的首选目标。

行星状星云是从正在死亡的小质量恒星身上逃逸出来的美丽而迷人的气体外壳。我们从望远镜的目镜中看去，往往能看到它们明显而独特的外形，而且大多还呈现出五彩斑斓的颜色。

威廉·赫歇尔是第一位将这些星云称作“行星状星云”的天文学家。他当初根据这些星云的外观来分类和命名，而好些星云在望远镜里看起来的确都很像是天王星那样的蓝绿色圆盘，因而有了“行星状星云”这个名字（人们更准确地认识行星状星云是在1864年8月，英国天文爱好者威廉·哈金斯观察了天龙座的行星状星云NGC 6543的光谱，意识到它的光是来自一片轻薄的气体，而不是一大群没有被分辨出来的恒星）。

赫歇尔列出的那些行星状星云，大多数后来都被证明是其他类型的天体，其中主要是星系；反过来，被他列入其他分类的深空天体，后来也有一些被证明是行星状星云。通常，人们在发现一个天体后，都要过上很多年才能准确地认识它的本质。

我们从天龙座的NGC 6742开始今天的旅行。这个星

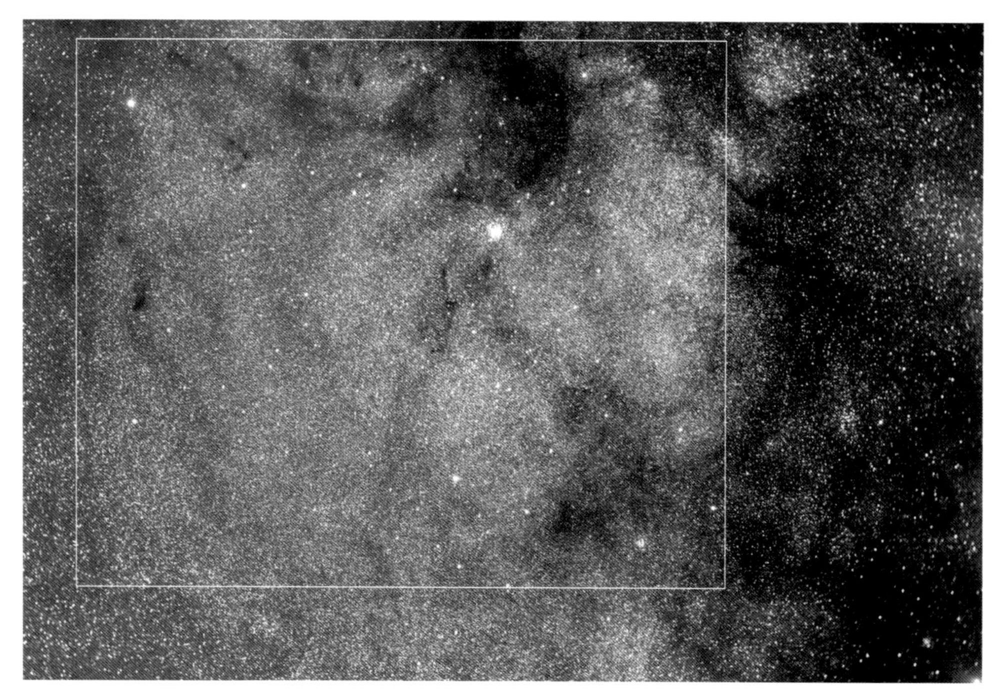

爱德华·埃默森·巴纳德在1905年7月拍摄的这张照片展现出了银河中最丰富的区域，这个区域跨越了盾牌座和天鹰座的边界。照片发表于《银河精选区域摄影图集》。方框显示了在第179页上方星图中的位置。

* 摄影：华盛顿卡内基研究所天文台。

云又被称为艾贝尔 50（Abell 50）。猎寻艾贝尔行星状星云通常是那些拥有大望远镜的发烧友们的消遣，但这个星云用普通的设备就能看到。NGC 6742位于天琴座 16西北偏北1.6°，在一颗8.8等星东北边3′ 的地方。

我在纽约州北部城郊的家中观测时，需要一个较大倍率的目镜接在我的105 mm反射望远镜上才能找到NGC 6742。即使用153倍的放大率，我也只能用余光法看到一块小暗圆斑，但是用203倍的放大率，就没那么困难了。星云的东北边有一颗非常暗淡的恒星。如果我用10英寸折射望远镜来观测这个星云，那就相对容易多了。在放大到70倍时，它变得明显可见，而且在219倍的放大率下，它看起来是一块圆形的、均匀的光晕。在星云的西侧边缘，我还看到一颗特别暗的星。我用14.5英寸反射望远镜在245倍的放大率下，可以在星云的圆面中看到一块略微发暗的区域，在它东北偏东边缘有一颗特别暗的恒星，还有另一颗恒星镶嵌在星云的西边。

赫歇尔在1788年发现了NGC 6742，但并未将它分类到他的行星状星云星表中，而是分类到了第三种：非常暗的星云。完整的艾贝尔行星状星云星表最早是在1966年由乔治·奥格登·艾贝尔发表在《天体物理学报》上的。在这篇论文中，他根据在帕洛玛天文台用48英寸施密特望远镜观测到的结果，按照不同天体的外观列出了86个被归类为可能的行星状星云，其中有一些后来也被证明并非行星状星云。

现在，我们去看看NGC 6572。它是由弗里德里希·格奥尔格·威廉·冯·斯特鲁维于1825年在俄国多帕特天文台编辑他的著名的双星星表时发现的。1864年，哈金斯首先注意到了这个天体特征性的光谱。NGC 6572位于蛇夫座71东南偏南方向距离2.2°的地方。好些不同的观测者给这个星云起了非正式的名字，比方说“祖母绿星云”“蓝色网球”“绿松石球”……这些名字都反映出人们对星云颜色的不同感知。

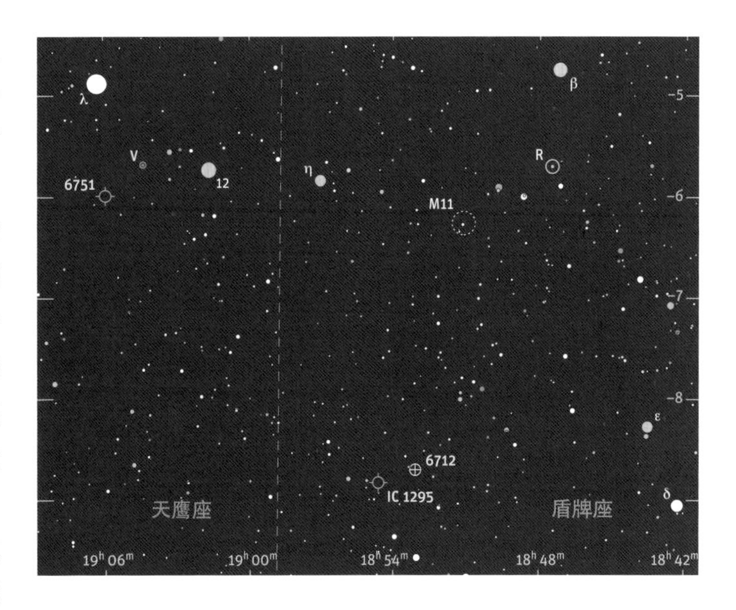

我曾经用过多台望远镜来观测NGC 6572，也发现每次用不同设备看到的蓝色或绿色都有细微的差别。我根据用小折射望远镜观测的结果，将这枚星云记录为“微小的、圆形的、相对较亮的蓝灰色星云”。通过我的8英寸折射望远镜观测，NGC 6572显得更像发灰的蓝绿色。它有一个小而明亮的核球，核球的两端还更亮一些。在10英寸反射望远镜里，这个行星状星云看起来呈现出蓝绿色，形状为椭圆形，外围有一圈模糊的薄雾。有一天晚上，我用14.5英寸反射望远镜观测时，它呈现出绿色；而另一天晚上我用15英寸反射望远镜观测时，它又变成了明显的绿松石色。星云的中央恒星在明亮的核球中时隐时现。我的这些观测都是在中等到高倍的放大率下进行

行星状星云NGC 6742位于天龙座里靠近天琴座边缘的地方。
* 摄影：威廉·麦克劳克林。

夏季 ● 八月

夏夜行星状星云及其他天体							
目标	类型	星等	大小 / 角距	赤经	赤纬	*MSA*	*U2*
NGC 6741	行星状星云	13.4	36″×30″	$18^h59.3^m$	+48°28′	1111	33R
NGC 6572	行星状星云	8.1	11″	$18^h12.1^m$	+06°51′	1272	86L
NGC 6751	行星状星云	11.9	24″×23″	$19^h05.9^m$	−06°00′	1317	125R
天鹰座 V	碳星	6.6—8.4	—	$19^h04.4^m$	−05°41′	1317	125R
NGC 6712	球状星团	8.1	9.8′	$18^h53.1^m$	−08°42′	1318	125R
IC 1295	行星状星云	12.5	1.7′×1.4′	$18^h54.6^m$	−08°50′	1318	125R
NGC 6818	行星状星云	9.3	25″	$19^h44.0^m$	−14°09′	1339	125L

大小和角距数据来自最新的星表。表格中的 *MSA* 和 *U2* 列分别为《千禧年星图》和《测天图 2000.0》第二版中的星图编号。

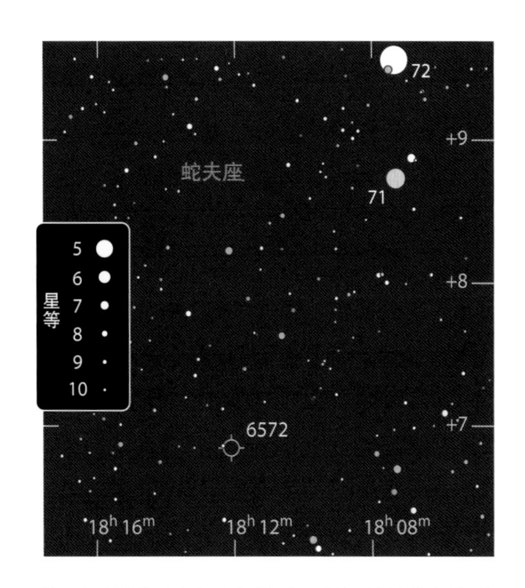

的。虽说这个星云太微小，但正是因为其独特的颜色，所以即使在低倍率下也能够被看到。

我们的下一个目标是NGC 6751。它是由19世纪60年代出生在德国的阿尔贝特·马特用威廉·拉塞尔的48英寸反射望远镜在马耳他岛上观测时发现的。然而，一直到1907年，它才由苏格兰裔美国天文学家威廉明娜·弗莱明辨认为一枚行星状星云。NGC 6751位于天鹰座 λ以南1.1°的地方。我的105 mm折射望远镜在47倍放大率下观测时，它暗弱得几乎看不见；而在87倍放大率下，它呈现出一块小的圆形光晕；放大到153倍时，还能看到一颗极其暗弱的中央恒星，视亮度为13.6等。如果我用10英寸反射望远镜在高倍率下观测，这颗中央恒星就明显多了，并且星云还可以显现出一块薄薄的边缘。这枚星云被两颗恒星夹在中间，其中较近的一颗在星云东边略偏北的地方，另一颗则在西边略偏北。用我的15英寸反射望远镜放大到221倍，这枚星云看上去略显出环状。

在低倍率下观看，NGC 6751与另一颗恒星——天鹰座 V在同一视场中。这颗恒星位于NGC 6751西北方29′ 处，呈现出令人惊异的红色。它是一颗碳-刍藁型变星，星等在6.6等到8.4等之间变化，有着半规则的周期，约为350天。

我们接下来将借助球状星团NGC 6712找到下一个行星状星云。这个明亮的球状星团位于盾牌座 ε以东略偏南方向距离2.4°的地方。我用105 mm折射望远镜在127倍放大率下观测，这个球状星团显示出有一个明亮的、较为致密的核球，周围环绕着松散的、较暗的晕。在视野里，我们能够看见恒星在微弱地闪烁，只有一颗亮恒星突显出来，位于晕的东北边缘。在星团中心的东北偏东方向距离4′ 的地方有一颗9等星。我用10英寸望远镜放大到219倍观测，可以发现星团的核球跨越2.5′ 的距离，呈现出分辨不清的迷雾状，上面还闪烁着一些零星的恒星，越往南边越暗淡。晕的边缘渐渐地淡入背景星空中，可见的直径大约为5′ 。

IC 1295就位于NGC 6712东南偏南方向距离24′ 的地方，二者在低倍率视场中可以同时被看到。尽管如此，除非专门去找IC 1295，不然你几乎不会注意到它，它虽然大，但表面亮度很低。我们可以先找到一颗8等的橙色恒星，它就在这颗星西边7′ 的地方，同时还在一颗11等星的东北偏东方向。在我的小型折射望远镜里，用低倍率观测时很难看到这个星云，但用上87倍放大率的目镜，并且用余光来看，就能够清楚地看到一块暗弱的、均匀的圆形光斑。如果直接对着它看，大部分时间我也能看到它。当放大到127倍时，我断定它的宽度有1.5′ 。我用10英寸反射望远镜放大到219倍观测，可以看到星云的东南边缘上镶嵌着一颗特别暗的恒星。如果在目镜上加上一块氧-Ⅲ滤镜观测，则可以看到一些精细结构的痕迹——内部是暗斑块，边缘部分则是明亮的块状。我用15英寸望远镜加上氧-Ⅲ滤镜在放大到153倍时观测IC 1295星云的全貌，可以发现它是一个又大又可爱的椭圆环。如果不用滤镜，则可以看到星云上叠加了一些暗恒星。

IC 1295是杜鲁门·亨利·萨福德于19世纪60年代在美国芝加哥的迪尔伯恩天文台发现的一百多个深空天体之一。1919年，在美国加利福尼亚州圣何塞附近的利克天文台的希伯·道斯特·柯蒂斯最早认证它是一个行星状星云。

我们的最后一个观测目标是NGC 6818，又叫“小宝石”。它位于人马座东北角落里的人马座 55以北2°的地方。我用105 mm折射望远镜在中等放大率下观测，NGC 6818看起来像一个又小又圆的蓝灰色圆盘。这个星云在放大后，细节看起来仍然很丰富。放大到203倍时，星云仍然很明亮，还展现出了一个宽阔的圆环区域。星云中心略暗淡。我用14.5英寸反射望远镜放大到245倍观测，可将这个星云描述为“漂亮的绿松石-灰色星云，中间有一些看不太清的暗斑”。

威廉·赫歇尔在1787年发现了这个星云，并将其分类为行星状星云。最终的确认是由哈金斯在1864年用光谱仪实现的。他认证了两个气体星云，其中一个就是NGC 6818。其实将行星状星云错误分类这种事，并不是过去才有的。尽管那些明亮的深空天体大部分都有了确定的分类，但就算到今天，错误还是会有的。

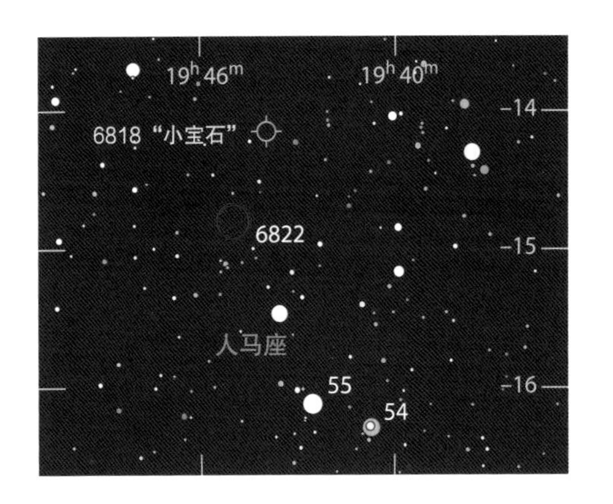

牧蛇者

银河在巨蛇座和蛇夫座的地方填满了各种各样的深空珍宝。

牧蛇者驱赶着巨蛇，
背脊挺直，不再弯折，
他舒展着身躯，张大力双手，
再光滑的鳞片也无法逃走。

——马库斯·曼尼里乌斯《天文》

夜空中，有一只巨大的“爬行动物”，曾经被看作一个单独的星座。而如今这个星座被一分为二：牧蛇者，即蛇夫座；一条大蛇，即巨蛇座。蛇夫的身体将巨蛇座分隔开来，使巨蛇座成为全天唯一一个被分割为两个不相连部分的星座。巨蛇的头部位于蛇夫座以西，而它的尾巴则在蛇夫座以东。这两半截分别叫“巨蛇座（头）”和“巨蛇座（尾）”。

这一回，我们将重点关注蛇夫座东边、巨蛇座尾部的这块区域。银河就从这片区域穿过，带来了丰富的深空天体。我也曾听其他的观测者说起过他们在这片天区里各种精彩的发现，所以也打算与读者一同分享。

我们的旅程首先顺“蛇”而下，来到巨蛇座南边一颗漂亮的双星——巨蛇座ν。它的主星为白色4等星，而伴星则是一颗橙色的9等星，位于主星东北偏北方向，二者相距46″。这个距离用双筒望远镜观测的话，得手持稳定一些才能看出来，但如果想要观测到伴星的颜色，则还是需要一台望远镜才行。从巨蛇座ν出发，向西扫过1.6°的距离，则来到了蛇夫座的行星状星云——NGC 6309。德国天文爱好者格哈德·尼克拉施用他的8英寸反射望远镜观测到了这个小行星状星云，然后写道：“放大到213倍，并且用上了UHC（窄带）滤镜，可以看到它明显呈拉长状，两瓣几乎是分开的样子。”

星云的南边一瓣是圆形的，而北边那一瓣为椭圆形，这使整个星云看上去像一个小鞋印。鞋印的“脚趾”部分，则几乎踩在了一颗12等星的身上。很多看到过这枚星云的人都察觉到了它发绿的色调。这个星云又被称作“箱子星云”。

接下来，我们要造访的是巨蛇座最东边的M16。在1745—1746年菲利普·洛伊斯·德·塞瑟编纂但未出版的一部星表中，首次记录了这个天体，并将其标注为了一个星团。到1764年，夏尔·梅西耶独立地发现了M16，并将其描述为“一团小恒星混着一块暗淡的亮光”。其中包含的星云状物质，就是现在更著名的鹰状星云。

M16位于盾牌座 γ的西北偏西方向距离2.6°处，在一般黑暗的夜空中用一个50 mm寻星镜就能看到它。在我的8英寸折射望远镜中，它看上去十分漂亮，并且通过氢-β滤镜观测效果也很棒。放大到66倍时，星云占据了25′×18′的天区，说它是一只展翅高飞的雄鹰，看上去确实有那么点儿像。这只雄鹰的“翅膀”正从东北延伸到西南方。在星云的西北方，有一块延伸出来的斑驳的区域，几颗恒星点缀其间，这便是雄鹰的尾部；而东南边的一块凸起部分则构成了雄鹰的头部。在雄鹰的身上，还可以清晰地看到明暗相间的花斑。在放大到97倍的镜像画面中，星云中心附近的一颗较亮的恒星南边有一个黑色的“L”字形，“L”下面那一短横指向东北偏北方，而那一长竖则指向西北边。其他的少许暗区域，则各自分布在雄鹰的头部和北侧翅膀上，使它们呈现出斑驳的形态。

从M16再往西2.2°，我们将来到一颗金色的6等星；继续往西南偏西移动53′，就能到达一枚发射星云沙普利斯 2-46（Sharpless 2-46，或Sh 2-46）。我的一位朋友叫史蒂文·科，他是来自美国亚利桑那州的天文爱好者，同时也是《深空观测：天文旅行者》（施普林格，2000）一书的作者。他曾经向我介绍过他用6英寸的马克苏托夫-牛顿式反射望远镜观测天体时所看到的现象。他描述为，“这个星云虽然很大，但也出奇地暗；三颗恒星周围环绕着一片光晕”，并强调了这个深空天体的面亮度相当低。

现在，我们要往北走远一点，来到另一个比较难找的沙普利斯天体。这回是一个行星状星云，叫沙普利斯 2-68（Sharpless 2-68，或Sh 2-68），它位于恒星巨蛇座59的西北方52′处。首先寻找一颗7等白色恒星，且在它西边32′

现代的摄影能让大多数观测者都意识到M16是一片巨大而壮丽的氢元素发光照亮的红色星云，但夏尔·梅西耶以及18世纪与他同时代的人们最初却将这个星云看成了一个带着暗淡光晕的疏散星团。这也是对我们在小型望远镜中观测到的模样的一个恰如其分的描述。

* 摄影：拉塞尔·克罗曼。

仲夏夜的银河

目标	类型	星等	大小 / 角距	赤经	赤纬	*MSA*	*U2*
巨蛇座 ν	双星	4.3, 9.4	46″	$17^h 20.8^m$	−12°51′	1347	56
NGC 6309	行星状星云	11.5	16″	$17^h 14.1^m$	−12°55′	1347	56
M16	星团和星云	6.0	28′×17′	$18^h 18.7^m$	−13°48′	1344	67
Sh 2-46	亮星云	—	27′×17′	$18^h 06.2^m$	−14°11′	1344	67
Sh 2-68	行星状星云	13.1	7′	$18^h 25.0^m$	+00°52′	(1295)	(65)
巨蛇座 θ	双星	4.6, 4.9	23″	$18^h 56.2^m$	+04°12′	1270	65
切尔尼克 38	疏散星团	9.7	13′	$18^h 49.8^m$	+04°58′	1270	(65)
IC 4756	疏散星团	4.6	50′	$18^h 38.9^m$	+05°26′	1271	65
NGC 6633	疏散星团	4.6	27′	$18^h 27.2^m$	+06°31′	1271	65
NGC 6572	行星状星云	8.1	11″	$18^h 12.1^m$	+06°51′	1272	65

大小和角距数据来自最新的星表。实际观测时的目标大小往往比星表里的数值小，且根据观测设备的口径和放大倍率的变化而不同。表格中的 *MSA* 和 *U2* 列分别为《千禧年星图》和《测天图 2000.0》第二版中的星图编号。带括号的编号代表该天体没有在星图中标出。

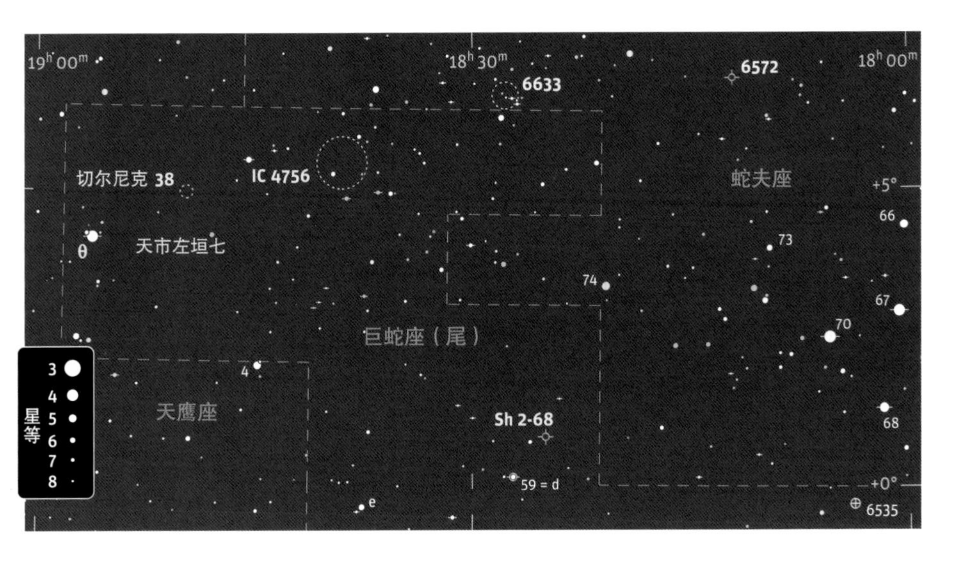

大的疏散星团IC 4756。史蒂文·科指出，在特别暗的地方用肉眼就能直接看到这个星团，并且称："我在银河的那条通向巨蛇座和蛇夫座的'出口匝道'那儿看到了这个小的光晕，它在8×42的双筒望远镜中是一个明显的星团，可以分辨出其中的9颗恒星。"他用6英寸反射望远镜放大到26倍，数出了55颗恒星，并且记录道，大视场望远镜"能够为这个又大又亮却经常被忽视的星团提供一个绝佳的观测视野"。

处就有一颗9等的金色恒星。在这两颗恒星连线的正中，就是Sh 2-68的南侧边缘所在之处。我都不确定自己是否在10英寸反射望远镜中看到过它。如果用上低倍或中倍放大率的目镜，加上氧-Ⅲ滤镜，我偶尔能在望远镜扫过这片区域的时候感觉到它出现在我的视野之中。甚至我用14.5英寸反射望远镜进行观测时，这个行星状星云仍然显得不可捉摸。因而它被我记录为"可能是环状的"。深度曝光的照片揭示出星云边缘有一条明亮一些的弧形带，可能是它让我产生了"环状"的印象。我估计这个星云的直径大约为5′，这意味着我目视观察到的那块指印形状的东西，其实只是这枚星云里（位于它东北方的）最亮的那一部分。

最近的研究表明，Sh 2-68星云一直受到星际介质的干扰，使它扩张的速度减缓了一些。而这枚星云的"母星"——一颗16等恒星，则并未受到这种减缓的影响，因而已经逐渐远离了星云正中心的位置，最终它将会因为跑得相对更快，而把星云落在身后。

我们的下一站是巨蛇座θ。这颗星位于一个"U"形星群的底部。巨蛇座θ是一对双星，它的两个成员都是白色的恒星，亮度也接近，二者几乎一样。星群中的另外四颗恒星，显现出有一点儿黄色或橙色的色调。

切尔尼克38（Czernik 38）位于巨蛇座θ西北偏西方向距离1.8°的地方。我用10英寸望远镜低倍率观测，看到这个疏散星团只是一块12′大小的模糊斑块。在星团中心的东南边有一颗10等星，在它的东北边缘还有另一颗星。放大到115倍，模糊的斑块变成了颗粒状；再放大到166倍，就能看到很多暗弱的恒星，像钻石星尘那样闪耀着光芒。

再继续往西扫过2.7°的距离，我们便来到了一个很

在双筒望远镜中观测，IC 4756与另一个疏散星团——NGC 6633在同一个视野中，后者就在前者西北偏西方向距离3°的地方。我用15×45稳像双筒望远镜观测，能在IC 4756中看到约40颗暗淡的恒星，而NGC 6633则相对较小、拉得更长一些，只能看到15颗稍亮一些的恒星。尼克拉施用他的8英寸反射望远镜放大到74倍，在NGC 6633中数出了30颗恒星，还记录下了这个星团不同寻常的形状，他评论道："相比于脑海里那些夏夜的球状星团，这些普通的、年轻的疏散星团显然更加无拘无束一些！"英国天文爱好者理查德·韦斯特伍德将NGC 6633称作"明亮的、遍布斑点的星团"，并且他还记得观测过1987年的布拉德菲尔德彗星[1]曾经掠过了这个星团。

最后，我们要去拜访一个明亮的行星状星云——NGC 6572。它位于蛇夫座71的东南偏南方向距离2.2°处。尼克拉施在他的寻星镜中把这个星云看成了一颗恒星的星点，又重新在他的8英寸望远镜中观测，看到了十分有趣的现象。他记录道："我同时在它身上尝试了UHC滤镜和氧-Ⅲ滤镜，不同的滤镜可以区分出星云上不同的区域，每个滤镜都能产生它独特的闪视效应。中间明亮的小区域只需要直视就行，而一片大的晕区则需要用余光才能看到。"

韦斯特伍德一直试图通过这个行星状星云那明显的绿色在低倍望远镜下寻找它。他写道："对我而言，它有着如交通信号灯一样的绿色，几乎随意一瞥就能让人感到惊艳。"

1 Comet Bradfield，即 C/1987 P1。——译者注

英雄归来

从双星到星系，武仙座有太多值得观测的深空天体。

我们曾经造访过武仙座的南边部分，但对于那么大的一个星座而言，这当然是远远不够的。趁着最近武仙座在西方天空中还会停留一阵子，我们可以一起来探访它的另一片区域，也就是包含了武仙座最有名的深空奇迹的区域。那个壮丽的深空奇迹叫作梅西耶13（M13），也叫武仙座大星团。

在武仙座ζ到武仙座η连线的三分之二处，我们就能轻松地找到M13。武仙座ζ、武仙座η、武仙座ε和武仙座π构成了一个梯形的星群，叫“武仙座四边形”，又叫“拱顶石”星群。在暗夜中用肉眼观看，或在城市的近郊用双筒望远镜，就可以发现这个像一个小的模糊斑块的星团。我用我丈夫艾伦的92 mm折射望远镜放大到97倍，可以看到M13是一个漂亮的球状星团。星团中心有一个致密的核球，装饰着微小的、闪耀着光芒的斑块；核球的周围与一些分辨不出来的恒星纠缠在一起，呈现出羽毛状的质地；最外面则是一圈由针尖一样细小的星点所组成的晕。

在8英寸折射望远镜放大到高倍率下观测，M13则显得满眼星点。星团周围12′大小的晕区里装点着由外围恒星组成的弯曲的“旋臂”，而可以分辨出的一部分核球背后是模糊的背景，背景上弥漫着昏暗的污块。

在星团中心的东南方向，有三条相等长度和间距的暗带汇集在了一起，形成了一个巨大的“Y”字形。这个三叶螺旋桨一样的图案，最早是由宾登·斯托尼的一幅很有名的画作记录下来的。他在19世纪中叶是罗斯伯爵的比尔城堡天文台的负责人。你在观测的时候能否看出这枚“螺旋桨”的形状，很大程度上取决于你那儿的黑暗程度和望远镜设备水平，但一旦你看出来一次，以后就很难再想认不出它来了。

NGC 6207在M13东北方28′的地方，它和M13在低倍率视场下可以同框。这个小小的椭圆形星系在92 mm折射望远镜放大到97倍时更容易被观测到，但再增大口径也不见得就能看得更清楚——除非你搞到一个10英寸或更大口径的望远镜。我用14.5英寸反射望远镜在高倍放大率下观测，NGC 6207略微显得斑驳，往中心去稍亮一些。在星系暗淡的中心的正北方，叠加着一颗13等恒星。星系NGC 6207大约有2′长，宽度只有长度的一半，尖尖朝向东北偏北方向。

IC 4617是一个15等的星系，处在NGC 6207和M13连线正中间稍偏北的地方。在我的14.5英寸反射望远镜里，即使用高倍放大率观察这个星系也是一大挑战。在我城市近郊的家中，只有在条件最好的夜里才能一睹其芳容。通过一个由14等星组成的1.5′大小的平行四边形可以便捷地找出IC 4617的位置：只需要找到这个平行四边形的西南角，再往西边一些就可以看到这个星系。

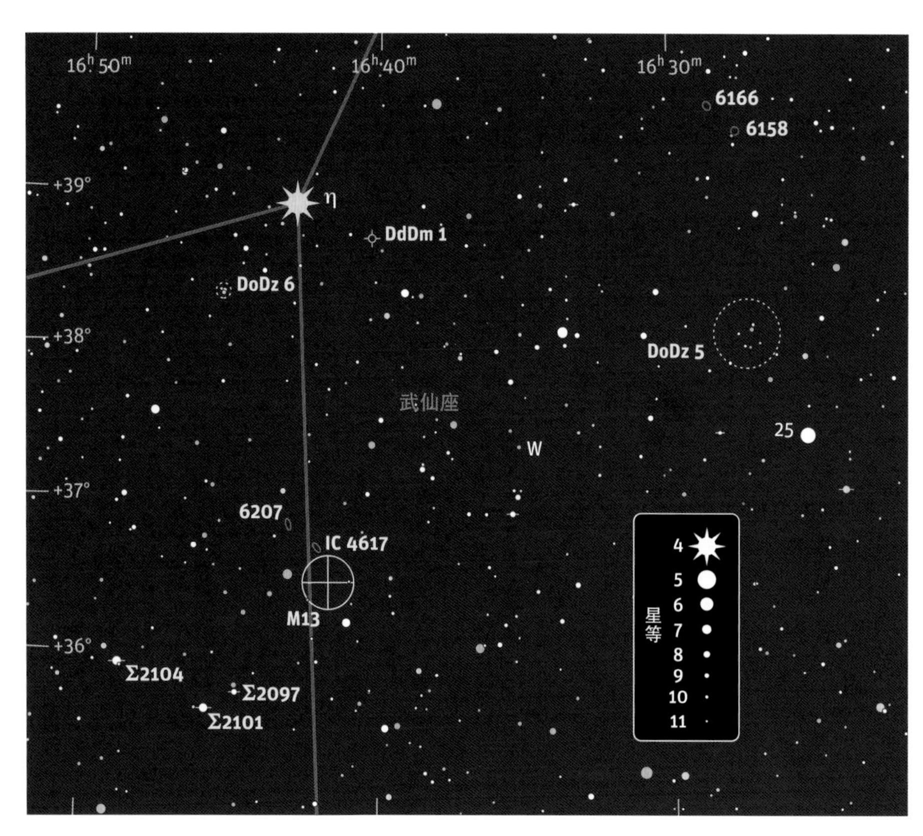

在极暗的条件下用大望远镜观测，IC 4617是一个0.5′的长条形，朝着东北偏北的方向。如果暗夜条件稍微差一点，可能就看不到星系的小小内核了。

M13东南方向大约1°距离的地方，有三对密近双星，可以

武仙座的更多乐趣

目标	类型	星等	大小/角距	赤经	赤纬	*MSA*	*U2*
M13	球状星团	5.8	20′	$16^h41.7^m$	+36°28′	1158	50R
NGC 6207	星系	11.6	3.3′×1.7′	$16^h43.1^m$	+36°50′	1158	50R
IC 4617	星系	~15	1.2′×0.4′	$16^h42.1^m$	+36°41′	(1158)	50R
Σ2104	双星	7.5, 8.8	5.7″	$16^h48.7^m$	+35°55′	1158	50R
Σ2101	双星	7.5, 9.4	4.1″	$16^h45.8^m$	+35°38′	1158	50R
Σ2097	双星	9.4, 9.6	1.9″	$16^h44.8^m$	+35°44′	1158	50R
DoDz 6	星群	8.3	3.5′	$16^h45.4^m$	+38°21′	1158	50R
DdDm 1	行星状星云	13.4	1″	$16^h40.3^m$	+38°42′	(1159)	50R
NGC 6166	星系	11.8	2.2′×1.5′	$16^h28.6^m$	+39°33′	1159	51L
NGC 6158	星系	13.7	0.5′	$16^h27.7^m$	+39°23′	1159	51L
DoDz 5	星群	7.8	27′	$16^h27.4^m$	+38°04′	1159	51L
NGC 6058	行星状星云	12.9	24″×21″	$16^h04.4^m$	+40°41′	1138	51L

大小数据来自最新的星表。实际观测时的目标大小往往比星表里的数值小，且根据观测设备的口径和放大倍率的变化而不同。表格中的 *MSA* 和 *U2* 列分别为《千禧年星图》和《测天图 2000.0》第二版中的星图编号。带括号的编号代表该天体没有在星图中标出。本月所有天体都在《天空和望远镜星图手册》中的星图 52 和星图 53 所覆盖的范围内。

成为测试小型望远镜水平的标志。其中距离最远的一对是Σ2104，这对双星的两个成员相距5.7″，我用105 mm折射望远镜放大到47倍时可以分辨出它们：两颗星都是白色，8.8等伴星位于7.5等主星的东北偏北方向。（有一个特别暗的星系CGCG 197-14就在这对双星以北1.25′ 的地方，你能用一台大望远镜发现它吗？）

Σ2104能在望远镜视野中与Σ2101同框。Σ2101的伴星在这样的倍率下几乎不可见。放大到68倍才能较好地看出它来。这对双星相距4.1″，主星为7.5等黄白色恒星，伴星呈金黄色，为9.4等，处在主星的东北方。

在这组“双星三件套”中，最难看到的是Σ2097。它的两个成员几乎一样，东西方向两颗恒星几乎只有1.9″的距离。这两颗恒星都略微呈黄色，在87倍放大率下观测几乎靠在一起，在122倍下观测仍然显得亲密无间，只有到153倍下才能轻松地将它们区分开来。另外，Σ2097和Σ2101相距只有14′，组成了一对迷人的“双双星”。

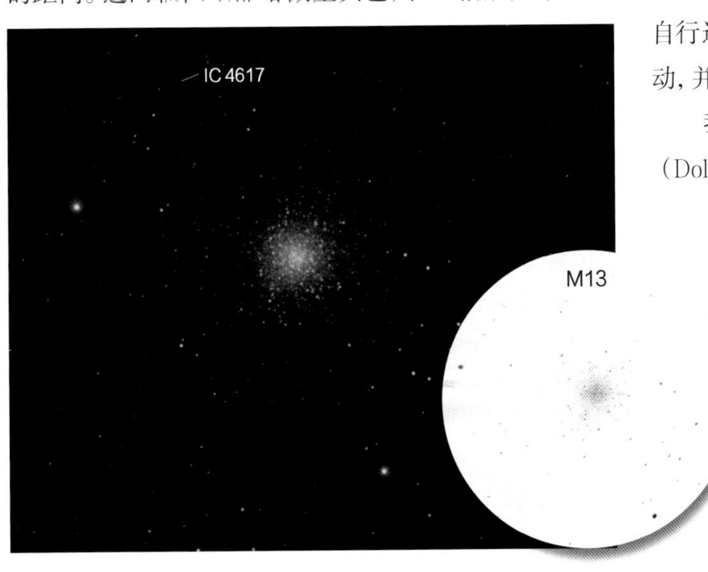

现在我们往北挪一点，来到一个名字很拗口的星群，叫多利泽-吉姆舍列伊什维利 6（Dolidze-Dzimselejsvili 6，或DoDz 6），位于武仙座η东南方45′。我用小型折射望远镜在低倍下观测，DoDz 6就是一个由四颗暗恒星组成的小团体；而放大到87倍后，两颗更暗的恒星就进入了视野，使这个星群形成了一个4′ 长的箭头形状。其中，三颗星排成一条略有弧度的曲线，为箭柄；两颗在西南方向的恒星则构成了箭头。再往西南边看，最暗的一颗星代表着箭头的尖端。考虑到这组星群中有两颗星很暗，想要看清这枚箭头的样子，最好用大一些的望远镜来观测。恒星自行巡天观测的结果表明，这些恒星都朝着不同方向运动，并不组成一个真的星团。

我们的下一站是多利泽-吉姆舍列伊什维利 1（Dolidze-Dzimselejsvili 1，或DdDm 1、PN G61.9+41.3）。

如果要从众多的夏夜星空深空天体中挑选一个代表的话，武仙座巨大的球状星团M13可以作为最佳选择。它在澄澈的、黑暗的夜空中可以用肉眼直接看到。用大口径望远镜来看，可以发现星团中隐藏的一个小特征：在星团的东南（左下方）象限，有一个暗区，形状像一枚三叶的螺旋桨。在左图中仔细观看，就能发现它，图的视场宽度为0.75°，上方为北。插图：在作者的手绘星团图中，这块暗区并未出现，因为在她的105 mm折射望远镜中实在太难看出来。

* 摄影：《天空和望远镜》/肖恩·沃克。

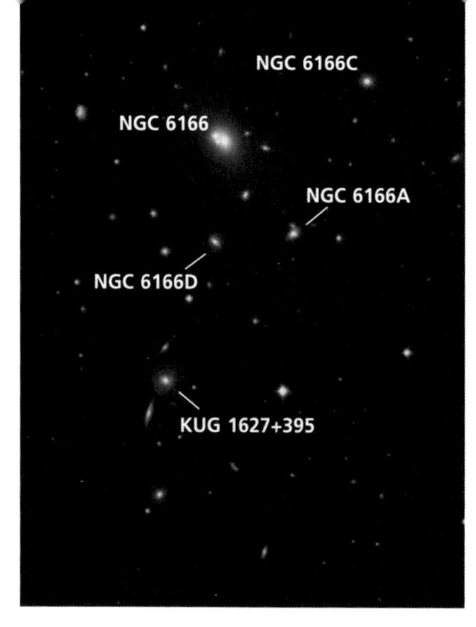

椭圆星系NGC 6166属于艾贝尔2199星系团，这是一个由超过300个星系组成的星系团，距离我们差不多4.5亿光年。在较暗的夜空中只需要一台中等规模的家用望远镜，加上少许的耐心，你也能找出这个星系团中的一些成员。
* 摄影：帕洛玛天文台巡天二期/加州理工学院/帕洛玛。

它是少数几个被证实位于我们银河系的星系晕中的行星状星云。DdDm 1离我们有52 000光年远，且处在银河系平面上方34 000光年处。不出意外地，这个星云即使在我的10英寸反射望远镜放大到高倍率下观测，也像一颗恒星，而不像星云。它被认定为星云的主要原因是，当通过氧-Ⅲ滤镜观测时，相比一颗前景恒星，它的相对亮度比不用滤镜时亮了不少。我发现，用这么普通的设备就能看到如此遥不可及的星云，真是一件激动人心的事情！DdDm 1的位置在武仙座η西南偏西方向距离33′处。

NGC 6166位于武仙座η西北偏西方向距离2.8°处。我用10英寸反射望远镜放大到118倍观测，这个中等亮度的椭圆星系朝着东北方向倾斜，越往中心越亮。NGC 6166与另外两颗约11等的恒星组成了一个差不多等边的三角形，边长为5′大小，它就位于三角形东北的那个顶点上。在它西南方15′的位置，还有一个暗淡的、又小又圆的星系——NGC 6158，二者在望远镜视野中可以同框。这两个星系都是一个叫艾贝尔2199（Abell 2199）的丰富的星系团的成员。这个星系团有超过300个星系，并且估计它距离我们的银河系超过了4.5亿光年。把NGC 6166放在我的视野中心，放大到219倍观测，我可以发现这个星团中一些特别暗淡的小成员：NGC 6166C，位于NGC 6166中心的西北偏西方向3.2′处；NGC 6166A，位于西南方2.3′；NGC 6166D，位于正南方2.0′；还有KUG 1627+395，位于东南偏南方向4.8′处。

从NGC 6166往下移动1.5°，我们来到了多利泽-吉姆舍列伊什维利5（Dolidze-Dzimselejsvili 5，或DoDz 5）。观看这个星群最适合的方法是用小型望远镜加低倍率。我用105 mm折射望远镜放大到28倍，能看到一团恒星，宽9′，星等在9等至12等。其中最亮的两颗恒星在星群的北方，与它俩东边的一颗星组成了一个小三角形。在星群的南方，三颗星组成了一条弧线，沿着星群南侧边缘排开。在绝大多数星表中，DoDz 5都被认为是跨越了27′的天区，但在我看来，周围的一些恒星并不属于这个星群的一部分。

我们的最后一个目标是行星状星云NGC 6058，位于武仙座χ的东南方2.8°，同时还在一对东西向的9等双星正南方。这对双星正好又是一个“Y”字形最上边的两个端点，而南边的另外三颗暗一些的恒星组成了“Y”字形中央那一竖，并且还略有一点弯曲。话题回到NGC 6058这个小星云。它正好窝在“Y”字的枝杈上方，我用105 mm折射望远镜在78倍下观测，很容易发现它是一个圆形的、灰色的盘面。换到用10英寸望远镜观测，我还能发现一颗暗弱的中央恒星。如果你有一台大望远镜，可以试试在星云的西北偏北和东南偏南的边缘寻找较明亮的弧线。NGC 6058到我们地球的距离只有DdDm 1的五分之一。

数不胜数的星

探索蛇夫座东边的星团和星云。

银河与那无数的星尘，
在云气的光芒中汇合，
美丽又神秘，拱卫在夏夜穹顶，
时间深不可测，空间不再延伸，
穿越时空的光，在黑暗中可见，
观测者，却如此渺小。
——利兰·S.科普兰《天空和望远镜》，1949年7月

这首诗歌描绘出了银河的辉煌壮丽以及它激起的人们的敬畏感。在暗夜中欣赏这条壮观的天河，我们可以体会到永恒的奇幻之感。我们的视线还会自然地被人马座

将它放大

很多深空天体在低倍率下看就很好，但行星状星云和球状星团一般来说放得大一些看起来效果更好。

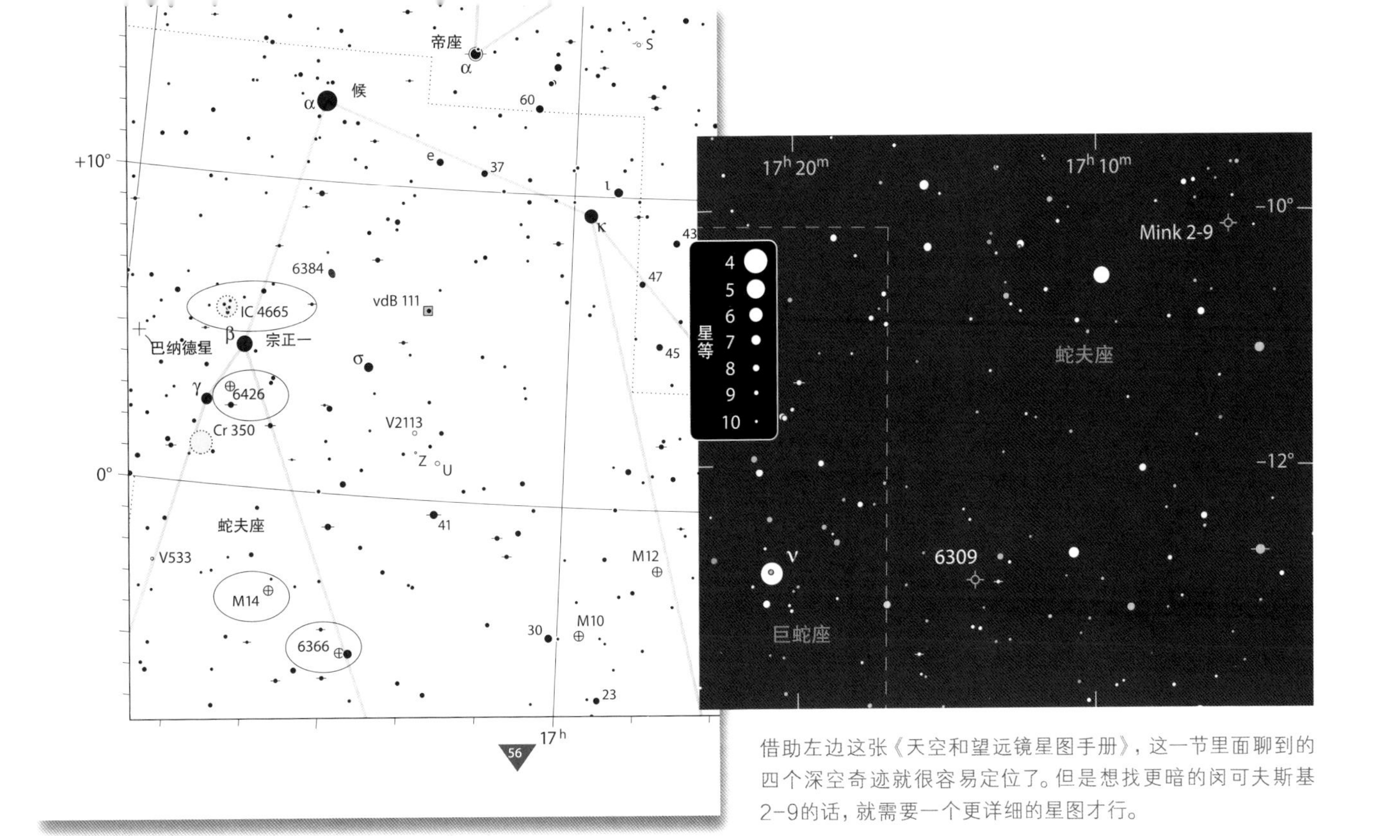

借助左边这张《天空和望远镜星图手册》，这一节里面聊到的四个深空奇迹就很容易定位了。但是想找更暗的闵可夫斯基2-9的话，就需要一个更详细的星图才行。

附近那片壮丽的星云所吸引，那也是银河系中心所处的位置。即使在银河那些被暗星云遮挡的黑暗区域的"边缘"上，也镶嵌着诸多的深空珍宝，一般的光学望远镜就能帮助我们看到。就像在《天空和望远镜星图手册》中画出的那样，手擎巨蛇的蛇夫东边好像挂着一片薄如蝉翼的轻纱。现在就让我们一起来探索这个区域吧！

在星图上，差不多刚好在银河的边界以内，有一块鲜明而醒目的疏散星团IC 4665。它就在蛇夫座β的东北偏北方向距离1.3°处。星团和蛇夫座β在双筒望远镜或者寻星镜中可以处在同一个视野里，所以很容易被找到。在我的15×45稳像双筒望远镜中，星团里一个明显的核球超过了满月的大小，而周围稀稀拉拉的外围恒星则延伸到了70′的地方。星团中可以看到40颗恒星，其中一半围成了一个接近圆形的圈，一颗恒星位于中间，还有一些排成一条稍微呈波浪形的线指向东北偏北方。在我看来，这个画面就像是一幅简笔画，绘制了一朵花在起伏的原野上生长绽放的场景。芬兰的天文爱好者亚科·萨洛兰塔则带来了一个不同的印象——通过他的80 mm反射望远镜，他把这团恒星认作海神波塞冬的鱼叉。

从蛇夫座γ出发往西北偏西走53′的距离，我们就来到了NGC 6426。将我的105 mm折射望远镜放大到87倍观测，这个鬼火一般的球状星团颜色苍白，宽度有2.3′。星团的西南偏南方向坐落着一个14′大小的微型"勺子"，由5颗9等和11等的恒星组成，通过我的10英寸反射望远镜放大到213倍来看，NGC 6426有3′宽，表面不均匀，中间有个稍亮的核球。几颗闪烁的恒星勾勒出了星团的视野边缘。

既然NGC 6426比IC 6445离我们要远得多，那它的恒星更难被我们看到也就不足为奇了。这两个星团距离我们分别有67 500和1 150光年远。

球状星团梅西耶14（M14）比NGC 6426要亮不少。它位于蛇夫座μ的正北方4.9°处，通过我的15×45双筒望远镜观测，它就是一个边缘模糊的圆球。我用105 mm折射望远镜放大到47倍观测时，能看到星团外围有个5.5′的晕，环绕在4′大小的核球周围，越往中心越亮。在153倍放大率下，一些特别暗的恒星也能够被看到了。星团的核球呈现出斑驳的样子，而晕则略呈椭圆形，沿着东北–西南方向放置。

用我的10英寸反射望远镜放大到43倍观测，M14有个明亮的、大小为3′的内核球，还有一个5′的外核球。而外围的晕则越往外越暗淡，一直延伸到8′的地方。在115倍的放大率下，很多恒星串出现在晕区里，而核球中的恒星则交织成网状。

芬兰的观测者亚科·萨洛兰塔把IC 4665看作海神波塞冬的鱼叉。

右图：一台较大的家用望远镜将球状星团梅西耶14显示为一大群挤在一起的暗弱恒星。
* 摄影：伯恩哈德·胡布尔。

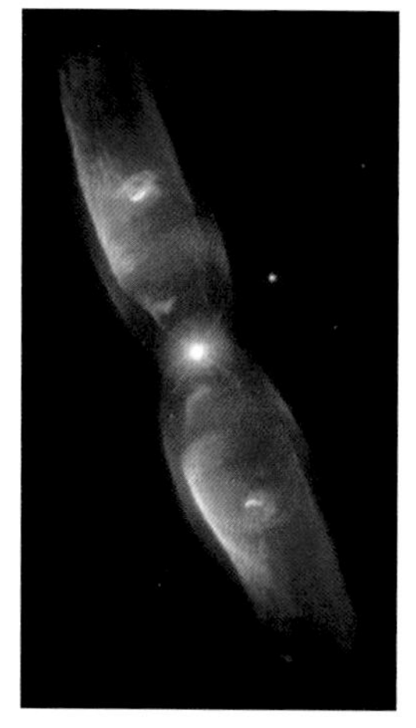

左图：闵可夫斯基2-9是一个引人注目的"蝴蝶"（双极）行星状星云的例子，正如这张哈勃空间望远镜拍下的图片所示。
* 摄影：B.巴利克/V.艾克/G.梅勒马/NASA。

再放大到213倍，星团显得更加美丽，其中充满了暗淡的恒星，表面闪烁着一些亮星。

球状星团NGC 6366位于M14的西南方3.1°处，以及一颗4.5等恒星的东边0.25°处。虽然在我的105 mm折射望远镜放大到47倍下观测，NGC 6366也显得又小又暗，但放大到122倍就大不一样了。在星团旁边还伴随着一根由四颗恒星组成的"曲棍球棒"。球棒的"手柄"从NGC 6366西边开始，往东南方倾斜，而棒尾则直插星团的边缘。有一些很暗的恒星，散乱地分布在球状星团上，其中比较明显的几颗恒星在东边和东南边。这群恒星在折射望远镜中看起来有5′，而在10英寸反射望远镜放大到213倍时，则看起来延伸到了6′的大小，并且还把那些最引人注目的亮星排除在了视野之外，至少有20多颗暗星能被识别出来，但球状星团并没有显出中心更亮的痕迹。

和M14比起来，NGC 6366离我们要近得多（前者是30 300光年，后者只有11 700光年），但NGC 6366看起来更暗，因为它的光度只有M14的5%，而且还遭到一些星际尘埃的阻挡，就显得更暗了。接下来，我们将暂时离开这些球状星团里几乎数不清的恒星，来到一个完全不一样的深空天体——行星状星云闵可夫斯基2-9（Minkowski 2-9，或Mink 2-9），又称作"闵可夫斯基蝴蝶星云"。根据《天空和望远镜星图手册》中的记录，在夜空中，这个星云整个都在银河的范围内，但它是这里讨论的天体里面，唯一一个既没有在星图上绘出，又不能在我的105 mm折射望远镜中看到的深空天体。

为了寻找这个星云，可以从巨蛇座ν出发，向西北跳过3.6°的距离，来到这个区域中最亮的一颗5.4等星处。然后，继续向这个方向移动1°的距离，可以到达一对约呈东西方走向的双星，分别为8.5等和9等。这一对双星的西边，在同一个低倍率视场中，有一个由9等和10等星组成的又长又窄的三角形，指向南方。把这个三角形的西侧一条边往南延伸一倍长度，就到达了闵可夫斯基蝴蝶星云。

在我的10英寸反射望远镜里放大到115倍进行观测，这个行星状星云是一个小小的暗点，它与另外三颗前景恒星组成了一个不等腰的梯形，星云是梯形的东北顶点，而另外三颗前景恒星为11等和12等，放大到213倍后，星云呈南北方向延伸的形状。如果用一个氧-Ⅲ滤镜或窄带滤镜来观测，则对比度还会更明显一些。用我的14.5英寸反射望远镜在170倍下观测，闵可夫斯基2-9的长度是宽度的两倍，隐隐约约能看出两瓣的结构。这只宇宙大蝴蝶两翼狭长，色调偏蓝（如本页左上图哈勃空间望远镜拍下的这张绝妙图片），所以大概是一只拴袖蝶吧。

沿着银河沿岸的夏夜盛筵

目标	类型	星等	大小/角距	赤经	赤纬
IC 4665	疏散星团	4.2	70′	$17^h 46.2^m$	+5°43′
NGC 6426	球状星团	11.0	4.2′	$17^h 44.9^m$	+3°10′
M14	球状星团	7.6	11.0′	$17^h 37.6^m$	−3°15′
NGC 6366	球状星团	9.2	13.0′	$17^h 27.7^m$	−5°05′
Mink 2-9	行星状星云	14.6	39″×15″	$17^h 05.6^m$	−10°09′

大小和角距数据来自最新的星表。实际观测时的目标大小往往比星表里的数值小，且根据观测设备的口径和放大倍率的变化而不同。

光荣的雄鹰

壮丽的鹰状星云的周边，还围绕着许多鲜为人知的星云和星团。

光荣之鸟！你的梦想离开了你，
你来到了天堂里，
徘徊的麻木并没有把你的
荣耀夺去，
在你那耀眼的星光之路上
张开坚实而无畏的双翼，
没有任何至高无上的名利支配，
更加无所畏惧。

——詹姆斯·盖茨·珀西瓦尔《天才的苏醒》

鹰状星云是夜空中最有名的深空看点之一，这要归功于哈勃空间望远镜在1995年拍下的那张著名的《创生之柱》，如本页右下图所示。这些密集的气体和尘埃柱位于鹰状星云的中心，其中正在孕育着初生的恒星。然而，这些令人称奇的结构，也许只是“幽灵”一般久远的遗存。

斯皮策空间望远镜对这片区域拍下的红外照片，显示出一片炽热的气体云。有天文学家认为这些气体云可能是一次超新星爆发的冲击波冲向这片“创生之柱”的结果。如果猜测属实，那这样的冲击波可能在6 000年前就把“创生之柱”给彻底毁灭掉了。但是，因为鹰状星云离我们大概有7 000光年远，所以我们地球人还要过一千年左右才能看到这场大毁灭的场景。这颗超新星本身，可能在一两千年前曾经是那时夜空中的一颗闪耀的明星。

有时想想看，像这样的一处天文宝藏，在宇宙的演化中可能就是短暂的一瞬，就已经不存在了；而我们却能这么近距离地欣赏到它，这是多么难得的一件事情！而且，鹰状星云这样的奇观，并不是一定要大型天文望远镜或者相机拍摄才能看到，你用一个小型望远镜也能观察到它；如果你在黑暗、通透的夜空中，甚至可以略微一睹“创生之柱”的风采。

在一个天气特别好的夜晚，我花了一些时间用我的5.1英寸折射望远镜在63倍的放大率下观测，并绘制了梅西耶16（M16，即鹰状星云和嵌入其中的星团）。我发现绘图是一种收集和重现复杂深空天体细节的神奇方式。当我研究一个目标的时候，我可以慢慢地用画笔“冲洗”出一张增强效果的天体“照片”——几乎就和过去那种摄影胶片的冲洗过程一样。在我的绘画中，鹰状星云的胸脯部分装饰着一块像君王宝座一样的区域。这个区域在“创生之柱”的图上，则对应的是中间那根柱子以及把它连到最长那根柱子的那根横条。这块黑暗的“君王宝座“差不多有4光年的高度。

* 摄影：NASA/ESA/STScI/杰夫·赫斯特/保罗·斯科恩。

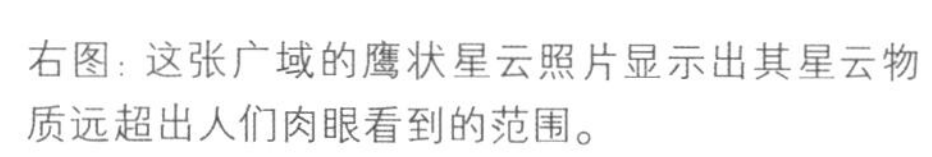

右图：这张广域的鹰状星云照片显示出其星云物质远超出人们肉眼看到的范围。
* 摄影：伯恩哈德·胡布尔。
上图：本书作者绘制的鹰状星云图像，表现出照片上的很多特征都能够通过5.1英寸望远镜用肉眼观测到。

鹰状星云的周边天区内充满着各种各样的星云和星团。它有一个不太知名的邻居，叫特朗普勒32（Trumpler 32，或Tr 32），位于鹰状星云西北方38′的位置，在我的6英寸折射望远镜38倍放大率下观测，它俩可以处在同一视场中。这个漂亮的小星团就像一个朦胧的蜘蛛网，弥漫着暗淡的光晕，在黑暗的背景上点缀着露珠一般闪耀的恒星。在154倍的放大率下，大约20颗星占据了11′的天区。在这个星团的南半部分，有一个明显的由几颗恒星组成的结。我用10英寸反射望远镜在高倍率下观测，可以看到一片恒星，但它们都很暗淡，且在视野中闪烁不定。

在鹰状星云的另一侧，我们可以看到一个发射星云，叫沙普利斯 2-48（Sharpless 2-48，或Sh 2-48）。首先，在M16的东南边约1°处找到一颗7等星，它也是这个视野里最亮的一颗星。以这颗星为中心，往东南偏南移动12′的距离，有一个由9等以及更暗的星组成的梯形，梯形的大小约为6′。在我的6英寸反射望远镜95倍放大率下观测，Sh 2-48这个补丁一样的星云位于梯形的西侧边缘，并且还向西延伸出大约4′的距离。更暗的星云状区域一直延伸到梯形的东侧边缘，并且越往东南边显得越暗弱。

另一个大而暗的星云——沙普利斯2-54（Sharpless 2-54，或Sh 2-54）位于鹰状星云以北1.75°处。在黑暗的夜空中用双筒望远镜观测，把鹰状星云放在视野的南边，就能很清楚地看到这个星云。我曾在我家乡纽约州最黑暗的地区之一——阿迪朗达克山脉的北部进行过观测，在那儿我通过15×45的稳像双筒望远镜仔细研究了这个发射星云。在双筒望远镜中可以看到一片1°×2°的充满恒星的朦胧光斑，它的西边较宽，往东北偏东方向逐渐收窄。我看到的大部分朦胧光斑，实际上可能都是没有分辨出来的恒星的光芒。这个区域实际是银河的一部分，但由于它的西边是银河里的暗星云形成的“大暗隙”，东边是

雄鹰和它的雏鸟

目标	类型	星等	大小/角距	赤经	赤纬
M16	星团/星云	6.0	34′×27′	$18^{h}18.8^{m}$	−13°50′
Tr 32	疏散星团	12.2	12′	$18^{h}17.2^{m}$	−13°21′
Sh 2-48	发射星云	—	10′	$18^{h}22.4^{m}$	−14°36′
Sh 2-54	发射星云	—	144′×78′	$18^{h}19.7^{m}$	−12°04′
B95	暗星云	—	30′	$18^{h}25.6^{m}$	−11°45′
NGC 6631	疏散星团	11.7	7.0′	$18^{h}27.2^{m}$	−12°02′
NGC 6517	球状星团	10.2	4.0′	$18^{h}01.8^{m}$	−8°58′
蛇夫座τ	双星	5.3, 5.9	1.6″	$18^{h}03.1^{m}$	−8°11′
NGC 6539	球状星团	9.3	7.9′	$18^{h}04.8^{m}$	−7°35′
IC 1276	球状星团	10.3	8.0′	$18^{h}10.7^{m}$	−7°12′

大小和角距数据来自最新的星表。实际观测时的目标大小往往比星表里的数值小，且根据观测设备的口径和放大倍率的变化而不同。

一些小的暗星云，所以它看起来好像一个独立的恒星云。不管怎样，这片星云附近也是一个不错的景象。

巴纳德95（Barnard 95，或B95）是Sh 2-54东端最明显的暗星云。在我的6英寸折射望远镜38倍的放大率下观测，这个星云看起来越往中间越黑暗，其中黑得像墨一样的区域大约有10′大小，而整个星云差不多有这块区域的两倍大，并且形状非常不规则。NGC 6631是一个疏散星团，其东南侧呈现出一小块薄雾状的样子。这个星团沿着东南-西北方向伸展开来，在它的西北边端点有一颗11等的恒星。在95倍放大率下，我可以看到这个星团在5′的光晕中聚集了20颗较暗和极暗的恒星，而在154倍的放大率下观测，还能看到其中塞满了更多微小的恒星。

接下来，我们将目光向西北边移去，那里有三个球状星团。其一是NGC 6517，位于蛇夫座ν东北1.1°处一颗10等星东北偏北5′的位置。这个星团在低倍率望远镜下很容易被忽视，但是我用105 mm折射望远镜放大到122倍观测，就能看得很明显了。它的大小略小于1.5′，越往中间越亮。在星团西边，有6颗不属于该星团的场星组成了一条长达9′的“之”字形。我用10英寸反射望远镜放大到115倍观测，NGC 6517有2.5′宽，中间镶嵌着一个小而亮的核心。它的外围看起来呈颗粒状，而内部看起来则像粗糙的斑块。在213倍下观测，NGC 6517是沿着东北-西南方向延伸的，还有一颗暗弱的恒星守护在这个星团的西南偏南边缘上。

从NGC 6517出发向东北偏北方向移动50′，我们就来到了一对可爱的双星——蛇夫座τ身边。蛇夫座τ是一对视双星，周期为257年。在2011年的时候，其伴星位于主星的西北偏西方向距离1.6″的位置。它俩还会继续靠近，到2015年距离是1.5″、2021年距离是1.4”，而2027年它俩的距离就只有1.3″。这对双星在我的105 mm折射望远镜174倍的放大率下可以很轻松地分辨开来。就我肉眼所见，这对双星中较亮的那颗闪耀着黄白色光芒，而伴星则呈现出黄色。我们总是期待着能看到一些双星在相对短时间内就有明显的位置变化，蛇夫座τ就是这样一对双星，它们相距只有170光年远。

在低倍率下观测，蛇夫座τ与一个球状星团NGC 6539出现在同一个视野中。这个星团位于蛇夫座τ东北方向44′的位置，横跨在蛇夫座和巨蛇座的边界上。通过我的105 mm折射望远镜在87倍的放大率下观测，这个温柔的小光球有5′宽，亮度显得不均匀。有一些暗弱的前景恒星点缀在这个星团的西边。

我们接下来把望远镜往东北偏东方向轻推1.5°的距离，可以看到一个球状星团IC 1276。一群11等和12等的星组成了一个13′宽的三角形，IC 1276就藏在三角形北边那个角里。这个暗弱的球状星团有一个2′大小的晕，还有一个略显斑驳的中心部分，宽度几乎只有0.5′。在122倍放大率下，我看到了一颗非常暗弱的恒星嵌在星团的西侧边缘上，而且我还在星团核心偶然发现了一颗闪光的星。我用10英寸折射望远镜在213倍的放大率下观测，几颗刚好能够看到的恒星在星团前面组成了一条东西方向飘带的形状。

NGC 6539星团本来的亮度和NGC 6517一样，但前者离我们更近一些，所以看起来相对亮一点。这两个星团距离我们分别为27 400光年和35 200光年远。IC 1276相对来说离我们更近一些，只有17 600光年，但是它发出的光只有前两者的五分之一，这导致它反而成了这三个球状星团中相对比较暗的一个。这三个星团的光芒显得暗弱，不仅是因为距离遥远，还因为我们与它们之间有着星际尘埃的遮挡。这些尘埃粒子会吸收和散射来自星团的光，使它们的亮度降低大约3个星等。

发射星云沙普利斯2-54占据了超过2°的天空。作者用双筒望远镜来扫描这片星云的时候，忽略了一个小小的疏散星团——NGC 6604，它位于这个星云的西南部分。你能用望远镜找到这个疏散星团吗？
* 摄影：迪安·萨曼。

金粉王国

银河之中，银心的西南方向上点缀着许多明亮的星团和暗星云。

一条广阔而富饶的大道，上面的尘土也是黄金，
星光铺就的路面，出现在你面前，
正如你所见到的，那条天河，
也就是那条每天晚上横亘夜空的，
布满了星尘的银河。

——约翰·米尔顿《失乐园》

当我们观测人马座附近的银河时，其实也就是在观测我们银河系的内部世界。那里居住着数不清的遥远的恒星，在我们的夏夜星空上看起来就像是连接成片的样子。这些连成片的星际云气背后，才是我们银河系真实的中心。是不是很壮观的场景！那么，就让我们一同来造访这条星光大道，看看其中有什么深空奇迹。

我们将从一对双星——皮亚齐 6（Piazzi 6，或Pz 6）开始今天的旅行，这对双星由两颗“金色的砂粒”组成，最早是由意大利天文学家朱塞佩·皮亚齐注意到的。皮亚齐就是那位在1801年发现首个小行星——谷神星的天文学家。Pz 6这对双星也经常被称作h5003，这个名字来源于约翰·赫歇尔随后编写的星表。想要寻找这对双星，只需要通过人马座 γ往西1.5°来定位即可。在黑暗的夜空中，甚至可以直接通过裸眼就能看到它。

我最早之所以开始观测这对双星，是美国北卡罗来纳州的天文爱好者戴维·埃洛瑟告诉我的。我用105 mm折射望远镜在76倍放大率下观测，这对双星中的主星为5等，呈橙黄色；伴星是7等，呈深黄色，位于主星东南偏东4.3″ 处。这两颗星都是红巨星，直径分别是太阳的775倍和85倍。

球状星团还会闪烁着像金粉一样的光芒。它们是宇宙中古老的天体系统，大多数有100亿~120亿岁，其中包含了大量的红巨星，因而显出金黄的色调。例如，NGC 6569就呈现出黄色的光芒，类似于光谱型G1恒星的颜色。尽管一些观测者会关注这个色调，但我对球状星团的颜色却不那么感兴趣。你要不要也试试，能不能看出来NGC 6569那种像暗一点的太阳的黄色呢？

NGC 6569位于人马座 γ东南2.25°处，其南方8′ 处有一颗6.8等星。通过我的105 mm折射望远镜在28倍放大率下观测，它就像一个小小的模糊的球，周围有几颗暗弱的前景恒星。在87倍放大率下观测，星团中显现出一片暗淡的光晕，直径为3′，中间还包含了一个1′ 大小的明亮的核球。在我的10英寸反射望远镜里放大到43倍观测，NGC 6569略呈波纹状，越往中心显得越亮。在213倍放大率下观测，我能看出球状星团的颗粒感，最亮的区域有14.7等，但仍然分辨不出具体的恒星。需要多大的望远镜，才能让NGC 6569向你展示出它单独的一颗颗恒星呢？

暗星云巴纳德 305（Barnard 305，或B305）的中心位于NGC 6569的东边13′ 处。在爱德华·埃默森·巴纳德的那本不同寻常的著名图书《银河精选区域摄影图集》里，他描述B305为一个不规则星云，宽度为13′，并且还标注道：“暗条纹从这一点开始向北边辐射超过0.75°的距离，还有一个不完整的条纹向西南方延伸大约0.5°远。”

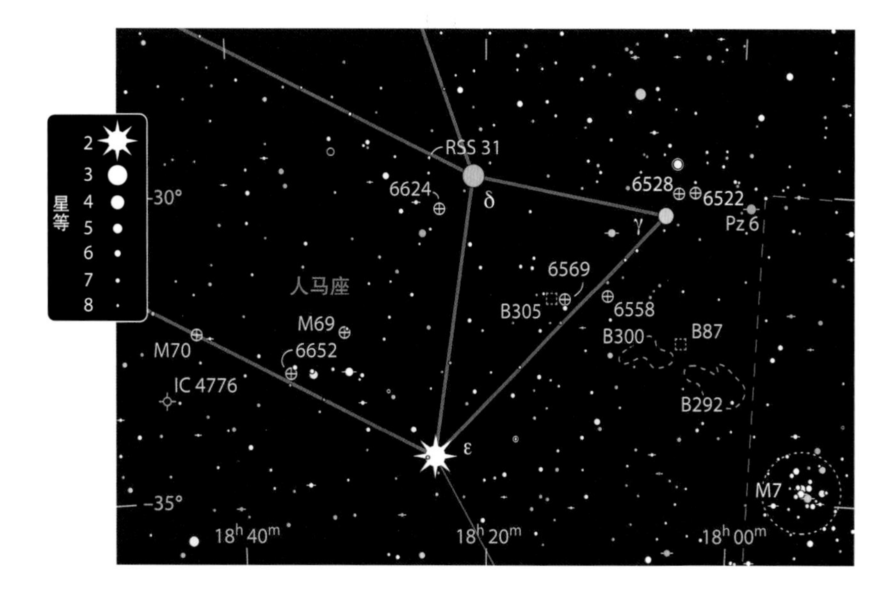

由于我在北纬43°观测的这个不利条件，在我看来，B305星云最明显的部分是一块9.5′ ×7.5′ 的暗斑，并且从它身上伸出了一些卷须，将背景上明亮的天区分割开来。

NGC 6569和巴纳德305在我的105 mm折射望远镜放大到76倍时位于同一视场中。而且，如果我把镜筒向西边微调一些，让NGC 6569位于视场边缘，这时NGC 6558就会进入视场范围。虽然我马上就认出了它，但这个球状星团在我的105 mm折射望

绘图

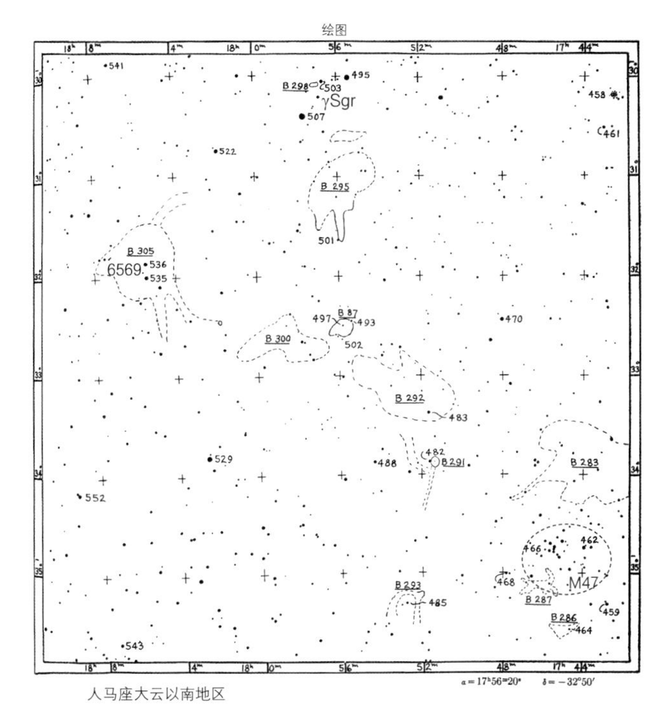

人马座大云以南地区

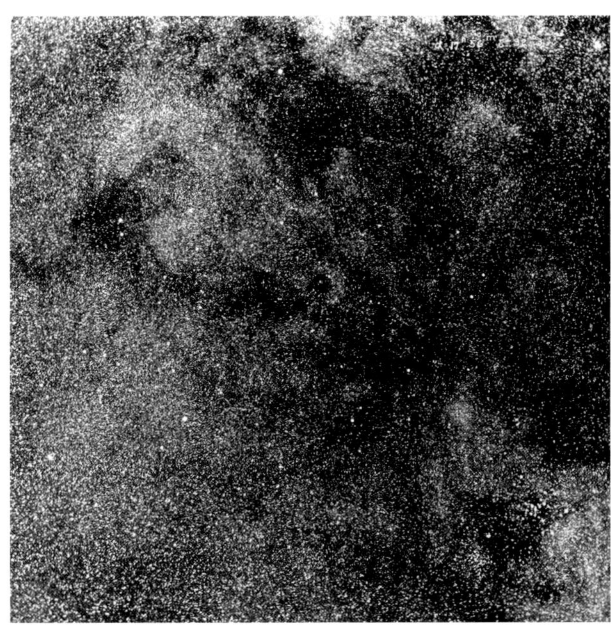

爱德华·埃默森·巴纳德的《银河精选区域摄影图集》是第一本描述了用业余望远镜观测到的暗星云的著作。上面的下方这张图展示的是书中的28号底片，覆盖了人马座西南边和一小部分天蝎座的区域。巴纳德的星图，如上方那张图所示，展示出了他认为照片里暗星云所包含的区域。红色的虚线圈和文字标注是本书加上的，为了方便读者把这张星图与第192页的星图相比对。

远镜的76倍放大率下观测，仍然太暗淡了。星团的核球只有1′大小，周围有一片核球两倍大小的忽隐忽现的晕。在122倍放大率下观测，星团的核球呈现出斑驳的细节，而晕也能看出一些零散的细节来。在星云周围，有一些前景恒星将星云紧紧地围绕了起来。

NGC 6569距离地球有35 000光年，比NGC 6558的24 000光年还远得多。事实上，它俩也是我们这场深空之旅所要拜访的6个球状星团中最远和最近的两个。除此之外，NGC 6569看起来比NGC 6558更亮，一方面，因为前者本身亮度要强得多——NGC 6569发出的可见光差不多是它的邻居NGC 6558的3倍还多。另一方面，NGC 6558也是我们这趟旅行中发光最弱的一个球状星团。

再往西南边去，我们就会看到一块纹饰复杂的暗星云攀附在银河上。其中最明显的部分就是巴纳德87（Barnard 87，或B87），也称作鹦鹉头星云。它的宽度大约有13′，头朝向东方；三颗10等星勾勒出鹦鹉的下颌，第四颗星则代表了它的眼睛。巴纳德300（Barnard 300，或B300）则更大一些，散乱地分布在B87的东南偏东方向；而另一个暗星云巴纳德292（Barnard 292，或B292）位于B87的西南方，横跨约1°的天区，由破碎的暗“纤维丝”组成。这三个星云都能在我的105 mm折射望远镜76倍放大率下被分辨出来。

想要看一个更亮一些的球状星团，可以去找找NGC 6624。它位于人马座 δ的东南方0.75°处。在我的5.1英寸折射望远镜23倍放大率下观测，它与人马座 δ，以及另一个可爱的金黄色视双星鲁索 31（Rousseau 31，或RSS 31）位于同一个视场中。在87倍放大率下，这个星团呈现出一个3.5′ 的斑驳的晕，中间包围着2′ 大小的明亮核球，越往中间越亮，最里边是一个很小但很耀眼的核心。星团的西南偏西方向有一对双星，分别为11等和13等亮度，而星团的东南偏东则是一颗12等星。我用10英寸望远镜放大到213倍观测，星团的晕中还有几颗恒星在闪耀。

NGC 6624比NGC 6569稍亮一些。它的整体光谱型相当于G4或G5的恒星，所以也显出稍暗一些的黄色。这种颜色对你来说能更容易观察到吗？

更亮一些的是球状星团梅西耶 69（M69），光谱型为G2—G3型，位于人马座 ε东北方2.5°的位置。在我的9×50寻星镜中，M69像一个朦胧的斑点，并且西北边缘附近有一颗8等星。在我5.1英寸折射望远镜102倍放大率下观测，星团显现出一个4′ 宽的暗淡晕区，中间是一个大约晕区一半大小的明亮核球，正中心最亮、最明显。继续放大到164倍，这个星团显得愈发好看——至少20颗不同亮度的恒星都散布在晕区和中心核球上。

在低倍率下观测，M69与稍暗的NGC 6652位于同一视场，后者在前者东南方仅1°的位置。我用5.1英寸折射望远镜放大到164倍观测，晕区延伸到了大约3′ 的距离

这张照片是哈勃空间望远镜拍下的，左边是M69，右边是M70。图上能分辨出的恒星数量远比你用任何一个望远镜所看到的还要多。两张图的边长都差不多是5′大小，但M69这张的曝光要更深一些。
* 摄影：NASA / STScI / WikiSky。

上。有一些暗星簇拥在明亮的核球周围，把它变成了一个1′大小的椭圆形，尖朝向西边略偏北的方向。

M69到我们地球的距离与NGC 6652相仿（分别是30 000光年和33 000光年），但M69的光度是NGC 6652的两倍。

球状星团M70位于M69正东方2.5°处。我用5.1英寸望远镜接上一个广角视场的目镜放大到23倍观测，差不多刚好把这两个星团挤进同一个视场。在164倍下观测，这个星团占据了3′的天区，里面的核球又占了星团的一半大小，越往中心越亮。与M70共同闪耀在夜空中的还有约10颗恒星，其中一些为前景星。与此同时，其内核部分呈现出明亮的斑块状，还有另外一两颗较暗的恒星点缀在其中。

我们的旅途最后一站，是一个微小的行星状星云——IC 4776。它位于M70的东南偏南方向距离1.2°处。它的东北方和西北偏西方向7.5′距离处各有一颗9等星，构成了一个矮胖的等腰三角形。这枚行星状星云即使在高倍率望远镜下观测也很容易被看成一颗恒星，但通过它的色调就能辨认出它其实是一枚星云的真实身份。在我的5.1英寸折射望远镜164倍放大率下观测，它是一个小小的但是很明显的蓝灰色天体，大概中心部分显得更亮一些。我还听说有些观测者将它描述为蓝色或绿色的。

人马座里的星尘

目标	类型	星等	大小 / 角距	赤经	赤纬
皮亚齐 6	双星	5.4, 7.0	4.3″	$17^h 59.1^m$	−30°15′
NGC 6569	球状星团	8.6	6.4′	$18^h 13.6^m$	−31°50′
B305	暗星云	—	13′ / 80′	$18^h 14.7^m$	−31°49′
NGC 6558	球状星团	9.3	4.2′	$18^h 10.3^m$	−31°46′
B87	暗星云	—	13′	$18^h 04.2^m$	−32°32′
B300	暗星云	—	45′×30′	$18^h 07.0^m$	−32°39′
B292	暗星云	—	1°	$18^h 00.6^m$	−33°21′
NGC 6624	球状星团	7.9	8.8′	$18^h 23.7^m$	−30°22′
RSS 31	双星	8.1, 8.7	45.5″	$18^h 24.4^m$	−29°32′
M69	球状星团	7.6	9.8′	$18^h 31.4^m$	−32°21′
NGC 6652	球状星团	8.6	6.0′	$18^h 35.8^m$	−32°59′
M70	球状星团	7.9	8.0′	$18^h 43.2^m$	−32°18′
IC 4776	行星状星云	10.8	8.8″×4.7″	$18^h 45.8^m$	−33°21′

大小和角距数据来自最新的星表。实际观测时的目标大小往往比星表里的数值小，且根据观测设备的口径和放大倍率的变化而不同。

天琴座的启示

对九月的观测者来说，高空竖琴般的天琴座俨然一个深空天体的宝库。

在第302页的九月全天星图的中央，你能找到织女星——这颗夜空中第四亮的恒星，也是天琴座最亮的恒星。一则神话中讲到，这把里拉琴曾属于俄耳甫斯，他用音乐迷惑了所有生灵。当他年轻的妻子欧律狄克去世的时候，俄耳甫斯进入地狱寻她回去。他用自己优美的音乐说服了冥王普鲁托允许他妻子离开。冥王告诫俄耳甫斯直到他们都照到上面世界的光之前，不要回头看自己的妻子。俄耳甫斯刚踏进阳光下，就急切地回头观望，但太早了，欧律狄克还在洞穴里没有出来，她只来得及留下一声微弱的“永别了”，就消失在了茫茫的黑暗之中。从此以后，俄耳甫斯整日神志恍惚、伤心欲绝。他死后，诸神将他的里拉琴放在星空中。

天琴座有许多适合用小型望远镜观测的深空宝藏，其中就有最著名的聚星：双双星天琴座ε。找到织女星东北偏东方向距离1.7°处的一颗4等星，用双筒望远镜或寻星镜就能看出这确实是一对双星。事实上，在良好的观测条件下，我能用肉眼分辨出这对恒星。它们各自本身都是一对双星。通过92 mm的折射望远镜观测，在94倍放大率下，我能看见两对星星被清晰地分开；当放大到169倍后，双星之间的距离就非常大了。2011年时，这两对双星有着相同的间隔距离，天琴座ε^1（北边的那对）间隔2.3″，天琴座ε^2间隔2.4″。在接下来的20多年里，天琴座ε^1之间的距离将会缩减至2.0″，伴星在主星的西北偏北方向；然而天琴座ε^2之间的距离会拉大至2.5″，伴星在主星的东北偏东方向。四颗星星都呈现白色，或淡黄白色。想辨识这两对紧密的双星，你需要良好的光学器材和稳定的大气条件，而且你的望远镜的温度必须保持与室外温度基本相同。

织女星东南方向四颗亮度3等至4等的恒星组成一个平行四边形，这便是俄耳甫斯里拉琴的琴身。离织女星最近的一对双星是4.3等的白色恒星天琴座ζ^1，以及距主星44″的5.7等淡黄白色伴星天琴座ζ^2。你能在织女星东南方1.9°处找到它们，并且在20倍放大率下轻松地看出分开的两颗星星。

平行四边形的第二颗星是一对更多彩的双星，天琴座δ^1和天琴座δ^2，位于天琴座ζ东南偏东2°的位置。4.2等的天琴座δ^2（渐台一）是双星中更亮的那颗，呈现明显的橘红色。5.2等的天琴座δ^1是一颗蓝白色恒星，与前者形成鲜明对比。这对双星在支撑稳定的双筒望远镜中清晰可辨，它俩都属于一个稀疏的疏散星团斯蒂芬森1（Stephenson 1）。一个小型望远镜就能辨识出星团中另外10多颗星（大多分散在天琴座δ^1和天琴座δ^2的南方），使其视直径可达16′。

顺着天琴座δ往西南偏南方向延伸3.7°，我们能找到一颗肉眼可察觉其亮度起伏的变星——天琴座β。这是一颗食双星，其两颗星由于相隔过近，相互的引力和快速自转导致它们变形成椭球状。这个系统有连续性的

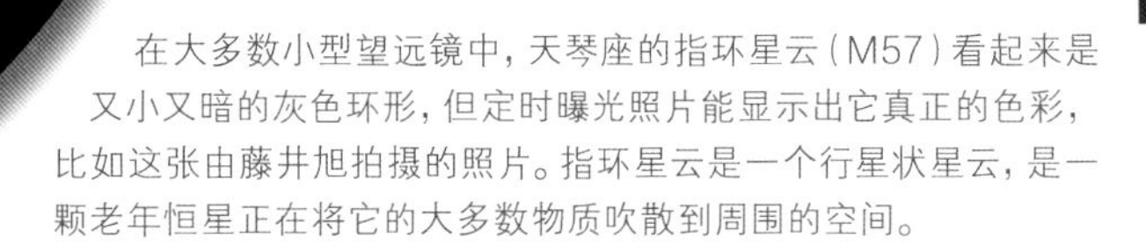

在大多数小型望远镜中，天琴座的指环星云（M57）看起来是又小又暗的灰色环形，但定时曝光照片能显示出它真正的色彩，比如这张由藤井旭拍摄的照片。指环星云是一个行星状星云，是一颗老年恒星正在将它的大多数物质吹散到周围的空间。

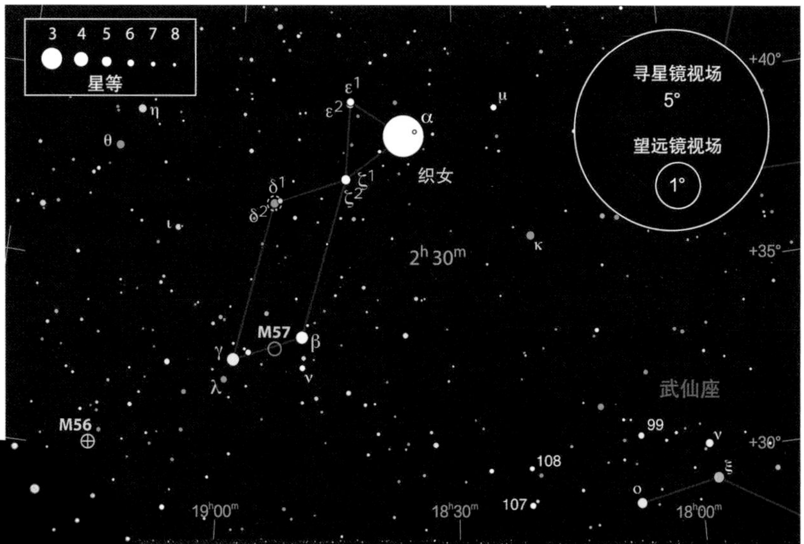

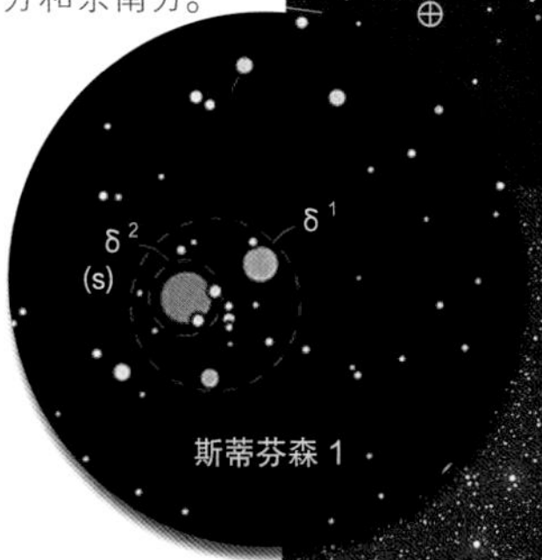

右上图：这张图（改编自《千禧年星图》），上侧为北，左侧为东。白色圆圈是寻星镜和小型望远镜低倍率视场的大小。要找到北方，将你的望远镜向北极星方向挪动，新天区由北边的边缘进入你的视野。（如果你使用了直角天顶镜，看到的可能是镜像效果。请取出天顶镜再与星图匹配。）

右下图：日落后你可以直接在头顶的天空找到天琴座那把里拉琴。它就在天鹅座那只天鹅的西边。天琴座似乎是0等织女星的低调背景，但它的边缘处有许多美丽的双星，包括著名的“双双星”天琴座ε。在低放大倍率下，你能辨别出各自均为双星的两颗星。双星天琴座ζ和天琴座δ分别位于天琴座ε的南方和东南方。

亮度变化，最低亮度每13天出现一次。最亮的时候，它和3.2等天琴座γ一样亮；最暗的时候，它的亮度与4.3等的天琴座κ相当。将天琴座β与这两颗星对比，你很快即可察觉它的亮度变化。

平行四边形的最后一颗恒星是天琴座γ，位于天琴座β东南偏东2°处。在双筒或者低倍望远镜里看，这颗蓝白色恒星与旁边橙色的天琴座λ组成了一对双星。观察天琴座γ与β连线的五分之三处，你能找到天琴座珍藏的瑰宝：M57，又叫环状星云或指环星云。虽然这个行星状星云非常小，但即使在20倍放大率下也能明显看出它并非一颗恒星。用92 mm折射望远镜放大到94倍观测，M57是一个小巧可爱的椭圆光环。光环内部区域比背景天空要亮一些。在大多数照片里，环状星云的中央星都清晰可见，但你无法从小型望远镜里看到它，甚至用大型的业余望远镜也很难观测到。环状星云实际是濒临死亡的恒星抛射出的一团气体。之所以呈现为椭圆形是因为我们几乎正向观察它，实际上它像隧道的形状。

我们的最后一个观测目标是球状星团M56，它在天琴座λ东南偏东4°的位置，其西北26′处还有一颗6等橙色恒星。用一台小型望远镜在低放大率下观测，M56看起来像美丽群星中一块又小又模糊的暗斑。它的中心区特别明亮，西侧边缘外有一颗10等恒星。当大气通透的时候，一台6英寸的折射望远镜放大到200倍就能够部分分辨这个星团。名称M56表示它位列由彗星猎手夏尔·梅西耶编撰的著名星表的第56号。这个星表主要是为了筛选出很像彗星的深空天体。尽管现在小型望远镜就能确证很多梅西耶天体不是彗星，但M56是被误认作彗星的最好例证，它就像一颗遥远的还没有长出尾巴的彗星。

当你在夏末的夜晚迷失在天琴座的美景中时，让想象把你拉入俄耳甫斯的琴声吧，就像约翰·弥尔顿在《沉思者》里描绘的那样，那萦绕心头的旋律让“铁石心肠的普鲁托泪湿双颊，让地狱答应把爱情寻求的给予他”。

星空中的里拉琴					
目标	类型	星等	距离（光年）	赤经	赤纬
天琴座ε^1	双星	5.1,6.2	162	$18^h44.3^m$	+39°40′
天琴座ε^2	双星	5.3,5.5	160	$18^h44.4^m$	+39°37′
天琴座ζ^1	恒星	4.3	153	$18^h44.8^m$	+37°36′
天琴座ζ^2	恒星	5.7	150	$18^h44.8^m$	+37°35′
天琴座δ^1	恒星	5.6	1 000	$18^h53.8^m$	+36°56′
天琴座δ^2	恒星	4.2	900	$18^h54.5^m$	+36°54′
斯蒂芬森1	疏散星团	3.8	1 000	$18^h54.0^m$	+36°52′
天琴座β	恒星	3.3—4.3	900	$18^h50.1^m$	+33°22′
天琴座γ	恒星	3.2	634	$18^h58.9^m$	+32°41′
天琴座κ	恒星	4.3	200	$18^h19.8^m$	+36°04′
天琴座λ	恒星	4.9	1 500	$19^h00.0^m$	+32°09′
M57（指环星云）	行星状星云	9.7	2 000	$18^h53.6^m$	+33°02′
M56	球状星团	8.2	31 000	$19^h16.6^m$	+30°11′

银河的宝石

有密有疏的星团组成了引人注目的盾牌座恒星云。

在天鹰座尾巴末端，银河中一片明亮的区域点缀着这条原本朦胧的带子。1927年出版的《银河精选区域摄影图集》里，爱德华·埃默森·巴纳德写了一篇题为《盾牌座大恒星云》的文章来介绍这个遥远的恒星岛。他开篇描述道："这颗宝石，作为银河中精美的恒星云，从许多角度看都妙趣横生。它的主体表面上是由许多微小的恒星组成的，实际在西侧的锤形头部闪现着更多粗大的恒星，好像离我们更近。"

从这里我们能看出，银河系的人马臂是朝向我们弯曲的。无数的恒星在我们视线方向上聚集，组成双筒望远镜可见的深空奇迹。和盾牌座恒星云相接的是银河大暗隙，这条尘埃带沿着天鹅座切入盾牌座，在巨蛇座尾部变宽并向西转向蛇夫座。这条朦胧的暗隙使相对明亮的恒星云成为银河中最容易看到的特征之一。

恒星云坐落在盾牌座。在本书第302页的九月全天星图中，它看上去像一颗又长又瘦、由4等星组成的钻石。用望远镜观测盾牌座，其中最亮的深空珍宝是M11，它位于恒星云的北方边缘，是一个漂亮的疏散星团。在寻星镜里观察，M11是一个小而模糊的斑点，与黄色的盾牌座β同处一个视场。

通过望远镜观测，M11是一团小恒星组成的壮丽集群。由于其中的"V"形结构，所以M11经常被称为野鸭星团，然而从目镜中观察，这个结构并不明显。但是在一次偶然的情况下，邻近城市的灯光冲淡了暗星的存在，当我观测M11的时候，"V"形结构的对比略微凸显出来。用我的105 mm折射望远镜放大到153倍，星团展现出相当丰富的暗弱恒星，还有一条清晰而宽阔的"V"形暗隙，将星团划分出一列零散的星串，这着实让我想起一群向东南迁徙的大雁。剩下的恒星组成一个楔形的星群（另一群大雁？），其顶点是星团中最亮的恒星。在这颗可能的前景恒星西侧，楔形结构渐渐被穿梭于恒星中并且绵延至星团边界的复杂暗带所打破。

柏林天文学家戈特弗里德·基尔希在1681年发现M11，并把它称为"星云状恒星"。有一段文字通常认为是引用基尔希的描述，但实际出自埃德蒙·哈雷1715年的论文，这段文字特别提到了M11的前景恒星："M11本身是

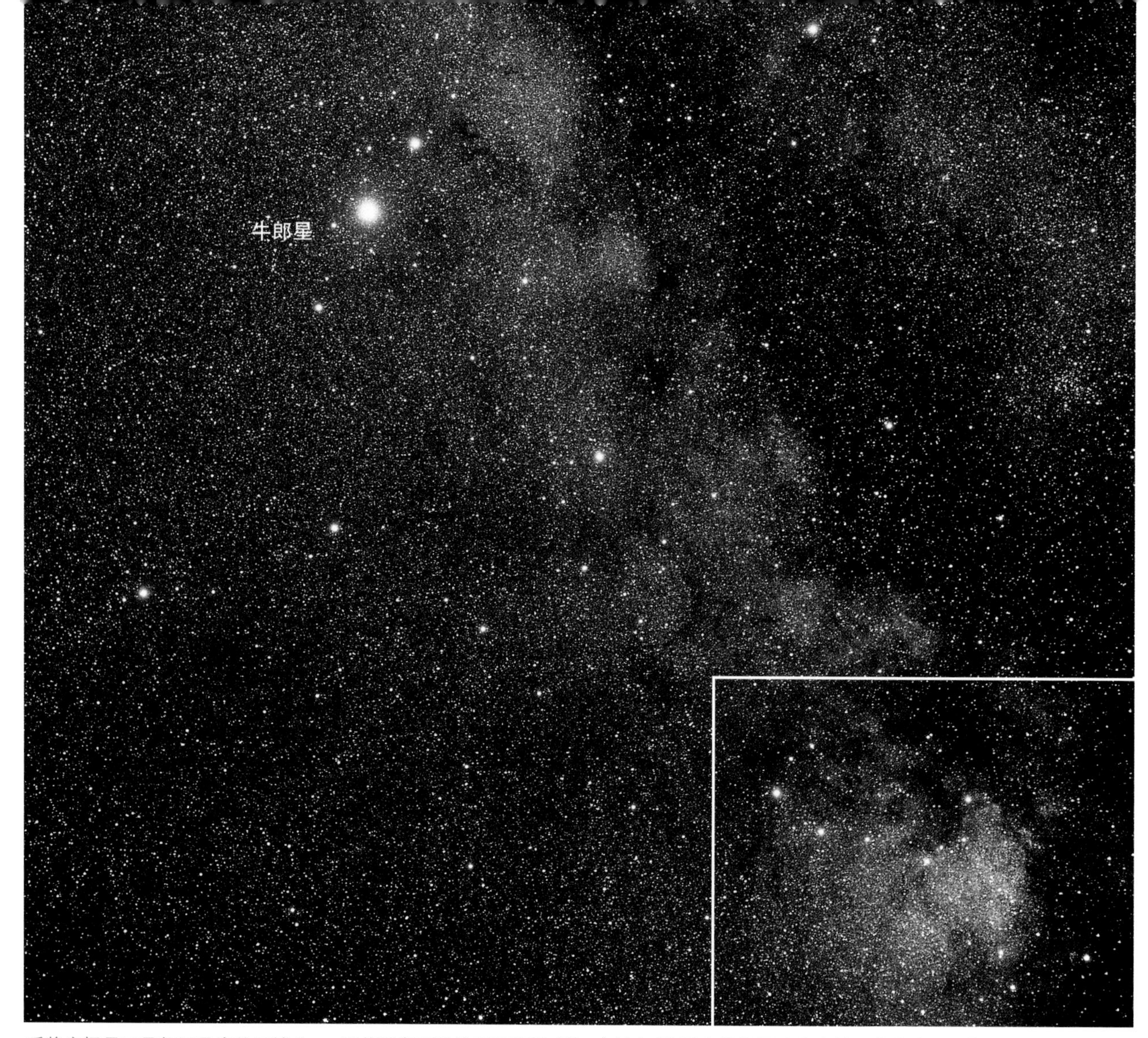

盾牌座恒星云是银河最亮的区域之一，要找到它可以伸直手臂握成拳，它就在1等星牛郎星西南方大约两个拳头远的位置。照片右下角的矩形框就是下一页中寻星图所对应的区域，后者的比例更大些。

* 摄影：藤井旭。

一块不起眼的亮斑，但有一颗恒星照亮了它，使它更加明亮。”1733年，英国牧师威廉·德勒姆声称首次分辨出星团中的暗星，但他可能指的是整个盾牌座恒星云。

现在让我们看看NGC 6664，盾牌座α以东20′一个更松散的星群。用11×80的双筒望远镜观测，南非业余天文学家奥克·斯洛特格拉夫给了它这样迷人的描述：“漂

盾牌座恒星云的秘密

目标	类型	星等	大小 / 角距	距离（光年）	赤经	赤纬	*MSA*	*U2*
M11	疏散星团	5.8	13′	6100	$18^h51.1^m$	−6°16′	1318	125R
NGC 6664	疏散星团	7.8	16′	3800	$18^h36.5^m$	−8°11′	1319	125R
盾牌座 EV	变星	9.9—10.3	—	3800	$18^h36.7^m$	−8°11′	1319	125R
I68–603	恒星环	—	8′	3800	$18^h36.6^m$	−8°17′	1319	125R
M26	疏散星团	8.0	14′	5200	$18^h45.2^m$	−9°23′	1318	125R
NGC 6712	球状星团	8.1	10′	22500	$18^h53.1^m$	−8°42′	1318	125R

表格中的 *MSA* 和 *U2* 列分别为《千禧年星图》和《测天图 2000.0》第二版中的星图编号。距离数据（以光年为单位）来自近期发表的研究论文。角大小数据来自不同的星表，实际观测时的目标大小往往比星表里的数值小。

亮！镶嵌在黑暗背景上的一块柔和的、呈圆形的光斑。一个精美的天体，非常大，好像渗漏着星光。”相比之下我的简单记录可没这么有诗意：当我用6英寸反射望远镜放大到95倍观测时，大约25颗10等或更暗的星组成横跨16′的不规则星群。附近的盾牌座α为橙黄色。

NGC 6664的最亮恒星通常是盾牌座EV，一颗亮度从9.9等至10.3等变化、脉动周期为3.1天的造父变星。在它最暗的时候，盾牌座EV与星团西北方另一颗10等星相当。造父变星是度量宇宙学距离的重要标尺，就是在NGC 6664中发现的。

在20世纪60和70年代，德国天文学家约克·伊塞尔施泰特编制星表记录了1 091个“长椭球星集”，这些目标曾经被认为是我们星系悬臂的有效示踪物。伊塞尔施泰特 68–603（Isserstedt 68–603，或I68–603）被发现于NGC 6664。用我的6英寸反射望远镜放大137倍观测，它位于星团中心偏南，可辨但不够清晰，像一个11等至13等星组成的不完整圆环。东边的圆弧最明显，然而北边的边界几乎消失不见。圆环呈椭圆形，是东北偏东至西南偏西朝向，长约6′。现在认为这些恒星环中的大部分都只是排列的巧合。

疏散星团M26从密集程度来说介于M11和NGC 6664之间。为了搜寻它，首先由盾牌座α向东移动2.1°找到5等星盾牌座ε。在黄色的盾牌座ε南边仅6′的位置有一颗7等的金色恒星。将这对恒星放置在低倍率视场的西方边缘，然后再向南移动1.1°就可以找到M26。值得注意的是，盾牌座α与4.7等的盾牌座δ的连线正好指向M26。盾牌座δ、盾牌座ε和M26能够同时纳入寻星镜视场中。

尽管你可能无法用寻星镜观测到M26，但是你能用它和那两颗星组成的三角形定位到这个M11的“穷表弟”。实际上，在随意扫视时，M26可能被误认为是简单的星群。但用我的105 mm折射望远镜放大到87倍观测时，它展示出大约10颗中等暗星组成的、横跨8′天区的优美星团，以及许多钻石碎屑般的暗星。最亮的恒星标定为9.1等，位于这个星团的西南边缘。

球状星团NGC 6712位于M26东北偏东2.1°的位置，几乎与盾牌座α和盾牌座β组成一个等边三角形。我用小型折射望远镜在127倍放大率下观测，显示出一团直径5′的光斑包裹于一片恒星密集的区域。有大量接近视觉极限的暗弱恒星散落在一块难以辨别的模糊区域，但有一颗稍亮的恒星清晰地显现在这片晕的东北部。

球状星团有扁长的轨道，经过漫长的岁月，它们快速穿过银河系盘面然后奔向星系晕中。NGC 6712的轨道穿过了银河系密集的中心区域，而且人们普遍认为这个星团与其他星团相比穿越银河系盘面的次数更多。一个迹象是引力扰动已经剥离了其中的小质量恒星，因此，毫无疑问它将继续向银河系广袤的星系晕中移动。现在许多星系晕中的恒星可能都是从球状星团剥离而来的。

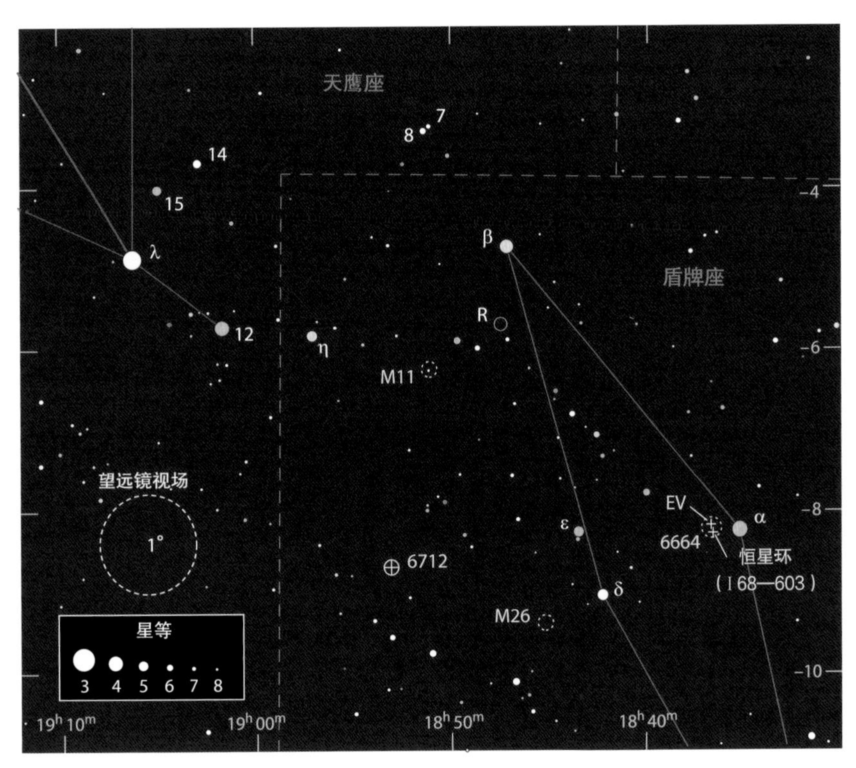

右上方插图：作者试图逐个标出在她105 mm折射望远镜放大到127倍的视野中，看见的M11周围的每颗星星。上方为北，视场宽度为40′。注意星团中心的8等星和星团东南边缘的一对亮星。在视觉上，这三颗星星非常引人注目。但在照片中，它们往往被邻近恒星淹没。

左图：一个小寻星镜能轻松容纳下这章介绍的所有天体（名称以黄字标出）。当你观测这个天区时，一定要看盾牌座R，位于M11西北方仅1°的变星。

* 星图：改编自《天图2000.0》数据。

夏季 • 九月

璀璨的夏季行星状星云

来看看我们精选的九月夜空的行星状星云吧。

行星状星云是让人印象深刻的天体。用业余天文望远镜观测，它们通常看起来像个圆盘、圆环或蝴蝶，不少还呈现出独特的蓝绿渐变色。行星状星云由质量较小的恒星在消耗其最后一点核燃料时脱落的物质组成。恒星在衰亡的过程中，它们不断坍塌的核心会变得非常炽热，使其释放出的气体受热发光。

从地球上看，很多行星状星云都非常小且非常暗淡。但在北半球夏季夜空中，有一些行星状星云仅用小型望远镜就能看见。虽然这些星云很有名，但是它们仍然给我们留了一些用大型设备观测才能解开的“附加题”。就让我们从北方的高空开始，一起来看看这些如轻纱一般点缀夜空的“泡泡”吧。

NGC 6543，猫眼星云（科德韦尔6），位于天龙座ω和天龙座 36中间。在低倍率下观测，如果不是呈现出模糊的水蓝色，猫眼星云很容易被误认为是一颗恒星。我用105 mm折射望远镜在150~200倍率下观测，发现它其实是一个东北偏北—西南偏西走向、跨度约20″ 的椭圆形天体。

猫眼星云的中间区域比较暗，有一颗暗淡的恒星，一圈薄薄的光环勾勒出星云的边缘。我用10英寸反射望远镜在220倍率下观测发现，它也不是椭圆形的，而是一个南边角最尖的圆角菱形，暗淡的部分也能看见。也许你还能在距其东侧9′ 的地方看见一个又小又模糊的星系NGC 6552，它从西北偏西一直延伸至东南偏东，亮度非常均匀。

猫眼星云有一圈难以察觉的、直径超过5′ 的外光环。即使用大型的业余天文望远镜，也很难捕捉到这种暗淡的光冕，但我用10英寸反射望远镜可以看见其中最亮的一道。这道细长的痕迹从猫眼星云以西1.8′ 的位置，一直延伸至一颗9.8等恒星东南方 1.1′ 处。在120~200倍放大率下，你可以用余光法观测到它。如果看不清，氧-Ⅲ滤镜也许可以帮你揭开它薄纱般的光芒。这缕星云被命名为IC 4677。1900年4月24日，爱德华·埃默森·巴纳德用40英寸的叶凯士望远镜发现并绘制了它。在某些星表里，IC 4677还被错误地归类为星系。

接下来，我们来下方的天鹅座找找NGC 6826（科德

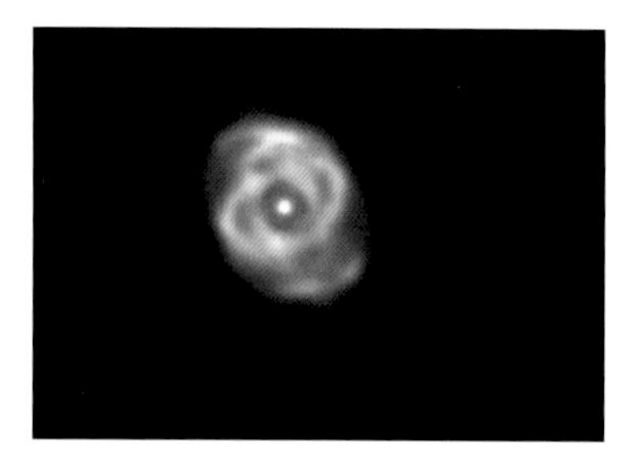

位于天龙座的猫眼星云（NGC 6543），得名于它椭圆的形状和在高倍放大率的照片中可见的瞳孔状结构。比如这张用在马萨诸塞州的米德12英寸施密特-卡塞格林望远镜拍摄的照片。
* 摄影：肖恩·沃克 / 约翰·布德罗。

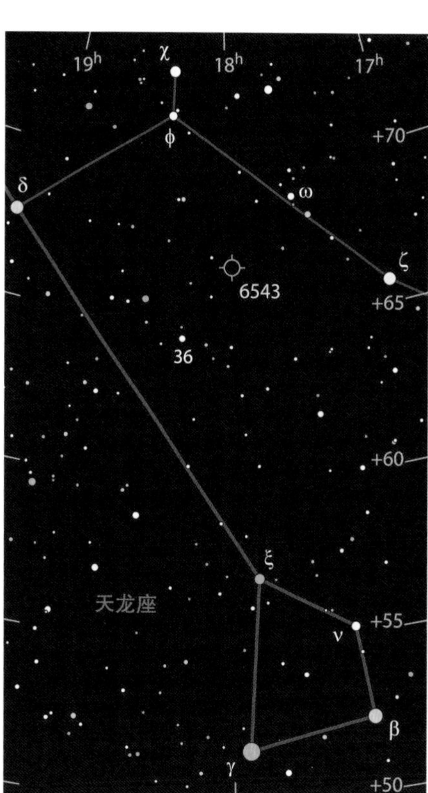

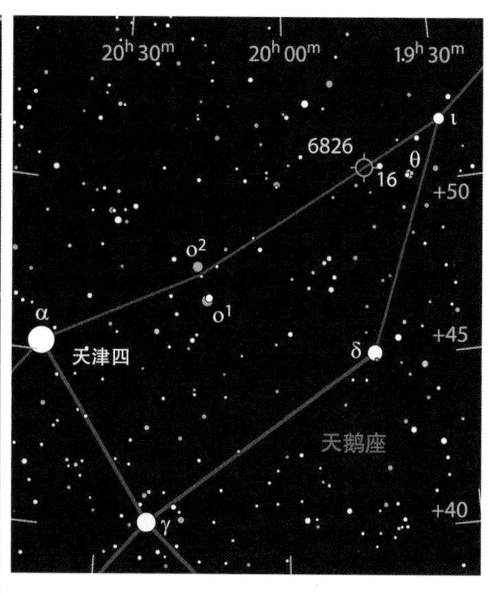

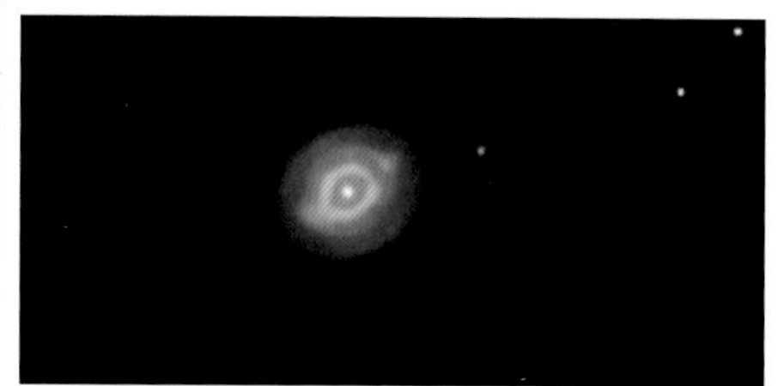

最右边底部：位于天鹅座的NGC 6826其实并不闪烁，但如果你反复一会儿直视它，一会儿看边上，就会产生它在闪烁的错觉。这张由俄勒冈州业余天文爱好者威廉·麦克劳克林拍摄的照片，展示了2.5′ 宽视场的闪视行星状星云，图中上方为北。

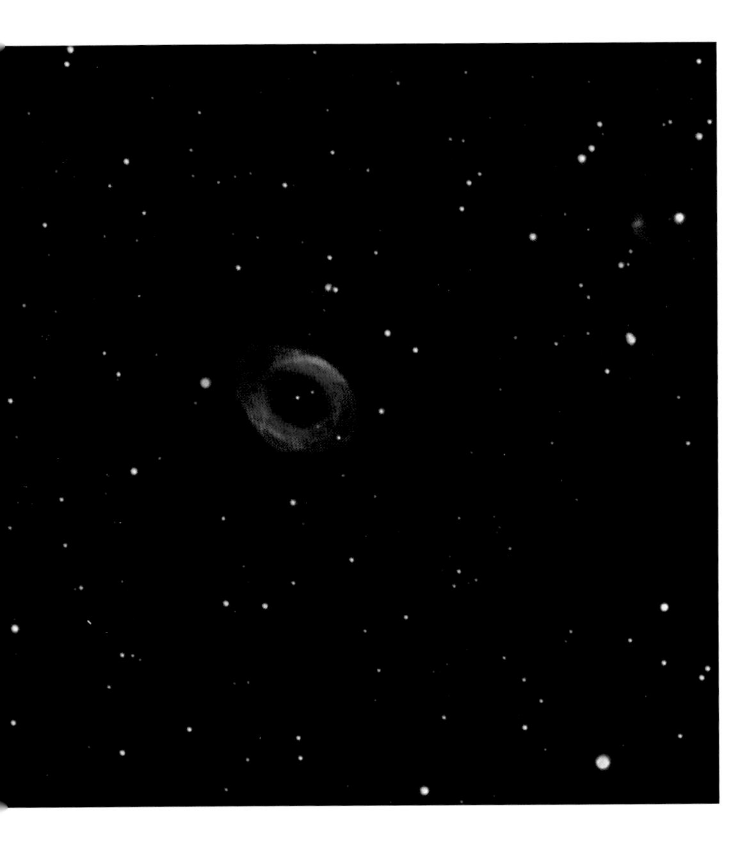

很少有天体像天鹅座的指环星云（M57）出镜率那么高，但离它西北偏西仅4.1′的星系IC 1296却不是这些照片中的常客。我们现在看到的指环星云的光芒，大约是其2 000年前发射出来的；但星系与我们的距离大概要比这远100 000倍。2亿年前，它的光芒就开始闪耀在我们的天空，这段时间跨越了恐龙的出现和灭绝，也足以使太阳系围绕银河系运行一整圈。照片由马萨诸塞州的业余天文爱好者布莱恩·卢拉用带有RC光学系统的20英寸反射望远镜拍摄。

韦尔15）。注意天鹅座16以东28′处，有一个由两颗6等黄色恒星组成的可爱的双星系统。我用105 mm折射望远镜将放大倍率设置为17倍时观测，这个行星状星云看起来像一颗9等的蓝绿色恒星；当放大倍率提高到47倍时，它看起来就像小圆盘。其西南偏南1.6′处还有一颗11等星。若继续放大至127倍，我们就能看出一些细节。它略呈椭圆形，明亮的圆环被包裹在灰白色的外壳中。一颗不太亮的星星让其原本黑暗的中心有了一些微弱的光芒。如果你直视这个星云，它外面那圈淡淡的光环就看不见了；但你若把目光往边上偏移一些用余光看（利用你视网膜上更敏感的部分），它就会重新回到你的视野中。在直视和用余光观测的交替中，星云看起来像在眨眼，所以它也有个外号叫“闪视行星状星云”。

用中口径到大口径的望远镜观测NGC 6826，能在其长轴的两头各找到一块细小的亮斑，它们都是以超音速向外逃离的快速低电离发射区（FLIER）。关于这个现象，目前尚未有较好的解释，但有一项研究认为它们是星际风和中央星释放出的物质相互作用的结果。

现在我们来看看天琴座著名的指环星云（M57）。M57最早于1779年1月被法国天文学家安东尼·达基耶尔·德·佩莱波瓦发现；一个月后，另一位法国人夏尔·梅西耶也独立地发现了它。据梅西耶描述，达基耶尔形容这个星云非常暗淡，但轮廓十分完美，大小如木星一般，很像一颗暗淡的行星。这可能是这类星云第一次拿来与行星作比较，但正式命名其为“行星状星云”的是英格兰天文学家威廉·赫歇尔。戏剧性的是，赫歇尔并没有将M57纳入行星状星云，而将其称为有孔的星云。他最初认为M57可能是由恒星组成的。

M57的位置很好找，它位于天琴座β至天琴座γ的五分之二处，用10×50双筒望远镜观测，M57就不太像恒星了。我用105 mm折射望远镜在127倍率下观测，它看上去是一个东北偏东至西南偏西的椭圆形光环。其长的一边比短的一边稍亮，内部比背景天空明显亮一些。星云的东边紧挨着一颗13等的恒星。

指环星云有一颗非常难以观测到的中央星，但它是许多观测者非常热衷寻找的对象。成功观测它的关键既不在于良好的大气透明度，也不在于没有光污染的夜空，你真正需要的是稳定的大气（良好的视宁度）和高倍率的望远镜。据我所知，如果想捕捉到这颗星星，设备的口径至少要达到9英寸。我用相近大小的设备观测它时，我还怀疑是否真的看见了它；但我用大于14.5英寸的折射望远镜观测时，就能非常清楚地看见它了。（当你观测这颗星星时，你还可以尝试一下是否能发现另一颗位于指环星云中心西北偏西的恒星，以及嵌入指环西南边缘的第三颗恒星。）14.5英寸的设备也让我发现，指环星云的外边缘与其余部分的颜色略有偏差。有些观测者认为它的边缘是红色，其余部分是绿色，但在我看来，那微妙的颜色是难以用语言描述的。

你观测指环星云的同时，还能在视野中看见另一个星系——IC 1296。虽然有人说10英寸的小型望远镜就能看到这个星系，但我用14.5英寸望远镜也才勉强找到它。在M57西北偏西的4.1′处，可以看到它被一圈亮度在11等至14等的星星环绕着。圆环中心附近有一颗14等的星星，IC 1296的核心便位于这颗星星的东南偏东仅仅28″处，你能看到的，可能也就只是这个小小的核心了。IC 1296是一个棒旋星系，它有两条亮度很低的旋臂。

位于狐狸座的哑铃星云（M27）曾经被利兰·S.科普兰形容为“像一个舒适的枕头”。克里斯·舒尔摄于亚利桑那州佩森市，器材：自制的12.5英寸f/5反射望远镜和SBIG ST8i相机。视场宽度为0.5°，上方为北。

“一些读者可能认为，我给不显眼的观测目标分配了过多的篇幅，或许是这样没错。因为我可能误认为别人会像我一样从沉思中获得那么多的快乐。但是我相信这份星云名单中最后一位出场的星云肯定不会令你们失望。”以上这段话我深有同感，它是1859年托马斯·威廉姆斯·韦布在自己著作《普通望远镜观测天体指南》中写的，是最后一个条目“美丽的哑铃星云（M27）”的引语。

M27是人类发现的第一个行星状星云，由梅西耶在1764年发现。它位于狐狸座里，天箭座γ以北3.2°处。我能在8倍寻星镜中辨识出它。在14×70的双筒望远镜中，我认为它亮的部分并不像哑铃而更像一个苹果核。其边上模糊的痕迹也很像苹果的一部分。我用105 mm的折射望远镜在127倍放大率下观测，能看清苹果核里更亮的区域，包括它的顶部，一条从东北偏东至西南偏西的对角线和围绕其对角线的一大块斑点。

用高倍镜观测，你能在M27的映衬下看见许多暗星。斯蒂芬·詹姆斯·欧米拉在他1998年出版的《梅西耶天体》中提到，他用4英寸折射望远镜看见了9颗星星。我用10英寸反射望远镜在220倍放大率下观测时，数出了17颗。其中有一颗是点缀在“苹果核”的中央星，剩下的分散在边上模糊的扩展区域。扩展区域让M27看上去更像一个圆滚滚的橄榄球，只是需要把它突出的两端抹去。

行星状星云在宇宙中到底有多普遍？目前，已知宇宙中约有2 500个行星状星云。但仍有数以千计的行星状星云未被发现，或过于暗淡而隐匿在我们视线中。行星状星云由质量不超过8个太阳的恒星形成。如果这是它形成的唯一条件，这将囊括宇宙中95%的恒星，我们的太阳最终也会在这件“天体寿衣”的包裹中逝去。但有新的证据表明，一颗走向衰亡的恒星可能需要一颗与之相伴的双星的帮助，才能形成星云。若是如此，像太阳一样的单恒星可能会悄无声息地结束它们的生命，慢慢地消失在宇宙的黑暗之中。

行星状星云和它们的“伴随者”

目标	类型	星等	大小 / 角距	赤经	赤纬	*MSA*	*U2*
NGC 6543	行星状星云	8.1	22″×19″	$17^h58.6^m$	+66°38′	1065	11L
NGC 6552	旋涡星系	13.7	52″×35″	$18^h00.1^m$	+66°37′	1065	11L
IC 4677	行星状星云的局部	14.5	40″×20″	$17^h58.3^m$	+66°38′	1065	11L
NGC 6826	行星状星云	8.8	28″×25″	$19^h44.8^m$	+50°32′	1109	33L
M57	行星状星云	8.8	86″×63″	$18^h53.6^m$	+33°02′	1153	49L
IC 1296	旋涡星系	14.0	66″×54″	$18^h53.3^m$	+33°04′	1153	49L
M27	行星状星云	7.4	8′×6′	$19^h59.6^m$	+22°43′	1195	66R

大小和角距数据来自最新的星表。实际观测时的目标大小往往比星表里的数值小。表格中的*MSA*和*U2*列分别为《千禧年星图》和《测天图2000.0》第二版中的星图编号。

高翔的鹰

沿着银河的流向飞行，天鹰座中聚集了许多鲜为人知的深空盛筵。

那雄鹰接下来高高地翱翔，
仿佛厌倦了爪间雷霆的轰响；
它是朱庇特称职的侍从，
为神王持有着闪电，武装着天空。
——马库斯·曼尼里乌斯《天文》

在罗马神话中，老鹰是众神之王——朱庇特的仆人。在一些作家的笔下，朱庇特愤怒时，投向可怜的受罪之人的雷电，就是由老鹰负责携带的。夏末的夜晚，我们能看见一只雄鹰永恒地翱翔在星河中，那就是天鹰座；毫无疑问，它正在执行主人的神谕呢。

天鹰座的天区没有能让大部分观测者脱口而出的著名深空天体。但既然银河从其间穿过，里面若没有值得一提的天体，那才是最令人意外的。事实上，天鹰座藏着各种各样有趣的景色，让我们从这些鲜为人知的"隐居者"中挑几个来看看吧。

虽然鲜为人知，但是并不意味着一定要用大型望远镜才能看到它们。事实上，我们的第一个目标就能用50 mm的双筒望远镜在夜空中观测到。它俗称巴纳德的E（Barnard' s E）。这个书写在天空中的漆黑字母由暗星云巴纳德142（Barnard 142，或B142）和巴纳德143（Barnard 143，或B143）组成。它们与天鹰座γ，或称作河鼓三，一并出现在双筒望远镜或寻星镜的视场里，河鼓三在它们以东1.4°处。用我的105 mm折射望远镜放大到17倍观测，这个星云看起来像杂乱的碎片。最明显的特征是它包括一个胖胖的、不规则的C形（B143）和其南边一个宽的长方形碎片（B142），它们共同组成了巴纳德的E。朦胧的花边从"C"形向东一直延伸至河鼓三附近的一对7等星。长方形包含两颗9等星和靠近河鼓三一端一块向南扩展的不连续区域。巴纳德的E大约长1°、宽0.5°。

这些黑暗的条状物也引起了德国天文学家马克斯·沃尔夫的注意，他在1891年拍摄的照片中发现了它

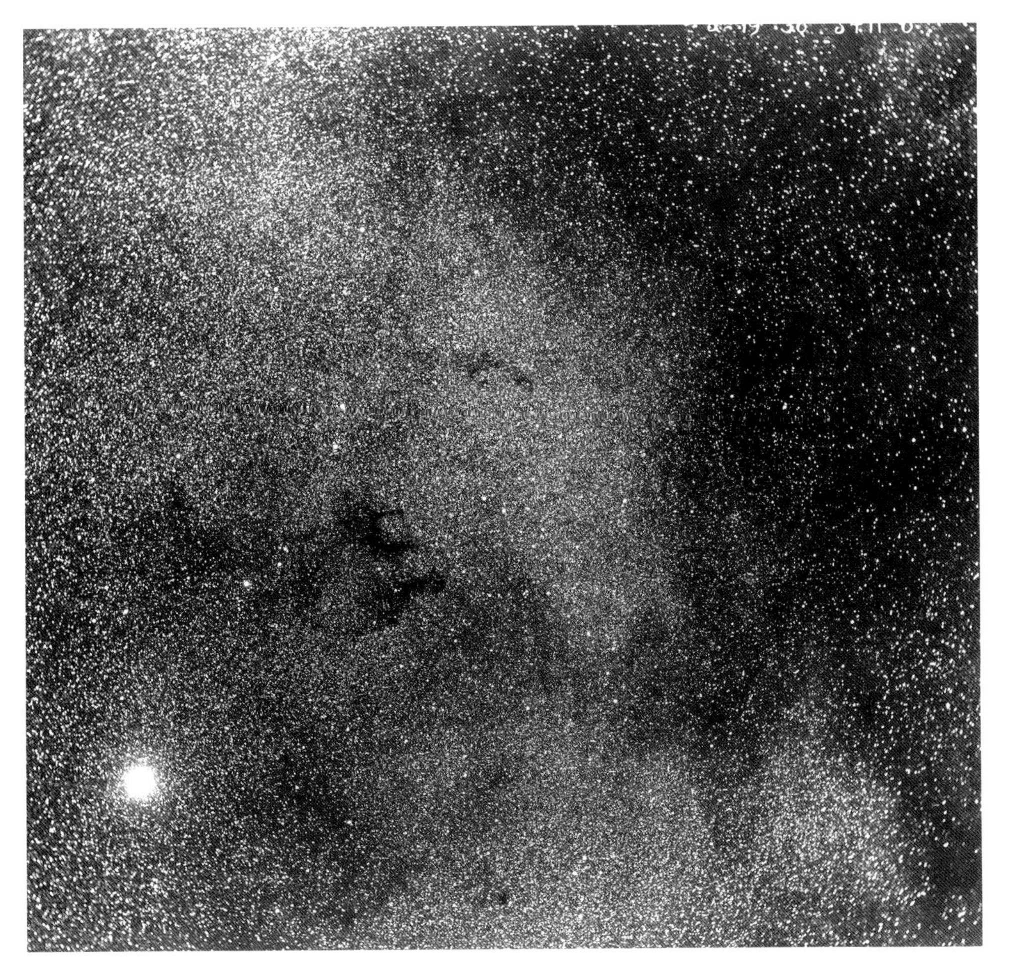

虽然巴纳德的E这个名字更广为人知，但爱德华·埃默森·巴纳德于1905年8月在威尔逊山天文台拍下这些照片时，把这些位于天鹰座、在银河背景下显现出的暗云取名为B143（上半部分）和B142。耀眼的牛郎星，夏季大三角的南顶点，位于巴纳德的E左下东南方3°处。用对蓝光敏感的底片拍摄，这张来自《银河精选区域摄影图集》的图片，没能展示出位于巴纳德的E东边（左边）的天鹰座γ的金色光芒。

*摄影：华盛顿卡内基研究所天文台。

雄鹰飞过的地方							
目标	类型	星等	大小/角距	赤经	赤纬	*MSA*	*U2*
巴纳德 142	暗星云	—	40′×15′	19h39.7m	+10°31′	1243	85L
巴纳德 143	暗星云	—	30′	19h41.4m	+11°00′	1243	85L
NGC 6709	疏散星团	6.7	15′	18h51.5m	+10°20′	1246	85R
伯纳姆 1464	双星	9.2, 9.7	22″	18h51.5m	+10°19′	1246	85R
h870	双星	9.8, 11.3	12″	18h51.6m	+10°19′	1246	85R
NGC 6781	行星状星云	11.4	1.8′	19h18.5m	+06°32′	1269	85L
NGC 6755	疏散星团	7.5	15′	19h07.8m	+04°14′	1269	105R
NGC 6756	疏散星团	10.6	4.0′	19h08.7m	+04°42′	1269	105R
巨蛇座 θ	双星	4.6, 4.9	22″	18h56.2m	+04°12′	1270	105R
NGC 6760	球状星团	9.0	9.6′	19h11.2m	+01°02′	1293	105R
帕洛玛 11	球状星团	9.8	10′	19h45.2m	−08°00′	1315	125L

大小和角距数据来自最新的星表。实际观测时的目标大小往往比星表里的数值小，且根据观测设备的口径和放大倍率的变化而不同。表格中的 *MSA* 和 *U2* 列分别为《千禧年星图》和《测天图 2000.0》第二版中的星图编号。

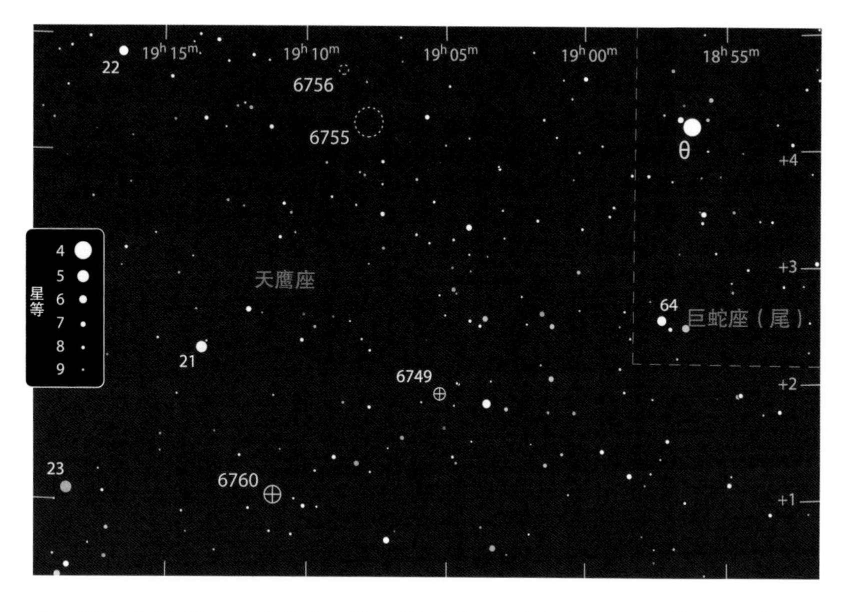

们。沃尔夫把这个构造称为三洞，并写道：“黑暗结构最宽的那条手臂离我们最近，最窄的那条手臂看起来离我们最远。这就像是从银河望向宇宙的一个透视角。不过这可能只是错觉而已。”看看你是否能想象出巴纳德的E正在一步步远离你。

疏散星团NGC 6709是天鹰座内另一个可以用双筒望远镜观测到的天体。它在天鹰座ζ西南方距离4.9°处，并与天鹰座ζ和天鹰座ε组成一个纤细的直角三角形。透过50 mm的双筒望远镜观测，这个星团仅仅是一团朦胧的光雾；但在14×70的望远镜中能看见雾团里有10颗暗淡的星星。它大概宽10′，坐落于银河系丰富的恒星区域内。

NGC 6709在折射望远镜放大到87倍后的视场里看起来非常漂亮。15′范围内大约有60颗星星排列成链状和束状，最亮的那些大致组成了一个三角形。没有星光的空洞很显眼，尤其是靠近星团中心的区域，其中有一个直径是星团三分之一大小的C形空洞。三角形东边的顶点由三颗最亮的星星组成，最西边的一对形成了双星伯纳姆 1464（Burnham 1464，或β1464）。橘色主星的东北偏北方向距离22″处有一颗白色伴星。第三颗也是双星，h870（小写的h表示贡献双星条目的是约翰·赫歇尔，而不是他父亲威廉姆斯·赫歇尔）。在它西南12″处能找到其暗淡的伴星。另一颗橘色的恒星装点在星团中心西南偏西的位置。

向东南方移动，我们能看到四个天体，它们分布在一条中心在天鹰座δ附近的圆弧上。第一个是NGC 6781，它与天鹰座δ和天鹰座μ组成了一个等腰三角形。NGC 6781在我的105 mm折射望远镜47倍放大率下是一个非常容易观测到的、圆圆的、相当大的行星状星云。在87倍放大率下，它的亮度变得有点不均匀。用我10英寸反射望远镜放大到166倍后，NGC 6781宽1.5′，靠边缘的部分亮度不均匀，环状的北边区域更暗。加一个氧-Ⅲ滤镜能让其亮度变化看起来更明显。

另外两个在圆弧上的天体是NGC 6755和NGC 6756，

这是一对可以同时出现在低放大率视场里的疏散星团。更亮的那个——NGC 6755，正好位于一对白色双星巨蛇座θ东方2.9°的位置。我用105 mm折射望远镜放大到68倍观测，这个星团看上去像18颗非常暗淡的星星撒在一块15′ 大小的斑驳背景上。在东北偏北0.5°的地方，NGC 6756在3.5′ 大小的雾团内囊括了一些非常暗的星星。在10英寸望远镜中等放大率的视场里，NGC 6755是一个富有几十个暗星的星团，它暗淡的北部与主星系之间被一条相对稀疏的通道分隔开。块状和链状的星星装饰着这群星星。NGC 6756则向我们展示了20颗恒星，在中心东北一点点还可以看到一个难以辨识细节的星结。

NGC 6755的年龄约为5 000万岁，距离我们4 600光年远。NGC 5756与其有相似的年龄和距离——6 000万岁和距我们4 900光年——这意味着它们可能存在某种物理关系。

圆弧上最后一个天体是一个很小但相当亮的球状星团NGC 6760。它与天鹰座21和天鹰座23组成了一个等腰三角形，寻星镜的视场恰好能将其显示完整。我用小型折射望远镜在87倍放大率下观测，能看见一个模糊的4′ 光晕环绕着一个又大又亮的核心。视野里偶尔闪现出几个难以捉摸的光点。我用10英寸望远镜放大到170倍观测，显示出有一群稀疏的星星穿过了光晕和核心的外边缘，还有一颗11等星恰好在东北边缘外。

我们最后的观测目标是位于天鹰座κ和天鹰座56正中间的帕洛玛11（Palomar 11）。它位于一颗8.6等星东南偏南4′ 处。这个球状星团比NGC 6760更具观测挑战，但这并不是说不能用小型望远镜观测到它。芬兰业余天文爱好者亚科·萨洛兰塔用他的80 mm折射望远镜在加纳利

虽然不像其他北半球夏季夜空的行星状星云那么知名，但位于天鹰座的NGC 6781能用4英寸望远镜轻松地观测到。它位于牛郎星西南偏西8° 的位置。

* 摄影：亚当·布洛克 / 美国国家光学天文台/美国大学天文研究联合组织/美国国家科学基金会。

群岛的高海拔地区达到了这个成就。这不是我想复制的一个成就，但我确实想要一个更大型的望远镜——14.5英寸的反射望远镜——来观测帕洛玛11。在245倍放大率下，这个低表面亮度的球状星团就出现在从东北至西南3′ ×2.25′ 的区域内。它看起来斑驳不均，有6个重叠的星星，其中至少有一些是前景星。（帕洛玛11中最亮的恒星是一个视星等为15.5等的红巨星。）一个由11等至12等星星组成的瘦三角形位于其东北边缘。星团的东侧有一颗13等星，稍远的一颗位于略微南偏西的位置。

帕洛玛11是美国天文学家阿尔伯特·G.威尔逊在20世纪50年代发现的众多球状星团中的一个，这是他在重新检查《美国国家地理学会——帕洛玛天文台巡天》的照片时的发现。帕洛玛11和NGC 6760都位于我们星系的平面附近，它们被那里的尘埃遮掩。两者分别距离我们42 000光年和24 000光年。我们可以把NGC 6760和巨蛇座里相对不那么暗淡的M5星团比较一下，这两者与我们的距离是一样的。NGC 6760实际上只比M5暗一个星等，但由于尘埃的遮挡作用，它在夜空中看起来比M5要暗三个星等。

观测者可以挑战一下在天鹰座南部的球状星团帕洛玛11。你能看见它的最小光圈是多少?

* 摄影：空间望远镜研究所/ 数字化巡天项目。

狐火之夜

狐狸座丰富的深空天体弥补了它缺乏亮星的弱点。

如果你驯服了我，我们就互相不可缺少了。
对我来说，你会是世界上独一无二的。
于你而言，我也将是世界上独一无二的。

——《小王子》里狐狸向主人公说的话，安东尼·德·圣-埃克苏佩里，1943年

狐狸座，这只小狐狸，没有什么亮星能够吸引我们的眼球，它因身处周围显眼的星座中间而黯然失色。但这个不起眼的星座却有着数量惊人的深空天体。如果你花时间探访它们并仔细地观察，那么小狐狸将会占据你心中一个特别的位置，变得不再普通。

小狐狸中我们观测的首个夺目景象是它最亮的恒星——4.4等的狐狸座α，一颗直径比太阳大60倍，亮度比太阳亮400倍的红巨星。狐狸座α是一对漂亮的光学双星，又名为ΣI 42，意思是弗里德里希·格奥尔格·威廉·冯·斯特鲁维双星表的附录一的第42位。它周围无关的恒星至少都在7′开外，所以用稳定的双筒望远镜能轻易可见。我用105 mm折射望远镜放大到17倍观测，颜色鲜明的两颗星分隔甚远。主星呈橙色，5.8等的黄色伴星在其东北偏北方向。主星距我们的距离比它的视伴星近约200光年。

疏散星团NGC 6800位于狐狸座α西北36′的位置。我的小型折射望远镜在17倍放大率下展示出极少量的暗星，分布在横跨15′的天区内。放大到87倍后，我能数出24颗恒星，最亮的几颗星勾勒出一个中空的大椭圆。我用10英寸反射望远镜放大到118倍后看见恒星数量成倍增加，但星团的边界变得非常模糊。1784年，威廉·赫歇尔在用他的18.7英寸镜用金属反射望远镜巡天时，发现了这个星团。他将其恰当地形容为一团零散分布的亮星，另有暗星混杂其中。

NGC 6793是一个令人困惑的疏散星团，位于狐狸座α西南偏南2.8°、狐狸座1东北偏东1.8°处。它藏在一片密集的恒星中，很难被识别出来，这也可能是在许多现代星图里它没有被标绘出来的原因。1789年，赫歇尔发现了这个星团，并把它称作由非常明亮的恒星组成的疏散星团，恒星数量庞大，形状不规则，直径超过15′。然而，在大多数现代星表上，其直径只有6′或7′。

我自己的笔记也反映了这种不确定性。我用105 mm折射望远镜在17倍放大率下观测时，记录下一个微小呈颗粒状的暗点，并伴有一些暗淡的恒星。在87倍放大率下，星团显示出两组三角形的星群，一组较亮，另一组偏暗，外加直径3.5′处有一些非常昏暗的恒星。外侧恒星将星团的直径扩大到6′左右。较亮三角形中最北边是双星h886，11.5等的伴星位于10.5等的主星东北方向。我用10英寸望远镜在43倍放大率下观测，看到这些恒星实际位于一个更大更亮的星群中心附近，这个星群西侧边缘是一颗8等星。于是星团直径达到约20′，拥有50颗或亮或暗的恒星混杂其中。

赫歇尔显然记录的是那个更大的星群。《疏散星团数据表》这样记载：NGC 6793直径为18′，包含直径7′的内核，因此，标记直径为7′的文献记录似乎将星团边界划定在恒星高度集中的内核区。

在九月的夜晚，这个著名的夏季大三角，包括恒星灯塔织女星、天津四和牛郎星（分别位于图中右、左、下），在银河的光辉中闪耀。在本节的正文中，作者带我们领略了这张广角照片中心区域的深空天体。

* 摄影：藤井旭。

猎寻小狐狸

目标	类型	星等	大小 / 角距	赤经	赤纬	*MSA*	*SPA*
狐狸座 α	双星	4.4, 5.8	7.1′	$19^h28.7^m$	+24°40′	1196	64
NGC 6800	疏散星团	—	15′	$19^h27.1^m$	+25°08′	(1196)	64
NGC 6793	疏散星团	—	核 7′, 晕 18′	$19^h23.2^m$	+22°09′	(1196)	(65)
h886	双星	10.5, 11.5	8.2′	$19^h23.22^m$	+25°09.9′	(1196)	(65)
Cr 399	星群	3.6	90′	$19^h26.2^m$	+20°06′	1220	64
NGC 6802	疏散星团	8.8	5.0′	$19^h30.6^m$	+20°16′	1220	64
施托克 1	疏散星团	5.2	核 34′, 晕 80′	$19^h35.8^m$	+25°10′	1196	64
Σ2548	双星	8.5, 9.9	9.4″	$19^h36.5^m$	+25°00′	1196	(64)
LDN 810	暗星云	—	18′×9′	$19^h45.6^m$	+27°57′	(1172)	(64)

大小和角距数据来自最新的星表。实际观测时的目标大小往往比星表里的数值小，且根据观测设备的口径和放大倍率的变化而不同。表格中的 *MSA* 和 *PSA* 列分别为《千禧年星图》和《天空和望远镜星图手册》中的星图编号。带括号的编号代表该天体没有在星图中标出。

科林德399（Collinder 399, Cr 399）是一个引人注目的星群，通常被称为布罗基星团或衣架星群。其中有几颗亮星在非常黑暗的环境中肉眼可见。我在美国纽约州北部的家里观测，只能看到狐狸座α以南4.5°的天区有一个云状的雾团。用双筒望远镜或寻星镜可以看到6颗恒星组成的弯曲的杆，以及4颗星星组成的一个指向南方的钩子。它的杆长1.4°，你需要一个低倍率、宽视场的望远镜才能完整地欣赏到它。

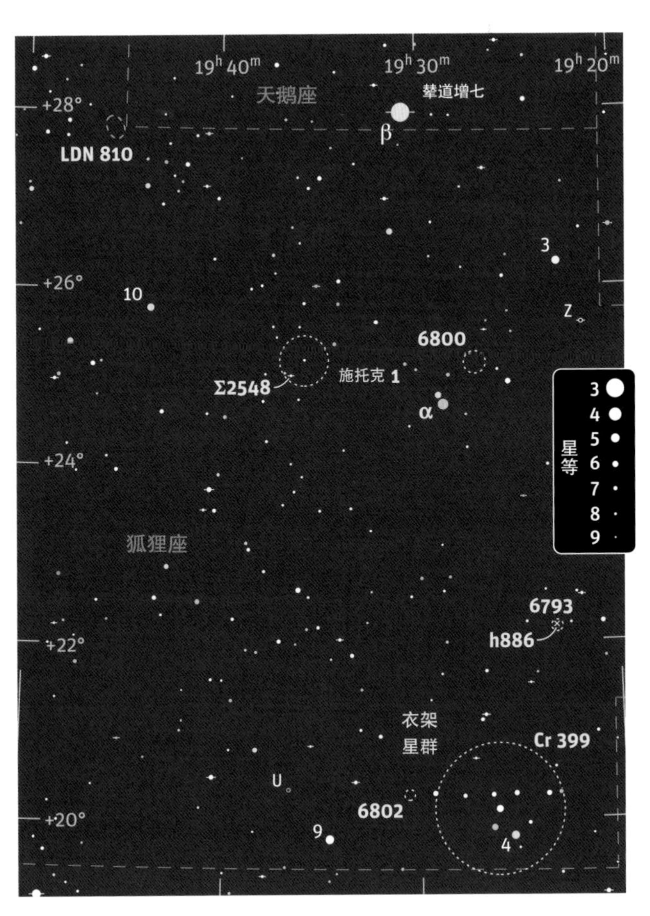

来自德国北部的业余天文学家斯特凡·鲁赫夫特订阅了《天空和望远镜》的德文版《今日天文学》。他写信告诉我，他是在用双筒望远镜巡天的时候“发现”了科林德399。当时，他正计划去阿尔卑斯的家庭旅行，这启发他将星群的形状看作一架滑雪缆车。衣架星群的“杆”是缆车上的缆绳，钩子是其座椅。对北半球的观测者来说，与双筒望远镜里总是倒挂的衣架相比，缆车这个别出心裁的想象更加恰当。

距离衣架星群的“架杆”东端仅仅18′处，我们来到了疏散星团NGC 6802。NGC 6802在我的小型折射望远镜28倍放大率下展现出一条宽大且沿南北走向的雾带，长约5′。其西北方向6.5′处有一对亮度分别为9等和10等的双星，东北方向同样距离的位置是另一对10等和11等双星。放大到87倍后，我可以看到一串极其暗淡的星点缀在这片薄雾周围。我用10英寸反射望远镜在170倍放大率下观测，NGC 6802表现为一个漂亮的钻石尘埃团，富含暗弱和非常暗弱的恒星。它与我们相距约3 700光年，受到暗云遮挡显得朦胧昏暗，这片介入的暗云似乎也将柔和的银河条带分隔开来。

现在让我们从狐狸座α向东北偏东移动1.7°，指向施托克1（Stock 1）。我用105 mm折射望远镜放大到17倍观测，这是一个大而松散的星团，由20颗中等亮度的恒星和许多非常暗弱的恒星组成。横跨30′×20′的核心星群中央有一颗8等亮星。反过来，核心星群又被直径1.4°的星晕环绕，而且星晕大多数位于核心星群的东半区。

一颗橙红色的恒星点缀在星团的西部。施托克1包含

作者将暗星云LDN 810视作反色的雪人，所以称其为“矿工”。图片视场宽度约为1°，上方为北。
* 摄影：帕洛玛天文台巡天二期/加州理工学院/帕洛玛。

了许多双星。最亮的是Σ2548，位于星团中央星东南14′处。它由一对8.5等和9.9等双星组成，能在50倍的放大率下被区分开。研究表明，大部分星团的真实成员大致集中在直径0.5°的核心区域内。

我们的最后一站是暗星云LDN 810，我喜欢叫它“矿工”星云。找到它的最简单方法是先搜寻辇道增七——这对标志天鹅座头部的金色蓝色双星，然后星云LDN 810就在双星正东方向3.3°的天区里。我用10英寸望远镜放大到68倍观测，看到一片呈南北走向的漆黑暗区，包含几颗极其暗淡的恒星。另一片稍不显眼的黑色椭圆暗区位于其顶部，整体上让这个星云看起来像被填充的数字“8”，或者说是反色的雪人。南半边约有9′×6′，北半边为6′×5′。

这些只是狐狸座深空天体库中的一小部分。稍后，我们将继续探寻狐狸座更多令人欣喜的目标，包括它最亮的行星状星云和精美绝伦的星团。

优雅的天鹅

对深空观测者们来说，天鹅座是一个绝佳的观测对象。

星光沿着银河闪烁，
翱翔在其中，
是优雅的天鹅。

——杰曼·G.波特，《歌与传说中的恒星》，1901年

在雾气弥漫的银河中缓缓游动的天鹅座，是夜空中最容易被辨认出的星座之一。在《天空中的群星》(1948)中，彼得·卢姆曾写道：“天鹅座是迄今为止夜空中最壮观的‘羽毛生物’。没有任何一个星座可以像它这样体现出伸展的感觉，也没有任何一个星座可以像它这样展示出飞翔的姿态。”让我们和天鹅座一起翱翔夜空，沿路去拜访那些鲜为人知的奇迹吧。

我们此行的第一站是NGC 6819，它位于天鹅座15以北2.9°，以及一颗6等星的西南偏西8.5′处。这个小巧的疏散星团中散布着众多暗淡的恒星，星团的总亮度为7.3等。在14×70的双筒望远镜中，它看起来像一团雾蒙蒙的光斑，我偶尔能看见其中几颗恒星，如果用余光法来观测，则有机会看到更多的星星。

借助一台高倍率的天文望远镜，我们就可以观测到星团中那些较为暗淡的成员。我用105 mm折射望远镜在127倍放大率下观测，可以看到由25颗恒星组成的一个糖粒状的恒星群，占据了5′的视野。其中有15颗星，包括星团里最亮的那一颗星，一起组成了一条近似的正弦曲线，延伸进模糊难辨的群星中。当我用10英寸反射望远镜在139倍放大率下观测时，我发现星团中恒星的数量和星团的视直径都翻了一番，星团外围还多了一层粗糙的镶边。

NGC 6819是一个古老的疏散星团，大约有25亿年的历史。它位于银河系的猎户旋臂(也就是我们所在的那条旋臂)的最北端，在围绕银心运行的轨道上，它比太阳领先了7 500光年。

我们的下一个目标是新月星云——NGC 6888。你可以在从天鹅座γ到天鹅座η连线的三分之一处或是天鹅座34的西北偏西1.2°处找到它。在那个位置你会发现一对7等星正镶嵌在星云之间。

美国亚利桑那州的天文学家布赖恩·斯基夫和加利

福尼亚州的业余爱好者凯文·里切尔分别借助70 mm和80 mm的折射望远镜进行观测，在加滤镜和不加滤镜两种情况下都看到了NGC 6888。我用105 mm折射望远镜在47倍放大率下进行观测，能看到一个大小18′、沿东北—西南方向排列形似数字“3”的星云状物质。“3”字的东北半边比较明显，其中有三颗明亮的恒星：一颗深黄色的恒星在端头上，另一颗金黄色的恒星与它距离较远的暗淡伴星（OΣ 401）镶嵌在“3”字顶部的曲线上，第三颗恒星则位于“3”字的内部。拍摄时使用窄带滤镜和氧-Ⅲ滤镜对画面略有改善。

当我将10英寸反射望远镜放大到44倍观测时，我发现这个数字“3”占满了整个视野。整个形状即使在没有滤镜的情况下也能被看出来，当然有滤镜的话会显得更明显。使用大望远镜的观测者们报告说，他们能在星云上看到一圈圈的涟漪荡漾开来。

新月星云的中心附近有一颗7等的、炽热的沃尔夫-拉叶星，整个星云就是它的产物。当这颗大质量的恒星年迈时，它的外层将会被剥离，暴露出核心。裸露核心发出的超强辐射将以每小时300万英里（相当于480万千米）的速度驱散更多的气体。这阵猛烈的星风会与早前已经喷射出的物质碰撞，从而产生致密的壳层和冲击波，向内外两侧扩散开来。在大约10万年以后，这颗备受煎熬的恒星会耗尽其日益减少的核燃料储备，在一场超新星爆炸中结束自己漫长的一生。

在天文作家理查德·贝里看来，新月星云中那颗沃尔夫-拉叶星太粉了，和他见过的其他恒星都不一样。他将这种不同归因于恒星整体的蓝白色和它异常强烈的氢-α发射谱线。

在新月星云以西1.6°处有一个令人难忘的星群，来自美国犹他州的天文爱好者金·海厄特称它为“仙女之环”。我用折射望远镜放大到47倍观测，可以看到一个漂亮的22′ 星环。四对明亮的恒星组成了环的西北弧，几对暗淡一点的恒星组成了东南弧，还有几颗分散的恒星位于星环的内侧。

在我的10英寸反射望远镜中，这个仙女之环更是惊人地表现出了不同恒星的颜色。按顺时针顺序看，这四对明亮的恒星的颜色分别是蓝白和黄白色、金色和白色、蓝白色和白色、白色和红橙色。星环内最亮的两颗恒星分别是黄橙色和橙色。

让我们回到天鹅座 34，再将视线向西南偏南移动28′，找到疏散星团IC 4996。在低倍率下，我的小型折射望远镜只能看到一颗很明亮的恒星和两颗较暗淡的恒星组成的一个非常扁的三角形。放大到122倍时，我可以看到几颗较暗淡的恒星和几颗非常暗淡的恒星出现在视野中。我用10英寸的反射望远镜在68倍放大率下进行观测，可以看到一个由8颗8等至12等的恒星组成的“C”形夹钳，其中5颗组成了钳子的“C”字曲线（其中包括密近双星β442 Aa），2颗位于把手上，最后一颗位于半开的钳子口上。在213倍放大率下，IC 4996成为一个由众多暗淡恒星组成的占据3′ 视野的密集星群，从东北偏北延伸到西南偏南。

IC 4996被认为和天鹅座P星团组成了一对双星团，天鹅座34就位于后者的东端。这两个星团在我的87倍小型折射望远镜中可以同框，但天鹅座P星团中只有少数几颗恒星能被看到。我用10英寸的反射望远镜在249倍放大率

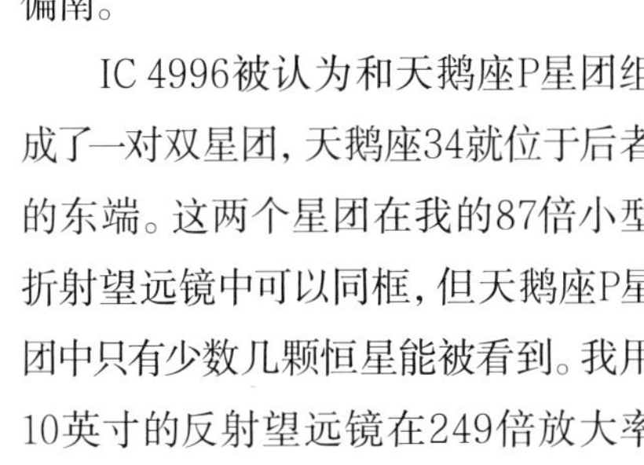

新月星云NGC 6888可以在透明度高的夜空中使用小型望远镜观测到。如文中所述，星云包裹着一颗炽热的沃尔夫-拉叶星，它最终会爆炸成为一颗超新星。这张照片的视场宽度为25′，上方为北。
* 摄影：约翰内斯·舍德勒。

与天鹅同翱翔							
目标	类型	星等	大小 / 角距	赤经	赤纬	*MSA*	*U2*
NGC 6819	疏散星团	7.3	5′	$19^h 41.3^m$	+40°12′	1129	48R
NGC 6888	亮星云	8.8	18′×8′	$20^h 12.0^m$	+38°23′	1149	48L
OΣ 401	双星	7.3, 10.6	13.0″	$20^h 12.2^m$	+38°27′	1149	48L
仙女之环	星群	—	22′	$20^h 04.1^m$	+38°10′	(1149)	(48L)
IC 4996	疏散星团	7.3	5′	$20^h 16.5^m$	+37°39′	1149	48L
β442 Aa	双星	9.7, 10.8	4.2″	$20^h 16.50^m$	+37°38.6′	1149	48L
天鹅座 P 星团	疏散星团	—	5′	$20^h 17.7^m$	+38°02′	(1149)	(48L)
天鹅座 P	变星	4.8 可变	—	$20^h 17.8^m$	+38°02′	1149	48L
天鹅座 χ	变星	3.3—14.2	—	$19^h 50.6^m$	+32°55′	1150	48R

大小和角距数据来自最新的星表。实际观测时的目标大小往往比星表里的数值小，且根据观测设备的口径和放大倍率的变化而不同。表格中的 *MSA* 和 *U2* 列分别为《千禧年星图》和《测天图 2000.0》第二版中的星图编号。带括号的编号代表该天体没有在星图中标出。本月所有天体都在《天空和望远镜星图手册》中的星图 62 所覆盖的范围内。

下进行观测，可以看到这个星团中的11颗恒星，大部分集中在一条长约3′ 的曲线上，从东北偏北向西南偏南顺时针环绕着天鹅座 34。

这个星团的名字源于它最亮的恒星——天鹅座P，也就是我们之前提到的天鹅座34。在约翰·拜耳1603年的星图《测天图》中，他用希腊字母和小写的罗马字母来命名群星，又用大写的罗马字母来命名星表上其他特殊的天体。拜耳将字母P分给了一颗于1600年发现的新星——荷兰星图编纂者威廉·布劳发现的，彼时这颗新星刚刚从默默无闻变成一颗3等亮星。接下来，这颗天鹅座P的亮度逐渐衰减到6等以下，又在1655年经历了极其短暂的亮度回升，随后又伴随着小幅的波动。天鹅座P的亮度直到17世纪末才稳定下来，现如今，它的视星等为4.8等，在不规则的周期内有小幅的波动。

天鹅座P和它的星团距离我们大约有7 500光年。这使天鹅座P成为我们肉眼所见最遥远的恒星之一，也是银河系中最明亮的恒星之一。它的质量是太阳的30倍，光度是太阳的350 000倍。像天鹅座P这样的蓝色变星会在喷发时释放出大量的物质。因此，天鹅座 P最终可能会演变成一颗沃尔夫–拉叶星。

还有一颗令人印象深刻的变星是天鹅座χ，你可以在第302页的九月全天星图上找到它。每204天，天鹅座χ就会从肉眼可见的亮度骤降到暗淡的14等，用6英寸的反射望远镜就能够观察到这个变化。虽然天鹅座χ整个上升与跌落的周期像钟表一样准时，但它的最亮星等会在3等到5等间变换。天鹅座χ和它著名的姐妹星，即秋季星空鲸鱼座中的刍藁增二一样，是一颗脉冲巨星。你可以访问美国变星观测者协会网站，点击美国变星观测者协会的光变曲线生成器，在星名搜索栏中输入“Chi Cyg”，找到天鹅座χ当前的亮度。

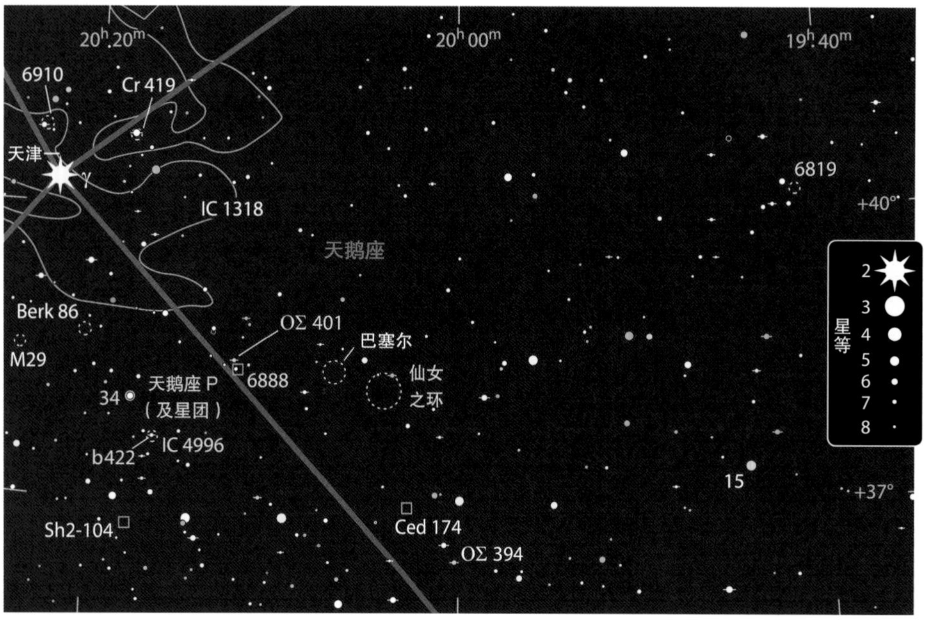

恒星的奇妙夜

探索人马座里一些迷人的、鲜为人知的深空天体。

然后传来一阵甜蜜的乐曲，是长笛手的演奏……
然而，这就是那妖精的怪诞之处，
你将永远爱上夏天的傍晚和星星的夜晚，
它们的魔力会让你渴望不已。

——J. R. R. 托尔金，《失落的传说》

在迷人的夏日傍晚，银河如一串白色泡沫的瀑布一般落入人马座，在那一片夜空中激起遥远恒星的明亮光芒。这一串“泡沫”里，充满了丰富而迷人的深空奇迹。但是，因为梅西耶在这片天区里列出了15个深空天体，所以观测者们经常忽略这附近拥有的其他诱人的观测目标。

人马座里有一对非常漂亮的非梅西耶天体，是背靠背连在一起的疏散星团NGC 6520和暗星云巴纳德86（Barnard 86，或B86），又叫“墨点”。有两个相对简单的方法来定位这个星团：一是可以从恒星人马座3出发，往东扫过3.5°的距离；二是可以从人马座γ出发往人马座W连一条想象的线，然后延长两倍的距离。人马座W是一颗造父变星，它的规律性脉动让其星等在5.1等到4.3等之间变动，周期为7.5天。

在我的14×70双筒望远镜中观测，NGC 6520是一个非常模糊的斑块，其中有两个不太亮的小点，就像两只闪亮的眼睛。还有两颗恒星，亮度与那两只“眼睛”相当，在斑块的侧面与它们遥相呼应。用我的105 mm折射望远镜放大到87倍观测，这几颗恒星正好标记出NGC 6520的边缘。这团恒星总共有23颗，占据了5.5′大小的天区。B86与这个星团的西侧边缘紧密相连，看起来NGC 6520的星星就像是从这里“挖”走的。这个黑色天鹅绒一样的暗星云大小跨越了5′×3′的范围，它的西北边缘上还装点着一颗橙黄色的恒星。

在我的10英寸反射望远镜上装一个大视角的目镜放大到213倍观测，我能够很容易地看到这一对背靠背的深空天体。NGC 6520很明亮，我可以数出35~40颗恒星，而且旁边的B86也能分辨得很清楚。从照片上来看，B86星云伸出一根根黑暗的卷须，把隔壁的星团环抱在身边，但是我的观测地点位于北方，有一些轻微光污染，这个场景不太能看得清楚。或许你会更加好运。

这个星云和星团看上去紧密地结合在一起，使人自然想到它俩可能有物理上的关联。一项研究表明，星团应该是在距离我们6 200光年远的地方，年龄有1.5亿年之

下图：来自美国亚利桑那州弗拉格斯塔夫的杰里米·佩雷斯根据NGC 6520和巴纳德86在他的8英寸望远镜放大到120倍下的观感，绘制了它们的草图。

上图：在这张基特峰高级观测计划拍下的照片里，巴纳德86看起来像NGC 6520的黑暗版的双胞胎兄弟。

* 摄影：弗雷德·卡尔弗特/亚当·布洛克/美国国家光学天文台/美国大学天文研究联合组织/美国国家科学基金会。

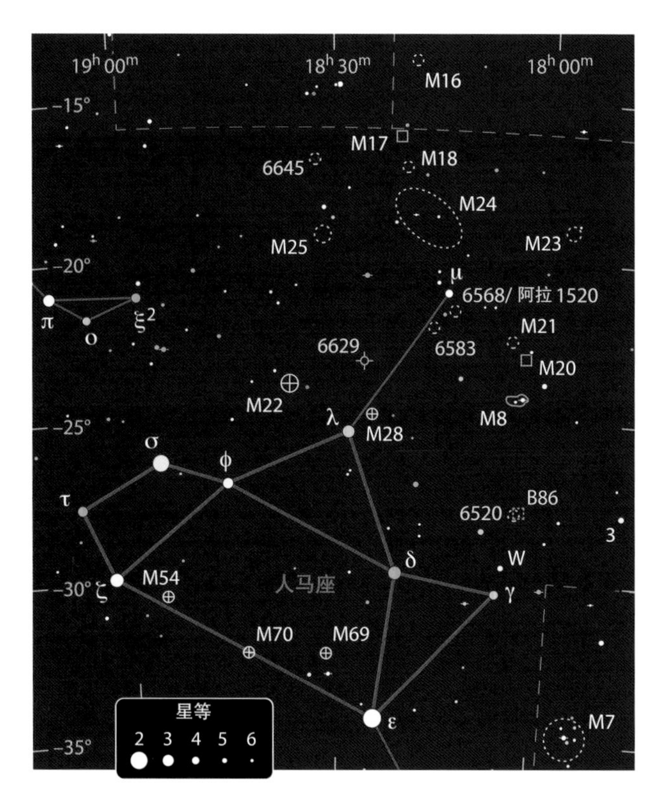

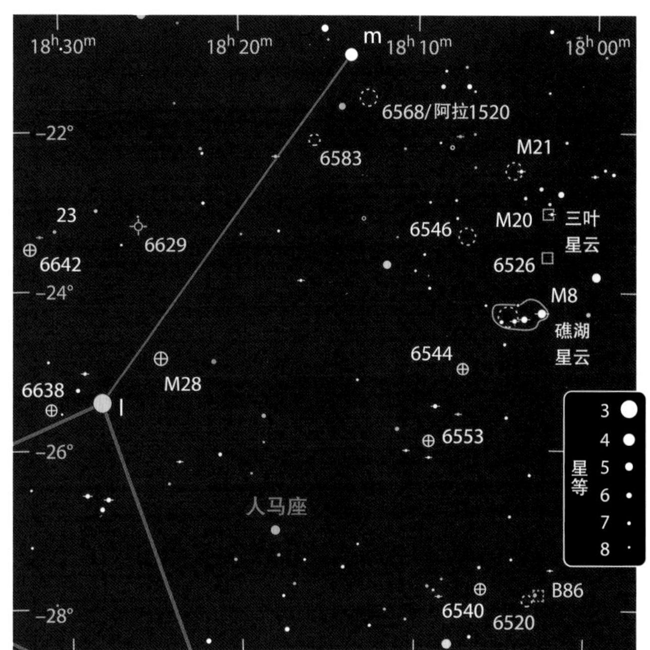

很少有一片星空能像人马座这样，分布着如此密集的深空天体。

久；而像B86这样的暗星云的平均寿命只有几千万年。所以要说它们之间有物理关联，还挺让人费解的。

另一个吸引人的疏散星团NGC 6568，位于人马座μ的西南偏南距离34′处。它本身并不艳丽，但是形状却很有趣。几年前，在佛蒙特州的Stellafane星空大会[1]上，天文艺术家乔·伯杰龙用他的6英寸反射望远镜在62倍放大率下观测了NGC 6568。他把这个星团描述为“由30颗恒星组成的庞大又斑驳且分散的星团”，并且提到“恒星组成的弧线看起来就像一只鸟张开弯曲的翅膀”。

我用10英寸反射望远镜放大到68倍观测，在这个星团里数出了40颗恒星，分布在12′大小的范围内，其中最亮的一些排成一条长达6′的“S”形图案，躺在星团的边缘（沿东西方向）。这个“S”形图案的中间搁着一对双星——阿拉1520（Ara 1520），这是由S.阿拉瓦穆丹在印度的尼扎米亚天文台发现的。这对双星里，主星为11等，伴星稍微暗一点，位于主星的东北偏北方距离13″处。

伯杰龙还把他的望远镜指向了东南边54′的NGC 6583，称它为“一个小幽灵星团”，其中的恒星非常丰富，和仙后座的NGC 7789有点像，但可能因尘埃遮挡而稍显模糊。实际上，这个星团距离我们有6 700光年远，因

1 Stellafane是一处天文望远镜爱好者的聚集地，也是在这儿举行的星空大会的名字。这个合成词原义大概是“星星的圣殿”。——译者注

人马座里鲜为人知的宝藏

目标	类型	星等	大小 / 角距	赤经	赤纬
NGC 6520	疏散星团	7.6	6.0′	$18^h 03.4^m$	−27°53′
B86	暗星云	—	5.0′	$18^h 03.0^m$	−27°52′
NGC 6568	疏散星团	8.6	12′	$18^h 12.8^m$	−21°35′
阿拉 1520	双星	11.2, 11.7	13″	$18^h 12.7^m$	−21°35′
NGC 6583	疏散星团	10.0	4.0′	$18^h 15.8^m$	−22°09′
NGC 6629	行星状星云	11.3	16″	$18^h 25.7^m$	−23°12′
NGC 6645	疏散星团	8.5	10′	$18^h 32.6^m$	−16°53′

大小和角距数据来自最新的星表。实际观测时的目标大小往往比星表里的数值小，且根据观测设备的口径和放大倍率的变化而不同。

为星际尘埃消光，所以看上去NGC 6583比实际暗了1.6个星等。我的10英寸反射望远镜放大到213倍，可以展示出这个星团里很多暗淡以及非常暗淡的恒星叠加在一块3.5′大小的光斑上，南边另有三颗比较亮的恒星连成一条弧线。

另一个袖珍的深空天体NGC 6629，因被一些明亮的球状星团光芒所掩盖而显得黯然失色，不容易被人注意到。从恒星人马座23出发往西1.1°就能找到这个行星状星云，在它北边7′的地方还有一颗8等星。我用105 mm折射望远镜放大到47倍观测NGC 6629，几乎能分辨出它不是一颗恒星，而放大到127倍时，还可以看到它呈现出小而圆的蓝灰色盘状，其中有一颗暗淡的中央恒星。

即使用我的10英寸反射望远镜在低倍率下观测，这个星云也因有独特的颜色而很容易被识别出来。放大到213倍时，NGC 6629看起来有一个相对较大且明亮的中心区域，大致沿着南北方向摆放。如果放大到300倍，再加上窄带星云滤镜特别是氧-Ⅲ滤镜观测，这样的景象就会更加明显。

威廉·赫歇尔在1784年发现了NGC 6629。53年之后，他的儿子——约翰·赫歇尔，认为这个深空天体有可能是"非常遥远的、高度压缩的球状星团"，并且将它描述为"我所见过的最小的星云状天体，如果不是最小的那至少也是最小的几个之一。它是一个令人印象深刻的天体"。

我们的最后一个目标——疏散星团NGC 6645就简单多了。定位这个星团最简单的方法是从又大又亮的梅西耶天体M25出发，往北扫描2°的距离。用我的小型折射望远镜放大到17倍观测，NGC 6645是美丽的钻石尘。几颗恒星组成了一串有趣的"点—横—横"图案，一直延伸到星团的东边。放大到87倍时，星团大小有8.5′×10′，我可以在其中数出35颗恒星，其中很多都是聚集成团或者排列成线的样子。我用10英寸反射望远镜放大到115倍，则可以看到70颗不规则散布的恒星呈现出迷人的样子，其中心附近有一个深紫色的空洞区。

夏夜，繁星闪烁的苍穹令人着迷。如果你发现心中充满了对"星空世界之魔法"的渴望，那么也许是长笛手用笛声在召唤你。

双星阿拉1520位于NGC 6568的中心位置，如右图这张红色过滤的照片所示。
* 摄影：帕洛玛天文台巡天二期/加州理工学院/帕洛玛。

人马座的恒星之城

盘旋在银河系核球附近的球状星团具有惊人的多样性。

人马座包含的球状星团比其他任何星座都多，每个星团都聚集着数十颗到数十万颗光芒四射的恒星。让我们向这些壮丽的"恒星之城"致敬：它们之中大的好像天上飞舞的暴风雪，小的就像苍穹上点缀的一点点白霜。

我们的第一站将会来到NGC 6522和NGC 6528，只需要从人马座γ往西北方0.5°就能很容易定位它们（见第

M22看起来格外巨大和明亮，因为它是距离我们第四近的球状星团，只有10 500光年。
* 摄影：吉姆·米斯蒂。

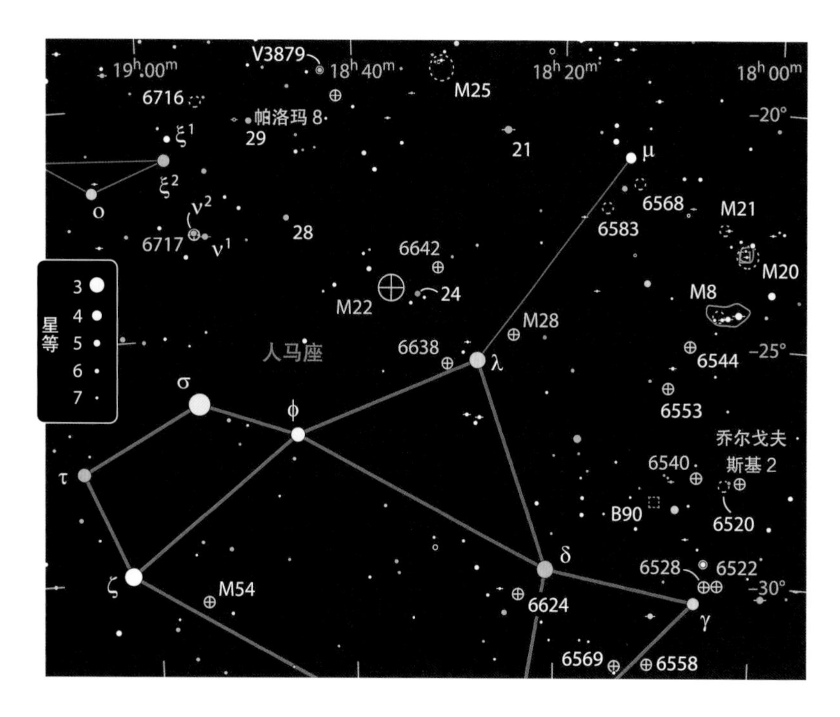

214页详细的星图）。这两个球状星团距离只有16′，我用105 mm折射望远镜放大到87倍观测，这两个星团位于同一视场内。NGC 6522看起来挺亮，呈明显的颗粒状，占据了宽度为3′ 的天区。它越往中心变得明显增亮，几颗暗淡的前景恒星衔接在星团的东侧和西南偏南的位置。NGC 6528相对暗一些，大小也只有NGC 6522的一半，但它越往中心只是稍有增亮。

通过我的10英寸反射望远镜放大到219倍，我可以看到在NGC 6522的晕区和外层核球中有一些比较暗的恒星，而NGC 6528则是单纯的一团斑驳。这种现象其实很容易理解，因为前者的最亮星大概有14等，而后者的最亮星只有大约15.5等。

NGC 6522离我们大概有25 000光年远，直径有70光年；而NGC 6528则离我们稍微远一些，直径只有37光年。它俩组成了一对真实的双星团，中心距离不到500光年。从其中任何一个星团的天区看另一个，应该都会令人震撼。

在人马座γ的北边2.7°处，有一个深空天体NGC 6540。很长时间以来，人们都以为它是一个疏散星团。然而，到了1987年，来自美国加州理工学院的S.乔治·乔尔戈夫斯基在《天体物理学报》上发文宣称他发现了三个球状星团。在他的列表上的第三个星团就是NGC 6540，现在也被称为乔尔戈夫斯基3。但是他在那个时候并没有把这个球状星团和NGC 6540等同起来。

在实际观测中，你就很容易明白为什么NGC 6540会被误认为是一个部分解析的疏散星团。我用小型折射望远镜在高倍率下观测，它只是一团迷雾，中间隐匿着寥寥几颗看起来有点像恒星的亮点；但是用10英寸反射望远镜观测，它又像一块1.2′ 大小的模糊光斑，上面有由恒星连成的、沿着东西方向的波浪穿过它的表面。其中有一些恒星也许是无关的前景恒星。

乔尔戈夫斯基2（Djorgovski 2，或Djorg 2）在它初次亮相的时候，也曾被错误地分类到疏散星团里。那是在1978年发布的《欧南台/乌普萨拉巡天

如果你曾经以为所有的球状星团都长一个样子，那么下面这几张照片就能直截了当地告诉你实际情况是什么样的。它们都是用一个红光滤镜在相同的曝光情况下拍摄的，并且按相同尺度复制出来。

* 摄影：帕洛玛天文台巡天二期/ 加州理工学院 / 帕洛玛。

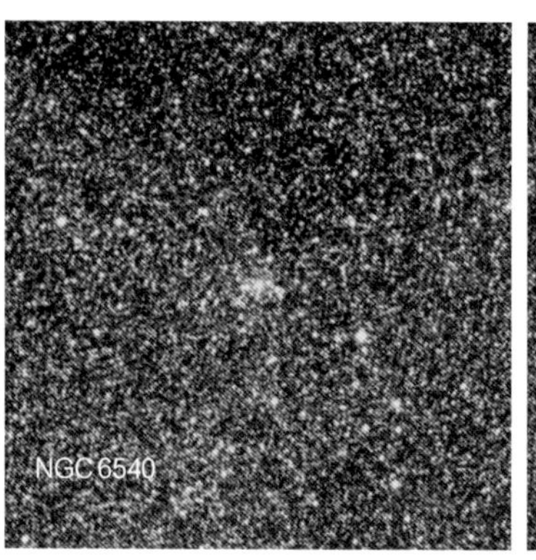

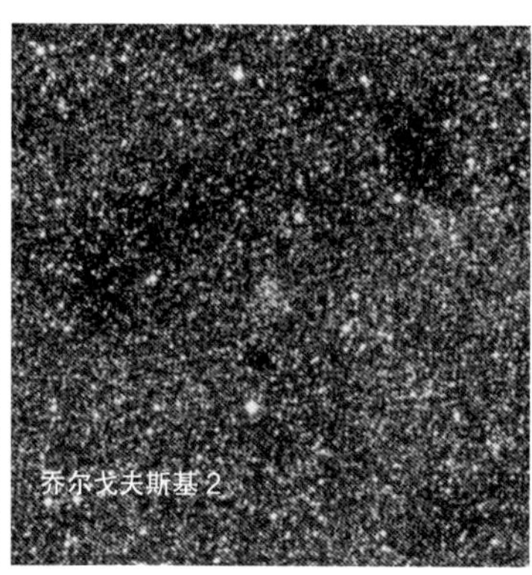

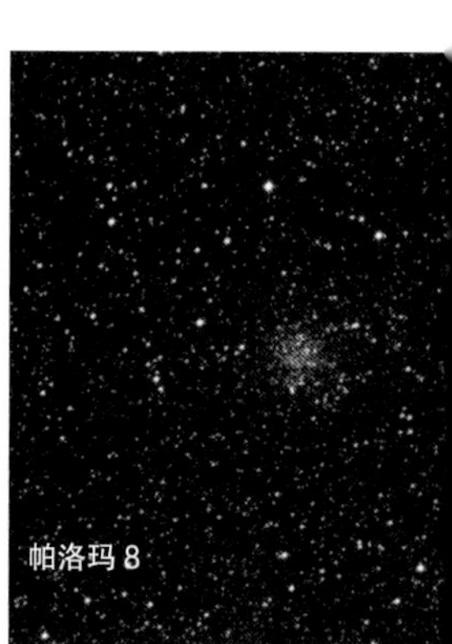

的南天星图》中的第四部分，星图中这个星团的名字叫ESO 456-SC 38。这个球状星团位于NGC 6540以西1°处，如果以暗星云巴纳德86和明显的疏散星团NGC 6520为中心，乔尔戈夫斯基2和NGC 6540正好位于相反的两侧。

我从来没有看到过乔尔戈夫斯基2，但美国加利福尼亚州的天文爱好者达纳·帕奇克告诉我，他在1981年用他的16英寸反射望远镜观测时偶然看到过这个星团。他的观测记录写道："一个非常暗淡的、圆形的星云状天体，直径2′～3′，没有能够分辨出细节的迹象。整个天体的亮度看起来是均匀的。我怀疑它是一个暗淡的、遥远的疏散星团或球状星团。"在接下来的那个月里，帕奇克又成功地用他的8英寸反射望远镜找到了乔尔戈夫斯基2。

NGC 6540和乔尔戈夫斯基2看起来都非常暗淡，这很大程度上是因为它们的光芒被星际尘埃遮挡而严重消光并变红。如本页的照片所示，这些星际尘埃和我们银河系的大暗隙有着密不可分的联系。事实上，乔尔戈夫斯基2离我们只有22 000光年远，如果视线上没有被尘埃遮挡的话，它看起来将会比NGC 6522和NGC 6528都亮。同时，NGC 6540是离我们地球最近的球状星团之一，只有12 000光年远。

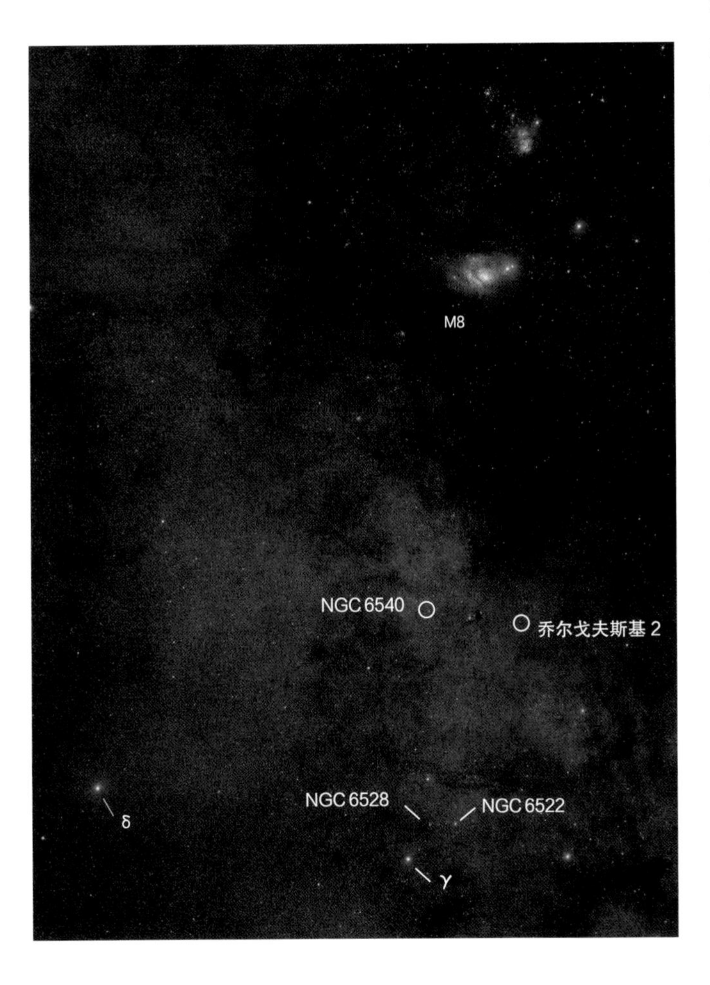

这张照片是罗伯特·詹德勒最新的银河系拼接照片，这块区域正好是214页顶部的星图里右下角的那一块。这张照片看起来有立体效果，这并不是错觉——图里的亮星距离我们地球最近；其次是M8，紧接在后面的是银河大暗隙的暗云气。图片中央偏左的那片"星星组成的帷幕"，其实是银河系离我们较近的一条旋臂。在旋臂和大暗隙之间，你还能看到人马座大恒星云，它的身后就是我们银河系的中央核球。球状星团NGC 6540和乔尔戈夫斯基2被大暗隙周边的一些尘埃严重地遮挡了。

接下来，我们去探访一下人马座λ附近的星团"四件套"。其中，身居首位的是天空中最壮观的球状星团之一——梅西耶22（M22）。这个星团里最亮的恒星有将近10.5等，如宝石一般闪耀，几乎用任何望远镜都能或多或少地分辨出来。北卡罗来纳州的天文爱好者戴维·埃洛瑟跟我说，在他的4英寸反射望远镜里M22"看起来像一个饭团"。

马里兰州的天文爱好者彼得·格特森说，他观测M22的时候喜欢用"曙暮光球团滤镜"。傍晚天刚黑，他趁着暮光还没有完全消失的时候观测M22，可以看到M22是一小团被几颗恒星包围着的不明显的薄雾。当天空变得越来越黑，其中最亮的恒星就会很明显地出现在视野中。格特森写道："这样的景象刚开始看到的时候还忽隐忽现的，但再往后一会儿，即使目光直视也能稳定地看到。星团里单个的恒星都能被分辨得很准确，因而我可以清楚地画出它们。随着天色变暗，在数出大约25颗恒星之后，视野里变得越来越拥挤，没过多久就挤满了。"他感觉这是一个非常引人入胜的场景，因为它使球状星团看起来"是动态的，并且在你眼前发生着变化"。

通过我的105 mm折射望远镜在低倍率下观测，M22和NGC 6642位于同一视场中。NGC 6642看起来非常小，有一个比较亮的核球，还有一颗单个的恒星挂在它的北部边缘。用我的10英寸反射望远镜放大到高倍率观测，这个球状星团呈现出1.5′的大小，越往中间越显著地变亮。它有一个颗粒状的核球，外侧是包含少许非常暗弱的恒星的晕区。星团旁边有几颗恒星连成一小串往西北偏北方向延伸出去，看起来像星团的一条尾巴，加利福尼亚州的天文爱好者罗恩·巴纽基齐里受此启发，给NGC 6642起了个绰号叫"蝌蚪星团"。

在这个星团"四件套"里，亮度排第二的是梅西耶28（M28）。美国亚利桑那州的天文爱好者和天文作家史蒂文·科热情地为我描述了在他的6英寸马克苏托夫-牛顿式反射望远镜中放大到136倍下看到的场景："其中5颗

或明或暗的球状星团

目标	星等	大小 / 角距	赤经	赤纬
NGC 6522	8.3	9.4′	$18^h03.6^m$	−30°02′
NGC 6528	9.6	5.0′	$18^h04.8^m$	−30°03′
NGC 6540	9.3	1.5′	$18^h06.1^m$	−27°46′
乔尔戈夫斯基 2	9.9	9.9′	$18^h01.8^m$	−27°50′
M22	5.1	32.0′	$18^h36.4^m$	−23°54′
NGC 6642	9.1	5.8′	$18^h31.9^m$	−23°29′
M28	6.8	13.8′	$18^h24.5^m$	−24°52′
NGC 6638	9.0	7.3′	$18^h30.9^m$	−25°30′
NGC 6717	9.3	5.4′	$18^h55.1^m$	−22°42′
帕洛玛 8	11.0	5.2′	$18^h41.5^m$	−19°50′

大小和角距数据来自最新的星表。实际观测时的目标大小往往比星表里的数值小，且根据观测设备的口径和放大倍率的变化而不同。

恒星是始终能分辨出来的，另外8颗恒星随着视线移动而飘忽不定。如果用余光来看，则会出现异乎寻常的效果：当我用余光不经意地看着星团的外边缘的时候，里面不同的恒星就会一会儿出现一会儿消失。真是迷人！”

另一个星团NGC 6638，在我们的视野里以一个模糊斑点和明亮中心的形态出现。在我的小型折射望远镜里放大到28倍来观测，它和M28位于同一视野中。美国纽约州的天文爱好者乔·伯杰龙用他的6英寸反射望远镜放大到94倍来观测，将这个球状星团描述为“一个简单的、致密的、干净的小东西，其中包含一些粗糙光点的迹象”。

现在，我们继续向东延伸到NGC 6717。它位于金色的人马座ν^2南边一点点的地方。这个星团又叫帕洛玛9（Palomar 9），是20世纪50年代由美国国家地理学会—帕洛玛天文台巡天项目在照相底片上发现或者重新发现的15个帕洛玛星团之一。

大多数帕洛玛球状星团都是不起眼的，但是NGC 6717是这里面最亮的一个。当我用105 mm折射望远镜往这个方向看去的时候，我轻而易举地看到了它，对此我至今记忆犹新。在一个差不多是多云的晚上，我耐心地用星桥法经过一块块明显的光斑，最终找到了这个星团。换一个目镜放大到87倍观测，我惊讶地发现很容易就看到这个星团的光晕大小有0.75′，而且只要当它从云洞里展露出来的时候，就能看得很清楚。

我用10英寸反射望远镜在213倍放大率下仔细观测，发现在NGC 6717的核球部分有一个非常小的明亮斑块，沿着西北偏北方向摆放。还有一个甚至更小的斑块在它的东北方不远处，朝着西北方向倾斜。星团里最明亮的恒星差不多是14等，所以在非常好的观测条件下，你也许能用一个10英寸反射望远镜分辨出其中一些恒星成员。

更难一些的观测目标——球状星团帕洛玛8（Palomar 8），则位于人马座29的西北偏西方向正好2°的距离，同时也在一颗著名的半规则变星人马座V3789西南偏南距离38′的地方，这颗变星最显著的特征就是它红橙色的主色调。它的亮度在6等到6.5等之间变化，平均周期为50天。

我用105 mm折射望远镜在122倍放大率下观测，可以用余光看到帕洛玛 8。它就位于一个4′大小的三角形以南，这个三角形是由三颗10.5等到11等的恒星组成的。帕洛玛 8的暗弱光晕延伸了大约1′的宽度，并且在西北偏西方向上有一个分离开来的微小光点。

我用10英寸反射望远镜放大到170倍观测，帕洛玛8的大小一下子“变大”了3倍，它漂亮地躺在很多颗暗淡的前景恒星中。这个星团略微有点斑驳，而且往中心方向几乎没有变亮。我可以见到，有几颗特别暗淡的恒星分布在星团的光晕前方。即使在我的14.5英寸反射望远镜里用高倍率来观测，我也只能数出8颗恒星，在这么大的范围里说不定还有几颗是前景恒星。帕洛玛8的成员恒星里最亮的一颗也差不多只有暗淡的15等。

宇宙级的捕食

人马座的南边拥有许多精美的星团和星云。

毫无疑问，我们的星系是会同类相食的。像我们的银河系这样的大星系，经常会在撞见其他星系后，就把它们缓慢地吞噬掉，从而让自身变得越来越庞大。最近，银河系就在狼吞虎咽地吞并人马座矮椭球星系（人马座dSph）。这个星系的核球位置正好与球状星团M54重合，位于距离我们87 000光年外的银河系另一侧。天文学家们曾认为M54有可能就是这个矮星系的核心，但最新的研究表明，尽管人马座dSph确实有个核心，但并不是M54。这个星团看起来像是在这个矮星系的晕区里形成的，然后由于轨道的衰减，逐渐落在了矮星系的核心处。作为“被捕食者”的M54中间，可能还有一个“捕食者”——一个接近10 000太阳质量的黑洞，真可谓是内外交困、祸不单行。

在我的9×50寻星镜里，M54与人马座ζ位于同一视场内，看起来像一块小小的模糊光斑，中央有一颗恒星。通过我的5.1英寸折射望远镜放大到117倍观测，这个星团相当亮。星团展示出非常暗淡的6′大小的晕区、一个1.75′的斑驳核球，中央还有一个0.5′的明亮内核。

在我的10英寸反射望远镜213倍放大率下，星团的晕区前面还叠加了好几颗特别暗淡的前景恒星。因为距离我们太远，M54的最亮恒星也只有暗淡的15等。直到我用14英寸反射望远镜在高倍率下观看，才有一点点能分辨出其中细节的迹象。

在M54约向东10°的地方，有一个漂亮的球状星团——M55。用我的5.1英寸望远镜观测，M55的大小差不多是M54的两倍。放大到117倍时，它里面点缀着更多的恒星，有一大片光亮的区域。在这些恒星中，最显眼的是一颗11等星，位于星团中心东南方向5.5′处。

在我的10英寸反射望远镜里观测，M55显得绚丽动人。它的宽度有19′，里面充满了数不清的恒星。这些恒星展现出斑块状的分布特点，其中最亮的一些恒星连接成链状穿过星团的核球区域。星团里的恒星似乎被限制在一块直径为12.5′的区域里，超出这个区域就只有非常暗淡的晕区了。通过14.5英寸反射望远镜下放大到200倍观测，M55看起来更加激动人心。数百颗恒星组成了星团的核球，然后从中间向外辐射出像星爆一样的图案，而背景上则是一群稀疏的分辨不出来的恒星。

在克里斯蒂安·卢京比尔和布赖恩·斯基夫合著的《观测手册与深空天体目录》里，两位作者标记道：“M55晕区的东南部分被咬了一大口。”

尽管M55本身的绝对亮度比M54略低一些，但M55的最亮恒星达到11等，而且很容易分辨出星团的细节。因为它离我们相对更近——只有17 000光年，大约是M54距离我们的五分之一。

从M55出发往南冕座γ方向看去，大约到三分之二的地方，我们可以看到一个球状星团——泰尔藏7（Terzan 7）。在法国的普罗旺斯天文台上，阿戈·泰尔藏于1968年发现了这个星团。那时候他在这里研究近红外天体摄影，用来解决银河中心附近被严重遮挡的问题。以他命名的星团一共有11个，这是其中最容易看到的一个，用普通的家用天文望远镜即可看到。

在天气晴好的夜里，我用105 mm折射望远镜成功地找到了泰尔藏7，它看起来就是一块极其暗淡的模糊小斑，被围在一串椭圆形的恒星中间。这一串恒星从南到北有10′长，其中最亮的两颗为8.5等，位于椭圆的北端，而泰尔藏7则坐落在椭圆的南边。将星团的大小和它到周围

球状星团M54有一个特别致密的核，如哈勃空间望远镜拍下的这张照片所示。
* 摄影：NASA / STScI / WikiSky。

右边上图：这张星图右下角的方框里，包含了这篇文章所述的大部分天体。为了图示清晰，省略了名称的标注。
右边下图：这张照片是上面星图里那个黑框部分的具体景象，视场宽度为2°。智利的天文爱好者斯特凡·吉萨德采集了数据，然后罗伯特·詹德勒做了图像处理。

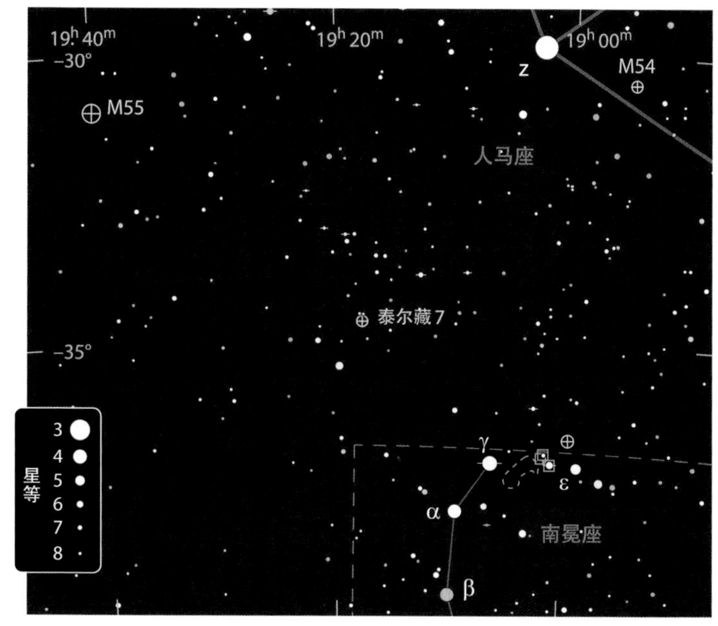

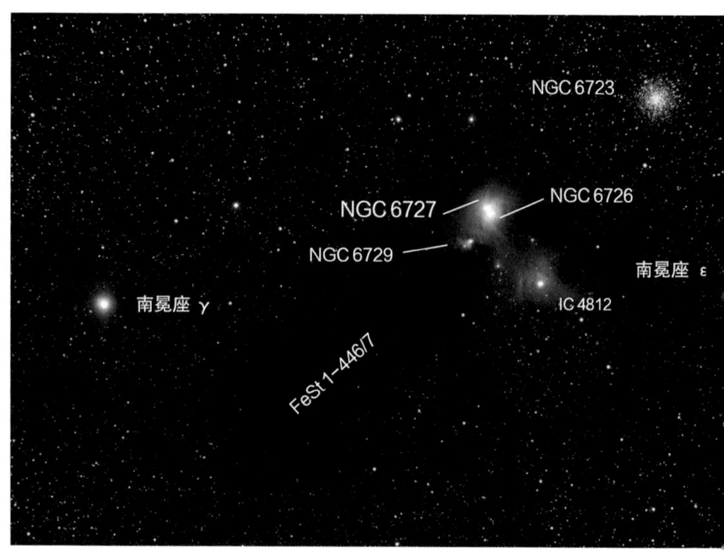

其他恒星的距离进行比较，我粗略得出它的视直径为0.6′。我用10英寸反射望远镜观测，很容易找到了泰尔藏7。此时它的直径大约为1′，而且越往中心越亮。

尽管泰尔藏7看起来和M54完全不同，到我们的距离还比M54近12 000光年，但它俩又在某种程度上有一些相似性。人们认为泰尔藏7也是人马座矮椭圆星系的一部分，最终它和M54都会成为这个矮星系的“化石遗迹”，而那些松散关联的恒星则会被散落到更远、更广阔的空间中去。

我们此行的最后一个球状星团是NGC 6723。它正好盘踞在人马座南侧边缘，位于南冕座 ε东北偏北方向0.5°处。

来自美国纽约州的乔·伯杰龙在佛蒙特州的Stellafane星空大会上用他的6英寸反射望远镜观测了NGC 6723，并且记录道：“即使它距离地平线的高度角只有8°，看起来还是出乎意料地亮，很容易找到。放大到94倍，直径大约3′，圆形，颗粒状，能看到一些逃逸的恒星。50 mm寻星镜里可见。”

用我的10英寸反射望远镜放大到213倍观测，NGC 6723确实很漂亮。在它10′大小的区域内，我可以看到各种不同亮度的恒星交织在一起。星团密集的核心看上去亮度分了两个层次：外面一层是椭圆形的，跨度为4′，呈现出无法分辨细节的迷雾状；而内层核心则只有2.25′。在稀疏晕区的东北边有一颗10等星，在晕区的东边还有一颗稍微暗一些的恒星。

在人马座和南冕座的边界上，暗藏着一些有趣的星云。其中最引人注目的一个星云围绕在双星B 957四周。这对双星的发现者是威廉·亨德里克·范·登·博斯，他的观测工作以细致入微而闻名，这给他的同事留下了深刻的印象。B957就是他发现的几千对双星之一。1926年，南非联合天文台的首席科学家罗伯特·因内斯曾表达了他的热切期盼：希望当他自己退休、首席助理接任他的位置后，范·登·博斯能接任首席助理的位置。因内斯写道：“如果他（范·登·博斯）没有被任命为首席助理，那么这个26英寸望远镜和这些双星都见鬼去吧。”

这对双星的主星是一颗7等的蓝白色恒星，NGC 6726就围绕在这颗主星四周；类似地，NGC 6727被包裹在主星的东北偏北方向57″的伴星周围。这两个反射星云在我的105 mm折射望远镜的76倍放大率下观测都相当明亮，它俩连在一起的总宽度大概有4.5′。

照亮NGC 6727星云的是一对食双星，叫南冕座TY。它的亮度每隔2.9天就从9.4等降到9.8等。这对双星也经常间歇性地被星云中的尘埃云所遮挡，而且主星的亮度还有不规则的涨落，因而它们的亮度曾经一度暗到只有12等。

在NGC 6726/7的同一视场中，还有两个相关的反射星云，其中较小的一个是NGC 6729，位于NGC 6726/7的东南偏南方向5′处。我观测NGC 6729的时候，发现其宽度只有1′，但它是一个变光星云，和麒麟座那个著名的哈勃变光星云（NGC 2261）很像。NGC 6729是被年轻的恒星——南冕座R照亮的。这是一个不规则变光星云，亮度

这张特写照片和218页的比起来细节更丰富，清晰地展示出了NGC 6726和NGC 6727星云里明亮的远距双星B957的两个成员。在星云IC 4812中心的BrsO 14呈现出两条并列的衍射星芒，意味着这颗恒星也是一对双星。
* 摄影：贝恩德·弗拉赫·维尔肯/福尔克尔·文德尔。

大致在10等到14等之间徘徊不定。这个星云的形状也飘忽不定，人们认为这是因为离恒星很近的一些尘埃云的影子投射到反射星云上，当尘埃云快速移动的时候，看起来就像星云的形状发生了变化。NGC 6729经常呈现出彗星的样子，西北方向的“彗头”上镶嵌的就是南冕座R。另一个星云是IC 4812，位于NGC 6726/7的西南边12′处，大小和NGC 6726/7的光晕加起来差不多，但要暗淡许多。它看起来像一个模糊的三角形，在南侧边缘上有一对双星BrsO 14（19世纪初澳大利亚的布里斯班天文台编写的双星表中的一员）。这对蓝-白色双星亮度分别为6.3等和6.6等，较暗的伴星位于主星以西13″处。

在亮星云集中的地方，人们也很容易发现暗星云的存在。我用5.1英寸反射望远镜放大到37倍观测，就能看到暗星云组合FeSt 1-446/7［费青格-施蒂韦1-446和费青格-施蒂韦1-447（Feitzinger-Stüwel-446/7）］。这个暗星云组合从NGC 6729的南边开始，一直往东南延伸大约40′的距离。暗星云组合的宽度不太规则，但我觉得它的平均值有12′左右。因为对我的观测地而言，这些星云位于南方的低空，所以想要很清楚地看到它们，需要很好的大气透明度，只有期待天公作美。

前面我们造访过的这些星云，放在一起又叫南冕座R星云。人们认为这些星云距离我们大约有400光年。与之形成鲜明对比的是它们在天空中的邻居，NGC 6723，距离我们竟然有28 000光年之遥。

人马射手和南方桂冠里的天体

目标	类型	星等	大小／角距	赤经	赤纬
M54	球状星团	7.6	12.0′	$18^h55.1^m$	−30°29′
M55	球状星团	6.3	19.0′	$19^h40.0^m$	−30°58′
泰尔藏 7	球状星团	12.0	2.6′	$19^h17.7^m$	−34°39′
NGC 6723	球状星团	7.0	13.0′	$18^h59.6^m$	−36°38′
NGC 6726/7	反射星云	—	9′×7′	$19^h01.7^m$	−36°53′
NGC 6729	变光星云	—	1′	$19^h01.9^m$	−36°57′
IC 4812	反射星云	—	10′×7′	$19^h01.1^m$	−37°02′
FeSt 1-446/7	暗星云	—	50′×17′	$19^h03.5^m$	−37°14′

大小和角距数据来自最新的星表。实际观测时的目标大小往往比星表里的数值小，且根据观测设备的口径和放大倍率的变化而不同。

秋季

与飞马和宝瓶男孩共寻梅西耶天体

飞马座和宝瓶座的球状星团与行星状星云给梅西耶猎手们更多搜寻猎物的机会。

看遍所有的梅西耶天体是很多天文爱好者追寻的目标，也是锻炼观测技术的好方法。用一台不错的80 mm望远镜在相对较暗的夜空下，就可以把梅西耶天体全部收入视野中。在本章中，我们将寻访飞马座和宝瓶座的4个梅西耶天体，对小型望远镜来说，其中两个比较容易观测，而另外两个则可能有点挑战性。让我们先从飞马座出发，因为它包含了这4个梅西耶天体里最亮、最容易发现的那一个。

18世纪的天文学家让-多米尼克·马拉尔迪曾经非常关注德·塞瑟彗星（于1746年8月出现），在对这颗彗星进行研究的时候，他发现了前面提到的4个梅西耶天体中的两个——M15和M2。1746年9月7日，马拉尔迪观测了M15，并将其描述为“相当明亮的星云，它由很多恒星组成”，实在令人费解。

在这张星图上，上边为北、左边为东。图里的圆圈分别表示一个典型的寻星镜的视场和一个小型望远镜在低倍率目镜下的视场。为了确定视场里北方在哪边，只需要朝着北极星的方向轻推望远镜，这时视野里新出现的恒星方向就是北方。（如果你用了一个直角天顶镜，则有可能出现镜像的图案，将它取下才能匹配这张星图。）

* 星图：数据摘自《千禧年星图》。

M15就在飞马座——一匹长了翅膀的马——的鼻子下面。这个星团也许是银河系核心最为致密的一个球状星团。M15之所以这么致密，是因为在它120亿年生命历程的最初几百万年里，恒星都持续地向星团中央坠落。尽管目前尚未有确凿的证据表明球状星团的中心可能会有一个黑洞，但M15是一个很棒的候选体，它可能拥有一个2 000倍太阳质量的黑洞。另一种解释是，它如此致密的核心，可能仅仅是其中200 000颗恒星相互之间的引力而形成的。M15也是人们发现的第一个包含行星状星云的球状星团，这个行星状星云名叫皮斯1（Pease 1）。曾经有人用10英寸的小型望远镜就观测到了它，但大家还是普遍认为，即使用大型的业余设备观测到这个目标也并非易事。

要寻找M15，从飞马座θ向飞马座ε画一条直线，然后延长大约一半多一点的长度，就可以找到它。金黄色的飞马座ε又名危宿三，是这匹飞马的鼻子。M15的星等有6.4等，对一些视力特别敏锐的观测者而言，在非常黑暗的天空中用裸眼就可以直接看到它。在小寻星镜里看，它就像一颗没有对上焦的星点。

用70 mm望远镜放大到20倍观测，M15展现出一块相对较亮的圆形模糊光斑，中央是一个非常小但特别亮的核心。通过我的105 mm望远镜放大到47倍来看，星团的晕也变得斑驳起来。在大约200倍放大率下，这个星团略呈椭圆形，在视野里有些外围恒星开始能被分辨出来，但

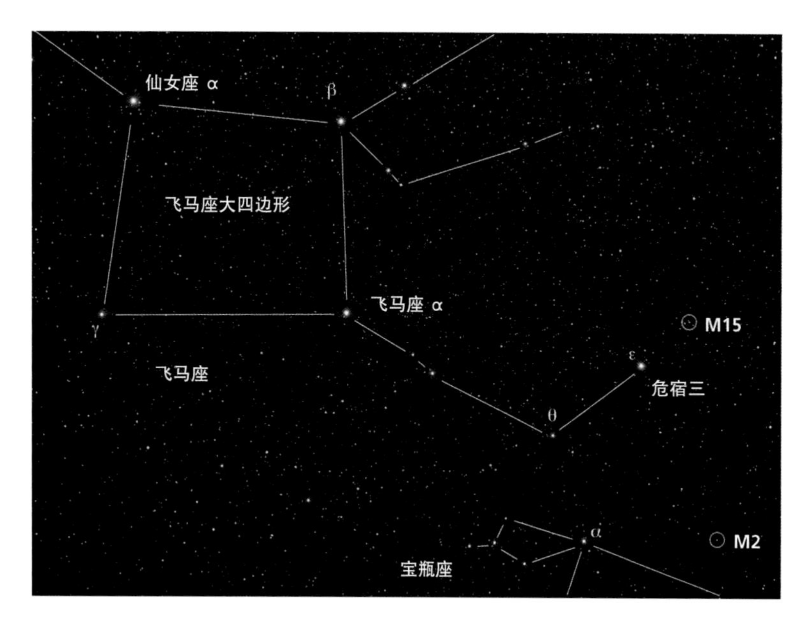

这个月的深空天体位于飞马座大四边形的东南边，从飞马的鼻子——危宿三附近的M15开始。
* 摄影：藤井旭。

中央部分仍然连成一片，无法分辨出细节。

我们要造访的下一个球状星团M2，位于M15以南13°的地方，与宝瓶座α和宝瓶座β几乎构成一个直角三角形。M2和M15在大小、亮度和距离上都很接近，就像一对双胞胎，但M2不如M15那么致密。用70 mm望远镜放大20倍来看，这个星团显示出一块明亮的圆形光斑，围绕在不太容易被看到的、像恒星一样的核心四周。在我的105 mm折射望远镜里用低倍率观看，M2的核心显得更亮、更显著，像一颗恒星。放大到200倍之后，这个星团呈现出明显的椭圆形，点缀着很多极其暗淡的恒星。

在宝瓶座的西南边，还有两个比较暗的梅西耶天体——M72和M73。如果你打算看遍所有的梅西耶天体，那么就得去面对这几个比较困难的目标。M72位于3.8等的宝瓶座ε东南偏南方向距离3.3°的地方，是梅西耶天体列表中最暗的一个球状星团，只有9.4等。用小型望远镜观看，M72的恒星很难分辨出来，因为它距离我们有55 000光年。我用70 mm望远镜在低倍率下可以看到一团又小又暗的模糊斑块，以及一颗9.4等恒星位于星团的东南偏东方向5′ 的地方。我用105 mm折射望远镜里放大到127倍来看，这个星团呈现出颗粒状，但并不是真正地分辨出了具体的恒星。

我们的最后一个梅西耶天体目标是M73，位于M72以东1.3°的地方。千万别眨眼，不然你就可能错过它！M73在很多地方被归类为由无关联恒星组成的星群，但有些人却相信它应该是一个聚星系统，或者是一个离散开的星团的遗迹。M73里有四颗恒星亮度分别为10.4等、11.3等、11.7等和11.9等，它们组成了大约1′ 大小的“Y”字形。放大到约100倍来观看，降低背景天光的影响，可以帮助我们看到更多、更暗的恒星。

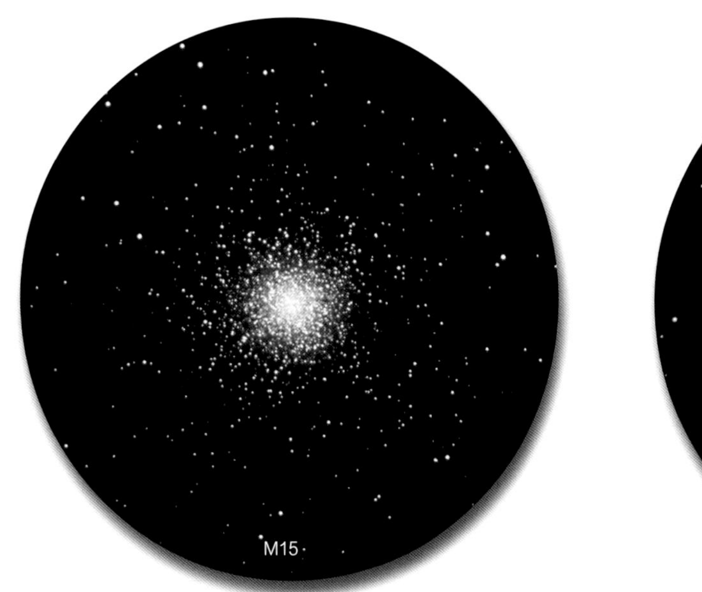

在飞马座里找到M15，然后往下伸直手臂握成拳，大概一拳远的地方就是宝瓶座的M2。这两个球状星团在亮度上可以匹敌，尽管M2稍微暗一点，也离我们更远一些。
* 摄影：左图，阿德里亚诺·德·弗雷塔斯；右图，鲍勃和贾尼丝·费拉。

从 M15 到土星状星云					
目标	类型	星等	距离（光年）	赤经	赤纬
M15	球状星团	6.4	34 000	$21^h30.0^m$	+12°10′
M2	球状星团	6.5	37 000	$21^h33.5^m$	−0°49′
M72	球状星团	9.4	55 000	$20^h53.5^m$	−12°32′
M73	星群	9.0	—	$21^h00.0^m$	−12°38′
NGC 7009	行星状星云	8.3	3 000	$21^h04.0^m$	−11°22′

如果你觉得寻找M73还不够具有挑战性，那么可以试试附近的行星状星云NGC 7009。它也经常被称作土星状星云。你可以用大约1°视场的目镜，从M73出发通过星桥法来寻找它。将M73放在视野的西侧边缘，你将看到视野东侧有一颗7.1等星；再将这颗星放到视野的南边，你又会看到一颗7.0等星出现在视野的北边附近。继续将这颗星放在视野的西南边，这时候8.3等的星云NGC 7009就将成为视野东北方向最亮的一个天体。在我的105 mm望远镜里放大到30倍来看，这个行星状星云看起来像一颗恒星；而放大到150倍后，它变成一个小的椭圆形，显示出灰里透蓝的颜色。星云周围暗淡的延伸部分（或者叫“环脊”）让NGC 7009看起来像土星一样，但用10英寸口径以下的望远镜很难看到它。

但是对于用小型望远镜就能看到的深空奇迹，梅西耶天体只占了一小部分。如果你把目光转向北边美丽但暗淡的蝎虎座，你会发现这里一个梅西耶天体都没有。

在天鹅的双翼之上

天鹅座里那些有趣的天体，最好用你的最低倍率目镜来看。

在十月的夜里，天鹅座正好从天顶滑翔而过（见第303页的全天星图）。组成天鹅那展开的双翼的，依次是天鹅座ι、天鹅座δ、天鹅座γ、天鹅座ε和天鹅座ζ。大量的深空珍宝，便藏在这条独特的恒星连线上，其中多数天体用小型望远镜就能一览其风采。

我们将从行星状星云NGC 6826开始旅行。这个星云又叫C15，位于天鹅北翼尖端的天鹅座ι附近。在寻星镜里，天鹅座ι和4等星天鹅座θ、6等星天鹅座16位于同一视场中。如果把天鹅座16放在视野中心，再用一个小倍率目镜来观看，就可以看到一对漂亮的黄色双星，其中两颗恒星的亮度相近。等待3分钟时间，当星空逐渐向西移动时，NGC 6826就会来到视野中央。在50倍放大率下，这个星云看起来很小，但明显不是单个恒星的星点。

我用105 mm折射望远镜把放大率增加到127倍，显示出一个蓝绿色圆盘，以及一颗10等的中央恒星。如果你一直盯着这颗恒星看，恒星周围的星云就会渐渐“消失”；但只要稍微往旁边看一点，星云就会重新“变亮”。（这是因为来自星云的暗弱光线到达视网膜上不同地方对光的敏感程度也不同。）来回地移动视线，就会让人产生错觉，以为这个星云在“眨眼”，因此NGC 6826又有一个昵称叫“闪视行星状星云”。

接下来，我们去看一个疏散星团NGC 6811。它位于天鹅座δ的西北方距离1.8°处，在寻星镜里二者可以同框出现。我的小型折射望远镜在87倍放大率下显示出大约40颗比较暗淡到非常暗淡的恒星，挤在15′大小的区域里，组成了一个约呈等边三角形的形状。这个形状就像是一个箭头符号，宽大的箭头指向西南偏西方向，后面跟着一个瘦小的、倾斜的箭柄。在三角形的中间，则很少有恒星出现。

著名的深空观测者和作家瓦尔特·斯科特·休斯敦呼吁大家对NGC 6811进行观测，因为一位来自丹麦的读者将它比作一个中间有一条黑暗带穿过的恒星“烟圈”。在随后的报道中，这个星团被比作自由钟[1]、蝴蝶、青蛙、三叶草或者四叶草，甚至还有“纳芙蒂蒂的头饰”。使用

1 the Liberty Bell，位于美国费城，是美国独立战争的标志。——译者注

在天鹅的翅膀上

目标	类型	星等	大小 / 角距	距离（光年）	赤经	赤纬	*MSA*	*U2*
NGC 6826	行星状星云	8.8	27″×24″	5 100	$19^h44.8^m$	+50°32′	1091	33L
天鹅座 16	双星	6.0, 6.2	40″	71	$19^h41.8^m$	+50°32′	1091	33L
NGC 6811	疏散星团	6.8	12′	4 000	$19^h37.2^m$	+46°22′	1109	33L
NGC 6866	疏散星团	7.6	10′	4 700	$20^h03.9^m$	+44°10′	1128	33L
NGC 6910	疏散星团	7.4	7′	3 700	$20^h23.1^m$	+40°47′	1128	32R
IC 1318	发射星云	—	4.0°	3 700	20^h22^m	+40.3°	1127/28	32R/48L
M29	疏散星团	6.6	6′	3 700	$20^h24.0^m$	+38°30′	1127	48L
Ru 173	疏散星团	—	50′	4 000	$20^h41.8^m$	+35°33′	1148	47R
X Cygni	变星	5.9—6.9	—	4 000	$20^h43.4^m$	+35°35′	1148	47R
帷幕星云	超新星遗迹	—	2.9°	1 400	20^h51^m	+30.8°	1169	47R

表格中的 *MSA* 和 *U2* 列分别为《千禧年星图》和《测天图 2000.0》第二版中的星图编号。距离数据（以光年为单位）来自最近发表的研究论文。近似角大小数据来自不同的星表或照片，实际用望远镜观测时的目标大小往往比星表里的数值小。

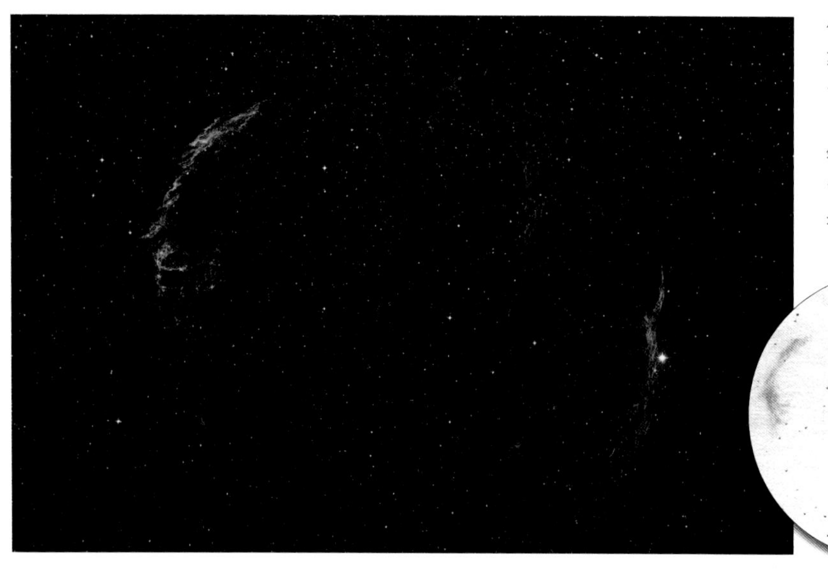

作者的手绘记录（右下图）包括了整个帷幕星云，绘制于1997年10月5日，借助一台105 mm "天体物理旅行者" 望远镜和35 mm目镜（相当于放大17倍），以及一个氧-Ⅲ滤镜。左边这幅是罗伯特·詹德勒的照片，由高桥105 mm f/5望远镜拍摄的照片叠加而成。将作者的手绘图与詹德勒拍摄的照片对比，可以看出，小型望远镜很适合观测一些较大的星云的全貌，但人眼在观测星云细微结构的时候仍有许多不足之处。

小型望远镜的观测者最容易注意到星团中央那块被恒星围住的黑暗区域。在你看来，这个星团像什么？

在寻星镜里，与天鹅座δ同一视场的还有NGC 6866，它位于天鹅座δ西北偏西方向3.5°的地方。这个星团附近最亮的恒星是它西边距离24′ 处的一颗7等星，呈发红的橙色。当用我的小型望远镜放大到87倍观测时，我看到了约30颗恒星，它们都比较暗淡或非常暗淡，排列在10′ 大小的一个图案里。这个图案让我想起了特技表演的风筝。这个风筝朝着西北方向飞去，而它的南边翅膀尖端则被弯曲了。17颗恒星组成的一个6′ 大小的结构形成了风筝的主体部分，其中最亮的那几颗星排成了一根南北方向的短棒。天鹅座翅膀中央的恒星是天鹅座γ，一个精巧有趣的小星团NGC 6910就位于天鹅座γ东北偏北方向33′ 的地方。放大到87倍时，我可以看到8颗10等星连成了一串珍珠，其中一端还有分岔，连同另外两颗颜色发黄的7等恒星，一起组成了一个5′ 大小的 "Y" 字形图案。此外还有6颗暗得多的恒星出现在这个场景中。

NGC 6910其实是嵌在星云IC 1318里的一块模糊区域。而后者是一个围绕在天鹅座γ四周的 "残破" 的星云。在我的小型折射望远镜上用一个放大率17倍、视角3.6°的广角目镜来观看，我发现这是一个令人惊讶的复杂集合。其中最亮的三个斑块，分别位于天鹅座γ的西北边1.9°、东北偏东方向0.8°和东南偏东方向1.1°处，其中每块都差不多是沿着东北—西南方向排列的，长度看起来有30′ ~40′ 。在我看来，越靠近天鹅座γ的前景恒星越暗，就好像天鹅座γ身处一个漏斗的底部一样。

在这张视场宽0.5°的照片里，天鹅座γ（在这张图的下边缘以外）的北边坐落着疏散星团NGC 6910。其中有几串星星，最亮的是两颗黄色的7等星。

* 摄影：乔治·R.维斯科姆。星图：数据摘自《天图2000.0》。

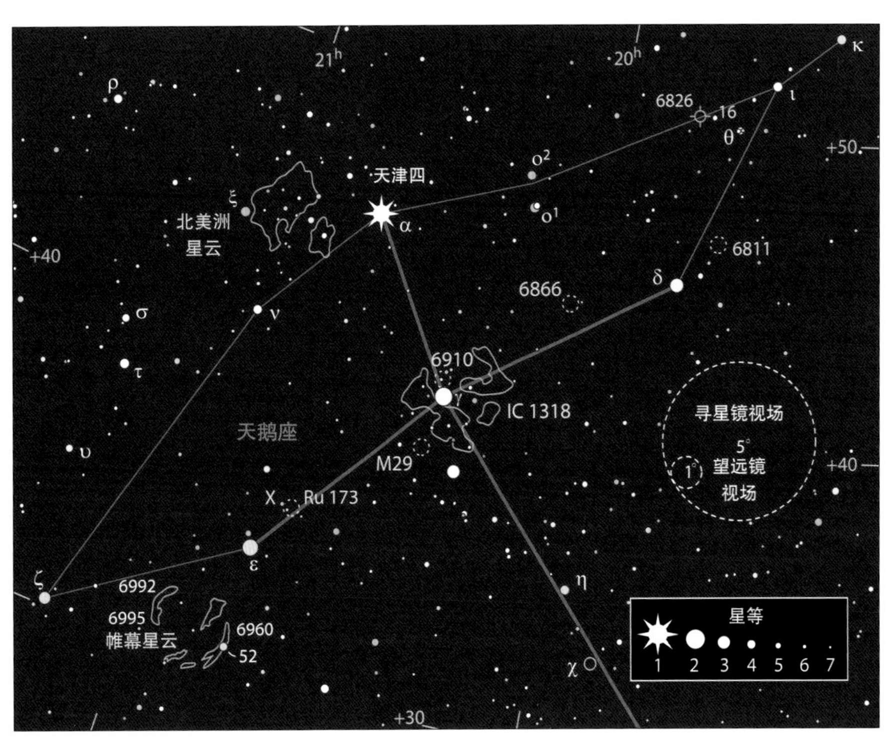

将天鹅座γ放在一个低倍率视场的西边，然后向南扫描1.8°，就可以看到M29。在87倍放大率下，我看到6颗9等星聚集在一起，组成了“背靠背”的圆括号图案，其中单个括号都是由三颗恒星连成的。10颗稍暗一些的恒星散落在这个星团上。在一些观测指南上，M29被描述为一个微缩版的“北斗星”或者小型的“昴星团”。美国亚利桑那州的观测者比尔·费里斯觉得M29长得确实很像昴星团，因而他将M29称为“小姊妹星团”。这张星团的彩色照片展示出其中混合着蓝色和黄色的恒星的美丽景象。

从天鹅座γ往天鹅座ε连线大约四分之三的地方，就是我们要找的下一个目标——鲁普雷希特173（Ruprecht 173，或Ru 173）。这个星团巨大而弥散，只有在低倍率下才能看清它的全貌。放大到17倍时，我在50′的区域内看到了60颗6等星和更暗的恒星。大量更亮的恒星则排成了延伸到整个星团大小的“8”字形，其中南边的一圈更大但更暗。银河沿着这个星团的东侧边缘流淌过去，甚至有少许进入了这个星团的范围，这里正好是天鹅座X变星的所在之处。这颗脉动黄超巨星的亮度在5.9等到6.9等之间往复变化，变化周期为16.4天。当亮度达到峰值时，天鹅座X就是这个星团里最亮的恒星。

我们的最后一站是美丽的帷幕星云，又叫面纱星云。这是一个可爱的超新星遗迹，用小型望远镜就可以看到，但除非你在特别黑暗的夜空中观测，否则最好还要用一个氧-Ⅲ滤镜（滤掉大部分绿光以外的光线）以获得更好的观测效果。

帷幕星云里最亮的部分分别叫NGC 6992和NGC 6995，二者在一起还有个名字叫C33。它们处在天鹅座ε和天鹅座ζ正中间稍微偏西南方的位置。这条如轻纱一般弯曲的弧线有超过1°的长度，大致沿着南北方向排布。星云的南边略微变宽，并且散开成羽毛状的卷须向西边延伸。

帷幕星云的另外一块主要部分则包含了一颗肉眼可见的恒星天鹅座52。因此，很多人会从这颗恒星开始观测帷幕星云。这一部分的名字叫NGC 6960，或者叫C34。它相较于NGC 6992/5而言，更暗淡一些，但是看起来更加迷人。这片星云的南边逐渐变宽，就像一把餐叉一样叉过了天鹅座52的南边，而北边则逐渐收缩到一个点上。如果你把北边这一点放在低倍率视场的中央，则往东边扫过去就能看到NGC 6992/5。

最迷人的场景，可能是用一个广角目镜同时收下这两片弧状的“帷幕”。我绘制了这张放大到17倍的草图（见第226页），展示出了3.6°视场下包含整个帷幕星云的景象。有一块非常暗弱的楔形星云状物质悬浮在两片明亮的“帷幕”北端之间，叫作西梅斯229（Simeis 229），又叫皮克林的三角刷。当时哈佛大学天文台的第一任天文摄影底片主管威廉明娜·弗莱明在认真检查一张长曝光的面纱星云照片后发现了这个特征，然后哈佛大学的天文学家爱德华·C. 皮克林在1906年首次提到了它。

畅行北美洲

如果你对北美洲的地理比较了解，那么在这个大星云周边寻访天体的时候就会更轻车熟路。

北美洲星云（又叫北美星云）是天空中让人印象最深刻的星云之一。星云的形状和北美洲大陆极其相似，因此让“北美洲星云”的名称广为流传。给这个星云起名的人并不是北美洲的居民，而是德国天文学家马克斯·沃尔夫。1890年，沃尔夫成为拍下北美洲星云照片的第一人，并且在接下来很长时间内，拍照都是人们欣赏北美洲星云独特外形的唯一方法。如今到处都是短焦距望远镜和大视野目镜，我们可以更容易地目视到这个巨大的星云。

北美洲星云，又叫NGC 7000或者科德韦尔20（Caldwell 20），是一个很容易定位的星云。用你的望远镜从3.7等的天鹅座ξ出发往天津四方向扫去，大约扫到四分之一的地方，这时你就位于北美洲星云“墨西哥湾”的地方。记得一定要用你的最低倍率目镜来看。这个星云跨越了超过2°的天区，这时一台小型望远镜就有决定性优势，因为即使用现在的广角目镜，装在大型望远镜上也无法获得一个足够广角的视场，所以只能分成一块一块地来观察这个星云。

第229页的那张铅笔绘制的草图，记录的是我用105 mm望远镜在17倍放大率下看到的场景。图上画出了整个北美洲星云，也包括它“东海岸”外面（在天空中其实位于北美洲星云的西边）的IC 5070，又叫鹈鹕星云。我经常被问道，星云真的像你画的那样吗？答案是肯定的——前提是，你需要在像我画它们的那个黑暗的环境中进行观测。这两个星云其实不难被找到。我在好几次星空大会上都和其他人分享过这个场景，很少有人会找不到NGC 7000，大多数都能看到IC 5070。但这附近还有第三个星云占据了视野的大部分，它似乎天生害羞，不知道你是否能看到它？这就是位于“墨西哥湾”里，以及“东海岸”和鹈鹕星云之间填充的暗星云——LDN 935。

我的观测地点有一些轻微的光污染，因此为了增强观测效果，我用了只能透过绿色光的氧-Ⅲ滤镜来进行观察。当然，用窄带滤镜也可以。那些有幸在夜空特别黑暗的地方进行观测的人们就不需要这些滤镜了。尽管我不打算画出这个视野里满满的恒星，但目视的场景实在太令人印象深刻了，里面甚至还包含几个星团。

NGC 6997是在北美洲星云的“疆域”里面最明显的星团。在我看来，这个星团就像被安放在了俄亥俄州和西弗吉尼亚州的边界上。如果我们把天鹅座57这颗4.8等星放在低倍率目镜视场的西侧，那么NGC 6997就会出现在视野中。我的105 mm望远镜在17倍放大率下显示出一群非常暗淡的、粉末一般的恒星。放大到47倍后，这个星团显得更漂亮，可以看到更多的暗淡恒星，跨越了10′的距离。在我的10英寸反射望远镜里，我数出了40颗恒星，大多数都在11等到12等之间。这些恒星排列成两个不完整的圆形，二者一圈套一圈。

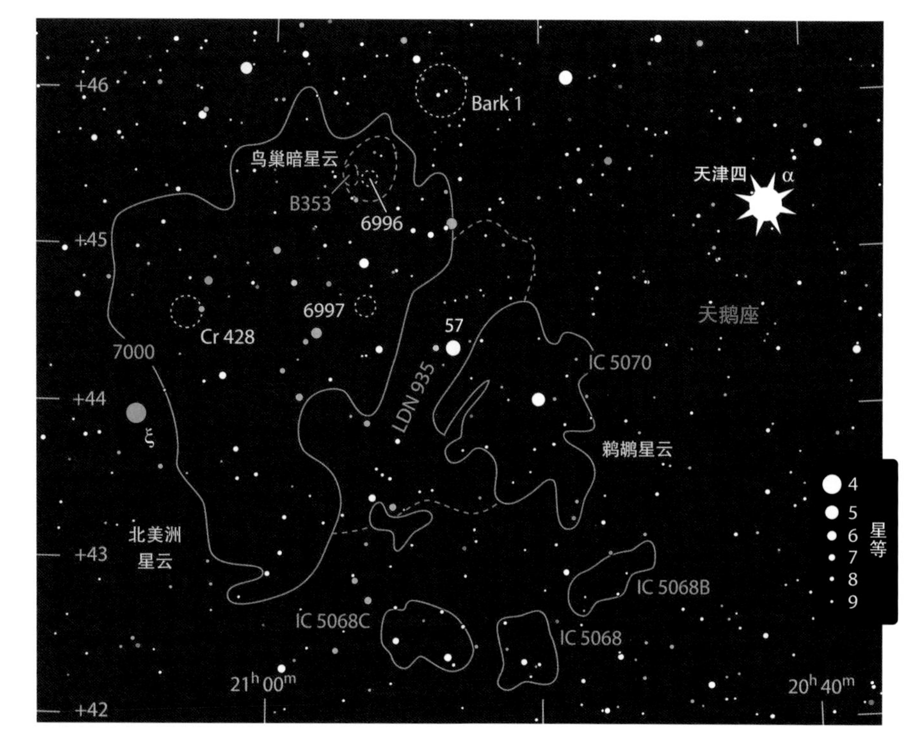

NGC 6997真的是包含在北美洲星云里面吗？很难说。因为它们到地球的距离还知道得太少。2004年，有一篇论文发表在《天文和天体物理学》上，报道了NGC 6997距离我们约2 500光年，与此同时，还采用了北美洲星云距离我们约3 300光年的数据。这些数据与之前的很多参考文

左图：美国康涅狄格州的天文爱好者罗伯特·詹德勒用高桥FSQ-106 f/5折射望远镜和SBIG STL-11000M CCD相机通过马赛克拼接的方法拍下了这张北美洲星云及其周边的照片。图中上方为北，视场宽度为5°。注意照片顶部往下1~1.5英寸、中央偏左一点，就是鸟巢暗星云里暗椭圆的位置。为了展示出明显的红色发射星云的精细结构，这张照片借用了其他人用氢-α滤镜拍下的颜色图层。想了解更多这样的技术，可以访问罗伯特·詹德勒的个人网站。

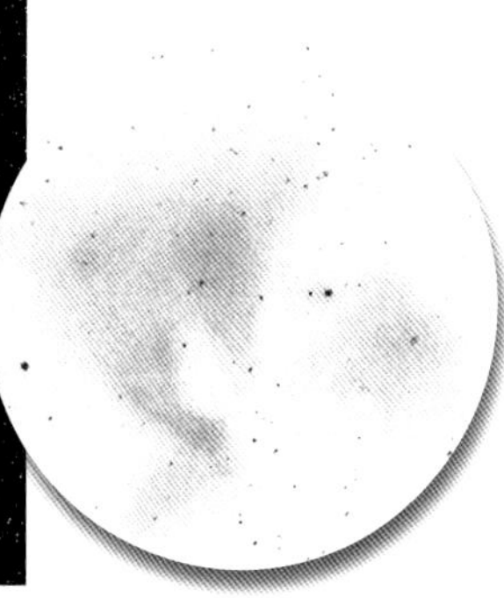

左图：这张3.6°视角的草图，包括北美洲星云，是作者用一台105 mm的“天体物理学旅行者”望远镜（这也是与詹德勒拍摄数码照片时口径相同的望远镜）在17倍放大率下观测后绘制的。

献给出的值相差不少。如果它们得到认可，那么就说明星团NGC 6997是一个和星云无关的前景天体。

来自美国佐治亚州的狂热深空爱好者戴夫·里德尔向我介绍了北美洲星云里的鸟巢暗星云。从此以后，这个暗星云就成了这片区域里我最喜欢的景象之一。鸟巢暗星云这个名字的来源是一篇1927年发表在《大众天文学》上的文章，题目叫《天鹅座的一个环状（暗）星云》，作者是丹尼尔·沃尔特·莫尔豪斯。这篇文章里提到，作者通过拍照的方式在北美洲星云里面发现了一个有趣的天体，并且评论道：“我把这个天体称作‘鸟巢’已经有好几年了，它就位于‘哈得孙湾’里面。”用我的105 mm望远镜放大到47倍来看，鸟巢的暗边缘是一个23′的椭圆环形，沿着西北偏北—东南偏南摆放。

暗星云巴纳德353（Barnard 353，或B353）以它最暗的部分构成了鸟巢暗星云的东侧边缘。在鸟巢里面，我数出了27颗“鸟蛋”恒星。在我的15英寸牛顿式反射望远镜里观看，鸟巢的中央挤满了恒星，在这个区域，或者至少是它的南边部分，组成了NGC 6996。这是银河中因为暗星云环绕而形成的一块孤岛区域。

NGC 6997的发现者是威廉·赫歇尔，而NGC 6996则是由他儿子约翰·赫歇尔发现的，他们都是两个多世纪以前在英国做观测。尽管父子俩很好地给出了这两个天体的位置，但很多星图和专业期刊里还是经常把它们搞混。多年以来，通过一些知名的天文学家的努力，这两个天体才得以分辨清楚。这些天文学家包括德国的卡尔·赖因穆特、法国的纪尧姆·比古尔当、美国的哈罗德·科温和布伦特·阿奇纳尔等。

如果说鸟巢暗星云是在“哈德孙湾”里面，那巴尔哈托娃1（Barkhatova 1，或Bark1）星团就位于“巴芬岛”上。有一对7等星正好指向这个星团，稍远的一颗呈金黄色，较近的一颗为白色。在47倍放大率下，我的105 mm望远镜里显示出一团尘埃状的景象，能数出30颗恒星，大多数比较暗淡或者非常暗淡。其中最亮的两颗恒星位于星团的南边。在星团的东边还有一个比较大的椭圆形间隙，其中包含一颗单独的、非常暗的恒星。另外，有一颗红色的恒星在巴尔哈托娃1的东侧边缘，另有一颗金色的恒星位于它的西侧边缘以外。我用10英寸望远镜可以看到有60多颗恒星分布在20′的范围内。

前面我们到访了北美洲星云的“东海岸”和“加拿大”，现在让我们去看看“爱达荷州”的北边，那里有个星团叫科林德428（Collinder 428，Cr 428）。用一个低倍率视场目镜来观看，将天鹅座ξ这颗3.7等星放在视野的南边，这时科林德428星团就会出现在视野中。通过我的小型折射望远镜可以在12′的范围内看到10多颗暗弱的恒星，以及一颗7等星位于星团的西侧边缘。在我的10英寸反射望远镜里看，这颗亮星发橙色光，能看到的恒星数量也翻倍了。这个星团看起来有点像由一块梯形的暗星云所划分出来的银河里的一块碎片。

在鹈鹕星云的南边，还有三个具有挑战性的星云斑块。倘若你把北美洲星云往南扩充，这个位置相当于

天鹅座的北美洲星云天区							
目标	类型	星等	大小	赤经	赤纬	*MSA*	*U2*
NGC 7000	发射星云	4	120′×100′	$20^h58.8^m$	+44°20′	1126	32L
IC 5070	发射星云	8	60′×50′	$20^h51.0^m$	+44°00′	1126	32L
LDN 935	暗星云	—	90′×20′	$20^h56.8^m$	+43°52′	1126	32L
NGC 6997	疏散星团	10	8′	$20^h56.5^m$	+44°39′	1126	32L
鸟巢暗星云	暗星云，恒星云	—	23′×18′	$20^h56.3^m$	+45°32′	1126	32L
B353	暗星云	—	12′×6′	$20^h57.4^m$	+45°29′	1126	32L
NGC 6996	恒星云	10	5′	$20^h56.4^m$	+45°28′	1126	32L
Bark 1	疏散星团	—	20′	$20^h53.7^m$	+46°02′	1106	32L
Cr 428	疏散星团	8.7	13′	$21^h03.2^m$	+44°35′	1126	32L
IC 5068	发射星云	—	25′	$20^h50.3^m$	+42°31′	1126	32L
IC 5068B	发射星云	—	42′×14′	$20^h47.3^m$	+43°00′	1126	32L
IC 5068C	发射星云	—	25′×18′	$20^h54.2^m$	+42°36′	1126	32L

大小数据来自最新的星表。实际用望远镜观测时的目标大小往往比星表里的数值小。表格中的*MSA*和*U2*列分别为《千禧年星图》和《测天图2000.0》第二版中的星图编号。

“南美洲的北海岸”。这三块星云状物质中，位于中间的是IC 5068，它虽然暗淡，但通过我的105 mm望远镜加上氧-Ⅲ滤镜来看是全部能看到的。IC 5068呈块状，有两颗9等星位于东边：一颗靠近北侧角落，一颗靠近南方。

用我的15英寸望远镜来看，这个星云的尺寸约为南北方向0.5°长、东西方向20′宽。星团里最亮的星是中心以南的一颗恒星，亮度为7等。

在星图软件MegaStar 5.0里查看，东北方向上有一大块星云状物质，被标记为IC 5068B。NGC/IC项目的哈罗德·科温曾经为是否要把它命名为IC 5067而犹豫不决。在我的小型望远镜里它只是一块模糊亮斑，但在大一些的望远镜里看就相当明亮了。在57倍放大率加上氧-Ⅲ滤镜的情况下观测，它的长边沿着东南方向往西北方向延伸了大约0.75°长，而短边的宽度只有三分之一大小。一条由7等到9等星组成的直线几乎与星云的北侧边缘平行。如果去掉滤镜观看，这几颗恒星从东往西分别是蓝白色、橙色和黄色的。

第三块星云状物质就位于IC 5068的东边，在MegaStar软件里被标记为IC 5068C。我用小型望远镜还没看到过这块星云状物质，但在15英寸望远镜里就能看到它。你也可以试试看，需要多大口径的望远镜才能认出这个天体。IC 5068C的宽度约25′，看起来呈斑驳状，在中央偏西的地方有一条比较暗淡的南北向条带。在它的南侧边缘，还排列着两颗距离较远的7等恒星。

当下次天气不错、你的望远镜召唤你的时候，何不出门去看看这块“天上的大陆”呢？

天鹅座深空集锦 I

在天鹅尾部明亮的天津四东边，分布着数不清的深空奇迹。

你，银色的天鹅，谁能将你超越？
一百零七颗闪耀的星组成你
你有着优美的身形；在清澈的天河中
将你辨认出来。
——卡佩尔·洛夫特“欧多西亚”，1781年

沿着云雾缭绕的银河系一路前行，天鹅座就会带着闪耀的星光出现。如果我们按照现代的天鹅座边界来数里面的恒星，那么从亮到暗数到第100多颗，亮度才降到5.8等——这个亮度在黑暗的夜空中凭肉眼也确切可见。同样，天鹅座还有丰富的深空奇迹，多到我用

全年所有的晴朗无月夜来观看也看不完。威廉·诺布尔在小册子《三英寸望远镜的时光》里，称这片区域被天鹅座的“荣光”所照耀，并且写道：“只是简单地扫过一下这片天区，就能发现这里面有数不清的深空天体，充满了美妙和乐趣。”

既然有这么多选择，我就不得不把这次的深空旅途限定在一个稍小的范围内，那就是在天鹅座东北边的几个我最喜欢的天体。我们从一个容易找到的疏散星团NGC 6991开始。首先找到天鹅的尾巴背后（天津四的东北方）有一个由5等到7等恒星组成的1°大小的“V”字形。沿着这个“V”字尖端所指的方向再往前1°的距离，就是我们要找的星团。星团的东边还怀抱着一颗6等的恒星。

用我的105 mm折射望远镜放大到17倍来看，NGC 6991就是在一颗孤独的亮星周围散落着好些暗星的样子。放大到87倍后，我看到这个星团上大约35颗恒星排列成古怪的线条，仿佛故意被摆放成这个样子，好像外星人在星团上写下的巨大的外星文字母，不知道他们想传递什么消息。在亮星的东南偏东方向可以看到一块模糊的光斑，这个地方本来应该是星云IC 5076，但我怀疑我看到的光斑其实只是没有分辨出细节的恒星。即使我用了个星云滤镜来观测，也没有多大的帮助。

我的10英寸反射望远镜在70倍放大率下，把NGC 6991变成了一个右撇子“独眼巨人”。星团东边的亮星代表着他的眼睛，而其他星星则勾勒出他的胳膊和腿。在星团里面，他的“右手”（南边）看起来更加强壮。总的算来，一共有大约100颗明亮和暗淡的恒星混合聚集在大约28′的区域内。在“眼睛”的西面和西南面，有一片朦胧的区域，里面闪烁着微弱的光亮。把放大倍率提高到118倍，就可以看到这里还有非常微弱的恒星，这些恒星也是星团里出现微弱的“幻影”的原因。但我怀疑这层薄雾是否只是未能分辨出来的恒星，于是在目镜上加了一个窄带滤镜。加上滤镜后目视效果改善了不少，这表明肯定至少有一部分薄雾其实是星云。在星云的分类上，IC 5076可能被列为各种不同的星云，有反射星云、发射星云，甚至还有二者的结合体。

当然，在深空天体如此丰富的星座里出现了一些混乱，这也完全可以理解。我们称为NGC 6991的星团，符合18世纪末被威廉·赫歇尔归类为Ⅷ 76星团的描述。19世纪初，威廉·赫歇尔的儿子约翰·赫歇尔观察到了一个天体，并编号为“2091”，并称这就是他父亲指的那个星

天鹅座的东北区域里布满了一颗接一颗的恒星，无论是袖珍的双筒望远镜，还是大型的家用天文望远镜，都会为观测者留下深刻的印象。这张视场宽度为7.5° 的图像包括了右侧那颗明亮的恒星——天津四，以及下一页图片中圈出的大部分区域。
* 摄影：《天空和望远镜》杂志 / 丹尼斯·迪·西科/ 肖恩·沃克。

秋季 • 十月

团。但他的描述很明显指的是一群不同的恒星。约翰·赫歇尔的“2091”似乎指的是在一个大星团里集中在南边6′范围内的一个小群体。很多人都在怀疑到底哪一个星团才是真正的NGC 6991，但明显应该是老赫歇尔描述的那个星团。

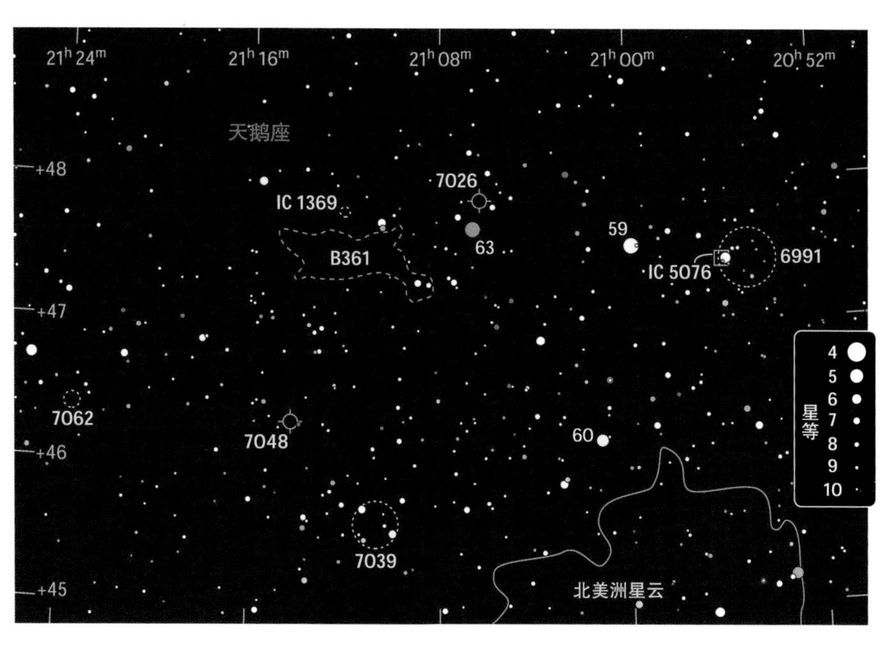

我们的下一站是行星状星云NGC 7026。美国肯塔基州的天文爱好者杰伊·麦克尼尔称之为“奶酪汉堡星云”。从NGC 6991里的亮星出发，向东扫过1.8°，你会经过两颗5等星，其中第二颗恒星是金色的。NGC 7026就位于其西北偏北方向距离12.5′的地方。用我的小型折射望远镜放大到87倍来看，这个行星状星云又小又圆，有一个明亮的中心区域，一颗9.6等的恒星位于它的东北偏东边缘。放大到127倍，通过氧-Ⅲ滤镜来看，星云似乎比那颗恒星更亮，并且略呈椭圆形。

这个淡蓝色的星云状物质位于18世纪威廉·赫歇尔发现的大型而松散的星团NGC 6991的东侧边缘，它有自己的名称：IC 5076。右下角的一小团，很可能是正文中提到的由威廉·赫歇尔的儿子约翰发现的那个天体的一部分。照片的视场宽度为0.25°。
* 摄影：克里斯·迪福莱特。

在我的10英寸反射望远镜放大到70倍下，NGC 7026呈现出绿松石的颜色。再继续放大到219倍，看起来就变得特别不寻常了。星云的东边和西边各有一块大的明亮的光斑（也就是汉堡的两片面包），中间夹着一条很窄的南北方向的暗带（汉堡的夹心）。还有更暗淡的部分沿着星云的南北方向延伸出去。

当我用小型望远镜在47倍放大率下扫描这块天区时，我注意到了NGC 7026往东1°的地方有一块小的模糊光斑。这就是疏散星团IC 1369。我把放大率提高到87倍，则可以在4′大小的薄雾中分辨出几颗非常暗弱的恒星。就在星团的南面，暗星云巴纳德361（Barnard 361，或B361）表现为一个相当大且呈墨黑色的三角形斑块，三角形的顶点是圆滑的形状。在星云的东北角伸出了一些黑暗的条纹，不规则的黑暗区域从西北角向西蔓延。用我的10英寸反射望远镜放大到70倍来看，IC 1369变成了一块有意思的薄雾，上面有很多尘埃般的暗淡恒星。

在黑暗的夜空中，IC 1369似乎位于一个巨大的暗星云的西边，这个暗星云横切入银河里。勒让蒂3（Le Gentil 3）可能是有史以来第一个被编目的暗星云。法国天文学家纪尧姆·勒让蒂在1755年发表了一篇写于1749年的论文，其中就描述了这个天体。在我位于城郊的家里，选一个透明度高的夜晚来观测，用肉眼就能很容易直接看到天鹅的“尾迹”上这块黑暗的大裂缝。

从巴纳德361出发，往东南偏南方向1°的距离，有另一个有趣的行星状星云——NGC 7048。它比NGC 7026大一些，但面亮度要低得多。我用105 mm折射望远镜对着这个星云东南偏南边缘的一颗10等星观测时，一点儿也看不到这个星云的踪迹。起初我还以为是它实在太暗了，我的望远镜都不足以看到它。但事实并不是这样！加上一个氧-Ⅲ滤镜过后，景象就大不相同了。在87倍放大率下通过滤镜来观看，这个行星状星云显得非常明亮，呈直径约

对作者的10英寸反射望远镜来说，行星状星云NGC 7048是一个很容易看到的深空天体，也可以在乡村的黑暗夜空中，用一个装有氧-Ⅲ滤镜的105 mm望远镜来观看。它的圆面大小与木星差不多。
* 摄影：理查德·鲁宾逊/贝弗利·厄尔德曼/亚当·布洛克/美国国家光学天文台/美国大学天文研究联合组织/美国国家科学基金会。

1′ 的圆形，面亮度也非常均匀。

即使不用滤镜，NGC 7048在我的10英寸望远镜里也是一个容易找到的目标。此时它的面亮度看起来似乎不那么均匀了。再换用我的14.5英寸反射望远镜放大到245倍来看，则可以发现这个行星状星云的边缘稍亮，内部呈现模糊的斑块状。一颗非常暗淡的恒星叠加在星云上，位于星云中心的西北方向。在《千禧年星图》里，NGC 7048的符号被错误地标注在了它真实位置西南偏南方向距离2′ 的地方。

我用望远镜在低倍率下扫描NGC 7048西南方向50′ 附近的天区时，看到了一个40′ 大小的星群。组成星群的恒星差不多是中等亮度，整体形状就像一棵圣诞树。在我的小型折射望远镜里，可以看到“圣诞树”的树顶指向西边。当我把放大倍率提高到87倍时，我还看到了一个疏散星团NGC 7039。这个星团包含“圣诞树”北侧的一小部分。它由一大群暗淡的恒星组成，还有一些散落的星点向南延伸到20′ 的地方。一颗黄白色的7等星位于星团的东北边缘。在我的10英寸望远镜中，星团NGC 7039呈现出三角形的样子，顶部还有一个大球，大球正中间是一颗明亮的恒星。另外，一颗7等星位于三角形的底部，一颗8等星位于三角形东侧那条边上。其余的恒星则大多只有13等到14等。放大到115倍看，最密集的恒星带（沿着星团的北侧）大约有10′ ×5′ 的大小。这个星团的位置通常用那颗黄白色恒星的坐标来标记，或者是按照本页表中的坐标值，给出了这个星团的大致中心。

我们的最后一个目标是位于NGC 7048以东1.6°处的疏散星团NGC 7062。在我的小型折射望远镜放大到87倍下观看，NGC 7062是一个由20颗中等亮度到极暗淡的恒星组成的紧密的星团，跨度有4.5′ 。我用10英寸的反射望远镜在166倍放大率下可以分辨出30颗恒星。这个星团是一个5′ 大小的长方形，沿着东南偏东到西北偏西方向摆放，其中三颗最亮的星星排列在星团的南侧。在《千禧年星图》里，NGC 7062的圆形标记应该向东移动3′ 才对。

在这片壮丽的夜空中，我有太多的东西想要和大家分享。“天鹅座深空集锦”将在第251页进入第二部分，我们将继续讲天鹅的故事。

在天鹅的尾迹中

目标	类型	星等	大小 / 角距	赤经	赤纬	*MSA*	*U2*
NGC 6991	疏散星团	~5	25′	$20^h 54.9^m$	+47°25′	9	32L
IC 5076	弥漫星云	—	7′	$20^h 55.6^m$	+47°24′	9	32L
NGC 7026	行星状星云	10.9	29″×13″	$21^h 06.3^m$	+47°51′	9	32L
IC 1369	疏散星团	8.8	5′	$21^h 12.1^m$	+47°46′	9	32L
B361	暗星云	—	20′	$21^h 12.4^m$	+47°24′	9	32L
勒比蒂 3	暗星云	—	7°×2.5°	$21^h 08^m$	+51°40′	9	32L
NGC 7048	行星状星云	12.1	62″×60″	$21^h 14.3^m$	+46°17′	9	32L
NGC 7039	疏散星团	7.6	20′	$21^h 10.7^m$	+45°34′	9	32L
NGC 7062	疏散星团	8.3	5′	$21^h 23.5^m$	+46°23′	9	32L

大小和角距数据来自最新的星表。实际观测时的目标大小往往比星表里的数值小，且根据观测设备的口径和放大倍率的变化而不同。表格中的 *MSA* 和 *U2* 列分别为《千禧年星图》和《测天图 2000.0》第二版中的星图编号。

小狐狸归来

狐狸座的深空宝藏里，著名的哑铃星云只能算其中一个。

在“狐火之夜”一节（第206页），我们去狐狸座这只“小狐狸”的老窝旅行了一趟，参观了几处深空天体。现在，我们将从M27——也通常被称作哑铃星云——开始，继续狐狸座的旅行。M27位于人马座γ正北方3.2°处，在8×50的寻星镜里看，就能看到一块很小的但明显不是恒星的亮点。

哑铃星云是一个又大又亮、细节还极其丰富的行星状星云。几乎在所有的望远镜里看，它都是一个神奇又美丽的景观。在我的105 mm反射望远镜里放大到127倍来观看，这个星云实在令人神往。星云里最明显的部分，就像一个沙漏，或者像一个苹果核，果核的上下两边还留着明亮的果皮。一条对角的条纹将两边连接起来；在它们相连的地方，聚集着一些比较亮的光斑。稍暗一些的区域从这个苹果核的两边延伸出来，填补“被咬掉”的部分，看起来变成了一个橄榄球。

用6英寸口径或者更大的望远镜来观测，可以把放大率增加到约200倍，这时就能看到在哑铃星云斑驳的背景下衬托着一些前景恒星。与哑铃星云14等的中央恒星相比，这些前景恒星很容易就能辨认出来。虽然说在条件非常好的夜空，用6英寸的望远镜就能看到这颗14等中央恒星，但想要相对更容易地找到它，最好还是用10英寸这样大的望远镜。

你也许永远无法预料，有一天在观测一个司空见惯的天体时，还会有前所未有的新发现。1991年，捷克天文爱好者莱奥什·翁德拉在对比哑铃星云的照片时，就发现了一颗变星。当认真对比照片的细节时，他注意到在其中一张照片上有一颗明显可见的恒星，但在另一张上却完全看不到。更加深入的研究表明，这可能是一颗刍藁型变星（一种脉动变星），峰值视星等在14.3等左右。翁德拉给它起了个绰号叫“金发姑娘变星”。当它达到最大亮度时，应该用一个中等口径的望远镜就能捕捉到，但我至今还没有成功地看到过它。你有看到过它吗?

在哑铃星云的西边正好2°的地方，是一颗5等星——狐狸座12。将它放在低倍率望远镜视场的南部，就能找到疏散星团NGC 6830。我的105 mm望远镜放大到17倍，呈现出一个模糊的斑块和少许暗弱的恒星，但是放大到87倍后，就能在6′的视野中分辨出20颗恒星。其中大多数恒星都聚集在一个像蘑菇一样的形状中，蘑菇帽朝西，蘑菇柄指向东北偏东。把倍率降低到28倍，然后向西扫描1.8°的距离，我发现了NGC 6823星团——这个漂亮的星团聚集着30颗暗淡的恒星，就像珠宝一样，在中心还有一组漂亮的三合星。在星团的北侧边缘挂着一个不那么弯曲的“S”形，由9等星和10等星组成，并向西蜿蜒而去，延伸出0.75°的距离。在星团的东侧边缘，还能隐隐约约看到一点点沙普利斯2-86（Sharpless 2-86，或Sh 2-86）星云的迹象。这个星云通常很难被察觉。我用10英寸望远

扩大猎狐的范围

目标	类型	星等	大小 / 周期	赤经	赤纬	*MSA*	*U2*
哑铃星云	行星状星云	7.4	8.0′×5.7′	$19^h 59.6^m$	+22°43′	1195	64
金发姑娘变星	变星	~14—18	~213天	$19^h 59.5^m$	+22°45′	（1195）	（64）
NGC 6830	疏散星团	7.9	6′	$19^h 51.0^m$	+23°06′	1195	64
NGC 6823	疏散星团	7.1	12′	$19^h 43.2^m$	+23°18′	1195	64
Sh 2-86	亮星云	—	40′×30′	$19^h 43.1^m$	+23°17′	1195	64
切尔尼克 40	疏散星团	—	4′	$19^h 42.6^m$	+21°09′	（1195）	（64）
小蜻蜓	星群	—	5′	$19^h 43.1^m$	+21°11′	（1195）	（64）
NGC 6813	亮星云	—	1′	$19^h 40.4^m$	+27°19′	1195	64
罗斯隆德 4	疏散星团	10.0	6′	$20^h 04.8^m$	+29°13′	（1171）	（64）
IC 4954/5	亮星云	—	3′×2′	$20^h 04.8^m$	+29°13′	1171	64
NGC 6842	行星状星云	13.1	57″	$19^h 55.0^m$	+29°17′	1172	（64）
NGC 6885	疏散星团	8.1	20′	$20^h 12.0^m$	+26°29′	1171	64
Cr 416	疏散星团	—	8′	$20^h 11.6^m$	+26°32′	（1171）	（64）
NGC 6940	疏散星团	6.3	30′	$20^h 34.6^m$	+28°18′	1170	64
狐狸座 FG	变星	9.0—9.5	86天	$20^h 34.6^m$	+28°17′	1170	（64）

大小数据来自最新的星表。实际观测时的目标大小往往比星表里的数值小，且根据观测设备的口径和放大倍率的变化而不同。表格中的 *MSA* 和 *U2* 列分别为《千禧年星图》和《测天图 2000.0》第二版中的星图编号。带括号的编号代表该天体没有在星图中标出。

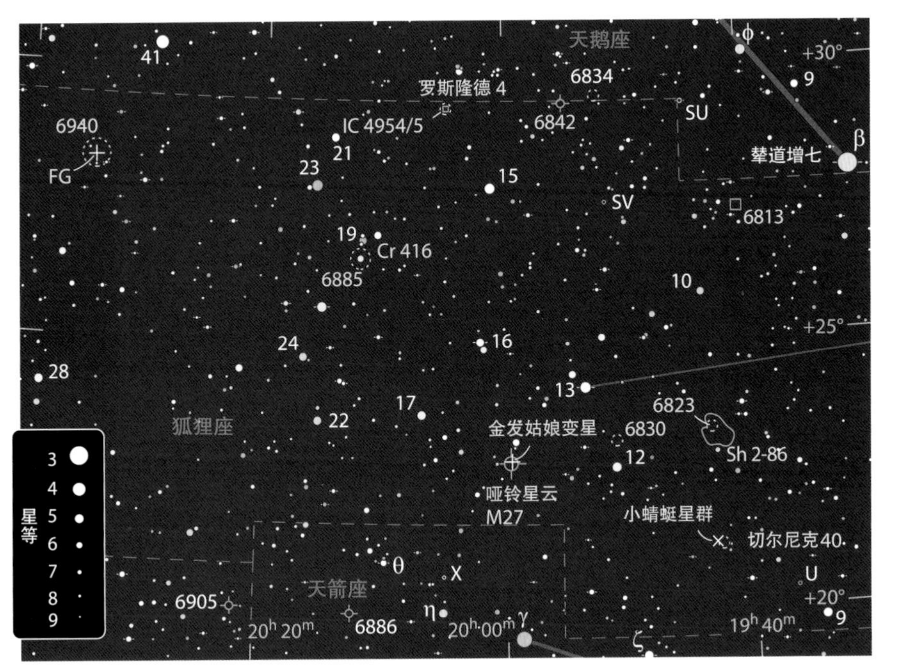

左下图：这颗变星由捷克天文爱好者莱奥什·翁德拉在1991年发现，并给它起名为"金发姑娘变星"。它有着特别红的颜色，并且被认为是一颗长周期刍蒿型变星，亮度在14等到18等之间变化。这张图上方为北，视场宽度为12′。

*摄影：《天空和望远镜》杂志 / 丹尼斯·迪·西科 / 肖恩·沃克。

镜在68倍放大率下观看，可以发现中央的三合星实际上是四合星，其中两颗相对较亮，另外较暗的两颗连线垂直穿过较亮的那两颗星中间。

我曾经尝试探索伊万·R.金的星团列表中的所有深空天体，其中就包括位于NGC 6823以南2.1°的金27。这个星团又叫切尔尼克40（Czernik 40）。它非常暗淡。我用10英寸反射望远镜放大到118倍下观测，可以看到一块3′大小的模糊亮斑，坐落在7′大小的梯形的西侧边上。这个梯形由4颗恒星组成，亮度为8等至9.5等。在它附近有一个比较显眼的星群，其形状让我想起了仙后座的星团NGC 457，我称这个星群为"小蜻蜓星群"。小蜻蜓的尾巴由6颗恒星组成，正好在切尔尼克40星团东北偏东的边缘上；东边两颗亮度不等的恒星，组成了小蜻蜓一大一小两只眼睛。小蜻蜓的翅膀沿着南北向伸展，每对翅膀的尖端都装点着一颗比较亮的恒星。小蜻蜓的躯干和翅膀上还零零星星地散落着一些特别暗淡的恒星。这个星群的大小有5′，其中最亮的星为11等。切尔尼克40星团里的恒星则躲藏着更不愿意被我们看到，直到我用上了14.5英寸的反射望远镜放大到170倍后，它们才向我好奇的双眼"举手投降"。

接下来，我们跳出这片区域，去看看狐狸座的北侧边缘，那里有3个星云可以探寻。首先是狐狸座10西北偏北1.7°的NGC 6813。通过我的小型折射望远镜放大到87倍，我可以看到一个只有1′宽的斑点，中间镶嵌着一颗暗弱的恒星，另外在西北偏北方向2.3′处散落着一颗9等的橙色恒星。我用10英寸望远镜放大到311倍观测，发现中间那颗暗星是一对双星。这对双星坐落在星云里面一片较亮的区域中心偏西南的地方，同时在星云北侧可见第三颗恒星。

NGC 6813是一片热星际气体的区域，能够自己发光。而我们要观看的下一个星云，它最亮的部分仅仅是在反射内部镶嵌的星团所发出的光，这个星团叫罗斯隆德4（Roslund 4）。从狐狸座15出发往东北偏北方向走1.7°，可以看到两颗恒星；在105 mm望远镜中显现出9颗暗淡的恒星，它们大致排成一条南北方向的弧线，被包围在一片微弱的星云区域内。我用10英寸反射望远镜在118倍下观察，可以在6′的范围内数出15颗恒星。星云状的物质在星团的南边最明显，这部分就被称为IC 4955。而北边的那部分星云状碎块则被称为IC 4954。

往西边扫过2.1°的距离，便来到了我们要找的最后一个星云，它叫NGC 6842。想要用我的小型折射望远镜一睹这个行星状星云的芳容，则需要用上一块窄带星云滤镜或氧-Ⅲ滤镜，或者你也可以试试余光观测的方法。放大到87倍时，这个星云是一个宽约1′的圆盘，而当我的10英寸望远镜放大到213倍时，这个星云隐约呈环形，且在西南边还有缺口。在低倍率下观测，NGC 6842能够与它东北偏东方向距离11′的一群恒星处于同一视场中，而这群恒星组成了一个几乎完美的直径为9′的半圆形。

接下来，我们要看到一个在识别分类上仍有很大争议的天体。它有时候被认为是一个单独的星团，有时候却被看作两个星团。它的大小、位置和命名，在不同的文献中也各执一词。在这里我就直接采信了《星团》一书中的数据（William-Bell, 2003）。这本书很吸引人，是由布伦特·A.阿奇纳尔和史蒂文·J.海因斯编写的。该书作者将NGC 6885看作一个大星团，以狐狸座20为中心，把前面叠加的一小群集中的恒星称为科林德416（Collinder 416，或Cr 416）。用我的105 mm望远镜放大到28倍来研究这片区域，我发现了一个由30多颗恒星组成的小星群，包围在蓝色的狐狸座20四周，它们的亮度都是9等或者更暗。在这个星团的北边，三颗恒星排成了一条弧线，这三颗恒星分别闪耀着蓝色和金黄色的光芒。放大到153倍来仔细观察这个星团，我可以看到二十来颗暗淡或极暗淡的恒星，聚拢在大星团西北边一片8′大小的区域内。我在10英寸望远镜里还能看到更多暗淡的恒星，这使得NGC 6885的中心部分看上去往西移动了一些。试试看，用你自己的望远镜去探访这片区域，去欣赏你头脑中想象的画面。

NGC 6940将为我们的狐狸座夜空之行画上一个句号。这个星团的中心几乎位于一颗名叫狐狸座FG的红色变星处。我用105 mm折射望远镜放大到28倍来观看，可以发现在35′范围内聚集着超过70颗恒星的星团。其中最亮一颗是8等黄白色恒星，它仿佛统领着星团东北边这片没什么恒星的区域；它附近还徘徊着一颗橙色的伴星。在视野的极限分辨率下使劲看，我可以看到在天鹅绒般的夜空中，很多特别暗的恒星像钻石尘无尽地闪耀着。

天鹅座中被埋没的奇迹

人迹罕至的路上，往往会有迷人的景象。

在“优雅的天鹅”（第208页）一节中，我们曾经寻访了天鹅座里一些鲜为人知的深空奇迹。这一节，我们将继续沿着一条人迹罕至的星空之路，去探索天鹅座的景观。

我寻访深空天体的时候，通常是先从一颗我认识的恒星出发，然后参考一本详细的星图，沿着恒星组成的图案来搜寻我的目标。尽管在这个年代可以用带GoTo的望远镜，但老式的星桥法也有它不可比拟的优势——包括在途中偶遇一些神秘而有趣的新天体。这就是我能邂逅一颗有趣的四合星——韦布9的原因。

用10英寸的反射望远镜放大到44倍后缓缓地扫过夜空时，我发现了这颗位于恒星天鹅座25东南偏南方向距离29′处的四合星。四合星中的蓝白色主星亮度为6.7等，在它的西南偏南方向有三颗伴星，排列成一条曲线，其中最亮的一颗闪着橙红色的光芒。《华盛顿双星星表》（WDS星表）里面，将最西边也是最暗的那颗伴星亮度标记为10.6等，但据我的观测估计它至少要再暗半个星等。

这颗四合星不一定非要用大口径望远镜才能看到。我用105 mm口径折射望远镜，在相同倍率下观看，四合星的颜色和伴星也能看得很清楚。这个漂亮的天体最早是由托马斯·威廉·韦布注意到的。他是英国著名的天文爱好者，也是一本经典的观测指南《普通望远镜的观测天体指南》的作者。

如果说四颗星组成的系统叫“聚星”，那么要多少颗星才能叫一个“星团”呢？WDS星表中有一个叫ADS 13292的星团，仅仅由15颗恒星组成，说明聚星和星团的边界其实也很模糊。想要寻找这个星团，可以从天鹅座η出发，往东北偏东方向移动1°的距离，这儿有一个瘦长的三角形，由约7.5等亮度的恒星组成。这个三角形的东边顶点往东南偏东方向4.5′处坐落着一颗9.2等的恒星，这颗恒星就是ADS 13292星团里最亮的星。我用小型

天鹅座在银河中展翅向南飞翔，这是少数几个不需要太强的想象力就能从群星中认出的星座之一。但是要找到其中的众多深空天体则需要一些努力。本节中，作者继续介绍天鹅座中不那么出名的天体，好几个都在这张视场宽度为5°的照片中，右侧中间的星是明亮的天鹅座η，上方为北。

* 摄影：达维德·德·马丁/帕洛玛天文台巡天二期/加州理工学院/帕洛玛。

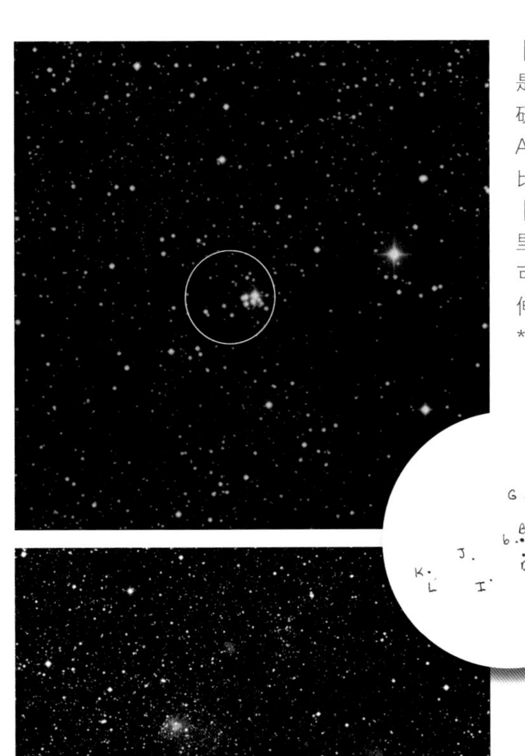

【你自己来决定】左图这一团东西，究竟应该算一个“人丁兴旺”的聚星系统，还是一个“门庭冷落”的疏散星团呢？这个迷人的恒星系统名叫ADS 13292。最近的研究表明，这个恒星系统包含6颗有着物理关联的恒星（在作者的手绘草图中，标着A—F的6颗），但是在视线方向上排列着更多的前景恒星，让这个系统看起来像是个比较稀疏的疏散星团。这张照片的视场宽度为0.25′，上方为北。

【观测挑战】虽然说NGC 6857星云（中央偏左的地方）相对较亮，在小型望远镜里也可见，但对大多数观测者而言，用大口径望远镜在条件好一些的夜晚来观测可以帮助他们看到更暗淡的星云物质区域，这片区域是从星云边缘往西南方向延伸出去的。左下图这张照片的视场宽度为0.5°，上方为北。

* 摄影：帕洛玛天文台巡天二期/加州理工学院/帕洛玛。

用余光观看

当我们观测非常暗淡的恒星、星云和星系的时候，如果把目光移到它们旁边一些的地方，不要直视它们，那么你会发现这些暗淡的天体看起来会更明显。这种方法叫作眼角余光法。这是因为视网膜上的一种感光细胞——视杆细胞的感光能力，比另一种位于视网膜中心的视锥细胞更敏感。

折射望远镜放大到127倍来看，可以发现四颗比较亮的星组成的一个梯形，就像是在模仿猎户座星云里面的那个“猎户座四边形”一样。我的10英寸口径望远镜在311倍放大率下，可以分辨出星团里14颗恒星。剩下的那一颗，在星表里标注的是14.3等的恒星，位于最亮星东南偏南方向距离4.1″的地方。整个星团的大小不到2′。

2000年10月，赫尔穆特·阿布特和克里斯托弗·科尔巴利在《天体物理学报》上发表了他们发现的285个可能的“梯形聚星系统”。这篇论文里包含了梯形748，它的插图和我看到的那14颗恒星一模一样。作者的结论是，其中6颗恒星（在上面我画的这张草图中，用A—F标记）是这个星团的真实成员，而剩下的那些只是在视线方向上恰好重叠的一些无关恒星。除非是研究中没有包括其他更暗淡的恒星，不然这个星团也显得太稀疏了。不管怎么说，视觉上它都有着强大的吸引力。

我们的下一个目标是另一个星空模仿秀：发射星云NGC 6857。它就在ADS 13292南边1.8°的地方。这是一个非常小，但是相当亮的天体。我用105 mm望远镜放大到28倍就可以看到一块小小的模糊斑点，边缘处有一颗暗淡的恒星。把放大率增大到87倍，星云就浮现了出来，而边缘处还出现了两颗稍暗的恒星，以及中心附近出现了一颗非常暗的恒星。

但是，NGC 6857第一次给我留下深刻印象，是我用10英寸望远镜观测的时候。放大到166倍时，我看到这个小小的星云周围排列着像风筝一样的四边形星群，而星云里面的那颗恒星正好在四边形中心，将星群补全成了一个十字架形状。这个形状正好是天鹅座主要恒星所构成的“北十字”的微缩版。正如“北十字”的心脏部位是天鹅座γ星云（IC 1318），这个微缩版的十字架中间恰好也环抱着NGC 6857。

虽然，我之前就了解到NGC 6857还处在另一个更不容易被看到的星云中，但直到两年前（即原书出版时间2011年前两年）我才第一次成功地看到它。我用10英寸望远镜放大到311倍，并再加上氧-Ⅲ滤镜，才看到沙普利斯 2-100（Sharpless 2-100，或Sh 2-100）这块模糊的暗斑。它的大部分结构从NGC 6857往西边和西南边扩散而去，看起来呈圆形，宽度约2.5′。用滤镜来观看，我发现它的边缘还隐隐约约藏着几颗暗弱的恒星。

现在，我们往西南边移动一些，来到行星状星云NGC 6894。它与另外两颗肉眼可见的恒星——天鹅座39和天鹅座41，组成了一个等腰三角形。用我的小型折射望远镜放大到47倍观看，这个星云只能在眼角余光中隐约出现。如果把放大率增加到87倍，再加上一个氧-Ⅲ滤镜或者窄带滤镜，则可以相当轻松地看到这个1′大小的星云，但是不能辨出细节。再放大到153倍，继续加上窄带滤镜，我察觉到中心区域略有微暗的迹象。当我用10英寸望远镜在213倍放大率加上滤镜观看时，我可以确认这个星云呈环状。这个环的宽度不小，而且显得特别地参差不齐。我去掉滤镜观看，则看到了星云边缘上镶嵌的一颗平时鲜有被察觉的恒星。

继续跟随天鹅翱翔

目标	类型	星等	大小 / 角距	赤经	赤纬	*MSA*	*U2*
韦布 9	聚星	6.7, 9.0, 9.8, ~11	1.2′, 1.4′, 1.3′	$20^h00.7^m$	+36°35′	1149	48L
ADS 13292	星团?	8.7	19′	$20^h02.4^m$	+35°19′	1149	48L
NGC 6857	亮星云	11.4	38″	$20^h01.8^m$	+33°32′	(1149)	48L
Sh 2-100	亮星云	—	3.0′	$20^h01.7^m$	+33°31′	(1149)	(48L)
NGC 6894	行星状星云	12.3	60″	$20^h16.4^m$	+30°34′	1171	48L
NGC 6834	疏散星团	7.8	6.0′	$19^h52.2^m$	+29°25′	1172	48R
海泡石烟斗	星群	—	22′	$19^h51.2^m$	+30°07′	(1172)	(48R)
闵可夫斯基 1-92	原行星状星云	11.7	20″×4″	$19^h36.3^m$	+29°33′	1173	48R

大小和角距数据来自最新的星表。实际观测时的目标大小往往比星表里的数值小，且根据观测设备的口径和放大倍率的变化而不同。表格中的 *MSA* 和 *U2* 列分别为《千禧年星图》和《测天图 2000.0》第二版中的星图编号。带括号的编号代表该天体没有在星图中标出。本月所有天体都在《天空和望远镜星图手册》中的星图 62 所覆盖的范围内。

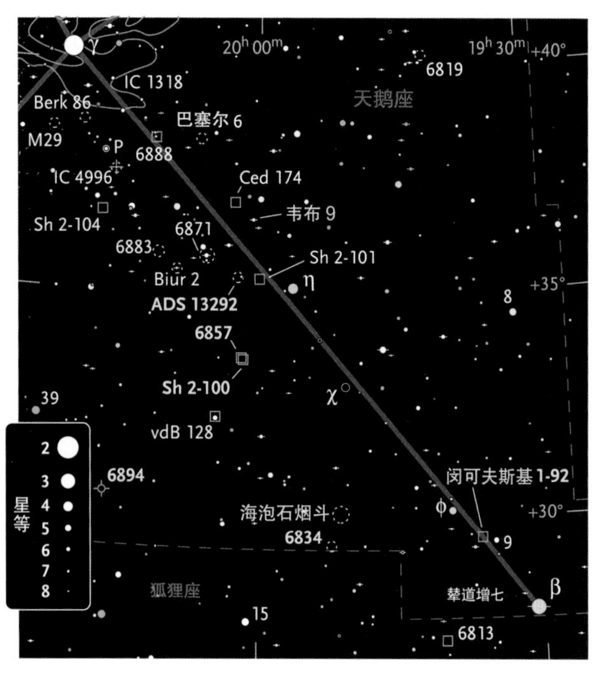

我们的下一个目标是疏散星团NGC 6834。它盘踞在天鹅座和狐狸座的边缘，在狐狸座15西北边2.6°的位置。用我的105 mm折射望远镜放大到17倍来粗看，这是一块很明显的模糊光斑，还包含一颗暗淡的恒星。放大到127倍后，我就能看到一条由5颗比较亮的恒星组成的直线，沿着东西方向排列；在这条线的背后有20多颗暗淡的恒星纠缠在一团迷雾中。用我的10英寸反射望远镜放大到115倍来看，这个星团非常漂亮：一条明亮的直线穿过一片由50颗暗恒星组成的区域，这里就像钻石尘一般耀眼。

接下来，我们要往西北偏北方向移动0.75°，来到一个叫作“海泡石烟斗”的星群。这个名字是由美国加利福尼亚州的天文爱好者罗伯特·道格拉斯起的。这个烟斗有22′长，在夜空中是正面朝上的。星群中最显眼的部分就是烟斗的长柄，从星群的最亮星（9.6等的HIP 97624）出发，往东南方向略微弯曲地延伸过去，连接到一个稍暗的碗形结构，或是底部稍圆的深“V”形。在这个烟斗形的星群里，我用小型折射望远镜可以看到一些10等到12等星，但想要更好地观测这个星群，还是得用更大的望远镜。

最后，我们将以天鹅座西南方一个非同寻常的天体来结束这趟深空之旅。这个天体是一个原行星状星云，名叫闵可夫斯基的脚印，或者叫闵可夫斯基1-92，由德裔美籍天文学家鲁道夫·闵可夫斯基在1946年首先发现和发表。这一类天体在夜空中极少见，因为它们存在的寿命在天文学上可以说是很短的。当一颗质量和太阳差不多的恒星步入晚年，耗尽了其中的氢燃料时，就会把它的外围物质推离，与此同时剩下的物质核心则收缩成一颗致密而炽热的白矮星。白矮星发出的紫外辐射最终会把周围的气体激发，从而使它们足以自发光形成行星状星云。但这之前可能有一个很短的时间间隔，也许仅持续几千年，此时收缩的恒星还不够炽热，以至于无法激发周围的壳层而发光，于是我们就能看到主要反射恒星光的原行星状星云。

闵可夫斯基1-92是一个小不点儿天体，但幸运的是，它很容易被定位。天鹅座9及其东边另外三颗恒星组成了一个38′大小的不对称风筝形状，这几颗恒星的亮度为6.5等到8等。在这个风筝形状的南侧边缘，散布着几颗漂亮的但是比较暗淡的恒星，而在北侧则有一对10等的双星。闵可夫斯基1-92星云正好位于四边形里南侧那颗星的东方。

闵可夫斯基1-92的视亮度为11.7等，在我的105 mm望远镜里很容易找到。放大到87倍后，我就能看出它并不是一颗恒星；放大到220倍，我发现星云呈椭圆形，沿着东北—西南方向排列。我用10英寸反射望远镜放大到394倍，就可以看出来“脚印星云”这个名字的来历：小椭圆形代表脚印中的脚掌部分，而在它旁边西南方的稍小稍暗的圆形光斑则代表脚后跟。

很多行星状星云和原行星状星云都呈现出双瓣结构，中间被赤道环隔开。闵可夫斯基的脚印星云的西北瓣因为面朝我们，所以看起来更亮；而背后的那瓣则因为被环面上的尘埃所遮挡，所以显得稍暗一些。

阿里昂的海豚

微小但丰腴，海豚座拥有诸多令人愉悦的星空奇景。

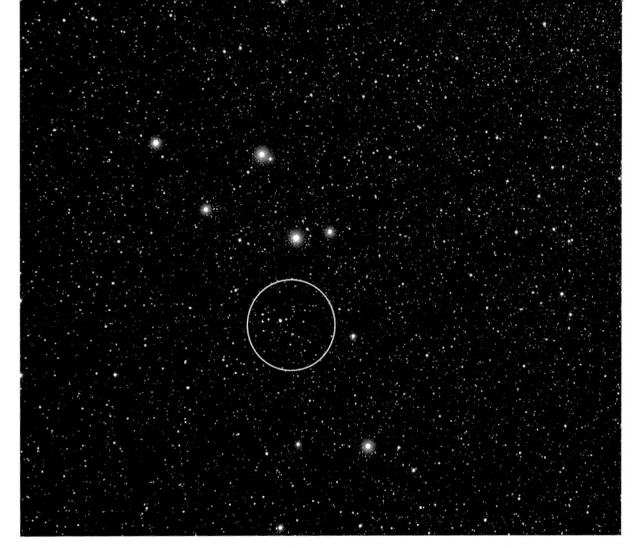

海豚座θ星群（圆圈中）在藤井旭的这张照片中很清晰。你能看出野马的形态和代表牧马人的一串星星吗?

但令人难以置信，海豚弯曲的背脊
把阿里昂从苦难的命运中救离；
他安坐着用那动听的旋律
回报它友善地托举。
众神十分赞许，把海豚升上了苍穹，
那美丽的星座，包含了九颗闪亮的星。

——奥维德《岁时纪》

名字里的故事

海豚座的拉丁语叫“delphinus”，来源于希腊语单词“delphis”，意思是“子宫”。希腊人之所以用它来命名海豚，是因为发现海豚虽然长得像鱼，却是和人类一样直接分娩后代的一种动物。

阿里昂是公元前7世纪的一位希腊诗人、音乐家，他的大部分时间都在科林斯古城的统治者——佩里安德的宫廷里度过。传说，他在西西里岛和意大利进行了一次获利丰厚的旅行之后，乘船返回科林斯城，船员们却对他产生了谋财害命的念头，并允许他唱最后的挽歌。阿里昂弹起了里拉琴，悠扬的琴声迷住了野兽和神灵。他唱完了哀伤的旋律后，便纵身跳进了海里。后来，他被一只海豚救起，安然无恙。众神感到非常欣慰，让那只海豚在天上有了一个自己的星座，也就是海豚座。有人认为，海豚座的9颗星是9位缪斯女神，她们代表了诗歌和音乐的灵感来源。尽管早期的星表里为海豚座列出了10颗恒星，但9颗星的情况更为普遍，即使到今天，在“哥伦比亚号”航天飞机第20次飞行任务——STS-78的任务徽章上，也可以看到9颗星绘成的海豚座的身影。

现在，就让我们来欣赏天空中这只乐于助人的海豚，看看在它的繁星世界中都有些什么深空奇迹。我们将从海豚座最西边的NGC 6891开始，这是一个小而亮的行星状星云。为了找到它，我们先从海豚座η向正西方扫过3.5°的距离，在这里可以停下来先欣赏一对名叫斯特鲁维2664（Struve 2664，或Σ2664）的美丽双星。这对双星的两颗子星几乎一样，都发出金色的光芒，在低倍率望远镜下很容易注意到。从这里出发，再往西南偏西方向移动1.1°便是我们要找的行星状星云NGC 6891。

我用105 mm折射望远镜放大到47倍来观看，一些8等到10等的恒星组成了一条长0.5°、南北走向的直线，NGC 6891就是这条直线最南边的一颗“星”。放大到153倍，当我看到了一个非常小的圆盘，中央还有一个更小但很明亮的中心。当我用10英寸反射望远镜在低倍率下观看时，这个星云会显出特别的颜色，因而能从周围的恒星中“脱颖而出”。当放大到299倍之后，星云的盘面呈现出明亮的天蓝色，其形状看起来是一个沿着西北—东南方向摆放的椭圆。星云包裹着一颗很容易被看到的中央恒星，而恒星四周则是一片微小且稍暗的区域。星云的盘面外侧包裹着一圈极其暗淡的圆形晕区，在它的东侧边缘上正好有一颗暗淡的恒星。

NGC 6891是一个有着三层壳层结构的行星状星云，这种结构揭示出这个星云的前景恒星在演化过程中出现了不同阶段的质量损失。天文学家已经通过氢-α发射光谱测量出了它的大小：明亮的内壳层是9″×6″；中央较暗的一层壳层直径为18″；外层独立的 ·圈晕区，范围延伸至80″，但这部分我并没有看到。这个行星状星云距离我们有12 400光年，作为行星状星云来说能测到这么精确的距离数值已经很不容易了。这也意味着NGC 6891自身的宽度几乎有5光年。

NGC 6905，又叫“蓝闪星云”，它和NGC 6891是《星云星团新总表》（NGC）里仅有的两个位于海豚座的行星状星云。这个星云挂在海豚座的西北角落、天箭座η星以东4°的地方。NGC 6905与NGC 6891有着差不多的总亮度，但因NGC 6905面积延展得更大一些，所以它的平均面亮度相对较低。我用105 mm望远镜放大到153倍观看，这个星云与它东南偏南方向距离16′的一颗7等黄色恒星处于

海豚座的乐趣

目标	类型	星等	大小/角距	赤经	赤纬
NGC 6891	行星状星云	10.4	18″	$20^h15.2^m$	+12°42′
Σ2664	双星	8.1, 8.3	28″	$20^h19.6^m$	+13°00′
NGC 6905	行星状星云	10.9	47″×37″	$20^h22.4^m$	+20°06′
海豚座θ	星群	—	1°	$20^h38.3^m$	+13°15′
NGC 6950	疏散星团?	—	14′	$20^h41.2^m$	+16°39′
波斯库斯 1	星群	9.6	6.5′	$20^h46.0^m$	+16°20′
海豚座γ	双星	4.4, 5.0	9.1″	$20^h46.7^m$	+16°07′

大小和角距数据来自最新的星表。实际观测时的目标大小往往比星表里的数值小，且根据观测设备的口径和放大倍率的变化而不同。

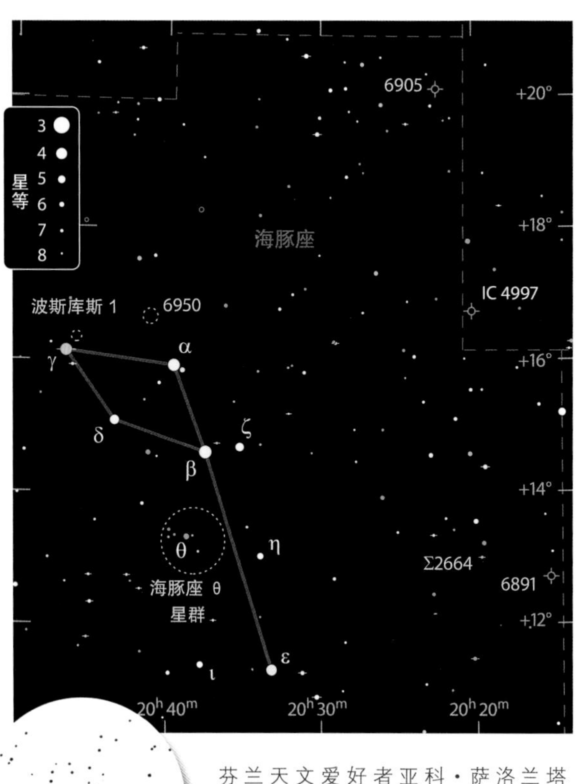

芬兰天文爱好者亚科·萨洛兰塔用8英寸望远镜在71倍下观测，将NGC 6950描述为“一个美丽的、分散的星团”。他画的草图上只有几颗明亮的前景恒星。

同一视场中。这个星云的北方、南方和东方各有一颗恒星，亮度在10等到12等，组成了一个三角形；而星云本身几乎均匀的圆形盘面正好位于这个三角形的西侧边上，并占据了这条边的绝大部分。

在我的10英寸望远镜低倍放大率下，我可以认出NGC 6905，看起来就是一块小而模糊的光斑。放大到311倍后，这个星云呈现出斑驳的样子，暗淡的中央恒星也显露出来。这个星云在南北方向上更长一些，但东西方向更亮。这样的形状让我想起了M27哑铃星云，但是这个星云两部分之间的亮度差距比M27要小得多。尽管NGC 6905的昵称叫“蓝闪星云”，但我并没能看出明显的颜色，然而其他的一些观测者用12英寸或者更大的望远镜看出了星云中有少许颜色的迹象。

在NGC 6905星云中心潜藏着的并不是一颗普通的白矮星，而是一个沃尔夫-拉叶型的行星状星云核心。这类恒星身材娇小，却有着与那些庞大的沃尔夫-拉叶星相似的光谱。所有的沃尔夫-拉叶星，不论大小和物质来源如何，它们都是贫氢的恒星，并且温度异常高。NGC 6905的中央恒星是一颗罕见的WO型行星状星云的核心，这意味着它有很强的氧原子发射谱线。它同时还有着相当高的温度，高达150 000 K；相比之下，表面温度只有5 780 K的太阳，则只能算是“温嘟嘟”了。

在托马斯·威廉·韦布的《普通望远镜观测天体指南》第一版中，海豚座θ被标记为“位于一片美丽的田野中”。美国马萨诸塞州天文爱好者约翰·戴维斯将海豚座θ星群描绘成一匹“不羁的野马”。在一年一度的新英格兰天文学大会上，我第一次听戴维斯描述了这个1°大小的星群，于是我用小型折射望远镜在17倍放大率下观测了这个星群。金黄色的海豚座θ星代表了牧马人和马匹相接的地方。一条向北延伸、略微往向东北边凹下去的曲线构成了英勇无畏的牧马人。在海豚座θ以东，三颗明亮的星星组成的三角形代表了这匹马抬起来的前腿，而北边的几颗星星就是马的脑袋。几颗星星散布在海豚座θ的西南边，形成野马的后躯和尾巴。

现在，我们从海豚座α出发，往东北偏北方向移动49′就来到了NGC 6950。我用105 mm望远镜放大到47倍来观看，可以发现一个稀疏的星团。这里18颗恒星聚在一起，形成了一把打开的雨伞状，伞面下带着一根伞柄。这把雨伞朝向东北偏北方向，就像是为了遮挡从那个方向打来的恒星“雨点”。

对NGC 6950而言，目视的效果比照片拍出来的要好得多。事实上，杰克·W.苏伦蒂克在编撰《星云星团新总表修订版（1973）》的过程中，通过检查摄影底片，给出的结论是这个星团是不存在的。NGC 6950的恒星可能并没有组成一个真正的星团，但是当我们用望远镜观看的时候，它们给观测者一种聚集在一起的假象。在两个多世纪以前，威廉·赫歇尔发现这个星团的时候，也只有通过视觉上的外观作为唯一的判断标准，来决定是否将天体录入相应的星表。

在2006年，美国科罗拉多州的天文爱好者伯尼·波斯库斯写信告诉我他发现了一个星群，在海豚的鼻子——海豚座γ这颗星往西北方向15′的地方。现在，这个星群在“深空猎手”数据库中被称作波斯库斯1（Poskus 1）。这个星群被描述为一把古代欧洲的诗琴，或者一把曼陀林琴，或者说像一个苍蝇拍。虽然最后这个名字最不雅，但我觉得它描述得最准确。这个苍蝇拍有6.5′长，其中的恒星亮度为11.5等到12.8等，在我的10英寸望远镜放大到68倍下就能看得很清楚。星群里面有四颗恒星组成了苍蝇拍的手柄，手柄往东南方向延伸，插在拍面上，仿佛马上就要去“拍扁”海豚座γ这颗恒星。所以似乎我们应该叫它“恒星拍”才对。海豚座γ与苍蝇拍在望远镜里位于

波斯库斯1，即夜空中的苍蝇拍，在这张数字化巡天项目拍摄的照片中看得很清楚。海豚座γ中的两颗恒星看起来模糊成了单一的亮恒星，但是图中竖直方向上两条距离很近的衍射星芒揭示出其双星的本质。
* 摄影：帕洛玛天文台巡天二期/加州理工学院/帕洛玛。

同一视场中，可以看到海豚座γ其实也是一对漂亮的双星，其主星为金黄色，西边与之相随的是一颗黄白色的伴星。

海豚的浪花

别看海豚座小，里面的深空天体却很多。

秋季的夜空就像一片巨大的水域，养着一大群水生动物。在第303页的十月全天星图中，东南边的一大块就好像被大水淹没了一样。从东边开始往南游去，你会先看到海怪塞特斯——鲸鱼座，然后是一大一小的双鱼座、盛水的容器宝瓶座，接下来还有南天的鱼——南鱼座、半羊半鱼的怪兽——摩羯座，最后，还有一只可爱的海豚——海豚座。海豚座是这些星座里面最小的一个，但也是最“名副其实”的，因为这个星座看起来真的像一只嬉戏的小海豚，在星光闪烁的海洋中欢腾地跃出水面。

我们先来到海豚座最东南边的“水域”，去寻找一对密近双星Σ2735。它位于隔壁小马座里一颗恒星——小马座1的西北偏西方向53′的天区。Σ2735的两个成员仅相隔2″，但是我用5.1英寸折射望远镜放大到117倍，就能清晰地将它们分解开来。其中主星为6.5等，伴星在它的西边略偏北的位置，亮度为7.5等，两颗星紧密地依偎在一起。在我的观测中，较亮的星看起来是深黄色的，伴星是白色的。

往西北偏西继续“游”去，经过6.1°的距离，我们便来到了NGC 6934。这个球状星团很容易被找到，从海豚的尾巴尖儿——海豚座ε向南“潜泳”3.9°就可以到达。在12×36的稳像双筒望远镜中观看，它像是一个柔和地发着光的球，紧靠着一颗9等的恒星，这使得乍一看还以为星团被拉长了。我用105 mm望远镜放大到153倍来看，NGC 6934呈略椭圆形，并且向东北偏北方倾斜。一些非常暗淡的恒星在星团的晕区里闪烁，而被星晕包围的中央，则是一个明显更亮的核球。用我的10英寸反射望远镜放大到219倍，NGC 6934看起来横跨了3′天区，并且在一团斑驳的雾气中能部分分辨出一些恒星。通过我的15英寸反射望远镜来看，它“长大”到了4′的大小，里面闪烁着许多恒星，其中一些位于它的正中心部位。

NGC 6934是梅西耶星表之外、天赤道以北最亮的球状星团。尽管你肉眼所见永远没法达到像这张哈勃太空望远镜拍摄的图像那样清晰，但是这个星团在中等口径到大口径的望远镜里看来已经非常壮观。
* 摄影：NASA/STScI/WikiSky。

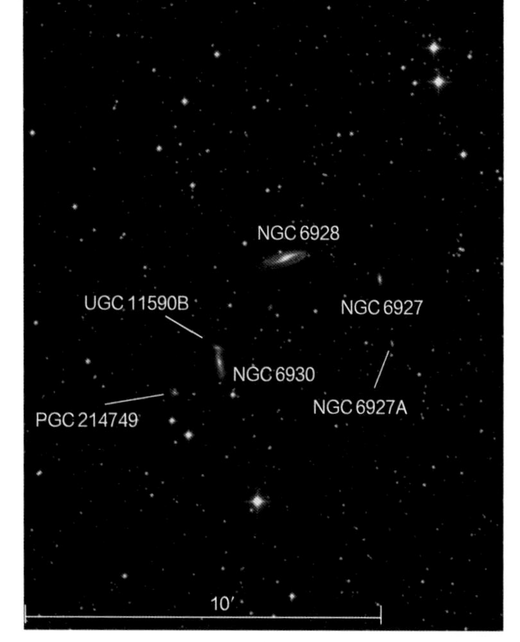

NGC 6928、NGC 6930和NGC 6927是星系群里最亮的三个星系，亮度分别为12.2等、12.8等和14.5等。
暗淡的NGC 6927A，亮度为15.2等，也经常被标注为PGC 64924或者MCG 2-52-15。
* 摄影：帕洛玛天文台巡天二期/加州理工学院/帕洛玛。

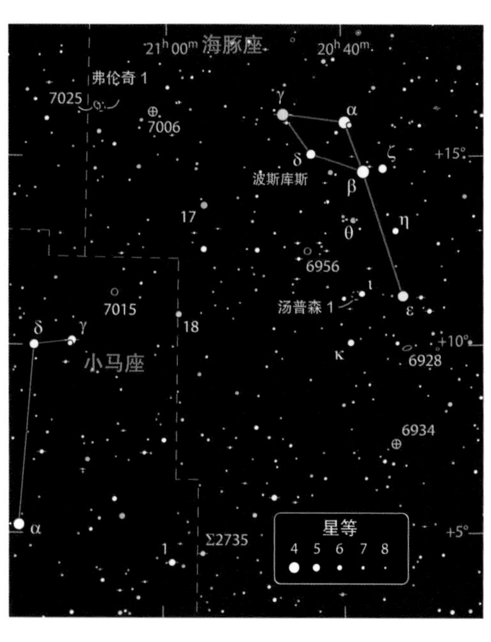

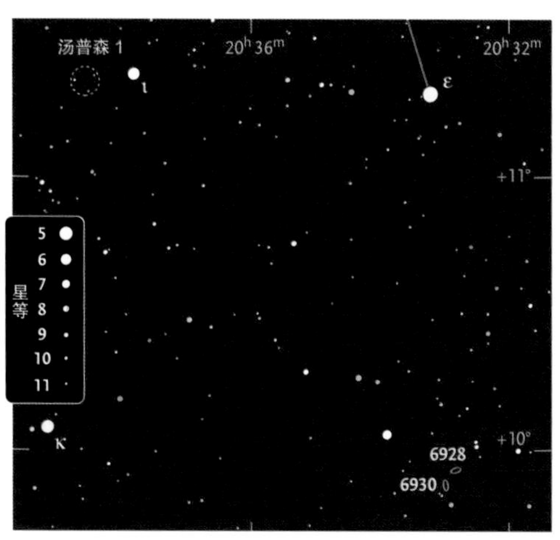

接下来，我们要去拜访NGC 6928，它是一小群星系里最亮的一个。这群星系藏在海豚的尾巴下1.4°的水域里“踩水”。用我的105 mm折射望远镜放大到127倍来看，NGC 6928是这群星系里唯一可见的成员。这个星系里有一条模模糊糊的自转轴，其一端朝向东南偏东的方向。5颗间距相近的12等星组成了一个6′ 大小的“V”字形。这5颗星从NGC 6928星系的东侧顶点出发，向东北方向延伸，然后又折向西北偏北的方向。

我的5.1英寸望远镜放大到117倍，并且用余光来看，可以很容易地辨认出NGC 6928里面一个相对较亮、形状扁长的核球。NGC 6928北边的侧面上还装点着一颗暗淡的恒星。把放大率增加到164倍，我可以捕捉到NGC 6930大致南北方向的光晕，但也不是每次都能清楚地找到它。它在它的伙伴——NGC 6928的东南偏南方向3.8′ 处，还正好在一个三角形的顶点以北。这个三角形大小有2′，是由10.2等和12.6等的恒星组成的。

拥有大望远镜的观测者，应该在观星的时候注意是否有一些“多出来”的恒星。NGC 6928里面就曾爆发过一颗超新星，它在2004年达到了峰值亮度15.3等。在这之前一年，NGC 6930里爆发的超新星亮度要低0.5等左右。NGC 6928和NGC 6930两个星系距离我们大概都是2亿光年。

我用10英寸望远镜在低倍率下就可以看到NGC 6928，但放大到299倍来看是最漂亮的，可以看到斑驳的核心越往中间越亮。NGC 6927星团的核球部分看上去是一个非常小、非常暗淡的斑点，位于它的兄弟星团NGC 6928西南偏西方向距离3.1′ 的地方。在中等放大倍率下，我注意到在NGC 6928以西5.6′ 处有一个东西，看起来很诱人，像一个星云中间包含一颗恒星的样子。放大到299倍来看，我才发现这颗恒星变成了一对双星，另有两颗星相伴在东南边以及一颗星相伴在北边。在图片里看，这一片区域里几颗恒星组成了一个上下颠倒的问号，这幅画面如果能用大望远镜来观测一定会更加有趣。

在我的15英寸反射望远镜中，NGC 6927变成了一个比较小的南北方向的椭圆形，同时我还能瞥见另外三个星系。放大到247倍时，我可以看到微小的NGC 6927A就位于NGC 6927南边2′ 的地方，非常暗淡，隐约可见。NGC 6927A的南边顶点上还有一颗15等星，其北边顶点则有一颗稍暗的星。PGC 214749是一块非常暗弱的圆形光斑，在NGC 6930附近的三角形最东边那颗恒星以北51″ 的地方。我偶尔会看到PGC 214749北侧边缘有一颗极其暗淡的恒星。想要认出这个星系很容易，因为它与旁边的三角形正好拼成了漂亮的三角饼形状。

第三个星系是UGC 11590B，它摇摇欲坠地挂在NGC 6930的北部顶点上，但我觉得它并不是一个独立的天体。NGC 6930的大致形象包括一个微弱的星系晕、较亮的长轴带和一个小的椭圆形核球，而UGC 11590B看起来仅仅是在它顶部的一小团亮光。

如果你还想挑战寻星游戏的更高难度，可以考虑去下载一张这片区域附近的照片。这样你就可以借助照片去寻找在这附近星空中“潜水”的不计其数的暗淡星系。

现在我们要跳到汤普森1（Thompson 1）。在本页左下的星图中，左上角画出了汤普森1里三颗比较亮的恒星。这个星群最早是加拿大天文

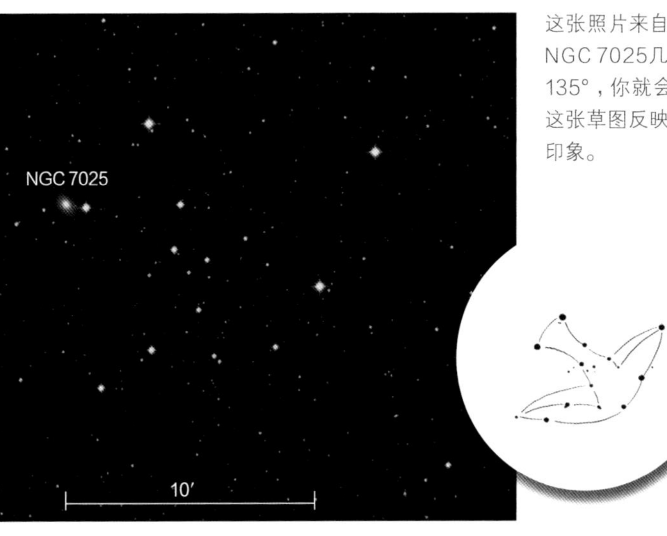

这张照片来自加州理工学院的帕洛玛天文台巡天二期（POSS-Ⅱ）巡天项目。可以看到，NGC 7025几乎是挂在弗伦奇1星群中最东边那颗恒星之上的。把这张星图逆时针旋转135°，你就会知道为什么这个星群被叫作“伞菌”了。

这张草图反映出芬兰观星者亚科·萨洛兰塔用他的8英寸望远镜放大到96倍后观测留下的印象。

爱好者约翰·汤普森告诉我的。它的西北偏西方向距离10.4′的地方有一颗恒星——海豚座ι，用我的5.1英寸折射望远镜放大到63倍来看，海豚座ι和汤普森1处在同一视野中。在汤普森1里面，我数出了13颗亮度在10等到13等的恒星，它们分布于一个边长为5.7′的三角形里。这个三角形其中一个角指向西南偏南方向。

我们的深空之旅的下一个停靠港是一个表现出非常奇特的结构的星系——NGC 6956。它位于金色的海豚座θ东南偏东方向仅1.5°的地方。用我的105 mm折射望远镜放大到47倍来观看，它就是一块又小又模糊的光斑，隐藏在东边一颗12等星的光芒中。放大到127倍时，我能看出这个星系是向着西北偏北的方向倾斜的。我用10英寸望远镜在高倍率下看，除了星系东边那颗恒星继续往东有一对暗淡的双星，没能看到其他更多的东西了。但是我用15英寸望远镜放大到247倍来观看，就能发现更多以前看不到的东西。NGC 6956有一个特别暗淡的椭圆形星系晕，向东略偏南方向倾斜，它包裹着小型望远镜里就能看到的扁长内侧区域。NGC 6956的中央还有一个椭圆形的核球，沿着南北方向分布。

另外一个球状星团NGC 7006，飘浮在海豚的鼻子以东3.6°的地方。它比NGC 6934更小也更暗，但我用5.1英寸折射望远镜放大到37倍来观看，很容易就找到了它，越往中间看起来越亮。这个球状星团的宽度大约2′，沿着东西方向略微有伸长。在星团的边缘有两颗14等恒星，在南偏西方向上有一片阴影区域，但星团里的恒星无法分辨出来。用15英寸望远镜放大到216倍来看，NGC 7006星团延展到3′大小，星团的核球部分看起来呈现出斑驳的样子，有星团的一半大小。在星团的边缘排列着几颗暗淡的前景恒星，位置大约在星系的北方、西北方、南方和东方。星团的晕区和外核里，各自点缀着一些极其暗弱的恒星。

NGC 7006比NGC 6934要暗淡得多，也更难分辨出其中的恒星，很大程度上是因为它比后者距离我们要远得多——分别是135 000光年和51 000光年。

从NGC 7006出发往东航行1.4°，就来到了弗伦奇1（French 1）。这是一个由13颗9等到12等恒星组成的星群。我把这个星群叫作“伞菌”，因为它看起来特别像一个蘑菇，蘑菇柄朝向东北方，而宽度为12.5′的蘑菇帽则朝向西南方。伞柄底部还泛起了一团“泡沫”，就好像附近的星空被“冲走”了一样，那就是NGC 7025。用我的150 mm折射望远镜放大到153倍来看，这个苍白的星系有一个相对较亮的核球部分，核球略微呈椭圆形，四周围绕着一圈暗淡的、稀薄的晕区，晕区大小约45″，朝向东北方向。在我的15英寸望远镜里放大到216倍来看，这个星系的大小约为1.5′×1′。星系的东侧边缘守卫着一颗13等恒星，而西侧边缘则是“伞菌”底部的一颗金黄色恒星。

作为一个如此小巧的星座，海豚座确实是一座深空天体的富矿。

天空中海豚的乐趣

目标	类型	星等	大小 / 角距	赤经	赤纬
Σ2735	双星	6.5, 7.5	2.0″	$20^h55.7^m$	+4°32′
NGC 6934	球状星团	8.8	7.1′	$20^h34.2^m$	+7°24′
NGC 6928（星系群）	星系	12.2	2.2′×0.6′	$20^h32.8^m$	+9°56′
汤普森 1	星群	9.0	5.7′	$20^h38.5^m$	+11°20′
NGC 6956	星系	12.3	1.9′×1.3′	$20^h43.9^m$	+12°31′
NGC 7006	球状星团	10.6	3.6′	$21^h01.5^m$	+16°11′
弗伦奇 1	星群	7.1	12.5′	$21^h07.4^m$	+16°18′
NGC 7025	星系	12.8	1.9′×1.2′	$21^h07.8^m$	+16°20′

大小和角距数据来自最新的星表。实际观测时的目标大小往往比星表里的数值小，且根据观测设备的口径和放大倍率的变化而不同。

捕捉螺旋星云

这个星云以狡猾难寻著称，但用正确的方法，还是很容易找到它的。

螺旋星云无疑是夜空中最漂亮的天体之一。它的名字来源于照片中双环状的外观，就像俯视两圈弹簧一样。长时间曝光的照片显示出很多星云状长条从光环向内指向中央恒星。哈勃空间望远镜拍摄到了令人震惊的辐射丝状物的照片，每一个都有彗星一般的头和轻薄的尾巴。

螺旋星云也叫NGC 7293或科德韦尔63（Caldwell 63），是离我们最近也是最亮的行星状星云之一。行星状星云是由一颗老年恒星耗尽了它的燃料，向空间中抛出它的外壳而形成的。随着星云的扩张，中央恒星就显露了出来。这个热而致密的恒星余烬将演化成一颗白矮星，在接下来的数十亿年中慢慢冷却。

从观测的角度看，螺旋星云是亮行星状星云中最容易看到的之一，也是最难找到的之一。虽用双筒望远镜就可以看到它，但是在大望远镜中仍然有可能看不到。这些说法听上去挺矛盾的，这可以用星云的面亮度很低来解释。如果螺旋星云的亮度都集中在一点，它将像一颗7.3等星。但是这些光分布在一个很大的范围内，其视直径大约是月亮的一半！低倍率有助于集中星云的光线，并且大视场能够看到星云周围黑暗的背景，增强反差。所以螺旋星云是一个适于小型望远镜观测的目标。

基于上述原因，你在寻找螺旋星云的时候要很仔细，确保你的望远镜每次都指向了天空中正确的位置。在我纽约州北部近郊的家里观测，螺旋星云从来不会升得太高，但有时候我用肉眼能看到它附近的一颗恒星——宝瓶座υ。找到宝瓶座υ，再找螺旋星云就简单了。但如果你那里的天空太亮而看不到那颗星，试试从3.3等星宝瓶座δ开始吧。从宝瓶座δ向西南方向移动4°，找到一颗4.7等星宝瓶座66。在寻星镜中宝瓶座66应该和宝瓶座δ在同一视场中，在望远镜中闪耀着橙色的光芒。沿着这条线继续移动2.8°，你就来到了黄白色的宝瓶座υ，这是这片天区中最亮的一颗星，亮度为5.2等。螺旋星云就位于宝瓶座υ西边1.2°处，最好用低倍率目镜寻找。移动途中还会经过两颗10等星，使你只需再简单地让视野跳两步，就精准地找到了螺旋星云。

我在家中可以用50 mm双筒望远镜看到螺旋星云。用小型望远镜观察，第一眼看上去螺旋星云就是一个没有细节的椭圆形圆盘。再看一会儿吧。螺旋星云只对那些有耐心的观测者展示它的细节。

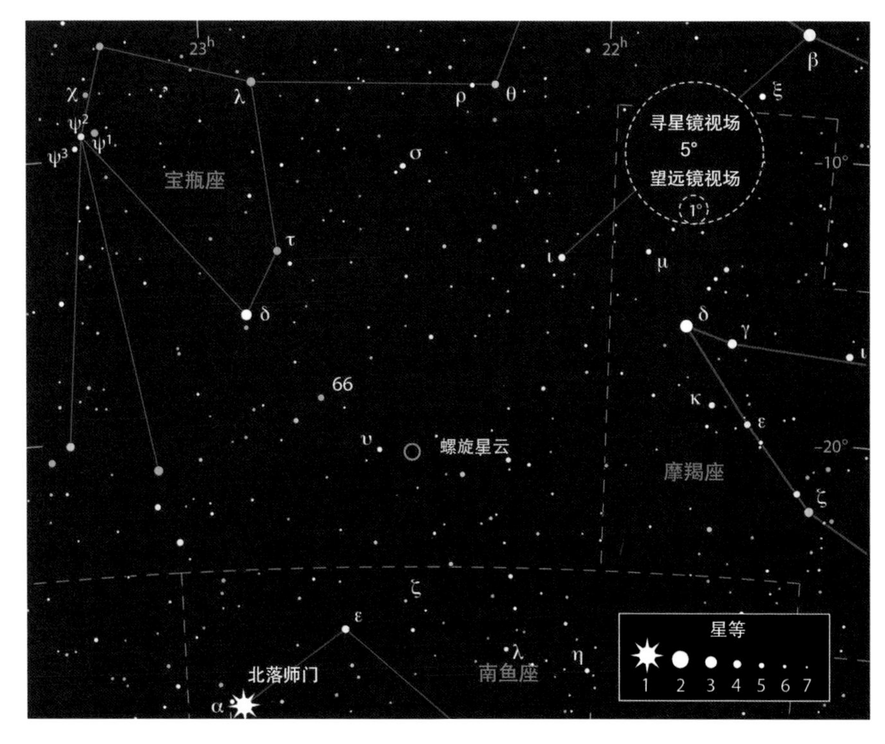

在大气透明度很好的夜晚，我用105 mm望远镜的中低倍率，能够看到一块14′×11′的椭圆形光斑，西北—东南方向略长，中间比周围稍暗一些。用余光（目光移向一边）看效果更好，使用氧-Ⅲ滤镜和窄带光害滤镜也能有很好的效果，不用滤镜时，我能看到一些暗星藏在星云中。

但是照片中看到的那些漂亮的细节呢？虽然你看不到长时间曝光照片中色彩斑斓的细节，但仍然有你想象不到的东西。我读过很多观测报告，并且注意到观测者们用最小的设备也能够看到一些细节特征。

上图：这张螺旋星云照片的视场宽度是0.5°；线框中的区域是左图哈勃望远镜照片拍摄的范围。摄影：罗伯特·詹德勒。

左上图：这幅精彩的放大图是1996年哈勃空间望远镜拍摄的，显示出“彗星状的结”，它们的头都朝向星云中心的白矮星。

* 摄影：C.罗伯特·奥戴尔/空间望远镜研究所。

插图：1995年9月27日，比尔·费里斯在美国威斯康星州布鲁克林附近的麦迪逊天文学会暗夜保护区观测时绘制了这幅螺旋星云的素描图，他使用的是一台10英寸f/4.5的牛顿反射式望远镜、Lumicon氧-Ⅲ滤镜和一个米德超广角目镜，放大率为63倍。“那晚的大气透明度非常好，”他写道。上方为北。

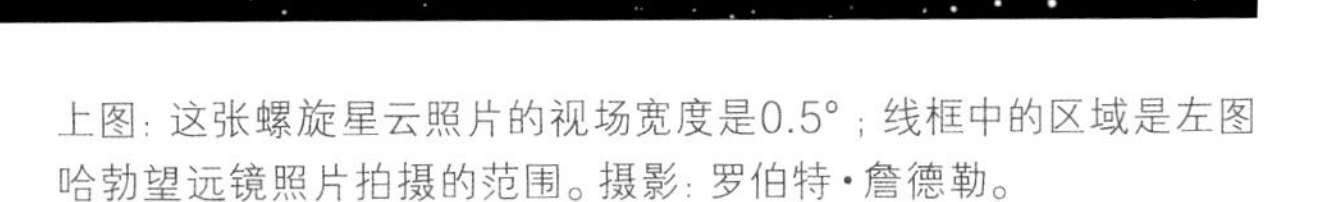

迈克尔·巴基奇令人惊奇地写道：“2000年8月26日，在得克萨斯州埃尔帕索以东50英里的暗夜中，我们中的3个人用肉眼就看到了螺旋星云。”在西澳大利亚，螺旋星云几乎可掠过天顶，莫里斯·克拉克和他的朋友们用螺旋星云是否肉眼可见当作天空环境的晴雨表。另外一些人用6×30的寻星镜找到了它，说它用小双筒能够轻易看到。用60 mm的望远镜就能看到螺旋星云的环状特征。其中央恒星用6英寸望远镜就可以看到。

关于小型望远镜我们就说到这里，我知道很多观测者都用很大口径的望远镜。下面是为大设备准备的一些挑战。

在8英寸望远镜中，能够看到螺旋星云蓝绿色的光芒。人眼对这种颜色比红色更敏感，但在照片中，星云主要是红色的。这就是为什么氧-Ⅲ滤镜如此好用：它让电离了两个电子的氧元素（即氧-Ⅲ）发出的蓝绿色光线通过，同时阻挡了许多光污染源共有的颜色。在8英寸的望远镜中开始可以看到环的亮度不均匀。

美国亚利桑那州弗拉格斯塔夫的比尔·费里斯用一个10英寸反射望远镜和氧-Ⅲ滤镜清楚地看到了“弹簧的螺旋”结构。像很多行星状星云一样，螺旋星云外面也有一圈暗淡的晕，但在大部分照片中都没有显示出来。最亮的一部分晕从东南边缘散发出来，呈顺时针旋转，在北边消失。这片晕在10英寸望远镜中也无法看到，最小需要20英寸望远镜才能明显地看到它。

另一个难啃的骨头是隐藏在环的西北边缘的一个16等星系。它位于一颗明显9.9等星南边1.2′处，有人用17.5英寸望远镜看到了它。那些辐射丝状物呢？有人用16英寸望远镜看到了它们。而它们末端彗星状的小球在22英寸望远镜中才能被看到。

这些观测有很多都是由经验丰富的狂热的观测者们提供的，他们经常在雅虎的Amastro群中交流。他们中有些人在更暗的夜空下观测，有些在纬度更靠南的地方观测，比大多数人观测到的更多，他们的成就给予了我们动力。当你尝试挑战任何这些细节时，你应尽量寻找最黑暗的、透明度好的夜晚。

螺旋星云	
编号	NGC 7293，科德韦尔 63
赤经	$22^h 29.6^m$
赤纬	−20°48′
大小	16′×12′
总亮度	7.3
中央恒星亮度	13.5
距离（光年）	300

坐标数据对应时间为历元 2000.0。表中的大小数据包含了一些外围的晕。

国王的宝库

十一月高高的天空中，一系列闪亮的皇家饰品等待着你来鉴赏。

秋季的夜晚，仙王座高高悬在头顶。它的南段沐浴在银河里，充满了深空天体。

我们从仙王座的西南角开始，这里有天空中最迷人的景色之一。我们在这里能够看到一个疏散星团和一个星系，它们仅相距40′——足够装进同一个低倍率视场中。当然这种接近只是一种假象。星系比星团离地球要远5 000倍，这让我们感受到了前所未有的空间深度。

这两个中较亮的那个是疏散星团NGC 6939。要找到它，先把仙王座θ放在一个低倍率视场中，然后向南移动2.3°。找到这个星团之后，在它的东南方找一找NGC 6946。

用我的105 mm折射望远镜放大到47倍，这两个天体组成了漂亮的一对。NGC 6939显示出很多非常暗的星点，其背景是一团迷雾。NGC 6946更大一点，微微呈椭圆形，看上去是一块均匀的光斑，只在中心变得更亮一些。一个由10等到12等的前景星组成的扁扁的小三角形的一部分嵌在了星系的南部。

我用一个广角目镜放大到87倍，这一对天体刚好挤在同一个视场中。星团宽度大约8′，其中包含大量的暗星。几颗极其暗淡的星散落在星系上，星系看上去有10′×8′大小，往东北—西南方向延长。著名观测者斯蒂芬·詹姆斯·奥米拉用他的4英寸望远镜在暗夜中，经过耐心的观察，看到了星系中的旋涡结构。

在NGC 6946中已经发现了9颗超新星，比在任何星系中发现的都多。第一颗发现于1917年，最后一颗发现于2008年，跨越了一个人一生的时间。如此高产的星系，值得持续关注！它的邻居也不寻常。大多数疏散星团都松散地束缚在一起，在几亿年的时间里会慢慢失去它的恒星，但是NGC 6939相对古老，它已经有20亿年的历史了。

现在，我们要向东跨越仙王座，路上会途经一连串的疏散星团。首先是NGC 7160，它位于从仙王座ν到仙王座ξ连线五分之二的地方。这个星团非常好找，因为它的两颗亮星分别为7等和8等，组成了一对大角距的双星索思800（South 800）。在14×70双筒望远镜中，这两颗星和一些暗星看上去就像一只粗短的毛毛虫闪烁着两只眼睛。我用105 mm折射望远镜放大到87倍，能够看到6颗亮星组成了一个特别的形状。索思800和东北方的一颗星组成了一个箭头，西南偏西方向一串弧形的星组成了一个弯曲的柄。十几颗更暗的星散落在这片区域中。

下一个星团是NGC 7235，位于仙王座ε西北方25′。在14×70双筒望远镜中只能看到一颗星位于一块小的模糊的光斑中间偏心的位置。我用折射望远镜放大到87倍，能够看到5颗中等亮度的星和暗星以及7颗非常暗的星聚集在一起。其中三颗亮星组成了一个东西向瘦长的三角形，几乎跨越了整个星团。

现在把仙王座δ这颗明显的黄色和蓝色双星放在一个低倍率视场的中间，向东移动2.4°，来到一颗蓝白色6等星。注意，这颗星位于一个瘦长的三角形的尖端。短边的

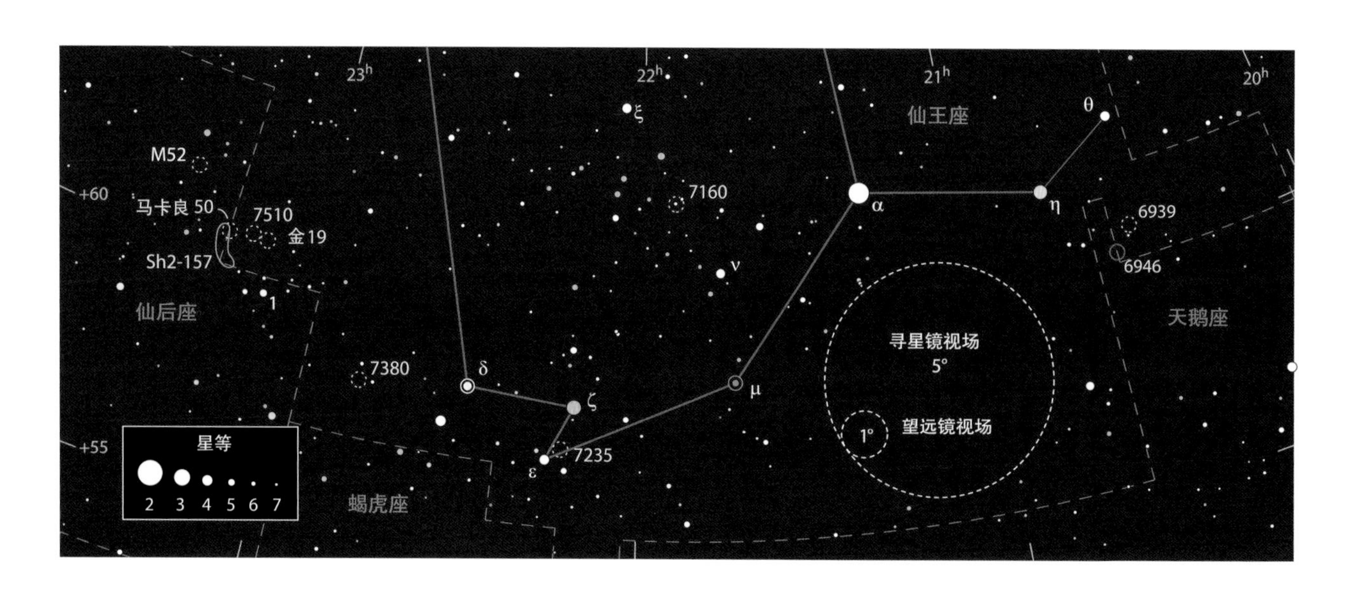

这是本月精选的两个色彩斑斓的星团照片，乔治·R.维斯科姆摄于美国纽约州普莱西德湖。NGC 7235（左）与明亮的仙王座ε处于同一个视场中。NGC 7510（右）是一个奇怪的长长的星团。这两张照片分别曝光12分钟和10分钟，使用14.5英寸f/6牛顿反射式望远镜、3M 1000胶片。视场高度为40′，左图上方为北，右图左上方为北。

仙王座中的几处宝藏

目标	类型	星等	大小 / 角距	距离（光年）	赤经	赤纬	*MSA*	*U2*
NGC 6939	疏散星团	7.8	7′	3 900	$20^h31.5^m$	+60°39′	1074	20L
NGC 6946	旋涡星系	8.8	11′×10′	19 000 000	$20^h34.9^m$	+60°09′	1074	20L
NGC 7160	疏散星团	6.1	7′	2 600	$21^h53.8^m$	+62°36′	1072	19R
NGC 7235	疏散星团	7.7	4′	9 200	$22^h12.5^m$	+57°17′	1072	19L
NGC 7380	疏散星团	7.2	12′	7 200	$22^h47.4^m$	+58°08′	1071	19L
NGC 7510	疏散星团	7.9	4′	6 800	$23^h11.1^m$	+60°34′	1070	18R
金 19	疏散星团	9.2	6′	6 400	$23^h08.3^m$	+60°31′	1070	18R
马卡良 50	疏散星团	8.5	2′	6 900	$23^h15.2^m$	+60°27′	1070	18R
Sh 2-157	弥漫星云	—	60′×10′	6 900	23^h16^m	+60.3°	1070	18R

表格中的 *MSA* 和 *U2* 列分别为《千禧年星图》和《测天图 2000.0》第二版中的星图编号。距离以光年为单位，数据来自最新的研究论文。近似角大小数据来自星表或照片。实际观测时的目标大小往往比星表里的数值小。

一头是一颗与蓝白色6等星亮度差不多的星，另一颗是一对双星OΣ 480。NGC 7380 就位于这对双星的东边。放大到87倍，我看到了30多颗中等亮度的星和暗星组成了一个女巫帽子的形状。帽子松软的边缘位于东边，OΣ 480是帽子的顶点。星团的背景很模糊，那是没有分解出来的恒星还是星云呢？实际上NGC 7380镶嵌在一个非常暗淡的星云沙普利斯2-142（Sharpless 2-142）中。在28倍下，使用绿色的氧-Ⅲ滤镜比不用滤镜看起来能稍稍增强和延伸模糊的背景。如果使用光害滤镜，你能用小型望远镜看到那个星云吗？

我们的最后一站位于仙王座东边较远的地方，有几个有趣的天体聚集在一起。最亮的一个是NGC 7510。要找到它，先找到肉眼可见的仙后座1。在低倍率视野中，有一颗6等星位于仙后座1的东边。把这颗6等星放在视场中心，再向北移动1.2°就能看到一团引人注目的星星。我用小型望远镜放大到153倍，能够看到十几颗暗星。最亮的几颗从东北偏东到西南偏西方向排成一条线；剩下的星星位于这条线的北边，让整个星团呈现为一个三角形。

我们在拜访仙王座的时候，非常适合观测一个由伊万·R.金于1949年2月发布在哈佛大学天文台公告中的星团[1]。公告中说一共有4个星团在仙王座中，但用小型望远镜看都不壮观。幸好金19（King 19）还算非常好找。它是一小群暗淡的星星，就位于NGC 7510西边20′ 处，这两个天体位于同一个低倍率视场中。放大到153倍，我能数出10颗暗淡以及非常暗淡的星星，聚集成松散不规则的一群。最亮的几颗星在星团东边组成一个三角形，西边有三颗星连成一条线，一颗孤独的星位于三颗星中间。

马卡良50（Markarian 50，或Mrk 50）是一个更小但更亮的星团，位于NGC 7510以东0.5°偏南一点。在127倍下，我可以看到5颗星连成了一条小曲线，让人联想到一

1　因为国王的英文是 King，金的名字也是 King。——译者注

个缩小版的北冕座。狂热的深空观测者和作家汤姆·洛伦津称它为小王冠。马卡良50位于一个巨大星云沙普利斯2-157(Sharpless 2-157,或Sh 2-157)中最亮的一条光弧的西北边缘。不用滤镜很难看到它,但用氧-Ⅲ滤镜在17倍下,这个星云就非常明显。它是一条弯曲的弧线,向西边凹陷进去,南部较宽,南北长约1°。洛伦津称它为小加州星云,因为它很像英仙座中那个更大的加州星云。

我们从东到西跨越了仙王座,欣赏了几个漂亮的皇家珍宝。这些宝贝属于那些拥有晴天和暗夜,并且愿意去欣赏它们的观测者们。

星空中的蜥蜴

蝎虎座中的深空天体,就像星座本身一样,朴素却引人入胜。

蝎虎座,是一只蜥蜴,栖息于银河温柔的光辉中,两边分别是仙王座的头部和飞马座的前腿。蝎虎座最早是由但泽(今天波兰的格但斯克)伟大的天文学家约翰尼斯·赫维留创立的。赫维留在他的伟大作品《赫维留星图》中绘制了蝎虎座和其他几个不显眼的星座,这部作品完成于1687年,他也在同一年去世。他的遗孀兼观测助手伊丽莎白把他的星图连同星表和补充文字整理到一起出版,但到1690年也只在很有限的范围内传播。今天赫维留的著作仍然十分少见。

赫维留星图上的蝎虎座,尾巴像老鼠,腿直立,看上去不像蜥蜴(见第249和第250页)。实际上这个奇怪生物在星图上的名字是Lacerta sive stellio。今天stellio是一种带星星斑点的蜥蜴,stellio在古代有时候指的是蝾螈。蝎虎座中的暗星很难想象成一只那样的生物,但是在暗夜中,你能够看到它留下的痕迹拐来拐去地横跨了银河。

我们从蝎虎座鼻子附近的几个疏散星团开始本月的深空之旅吧。最明显的一个是IC 1434,位于橙黄色的4等星蝎虎座β的西北偏西方向2.1°处。在寻星镜中,你可以从蝎虎座β开始,沿着四颗6等到7等星组成的曲线找到星团IC 1434。这四颗星均匀分布在不到1°的长度上,亮度依次增大。IC 1434位于中间两颗星星中间偏南一点。

我用105 mm折射望远镜放大到17倍,能够看到四颗10等到11等星组成一个头朝向南方的风筝形状。这个风筝的背景很模糊,那是没有被分解出来的恒星,其东南边缘有一颗10等星。把倍率增大到153倍,我看到了很多暗星。我用10英寸牛顿反射式望远镜放大到115倍,发现这个漂亮的星团有很多暗星,宽度大约7′。好像有几条长长的星链从星团中辐射出来。

在IC 1434东北偏北方向1.5°处有三个相距非常近的星团。你可以这样找到它们:从蝎虎座α到蝎虎座β连一

潜伏在蝎虎座

目标	类型	星等	大小/角距	赤经	赤纬	*MSA*	*U2*
IC 1434	疏散星团	9.0	7′	$22^h 10.5^m$	+52°50′	1086	19L
NGC 7245	疏散星团	9.2	5′	$22^h 15.3^m$	+54°20′	1086	19L
金 9	疏散星团	9.5 ?	2.5′	$22^h 15.5^m$	+54°25′	1086	19L
IC 1442	疏散星团	9.1	5′	$22^h 16.0^m$	+53°59′	1086	19L
IC 5217	行星状星云	11.3	8″×6″	$22^h 23.9^m$	+50°58′	1086	31L
梅里尔 2-2	行星状星云	11.5	5″	$22^h 31.7^m$	+47°48′	1102	31L
NGC 7243	疏散星团	6.4	21′	$22^h 15.3^m$	+49°53′	1103	31R
NGC 7209	疏散星团	6.7	24′	$22^h 05.2^m$	+46°30′	1103	31R

大小数据来自最新的星表。用望远镜观测时,目标大小往往比星表里的数值小。表格中的*MSA*和*U2*列分别为《千禧年星图》和《测天图2000.0》第二版中的星图编号。

赫维留在他著作的扉页，描绘了一幅向缪斯女神介绍新星座（左下角）的场景，领头的就是蝎虎座。

条线，然后再向前延伸同样的距离。三个星团中间那个就是NGC 7245，但是在我的小型折射望远镜中低倍率下很容易忽略它。放大到87倍时，我看到了一块3′大小的光斑位于一个三角形中：西边和南边各有一颗11等星，东北边有一颗9等星。在10英寸牛顿反射式望远镜中放大到170倍，NGC 7245是一个非常漂亮的星团。它的宽度约4′，里面有非常多的暗星，中间是模糊的没有被分解出来的恒星。在同一个视场中，它的东北偏北方向是另一个星团金9（King 9）。它看上去是一块有颗粒感的模糊光斑，其中心的北边有一颗暗星。金9星团在我的折射望远镜中放大到87~153倍也可以被看到。

这个三重星团的第三个成员IC 1442，就位于NGC 7245东南偏南方向22′处。我用小型折射望远镜没有找到它，改用10英寸望远镜才成功。当时，我是在我的星图上所标的位置西南方5.5′的地方找到它的。放大到118倍，我看到了大约30颗11等星聚集在5′的范围内。一颗9等的橙红色星位于东北边缘的外面，一颗稍亮的橙色星位于东南边缘。后来我又用105 mm望远镜检查了这片区域，看到了二十几颗暗星，中间是一大片空白。布伦特·A.阿奇纳尔和史蒂文·J.海因斯于2003年出版的《星团》一书中确认了我标示的IC 1442位置是正确的。

下面我们要去看一个很小的行星状星云IC 5217，它位于蝎虎座β南方1.3°处。在寻星镜中，蝎虎座β南方有两颗7.5等星，它们和蝎虎座β、IC 5217同处于一条南北向的连线上。星云IC 5217就位于南边那颗星的东南偏南方向不到14′的地方。你会看到星云隐藏在一群亮度相当的星星中。即使用我的小型折射望远镜放大到127倍，IC 5217看上去还是像一颗恒星。

这是一个用星云滤镜练习闪视法的好地方。拿着氧-Ⅲ滤镜放在目镜前观测，IC 5217星云将是视场中最亮的天体。反复将滤镜移出移入，就会制造一种闪烁效果，这种方法对看到非常小的行星状星云很有效。（为了避免滤镜反射杂散光，可以尝试在你的头上和目镜外面披上一件黑色衣服。）用10英寸望远镜放大到170倍，就更容易看到这个天体，它看上去是一个小小的稍微有点椭圆的盘，散发出罗宾鸟蛋蓝色。

梅里尔2-2（Merrill 2-2，或PN G100.0-8.7）是另外一个适合用闪视法观测的微小的行星状星云。在蝎虎座5的东北偏东方向23′处，寻找由三颗12等星组成的一条不均匀分布的曲线，这个行星状星云就是曲线中间那颗“星”。它虽然很小，但是面亮度高，用氧-Ⅲ滤镜看效果不错。我还没用小于8英寸的望远镜看过这个行星状星云，但我觉得用更小的望远镜应该也能看到它。用8英寸望远镜放大到314倍，它又小又圆，颜色是蓝灰色。这个行星状星云和IC 5217与地球的距离都是10 000光年左右。

星团NGC 7243是一个很容易观测的天体，在我的8×50寻星镜中就可以看到。它位于蝎虎座4西北偏西方向1.5°处，蝎虎座α、蝎虎座4和蝎虎座5组成的一个箭头正好指向它。我用105 mm望远镜放大到47倍，能够看到45颗9等或更暗的星聚集在20′的范围内。中心附近有三颗中等亮度的星组成了一个三角形，其中一颗是一对远距双星Σ2890，位于三角形东南方的那个角。我用10英寸望远镜放大到43倍，能够看到75颗星聚集在一个非常不规则的形状中，有的地方密，有的地方疏，边缘参差不齐。我觉得它像一只螃蟹，爪子伸向西北偏北方向。其中心的三角形最北边那颗星散发着橙色的光芒。

NGC 7209是蝎虎座中最好看的风景。这个疏散星团位于蝎虎座2的西边2.7°处，北边紧挨着的是一颗橙黄色的6等星。你可以这样估测它的位置，它和蝎虎座4、蝎虎座5和蝎虎座2组成了一个半圆，它位于半圆的一端。我用小型折射望远镜放大到68倍，能够看到50颗9等或更暗的星聚集在23′范围内。最亮的一些星沿着南北方向蜿蜒着跨过星团。三颗8.5等左右的星占据了星团西南边缘三分之一的范围，最东边的那颗星是橙色的。

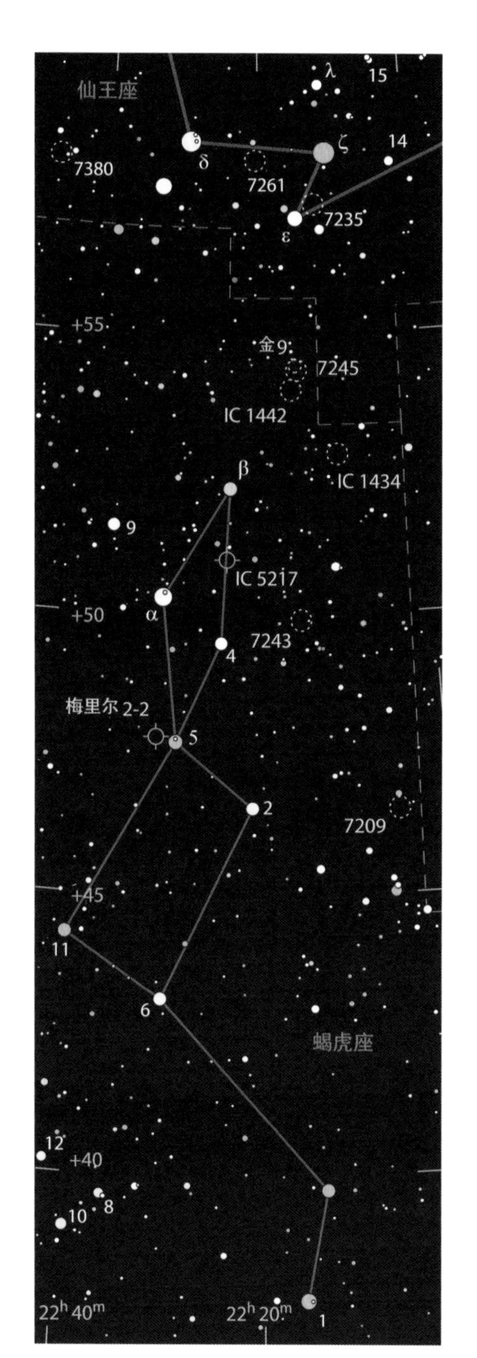

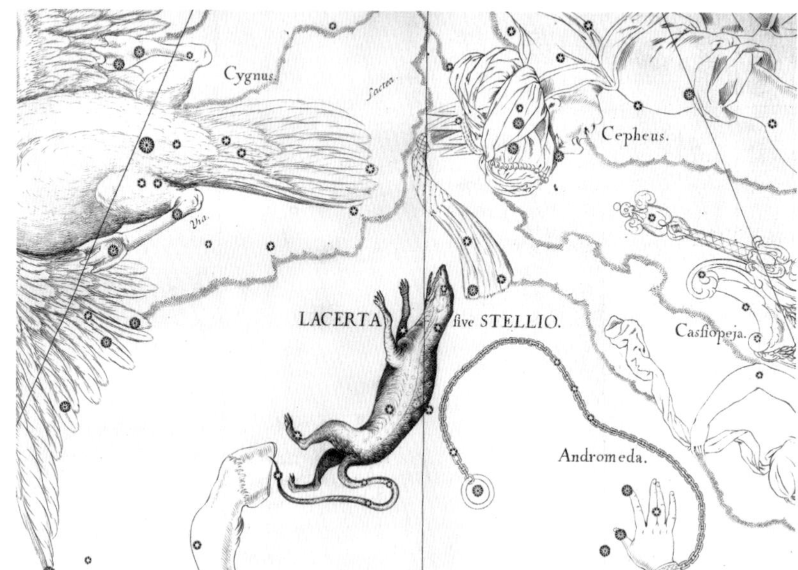

在上面这幅乔治·R.维斯科姆的照片中，星团NGC 7243中包含各种颜色的恒星。这位来自纽约州普莱西德湖的天文爱好者用他的14.5英寸f/6牛顿反射式望远镜和3M 1000胶片曝光10分钟拍摄了这张照片。上方为北，视场宽度为0.8°。底部图：赫维留星图中的蝎虎座，和他的其他星图一样，方向是反的，就像画在一个天球仪上一样。来源：美国海军天文台图书馆。

我用10英寸反射望远镜放大到115倍，能够看到大约100颗星，其中很多组成了弯弯曲曲的线。中心东边一颗7.5等星是金色的，东侧边缘附近的一颗9等星是橙色的。西南边缘的一颗8.5等星的东边有一团聚集在一起的暗星，看起来像一个子星团。当我们看NGC 7209和NGC 7243时，我们看到的是将近3 000光年之外的景色。

周围明亮的星座让蝎虎座黯然失色。它低调地徘徊在北方高高的天空，等待好奇的观测者来寻找潜伏其中的朴素的宝藏。

天鹅座深空集锦Ⅱ

秋天的夜晚在向深空观测者们招手，在银河的北部有一大片仙境一般的乐园。

在“天鹅座深空集锦Ⅰ”（第230页）一节中，我们已经开垦了天鹅座东北部这片肥沃的星田，但是还有很多东西没有挖掘。这片令人愉悦的天区值得关注，因为它不仅拥有众多深空宝藏，而且天体的多样性也令人印象深刻。

现在，我们从上次离开的地方，即从华丽的星团M39开始。在晴朗的夜晚，我在近郊的家中用肉眼就可以看到M39是一块模糊的光斑。在双筒望远镜或寻星镜中很容易找到它，就位于4等星天鹅座π^2西南偏西方向2.5°的地方。用我的15×45稳像双筒望远镜可以看到一群漂亮的星星，大约25颗，大部分都很亮。

M39宽达0.5°，需要用低倍率望远镜才能欣赏到完整的星团。我用10英寸反射望远镜和35 mm广角目镜，能得到一个44倍1.5°的视场。在这个组合中，M39是一个令人震撼的三角形星团，其中亮星云集，大多是白色和蓝白色的，也有几颗不同颜色的星：三角形西边有一颗黄色星，三角形北边顶点的东边有一颗金色星，星团中最亮的星的东南偏南方向有一颗橙色星。在三角形东侧那条边上有一对双星h1657，主星是一颗9等星，伴星是一颗12等星，位于主星东北偏北方向，角距23″。在三角形南边外侧有一些星星让M39看起来像一棵又粗又亮、树干很短的圣诞树。我能数出25颗6.5等到10.5等星，背景银河中则至少有3倍于此的暗星。

虽然通常人们认为是夏尔·梅西耶发现的M39，但很可能有更早的观测者也注意过它，因为毕竟肉眼就可以看到。在1925年的《英国天文学会期刊》中，彼得·多伊格写道：根据爱尔兰天文学家约翰·埃拉德·戈尔所言，亚里士多德曾经把M39描述为一颗“带尾巴的星星”。

行星状星云闵可夫斯基1-79（Minkowski 1-79，或Mink 1-79）就在M39附近。要找到它，你只需从M39的三角形北端附近最亮的一颗星向东北偏东方向移动0.5°就来到一颗8等星，这是这片区域最亮的一颗星。然后沿着这个方向再移动同样的距离，就找到了这个行星状星云。我用10英寸望远镜放大到115倍观测，这个行星状星云是一块椭圆形的光斑，东西向长不到1′。一颗13等星位于它的西端。将望远镜放大倍率增加到213倍，我看到在东边的尖上有一颗更暗的星。我用氧-Ⅲ滤镜和窄带星云滤镜观测它的效果都很好。闵可夫斯基1-79被笼罩在一圈环状物质中，几乎侧向对着我们，北方有些向东倾斜。环的外侧边缘在星云的边缘处亮度增强。这个行星状星云距离我们大约9 000光年。

用我的105 mm折射望远镜放大到17倍，从M39向东南偏东方向扫过1.5°，我看到了非常震撼的暗星云巴纳德168（Barnard 168 或B168）。靠近M39那一端宽而不规则，但这个暗星云最引人注目的特征是这条黑色的天鹅绒丝带向东南偏东方向延伸了将近2°。我们很容易沿着B168追随到它的尽头，直到它吞没了IC 5146茧状星云。一开始我看不到这个星云，但当我加上氢-β滤镜后，星云立即就变得明显了，在它的中心和南侧边缘各有一颗10等星。用氧-Ⅲ滤镜也可以，但效果不那么明显。将望远镜放大到47倍后，我不再需要滤镜就能看到其中的星星。在两颗10等星之间有两颗暗星，中心的东边有两颗，西边缘还有一颗。将望远镜放大率增加到68倍，IC 5146显得非常斑驳。

用我的10英寸反射望远镜放大到118倍，星云中最亮的部分像是两三个向北伸出的手指。中间的一个从中央恒星向上展开，东边的一个穿过了三颗12等星连成的弧线，西边那个看不太清楚。这些分支在两颗10等星中间交

天鹅座东北部的IC 5146的外观很容易让人想到人马座三叶星云M20的发射部分。茧状星云位于蜿蜒2° 长的暗星云巴纳德168的最东端，暗星云没有体现在这张视场宽度为0.5° 的放大照片中。
* 摄影：肖恩·沃克和谢尔登·法沃尔斯基。

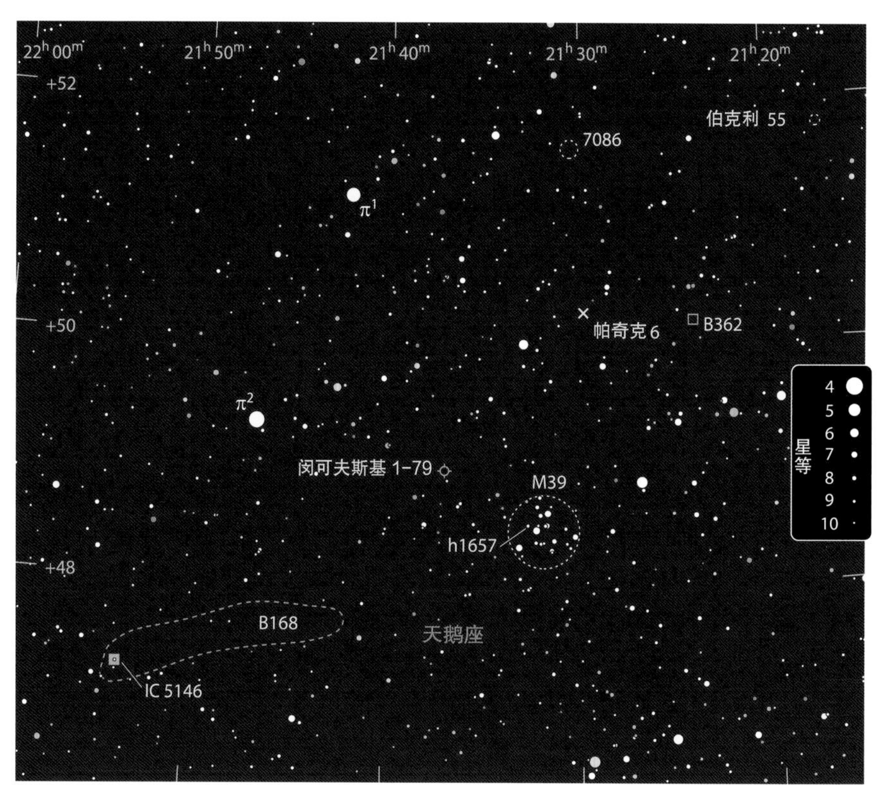

汇在一起，形成一片宽广的区域，占据了星云东南部四分之一的区域。我觉得它整体的样子像一只棒球手套。

茧状星云中的恒星组成了星团科林德 470（Collinder 470）。照亮IC 5146的光有的是来自生成星云的恒星激发，也有的是其他恒星光芒的反射。

在天鹅的尾迹中 Ⅱ							
目标	类型	星等	大小 / 角距	赤经	赤纬	*SA*	*U2*
M39	疏散星团	4.6	31′	$21^h32.2^m$	+48°27′	9	32L
h1657	双星	9.0, 12.1	23″	$21^h32.7^m$	+48°29′	9	32L
闵可夫斯基 1-79	行星状星云	13.2	60″×42″	$21^h37.0^m$	+48°56′	9	31R
B168	暗星云	—	1.7°×0.2°	$21^h47.8^m$	+47°31′	9	31R
IC 5146	亮星云	9	11′×10′	$21^h53.5^m$	+47°16′	9	31R
B362	暗星云	—	12′×8′	$21^h24.0^m$	+50°10′	9	32L
帕奇克 6	星群	10.5	1.6′	$21^h29.8^m$	+50°14′	9	32L
NGC 7086	疏散星团	8.4	9′	$21^h30.5^m$	+51°36′	9	32L
伯克利 55	疏散星团	11.4	5′	$21^h17.0^m$	+51°46′	9	32L
NGC 7008	行星状星云	10.7	86″	$21^h00.6^m$	+54°33′	9	19R
h1606	双星	9.6, 11.7	19″	$21^h00.6^m$	+54°32′	9	19R

大小和角距数据来自最新的星表。实际观测时的目标大小往往比星表里的数值小，且根据观测设备的口径和放大倍率的变化而不同。表格中的 *SA* 和 *U2* 列分别为《天图 2000.0》和《测天图 2000.0》第二版中的星图编号。

一个更小的暗星云，巴纳德362（Barnard 362或B362），位于M39西北方2°处。用我的小型折射望远镜放大到27倍看，它是一块12′ 大小的长方形黑斑，向东北方向倾斜。一颗7.5等星和一颗7.9等星位于它的北边0.25°处，亮的那颗是黄色的，暗的那颗为稍深点的黄色。

帕奇克6（Patchick 6）是一个鲜为人知的星群，位于巴纳德362东边仅仅1°的地方。用我的105 mm望远镜放大到127倍，我看到了6颗星挤在1.1′ 范围内，最亮的一颗星位于东北偏北边缘。加利福尼亚州天文爱好者达纳·帕奇克用他的13英寸反射望远镜发现了这个紧凑的星群。在200倍下，他数出了组成一个弯曲“V”字形的9颗星。

从帕奇克6向北移动1.4°，我们就找到了疏散星团NGC 7086。用我的小型折射望远镜放大到47倍看，它非常漂亮，十几颗星散落像钻石尘一般。放大到87倍，我能数出30颗星位于一块8′ 大小的模糊光斑之上。我用10英寸反射望远镜放大到118倍，能够看到50颗星，包括中间3′ 大小的密集区域，其中有星团中最亮的星—— 一颗10等的金色星，位于星团西北边缘。

伯克利55（Berkeley 55 或Berk 55），位于NGC 7086西边2°处，是一个适合高倍率望远镜观测的有趣天体。我用105 mm望远镜放大到87倍只能看到几颗暗星环绕在一片3.5′ 大小的暗淡迷雾中。将10英寸望远镜放大到166倍，我能看到十几颗非常暗的星，背后还是分解不开的光斑，看来需要更高倍率的望远镜。20世纪60年代，伯克利天文学家哈罗德·韦弗和阿瑟·赛特杜卡迪在系统检查“国家地理学会-帕洛玛天文台巡天”底片时找到了104个“新”疏散星团。其中85个应该是被首次发现，伯克利55就是其中之一。

下面我们要跳跃很远去往下一个深空天体，它值得多花点功夫。从伯克利55向西北移动2.5°，来到一颗6等的金色恒星处。从这里再向西北偏北方向移动1°20′，来到一颗10等星处，它就紧挨着这个不寻常的行星状星云NGC 7008。我的105 mm折射望远镜放大到47倍，显示出一个胖胖的椭圆形弯曲成一条东侧凹陷的曲线。放大到87倍，这个行星状星云在南北向大约1.5′ 长，明显更斑驳。10等星南边还有一颗约12等伴星，形成了双星h1606。星云的西侧边缘有一颗极其暗淡的星。

我的10英寸望远镜放大到68倍观测，发现双星中较亮的一颗是金色的，它的伴星看上去是蓝色的。星云是一个圆鼓鼓的强烈弯曲的弧形，开口朝向东南。在东北偏北部和西南偏南部有明亮的斑块，北边那块更亮一些。将望远镜放大到166倍，我发现NGC 7008非常漂亮且很复杂，中央恒星是可以看到的，另一颗恒星隐藏在中心东北偏东的弧形中。使用氧-Ⅲ滤镜和窄带滤镜能让椭圆形稍稍明显一点，但同时抹去了让星云增色的恒星。

很多NGC 7008的照片显示在中央恒星西北偏西方向22″ 处有一个像恒星的物体。这个物体曾经被认为是一个独立的行星状星云科胡特克4-44（Kohoutek 4-44），但现在它被认为是NGC 7008里的一个星结。最近的研究表明NGC 7008的中央恒星是一对非常接近的双星，两颗子星亮度差不多。要不是NGC 7008的距离只有闵可夫斯基1-79的三分之一，它看上去还会小得多。

天鹅座中只有两个梅西耶天体，比起这张视场宽度为0.75°的照片，用双筒望远镜和低倍率望远镜看疏散星团M39的效果更好。照片中增强了银河背景中的暗星，冲淡了星团中不那么亮的恒星。

* 摄影：罗伯特·詹德勒。

国王的辉煌

秋夜高高的天上，一幅天国景色的皇家挂毯正在等待着你。

仙王照亮了附近的天空；
但他对仙后一如既往地忠诚。
——卡佩尔·洛夫特，《尤多西亚》，1781年

仙王座和仙后座是北天中的一对皇家夫妇。在我居住的北纬43°，这两个相邻的星座都是拱极星座，但是仙后座似乎更加引人注意——好像光说仙后的好话也没什么用处。那么不说她了，仙王座可是拥有他自己的皇家宝藏的，现在我就带你去看看仙王座中的宝藏。

我们的第一个目标是一颗橙色的4等星，它位于从北极星到仙王座γ连线的四分之一处旁边一点。它是这片区域中最亮的一颗星，在某些星图中，把它标示为小熊座2。这是因为它曾经是小熊座的一部分，但1930年国际天文学联合会颁布的星座边界标准中，它被划分在仙王座。

疏散星团NGC 188就位于小熊座2西南偏南方1.1°的地方。我用105 mm折射望远镜放大到87倍能够看到30颗暗淡甚至极暗的星星聚集在0.25°范围内。斑驳的背景意味着还有没分辨出的恒星。我用10英寸反射望远镜放大到68倍，这是一个有40多颗星的可爱的圆形星团，其背景如同一张薄薄的网，置于一群亮星中。

NGC 188的年龄大约是70亿年，是银河系中最年老的疏散星团之一。它距离地球约5 400光年，位于银盘之上2 000光年。它的轨道使它很少进入银盘的内部区域，减少了和巨型分子云相遇的机会。NGC 188的质量很大，也有助于它保持形态。1 000多颗星聚集在一起，让这个星团在结构上很像一个松散的球状星团。

现在向南去寻找行星状星云NGC 40，它位于从仙王座γ到仙后座κ连线的三分之一处一片没有亮星的区域。你可以用星桥法从仙王座γ向南移动2.3°找到一颗白色6等星，然后继续向前1.3°来到一颗黄色6等星处。在它东边1.5°处有一个1°大小的明显的“V”字形，在寻星镜中就能看到。其中最南边尖端的7等星就位于NGC 40的西北方1°处。在低倍率目镜中，能找到一串四颗9等到11等星组成的9′长的“Z”字形。最暗的那颗就是行星状星云的中央恒星。

我用小型折射望远镜放大到127倍，能看到这颗恒星外面一圈非常小的光斑，还有一颗暗星位于星云西南边缘。我用10英寸望远镜放大到43倍，可以看到NGC 40呈蓝色；放大到115倍，可以看到它稍稍呈椭圆形并且是一个环状；放大到231倍，能看到更多的细节。椭圆北边稍微向东倾斜，长边比两端更亮。用窄带星云滤镜看这个星

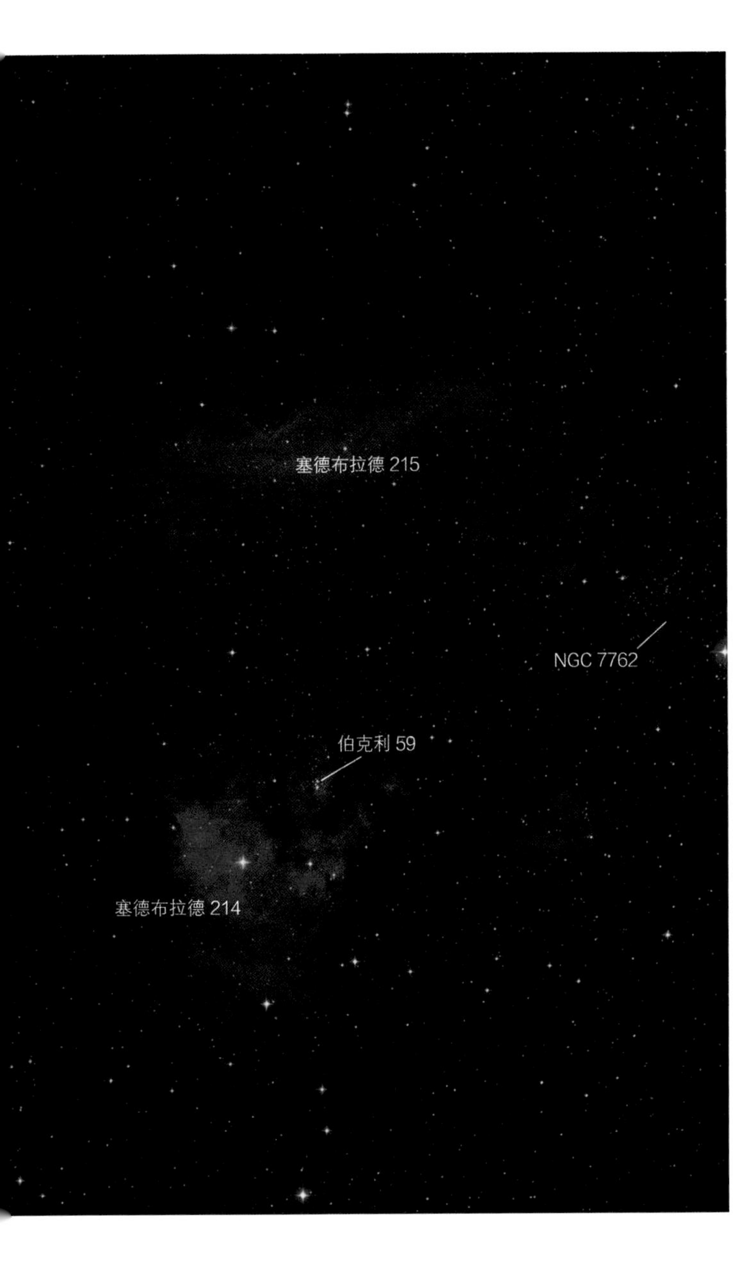

塞德布拉德214和215是仙王座和仙后座的银河中众多巨大的发射星云中的两个。你可以用这张照片对比着文字查看。视场宽度是2.6°，上方为北。
* 摄影：罗伯特·詹德勒。

云效果很好，但是我在纽约州北部近郊的家中，更喜欢不用滤镜欣赏它。

NGC 40的中央恒星是一颗晚型WC沃尔夫-拉叶星。虽然这种恒星的光谱和典型沃尔夫-拉叶星类似，但这种类似只是表面的。一颗典型的沃尔夫-拉叶星是寿命较短的大质量恒星，它外面的氢层被猛烈的星风吹散，最终在超新星爆发中结束一生。NGC 40中心的恒星更小，随着年龄的增长，膨胀成一颗红巨星，然后抛出它的外壳，渐渐形成一颗白矮星。

我们的下一个目标是仙王座o，这是一对绚丽的双星，距离我们仅有210光年。我觉得它的5等主星就像一颗抛光的黄玉宝石，它的7等伴星闪着金色的光芒，位于主星的西南方。但是很多观测者认为伴星是蓝色的。你看到的是什么颜色呢？仙王座o是一对真实的双星，两颗子星的绕转周期是1 505年。2011年它们的角距是3.3″，到2046年会增大到3.5″，仍然是东北—西南方向的位置关系。

从仙王座o向东2.9°就是疏散星团NGC 7762。我用105 mm望远镜放大到87倍，能看到很多暗或极暗的星聚集在13′ 范围内。一颗5等场星位于西南方17′ 处。在我的10英寸望远镜中，这个星团非常漂亮，几颗星组成一个明显的南北方向的棒状，位于星团的中心。NGC 7762距离我们2 400光年，年龄已经2.7亿岁了。

NGC 7762东南方1.7°处有两颗6等星，北边一颗是金色的，南边一颗是橙色的。在阿迪朗达克山北部的暗夜中，我用小型折射望远镜可以看到这两颗星嵌在一个巨大的暗淡的星云中。塞德布拉德214（Cederblad 214 或Ced 214）在南北方向上延伸了大约45′，北部最宽，达到35′，向南逐渐变窄，直到那颗橙色星结束。使用星云滤镜能让星云中的亮度变化更加明显。最明显的部分在那颗金色恒星周围，并向东西方向延伸很远。第二明亮的区域位于一颗黄色的8等星周围并向西扩展。在塞德布拉德214西北部有两颗9等星，这就是疏散星团伯克利59（Berkeley 59 或Berk 59）的位置，但我要用10英寸望远镜放大到171倍，才能看到这个星团里更多的细节。21颗星组成了一个差不多东西向的8′ ×4′ 的长方形，那两颗星就位于这个长方形的中间。几颗星在它北边形成了另外一团，还有几颗星散落在它南边。

塞德布拉德214在一些天文数据库中等同于NGC 7822，但在大部分天文爱好者的星图中后者被标在前者北边1.5°的地方。这个困扰来自它的发现者约翰·赫歇尔，他给出了北边的星云坐标，但是描述却更像南边的星云。为了避免这个困扰，我在讲北边的星云时，用它另一个名字塞德布拉德215（Cederblad 215 或Ced 215）。找到伯克利59北边1.1°处的一对8等星。我用105 mm望远镜放大到28倍，能够看到幽灵般的星云状物质围绕在这两颗星四周，向东延伸了大约0.5°。我用14.5英寸望远镜和星云滤镜观测，塞德布拉德215显得更长，一次只能看到一部分，并且显得错综复杂。

我们的最后一站是位于仙王座25北边28′ 处的疏散星团皮什米什-莫雷诺1（Pismis-Moreno 1）。几年前加利福尼亚州天文爱好者达纳·帕奇克介绍给我这个迷人的星团。帕奇克描述这个星团很好看，让他联想到平静的海面上的一艘帆船。用我的折射望远镜放大到87倍，我看到了11颗星组成了一艘东西向的船，大约16′长。两颗最亮的星组成了双星Σ2896，两颗子星分别为7.8等和8.6等，角距21″。8颗暗星在北边形成了一张三角形的帆，一颗星悬在船的下面，那是船的锚。

我用10英寸反射望远镜可以看到沙普利斯2-140（Sharpless 2-140或Sh 2-140），船帆东边的一个模糊的星云——可能是船头卷起的三角帆，正在等待起航。

下图：行星状星云NGC 40对小型望远镜来说属于中等难度，它位于仙后座和北天极之间一片没有亮星的区域。上方为北，视场宽度为2′。

* 摄影：史蒂夫和保罗·曼德尔/亚当·布洛克/美国国家光学天文台/美国大学天文研究联合组织/美国国家科学基金会。

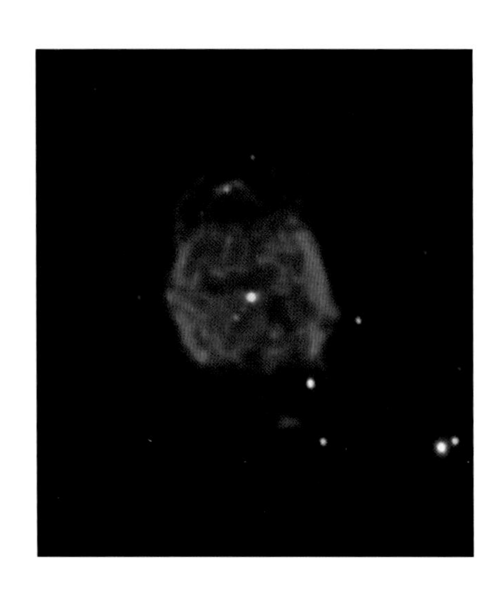

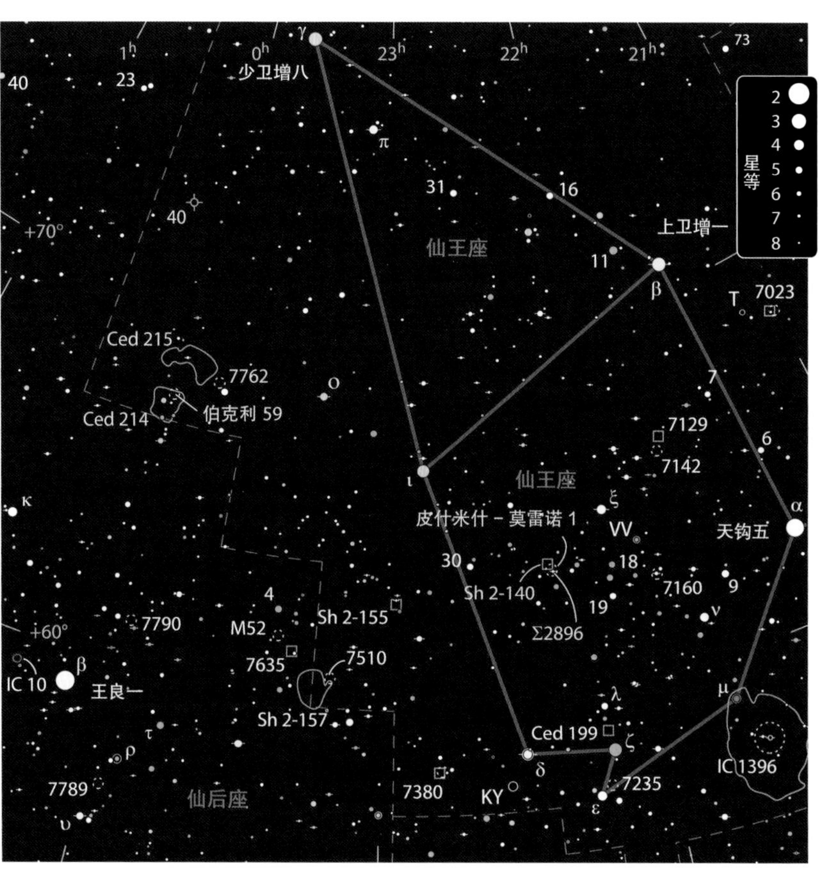

皇家宝藏							
目标	类型	星等	大小/角距	赤经	赤纬	*MSA*	*PSA*
NGC 188	疏散星团	8.1	15′	$00^h47.5^m$	+85°15′	6	71
NGC 40	行星状星云	12.3	48″	$00^h13.0^m$	+72°31′	24	71
仙王座 o	双星	5.0, 7.3	3.3″	$23^h18.6^m$	+68°07′	1057	71
NGC 7762	疏散星团	10.3	15′	$23^h49.9^m$	+68°01′	1057	（71）
塞德布拉德 214	亮星云	—	50′	$00^h03.5^m$	+67°13′	1057	71
伯克利 59	疏散星团	—	10′	$00^h02.2^m$	+67°25′	1057	（71）
塞德布拉德 215	亮星云	—	72′×20′	$00^h01.2^m$	+68°34′	1057	71
皮什米什－莫雷诺 1	疏散星团	—	19′	$22^h18.8^m$	+63°16′	（1059）	（71）
Σ2896	双星	7.8, 8.6	21″	$22^h18.5^m$	+63°13′	1059	71
沙普利斯 2-140	亮星云	—	11′×4′	$22^h19.0^m$	+63°18′	（1059）	（71）

角距数据来自最新的星表。实际观测时的目标大小往往比星表里的数值小，且根据观测设备的口径和放大倍率的变化而不同。表格中的 *MSA* 和 *PSA* 列分别为《千禧年星图》和《天空和望远镜星图手册》中的星图编号。带括号的编号代表该天体没有在星图中标出。

肋生双翼的飞马

飞马座里有一些迷人的深空天体，给你快乐，也给你挑战。

他游荡在繁星的天堂，
这限制了他的飞翔。

——奥维德，《岁时记》

在希腊神话中，珀伽索斯是一匹长着翅膀的骏马，是珀尔修斯砍下戈耳工女妖美杜莎的头之后，从她的血泊中飞出的。这个从丑陋中诞生的漂亮家伙在很多故事里都出现过，英雄柏勒洛丰的历险记就是其一。

柏勒洛丰因为自己的成就变得非常傲慢，他想骑着珀伽索斯飞去神居住的地方。宙斯对这种放肆行为非常愤怒，派了一只牛虻去叮这匹飞马。柏勒洛丰被从马上掀了下来，掉回了人间，但飞马被留在了天空，所以我们今天能够看到它。

我们的这匹飞马似乎很关心悬在它面前的一粒糖豆，M15，这是北天最漂亮的球状星团之一。从飞马的耳朵飞马座θ到鼻子飞马座ε想象一条连线，这条线就指向M15。我在近郊的家中用12×36稳像双筒望远镜能够轻松看到M15是一个模糊的球状星团。一颗8等星位于它的边缘，星团的东边还有一个0.5°的方框，每个角上有两三颗星。

我用105 mm折射望远镜放大到17倍，能够看到M15有一个致密的核，有一个小而亮的核球，外面是一层大而暗弱的晕。放大到87倍，核球看上去很斑驳，很多星在晕中闪烁；放大到153倍时，核球里就像塞了几颗糖一样，看着都甜，核的中心变得更亮但仍然无法分解出恒星。算上外面的晕，星团的直径达到9′。

在我的10英寸反射望远镜中，M15极其华丽。放大到166倍时，它的中心非常热闹，在直径12′的地方向外突然暗下去。晕中的几颗最明显的星好像海星伸出的四五个触手。

而在星团亮度逐渐上升的内部，越往中心星星越多越密集。M15是银河系中最致密的星团之一。它距离地球33 600光年，在银盘之下15 400光年。

明亮的旋涡星系 飞马座中的旋涡星系NGC 7331（科德韦尔30）大小适中而明亮，在双筒望远镜中就可以看到。它对于不同经验水平的观测者都是一个受欢迎的目标。附近四个星系统称为“跳蚤”，更有挑战性，但仍在中等口径望远镜的能力范围内。视场宽度为0.25°，上方为北。
* 摄影：拉塞尔·克罗曼。

与天马齐飞							
目标	类型	星等	大小	赤经	赤纬	*MSA*	*U2*
M15	球状星团	6.2	18.0′	$21^h30.0^m$	+12°10′	1238	83R
皮斯 1	行星状星云	14.7	1″	$21^h30.0^m$	+12°10′	1238	83R
NGC 7094	行星状星云	13.4	94″	$21^h36.9^m$	+12°47′	1238	83L
NGC 7332	星系	11.1	4.1′×1.1′	$22^h37.4^m$	+23°48′	1187	64R
NGC 7339	星系	12.2	3.0′×0.7′	$22^h37.8^m$	+23°47′	1187	64R
NGC 7331	星系	9.5	10.5′×3.5′	$22^h37.1^m$	+34°25′	1142	46R
NGC 7320	星系	12.6	2.2′×1.1′	$22^h36.1^m$	+33°57′	1142	46R

大小数据来自最新的星表。实际观测时的目标大小往往比星表里的数值小，且根据观测设备的口径和放大倍率的变化而不同。表格中的 *MSA* 和 *U2* 列分别为《千禧年星图》和《测天图 2000.0》第二版中的星图编号。本月所有天体都在《天空和望远镜星图手册》中的星图 74 和星图 75 所覆盖的范围内。

有争议的星系团 斯蒂芬五重星系是天空中大名鼎鼎的星系群，由于对其成员的距离估计不一致所以存在争议。视场宽度为8′，上方为北。
* 摄影：约翰内斯·舍德勒。

另一个让M15与众不同的理由是，它还有一个用业余望远镜就能看到的行星状星云皮斯1（Pease 1），它深埋在M15当中，很难在数不清的恒星中找到它。幸运的是，我们能在“行星状星云观测者”网站上找到详细的星图。用这些星图再花上一点时间，我找到了包含皮斯1的那一小团星星。

用我的15英寸反射望远镜放大到284倍，再加上氧-Ⅲ滤镜，我才看到了那个行星状星云。利用这些设备看时，只有一个物体显露出来，无疑就是它。别担心，你不需要用一个15英寸的望远镜去尝试找皮斯1。有些经验丰富的观测者在暗夜中用8英寸的望远镜就看到了它。

如果这个行星状星云太难找了，就先去找下一个目标NGC 7094吧。它位于M15东北偏东方向1.8°处，我用10英寸望远镜放大到115倍看，这个行星状星云很暗。但是它的13.6等中央恒星却很容易看到，在它的边上我还能偶尔瞥见一颗极其暗淡的星。用窄带滤镜或氧-Ⅲ滤镜能够显著提升观测效果。这个星云看上去呈圆形，宽度1.5′，亮度有些不均匀，微微有点环形的样子。

现在，我们去银河系外面找点好玩的吧，我们要再放大来看一对星系NGC 7332和NGC 7339，它们位于飞马的腿部飞马座λ西边2.1°的地方，夹在两颗南北分布的7等星之间。

我用小型折射望远镜放大到87倍看，NGC 7332是一个细长的纺锤形，向西北偏北方向倾斜，有一个细长的核球和恒星一般的核。NGC 7339也很细，但要用余光才能看到它。它位于NGC 7332南边尖端的东侧5′处，沿东西向延伸。一颗暗星位于两个星系之间。放大到122倍，我可以直接看到NGC 7339，其面亮度均匀，长度约2.25′。NGC 7332的晕跨越2.75′天区，在核的南方延伸得比北方远。

从这里向北12°，有两颗6等星，一颗金色，一颗橙色，它们正好位于飞马座和蝎虎座的边界上。在这两颗星南边1.2°处是壮观的星系NGC 7331。我用105 mm望远镜放大到47倍可以轻易地看到这个星系。它椭圆形的核

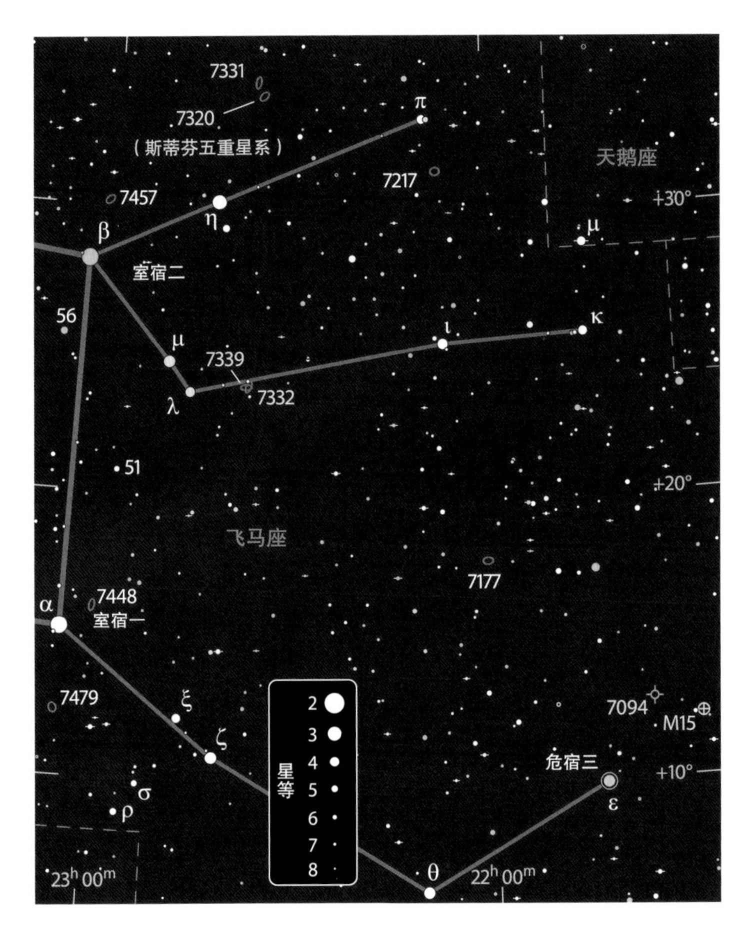

球和晕略微向北偏西方向倾斜，中间是一个致密的、恒星般的核。

放大到87倍看，这个星系十分漂亮，大小约为6′×1.5′。东边的亮度向外逐渐减弱，而西边的光亮则突然消失，这意味着那里有一条尘埃带。

我用10英寸望远镜放大到166倍看，这条暗带很漂亮，星系的大小约9′×2.5′。3′大的核球向着中间核的方向显著增亮。在NGC 7331的东边有四个暗淡的星系，它们的名字叫作“跳蚤”。最明显的一个是NGC 7335，大小为1.25′×0.5′，向西北偏北方向倾斜，面亮度很均匀。它位于NGC 7331核球北端以东3.5′的地方。

从这里再往东4′是一对10等和11等星，它们的连线指向南边的NGC 7340，它比NGC 7335更小也更圆。四颗12等和13等星在NGC 7340和NGC 7331之间排成一条南北向的线。NGC 7337就位于最南边那颗星的西南偏西方向1′处。这个星系中只有很小但相对较亮的核球能够被看到，一颗暗星装点在它的东南边缘。

NGC 7336也很小，只能用余光才能看到。它位于那四颗星的连线从最北边的星到下一颗星之间三分之二的位置。

在准备这一节飞马座中的深空天体时，我在想有没有哪个小“跳蚤”是我的小型折射望远镜可以看到的。很高兴在第二个晴夜我就看到了，虽然有些困难，但除了NGC 7336，其他三个都用余光看到了。

“跳蚤”们并不是NGC 7331真正的邻居，而是更远的背景星系。NGC 7331距离地球大约5 000万光年，“跳蚤”里的三个星系属于一个距离是NGC 7331的6倍的星系群。NGC 7336的距离要再远上1亿光年。

NGC 7331通常被认为和NGC 7320有关系。后者是附近的斯蒂芬五重星系中的一员。先找到NGC 7331西南偏南方向24′处的两颗东西方向排布的10等星。斯蒂芬五重星系就位于西边那颗星南边6′处。

我用10英寸反射望远镜放大到311倍看，五重星系中的NGC 7318A和NGC 7318B贴得太近了，看上去像有一个共同的东西方向的晕，但仔细观察后能够发现它们拥有分离的核球。在它们的东南方是NGC 7320，其大小和亮度与前两个星系合起来差不多。它沿着东南—西北方向延伸，越接近中间的核球越亮。

在正北方向，若隐若现的NGC 7319呈现出类似的倾斜度，这表示我看到的只是这个旋涡星系的核和棒状结构部分。在NGC 7320的西边，是小小的NGC 7317，紧靠在西北偏北的一颗13等恒星旁边。

在成功观测到“跳蚤”们后，我信心满满地把我的105 mm望远镜指向了斯蒂芬五重星系。在203倍率下，我成功地发现了像一片薄雾一样的NGC 7318A/B。NGC 7320也能看清，只是不如前者明显。我已经非常习惯用小型望远镜进行深空观测了，但是这些设备的性能依然能时常给我带来惊喜。

大多数天文学家都认为，斯蒂芬五重星系中，NGC 7320的距离和NGC 7331差不多，另外几个成员则和“跳蚤”星系群中更远的那三个星系处在同一个区域。然而，有少数研究人员坚持认为斯蒂芬五重星系中的5个星系都是相关的，并且以此为证据去证明红移（衰退速度）在测算银河系外距离时可能并不可靠。杰夫·卡尼普和丹尼斯·韦布的《Arp特殊星系图集》（维尔曼-贝尔出版社，2006）中有一段关于这场天文学争议的最新描述。

寻星小贴士

观测者们在寻找大的暗淡星云和星系时，首选低倍率、大视场的目镜，但实际上那些最暗的星和小的弥散的目标在高倍率下更容易被看到。所以当你在低倍率下找不到目标时，试试高倍率目镜吧。

腓特烈大帝的荣耀

一个废弃的星座中包含各种各样的天体“大餐”。

约翰·埃勒特·波得设计了腓特烈大帝的荣耀这个星座，并在1787年1月25日的柏林科学院特别大会上的一篇论文中介绍了它。它是为了纪念在前一年去世的普鲁士国王腓特烈二世而写的。波得的论文中包含一幅星图，他创立的星座星图上用德语标注了“腓特烈大帝的荣耀”。这个星座随后出现在1795年出版的让·福尔坦的《弗拉姆斯蒂德天图》中，星座的名称为“战利品”。在波得于1801年出版的《波得星图》中，他使用的是拉丁名“腓特烈大帝的荣耀”。

波得在这个星座形象中描绘了王冠、宝剑、羽毛笔和橄榄枝，来表现腓特烈大帝是一个统治者、英雄、知识分子以及和平使者。组成这个星座的星星分布在今天的仙女座、仙后座和蝎虎座中。其中最亮的星是剑鞘中的仙女座ο。在它的东边，仙女座ι、仙女座κ、仙女座λ和仙女座ψ组成一个扭曲的“Y”字形，那是宝剑的剑柄。

我的15×45稳像双筒望远镜可以装下整个“Y”字形，仙女座ψ和仙女座λ都是深黄色的星。仙女座λ的东北边1.1°处有一个有趣的星群TPK 1（深空猎手菲利普·托伊奇、达纳·帕奇克和马蒂亚斯·克隆贝格尔整理的星表）。用我的105 mm折射望远镜放大到17倍，我看到了十几颗星组成的一个0.25°大小的梯形。放大到87倍，我看到了很多暗星，45颗星星占据了20′的范围，让TPK 1看起来像一个星团。在我的10英寸反射望远镜中放大到70倍，我数出了50颗星聚集在一个平行四边形里，长对角线长23′，短对角线长15′。东半边的几颗星呈现出明显的橙色。

向西北偏北方向移动1°，就来到了疏散星团阿韦尼-亨特1（Aveni-Hunter 1）。星表中记载的视直径是47′，但是在我的小型折射望远镜中只能看到中心附近15′的一团。在47倍下，我能数出14颗8等到12等星，但其中几颗是无关的场星。在全部47′范围内的94颗星里，只有18颗有一半以上的可能性是星团的成员。

阿韦尼-亨特1对天文摄影师来说是一个有趣的目标。它的中心有一个由一颗金色星和两颗蓝白色星组成的三角形，缠绕在一个像彗星一样的星云LBN 534的头部，星云向东北方向延伸了1.5°。最明亮的部分是三角形中东南方那颗星周围的小反射星云范登伯158，那颗恒星就是照亮这片星云的光源。

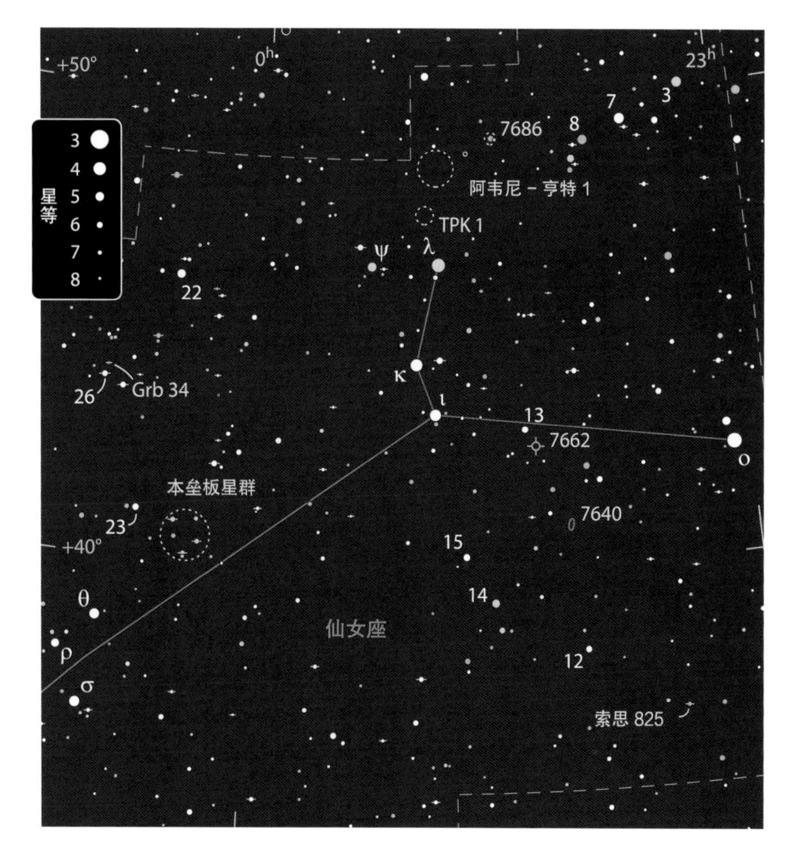

在2007年《天体物理学报》的一篇论文中，李晌岱和陈文屏提出了两种可能的机制，解释LBN534的形状是如何形成的以及阿韦尼-亨特1中年轻恒星的诞生是如何引发的。一种假设是来自附近大质量的年轻恒星群（蝎虎座OB1星协）的超新星爆发产生的冲击波作用。还一种不那么“猛烈”的可能：它是由电离波前挤压星云形成的，这种电离波前来自LBN 534之外410光年的致密炽热的O9V型恒星蝎虎座10。

NGC 7686是一个人们相对熟悉一些的星团，位于阿韦尼-亨特1的西北偏西方向1.4°处。它的中心有一颗橙红色的6等星，让这个星团很容易被找到。用我的105 mm望远镜放大到28倍，我看到了8颗暗星围绕着这颗宝石，一颗金黄色的星位于星团西南偏西边缘。放大到67倍，我能看到星团中25颗暗星，其中有几颗位于两颗最明亮的恒星中间。

腓特烈大帝的深空荣耀					
目标	类型	星等	大小 / 角距	赤经	赤纬
TPK 1	星群	—	23′×11′	$23^h 39.3^m$	+47°31′
阿韦尼－亨特 1	疏散星团	—	47′	$23^h 37.8^m$	+48°31′
NGC 7686	疏散星团	5.6	15′	$23^h 30.1^m$	+49°08′
NGC 7662	行星状星云	8.3	29″×26″	$23^h 25.9^m$	+42°32′
NGC 7640	旋涡星系	11.3	11.6′×1.9′	$23^h 22.1^m$	+40°51′
索思 825	双星	7.8, 8.3	67″	$23^h 10.0^m$	+36°51′
本垒板	星群	—	44′×31′	$0^h 07.5^m$	+40°35′
Grb 34	双星	8.1, 11.0	35″	$0^h 18.4^m$	+44°01′

大小和角距数据来自最新的星表。实际观测时的目标大小往往比星表里的数值小，且根据观测设备的口径和放大倍率的变化而不同。

发射星云LBN 534穿过了疏散星团阿韦尼－亨特1。
* 摄影：托马斯·V.戴维斯。

现在我们在“腓特烈大帝的荣耀”中向南俯冲，去寻找NGC 7662，它位于仙女座13的西南偏南方向仅仅26′的地方。半个多世纪前，1960年2月，利兰·S.科普兰在《天空和望远镜》杂志的一篇文章中描述NGC 7662“看上去像一个浅蓝色的雪球”。现在它的昵称就是“科普兰的蓝雪球”。我用105 mm折射望远镜放大到153倍观测，这个小星云散发着暗淡的蓝光，它稍微呈椭圆形，中间更暗。

我用10英寸反射望远镜放大到44倍看蓝雪球星云，能够看到它又小又亮的核球外面包裹着绿松石色的晕。放大到220倍，我看到了一个明亮的环叠加在暗淡的椭圆上，都略向东北方向倾斜。使用窄带星云滤镜，我可以看到环的内、外侧亮度差不多，都更暗一些。在星云东北边1′左右的地方有三颗星组成了一条弧线，它们的亮度分别为13.4等、14.7等和14.9等。放大到308倍看，环的两端最亮，西北部最暗。在这个倍率下，环看上去是明显的绿松石色，暗淡部分的颜色不易被察觉。

在NGC 7662的西南偏南方向1°处有一颗橙色的6等星，从这里再向西南偏南方向移动不到1°，就来到了星系NGC 7640。它位于一片有很多星星的区域，正好穿过了由三颗11等星组成的一个5′大小的三角形（见下面的素描图）。这让我的小型折射望远镜在低倍率下很难找到它，但是放大到68倍时，我看到了一条6′×1.25′的光带，北边稍向西倾斜，核球明亮而狭长。一颗暗星正好位于星系南边的尖端。

我用10英寸望远镜放大到118倍观测，发现NGC 7640显示出细微的弯曲。星系的晕长7.5′，核球长2′，一颗暗星位于核球的东南边缘。放大到220倍，这个星系非常漂亮，"S"形曲线更加明显。

下面我们去看一对漂亮的双星索思825（South 825），用低倍率目镜从仙女座12向西南偏西方向扫过2.5°就找到了它们。将我的小型折射望远镜放大到17倍观测，这对双星的两颗金色子星的亮度差不多，8.3等伴星位于7.8等主星西北方。索思825是1825年英国天文学家詹姆斯·索思发现的。这是以他个人的名字命名的152个聚星系统之一。很多名为索思和赫歇尔（SHJ）的其他天体，是他和同时代的约翰·赫歇尔共同发现的。

好事成双

双星往往在能将它们清晰地分开的最低倍率下看最令人印象深刻。高倍率会拉大它们的角距，看起来就像无关的星星了。你要尝试不同的倍率，找出在哪种倍率下的颜色对比最强烈。

现在我们向西跨过"腓特烈大帝的荣耀"的边界，去看一个适合双筒望远镜欣赏的星群，这个星群是明尼苏达州的天文爱好者帕特·蒂博（Pat Thibault）介绍给我的。它是一个由几颗6.7等到6.9等星组成的五边形，非常像棒球比赛中本垒板的形状。蒂博的本垒板星群位于仙女座23西南偏西方向1.2°处，用双筒望远镜可以同时很容易地看到它们。这个星群高44′，尖端指向南方。在我的15×45稳像双筒望远镜中，尖上的这颗星和东北角的星都有一颗更暗的伴星。

蒂博是在寻找格龙布里奇34（Groombridge 34 或 Grb 34）的时候冲到本垒板星群里的。格龙布里奇34的距离只有11.6光年，是离我们最近的恒星之一。在仙女座26的西北偏北方向14′处寻找一颗橙色的8等星，那就是它了。我用105 mm望远镜放大到47倍观测，格龙布里奇34是一对漂亮的双星，8等橙色主星东北偏东方向35″是它的11等伴星。我用10英寸望远镜能发现伴星的颜色看上去有点发红。实际上，这两颗星都是光谱型相似的红矮星。亮星是M1.5V型，暗星是更红一点的M3.5V型。两颗星的亮度都会轻微地变化。

如果你使用叠加有照片的星图软件，不要试图通过附近的场星去定位格龙布里奇34。格龙布里奇34有着非常大的自行；也就是

最左图：作者素描的NGC7640，用她的10英寸望远镜放大220倍观测。只显示了视场的中心部分。
左上图：肯·克劳福德拍摄的NGC 7640，使用20英寸望远镜，揭示出这个棒旋星系中的细节。

疏散星团NGC 7686，占据了照片中心的三分之一，视场大小为34′×25′。
* 摄影：安东尼·阿约马米蒂斯。

说，它相对背景星运动得非常快。因为它的位置每10年移动29″，所以这对双星的位置和10年前的巡天照片比已经大不一样了。有一颗11.8等星经常被当作它的第三颗子星，但它只是光学伴星—— 一颗无关的星星。1904年，它和主星的距离只有35″，而今天，它们的角距已经达到4.5′，连表面看去都不像一颗伴星了。

飞马与双鱼

飞马座和双鱼座的边界处有一个星系团和很多值得关注的恒星。

当飞马飞过夜空时，一支奇怪的护卫队跟在它的身边。双鱼座中西边那条鱼正好游弋在飞马翅膀的南边。但是飞马旁边有飞鱼，可能也并不那么协调。虽然我见过的飞马不多，但飞鱼见过不少。

飞马座Ⅰ星系团致密的核心就位于飞马座和双鱼座的边界处。这个星系团的中心距离我们1.7亿光年，其中的星系对大小型望远镜来说都是一个挑战。

我用105 mm折射望远镜能够看到飞马座Ⅰ星系团中的5个星系。NGC 7619亮度为11.1等，位于一颗10等星的西南偏南方向6′处。这个星系又小又圆，在47倍下很容易被看到。NGC 7626与NGC 7619差不多，但稍微暗一些，位于那颗10等星的东南方相同距离处。这两个星系越往中间越亮，NGC 7619更明显一些。它们都是椭圆星系，是这个满是旋涡星系的星系团中仅有的能被看到的椭圆星系。

放大到87倍来看，这两个星系就更明显了。NGC 7619有一个恒星般的核，而NGC 7626的核更加细微。NGC 7626的东北偏东方向2.5′处有一颗12等星，西北偏西方向对称的位置有一颗13等星。这两个星系和12.5等的NGC 7611处于同一视场中。NGC 7611正好位于一个五边形西方那条边的内侧，五边形最北边和最南边的星各有一颗暗淡的伴星。NGC 7611有一个很小而明亮的核心，笼罩在一层西北—东南方向的尘埃中。

在这个星系团核心的北边，我看到了12.8等的NGC 7612。它非常小，也相当暗，但直视就可以看到。NGC 7623要暗一些，我要将望远镜放大到122倍才能用余光看到，呈南北向的椭圆形。

不出所料，在我的10英寸反射望远镜中，这些星系更亮也更大，我还看到了一些细节。在220倍下，NGC 7619略呈椭圆形，NGC 7623西边有一颗暗星。NGC 7612有一个明亮一些的核球和若隐若现的恒星般的核。

在10英寸望远镜中，我还看到了另外四个星系。在两个椭圆星系的连线所指的方向上，13.1等的NGC 7631非常暗，细长的光斑向东北偏东方向倾斜。13.8等的NGC 7617挂在NGC 7619西边的下方，又小又暗。这群星系西北部的14.2等的NGC 7608只有一丝光亮。一个14.6等的星系我只能用余光看到，它与NGC 7626和NGC 7631组成了一个等边三角形，它位于三角形最南边的顶点上。它在NASA/IPAC河外数据库中的编号是KUG 2318+078，KUG指的是Kiso[1]紫外星系表。在天文爱好者使用的星图中，它经常用

1 即日本“木增”天文台。——译者注

双鱼座和飞马座西部的天空大餐					
目标	类型	星等	大小 / 角距	赤经	赤纬
飞马座 I	星系团	—	—	$23^h20.5^m$	+8°11′
Σ3009	双星	6.9, 8.8	7.1″	$23^h24.3^m$	+3°43′
Σ2995	双星	8.2, 8.6	5.3″	$23^h16.6^m$	-1°35′
Σ3036	双星	8.2, 9.6	2.8″	$23^h46.0^m$	+0°16′
Σ3045	双星	8.0, 9.3	1.7″	$23^h54.4^m$	+2°28′
双鱼座 TX	碳星	4.8—5.2	—	$23^h46.4^m$	+3°29′
巴纳德 19	双星	9.2, 9.5	1.1″	$23^h47.0^m$	+5°15′
HD 222454 星群	星群	6.8	14′×8′	$23^h40.7^m$	+7°57′

角距数据来自最新的星表。实际观测时的目标大小往往比星表里的数值小，且根据观测设备的口径和放大倍率的变化而不同。

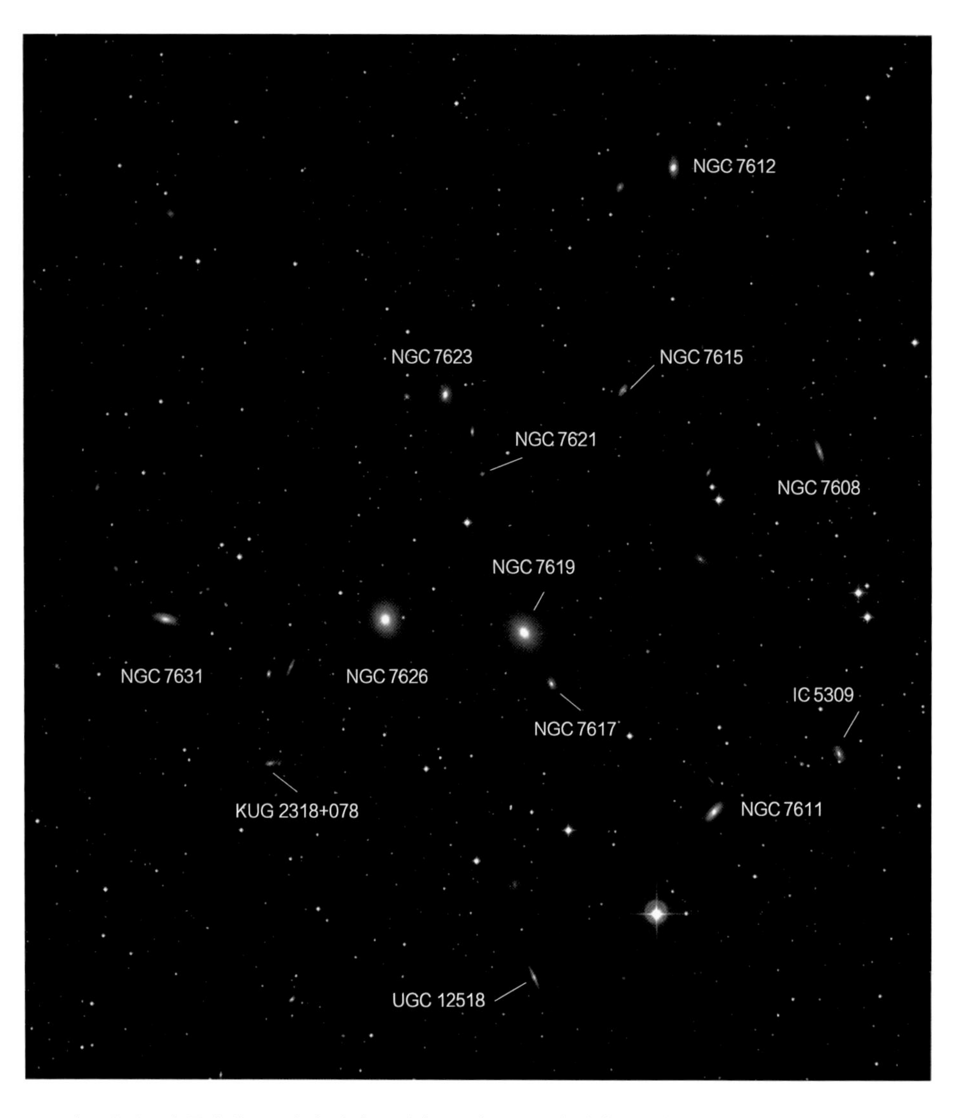

飞马座 I 星系团中最亮的星系都标注在照片中，这张照片是由帕洛玛天文台巡天二期的红色和蓝色通道照片合成的。其中一些更暗的星系可以用18英寸或更大的望远镜看到。

* 摄影：帕洛玛天文台巡天二期/加州理工学院/帕洛玛。

其他的名字来标识，最常见的是CGCG 406-79（星系和星系团表）或者MCG +01-59-58（星系形态表）。

我用15英寸反射望远镜在这个倍率下也进行了观测。我又看到了更多的细节，包括我们已经看过的NGC 7619椭圆形的核球，以及在NGC 7626西侧边缘的一颗14等星。椭圆的NGC 7623现在看上去宽度变成了刚才的一半，中心有一个恒星般的核。NGC 7608变成了一个暗弱的细条，向东北偏北方向倾斜。

我在15英寸望远镜中又看到了四个新的星系。NGC 7615位于一颗14等星的西边，是一抹暗淡的光斑。另外三个星系像幽灵一样难以捉摸。IC 5309在东北—西南方向拉长，一颗暗星位于它的东南方，UGC 12518（乌普萨拉星系总表）就像易逝的幻景，我一转移视线它就消失了。我第一次用这个望远镜巡视飞

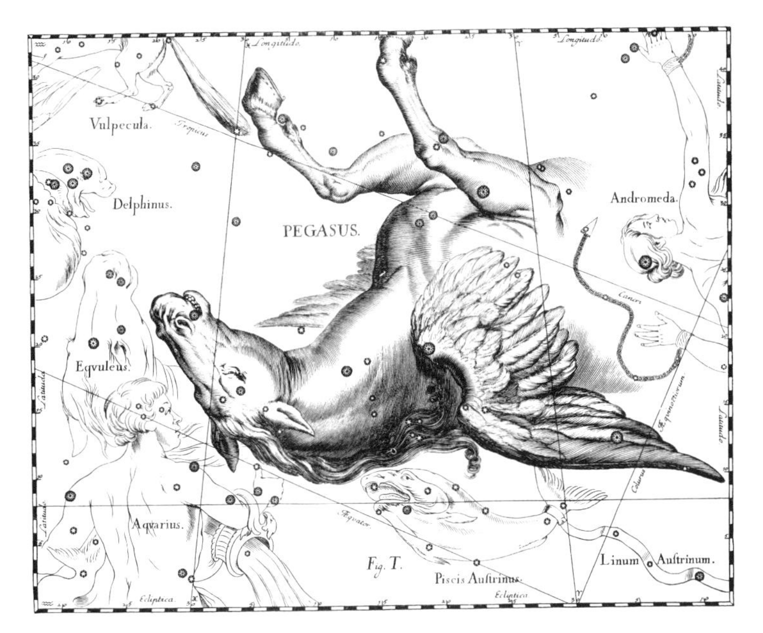

飞马座倒着飞翔在秋季的夜空中，双鱼座中西边的那条鱼位于飞马的下面。这张来自《赫维留星图》中的一张图是镜像的，就好像你从天球的外面观察一样。

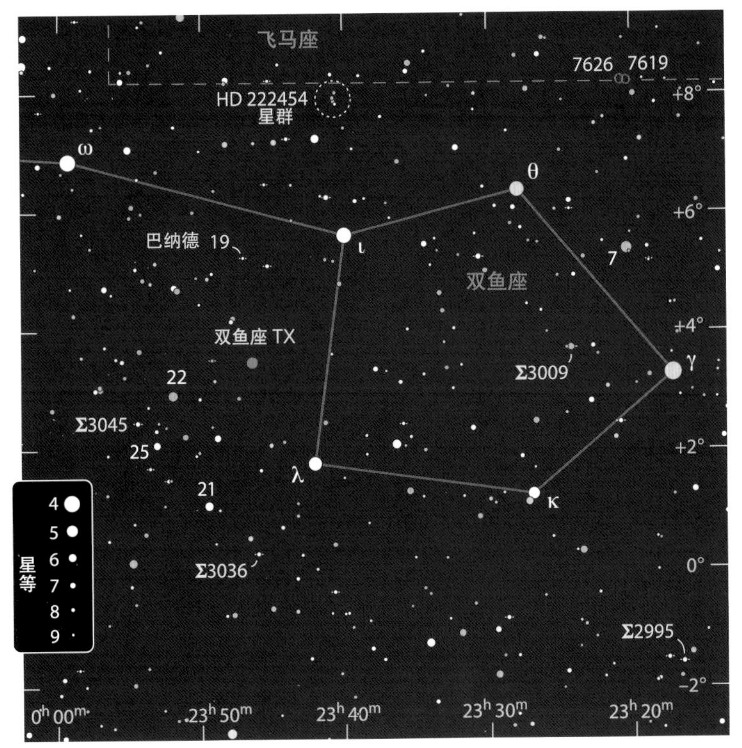

马座I星系团时没有看到NGC 7621，因为这个星系没有标在我的星图上。后来我又试了一次，尽管有极光轻微地照亮了夜空，我还是用余光看到了它。

飞马座I星系团和它附近的区域中还有更多的星系，不过让我们换换节奏，看几个我们银河系中的深空天体。我们按照角距从大到小的顺序来认识一些双鱼座小环周围的双星吧。所有观测都是用我的5.1英寸折射望远镜进行的。

我们的第一站是小环里面的Σ3009，位于双鱼座γ东北偏东方向1.8°处。这对双星角距7.1″，在63倍下能够比较清晰地分开。7等橙黄色主星守卫在9等伴星的西南边。在同一个视场中，它们东边4.5′处有一颗橙红色的场星，为这个视场增色不少。大写的希腊字母Σ意味着这对双星是由19世纪著名的俄籍德裔天文学家弗里德里希·格奥尔格·威廉·冯·斯特鲁维发现的，他描述这对双星中的亮星明显偏黄，暗星则是蓝色的。你看到的是什么颜色呢？

从双鱼座κ向西南方移动3.8°，来到一对角距5.3″的双星Σ2995。它藏在三颗7等到8等星组成的20′宽的三角形中，另外在它的东南方有三颗暗一些的星均匀地排成一条线正好指向它。在102倍下，我看到一颗漂亮的黄色主星和它东北偏北方向稍暗一些的金色伴星。斯特鲁维记录说这两颗星都是白色的。

从双鱼座λ向东南偏南方向跳跃1.8°，就来到了角距2.8″的双星Σ3036。放大到164倍看，两颗子星的亮度不同，9.6等的伴星陪伴在8.2等的黄色主星西南方。斯特鲁维看到的亮星是黄色的，但没有提及伴星的颜色。

Σ3045两颗子星的亮度和Σ3036的子星差不多，但角距更小，在同样倍率下看靠得很近。亮星是白色的，暗星在它的西边距离1.7″处。这对双星位于双鱼座25东北方向30′的地方。和上面的双星一样，斯特鲁维看到的主星是黄色的，但是没有记录伴星的颜色。

在它们附近有一颗颜色非常鲜艳的星双鱼座19，它的变星编号是双鱼座TX。这颗碳星是一颗不规则变星，亮度在4.8等到5.2等缓慢变化。这颗冷巨星的颜色鲜红，因为它大部分波长较短的光线被大气中的碳分子和含碳化合物（C2和CN）过滤掉了。

我们观测的最后一颗双星是巴纳德19（Barnard 19），是天赋异禀的美国天文学家爱德华·埃默森·巴纳德于1889年在加利福尼亚州圣何塞附近的利克天文台用12英寸折射望远镜发现的。两颗子星的亮度差不多，都是9等，角距仅有1.1″，在164倍放大率下只分开了一丝。在我看来，主星是黄白色的，主星北边的伴星是白色的。

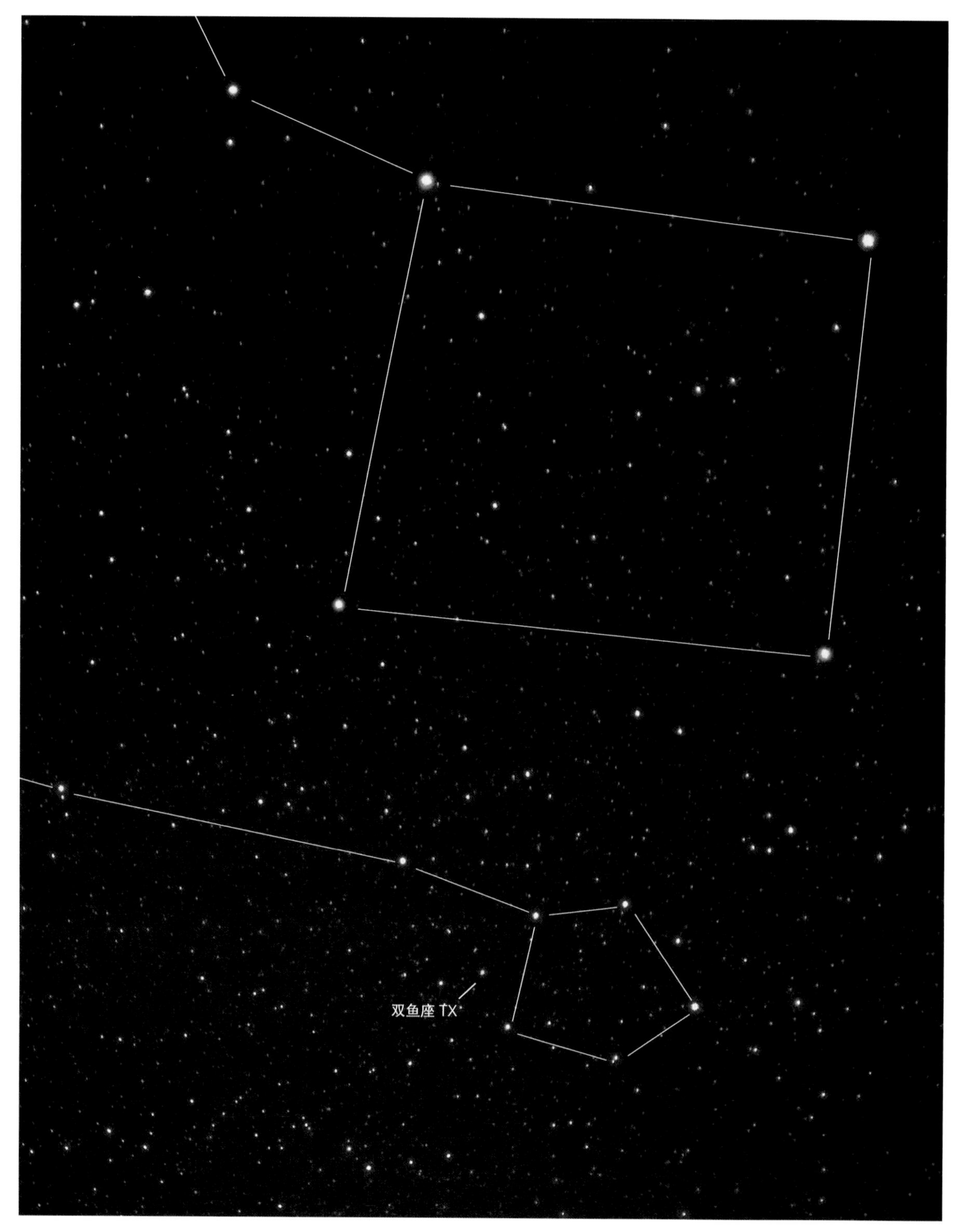

飞马座大四边形和双鱼座小环在这张照片上很好地被展示了出来，照片来自陈培堃的《星座相册》。注意古铜色的碳星双鱼座TX。

我要用HD 222454星群来结束我们的旅行，它的名字来自其中最亮的一颗星。我用5.1英寸折射望远镜放大到63倍，可以看到四颗星，其亮度为8.2等到8.8等，它们组成了一条弧线，朝着西边凹陷进去。弧线紧贴着东边五颗暗星组成的一个弯曲的“L”形（在我的镜像视野中是反着的），这个星群是布鲁诺·桑帕约·阿莱西首先注意到的，他是“深空猎手”的创始人，“深空猎手”是一个雅虎的小组，维护着一个深空天体数据库，数据库里保存了全球天文爱好者提供的、尚未在天文期刊发表过的深空天体数据。

在南银极精雕细琢

这里没有银河的遮掩，是望向宇宙深处的窗口。

在第305页的十二月全天星图中，你可以在南边找到玉夫座。这是一个相对比较新的星座，是法国天文学家尼古拉-路易·德·拉卡耶为了纪念一些艺术和科学仪器而命名的13个星座之一。玉夫座第一次出现是在法国皇家科学院1752年的《回忆录》（1756年出版）里的一张图上，被标记为“雕刻家的工作室”。图片描绘的是桌子上的一座半身雕像和三件雕刻工具。

你要是看到这群星星，恐怕很难想象出雕刻家的工作室。玉夫座中只有6颗恒星亮度超过5等，都没有自己单独的名字。最亮的是4.3等的玉夫座α。你可以借助鲸鱼座ι和鲸鱼座β来找到它，这两颗星的连线就指向玉夫座α。

我们从蓝白色的玉夫座α开始，先向西北偏北方向移动1.7°，就看到了一颗6等的橙红色星，继续沿着这条线再移动1.4°，就来到了球状星团NGC 288。我用105 mm折射望远镜在低倍率下，能够很容易看到一块小小圆圆的光斑。放大到87倍时，NGC 288更明显了。星团的中心看起来略亮一些，也略显斑驳，大小约8′。著名的观测者瓦尔特·斯科特·休斯敦用巨大的5英寸双筒望远镜放大到20倍，可以分辨出一些晕一般的恒星。

在NGC 288西南偏南方仅仅37′的地方就是南银极——天空中离我们的银河系那满是星星和尘埃的银盘最远的两个地方之一。在这里，没有银河的遮掩，是望向宇宙深处的窗口，能够看到遥远的星系。最令人印象深刻的就是NGC 253，有时也被称作银币星系。

从NGC 288向西北方向移动1.8°，你就找到银币星系了。在黑暗的夜晚，用双筒望远镜或者大一些的寻星镜就可以看到它。我用105 mm折射望远镜放大到87倍看时，这个星系相当亮，我能够看到它沿着东北—西南方向延伸了20′×4′的天区。它沿长轴方向宽阔明亮，中间夹杂着或亮或暗的斑点。在星系的东南方有两颗9等星。

卡罗琳·赫歇尔在1783年为了寻找彗星在扫视星空时发现了NGC 253，这是一个重要的成就，因为在英格兰她的观测地点看去，这个星系永远不会高于12°。NGC 253是一个棒旋星系，倾斜着对着我们。它所在的小星系团被称为玉夫座星系群，它是其中最亮的成员。玉夫座星系群距离我们1 000万光年，是距离本星系群（银河系所在的星系群）最近的星系团。银币星系也是距离最近的星爆星系，在星爆星系的核心有相当高的恒星诞生速率。

照片中星系右上方的9等星和星系中间偏下的一对亮度近似的恒星之间的距离是20′，NGC 253的大小可见一斑。
* 摄影：罗伯特·詹德勒。

相比用望远镜目视观测，照片更容易拍出球状星团NGC 288里的恒星。照片的视场宽度为0.4°，其中最亮的星（中间左边）亮度为10.3等。本节所有图片都是上方为北。
* 摄影：帕洛玛天文台巡天二期/加州理工学院/帕洛玛。

这个月想看深空天体，就去看看1等星北落师门东边的玉夫座吧。这里用肉眼看几乎什么都没有，但要是有一个小型望远镜，就能看到很多东西了。

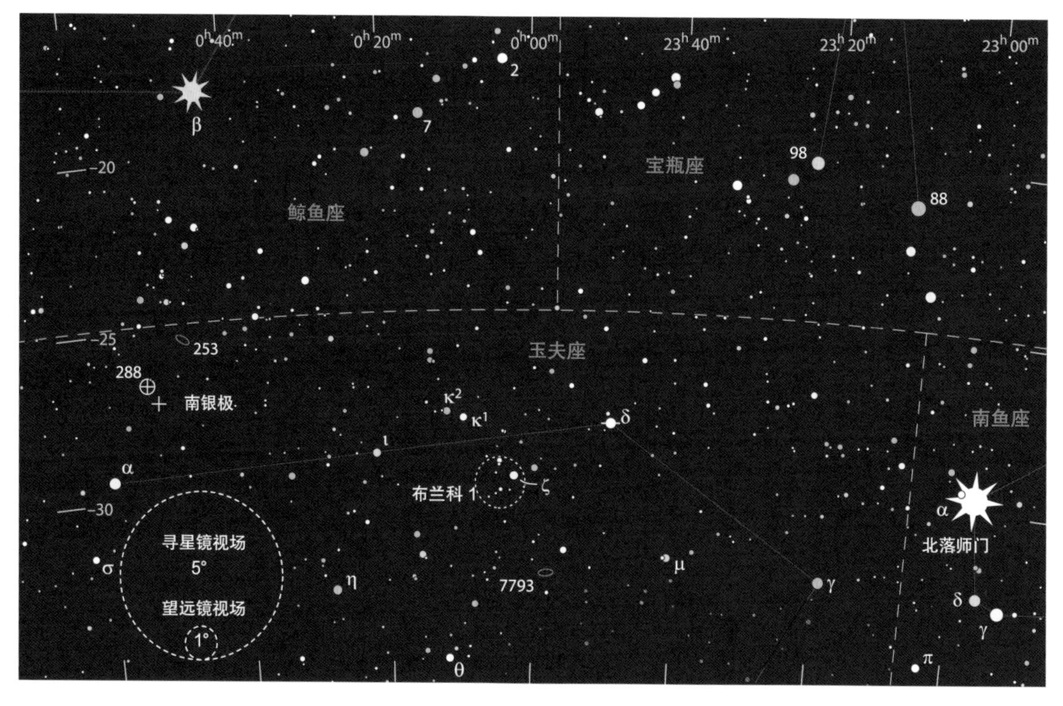

星系NGC 7793散发着斑驳的微光，然而在它周围却没有什么亮星能够指引你找到它。

* 摄影：欧洲南方天文台。

现在我们来看看4.6等星玉夫座δ，在上方的图中位于中间附近。它差不多位于从北落师门到鲸鱼座β的连线的五分之二处中间偏下一点，是这个区域最亮的一颗星，也是小型望远镜低倍率就能分辨出来的双星。白色的主星西北偏西方向距离74″的地方是它的9等伴星，但由于实在太暗，无法看出是什么颜色。这颗伴星的光谱型是G型（黄色），然而韦布学会的《目视双星星图》中描述，这颗星是“非常明显的蓝色”。你能看到什么颜色呢？

看完了玉夫座δ，向东南偏东方向移动3.3°，就来到了5等星玉夫座ζ。玉夫座ζ位于巨大的疏散星团布兰科1（Blanco 1）的前景上。用我的105 mm折射望远镜放大到17倍，我能够看到十几颗亮星，其中的大部分星星组成了一个“V”字形，一边略微弯曲。还有十几颗暗星散落在这个“V”字形里面及其周围，将它的大小增加到1.4°。

虽然布兰科1和周围的星星相比并不显眼，但它的确是一个星团。这个星团是1949年维克托·M.布兰科发现的，他注意到这片区域亮于9等的A0型恒星的密度是通常（和相同银纬相比）的5倍。研究表明这是一个年轻的星团，它的年龄或许只有9 000万年，和昴星团差不多。它距离我们880光年远，大约有200颗成员星。布兰科1距离银盘很远，这意味着它的形成机制可能和其他近距离的星团不同。

从布兰科1里面的玉夫座ζ向西南偏南方向精确移动3°，就来到了我们最后要介绍的深空珍宝NGC 7793。从我

玉夫座中的亮点						
目标	类型	星等	大小 / 角距	距离（光年）	赤经	赤纬
NGC 288	球状星团	8.1	12′	27 000	$0^h52.8^m$	−26°35′
NGC 253	星系	7.6	26′×6′	1 000 万	$0^h47.6^m$	−25°17′
玉夫座δ	双星	4.6, 9.3	74″	144	$23^h48.9^m$	−28°08′
布兰科 1	疏散星团	4.5	89′	880	$0^h04.2^m$	−29°56′
NGC 7793	星系	9.3	9′×7′	900 万	$23^h57.8^m$	−32°35′

这里看，这个星系永远不会高于地平高度14°。即使它受到附近城市灯光的影响，我用105 mm望远镜看，它也是非常明显的。放大到87倍时，它整体看上去很暗，中间稍稍亮一些，呈椭圆形，大小为6′ ×4′，长轴几乎沿着东西方向。

NGC 7793是玉夫座星系群中的另一个旋涡星系。和经典的旋涡星系中长长的、规则的旋臂不同，这个星系的旋臂又短又不对称。这样的旋臂有可能是短暂的恒星形成区被星系的旋转拉伸成了像旋臂一样的碎片而形成的。这些碎片在天文学尺度上来说是短命的，大约只有一亿年的寿命。

玉夫座中还有几个适于小型望远镜观看的星系。我在美国纽约州北部的家中，只能看到位于星座北边那些最亮的星系。南边的观测者们或许可以参考更好的星图，去探索这个星座中南银极附近的其他宝藏吧。

W 档案

如果能不被银河里面的繁星干扰，仙后座里是有很多漂亮的疏散星团可看的。

在第305页的十二月全天星图中，仙后座中的亮星连成的著名的“W”形就位于中间偏上一点。这个明亮又好认的图案将帮助我们寻找它南边的一些深空天体。

我们的第一站是仙后座η，这是美丽的双星，用肉眼就可以看到它，它位于从仙后座α到仙后座γ连线的三分之一偏南一点的地方。仙后座η的主星和伴星亮度分别为3.5等和7.4等，19世纪一些著名的双星观测者在描述它们颜色时给出了不同的结果。英国神职人员托马斯·W.韦布说它们是黄色和浅红石榴色的，弗里德里希·格奥尔格·威尔海姆·冯·斯特鲁维说它们是黄色和紫色的，而约翰·赫歇尔和詹姆斯·索思则把它们记为红色和绿色的！用我的105 mm折射望远镜，我看到较亮的那颗是黄色的，较暗的那颗是橙红色的，这与它们的光谱型G0V和M0V是一致的。这对双星在29倍之下就可以分辨，在36倍下就很明显了。（恒星的光谱型后面加上V就代表这颗恒星的核心正在燃烧氢。）

在主星肉眼可见的双星系统里，这颗伴星是极为少见的能够观测到的红矮星。它的亮度只有太阳的6%，在小型望远镜中能够看到它红红的颜色，只是因为它离我们很近罢了，只有19光年。如果你想知道太阳在这个距离上是什么样子的，那看看这对双星里的主星就知道了，因为它就是一颗类似太阳的恒星。

在仙后座η东南偏南方向距离1.3°的地方，我们可以找到星云NGC 281和与它相关联的星团IC 1590。星云NGC 281和仙后座η、仙后座α组成了一个规则的等腰三角形。它很暗，形状不规则，但用我的反射望远镜放大到68倍可以比较容易地看到它占据了大约20′ 的天区。使用窄带光害滤镜可以增强目视效果，绿色的氧-Ⅲ滤镜效果更佳。

这个星云是19世纪末美国天文学家爱德华·埃默森·巴纳德发现的。后来法国的纪尧姆·比古尔当才发现了其中的星团。这一点都不奇怪，因为IC 1590在望远镜中实在是太难找到了。星团中心漂亮的聚星系统被记为伯纳姆1（Burnham 1），伯纳姆1是星云中最亮的星。放大到87倍时，我看到了三颗相距很近的成员星，都是蓝白色的，亮度分别为8.6等、8.9等和9.7等。如果大气十分宁静，尝试一下用200倍以上倍率仔细观察下这三颗星中最亮的那一颗。它有一颗9.3等的伴星，位于其东边1.4″ 的

NGC 281发出微弱的光芒，用肉眼无法看到它真实的颜色，但照片中则显示出鲜艳的红色。来自马萨诸塞州梅休因的肖恩·沃克用焦比f/6.3的8英寸望远镜、柯达E200胶卷，曝光55分钟拍摄了这张照片。上方为北，视场宽度为1°。

地方，这对小型望远镜是一个挑战。第四颗星让伯纳姆1形成了一个小四边形，镶嵌在它自己的微型猎户座星云之中。和真正的猎户座星云中的四边形一样，正是伯纳姆1中的恒星提供了大部分辐射，把它的星云照亮。

仙后座φ位于从仙后座ε到仙后座δ连线的延长线上，它在黑暗条件一般的夜空中用肉眼就可以看到。仙后座φ是一颗漂亮的双星，甚至用双筒望远镜就可以分辨出来。它的两颗子星看上去就是疏散星团NGC 457当中最亮的星，实际上它们只是前景恒星而已。我用小型望远镜放大到87倍观测，5等主星是黄色的，7等伴星是蓝白色的。我在星团中大约能看到45颗暗星，这些星星的排列非常激发想象力。

在《1000+：天文爱好者深空观测指南》中，作者汤姆·洛伦津把它称作ET星团，也就是电影《外星人E.T.》中那个可爱的小外星人。洛伦津写道："ET在向你挥手眨眼！"两颗最亮的星组成了ET的眼睛，东北和西南方的星星是它伸出的手臂，它的脚朝向西北方。

两只大眼睛不由得让人想起由大卫·J.艾彻为它取的名字：夜枭星团。和他的思路差不多，我总是把NGC 457想象成一只蜻蜓。加利福尼亚州的天文爱好者罗伯特·莱兰更有想象力，他说："星团的两边各有一串星星像机翼一样展开，就像F/A-18大黄蜂战机开启了加力燃烧的样子，仙后座φ就是它的两个发动机。"

它还有一个名字叫C13。斯蒂芬·詹姆斯·奥米拉在他的著作《科德韦尔天体》中描写了他用4英寸望远镜观测这个星团时的深刻印象，"星团中明亮的'眼睛'，就像布满灰尘和蛛网的太空走廊中幽深可怖的目光，刺破了夜空。幽灵的衣服披在了骷髅的身躯和四肢上面"。

在我的蜻蜓后面，它的尾巴西北方0.5°的地方是疏散星团NGC 436，它在低倍率下看就是一个小毛

赤纬高高，宝贝多多

目标	类型	星等	大小 / 角距	距离（光年）	赤经	赤纬	*MSA*	*U2*
仙后座η	双星	3.5, 7.4	13″	19	$0^h 49.1^m$	+57°49′	49	18L
NGC 281	弥漫星云	8.0	28′×21′	9600	$0^h 53.0^m$	+56°38′	49	18L
NGC 457	疏散星团	6.4	13′	7900	$1^h 19.6^m$	+58°17′	48	29R
NGC 436	疏散星团	8.8	5′	9800	$1^h 16.0^m$	+58°49′	48	29R
施托克 4	疏散星团	—	20′	—	$1^h 52.7^m$	+57°04′	47	29R
NGC 744	疏散星团	7.9	11′	3900	$1^h 58.5^m$	+55°29′	63	29R

大小数据来自星表或照片。用望远镜观测时，大部分目标的大小往往比星表里的数值小。距离的单位是光年。表格中的*MSA*和*U2*列分别为《千禧年星图》和《测天图2000.0》第二版中的星图编号。

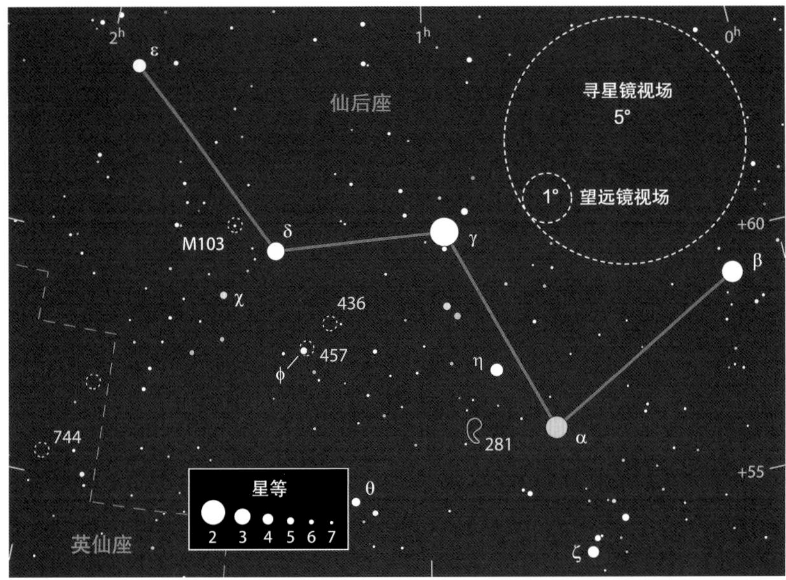

上图：两个色彩斑斓的小星团NGC 436（左）和NGC 457（右），由乔治·R.维斯科姆用他的14英寸牛顿反射式望远镜在纽约州普莱西德湖拍摄。视场宽度都是40′。作者把NGC 457看作一只蜻蜓（注意两只"眼睛"）。

球。我用105 mm折射望远镜放大到28倍，只能在一片朦胧中分辨出几个暗弱的星点。增加到153倍时，我能看到十几颗暗弱的星星，背景还是一片迷雾。大部分亮一些的星星分散在4′的范围内。莱兰把NGC 436想象成了他的喷气式战斗机前方的攻击目标。

现在从仙后座δ到仙后座χ连一条想象的线，然后再继续向前延伸这条连线长度的2.5倍，就来到了一个漂亮的疏散星团施托克4（Stock 4）。放大到68倍时，我能看到大约50颗暗星聚集在一个略呈矩形的范围里，大小约20′×12′，沿着西北偏西到东南偏东方向延伸。在星团的东北方有一个明暗相间的星组成的棒状，沿着西北到东南方向延伸。星团的东边有一对角距很大的8等双星。施托克4是于尔根·施托克发现的星团之一，最早公布在第一版《星团和相关体星表》（布拉格，1958）。直到今天，这个星团仍很少受到天文爱好者或天文学家的关注。在印刷的星图或星图软件中有很多鲜为人知的天体，许多都很有意思，等待着有好奇心的观测者们去关注它们。

现在向东南偏南方向移动1.8°，就来到了另一个漂亮的星团NGC 744。我用小型望远镜放大到87倍，能够看到模糊的光斑中有大约15颗非常暗的星。几群不连贯的恒星分布在星团的西南、南边、东南偏东和东北偏东方向。

当你观测的时候，经常有人造卫星穿过视场，这并不奇怪。有一次我观测NGC 744时，看到了三颗卫星排列成一个三角形。很多观测者都在望远镜中甚至用肉眼看到排成三角形的卫星。这明显是美国海军海洋监测系统的卫星组，用来定位和跟踪海面上的船只。

被忽视的星团

奇妙的星团沿着银河排排坐。

我最开始迷恋夜空时，手中详细的星图只有安东宁·贝奇瓦日的《捷克星图》。这部经典著作是岩湖天文台在1948年所作，之后的33年里不断重印，长盛不衰。当我再次翻开这本星图，我看到它包含了非常多的非恒星天体，它们没有被标注富有个性的名称，而是用了由来已久的梅西耶、NGC和IC这些标记。斯洛伐克一个著名的科学期刊《宇宙》在1983年的一篇文章里说这份星图无论对专业的观测者还是有志向的天文爱好者都是十分必要的工具。

今天的爱好者们能够使用的星图多得多了，有一些星图能够显示非恒星天体的上百种不同类型的名称。有很多鲜为人知的天体只适于大型望远镜观测，但也有相当多的天体是为小型望远镜准备的。特别是散落在银河里的许多星团。这些新的星团都是谁？它们都是怎么被发现的？

我们从4.8等星仙后座1开始，这是一颗蓝白色的恒星，位于从仙后座β到仙王座δ三分之二的地方。如果你用肉眼看不到这颗星，也可以用寻星镜从仙后座β向西扫过8°寻找它。用低倍率目镜可以在一个视场中同时看到仙后座1和5.7等的仙后座2，后者是一颗漂亮的聚星，包含三颗子星。主星是黄白色的，它的东南偏南方向有一颗8等的白色伴星，西方有一颗11等的红色伴星。它们的角距非常大，组成了一个扁扁的等腰三角形。

在《测天图2000.0》第二版中，我注意到一个小星团名叫伯杰龙1（Bergeron 1），位于仙后座1西北偏北方向仅仅42′的地方。我用105 mm折射望远镜放大到153倍看，伯杰龙1是一块非常小的模糊的光斑，包含一些极其暗淡的星星。我用10英寸望远镜放大到213倍看，四五颗星紧密地聚集在1′的范围内。星团在东西方向略长，横跨在一个暗弱的星云上。

伯杰龙1是纽约天文爱好者乔·伯杰龙在1997年用他的6英寸折射望远镜偶然发现的，后来被收入《测天图》中。他把他的发现报告给了一些后来参与制作那本星图的人。但是，在这之前也有人发现过这个天体。在1988年11月的《天空和望远镜》杂志中，瓦尔特·斯科特·休斯敦写道，宾夕法尼亚的汤姆·赖兰用他的8英寸牛顿反射式望远镜观测时看到过这个星团。赖兰看到了六七颗恒星挤在30″的范围里，还有一些星云似的东西。休斯敦用一个窄带滤镜看清楚了那个星云。所以在这篇文章里，这个天体也被称为赖兰天体、赖兰伴云星团，或简单地称为赖兰1。那片星云最早被专业期刊记载是在1982年，它有一个名字叫BFS 15——由天文学家利奥·布利茨、米歇

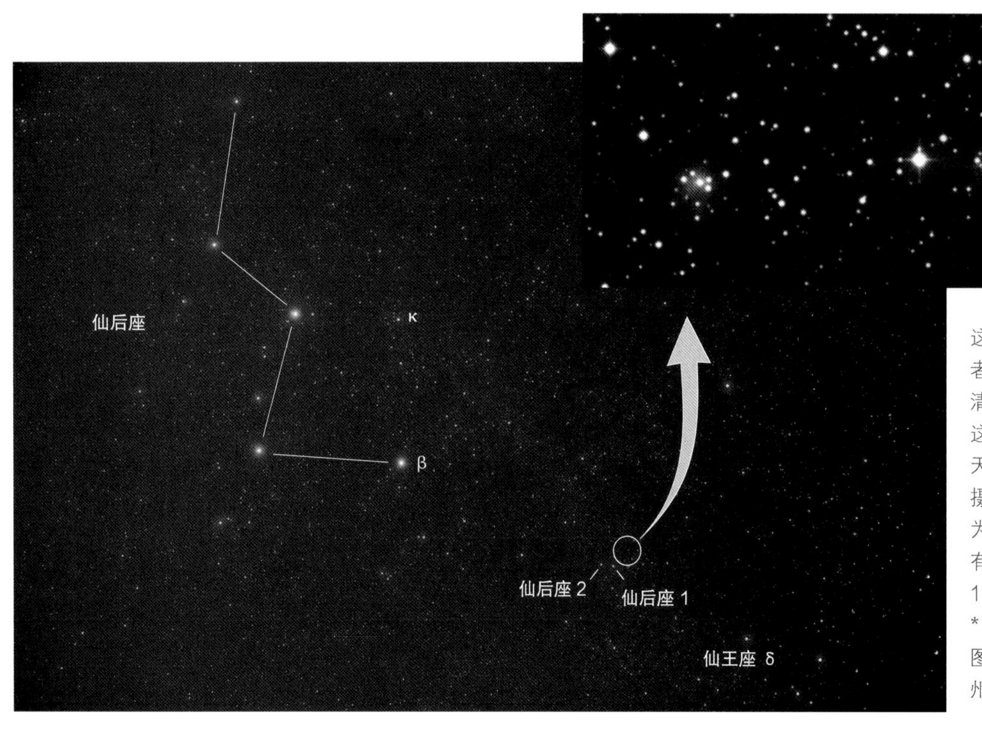

这一小团星星就是伯杰龙1或者赖兰1，在放大的照片里可以清楚地看到星云状的BFS 15，这张放大图是由加州的帕洛玛天文台48英寸施密特望远镜拍摄的。视场宽度仅有10′，上方为北，右边两颗亮星的亮度只有约10等。图中的圆圈直径为1°，标出了它们所在的位置。
* 摄影：左图：藤井旭。放大图：帕洛玛天文台巡天二期/加州理工学院/帕洛玛。

仙后座和仙王座边界处的星团							
目标	类型	星等	大小 / 角距	赤经	赤纬	*MSA*	*U2*
仙后座 2	聚星	5.7, 8.2, 10.9	168″, 163″	$23^h 09.7^m$	+59°20′	1070	18R
伯杰龙 1	星结	—	1′	$23^h 04.8^m$	+60°05′	1070	18R
BFS 15	星云状物质	—	—	$23^h 04.8^m$	+60°05′	1070	18R
金 21	疏散星团	9.6	4′	$23^h 49.9^m$	+62°42′	1069	18R
金 12	疏散星团	9.0	3′	$23^h 53.0^m$	+61°57′	1069	18R
哈佛 21	疏散星团	9.0	3′	$23^h 54.3^m$	+61°44′	1069	18R
弗罗洛夫 1	疏散星团	9.2	2′	$23^h 57.4^m$	+61°37′	1069	18R
施托克 12	疏散星团	—	35′	$23^h 36.6^m$	+52°33′	1083	18R
埃斯平 2729	双星	8.1，9.5	19.8″	$23^h 38.0^m$	+52°49′	1083	18R

大小和角距数据来自最新的星表。表格中的 *MSA* 和 *U2* 列分别为《千禧年星图》和《测天图 2000.0》第二版中的星图编号。

尔·菲希和安东尼·A.斯塔克所列出的第15个天体。他们认为这个星云可能是一个包含IC 1470在内的一个复合体的一部分。IC 1470是它东北偏北方向距离10′ 的一个稍亮的星云（第274页上的星图中没有标出）。

这个故事告诉我们：如果你足够细心，你的名字也可以用来为夜空中的天体命名。如果你怀疑自己找到了一个星表上没有的天体，可以在SIMBAD搜索引擎中输入它的坐标，看看是否有天体和你看到的相符。

在5.4等星仙后座6附近，我们能找到很多名不见经传的星团，这颗星位于仙后座β西北方4°处，是这个区域最亮的星星。首先，我们看看这颗星东北偏北方向距离30′ 处的金21（King 21）。我用105 mm折射望远镜放大到153倍，可以看到三颗暗星和几颗极其暗淡的星组成的一小群。其模糊的样子意味着星团中有未被分辨出的恒星。我用10英寸望远镜放大到118倍，可以看到大约20颗暗星或更暗的星聚集在3′ 的范围内。

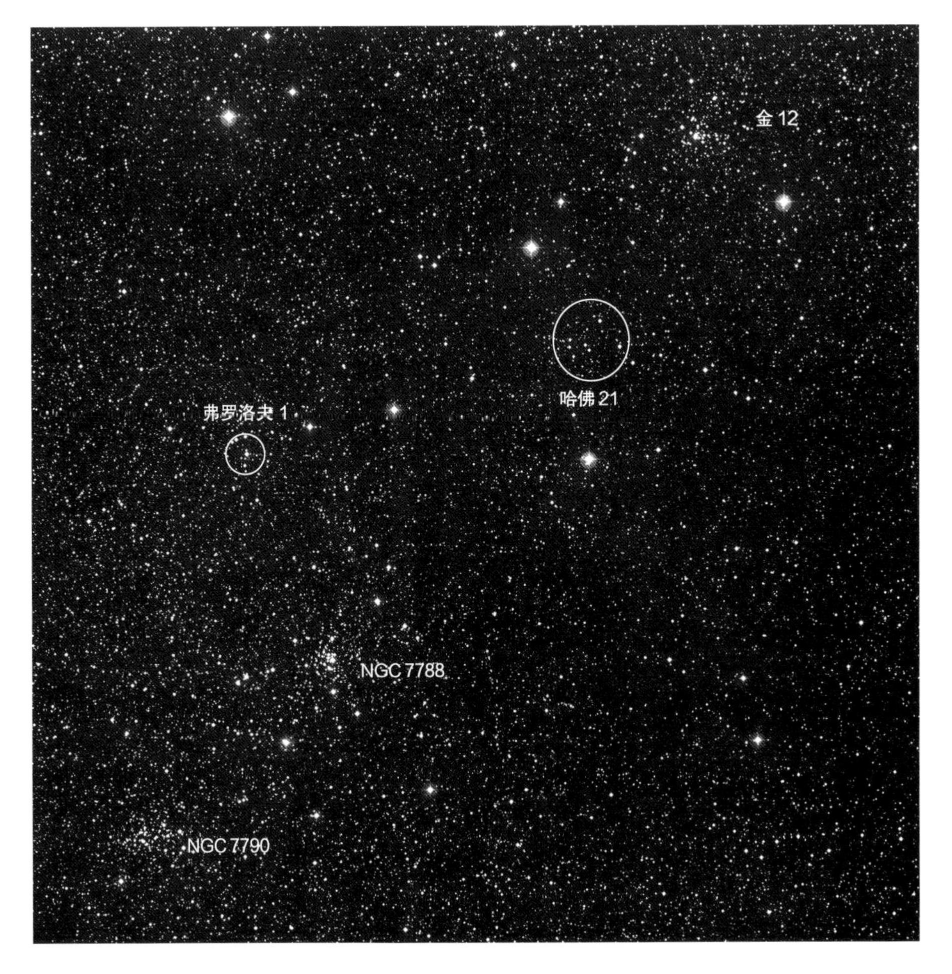

在这张视场高度为1° 的照片中，我们能在丰富的银河背景中找到作者提到的5个星团。

* 摄影：帕洛玛天文台巡天二期 / 加州理工学院 / 帕洛玛。

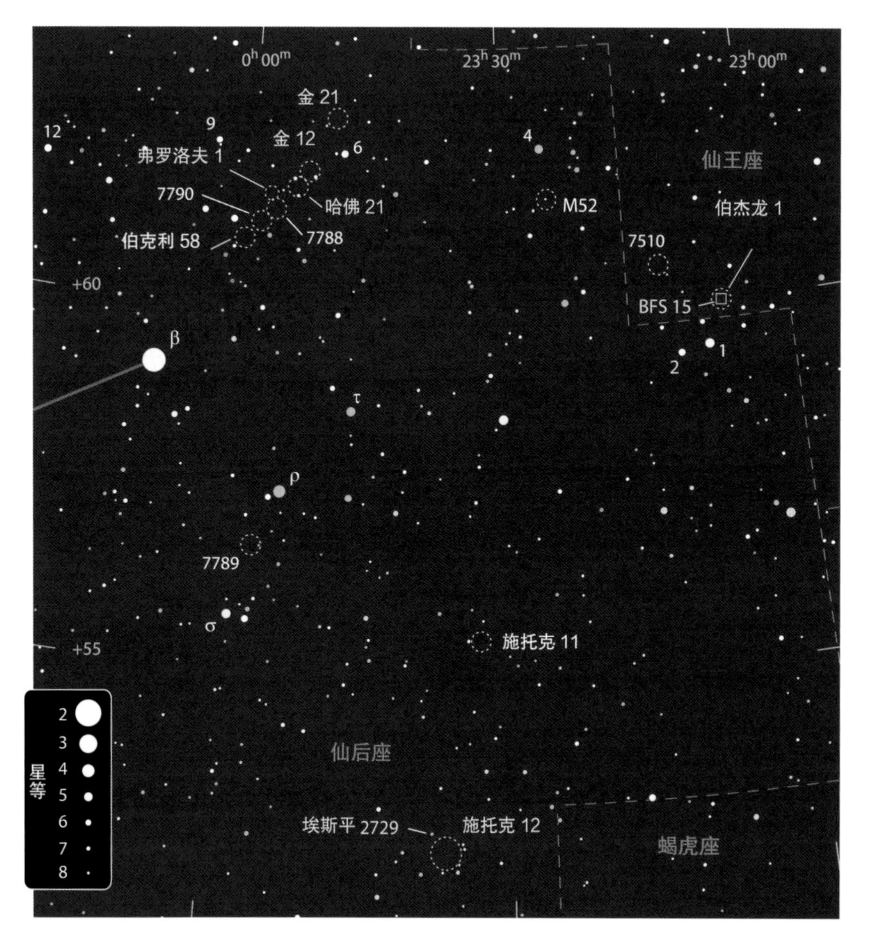

发现的。所有的21个哈佛星团我都标注在我的《捷克星图》上了，在《捷克星图》上这些星团本来都标注的是沙普利星表的名称。

在哈佛21的东南偏东方向距离23′的地方有一小团星星，它们是弗罗洛夫1（Frolov 1）。我用105 mm望远镜放大到127倍，可以看到5颗暗星组成了一个对勾的形状。较长的那一笔沿着南北方向伸出，较短的一笔从最北边开始向东南偏东方向伸出。我用10英寸望远镜放大到219倍，可以在对勾里看到6颗11等到12等星，除此之外还有一些散落的非常暗淡的恒星，占据了2′的范围。这个星团看上去很稀疏，但还算比较明显。俄罗斯天文学家弗拉基米尔·弗罗洛夫在研究附近的星团NGC 7788、NGC 7790和伯克利58里面恒星的运动时，发现了这个星团。

在20世纪40年代，伊万·R.金作为初级研究员在哈佛大学天文台查看了16英寸梅特卡夫望远镜和24英寸布鲁斯折射望远镜的巡天摄影底片。金说这个工作很有趣，他开始注意尚未记录在星表中的星团。他发现的首批21个天体公布在1949年的天文台公告上，不过后来发现金3是一个之前已经被记录过的天体NGC 609。

伊万·R.金发现的另一个星团位于仙后座6的东南偏东方向距离33′的地方，即金12。我用小型折射望远镜放大到153倍看，十几颗暗星和非常暗的星聚集在一起，东北—西南方向稍长一些。在星团中心的东南，两颗亮度差不多的星，沿着西北偏北到东南偏南方向分布。这个星团也显示出模糊的样子，那是望远镜无法分辨的恒星。

在一个视场里可以同时看到金12和哈佛21，哈佛21就在金12的东南方16′处。我用小型望远镜放大到127倍，能看到5颗暗星组成了一个“U”字形，用大型望远镜能看到更多的星星。哈佛星团都是哈佛大学天文台发现的星团，首先收录在哈洛·沙普利1930年的专著《星团》中。其他天文学家在之前也发现过其中的几个星团，但哈佛21非常不显眼，应该是哈佛大学天文台首先发现的。

我们的最后一个目标是施托克12（Stock 12），它位于我们刚才看到的这些星团的南边很远的地方。如果你从仙后座κ到仙后座β画一条线，然后再向前延伸一又三分之二倍，应该就到达了施托克12。我用小型折射望远镜放大到47倍，能够看到大约60颗明暗混杂的恒星，很多恒星组成了醒目的曲线。这团星星大约占据了35′的天区，但是形状很不规则，没有明显的边界。一颗金色的恒星位于星团的西南端。星团的东北边缘外侧，有一对双星埃斯平2729（Espin 2729），主星是橙色的，在它的东南方是10等的伴星。施托克12在某些星图上被标注的位置是不准确的。

施托克12是于尔根·施托克1954年在俄亥俄州克利夫兰的沃纳和斯韦齐天文台检查光谱摄影底片时发现的候选星团之一。施托克说它们大部分“并没有明显的恒星聚集在一起，之所以把它们看作星团仅仅是因为这些恒星有着类似的光谱型，亮度也都差不多”。

这就是很多名不见经传的星团被早期的巡天忽视的原因，它们要么星星太少，要么太松散，要么太大，或者因背景恒星太密集而不容易辨认。我观测这些星团时，经常在想谁最先认为它们有可能是星团呢。现在我们知道了其中一些的答案。

岛宇宙

我们的旋涡星系邻居周围有好几个迷人的天体。

看仙女座中那团暗弱的光晕，
那是天空中的一座岛宇宙。
百万年前来自那里的光线，
此刻抵达了我好奇的双眼。
——乔治·布鲁斯特·盖洛普，“安德洛墨达”

这段诗是20世纪早期写成的，那时人们开始意识到争论已久的“旋涡星云”其实是银河系之外庞大的恒星系统。在这些星云中，最重要的就是仙女座中的大星云M31，现在我们称之为仙女座星系。但在当时估计的M31的距离，比现在天文学家公认的250万光年要小得多。虽然它的距离遥远得难以想象，但M31仍然是离我们最近的大星系。

在我近郊的家里用肉眼就可以清楚地看到仙女座星系，它是一块柔和的椭圆形光斑。要想找到它在天空中的位置非常简单。从仙女座β到仙女座μ连一条线，然后再向前延伸一倍，就到了M31。在14×70的双筒望远镜中，这个星系极漂亮，它有一个小而明亮的圆形核心，外面是非常明亮的、大小以度来衡量的椭圆，越往边缘越暗淡。加上暗淡的区域，M31的大小将近3°×0.5°。

我用105 mm折射望远镜放大到47倍观测，仙女座星系已超出了视场范围。星系的中心是恒星组成的核，并且这个核的亮度明显分为三个层次。星系的东南边渐渐变淡，直到融入黑暗的天空中。而西北边则是突然变暗，然后又出现一层模糊的微光。

这些微妙的结构实际上是星系的一条尘埃带及其外面的另一条旋臂。我用10英寸反射望远镜，在低倍率下能够看到另一条暗带和它外面的旋臂。这些结构越往星系边缘越不明显。

下面，我们来找一找NGC 206，这是仙女座星系里面一团巨大的恒星云。我以前每次用10英寸望远镜都能看到它，有点暗，所以当我用小型折射望远镜也能轻易看到它的时候，我很惊讶。NGC 206和仙女座星系的核，以及附近的星系M32组成了一个扁的等腰三角形。但要想看清NGC 206有一个小技巧，就是把这些容易分散注意力的明亮的东西放到视场之外去。放大到87倍时，NGC 206是一个暗弱的南北方向延伸的长条形，大小约3′×1′。这个巨大的恒星集

鲍勃和贾尼丝·费拉的这张照片显示出仙女座星系和它的伴星系——上方的M110和下方的M32。NGC 206是右下方最大最亮的一片恒星云。照片中它是蓝色的，但在目镜中无法看到颜色。

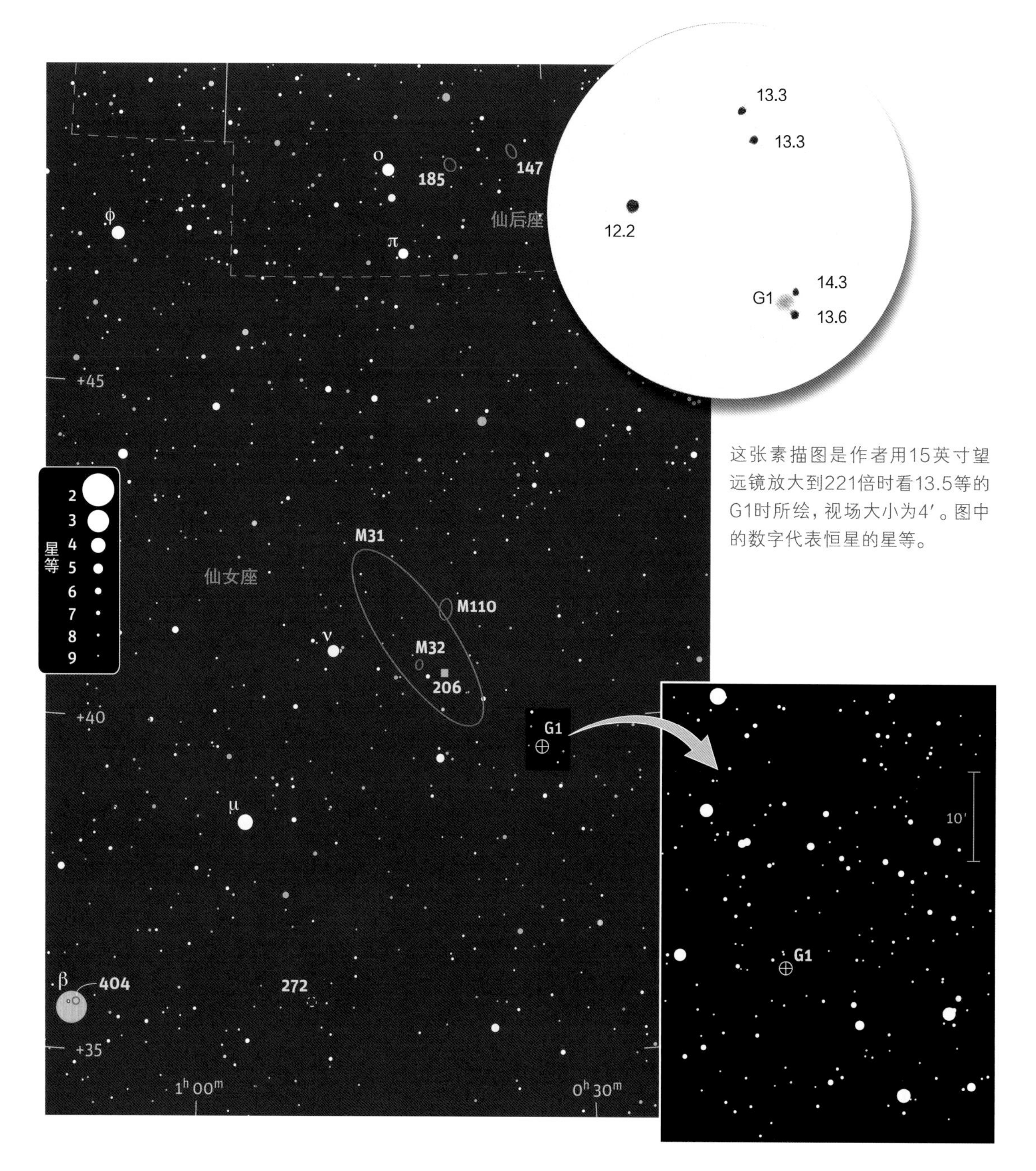

这张素描图是作者用15英寸望远镜放大到221倍时看13.5等的G1时所绘，视场大小为4′。图中的数字代表恒星的星等。

群是本星系群中最大的恒星形成区之一。NGC 206在天文学尺度上很年轻，它的年龄只有3 000万年。

用业余的天文望远镜还能够看到仙女座星系中的很多球状星团。其中最亮的一个是G1或叫梅奥尔Ⅱ（Mayall Ⅱ），有人用5英寸望远镜就看到了它。这个球状星团位于M31西南端外面一片没什么亮星的区域，所以你需要利用上边的星图用星桥法仔细地寻找。我用15英寸反射望远镜放大到221倍看，G1明显不是一颗恒星，就像上面的素描图中画出的那样。在G1旁边还有两颗暗弱的小星。

有人用小型望远镜看到G1的传闻激发了我的兴趣，我用10英寸望远镜也试了一下，放大到118倍时，果然在那个位置看到了一个不像恒星的东西——那个球状星团和旁边的恒星混合在了一起。放大到171倍，那两颗恒星看清了，但球状星团仍不明显。我观测的时候是凌晨，G1的高度还比较低，所以当仙女座升高之后应该会好一些吧。你能看清楚这三个东西吗？

在仙女座星系周围有好几个小的伴星系，处于它的引力控制范围内。有两个和它们的母星系处于同一个低倍率视场中。其中一个是M32，它的面亮度很高，位于M31核心南边24′处。在低倍率的双筒望远镜中，你可能会把M32误认为一颗8等星，但是在14×70的双筒望远镜中，它就是一个中间更亮的面源了。我用105 mm折射望远镜放大到17倍，可以看到M32钉在仙女座星系的边缘。放大到68倍，M32是一个椭圆形，北边略向西倾斜，中间是一个恒星般的核。我用10英寸反射望远镜放大到171倍，M32

大星系的周围

目标	类型	星等	大小 / 角距	赤经	赤纬	*MSA*	*U2*
M31	旋涡星系	3.4	3.2°×1°	$0^h42.7^m$	+41°16′	105	30L
NGC 206	M31 里的恒星云	11.9（照相星等，蓝色）	4.0′×2.5′	$0^h40.6^m$	+40°44′	105	30L
G1	M31 里的球状星团	13.5	0.6′	$0^h32.8^m$	+39°35′	105	45L
M32	致密的椭圆星系	8.1	8.7′×6.5′	$0^h42.7^m$	+40°52′	105	30L
M110	椭圆星系	8.1	22′×11′	$0^h40.4^m$	+41°41′	105	30L
NGC 185	矮椭圆星系	9.2	8.0′×7.0′	$0^h39.0^m$	+48°20′	85	30L
NGC 147	矮椭圆星系	9.5	13′×7.8′	$0^h33.2^m$	+48°30′	85	30L
NGC 404	透镜状星系	10.3	3.5′	$1^h09.5^m$	+35°43′	125	62R
NGC 272	星群	8.5	5′	$0^h51.4^m$	+35°49′	126	62R

大小和角距数据来自最新的星表。实际观测时的目标大小往往比星表里的数值小，且根据观测设备的口径和放大倍率的变化而不同。表格中的 *MSA* 和 *U2* 列分别为《千禧年星图》和《测天图 2000.0》第二版中的星图编号。

也显现出和仙女座星系类似的亮度层次。它外面的晕大小约3′×4′，比内部的晕大一倍，越往中间越亮，中心区域是一个椭圆形，再往里是一个小小的亮核。和M31不同，M32是一个椭圆星系。

第二个伴星系是M110，它位于仙女座星系核心西北方36′处，比M32更大但面亮度低得多。我用14×70的双筒望远镜看，它是一个又大又暗的长条形。我用小型折射望远镜放大到68倍，能够看到一个15′×7′的椭圆形，姿态和M32一样。它的中心略亮，看上去略微偏北一些。我用10英寸望远镜放大到70倍，能够看到一条非常暗淡模糊的光带从M110向仙女座星系延伸，就像M110的晕略微弯曲着向外延伸一样。它延伸了大约8′或9′，然后在与M31相接的地方变窄消失。这一缕薄如蝉翼的物质是仙女座星系作用在M110的恒星上的潮汐力造成的。有人用4.7英寸望远镜就看到了它。

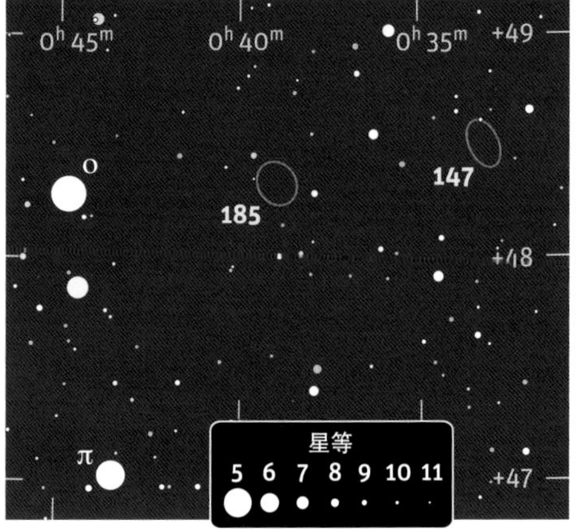

蒂姆·亨特和詹姆斯·麦加哈在他们亚利桑那州的天文台为所有梅西耶天体和科德韦尔天体拍摄了三色合成照片，包括左上图中的NGC 185和右上图中的NGC 147。它们在科德韦尔星表中的编号分别是18和17。如果你很难看到NGC 185或NGC 147，就再核实一下它们的准确位置吧。

还有两个仙女座的伴星系离得比较远。从M31向北，刚刚越过仙后座的边界，就是两颗恒星仙后座π和仙后座o。NGC 185位于仙后座o西边1°处。我用小型折射望远镜放大到47倍，可以看到一个很暗的东北—西南走向的椭圆形，中间略亮一些，一颗12等星位于它的东北边缘。放大到87倍，星系的大小约4′长，中间的亮核大约1.5′。我用10英寸望远镜放大到118倍，能看到星系扩大到7′×6′，在它的西边缘有一颗非常暗的星。

从这里往西1°，再往北一点点，就是第二个伴星系

NGC 147。两个星系连线的中间北边一点点有一颗7.5等星，可以帮助你确认星系的位置。如果你用的望远镜不大，这就很重要，因为NGC 147的面亮度非常低。我用105 mm望远镜放大到47倍，只能用余光看到一个暗弱的椭圆形。放大到87倍时，我就能够直接看到NGC 147，但仍然是若有若无的。这块模糊的椭圆形光斑向东北偏北方倾斜，长度约4′，宽度是长度的三分之一。我用10英寸望远镜放大到44倍可以轻松看到这个星系，但仍然很暗。放大到118倍时，可以看到它的中心区域略亮，上面叠加着几颗星星。星系的大小约5′×2.5′。

NGC 185和NGC 147这两个星系这么暗，或许你以为它们很遥远，其实正好相反，它们比M32和M110距离我们都要近。

在我们从仙女座β移动到仙女座μ的过程中，我们绕过了两个常常被忽视的深空天体。NGC 404害羞地躲在它东南偏南方向的亮星仙后座β（米拉赫）的光芒中，因此NGC 404有时也被称为米拉赫的幽灵。尽管如此，我用小型折射望远镜放大68倍，仍然能看到这个星系是一块小小的圆圆的光斑，中间略亮一些。星群NGC 272和仙后座β、仙后座μ组成了一个等腰三角形。我用10英寸望远镜放大到171倍，能看到9颗星聚集在5′范围内，亮度为9等到13等。其中的5颗星组成了一段致密的圆弧。其中一颗是一对近密的双星，其他4颗位于它的北边。NGC 272的坐标一般不是标在星群的中心，而是标在这段圆弧的中心。

传说中的鲸鱼

深空观测者们在鲸鱼座里寻找天体时一定会有“鲸”喜。

噢，罕见的老鲸鱼，在暴风雨中，
大海是他的家园
他威力无穷，权力无上，
他是无边大海的国王。
——亨利·西奥多·奇弗，《鲸鱼和捕鲸者》，1849年

鲸鱼座在很多星图的插图中被描绘成一只不怎么好看的海怪，但是今天它通常被认为是一头鲸。后一种观点已被广泛接受，因为现在生物分类学中的“鲸目”一词就是来自鲸鱼座的名字Cetus。在十二月，鲸鱼座跃出了南方的地平线，在傍晚时分运行到最高点。在这片区域中，最亮的星是鲸鱼座β，或叫土司空，是鲸鱼座的尾巴。接下来我们就去这片海域捕鲸喽。

第一站是非常惹人注目的行星状星云NGC 246，位于鲸鱼座β、η和ι组成的三角形中。在寻星镜中，你可以从金色的鲸鱼座η出发，一路经过排成波浪形的鲸鱼座ϕ^4、ϕ^3、ϕ^2和ϕ^1。NGC 246就位于最后两颗星的南边，和这两颗星组成一个等边三角形。或者你也可以从鲸鱼座β向北扫过7.4°，也能够到达鲸鱼座ϕ^1。

我用105 mm折射望远镜放大到17倍，就能轻易地看

鲸鱼的馈赠

目标	类型	星等	大小/角距	赤经	赤纬	*MSA*	*PSA*
NGC 246	行星状星云	10.9	4.1′	$00^h47.1^m$	−11°52′	316	7
NGC 255	旋涡星系	11.9	3.0′×2.5′	$00^h47.8^m$	−11°28′	316	(7)
NGC 247	玉夫座星系群的星系	9.1	19.2′×5.5′	$00^h47.1^m$	−20°46′	340	7
NGC 253	玉夫座星系群的星系	7.2	29.0′×6.8′	$00^h47.6^m$	−25°17′	364	7
NGC 288	球状星团	8.1	13.0′	$00^h52.8^m$	−26°35′	364	7
IC 1613	本星系群的星系	9.2	16.2′×14.5′	$01^h04.8^m$	+02°07′	267	7
WLM	本星系群的星系	10.6	9.5′×3.0′	$00^h01.9^m$	−15°27′	318	7

大小数据来自最新的星表。实际观测时的目标大小往往比星表里的数值小，且根据观测设备的口径和放大倍率的变化而不同。表格中的*MSA*和*PSA*列分别为《千禧年星图》和《天空和望远镜星图手册》中的星图编号。带括号的编号代表该天体没有在星图中标出。

NGC 253是低纬度地区最受欢迎的目标之一，在北温带地区也可以轻松观测到，它经常被认为是除了仙女座星系外最容易观测到的旋涡星系。小型望远镜就可以看到它斑驳的外观。照片的视场宽度是25′，上方为北。

* 摄影：R.杰伊·加班尼。

到NGC 246是一个模糊的小点。放大到47倍，这个行星状星云看上去是圆的，直径大约3.5′。三颗大约11.5等的恒星分别位于星云中心、中心西南偏西以及西北边缘，组成了一个瘦瘦的等腰三角形。使用氧-Ⅲ滤镜或者窄带滤镜能够增强目视效果，后者能够保持恒星可见，整体效果也更好一些。放大到87倍，我又看到一颗暗星位于NGC 246中心的东南偏东。我用10英寸反射望远镜放大到115倍看，星云在这颗星附近非常暗淡，并且呈现出淡淡的环状。在这个星云东北偏北方向距离26′的地方，可以看到暗弱的星系NGC 255。它的面亮度很低，尺寸也只有NGC 246的一半。

现在我们回到鲸鱼座β，从它开始向东南偏南方向移动2.9°，去看一个更好看的星系NGC 247。它位于三颗5.5等星组成的三角形最东边那颗星的北边1°处。我用折射望远镜放大到47倍，看到了一个14′长的纺锤形，北边略微向西倾斜。它的核心更亮，一颗9.5等星位于星系最南端。放大到87倍，我能够看到更多细节，特别是中心附近，星系的南半段比北半段更亮。NGC 247的面亮度也不高，要仔细观察才能看出细节。

NGC 247距离我们700万光年，属于玉夫座星系群。这个星系群和马费伊Ⅰ星系群（Maffei Ⅰ Group）都有可能是离我们本星系群最近的星系集群。玉夫座星系群中的另一个成员NGC 253稍远一些，距离我们1 000万光年。它位于NGC 247南边4.5°的玉夫座边界内，玉夫座这位艺术家的位置似乎很适合为我们的鲸鱼制作一座雕像。

虽然NGC 253的距离更远，但它比它的兄弟亮得多。有一个冬天，我在小开曼岛黑暗而宁静的夜空中非常享受地观测了它，在那里这个星系的高度比我在纽约州北部的家乡高出23°。哪怕只用一个4.5英寸反射望远镜放大到35倍看，NGC 253都又大又漂亮！它椭圆的形状大小约24′×5′，向东北方向倾斜。NGC 253的核心显得非常斑驳，长约6′，在星系西南端有一颗暗星。两颗相当明亮的星位于星系中心的南边，较近的那一颗紧贴在星系的边缘。星系的另一边，也是中心的西边，还有一颗暗星。

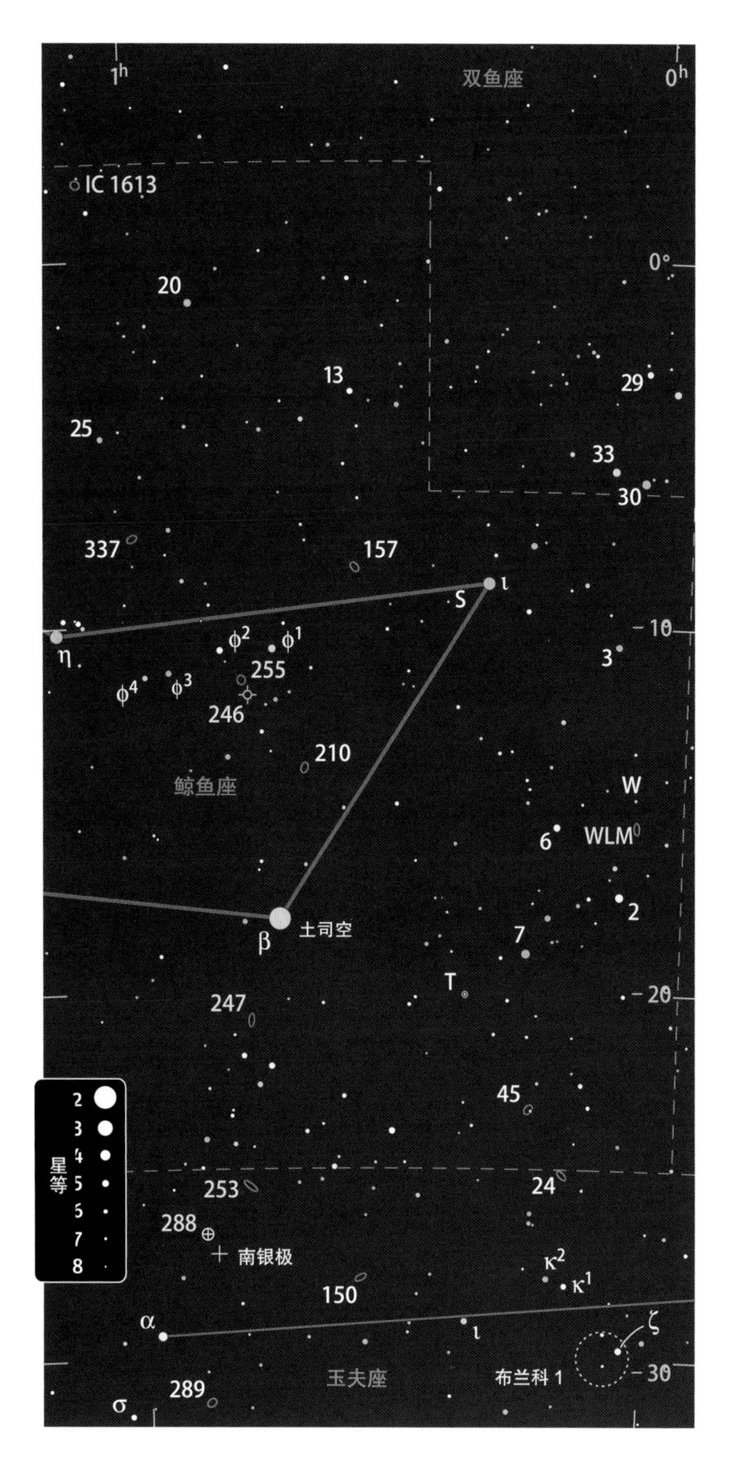

现在我们回到鲸鱼座，去寻找两个本星系群的星系，这两个星系位置比较偏僻，找起来有些难度。较亮的一个是IC 1613，一个矮不规则星系，距离我们240万光年，比仙女座近一点点。它位于鲸鱼座北边和双鱼座的交界处。要想找到IC 1631，最简单的办法是从双鱼座ε开始，向东南偏南方向移动2.5°，有三颗6等星组成了一个45′ 大小的三角形。从三角形最南边那颗星再向南移动，会经过三颗金色的7等星，等距排列，连成一条2°长的微微弯曲的弧线。第三颗星南边一点，就是这个星系了。

由于亚利桑那州的天文学家布赖恩·斯基夫用他的70 mm折射望远镜在低倍率下看到过这个星系，所以我觉得用我的105 mm望远镜看也不在话下。然而，我却花了很长一段时间才找到它，即便如此，我也只看到了这个星系的一部分。我脸上的热气总是让冰冷的目镜起雾，影响了观测。经过充分地适应了温度之后，我也只能看到很小的一块光斑，但它并不在星图上标注的星系中心的位置。我仔细画了一幅素描图，然后去和这个星系的照片对比。我观测到的光斑只是这个星系东北边一块较亮的区域。我非常想再观测一次。

IC 1613的视星等是9.2等，怎么会如此难找到呢？答案是星系的面亮度。星系的亮度分布在如此大的一片区域，平均每平方角分的亮度只有15等。而NGC 247和NGC 253的面亮度分别是14等和12.8等。

另一个本星系群的成员是沃尔夫–伦德马克–梅洛特（Wolf–Lundmark– Melotte，缩写为WLM），或者叫MCG–3–1–15，一个矮不规则星系，距离我们310万光年。这个“星云”是由天文学家马克斯·沃尔夫在1909年、克努特·伦德马克和菲利伯特·雅克·梅洛特在1926年分别独立发现的。

WLM位于4.9等星鲸鱼座6西边2.2°处。用低倍率目镜从鲸鱼座6向西移动，你会经过一颗8.6等的金色恒星，再往西55′ 就是这个星系了。它位于一对南北分布的、角距很大的9等双星连线中间偏西一点。我用10英寸反射望远镜都很难看到它。放大到68倍时，我能看到一块很大的南北向的暗淡的光斑。中间附近有一块小亮斑，南部边缘还有一块。但我无法分辨它们到底是星系的一部分还是前景恒星。后来对比照片，我知道中间那一块很可能是一对恒星形成区，星表编号是HM8和HM9，而南边那一块由于我记得不准确，所以还无法判定。

WLM的照片显示有两颗“星”位于星系的西边。南边的一颗实际上是WLM–1，星系中唯一已知的球状星团。在18英寸的望远镜里可以尝试看看这个有挑战的目标。

夜空中的方块舞

十二月的夜晚，飞马座大四边形高高挂在天上，在它的四条边上有很多有趣的天体。

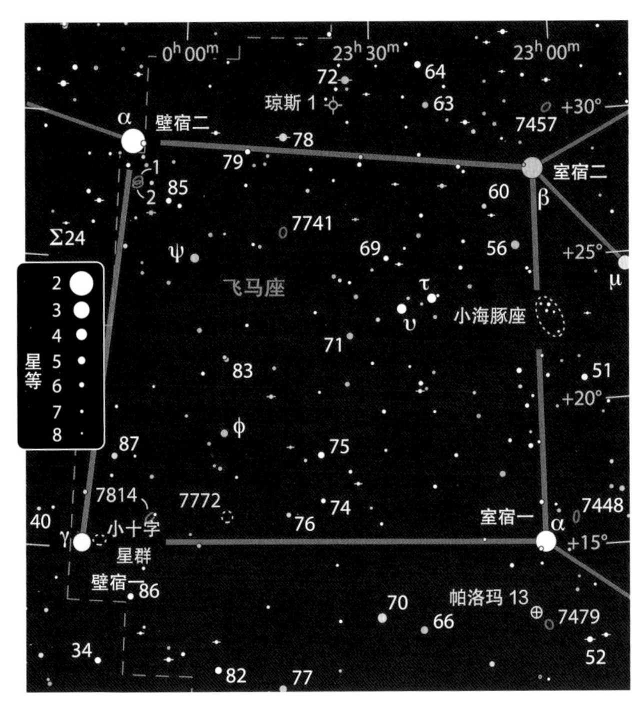

飞马座大四边形是夜空中最明显的星群之一，部分原因是它周围没有其他亮星。然而在大四边形的四条边上，有很多有趣的深空天体。作者介绍了一些简单的用双筒望远镜就可以看到的天体，也有一些用大望远镜来挑战的目标。

* 摄影：《天空和望远镜》/理查德·特莱什·芬伯格。

每年十二月的傍晚，飞马座大四边形高高地穿过天鹅绒一般的夜空。正如加勒特·P.瑟维斯在他的经典著作《望远镜中的天文学》中所写，这个特别的星群"一下子就吸引了眼球，大四边形中看不到几颗星，没有其他亮星分散注意力"。如果我们沿着天空中的这个大地标的四条边起舞，会遇到很多精彩纷呈的深空奇迹。

有一个小星群位于从飞马座β到飞马座α（室宿一）连线五分之二处西边一点点。这个星群和旁边海豚座的形状惊人地相似，甚至连在天空中的姿态和方向都一样。四颗星勾勒出海豚菱形的头，南边两颗星组成了它的尾巴。

1980年，达纳·帕奇克用11×80双筒望远镜观测时无意中发现了这个有趣的星群。他告诉了洛杉矶天文学会成员史蒂夫·库费尔德，后者给他取了个名字叫小海豚座。组成小海豚座的都是7等到8等星，我用12×36双筒望远镜都能看到，除此之外，还有一颗星，比其他星暗一些，位于海豚的面颊处。从鼻尖到尾巴，小海豚座的大小约1.1°。

我们的下一个目标是一个很大的行星状星云琼斯1（Jones 1，PNG104.2-29.6），位于大四边形北面那条边的中间偏上处。你可以从飞马座72开始，向东南方向移动1°，会经过两颗7等星。在这条线的终点再向西南方移动12′，你会看到一颗11等星，然后继续移动8′就到了琼斯1的中心。

如果你没有马上看到这个星云也不要奇怪。它的大小是5.3′，面亮度非常低。我用105 mm折射望远镜放大到28倍，使用氧-Ⅲ滤镜或窄带星云滤镜，还要用余光才能看到琼斯1。我用10英寸反射望远镜看也十分暗淡。放大到44倍，使用氧-Ⅲ滤镜，这个行星状星云是一个不完整的环，中心又大又暗。环的西北方和东南偏南方的两段弧更亮一些，东边就看不到了。1941年，丽贝卡·B.琼斯在马萨诸塞州哈佛市的橡树岭天文台16寸梅特卡夫相机拍摄的照片中发现了这个行星状星云。

我们的舞步来到了大四边形的东边，在这里我们找到了《星云星团新总表》中的前两个天体NGC 1和NGC 2。它们位于壁宿二（仙女座α）南边1.4°的地方。壁宿二是飞

和飞马共舞

目标	类型	星等	大小 / 角距	赤经	赤纬	*MSA*	*U2*
小海豚座	星群	—	1.1°	$23^h01.9^m$	+22°53′	1185	64L
琼斯 1	行星状星云	12.1	5.3′	$23^h35.9^m$	+30°28′	1162	45R
NGC 1	星系	12.9	1.7′×1.1′	$00^h07.3^m$	+27°42′	150	63L
NGC 2	星系	14.2	1.1′×0.6′	$00^h07.3^m$	+27°41′	150	63L
小十字星群	星群	—	16.5′	$00^h10.5^m$	+15°18′	198	（81L）
NGC 7814	星系	10.6	5.5′×2.3′	$00^h03.2^m$	+16°09′	198	81L
NGC 7772	疏散星团	9.6	5′	$23^h51.8^m$	+16°15′	（1207）	81R
NGC 7479	星系	10.9	4.1′×3.1′	$23^h04.9^m$	+12°19′	1233	82L
帕洛玛 13	球状星团	13.5	1.5′	$23^h06.7^m$	+12°46′	1233	82L

大小数据来自最新的星表。实际观测时的目标大小往往比星表里的数值小，且根据观测设备的口径和放大倍率的变化而不同。表格中的 *MSA* 和 *U2* 列分别为《千禧年星图》和《测天图 2000.0》第二版中的星图编号。带括号的编号代表该天体没有在星图中标出。本月所有天体都在《天空和望远镜星图手册》中的星图 74 所覆盖的范围内。

寻找钩子：棒旋星系NGC 7479足够亮，用小型望远镜就可以看到。但是要想看到星系中心棒状结构两端的旋臂就需要一个大口径望远镜了。亚利桑那州的天文爱好者比尔·费里斯用他的10英寸反射望远镜放大到191倍就看到了，还绘制了这幅素描图。照片视场边长为7.5′，上方为北。

* 摄影：唐·戈德曼。

马座大四边形的一个角，但是它实际上属于仙女座。从壁宿二开始连一条线向西南偏南方向延伸1.6°，会串起三颗6.5等星，这两个星系就位于最后一颗星东边30′的地方。

我用10英寸望远镜放大到68倍看，NGC 1显得很暗淡。星系的东北偏北方向有一颗11.6等星，反方向的另一边有一颗13.2等星。放大到115倍时，则看得更清楚，这个倍率下，NGC 2也出现了，它位于NGC 1的南边、那颗暗星的东边，要用余光才能看到。继续放大到166倍，NGC 2看起来非常小且黯淡，直视它时和刚才的亮度差不多。它是椭圆形的，向东南偏东方向倾斜。NGC 1则略呈椭圆形，方向和NGC 2一样，还有一个小而暗的核心。放大到213倍时，我能够看到它的中心区域更大更亮一些。

NGC 1之所以排名第一，是因为它在NGC星表里的赤经是最小的：只有00^h00^m 04s。然而这是1860.0历元的坐标。岁差已经使0°赤经线渐渐远离NGC 1。在2000.0历元坐标下，有几十个NGC星系的赤经都比NGC 1小了。

现在向下来到飞马座大四边形东南角的飞马座γ。在飞马座γ西边40′再稍稍往北一点，就是另外一个星座模仿秀了。我用4.5英寸反射望远镜在低倍率下能够很容易看到这个星群，这让我想起了天鹅座的北十字。这个16.5′大小的小十字星群由5颗8等到10.5等星组成。十字的短横线几乎是南北向的，而长竖线是东西向的。和真正的北十字最亮的星在最上面不同，这个小十字最上面的星是最暗的。

从这里向西北偏西方向扫过2°，就来到了星系NGC 7814。它位于一颗7等星的东南方12′处，并且它椭圆形的长轴指向这颗星。我用105 mm折射望远镜看NGC 7814非常亮。放大到87倍，它大约4′长，宽度是长度

旋涡星系NGC 7814是一个侧向对着我们的星系，有一条尘埃带正好从中间把它劈开，想看到它是一件很有挑战的事。照片的视场宽度为10′，右上方为北。

* 摄影：亚当·布洛克/美国国家光学天文台/美国大学天文研究联合组织/美国国家科学基金会。

抖动的帮助

由于人眼视力的特点，如果暗弱或者弥散的物体，如星云或星系在望远镜的视场里运动的话，则更容易看到它们。所以有经验的观测者寻找暗弱的星云时，会轻轻敲打它们的望远镜，让视场抖动起来。

的三分之一，并且略显斑驳。它的中心区域是椭圆形的，有一个明亮的核心。有一些观测者声称他们用8英寸望远镜在这个星系中看到了非常薄的尘埃带，但实际上即使望远镜口径再大两倍，想看到这个细节都是一件很有挑战的事。

从这里再往西移动2.8°就是一个小疏散星团NGC 7772。我用小型折射望远镜放大到17倍，能看到一块模糊的光斑，位于一颗10等星的东北方。放大到153倍，我能看到5颗星组成了一个又宽又扁的“W”形，另外还有一颗星位于“W”形的东南方。这些星星的亮度为11.3等到13.5等。我用10英寸望远镜放大到166倍，可以看到第七颗星，让这个星团变成了一个南北向的锯齿形，高约2′，宽度更大，但在南边更紧凑一些。NGC 7772有可能是一个古老的疏散星团的遗迹，过去它靠引力束缚住的那些恒星现在已经不复存在了。

我们绕着飞马座大四边形走了一圈，现在又回到了飞马座α。从这里向南移动2.9°，就来到了棒旋星系NGC 7479。它位于5颗8等到11等星连成的0.5°长的一条线的东北端。我用小型折射望远镜放大到28倍能够看到一块南北向的椭圆形光斑，长度约2′，宽度是长度的三分之一。放大到127倍，我可以看到一颗暗星装点在星系的北端。我用10英寸反射望远镜放大到115倍看，星系的长度约2.5′，宽度是长度的一半。明亮而斑驳的棒状纵向穿过了星系的大半。美国亚利桑那州的天文爱好者比尔·费里斯用他的10英寸望远镜看到了棒状结构在两端向旋臂弯曲的钩形。

从这里向东北方向移动38′，就来到了幽灵一般的球状星团帕洛玛13（Palomar 13或Pal 13）。先找到5颗7.5等到10.5等星组成的一个瘦瘦的、东西走向的风筝形状，大约13′长。在风筝的北边，一条11等星和12等星组成的微微弯曲的弧线，帕洛玛13就位于最亮的那颗星西边1.7′处。我用10英寸望远镜放大到213倍，用余光可以看到一块模糊的小光斑，在它的北侧边缘处有一颗极其暗淡的、若有若无的星星。令人惊奇的是，美国弗吉尼亚州的天文爱好者肯特·布莱克韦尔用一个4英寸折射望远镜就看到了帕洛玛13。他说望远镜的时钟驱动的支架给了他额外的优势，从而看到了这个难以捉摸的球状星团。

帕洛玛13在一个玫瑰花结似的轨道上运行，有时高高在银晕里，有时又跌入银心之中。现在这个星团已经被严重扰乱，再次经过银河系的中心之后，有可能就不复存在了。

当你围绕着飞马座大四边形进行这趟奇妙的旅行时，你可能会想，我们应该听着什么音乐来伴这支天空之舞呢。你可以听听贾斯珀·伍德的歌曲《飞马座大四边形》。

黑暗中的鱼

双鱼座虽暗淡，却充满了漂亮的星系和双星。

山羊留着野胡须一跃而起；
鱼儿在黑暗中游弋。
——伊丽莎白·巴雷特[·勃朗宁]，《一出流亡的戏剧》

尽管双鱼座是一个很暗的星座，组成这两条鱼的星都不亮，但如果在郊外观测，我们仍然能够很快地找到西边那一条鱼。它就游弋在飞马座大四边形的下面，并且包含一个星群，叫作双鱼座小环。而东边那条鱼顶着仙女座的腰部，无法连成独特的图案，且里面的星星要更暗一些。虽然缺少亮星作为引导，但是这片天区还是有很多神奇的深空天体。

我们从连接两条鱼的丝带开始往东边那条鱼出发吧。首先是一颗漂亮的双星双鱼座ζ。我用105 mm折射望远镜放大到17倍能够看到一颗白色的5等主星和它东北偏东方向的一颗黄色的6等伴星。

双鱼座ζ东北方3.4°的地方就是星系NGC 524。它隐藏在一团9等到12等星中，用我的小型折射望远镜放大到47倍能很容易地找到它。在星系东边有几颗星组成了一个插入星系的楔形，西边则有更多杂乱的星星。在它们西南方有一对角距很大的双星，分别是黄白色和橙色的。NGC 524又小又圆，越往中心越亮，在南部边缘有一颗12等星。放大到87倍，我又在星系的东北偏北和东南方向看到两颗星。它们和刚才那颗星组成了一个等腰三角形，NGC 524占据了它西边的绝大部分。星系向中心方向一个很小的核心急剧增亮。

我用10英寸反射望远镜放大到115倍，NGC 524的大小约2.5′，东南偏东边缘有一颗暗星。NGC 524位于同一个视场5个暗淡星系组成的指向西边的“V”字形中，但在这个倍率下，我只看到了三块模糊的小光斑。NGC 524的北方10′是NGC 525，西边10′是NGC 516，西南偏南15′是NGC 518。继续放大到213倍，我又看到了NGC 509，位于“V”字形的尖端，NGC 532在“V”字南边那一笔的末端，但此时视场不够大，装不下所有的6个星系。NGC 524周围这群星系的距离大约是9 000万光年，在这片区域还包含其他一些星系。

在丝带的另一边，双鱼座95的西边1.5°，我们能找到一个漂亮的星系NGC 488，在照片中能够看到它的旋臂缠绕得紧实。我用小型折射望远镜放大到47倍观测，它是一块南北向的、柔和的椭圆形光斑，越靠近中心越亮。放大到87倍，我能看到它如恒星一般的核心。四颗10等到13

M74，双鱼座中最上镜的星系，夏威夷的8.1m北双子望远镜拍摄的这幅半小时曝光的照片显示出极其漂亮的旋臂，但是用小型望远镜很难看到它。
* 摄影：双子天文台 / GMOS小组。

在NGC 524周围25′范围内还有5个NGC星表中的星系。这张图是帕洛玛天文台巡天二期项目拍摄的红、绿、蓝三色合成照片，其中还有几个不在NGC星表里的星系，因为它们太暗了，所以在当时的条件下观测不到。
* 摄影：帕洛玛天文台巡天二期 / 加州理工学院 / 帕洛玛。

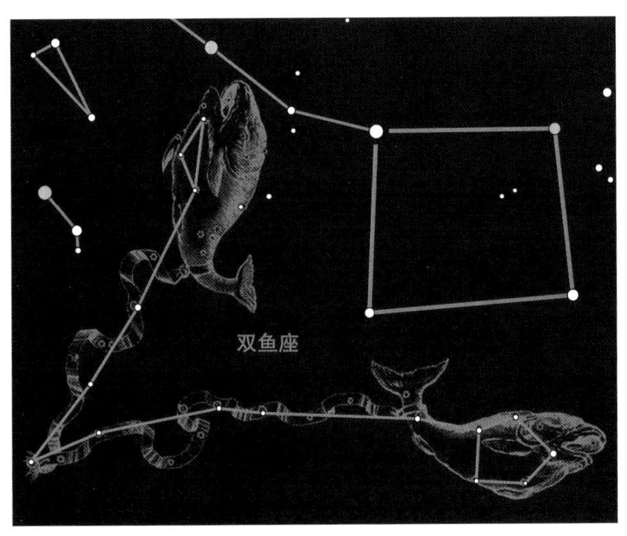

双鱼座传统上都被描绘成两条鱼，每条鱼都被一条鱼线或者丝带捆绑住。

NGC 488被归类为有环旋涡星系，它的旋臂精巧且紧紧缠绕着。
* 摄影：亚当·布洛克。

等星连成一条星系的切线，向东北偏东方向倾斜。切线中的第二亮星与星系东南偏南边缘相接。遗憾的是，我没有看到旋臂的迹象，即使用10英寸望远镜也看不到。你能看到旋臂吗？

从双鱼座ν向东北偏东方向扫过1.9°，就来到了NGC 676，它和两颗金色的8等星组成了一个规则的等腰三角形，一颗在东北偏北方向距离30′处，一颗在东南偏南方向距离19′处。这个星系非常容易被忽略，因为一颗10.5等星不偏不倚正好位于它的中间。下面表格里所列出的NGC 676的星等信息没有包括这颗星。我用105 mm望远镜放大到87倍看，这个星系是一块暗淡的2′长的长条形光斑，北边稍向西倾斜。一颗11等星在星系的东南偏东5′处，还有一颗更暗的星更近一些，北边偏东有一处阴影。我用10英寸望远镜放大到216倍看，NGC 676的中心区域更亮，在星系中心东边有一颗若隐若现的暗星。

双鱼座α位于拴住两条鱼的丝带的转折点。它包含一对白色恒星，亮度分别为4.1等和5.2等，角距仅有1.8″。我用小型折射望远镜放大到122倍刚好能够分辨它们，伴星位于主星的西边。在它的西边14′处有一颗8.1等的橙色星，还有两颗黄色星位于其东北偏东方向6.7′和西北偏北方向7.2′处。这三颗星连成一条直线，后面两颗星在《华盛顿双星星表》中被标记为双鱼座α的成员星C和D，但它们可能并不是这个恒星系统里的成员。

双鱼座中唯一的梅西耶天体是星系M74。由于这个星系就位于双鱼座η东北偏东方向1.3°处，并且亮度为9.4等，一些新手就以为M74很容易看到。非也！这个星系的

娱乐鱼乐

目标	类型	星等	大小/角距	赤经	赤纬
双鱼座ζ	聚星	5.2, 6.2	23″	$1^h13.7^m$	+7°35′
NGC 524	星系	10.3	2.8′	$1^h24.8^m$	+9°32′
NGC 488	星系	10.3	5.2′×3.9′	$1^h21.8^m$	+5°15′
NGC 676	星系	11.9	4.0′×1.0′	$1^h49.0^m$	+5°54′
双鱼座α	聚星	4.1, 5.2, 8.3, 8.6	1.8″, 6.7′, 7.2′	$2^h02.0^m$	+2°46′
M74	星系	9.4	10.5′×9.5′	$1^h36.7^m$	+15°47′
双鱼座ψ^1	聚星	5.3, 5.5, 11.2	30″, 91″	$1^h05.7^m$	+21°28′
双鱼座φ	聚星	4.7, 9.1	7.8″	$1^h13.7^m$	+24°35′
HD 4798 星群	星群	—	5.6′	$0^h50.1^m$	+28°22′
勒努 18	星群	7.0	18′	$1^h14.5^m$	+30°00′

大小和角距数据来自最新的星表。实际观测时的目标大小往往比星表里的数值小，且根据观测设备的口径和放大倍率的变化而不同。

亚利桑那州的观星者杰里米·佩雷斯用6英寸牛顿反射式望远镜放大到240倍可以分辨出双鱼座α这对小角距的双星。注意放大图中的衍射环。

亮度分布在一个相当大的面积上，所以它的面亮度非常低。用你的眼睛去感受一团很大的幽灵般的微光吧。我已经看过M74多次了，在我近郊的家里，我不再觉得寻找这幽灵般的毛团有什么困难了。我用105 mm折射望远镜放大到17倍，就能看到一团暗淡的晕笼罩在一个相对大而亮的核心上。放大到47倍，就在M74东侧边缘我看到了一颗暗星，星系的大小约8′。放大到87倍，我在刚才那颗星的南边1.5′处又看到一颗星，还有一颗星位于星系中心西南方3′处。M74看上去略显斑驳，经过仔细观察，我能辨认出一些旋臂结构，特别是一条旋臂好像从北边开始，向外旋转到了东边。

我用10英寸望远镜放大到213倍，能看到第二条旋臂，和第一条相对。M74的晕略呈椭圆形，呈南北方向，越往中心越明亮。在中心区域的核心有一条同样是南北方向的短棒，但旋臂弯曲着旋进中心，让它看起来好像东西方向更长。两条各由三颗星组成的近乎平行的线分别穿过M74外围的西边和东北边。星系中心附近两颗星平行于后者，北边那颗星正好位于一条旋臂上。

在一些有插图的星图中，双鱼座η是东边那条鱼的尾巴，也有一些星图中画的鱼尾位于双鱼座ρ或双鱼座χ。无论哪种情况，双鱼座ψ^1和双鱼座φ这两个聚星系统都在这条鱼的范围之内。我用小型折射望远镜放大到17倍，双鱼座ψ^1是一对白色的5等双星，伴星在主星的东南偏南方向，两颗星的角距很大。第三颗星11等，角距是前者的3倍，位于主星的东南偏东方向。放大到68倍看，双鱼座φ是一颗深黄色的5等主星和一颗9等伴星，伴星可能是红色的，在主星西南方很近的地方。

美国加利福尼亚州的天文爱好者罗伯特·道格拉斯告诉我，在这条鱼西边较远的地方有一个很吸引人的星群。它用其中最亮星的名字命名，叫作HD 4798星群，但是道格拉斯喜欢叫它“飞翔的翅膀”。它位于双鱼座65北边40′的地方。用我的105 mm望远镜放大到47倍，我看到7颗星组成了一个指向南方的三角形。这个“翅膀”展开的宽度为5.6′，星星的亮度为7.2等到12.8等。和星群同名的那颗恒星是深黄色的。如果在光污染环境下，你恐怕需要更大口径的望远镜才能看到最暗的那颗星，它位于翅膀的最西端。

我们的最后一个目标是星群勒努18（Renou 18），以亚历山大·勒努的名字命名，他是法国期刊《天文学杂志》的作者。它位于东边这条鱼里的双鱼座τ东边37′处，它和两颗黄色星，一颗6.2等，一颗6.7等，共同组成了一个20′大小的三角形，这个星群位于三角形西边的端点处。我在小型折射望远镜中能够看到大约25颗星，散落在18′天区内。但我用10英寸望远镜看就非常引发想象了。其中，一半星星组成了一个形状，让我想起超人那个“S”形的标志性象征。“S”形占据了10′×8.5′的天区，上方（较宽的一半）朝东。也许超人的家乡氪星就在那里吧。

使用余光

暗弱、弥散的星系通常在低倍率下最醒目。但醒目不一定是最好的。高倍率把来自天体的光线展开，显得更加缥缈。但是，如果你用余光仔细观察它们，使用高倍率更能够看清它们的细节和最暗淡的特征。可以参考每英寸口径最大25倍来选择倍率。

在仙后座中归零

在这个星座耀眼的星团之间，潜藏着很多迷人但鲜为人知的宝藏。

在仙后座的繁星王国里，充满了几百个深空奇观。如果过度关注这场饕餮盛宴，就很容易忽视一些鲜为人知的“小点心”，而这些“小点心”让这个富丽堂皇的星座更加丰富多彩。现在，就让我们把瞄准镜归零，对准仙后座的一小块区域，去品尝那些新上来的“小点心”吧——这些天体都位于赤经0时附近，真的是“归零”了哦。

我们从仙后座β，或叫王良一附近的0时区域开始吧。在它的东南偏南方26′的地方，你能够找到一个由8等到9等星组成的瘦瘦的三角形，裹在一个反射星云中，这个星云就是范登伯1（van den Bergh 1，简称vdB 1）。多数反射星云在小型望远镜中都很暗，但范登伯1在我的105 mm折射望远镜中相对较亮。我会选择一个倍率让明亮的王良一位于我的视场外面，同时范登伯1接近视场中央。这个星云宽度约3′，在中间照亮它的几颗恒星附近显得最明亮。

被恒星照亮的范登伯1是1966年德裔加拿大天文学家悉尼·范·登·伯编写的一份包含158个天体的星表的第一个天体。

深度曝光的范登伯1照片揭示出在它的东北方有两个小的反射星云。较大的那个有一个很不寻常的椭圆环形状。它西北端的恒星是照亮它的主要光源，但星云本身可能是由附近另一颗恒星的喷发形成的。在它的东南方还有一个暗一些的环，这可能是以前的喷发事件形成的。提供光源的恒星名为LkHα 198（一颗利克天文台氢-α发射恒星），星云与它同名。我还不知道有谁目视观测过这个星云，不过观测者们可以尝试把手中的大望远镜发挥到极致，看能否观测到这个星云。

现在我们去看看本星系群的一个星系IC 10，位于王良一东边1.4°处。在我的105 mm折射望远镜中，它是一块1′大小的模糊光斑，在它的西边有一颗很暗的星。用余光看，星系的大小会大一倍。我用10英寸反射望远镜看，那只是星系东南部最亮的一片区域罢了。在低倍率下，IC 10是一块容易被看到的、不均匀的光斑，位于一串7等星到12等星组成的12′长的星带的北端。放大到118倍，星系约长3.5′，向西北方倾斜。两颗暗星叠在星系的北部，左右各一颗。有一个小斑点看起来不像恒星，位于东边那颗星的东南、明亮区域里那颗星的东边。照片显示它们是前景恒星和星系中的恒星形成区。IC 10距离我们大约260万光年，属于被银河系和仙女座星系控制的一群星系之一。它是一个矮不规则星系且被严重遮挡，因为我们是透过银河系的尘埃带去看它的。

从王良一向西北方扫过1.6°，就来到了半规则变星仙后座WZ。这颗恒星被认为具有叠加的光变周期。两个主要的周期大概是一年和半年，是恒星的径向脉动造成的。仙后座WZ是一颗深橙红色的碳星，因此，要估测它

像范登伯1（下图）这样的反射星云，在照片中通常是明显的蓝色，但肉眼看不到它们的颜色。注意范登伯1东北方向的两个暗得多的星云。

* 摄影：托马斯·V.戴维斯。

由于IC 10离银河系的银盘不远，所以它被星际尘埃严重遮挡而显示出红色。
* 摄影：亚当·布洛克/美国国家光学天文台/美国大学天文研究联合组织/美国国家科学基金会。

的星等是一件很有挑战的事，有一些观测者管它叫“红色野兽”。大多数时候，这颗星的亮度在7等到8.5等之间变化。

作为见面礼，仙后座WZ还是一对双星，它有一颗蓝白色的8.3等伴星，位于红色主星东边58″处。这对双星还有一个名字叫作OΣΣ 254，希腊字母表示它在奥托·斯特鲁维的普尔科沃星表中的位置。虽然这对双星只是两颗不相关的星偶然在相同的视线上，但用望远镜看也是非常迷人的。

OΣΣ 254这对颜色对比明显的双星在我的小型折射望远镜中放大到28倍看很漂亮。当用我的10英寸望远镜放大到44倍时，我还注意到了在它的西北边7.6′处还有一颗几乎一样的双星斯泰因1248（Stein 1248）。10等的主星是黄色的，伴星闪着橙黄色的光，位于主星东北方12″处。

在仙后座WZ东边1°的地方是疏散星团伯克利1（Berkeley 1）。我用105 mm折射望远镜放大到127倍看，这个星团只有零星的几颗极其暗淡的星星。两颗比较亮的11等星位于这群星星的西边。我用10英寸反射望远镜放大到115倍看，这两颗星和其他星星组成了一个向北开口的“U”字形，位于星团的东侧。这个“U”字形覆盖着4′大小的雾状区域，闪烁着暗淡的微光。一组10等到12等星组成了一个碗状，位于星团的顶部。

伯克利1是1960年加州大学伯克利分校的天文学家阿瑟·赛特杜卡迪和哈罗德·韦弗发布的星表中的第一个天体。星表中一共有104个天体，其中85个都是他们最先发现的。

仙后座中鲜为人知的宝藏

目标	类型	星等	大小 / 角距	赤经	赤纬
范登伯 1	反射星云	—	5′	$0^h10.7^m$	+58°46′
IC 10	本星系群的星系	10.4	6.3′×5.1′	$0^h20.3^m$	+59°18′
仙后座 WZ	碳星 / 双星	6.9—8.5, 8.3	58″	$0^h01.3^m$	+60°21′
斯泰因 1248	双星	10.4, 10.8	12″	$0^h00.4^m$	+60°26′
伯克利 1	疏散星团	—	5′	$0^h09.7^m$	+60°29′
金 13	疏散星团	—	5′	$0^h10.2^m$	+61°11′
金 1	疏散星团	—	9′	$0^h21.9^m$	+64°23′
Sh 2-175	发射星云	—	2′	$0^h27.3^m$	+64°42′

大小和角距数据来自最新的星表。实际观测时的目标大小往往比星表里的数值小，且根据观测设备的口径和放大倍率的变化而不同。

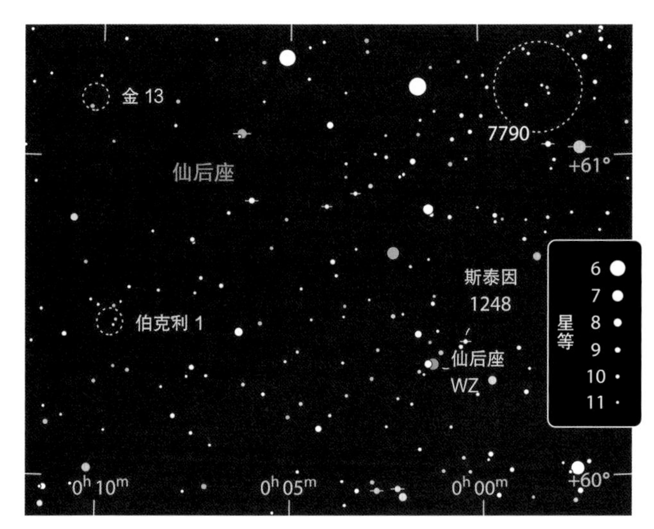

上图：像仙后座WZ这样的碳星，颜色是很深的红色，和颜色相对较浅的普通红巨星明显不同。这是碳星大气的吸收作用导致的。

* 摄影：帕洛玛天文台巡天二期。

左图：暗淡的小发射星云沙普利斯2-175位于左上角，和轻巧的疏散星团金1（右下方）在中小倍率望远镜视场中形成了非常不同的一对。

从这里向北边移动42′，就是疏散星团金13（King 13）。在我的小型折射望远镜127倍下，它是一块5′大小的雾状光斑，其间有几颗暗淡和极其暗的星星。这块雾斑被包围在一个平行四边形中，三颗星连成一条线位于它的西南边，两颗星连成一条平行线位于另一边，这几颗都是10等到11等星。

我们已经介绍过范登伯1和伯克利1了，现在我们向东北偏北方向移动3.5°，又来到了金1星团。我用105 mm望远镜放大到76倍，这个疏散星团是一块非常暗的、略显斑驳的光斑，大小为5.5′。一颗10等星守在它的东北边缘，另一颗10等星藏在星团的另一边。放大到122倍，后面这颗星被分解为一对双星（斯泰因40），伴星为12等，位于主星的东南方，两颗星相距13″。至少6颗小星被卷在这团迷雾中。

我用10英寸望远镜放大到115倍观测，金1星团精致又漂亮，很多微小的光斑不规则地散落在7.5′的范围内。放大到187倍，我能数出45颗13等或更暗的星。

金1星团和金13星团都是伊万·R.金在哈佛大学天文台16英寸梅特卡夫望远镜和24英寸布鲁斯折射望远镜的巡天摄影底片上发现的。伊万·R.金很喜欢观察底片，并开始注意星表里没有的星团。1949年，他发布了一个包含21个星团的星表，一些星团是他发现的，还有一些星团是之前的工作者标记在底片上的。他后来发表的两篇论文又给星表添加了6个星团。在伊万·R.金发布的27个星团中，有22个是他最先发现的。

我们的最后一个目标是一个小发射星云沙普利斯2-175（Sharpless 2-175或Sh 2-175），位于金1星团的东北偏东方向40′处。星云的西南偏西方向14′有一颗8等的金色星，东北偏东方向20′有一颗7等星和一颗8等星。我用105 mm望远镜放大到47倍，看到一个小光环围绕着一颗11等星。Sh 2-175用窄带星云滤镜也值得一看，恒星会变暗，但星云会亮一些。放大到76倍，我估计星云的大小为1.5′。我用10英寸望远镜放大到187倍，这片微光稍微在西北—东南方向变长，东北边更亮一些。

第二份沙普利斯星表（Sh 2）由美国海军天文台弗拉格斯塔夫站的斯图尔特·沙普利斯于1959年发布。其中包含了313个被认为是氢-Ⅱ区（电离氢云）的天体。如果看似分离的星云部分是被相同的恒星电离的，就认为这是一个氢-Ⅱ区。

星 图

如何使用全天星图

即使你是一个刚刚入门的观星者，你通常也能毫不费力地找到北斗七星或者猎户座吧。但那些不太熟悉的星座呢，比如海豚座、天箭座或麒麟座？

如果你对夜空还不太熟悉，那么从第294页开始的12张全天星图（每个月一张）将帮助你寻找今晚或全年任何时候能够看到的亮星和主要的星座。这些星图看上去可能有些复杂，但它们不过是把穹幕上的星空缩小、展平，印刷到纸面上罢了。

如何开始

首先快速浏览一下后面的星图，根据你要观测的日期和时间选择一张合适的星图。你需要在星图中所列时间前后的一个小时之内使用这张星图。（注意要使用地方标准时。如果你所在的地区有夏令时，别忘了在图上列的时间上再加一个小时。）如果你观测的时间很晚（或在后半夜观测），你可能需要来回查看几个月的星图。比如，要想知道八月初凌晨1点的星空，如果还有夏令时，你就应该查看十月的星图。

当你来到户外准备观测时，你需要知道你所观测的方向（如果你不确定，面向西边，也就是日落的方向，那么北方就在你的右手边）。把星图拿在你的面前，转动星图，让星图四周边缘表示方向的文字和你面对的方向一致，且文字正立。这时候弯曲的边缘就代表你面前的地平线，上面的星星和你所面对的星空就是一致的。星图的中心是天顶，也就是你头顶正上方的天空。

每张星图左下方的图例说明了恒星的星等（亮度）。这12张星图中最暗的星是4.5等，这也是你在郊区环境下能看到的最暗的星。在星图的右下方是不同类型的恒星和深空天体的图例。这些天体以及许多其他天体在本书中都有描述，在每个章节还有更详细的局部星图，能帮助你轻松找到它们。

寻找北斗七星

现在我们来举例说明如何使用全天星图，翻到第302页的九月星图，找到北斗七星。旋转页面让“朝向西北”的文字摆正。北斗七星大约在从地平线到天顶四分之一的地方（看起来像一只大勺子，三颗星在左边组成勺柄，四颗星在右边组成一个碗状）。

如果你在第302页所列的日期和时间走到户外，面向西北方，看地平线到天顶四分之一的地方，你就会看到北斗七星——当然你面前不能有树、房子或云挡住视线。

成功小贴士

当你第一次走到户外时，找一找星图上最亮的星——也就是最大的圆点。先不要管那些暗星，特别是你住在城市或近郊（或天空中有个月亮），因为在光污染下，你看不到那些星星。还要记住，真实天空中亮星和暗星之间的差异远远大于图中所标记的那样。

你要时刻记得，真实天空中的星座图案看上去要远远大于它们在纸上的样子。做一下这个实验，看看到底有多大的差距吧。在第297页的四月全天星图上找到北斗七星，把星图拿在前面伸直手臂。另一只手臂完全伸直，手掌尽量张开。从大拇指的指尖到小拇指的指尖覆盖了大约20° 的天空——比天空中的北斗七星的宽度还小一点。现在再看看星图上的北斗七星……相比之下实在是太小了。

这些全天星图对北纬35° 到45° 之间任何地方的观测者都适用。但如果你不住在这个区域，这些星图也可以用。如果你在北纬35° 以南，那么天空中南方的星看起来要比星图上高一些，北方的星比星图上低一些。如果你在北纬45° 以北，则正好相反。

星图上标出了很多比较亮的梅西耶天体，但是更亮的行星却没有被标在星图上。这是因为行星的位置一直在变。注意每张星图上绿色的那条线，它叫作黄道。太阳、月球、行星都沿着黄道运行。如果你在黄道附近发现了一颗亮星，但是星图上没有，恭喜你看到了一颗行星。

星图上的希腊字母

在全天星图和书中其他部分出现的星图中，每个星座里都有很多恒星标记了希腊字母。星座中最亮的星通常叫作α，希腊字母表中的第一个字母；第二亮的星叫作β，以此类推。

α Alpha	ι Iota	ρ Rho
β Beta	κ Kappa	σ Sigma
γ Gamma	λ Lambda	τ Tau
δ Delta	μ Mu	υ Upsilon
ε Epsilon	ν Nu	φ Phi
ζ Zeta	ξ Xi	χ Chi
η Eta	ο Omicron	ψ Psi
θ Theta	π Pi	ω Omega

有很多亮星也有它们自己专属的常用名字。比如，天鹅座中最亮的星是天鹅座α，它也叫作Deneb。

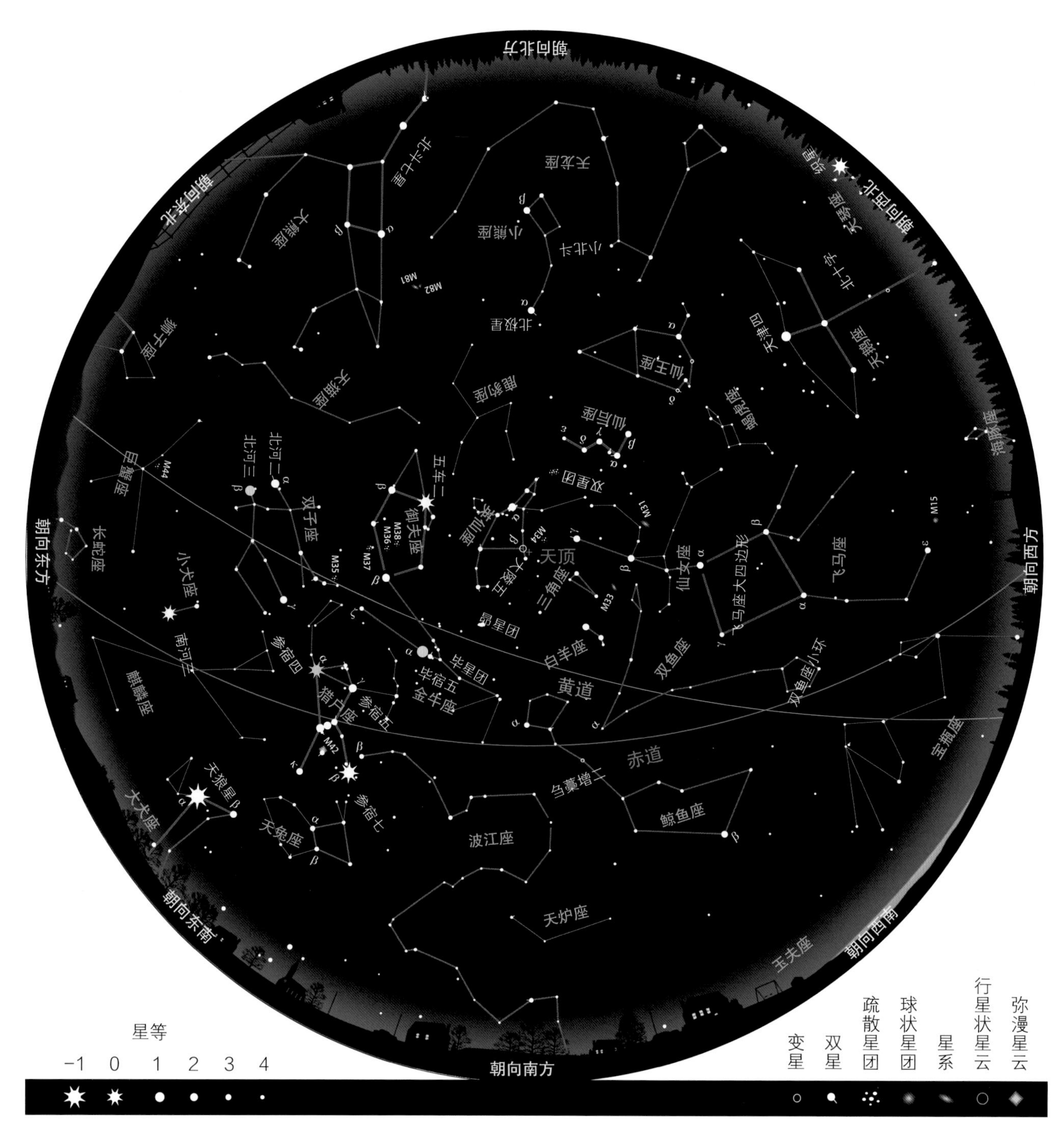

使用此图的时间

一月的傍晚

一月下旬　黄昏时分

一月上旬　20：00

以上为标准地方时，如果在夏令时期间，则需要加一小时。

其他时间

十二月下旬	21：00
十二月上旬	22：00
十一月下旬	23：00
十一月上旬	午夜
十月下旬	1：00
十月上旬	2：00
九月下旬	3：00
九月上旬	4：00

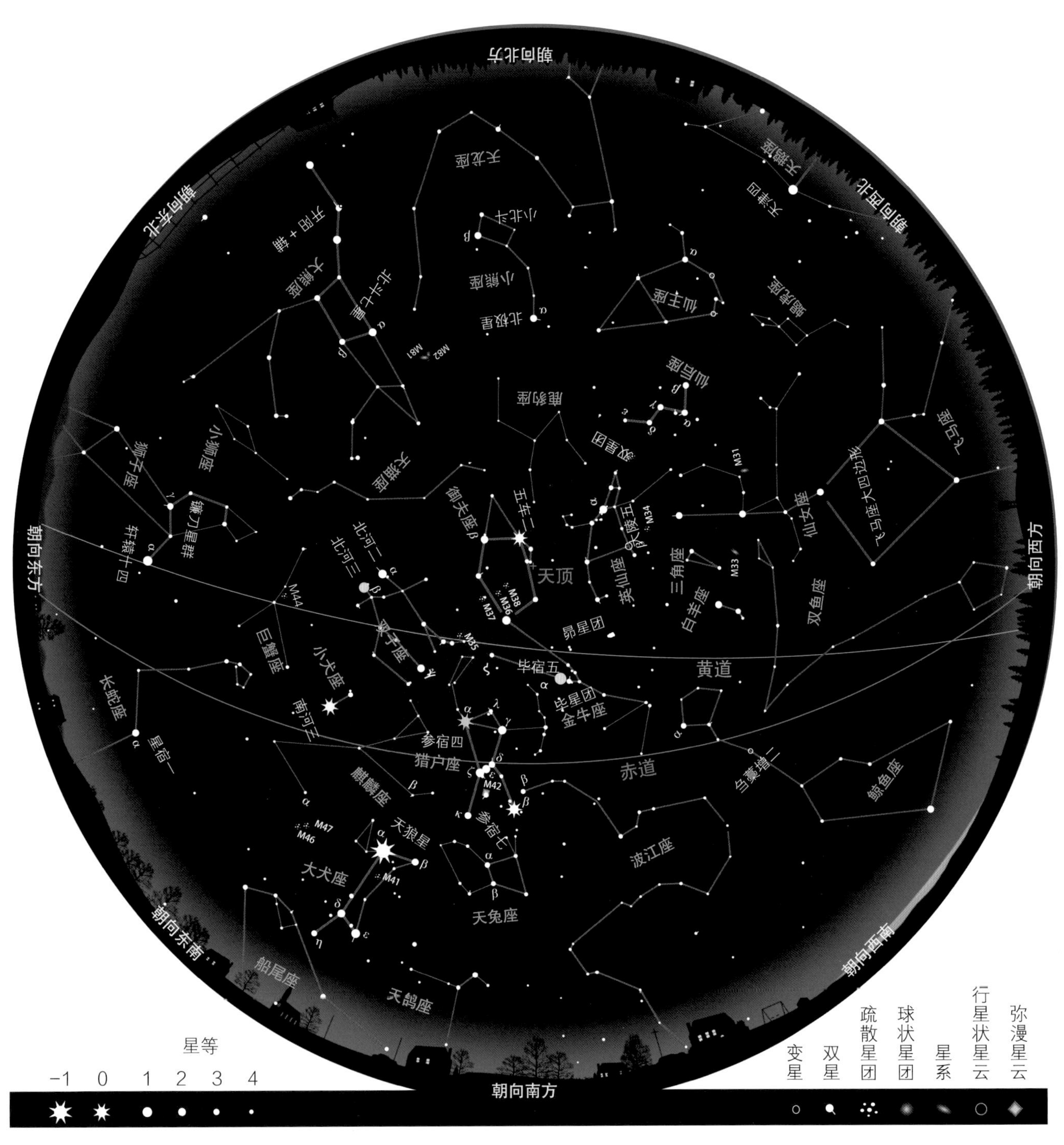

使用此图的时间

二月的傍晚

二月下旬　黄昏时分

二月上旬　20 : 00

以上为标准地方时，如果在夏令时期间，则需要加一小时。

其他时间

一月下旬	21 : 00
一月上旬	22 : 00
十二月下旬	23 : 00
十二月上旬	午夜
十一月下旬	1 : 00
十一月上旬	2 : 00
十月下旬	3 : 00
十月上旬	4 : 00

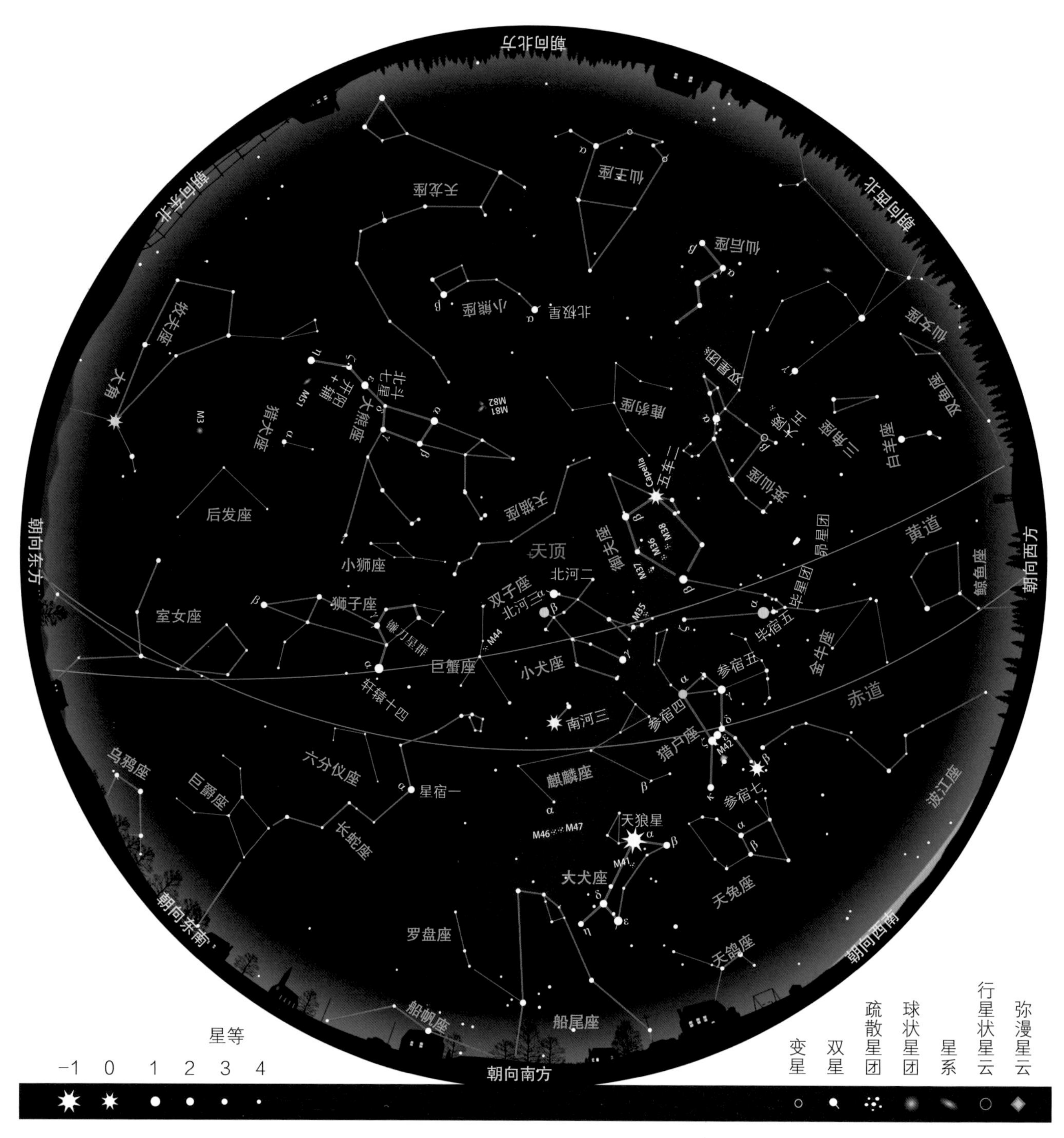

使用此图的时间

三月的傍晚

三月下旬　黄昏时分

三月上旬　21 ： 00

以上为标准地方时，如果在夏令时期间，则需要加一小时。

其他时间

二月下旬	22 ： 00
二月上旬	23 ： 00
一月下旬	午夜
一月上旬	1 ： 00
十二月下旬	2 ： 00
十二月上旬	3 ： 00
十一月下旬	4 ： 00
十一月上旬	5 ： 00

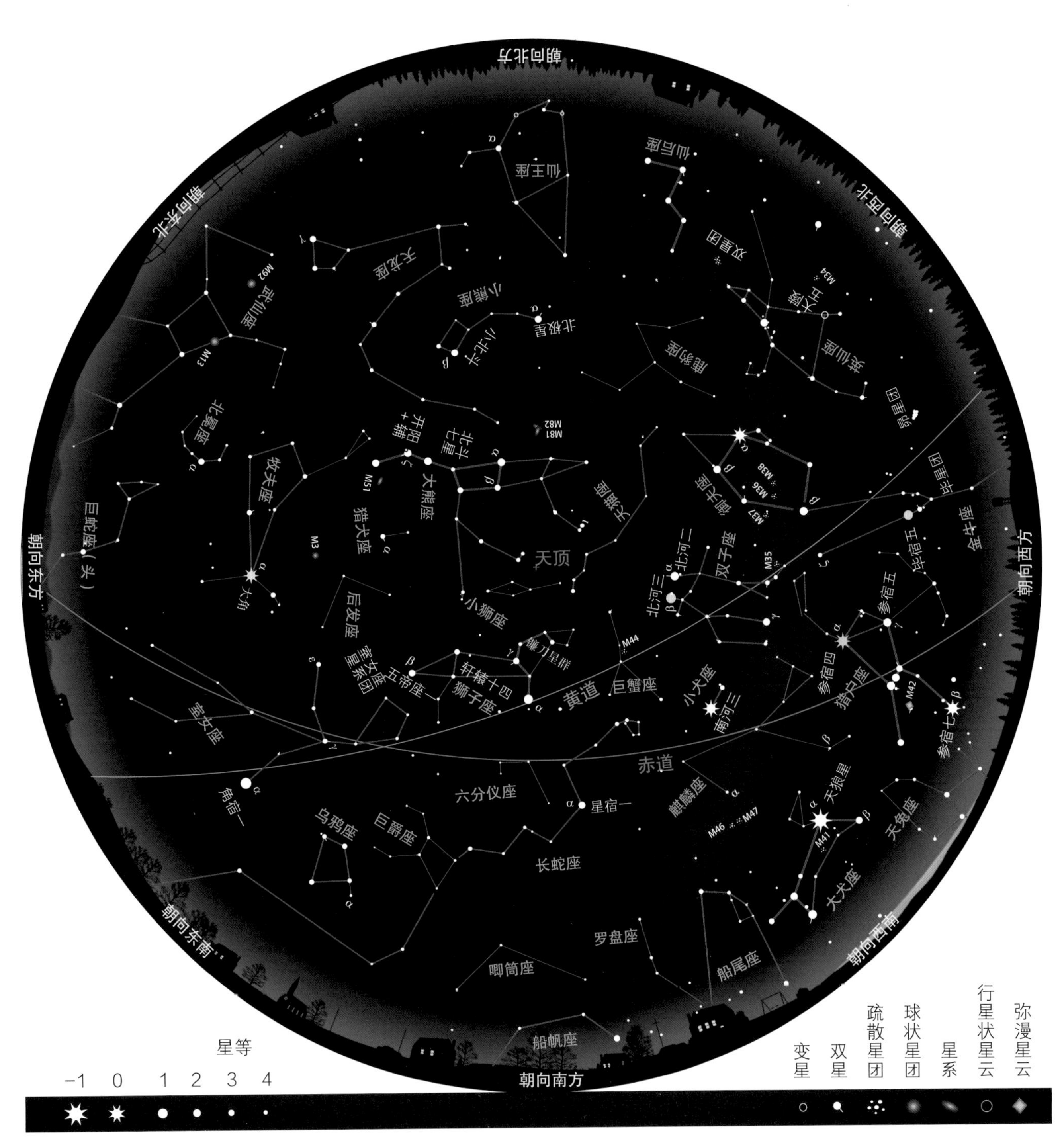

星等

-1　0　1　2　3　4

变星　双星　疏散星团　球状星团　星系　行星状星云　弥漫星云

使用此图的时间

四月的傍晚

四月下旬　黄昏时分

四月上旬　21 ： 00

以上为标准地方时，如果在夏令时期间，则需要加一小时。

其他时间

三月下旬	22 ： 00
三月上旬	23 ： 00
二月下旬	午夜
二月上旬	1 ： 00
一月下旬	2 ： 00
一月上旬	3 ： 00
十二月下旬	4 ： 00
十二月上旬	5 ： 00

使用此图的时间

五月的傍晚

五月下旬　黄昏时分

五月上旬　22：00

以上为标准地方时，如果在夏令时期间，则需要加一小时。

其他时间

四月下旬	23：00
四月上旬	午夜
三月下旬	1：00
三月上旬	2：00
二月下旬	3：00
二月上旬	4：00
一月下旬	5：00

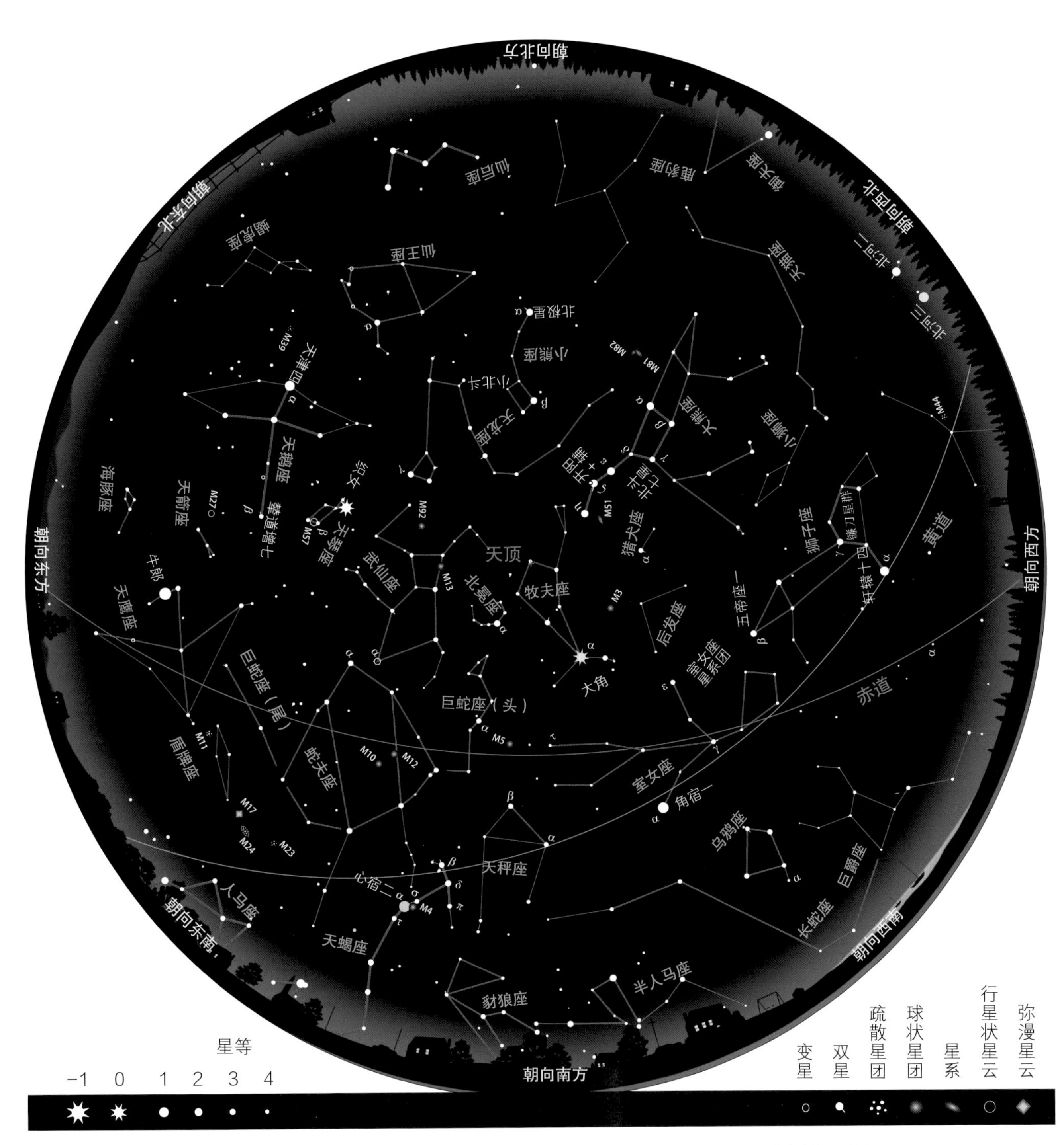

使用此图的时间

六月的傍晚

六月下旬 黄昏时分

六月上旬 22：00

以上为标准地方时，如果在夏令时期间，则需要加一小时。

其他时间

五月下旬	23：00
五月上旬	午夜
四月下旬	1：00
四月上旬	2：00
三月下旬	3：00
三月上旬	4：00
二月下旬	5：00

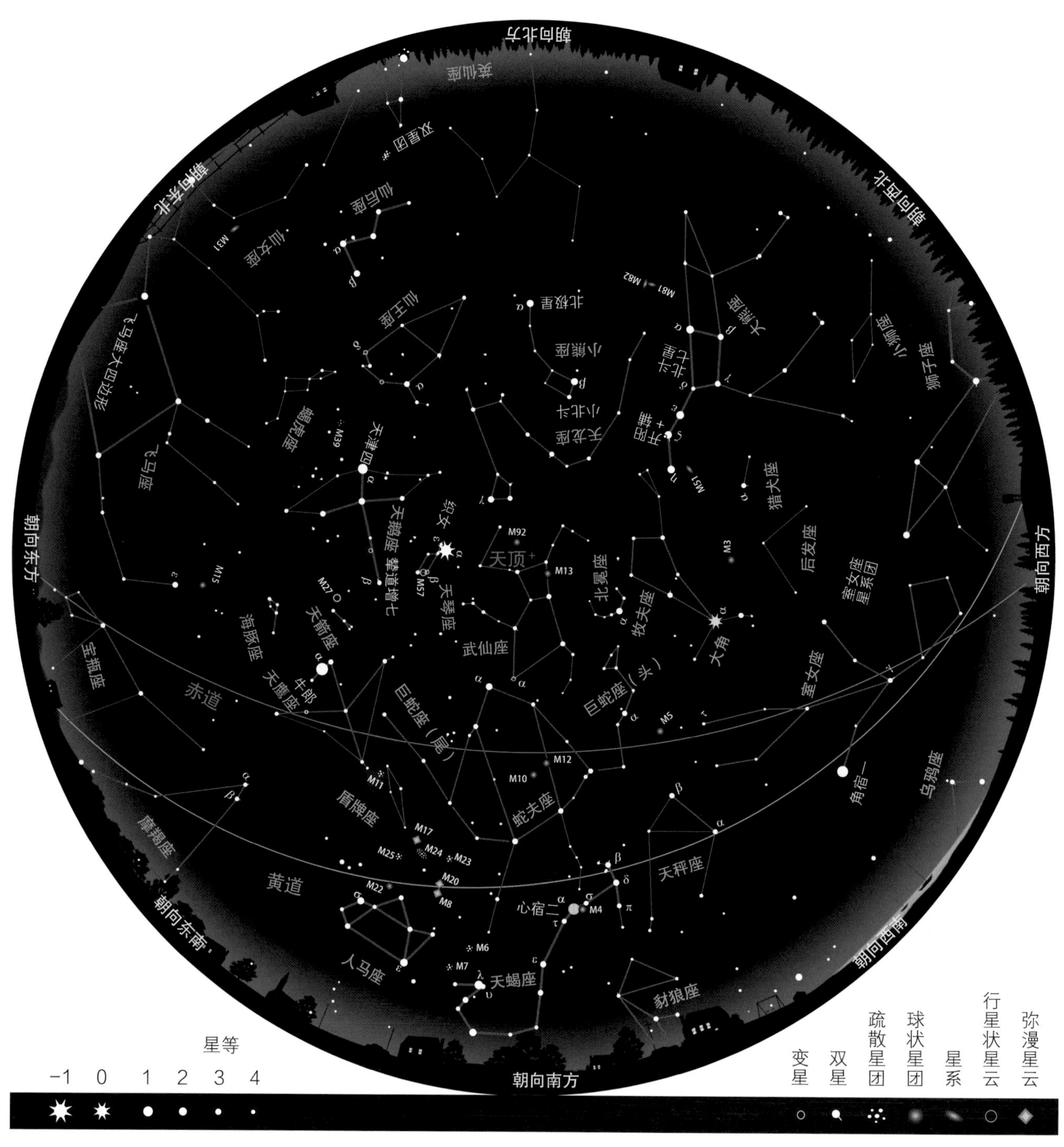

星等

-1 0 1 2 3 4

变星 双星 疏散星团 球状星团 星系 行星状星云 弥漫星云

使用此图的时间

七月的傍晚

七月下旬　黄昏时分

七月上旬　22 ： 00

其他时间

六月下旬	23 ： 00
六月上旬	午夜
五月下旬	1 ： 00
五月上旬	2 ： 00
四月下旬	3 ： 00
四月上旬	黎明时分

以上为标准地方时，如果在夏令时期间，则需要加一小时。

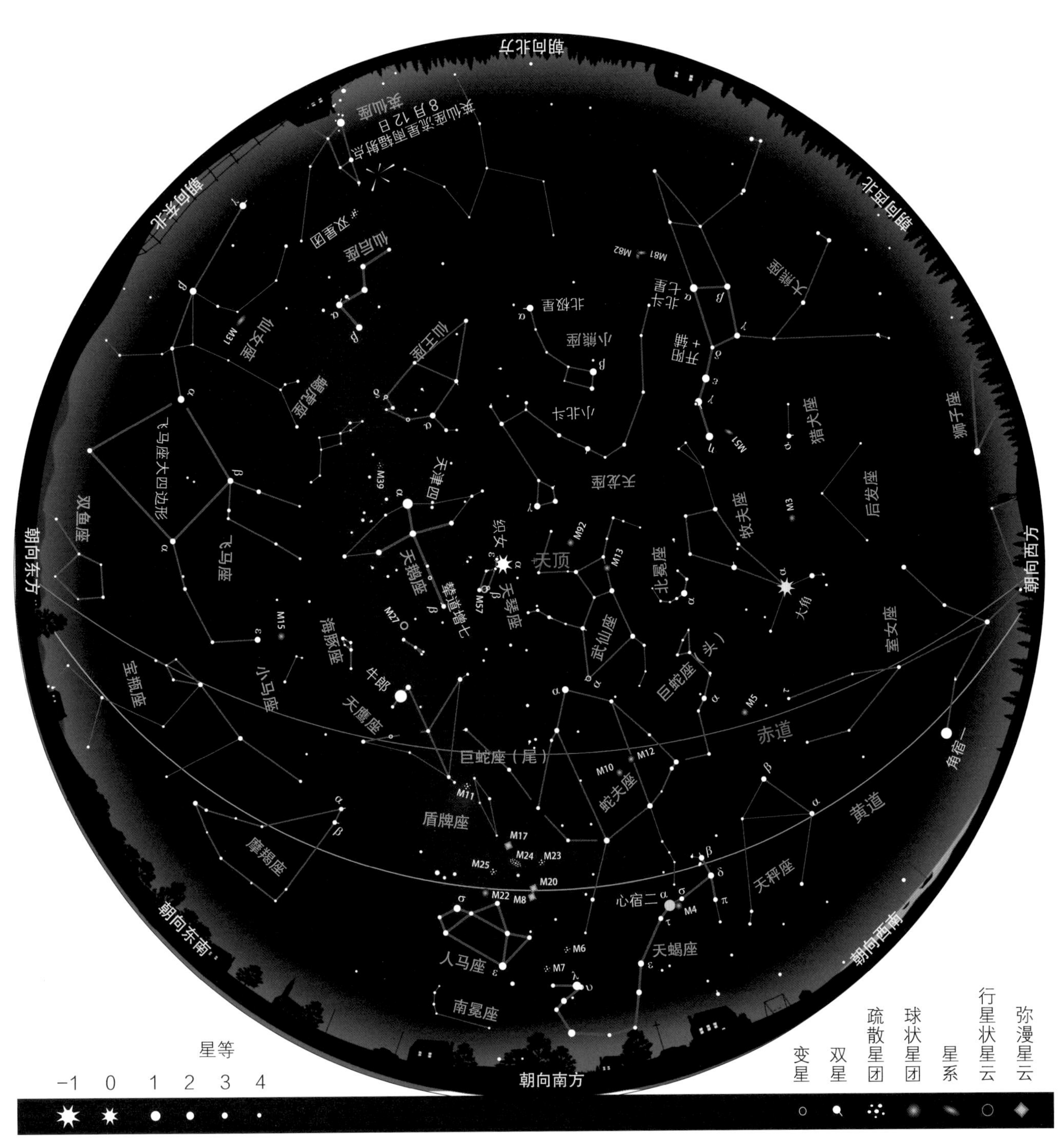

使用此图的时间

八月的傍晚

八月下旬　黄昏时分

八月上旬　21 ： 00

其他时间

七月下旬	22 ： 00
七月上旬	23 ： 00
六月下旬	午夜
六月上旬	1 ： 00
五月下旬	2 ： 00
五月上旬	3 ： 00

以上为标准地方时，如果在夏令时期间，则需要加一小时。

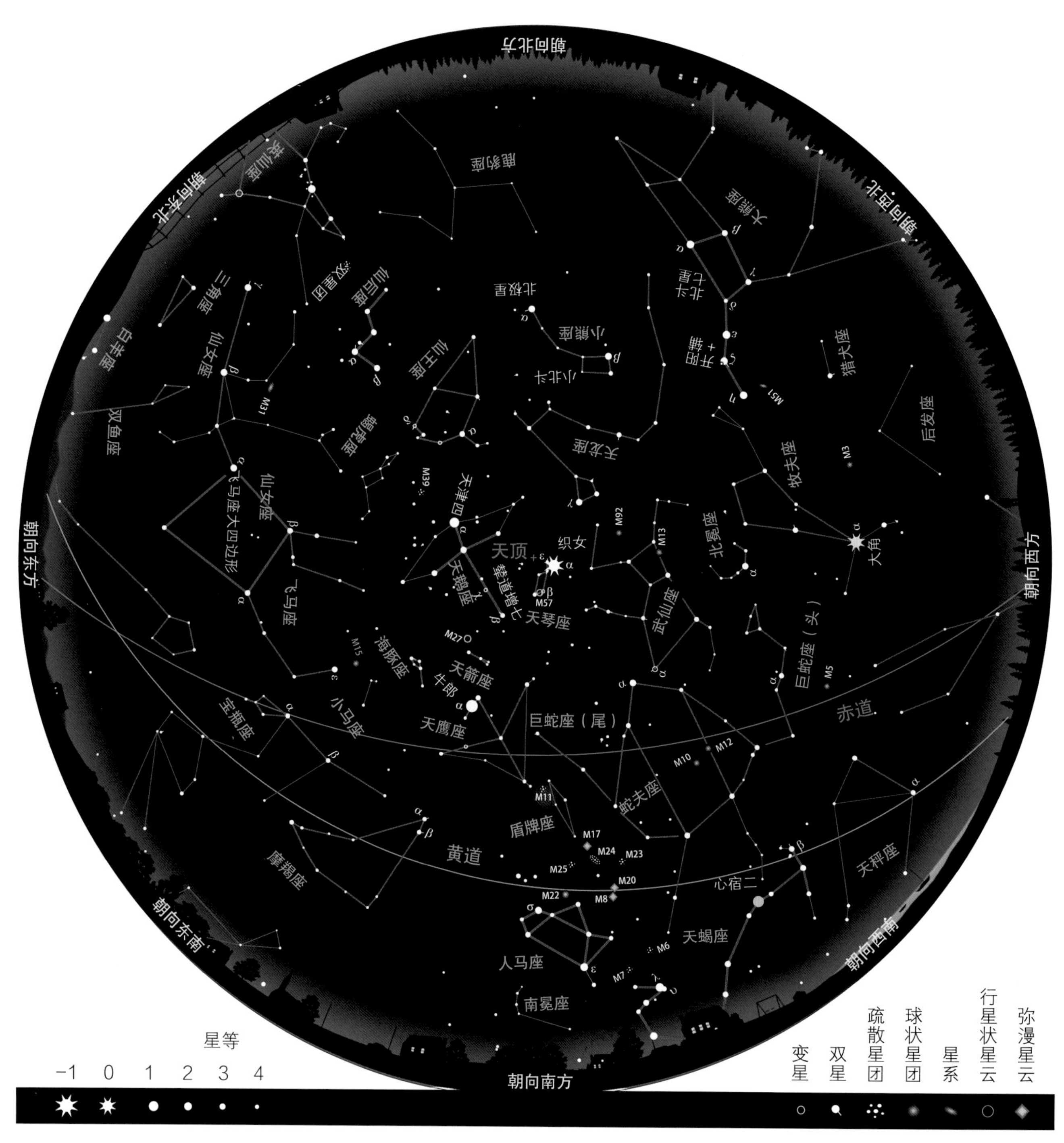

使用此图的时间

九月的傍晚

九月下旬　黄昏时分

九月上旬　20 : 00

以上为标准地方时，如果在夏令时期间，则需要加一小时。

其他时间

八月下旬	21 : 00
八月上旬	22 : 00
七月下旬	23 : 00
七月上旬	午夜
六月下旬	1 : 00
六月上旬	2 : 00
五月下旬	黎明时分

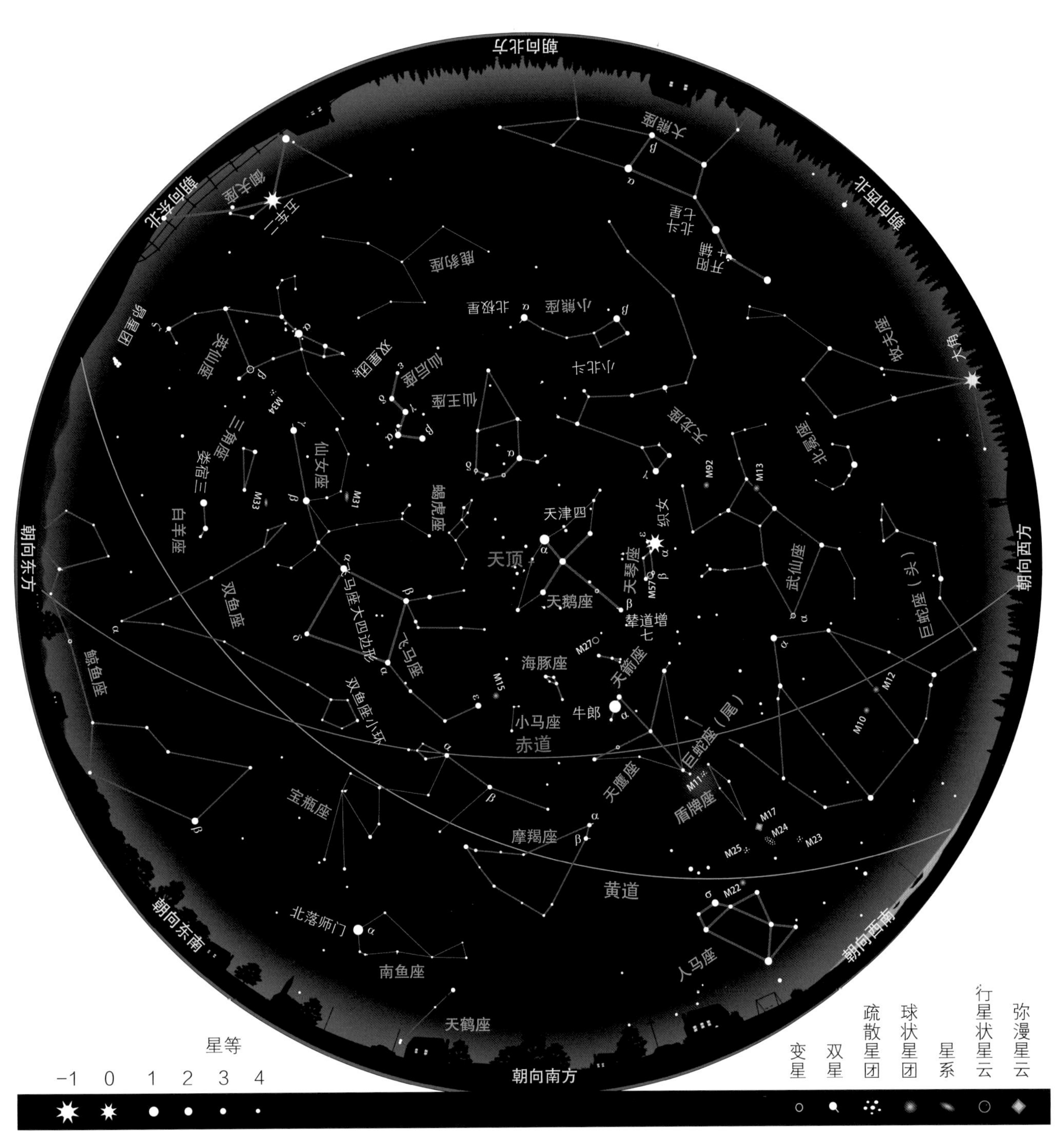

使用此图的时间

十月的傍晚

十月下旬　黄昏时分

十月上旬　20 ： 00

以上为标准地方时，如果在夏令时期间，则需要加一小时。

其他时间

九月下旬	21 ： 00
九月上旬	22 ： 00
八月下旬	23 ： 00
八月上旬	午夜
七月下旬	1 ： 00
七月上旬	2 ： 00
六月下旬	黎明时分

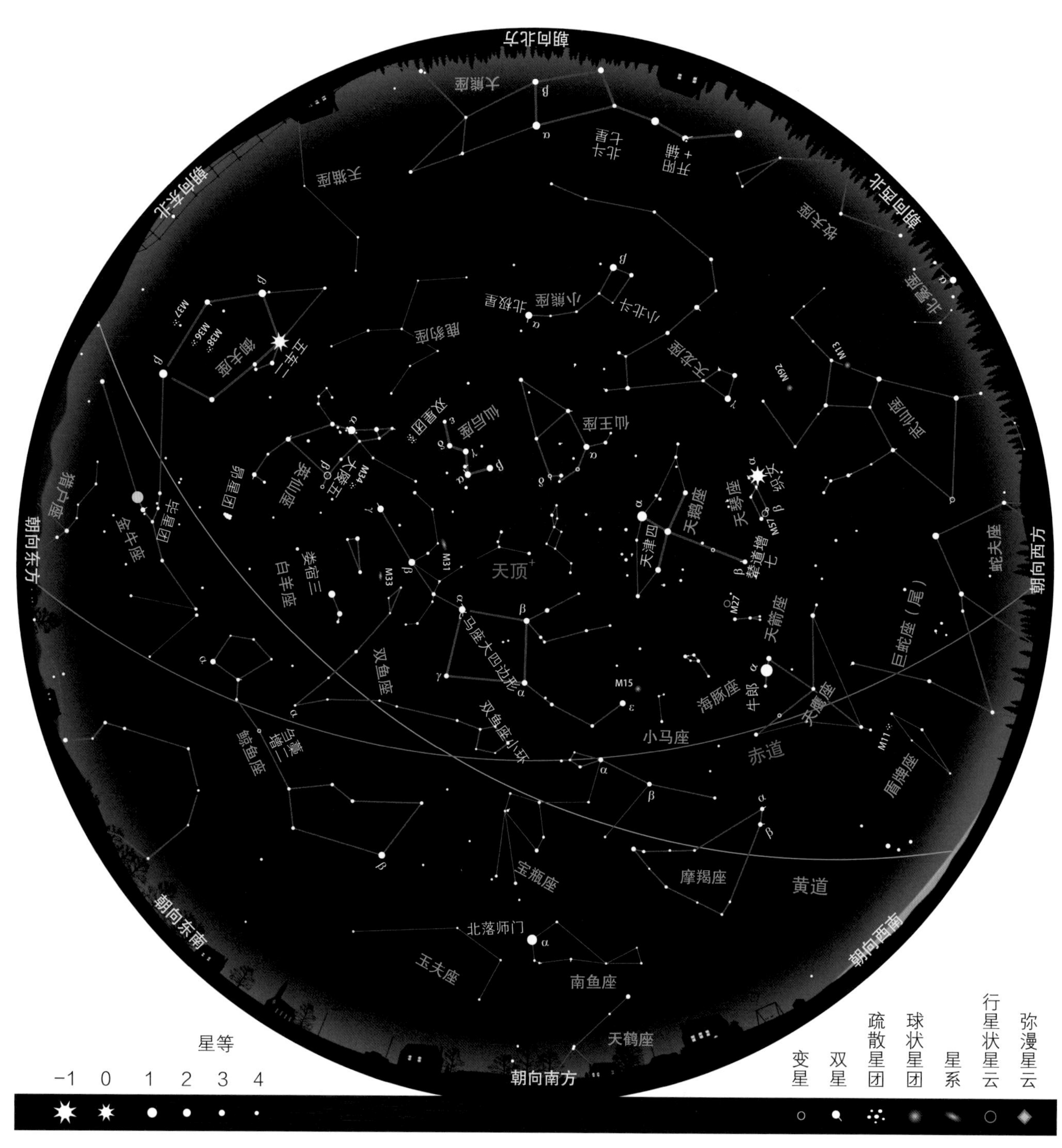

使用此图的时间

十一月的傍晚

十一月下旬　19 ： 00

十一月上旬　20 ： 00

以上为标准地方时，如果在夏令时期间，则需要加一小时。

其他时间

十月下旬	21 ： 00
十月上旬	22 ： 00
九月下旬	23 ： 00
九月上旬	午夜
八月下旬	1 ： 00
八月上旬	2 ： 00
七月下旬	3 ： 00

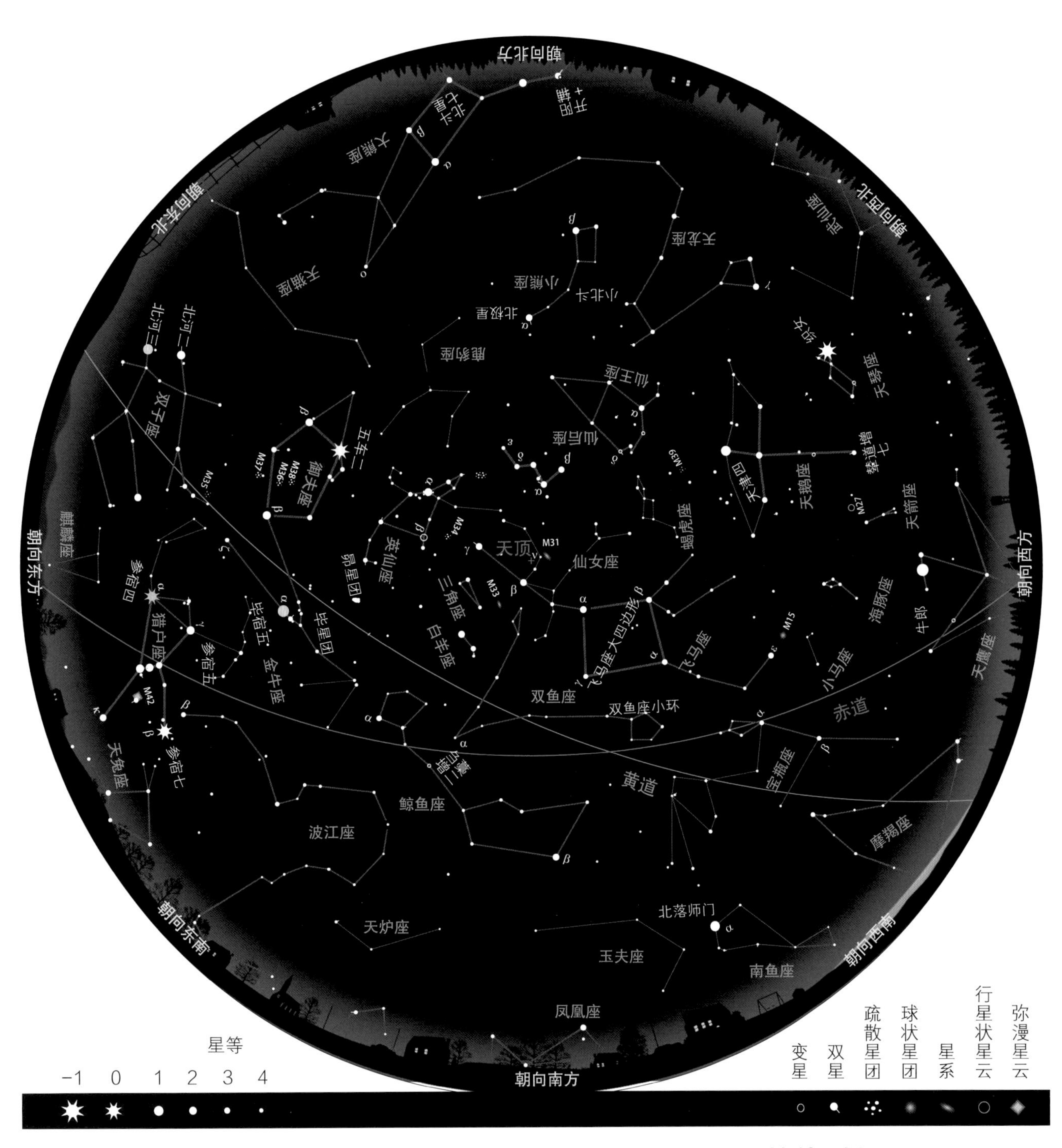

使用此图的时间

十二月的傍晚

十二月下旬　19 : 00

十二月上旬　20 : 00

以上为标准地方时，如果在夏令时期间，则需要加一小时。

其他时间

十一月下旬	21 : 00
十一月上旬	22 : 00
十月下旬	23 : 00
十月上旬	午夜
九月下旬	1 : 00
九月上旬	2 : 00
八月下旬	3 : 00

资源

星图集

《剑桥星图》（第3版），威尔·蒂里翁，剑桥大学出版社（Wil Tirion, *The Cambridge Star Atlas*, 3rd Edition. Cambridge University Press）

对那些仍旧徘徊在星座周围学习的业余天文爱好者们来说，这个基础星图是一个不错的选择。它包含一张月球地图和每个月天空的星图，并包括暗至6.5等的恒星（加上近900个深空天体），每张图都附带一张有趣的望远镜的观测目标表。

《MegaStar 5》，维尔曼-贝尔出版社（Willmann-Bell）

该星图软件中包含超过208 000个深空天体，其中许多都叠加了实际拍摄的照片。软件内置三种星表，其中任何一种恒星都可以绘制出来，因而包括超过1 500万颗恒星。好用的滤光器可以帮助你定制图表以满足你的需求。（需要Windows 95或更高版本的操作系统，32 MB以上内存，40 MB以上硬盘空间，以及CD-ROM驱动器。）

《诺顿星图手册》[1]（第20版），伊恩·里德帕斯，达顿出版社（Ian Ridpath, *Norton's Star Atlas and Reference Handbook*, 20th Edition. Dutton）

这个资源的参考范围与《剑桥星图》是相似的。虽然它不包含每个月天空的星图，但却包含了一本很长的天文手册。

《天图2000.0》（第2版），威尔·蒂里翁与罗格·W.辛诺特，天空出版社（Wil Tirion and Roger W. Sinnott, *Sky Atlas 2000.0*, 2nd Edition. Sky Publishing）

这本星图可以与本书配合起来使用。星图内所绘制的恒星暗至8.5等，以及含有2 700个深空天体，其中包括一些天空拥挤区域附近的特写图。

《天图2000.0副刊》（第2版），罗伯特·A.斯特朗与罗格·W.辛诺特，天空出版社（Robert A. Strong and Roger W. Sinnott, *Sky Atlas 2000.0 Companion*, 2nd Edition. Sky Publishing）

这本书列出并简要描述了在《天图2000.0》上绘制的每个天体。

《天空和望远镜星图手册》，罗格·W.辛诺特，天空出版社（Roger W. Sinnott, *Sky & Telescope's Pocket Sky Atlas*. Sky Publishing）

这本星图非常适合配合望远镜观测使用，因为这本书开本较小（6英寸× 9英寸），并且是螺旋折叠式的装帧。它含有80个图表、超过30 000颗星，星图中收入的恒星暗至7.6等，还有大约1 500个深空天体，包括猎户座星云区域、昴星团、室女座星系团和大麦哲伦星云的特写图表。

1 该书已有中译本，李元译，湖南科学技术出版社出版。——译者注

《天空和望远镜活动星图》，天空出版社（*Sky & Telescope's Star Wheel*, Sky Publishing）

这个活动星图是一个简化版的星图，会帮助您查找在任何日期、时间都能看到哪些星座。它适用于不同纬度地区。

《测天图2000.0深空星图集》（第2版），威尔·蒂里翁、巴里·拉帕波特和威尔·雷马克，维尔曼-贝尔出版社（Wil Tirion, Barry Rappaport, and Will Remaklus, *Uranometria 2000.0 Deep Sky Atlas*, 2nd edition. Willmann-Bell）

这是一个收纳了暗至9.75等的恒星并且含有超过30 000个非恒星天体的高级星图。它很适合帮助您定位那些微弱的天体。其中收纳的包括暗至5等和6等的星表，可以帮助您在星图中快速导航。图集中还含有26张夜空拥挤区域的特写图，索引中还给出了所有梅西耶、NGC和IC等天体（以及亮星和具有共同名称的天体）的图表编号。测天图2000.0分两部分：北天星图与南天星图。

《测天图2000.0深空视场指南》，穆拉伊·克拉金和埃米尔·博纳诺，维尔曼-贝尔出版社（Murray Cragin and Emil Bonnano, *Uranometria 2000.0 Deep Sky Field Guide*. Willmann-Bell）

该指南包含《测天图2000.0》里深空天体的有用数据与一张完整的索引表。

观测指南

《深空伴侣：梅西耶天体》，斯蒂芬·詹姆斯·奥米拉，天空出版社（Stephen James O' Meara, *Deep-Sky Companions: The Messier Objects*. Sky Publishing）

在这个详细指南的帮助下，你可以从梅西耶天体中找出各种细节。

《深空伴侣：科德韦尔天体》，斯蒂芬·詹姆斯·奥米拉，天空出版社（Stephen James O' Meara, *Deep-Sky Companions: The Caldwell Objects*. Sky Publishing）

您可以在深入观察时发现比梅西耶天体更有乐趣的东西。

《深空奇景》，瓦尔特·斯科特·休斯敦著，斯蒂芬·詹姆斯·奥米拉编辑，天空出版社（Walter Scott Houston, edited by Stephen James O' Meara, *Deep-Sky Wonders*. Sky Publishing）

这些是挑选自48年来《天空和望远镜》专栏中与瓦尔特·斯科特·休斯敦著同名的他的夜空之旅，使我们都为之着迷。

《观测手册和深空天体目录》，克里斯蒂安·B.卢京比尔，布赖恩·A.斯基夫著，剑桥大学出版社（Christian B. Luginbuhl and Brian A. Skiff, *Observing Handbook and Catalogue of Deep-Sky Objects*. Cambridge University Press）

这个很棒的深空目录包含超过2 000个深空天体（在南纬50°以北的星空），利用60 mm到12英寸的望远镜可以看到。

《夜间天空观测者指南》，乔治·罗伯特·凯普尔和格伦·W.桑纳，维尔曼-贝尔出版社（George Robert Kepple and Glen W. Sanner, *The Night Sky Observer's Guide*. Willmann-Bell）

这个两卷指南指向北半球64个星座中的超过5 500多颗双星、变星和非恒星物体，包括通过50 mm至22英寸望远镜看到的物体的描述和草图。然而要注意的是,许多有意思的深空景观在小型望远镜里是不可见的。

《用望远镜观察宇宙》,菲利普·S.哈林顿,威立出版公司(Philip S. Harrington, *Touring the Universe through Binoculars*. Wiley)
在这个指南中包含超过1 100个深空天体,且详细描述的就有400多个。这些都适用于小型望远镜观测。

《在猎户座左转》,盖伊·孔索马尼奥和丹·M.戴维斯,剑桥大学出版社(Guy Consolmagno and Dan M. Davis, *Turn Left at Orion*. Cambridge University Press)
一本可以配合使用你的小型望远镜观测的不错的指南。它给读者列出了100个深空天体,并包括其在目镜中出现的草图。

参考文献

《夜观星空:天文观测实践指南》[1](第4版),特伦斯·迪金森,萤火虫图书(Terence Dickinson, *Night Watch A Practical Guide to Viewing the Universe*, 4th Edition. Firefly Books)
这是迄今为止所写的观测夜空内容最好的介绍之一,可以让人愉快地触及各种天文的追求。

《后院天文学家指南》(第3版),特伦斯·迪金森和阿兰·戴尔,萤火虫图书(Terence Dickinson and Alan Dyer, *The Backyard Astronomer's Guide*, 3rd Edition. Firefly Books)
这是对业余天文学世界的深入介绍,包括观测设备的来龙去脉。

《梅西耶天体星图:深空亮点》,罗纳德·斯托扬,剑桥大学出版社(Ronald Stoyan, *Atlas of the Messier Objects: Highlights of the Deep Sky*. Cambridge University Press)
一本关于在夜空中最著名天体的历史、科学及观测方面最好的书。

兴趣网站

美国变星观测者协会(American Association of Variable Star Observers, AAVSO)
该站点包含有关变星的信息,包括比较图表和光曲线。

Cartes du Ciel(虚拟星图软件)
这是一款可以免费下载的软件。

互联网业余天文爱好者目录(Internet Amateur Astronomers Catalog, IAAC)
阅读其他业余天文爱好者的观测资料,观测设备种类繁多,经验水平各异;在这里发表你自己的观测经验!

Messier45.com
该网站包含大约500 000个深空天体和超过200万颗恒星的信息。它包括每个天体的图和照片,并具有强大的搜索功能。

---

1 该书已有中译本,谢懿译,北京科学技术出版社出版。——译者注

学生探索与发展空间（Students for the Exploration and Development of Space, SEDS）

SEDS提供了梅西耶天体与NGC天体的迷人资料。

《天空和望远镜》出版社

《天空和望远镜》杂志的官方网站，并包含许多业余天文爱好者感兴趣的主题的丰富信息。

华盛顿双星星表（The Washington Double Star Catalog, WDS Catalog）

该星表包含超过100 000个恒星系统的数据，是世界上双星和聚星信息的主要数据库。

补充图片版权

第4-5页，从左到右：帕洛玛天文台巡天二期（POSS-Ⅱ）/加州理工学院（Caltech）/帕洛玛（Palomar）天文台；罗斯和茱莉娅·迈耶斯（Ross and Julia Meyers）/亚当·布洛克（Adam Block）/美国国家光学天文台（NOAO）/美国大学天文研究联合组织（AURA）/美国国家科学基金会（NSF）；约翰内斯·舍德勒（Johannes Schedler）；美国国家航天局（NASA）/欧洲空间局（ESA）/哈勃SM4 ERO小组（Hubble SM4 ERO Team）；R.杰伊·加班尼（R. Jay GaBany）；罗伯特·詹德勒（Robert Gendler）

第8-9页：上方，从左到右：罗斯和茱莉娅·迈耶斯/亚当·布洛克/美国国家光学天文台/美国大学天文研究联合组织/美国国家科学基金会；丹尼尔·贝尔沙切（Daniel Verschatse）/安蒂尔韦天文台（Observatorio Antilhue）/智利（Chile）；R·杰伊·加班尼；罗伯特·詹德勒。中间，从左到右：科德·肖尔茨（Cord Scholz）；道格·马修斯（Doug Matthews）/亚当·布洛克/美国国家光学天文台/美国大学天文研究联合组织/美国国家科学基金会；罗伯特·詹德勒。下方，从左到右：罗伯特·詹德勒；肖恩·沃克（Sean Walker）；罗伯特·詹德勒；罗伯特·詹德勒；罗伯特·詹德勒

第78-79页：上方，从左到右：约翰内斯·舍德勒；罗伯特·詹德勒；亚当·布洛克/美国国家光学天文台/美国大学天文研究联合组织/美国国家科学基金会；马丁·皮尤（Martin Pugh）。中间，从左到右：斯隆数字化巡天（Sloan Digital Sky Survey）；加理·怀特（Gary White）/韦莱纳·门罗（Verlenne Monroe）/亚当·布洛克/美国国家光学天文台/美国大学天文研究联合组织/美国国家科学基金会；约翰内斯·舍德勒。下方，从左到右：丹尼尔·贝尔沙切/安蒂尔韦天文台，智利；美国国家航天局/欧洲空间局/哈勃传承计划（团队）（Hubble Heritage Team）/空间望远镜研究所（STScI）/美国大学天文研究联合组织；伯恩哈德·胡布尔（Bernhard Hubl）

第152-153页：上方，从左到右：约翰内斯·舍德勒；布赖恩·卢拉（Brian Lula）；美国国家航天局/欧洲空间局/空间望远镜研究所/杰夫·赫斯特（Jeff Hester）/保罗·斯科恩（Paul Scowen）；伯恩哈德·胡布尔。中间，从左到右：藤井旭（Akira Fujii）；丹尼尔·贝尔沙切/安蒂尔韦天文台/智利；威廉·麦克劳克林（William McLaughlin）；美国国家航天局/欧洲空间局/哈勃SM4 ERO小组。下方，从左到右：藤井旭；贝恩德·弗拉赫·维尔肯（Bernd Flach-Wilken）/福尔克尔·文德尔（Volker Wendel）；B.巴利克（B. Balick）/V.艾克（V. Icke）/G.梅勒马（G. Mellema）/美国国家航天局；美国国家航天局/空间望远镜研究所/WikiSky；约翰内斯·舍德勒

第298-299页：上方，从左到右：美国国家航天局/欧洲空间局/哈勃传承计划（团队）/空间望远镜研究所/美国大学天文研究联合组织；马丁·皮尤；罗伯特·詹德勒；美国国家航天局/欧洲空间局/哈勃SM4 ERO小组。中间，从左到右：科德·肖尔茨；约翰内斯·舍德勒；罗斯和茱莉娅·迈耶斯/亚当·布洛克/美国国家光学天文台/美国大学天文研究联合组织/美国国家科学基金会；丹尼尔·贝尔沙切/安蒂尔韦天文台/智利。下方，从左到右：欧洲南方天文台（European Southern Observatory）；R.杰伊·加班尼；罗伯特·詹德勒；贝恩德·弗拉赫·维尔肯/福尔克尔·文德尔

第300-313页：《天空和望远镜》出版社

第314-315页：上方，从左到右：欧洲南方天文台；肖恩·沃克和谢尔登·法沃尔斯基（Sheldon Faworski）；达维德·德·马丁（Davide de Martin）/帕洛玛天文台巡天二期/加州理工学院/帕洛玛天文台；《天空和望远镜》（*Sky & Telescope*）/丹尼斯·迪·西科（Dennis di Cicco）/肖恩·沃克。中间，从左到右：罗伯特·詹德勒；阿德里亚诺·德·弗雷塔斯（Adriano Defreitas）；帕洛玛天文台巡天二期/加州理工学院/帕洛玛天文台；R.杰伊·加班尼。下方，从左到右：拉塞尔·克罗曼（Russell Croman）；罗伯特·詹德勒；安东尼·阿约马米蒂斯（Anthony Ayiomamitis）；罗伯特·詹德勒

索引

（按字母或汉语拼音顺序排列）

A

ADS13292, 236, 237, 238
阿尔格兰德31（双星）, 170
阿拉1520（双星）, 212, 213
阿罗2-36, 167, 168
阿韦尼-亨特1, 260, 261
艾贝尔21（美杜莎星云）, 62, 63
艾贝尔2199, 186
艾贝尔31, 65, 66
艾贝尔39, 158, 159, 160
艾贝尔4, 16, 17
爱斯基摩星云（NGC 2392）, 48, 49, 60, 61, 62, 94
埃斯平2729（双星）, 273, 274
埃斯平332（双星）, 22

B

BFS 15, 272, 273
BrsO 14（双星）, 219
巴尔哈托娃1, 229
巴纳德的E（B142和B143）, 203, 204
巴纳德天体
  B4, 36, 37
  B5, 36, 37
  B19（巴纳德19, 双星）, 264, 265
  B40, 153, 154
  B41, 153, 154
  B48, 143
  B64, 156, 157
  B85, 171, 172
  B86, 211, 212
  B87, 193, 194
  B92, 176, 177
  B93, 55, 56, 176, 177
  B95, 190, 191
  B142（巴纳德的E）, 203, 204
  B143（巴纳德的E）, 203, 204
  B168, 251, 253
  B226, 27, 28
  B241, 155, 157
  B259, 156, 157
  B287, 150, 151
  B300, 193, 194
  B305, 192, 194
  B353, 229, 230
  B361, 232, 233
  B362, 253
  B957（双星）, 218, 219
巴塞尔11A, 58, 59
宝瓶座, 223, 224, 241, 244
北河二（双子座α, 三合星）, 47, 48, 49, 60, 62
北极星（勾陈一）, 28, 89, 93, 121, 122, 123, 124, 125, 128, 147, 196, 223, 254
北美洲星云, 228, 229
本垒板（星群）, 260, 261, 262
波江座, 8, 9, 10, 31, 32
波江座o^2（三合星）, 9
伯杰龙1（赖兰1）, 272, 273
伯克利1, 288, 289
伯克利55, 253
伯克利59, 255, 256
伯纳姆1464（双星）, 204
波斯库斯1（星群）, 240, 241
布兰科1, 268, 269

C

CGCG 265-55, 110
苍鹭星系（NGC 5394/5395）, 139, 140
草帽星系（M104）, 112, 113, 114, 115
长蛇座, 13, 65, 66, 75, 76, 77, 78, 133, 141, 142
长蛇座54（双星）, 141, 142
长蛇座V（碳星）, 76, 77
尺蠖（星群）, 67, 68
触须星系（NGC 4038/4039）, 114, 115, 116
船尾座, 49, 50, 51
创生之柱（在鹰状星云中）, 189

D

大暗隙, 190, 197, 215
大角星群, 125, 126
大犬座, 38, 39, 40, 55, 56, 57, 59, 60
大犬座μ（双星）, 38, 39
大熊座, 13, 19, 78, 79, 80, 86, 87, 88, 89, 90, 91, 92, 93, 102, 104, 105, 110, 111, 112, 125, 131, 132, 136, 137
大熊座67（四合星）, 131
大熊座W（变星）, 111, 112
大熊座ν（双星）, 86, 88
大熊座ξ（双星）, 86, 88
登博夫斯基17（双星）, 163
帝座（武仙座α, 双星）, 95, 100, 116, 158, 159, 160
订婚戒指, 122, 123
东上相（双星）, 108, 109
盾牌座EV, 198, 199
盾牌座恒星云, 197, 198
多利泽14, 34, 35
多利泽17, 31, 32
多利泽-吉姆舍列伊什维利1, 185
多利泽-吉姆舍列伊什维利5, 186
多利泽-吉姆舍列伊什维利6, 185
多利泽-吉姆舍列伊什维利7, 158
多利泽-吉姆舍列伊什维利8, 161
多利泽-吉姆舍列伊什维利9, 163

E

厄普格伦1, 131, 132
恩格尔曼43（双星）, 87, 88

F

FSR 667, 19, 21
范登伯1, 260, 287, 288, 289
范登伯93, 56
范登伯-哈根205, 143
范登伯-哈根211, 143
范登伯-哈根223, 169
房宿三（天蝎座δ）, 152, 153, 154
费雷罗, 136
飞马座, 223, 224, 248, 257, 258, 259, 263, 265, 281, 282, 283
飞马座Ⅰ（星系团）, 263, 264, 265
飞马座大四边形, 224, 266, 281, 282, 283, 284
费青格-施蒂韦1-446/7, 219
腓特烈大帝的荣耀（废弃的星座）, 260, 261, 262
蜂巢星团, 63, 64, 65
风车星系（M33；或M101, NGC 5457）, 11, 12, 136, 137
负3星群, 55
弗伦奇1, 243
弗罗洛夫1, 273, 274

G

G1（梅奥尔Ⅱ）, 185, 192, 249, 276, 277, 281
GIR 2（双星）, 110, 111
GN 17.21.9 , 168, 169
甘伯2, 147, 148, 149
甘伯串珠, 7
格龙布里奇34（双星）, 262

H

HN 40（双星）, 171, 172
HN 6（双星）, 171, 172
h1606（双星）, 253
h1657（双星）, 251, 253
h2241（双星）, 46

h2574（双星），103，104
h2596（双星），131
h2810（双星），164，175
h3565（双星），10
h3945（光学双星），58，60
h5036（聚星），163，164
h870（双星），204
h886（双星），206，207
HD 106112 星群，93，94
HD 222454 星群，264，266
HD 4798 星群，285，286
哈勃变光星云（NGC 2261），52，53，54，218
哈佛21，273，274
哈夫纳23，58，59
哈夫纳6，58
哈林顿7，158，160
海鸥星云，55，56
海泡石烟斗（星群），238
海豚座，44，239，240，241，243，281，282，292
海豚座γ，240，241
海豚座θ星群，240
黑眼星系（M64），99
后发座，95，96，97，98，99，100，102，112，116，118，133，135
后发座17（双星），98，99
后发座35（双星），99
后发座6，95，97
蝴蝶星团（M6），151，152
狐狸座，103，124，202，206，208，234，235，236，238
狐狸座FG，234，236
狐狸座α（双星），206，207
霍夫莱特 2-1，151
霍姆伯格124，90

I

IC（星云星团新总表续编）天体
IC 10，287，288
IC 342，6，7
IC 348，36，37
IC 349，33，34
IC 405，22，23，24
IC 410，22，23，24
IC 417，22，23，24
IC 972，134，135
IC 1276，190，191
IC 1295，180，181
IC 1296，201，202
IC 1318，226，237
IC 1369，232，233
IC 1434，248
IC 1442，248，249
IC 1613，278，280
IC 1727，11，13
IC 1805，4，5
IC 1848，5，6
IC 2118，8，9
IC 2149，45，46
IC 2233，68，69
IC 2458，91
IC 2574（科丁顿星云），79，80
IC 3568（小爱斯基摩星云），94
IC 4592，153，154
IC 4593，159，160
IC 4601，153，154
IC 4617，184，185
IC 4628，143
IC 4634，157
IC 4665，187，188
IC 4677，200，202
IC 4756，182，183
IC 4776，194
IC 4812，219
IC 4954，234，235
IC 4955，235
IC 4996，209，210
IC 5068，230
IC 5068B，230
IC 5068C，230
IC 5070，228，230
IC 5076（NGC 6991），231，232，233
IC 5146（茧状星云），251，252，253
IC 5217，248，249，250
IC 5309，264

J

假彗星，143
加州星云（NGC 1499），35，36，248
茧状星云（IC 5146），251，252，253
礁湖星云（M8），170，171，172，215
金1，288，289
金12，273，274
金13，288，289
金19，247
金21，273
金5，19，20
金9，248，249
金发姑娘变星（在M27中），234，235
鲸鱼座，13，14，15，210，241，267，268，278，279，280
鲸鱼座84（双星），14，15
鲸鱼座ο（变星），14，15
鲸鱼座γ（聚星），13，14
鲸鱼座ν（双星），13，14
巨蛇座（头），181
巨蛇座5（Σ1930，双星），120，121，182
巨蛇座θ（双星），182，183，204，205
巨蛇座ν（双星），181，182，188
巨蟹座，63，64，65，66，67，75
巨蟹座57（三合星），66，67，68
巨蟹座X（碳星），64，66
巨蟹座ζ（三合星），63，64，66
巨蟹座ι（双星），66，68

K

KUG 1627+395，186
KUG 2318+078，263
开阳（双星），135，136
坎农2-1，151
科德韦尔15（NGC 6826），200，201，202，225，226
科德韦尔17（NGC 147），277，278
科德韦尔18（NGC 185），277，278
科德韦尔28（NGC 752），11，12
科德韦尔30（NGC 7331），257，258，259
科德韦尔49（玫瑰星云），41，43，53，54
科德韦尔59（NGC 3242），75，76
科德韦尔63（螺旋星云，NGC 7293），118，244，245
科丁顿星云（IC 2574），79，80
科林德21，11，12，13
科林德34（疏散星团），6
科林德360，171
科林德394，178
科林德399，103，207
科林德416，236
科林德428，229
科普兰小三角，41

L

LBN 534，260，261
LDN 1613（锥状星云），43，52，53
LDN 810，207，208
LDN 935，228，230
拉特舍夫2，136
赖兰1（伯杰龙1），272，273
蓝闪星云（NGC 6905），239，240
朗莫尔-特里顿5，118
勒努18，285，286
勒让蒂3，232，233
猎户的宝剑，25，26，27
猎户的盾牌，29，32
猎户座四边形（聚星），25，26，237
猎户座W（碳星），31，32
猎户座星云（M42），12，25，26，27，29，237，270，306
猎户座ι（三合星），23，25，26，27
猎犬座，85，105，106，107，108，126，131，132，138，139，140

鹿豹座, 5, 79, 93
鹿豹座32（双星）, 93, 94
鲁普雷希特122, 143
鲁普雷希特145, 178
鲁普雷希特173, 227
鲁索31（双星）, 193
罗斯隆德4, 234, 235
螺旋星系（NGC 2685）, 90, 91
螺旋星云（NGC 7293）, 118, 244, 245

M
马尔可夫1, 162, 163
马卡良50, 247, 248
马卡良6, 4, 5
马卡良链, 97
玛雅星云（昴宿四星云, NGC 1432）, 33, 34
昴星团（七姐妹星团）, 32, 33, 34, 59, 61, 227, 268, 306
昴宿四星云（玛雅星云, NGC 1432）, 33, 34
昴宿五星云（梅洛普星云, NGC 1435）, 33, 34
猫眼星云（NGC 6543）, 148, 149, 178, 200, 202
猫爪星云（RCW 127）, 168, 169
梅奥尔Ⅱ（G1）, 185, 192, 249, 276, 277, 281
美杜莎星云（艾贝尔21）, 62, 63
玫瑰星云（科德韦尔49）, 41, 43, 53, 54
梅里尔2-2, 248, 249
梅洛普星云（昴宿五星云, NGC 1435）, 33, 34
梅洛特111, 98, 99, 116, 117
梅洛特20, 16, 17
梅洛特31, 22, 23
梅洛特71, 50, 51
梅洛特72, 55, 57
梅西耶天体
M2, 223, 224, 225
M3, 126, 127
M4, 154
M5, 120, 121, 122, 205
M6（蝴蝶星团）, 151, 152
M7, 149, 150, 151, 152
M8（礁湖星云）, 170, 171, 172, 215
M9, 156, 157
M10, 120, 121, 122
M11, 197, 198, 199
M12, 120, 121, 122
M13, 160, 184, 185
M14, 187, 188
M15, 223, 224, 225, 257, 258
M16（鹰状星云）, 181, 182, 189, 190
M17（天鹅星云）, 176, 177
M18, 176, 177
M19, 155, 157
M21, 171, 172
M22, 215, 216
M23, 175, 177
M24（人马座小恒星云）, 175, 176, 177
M25, 176, 177, 213
M26, 198, 199
M27（哑铃星云）, 202, 234, 240
M28, 215, 216
M29, 226, 227
M31（仙女座星系）, 275, 276, 277, 279, 287
M32, 275, 276, 277, 278
M33（风车星系）, 11, 12
M34, 16, 17, 18
M35, 47, 48
M36, 27, 28, 29
M37, 27, 28, 29, 151
M38, 24, 27, 28
M39, 251, 253, 254
M40（双星）, 103, 104, 105
M41, 38, 39
M42（猎户座星云）, 12, 25, 26, 27, 29, 237, 270, 306
M43, 26
M44, 63, 64, 66
M46, 49, 50, 51
M47, 49, 50, 51
M48, 75, 76
M50, 42, 43, 55, 57
M51, 138, 139
M53, 98, 99
M54, 217, 218, 219
M55, 172, 173, 217, 219
M56, 164, 165, 196, 197
M57（指环星云）, 49, 175, 195, 196, 201, 202
M61, 108, 109, 110
M62, 155, 157
M63（向日葵星系）, 85, 139, 140
M64（黑眼星系）, 99
M65, 83, 84
M66, 73, 83, 84
M67, 64, 65, 66
M68, 76, 77
M69, 193, 194
M70, 194
M72, 224, 225
M73, 224, 225
M74, 284, 285, 286
M75, 173
M76, 3, 4, 5, 18
M77, 14, 15
M80, 153, 154
M81, 78, 79, 80
M82, 78, 79, 80
M83, 76, 77
M84, 96, 97, 100, 101, 102
M85, 96, 97, 98, 99
M86, 96, 97, 100, 101, 102
M92, 160, 161, 162
M94, 105, 106, 107, 131
M95, 74, 75
M96, 73, 74, 75
M97（夜枭星云）, 103, 104, 105
M98, 95, 96, 97
M99, 96, 97
M100, 96, 97, 125, 176, 247, 250
M101（NGC 5457）, 12, 136, 137
M104（草帽星系）, 112, 113, 114, 115
M105, 74, 75
M106, 106, 107, 131
M108, 103, 104
M109, 103, 104
M110, 276, 277, 278
闵可夫斯基1-13, 59
闵可夫斯基1-30, 151
闵可夫斯基1-79, 251, 253, 254
闵可夫斯基1-92（闵可夫斯基的脚印）, 238
闵可夫斯基2-9, 187, 188
闵可夫斯基的脚印（闵可夫斯基1-92）, 238
牧夫座, 105, 120, 125, 126, 127, 128
纳格勒1, 39, 40

N
NGC（星云星团新总表）天体
NGC 1, 10, 26, 33, 281, 282
NGC 2, 50, 54, 63, 76, 281, 282
NGC 40, 254, 255, 256
NGC 147（科德韦尔17）, 277, 278
NGC 185（科德韦尔18）, 277, 278
NGC 188, 254, 256
NGC 206, 275, 276, 277
NGC 246, 278, 279
NGC 247, 49, 69, 278, 279, 280
NGC 253, 267, 269, 278, 279, 280
NGC 255, 278, 279
NGC 272, 277, 278
NGC 281, 269, 270, 271
NGC 288, 267, 268, 269, 278
NGC 404, 277, 278
NGC 436, 270, 271
NGC 457, 235, 270, 271
NGC 488, 284, 285
NGC 509, 284
NGC 516, 284
NGC 518, 284
NGC 524, 284, 285
NGC 525, 284
NGC 532, 284

NGC 604, 11, 12
NGC 672, 11, 13
NGC 676, 285
NGC 744, 271
NGC 752(科德韦尔28), 11, 12
NGC 869, 3, 4
NGC 884, 3, 4
NGC 891, 11, 12, 13
NGC 896, 4
NGC 1023, 17, 18
NGC 1027, 4
NGC 1055, 14, 15
NGC 1087, 14, 15
NGC 1090, 14, 15
NGC 1094, 14, 15
NGC 1193, 17, 18
NGC 1220, 19, 20
NGC 1245, 17, 18
NGC 1247, 9, 10
NGC 1297, 10
NGC 1300, 10
NGC 1333, 36, 37
NGC 1342, 36
NGC 1400, 10
NGC 1407, 10
NGC 1432(昴宿四星云, 玛雅星云), 33, 34
NGC 1435(昴宿五星云, 梅洛普星云), 33, 34
NGC 1491, 19, 20, 21
NGC 1499(加州星云), 35, 36, 248
NGC 1501, 6, 7
NGC 1502, 6, 7
NGC 1513, 19, 20, 21
NGC 1514, 34, 35
NGC 1528, 19, 20, 21
NGC 1535, 9, 10
NGC 1545, 19, 20, 21
NGC 1579, 35, 36, 37
NGC 1624, 19, 20, 21
NGC 1662, 29, 30, 32
NGC 1663, 30, 32
NGC 1664, 46
NGC 1682, 32
NGC 1683, 32
NGC 1684, 32
NGC 1788, 31, 32
NGC 1798, 45, 46
NGC 1883, 45, 46
NGC 1893, 22, 23
NGC 1907, 27, 28
NGC 1931, 23, 24
NGC 1977, 26
NGC 1981, 26
NGC 2126, 45, 46
NGC 2158, 47, 48
NGC 2192, 44, 45, 46
NGC 2217, 39, 40
NGC 2232, 41, 43
NGC 2244, 41, 43, 53, 54
NGC 2245, 52, 53
NGC 2247, 52, 53
NGC 2252, 53, 54
NGC 2261(哈勃变光星云), 52, 53, 54, 218
NGC 2264(圣诞树星团), 42, 43, 52, 53, 54
NGC 2266, 47, 48, 49
NGC 2281, 44, 45, 46
NGC 2283, 38, 39
NGC 2301, 41, 43
NGC 2335, 55, 56
NGC 2343, 55, 56
NGC 2345, 57, 58
NGC 2353, 55, 56
NGC 2355, 62, 63
NGC 2357, 62, 63
NGC 2359, 57, 58, 59
NGC 2360, 58, 59
NGC 2362, 58, 59
NGC 2367, 58, 59, 60
NGC 2371, 60, 61, 62
NGC 2372, 60, 61, 62
NGC 2374, 58
NGC 2392(爱斯基摩星云), 48, 49, 60, 61, 62, 94
NGC 2395, 62, 63
NGC 2419, 68
NGC 2420, 62
NGC 2423, 50, 51
NGC 2424, 68
NGC 2438, 49, 50, 51
NGC 2440, 50, 51
NGC 2506, 55, 57
NGC 2537(熊掌星系), 68, 69
NGC 2537A, 68, 69
NGC 2681, 90, 91
NGC 2683, 67, 68
NGC 2685(螺旋星系), 90, 91
NGC 2742, 90, 91
NGC 2768, 89, 90, 91
NGC 2775, 65, 66
NGC 2782, 67, 68
NGC 2805, 90, 91
NGC 2814, 91
NGC 2820, 91
NGC 2841, 86, 88
NGC 2950, 89, 90, 91
NGC 2976, 80
NGC 3073, 111
NGC 3077, 79, 80
NGC 3079, 111
NGC 3184, 87, 88
NGC 3198, 87, 88
NGC 3231, 80
NGC 3242(科德韦尔59), 75, 76
NGC 3377, 74, 75
NGC 3384, 74, 75
NGC 3389, 74, 75
NGC 3412, 74, 75
NGC 3489, 74, 75
NGC 3501, 82
NGC 3507, 82, 83
NGC 3521, 84, 85
NGC 3593, 84
NGC 3599, 82
NGC 3605, 81, 82
NGC 3607, 81, 82
NGC 3608, 81, 82
NGC 3626, 82, 83
NGC 3628, 83, 84
NGC 3640, 84, 85
NGC 3641, 84, 85
NGC 3655, 82, 83
NGC 3681, 82, 83
NGC 3684, 82, 83
NGC 3686, 82, 83
NGC 3691, 82, 83
NGC 3705, 84, 85
NGC 3718, 103, 104
NGC 3729, 103, 104
NGC 4026, 103, 104
NGC 4027, 114, 116
NGC 4027A, 114, 116
NGC 4038, 114, 116
NGC 4038/4039(触须星系), 114, 115, 116
NGC 4039, 114, 116
NGC 4111, 131
NGC 4117, 131
NGC 4121, 93, 94
NGC 4125, 93, 94
NGC 4138, 131
NGC 4143, 131
NGC 4169, 118
NGC 4173, 119
NGC 4174, 119
NGC 4175, 119
NGC 4183, 131
NGC 4214, 131, 132
NGC 4217, 106, 107
NGC 4226, 106, 107

NGC 4231, 106, 107
NGC 4232, 106, 107
NGC 4236, 92, 93, 94
NGC 4244, 131, 132
NGC 4248, 106, 107
NGC 4274, 118, 119
NGC 4278, 118
NGC 4283, 118
NGC 4284, 103, 105
NGC 4286, 118
NGC 4290, 103, 105
NGC 4292, 109, 110
NGC 4303A, 108, 109, 110
NGC 4312, 96
NGC 4314, 118
NGC 4324, 109, 110
NGC 4346, 106, 107
NGC 4361, 113, 114
NGC 4387, 101, 102
NGC 4388, 100, 101, 102
NGC 4394, 98, 99
NGC 4402, 101, 102
NGC 4413, 101, 102
NGC 4425, 101, 102
NGC 4435, 100, 101, 102
NGC 4438, 101, 102
NGC 4449, 106, 107
NGC 4458, 101, 102
NGC 4460, 106, 107
NGC 4461, 101, 102
NGC 4473, 102
NGC 4477, 101, 102
NGC 4479, 102
NGC 4485, 106, 107
NGC 4490, 106, 107
NGC 4517, 108, 109
NGC 4517A, 108, 109
NGC 4527, 108, 109
NGC 4536, 108, 109
NGC 4559, 99, 116, 117, 119
NGC 4562, 98
NGC 4565, 98, 99, 112, 117, 118, 119, 133, 135
NGC 4618, 106
NGC 4625, 106
NGC 4627, 131, 132, 133
NGC 4631, 131, 132, 133
NGC 4656, 131, 132, 133
NGC 4712, 117, 118
NGC 4725, 117, 118, 119
NGC 4747, 117, 118
NGC 5023, 139
NGC 5169, 139
NGC 5173, 139
NGC 5195, 138, 139
NGC 5198, 139
NGC 5350, 140
NGC 5353, 140
NGC 5354, 140
NGC 5355, 140
NGC 5358, 140
NGC 5371, 139, 140
NGC 5394/5395(苍鹭星系), 139, 140
NGC 5457(M101, 风车星系), 12, 136, 137
NGC 5466, 125, 126, 127
NGC 5474, 136, 137
NGC 5529, 126, 127
NGC 5557, 126, 127
NGC 5634, 134, 135
NGC 5689, 126, 127
NGC 5694, 141, 142
NGC 5740, 133, 134
NGC 5746, 133, 134, 135
NGC 5774, 134
NGC 5775, 134
NGC 5806, 134
NGC 5813, 134
NGC 5831, 134
NGC 5838, 134
NGC 5839, 134, 135
NGC 5845, 134, 135
NGC 5846, 134
NGC 5846A, 134, 135
NGC 5850, 134
NGC 5866, 128, 129
NGC 5879, 129
NGC 5897, 129, 141, 142
NGC 5905, 129
NGC 5907, 128, 129
NGC 5908, 129
NGC 5981, 129, 130
NGC 5982, 129, 130
NGC 5985, 129, 130
NGC 5986, 141, 142
NGC 6015, 129, 130
NGC 6058, 185, 186
NGC 6072, 142, 143
NGC 6144, 154
NGC 6158, 185, 186
NGC 6166, 185, 186
NGC 6181, 159, 160
NGC 6207, 184, 185
NGC 6210, 159, 160
NGC 6229, 161, 162
NGC 6231, 141, 143
NGC 6242, 143
NGC 6268, 143
NGC 6281, 168
NGC 6284, 155, 157
NGC 6293, 155, 157
NGC 6302, 167, 168
NGC 6309, 181, 182
NGC 6334, 169
NGC 6342, 156, 157
NGC 6356, 156, 157
NGC 6357, 169
NGC 6366, 188
NGC 6369, 156, 157
NGC 6400, 166, 168
NGC 6426, 187, 188
NGC 6440, 164, 165, 175, 177
NGC 6441, 167, 168
NGC 6444, 150
NGC 6445, 164, 165, 175, 177
NGC 6453, 150, 151
NGC 6455, 150, 151
NGC 6503, 148
NGC 6514, 171, 172
NGC 6517, 190, 191
NGC 6520, 211, 212, 215
NGC 6522, 213, 214, 215, 216
NGC 6523, 170, 172
NGC 6528, 213, 214, 215, 216
NGC 6530, 170, 172
NGC 6539, 190, 191
NGC 6540, 214, 215, 216
NGC 6543(猫眼星云), 148, 149, 178, 200, 202
NGC 6552, 200, 202
NGC 6558, 192, 193, 194
NGC 6563, 163, 164
NGC 6568, 212, 213
NGC 6569, 192, 193, 194
NGC 6572, 179, 180, 182, 183
NGC 6583, 212, 213
NGC 6603, 176, 177
NGC 6624, 193, 194
NGC 6629, 212, 213
NGC 6631, 190, 191
NGC 6633, 182, 183
NGC 6638, 216
NGC 6642, 215, 216
NGC 6645, 212, 213
NGC 6652, 193, 194
NGC 6664, 198, 199
NGC 6709, 204
NGC 6712, 180, 198, 199
NGC 6716, 177, 178
NGC 6717, 216

NGC 6723, 218, 219
NGC 6726, 218, 219
NGC 6727, 218, 219
NGC 6729, 218, 219
NGC 6742, 178, 179
NGC 6751, 180
NGC 6755, 204, 205
NGC 6756, 204, 205
NGC 6760, 204, 205
NGC 6765, 164, 165, 166
NGC 6774, 173
NGC 6781, 204, 205
NGC 6793, 206, 207
NGC 6800, 206, 207
NGC 6802, 207
NGC 6811, 225, 226
NGC 6813, 234, 235
NGC 6818, 173, 174, 180, 181
NGC 6819, 208, 210
NGC 6822, 173, 174
NGC 6823, 234, 235
NGC 6826(科德韦尔15,闪视行星状星云), 200, 201, 202, 225, 226
NGC 6830, 234
NGC 6834, 238
NGC 6842, 234, 235
NGC 6857, 237, 238
NGC 6866, 226
NGC 6885, 234, 236
NGC 6888(新月星云), 208, 209, 210
NGC 6891, 239, 240
NGC 6894, 237, 238
NGC 6905(蓝闪星云), 239, 240
NGC 6910, 226, 227
NGC 6927, 242
NGC 6927A, 242
NGC 6928, 242, 243
NGC 6930, 242
NGC 6934, 241, 243
NGC 6939, 246, 247
NGC 6940, 234, 236
NGC 6946, 246, 247
NGC 6950, 240
NGC 6956, 243
NGC 6991(IC 5076), 231, 232, 233
NGC 6996, 229, 230
NGC 6997, 228, 229, 230
NGC 7000, 228, 230
NGC 7006, 243
NGC 7008, 253, 254
NGC 7009, 225
NGC 7025, 243
NGC 7026, 232, 233
NGC 7027, 164, 166
NGC 7039, 233
NGC 7044, 164, 166
NGC 7048, 232, 233
NGC 7062, 233
NGC 7086, 253
NGC 7094, 258
NGC 7160, 246, 247
NGC 7209, 248, 250, 251
NGC 7235, 246, 247
NGC 7243, 248, 250, 251
NGC 7245, 248, 249
NGC 7293(螺旋星云,科德韦尔63), 118, 244, 245
NGC 7317, 259
NGC 7318A, 259
NGC 7318B, 259
NGC 7319, 258
NGC 7320, 258, 259
NGC 7320C, 258
NGC 7331(科德韦尔30), 257, 258, 259
NGC 7332, 258
NGC 7335, 259
NGC 7336, 259
NGC 7337, 259
NGC 7339, 258
NGC 7340, 259
NGC 7380, 247
NGC 7479, 282, 283
NGC 7510, 247
NGC 7608, 263, 264
NGC 7611, 263
NGC 7612, 263
NGC 7615, 264
NGC 7617, 263
NGC 7619, 263, 264
NGC 7621, 265
NGC 7623, 263, 264
NGC 7626, 263, 264
NGC 7631, 263
NGC 7640, 261, 262
NGC 7662, 261, 262
NGC 7686, 260, 261, 263
NGC 7762, 255, 256
NGC 7772, 282, 283
NGC 7788, 274
NGC 7790, 274
NGC 7793, 268, 269
NGC 7814, 282, 283
鸟巢(暗星云), 229, 230
牛郎星(河鼓二), 198, 203, 205, 206

P

PGC 1811119 , 34, 35
PGC 214749 , 242
帕洛玛11, 204, 205
帕洛玛13, 282, 283
帕洛玛4, 86, 87, 88
帕洛玛8, 177, 216
帕奇克6, 253
皮科1, 126
皮什米什24, 169
皮什米什-莫雷诺1, 255, 256
皮斯1, 223, 258
皮亚齐6(双星), 192, 194

Q

七箭(星群), 103
七姐妹星团(昴星团), 32, 33, 34, 59, 61, 227, 268, 306
麒麟座, 41, 42, 43, 49, 52, 54, 55, 56, 57, 76, 218, 292
麒麟座15, 42, 52, 53
麒麟座8(双星), 43, 53, 54
麒麟座β(三合星), 41, 43
乔尔戈夫斯基2, 214, 215, 216
切尔尼克 38, 182, 183
琼斯1, 281, 282
琼斯-恩伯森1, 69

R

RCW 127(猫爪星云), 168, 169
人马座, 35, 37, 77, 135, 150, 153, 155, 163, 164, 165, 170, 171, 172, 173, 175, 176, 177, 181, 186, 192, 193, 211, 212, 213, 214, 215, 216, 217, 218, 234, 252
人马座大恒星云, 215
人马座南侧, 218
人马座RS, 163, 164
人马座小恒星云(M24), 175, 176, 177

S

S698(双星), 172
SEI 350(双星), 27, 28
SHJ 225(双星), 153, 154
SHJ 226(双星), 153, 154
塞德布拉德214, 255, 256
塞德布拉德215, 255, 256
塞德布拉德90, 56
三角座, 12
三叶星云, 35, 37, 170, 171, 172, 252
沙恩1, 141
沙普利斯2-46, 182
沙普利斯2-48, 190
沙普利斯2-54, 190, 191

沙普利斯2-68, 182
沙普利斯2-86, 234
沙普利斯2-100, 237
沙普利斯2-140, 256
沙普利斯2-157, 248
沙普利斯2-175, 289
沙普利斯2-217, 46
沙普利斯2-219, 46
沙普利斯2-237, 24
沙普利斯2-273, 52
沙普利斯2-296, 55, 56
闪视行星状星云(NGC 6826), 200, 201, 202, 225, 226
上普罗旺斯1(球状星团), 156, 157
蛇夫的汗滴(星群), 158, 160
蛇夫座, 120, 121, 122, 155, 156, 157, 158, 164, 169, 179, 181, 183, 186, 187, 191, 197
蛇夫座36(双星), 157
蛇夫座ο(双星), 157
蛇夫座τ(双星), 190, 191
申贝格205/6, 52, 53
圣诞树星团(NGC 2264), 42, 43, 52, 53, 54
室女座, 13, 75, 78, 95, 96, 97, 99, 100, 102, 105, 108, 109, 110, 112, 116, 117, 119, 133, 134, 135, 142, 163, 306
室女座17(双星), 109, 110
施托克1, 207, 274
施托克12, 273, 274
施托克2(疏散星团), 4
施托克23(疏散星团), 5, 6
施托克4, 271
施托克8, 23, 24
狮子座, 66, 73, 74, 75, 81, 83, 84, 85, 86, 100
狮子座83(双星), 84, 85
狮子座ι(双星), 83, 84
狮子座τ(双星), 84, 85
双星团, 3, 4, 5, 18, 166, 209, 214
双鱼座, 241, 263, 265, 280, 284, 285, 286
双鱼座TX(碳星), 264, 265, 266
双鱼座小环, 265, 266, 284
双鱼座α(双星), 285, 286
双鱼座ζ(双星), 284, 285
双鱼座φ, 285, 286
双鱼座ψ^1(聚星), 285, 286
双子座, 36, 47, 49, 52, 60, 61, 62, 63, 66
双子座YY, 48, 49
双子座α(北河二, 三合星), 47, 48, 49, 60, 62
双子座δ(双星), 48, 61, 62, 63
斯蒂芬森1, 195, 197
斯蒂芬五重星系, 258, 259
斯泰因1248(双星), 288
斯泰因368(双星), 4
斯特鲁维天体
Σ292(双星), 17
Σ425(双星), 36, 37
Σ437(双星), 36, 37
Σ439(三合星), 36, 37
Σ630(双星), 31, 32
Σ737(双星), 27, 28
Σ745(双星), 26, 27
Σ747(双星), 26, 27
Σ915(三合星), 43
Σ939(三合星), 43
Σ1245(双星), 66
Σ1321(双星), 91
Σ1386(双星), 79, 80
Σ1387(双星), 79, 80
Σ1400(双星), 79, 80
Σ1402(双星), 110, 111
Σ1604(三合星), 113, 114
Σ1659(六合星), 112, 113, 114
Σ1930(巨蛇座5, 双星), 120, 121, 182
Σ1985(双星), 120, 121
Σ2016(双星), 159, 160
Σ2031(双星), 120, 121
Σ2097(双星), 185
Σ2101(双星), 185
Σ2104(双星), 185
Σ2548(双星), 207, 208
Σ2664(双星), 239, 240
Σ2735(双星), 241, 243
Σ2896(双星), 256
Σ2995(双星), 264, 265
Σ3009(双星), 264, 265
Σ3036(双星), 264, 265
Σ3045(双星), 264, 265
ΣI33(双星), 158
OΣ134(双星), 47, 48
OΣ200(双星), 88
OΣ401(双星), 209, 210
OΣΣ38(双星), 34, 35
索思548 AC(双星), 61
索思825(双星), 261, 262

T
TPK 1, 260, 261
泰尔藏7, 217, 218, 219
汤博1, 39, 40
汤博2, 39, 40
汤普森1, 242, 243
特朗普勒24, 143
特朗普勒26, 156, 157
特朗普勒3(疏散星团), 6
特朗普勒30, 150
特朗普勒32, 190
天大将军一(双星), 11
天鹅星云(M17), 176, 177
天鹅座, 60, 165, 166, 196, 197, 200, 201, 208, 209, 210, 225, 226, 227, 228, 229, 230, 231, 232, 233, 236, 237, 238, 251, 252, 254, 282
天鹅座16, 201, 225, 226
天鹅座P, 210
天鹅座P星团, 209, 210
天鹅座X, 227
天津四, 206, 228, 230, 231, 232
天狼星(双星), 38, 39, 49, 55
天龙座, 5, 79, 92, 93, 128, 130, 147, 148, 149, 178, 179, 200
天龙座39(三合星), 147, 148
天龙座RY(碳星), 93, 94
天龙座UX(碳星), 147, 148
天龙座ν(双星), 147, 148
天龙座ο(双星), 147, 148
天龙座ψ(双星), 148
天猫座, 44, 66, 67, 68, 69
天琴座, 49, 147, 153, 165, 175, 179, 195, 196, 201
天琴座β, 195, 196, 197, 201
天琴座γ, 196, 197, 201
天琴座δ^1, 195, 197
天琴座δ^2, 195, 197
天琴座ε^1, 195, 197
天琴座ε^2, 195, 197
天琴座ζ^1, 195, 197
天琴座ζ^2, 195, 197
天琴座κ, 196, 197
天琴座λ, 196, 197
天蝎座, 141, 143, 147, 149, 150, 151, 152, 153, 155, 165, 166, 167, 193
天蝎座G, 167, 168
天蝎座β, 152
天蝎座δ(房宿三), 152, 153, 154
天蝎座ν(聚星), 153, 154
天蝎座σ, 153, 154
天蝎座ω(双星), 154
天蝎座ω^1, 153
天蝎座ω^2, 153
天鹰座, 178, 180, 197, 203, 204, 205
天鹰座V(碳星), 180
铁锹(星群), 112

U
UGC 11590B, 242
UGC 12518, 264
UGC 5459, 111, 112

V
V42, 120, 121, 122

W
韦布9（四合星），236，238
韦布之环，162，163
维尔茨13（双星），129
帷幕星云，226，227
维索茨基1-2，162
沃尔夫-伦德马克-梅洛特，280
武仙座，158，159，160，161，162，163，184，185，186
武仙座56（双星），161，162
武仙座四边形，159，161，184
武仙座α（帝座），95，100，116，158，159，160
武仙座δ（双星），161，162
武仙座κ（双星），159，160
武仙座μ（三合星），161，162
武仙座ρ（双星），161，162
乌鸦座，77，112，113，114，116，168

X
希克森56，103，104
希克森61，118，119
希克森68，139，140
下巴（星群），147
夏季大三角，203，206
仙后座，3，5，30，148，149，152，212，235，247，254，255，256，260，269，270，271，272，273，274，277，278，287
仙后座2（聚星），272，273
仙后座WZ（碳/双星），287，288，289
仙后座η（双星），148，269，271
仙女之环，209，210
仙女座，11，260，261，262，275，276，277，278，280，281，282，284
仙女座56（双星），11
仙女座星系（M31），275，276，277，279，287
仙王座，246，247，248，254，255，272
仙王座ο（双星），255，256
向日葵星系（M63），85，139，140
小爱斯基摩星云（IC 3568），94
小北斗，32，123，124，128，147
小海豚（星群），241
笑脸猫，23，24
小蜻蜓（星群），234，235
小十字（星群），282
小熊座，92，103，122，124，254
小熊座11，124
小熊座19，124
小熊座20，124
小熊座24，124
小熊座β，122，123，124
小熊座γ，123，124
小熊座δ，124
小熊座ε，124
小熊座ζ，123，124
小熊座η，124
小熊座θ，123，124
小衣架（星群），103
蝎虎座，225，248，249，250，251，258，260
心宿二（大火），147，154，156
新月星云（NGC 6888），208，209，210
熊掌星系（NGC 2537），68，69
哑铃星云（M27），202，234，240
夜枭星云（M97），103，104，105
伊塞尔施泰特 68-603，199

Y
银河黑马，155，156
英仙座，3，5，16，17，18，19，20，21，35，36，37，54，122，248
英仙座40（双星），36，37
英仙座ζ（聚星），36，37
鹰状星云（M16），181，182，189，190
御夫座，22，23，24，27，28，29，44，45，46，68
玉夫座，267，268，269，278，279
御夫座UU（碳星），44，46
玉夫座δ（双星），268，269
宇宙问号，14
约恩克海勒320，30，32

Z
指环星云（M57），49，175，195，196，201，202
织女星，147，195，196，206
锥状星云（LDN 1613），43，52，53
左枢（双星），128，129，130

数字或字符
3C 273，109，110
β1313（双星），11，13
β442 Aa（双星），209，210
Σ（见“斯特鲁维天体”）

图书在版编目（CIP）数据

深空奇观：宇宙的奇幻之旅 / (美) 苏・弗伦奇（Sue French）著；EasyNight 译. -- 重庆：重庆大学出版社，2022.7

（懒蚂蚁系列）

书名原文: Deep-Sky Wonders：A Tour of the Universe with *Sky and Telescop's* Sue French

ISBN 978-7-5689-3375-9

Ⅰ.①深… Ⅱ.①苏… ②E… Ⅲ.①宇宙—通俗读物 Ⅳ.①P159-49

中国版本图书馆CIP数据核字（2022）第112913号

深空奇观：宇宙的奇幻之旅

SHENKONG QIGUAN：YUZHOU DE QIHUAN ZHI LÜ

［美］苏・弗伦奇（Sue French） 著

EasyNight 译

策划编辑：王 斌

责任编辑：黄菊香 版式设计：原豆文化

责任校对：关德强 责任印制：赵 晟

*

重庆大学出版社出版发行

出版人：饶帮华

社址：重庆市沙坪坝区大学城西路 21 号

邮编：401331

电话：（023）88617190 88617185（中小学）

传真：（023）88617186 88617166

网址：http://www.cqup.com.cn

邮箱：fxk@cqup.com.cn（营销中心）

全国新华书店经销

印刷：天津图文方嘉印刷有限公司

*

开本：889mm×1194mm 1/16 印张：20.5 字数：638 千

2022年10月第1版 2022年10月第1次印刷

ISBN 978-7-5689-3375-9 定价：98.00元

Deep-Sky Wonders: A Tour of the Universe with *Sky and Telescop's* Sue French

by

Sue French

ISBN: 978-1-55407-793-9

This edition arranged with Firefly Books Ltd.,

版贸核渝字（2018）第289号